Lehrbuch
der
Mathematik
mit
Rücksicht auf solche, welche sie erlernen, um sie bei ihren mehr oder weniger damit in Verbindung stehenden Berufsgeschäften zu benutzen.

Durch

B. F. Mönnich

Königl. Preuß. Geheimen Ober-Berg- und Ober-Baurath und der Königl. Akademie der Wissenschaften Mitglied.

Erster Theil.
Erste Abtheilung,
welche
die Zahlen- und allgemeine Rechenkunst, die ebene Geometrie und ebene Trigonometrie nebst einem Anhange vom Nivelliren enthält.

Mit 19 Kupfertafeln.

Zweite sehr vermehrte und veränderte Auflage.

Berlin, 1800.
Bei Gottlieb August Lange.

Ὀυχ ὁ λόγος ἄυξει τὴν τέχνην πὲρισσὸς ὤν.
Ἀλλὰ ἀυτὰ κοσμεῖ τὴν τέχνην τὰ πράγματα.

Handbuch

derjenigen Theile

der

theoretischen Mathematik

worauf sich hauptsächlich

die

Feldmeßkunst gründet,

mit Anwendungen

von

B. F. Mönnich,

Königl. Preuß. Geheimen Ober-Berg- und Ober-Baurath und der Königl. Akademie der Wissenschaften Mitglied.

Enthält:

Zahlen- und allgemeine Rechenkunst, ebene Geometrie und ebene Trigonometrie, nebst einem Anhang vom Nivelliren.

Mit 19 Kupfertafeln.

Berlin, 1800.
Bei Gottlieb August Lange.

Seiner

Königlichen Majestät von Preußen

Friedrich Wilhelm

dem Dritten.

Sire,

Ew. Königl. Majestät haben ausdrücklich den Wunsch geäussert, daß Wissenschaft nie leere Spekulation bleiben, sondern von ihren Vertrauten möglichst zum Nutzen der menschlichen Gesellschaft angewendet werden mögte. Und so dürfen denn schon überhaupt die Mathematiker, welche seit Jahrhunderten nach nichts anders streben, als auf fest gelegtem Grunde ein durchaus nuzbares Gebäude aufzuführen, auf Ew. Königl. Majestät gnädigstes Wolgefallen rechnen, dürfen es selbst alsdann noch, wenn sie das alte Gebäude ihrer Wissenschaft mit neuen Grundmauren aus dauerhafterm Material unterfahren, oder um ihre gemeinnützigen

tzigen Anlagen zu erweitern, erst den Grund worauf sie stehen sollen, untersuchen, und manchmal lange in der Tiefe mit Aufwand von Kraft und Zeit arbeiten müssen, ehe der für das Wol des gemeinen Wesens nüzliche neue Anbau über Tage dargestellet werden kan. Um so mehr darf ich allerunterthänigst hoffen, daß **Ew. Königliche Majestät** gnädige und wolwollende Blicke auf ein mathematisches Werk werfen werden, welches zur Absicht hat, selbst die ersten theoretischen Gründe der Meßkunst, sogleich zur praktischen Geometrie nicht allein, sondern auch hauptsächlich, was man noch so oft für blosse Speculation hält,

die

die Elemente der Algebra zur Auflösung mehrern interessanten, juristischen, politischen und kameralistischen Aufgaben anzuwenden. Durch schmerzhafte Krankheit des reinen Genusses beraubt, welcher Thätigkeit im Dienst mir immer gewährt hat, bestrebte ich mich doch in den wenigen Stunden, da die körperlichen Leiden den Geist nicht völlig lähmten, wenigstens durch eine solche Arbeit dem gemeinen Wesen nüzlich zu seyn. Aber gewis wäre die Ausführung des Werks vor einigen Monathen plötzlich gehemmt worden, hätten nicht Ew. Königl. Majestät mir nach allerhöchst Dero eignem Ausdruck zu meiner Beruhi-

beglückende Grundsätze die dadurch in geometrischer Progression angewachsene Volksmenge noch nach Jahrhunderten mit Dank und Bewunderung denken wird. Ich ersterbe mit allertiefster Ehrfurcht

Meines Allergnädigsten Königs

Berlin, den 25ten März
1800.

allerunterthänigster
getreuester Diener
Bernh. Friedrich Mönnich.

Vorrede.

Es sind beinahe 4 Jahre, da die Langesche Buchhandlung hieselbst wünschte, daß ich die noch fehlenden Theile zu meinem mathematischen Lehrbuch schreiben möchte. Ich war damals schon einige Monathe her von einer Krankheit befallen, die mit unerträglichem Schmerz und Angst unaufhörlich mich quälte; so daß ich menschlichem Ansehen nach nur wenige Zeit mehr zu leben hatte, also ein solches Geschäft ablehnen mußte. — Auch glaubte ich damals noch nicht, daß es für einen Menschen möglich wäre, viele Jahre lang ununterbrochene Angst und Schmerzen zu leiden; ich muste mein Amt niederlegen, verlies Berlin, und hofte in meinem Vaterlande zu sterben oder gesund zu werden. Da beides ausblieb, kam ich wieder hieher, um noch einmal bei der Berl. Hygiäa mein Heil zu versuchen. — Vor $\frac{3}{4}$ Jahren äußerte die Verlagshandlung, so krank ich war, den Wunsch, daß ich doch noch eine neue Ausgabe vom ersten Theil

meines

meines Lehrbuchs besorgen möchte; und nun übernahm ich es, da ich jezt schon der Schmerzen so gewohnt war, daß ich an ihre baldige Beendigung durch Gesundheit oder Tod nicht mehr dachte, und glaubte, bei meiner leider völligen Geschäftlosigkeit doch manchmal eine Stunde zu finden, welche mir zuliesse, an diesem Buche zu arbeiten, um dadurch die Vorstellungskraft zu nöthigen, sich noch auf etwas anders als auf den Gedanken meiner Leiden zu heften. In der That habe ich den leztgenannten Vortheil gehabt: habe manchmal unter grossem Schmerz und Angstgefühl gerechnet und geschrieben, freilich oft einerlei Sache zwei oder dreimal nach einander. Die lezten Bogen sind vor drei Monathen, da ich so heftig danieder lag, daß mehr als einmal die Aerzte den Tod gewiß erwarteten, zum Theil noch auf dem Krankenlager geschrieben.

Ich erzähle dies als einen sonderbaren, nicht eben oft vorkommenden Fall. Neuerer Zeit haben indessen zwei Männer, **Knigge** und **Garve**, denen ich gern in so mancher Rücksicht, nur nicht in der Grösse der Leiden, den Rang über mich einräume, etwas ähnliches, wiewol in andern Fächern geleistet. Allein dessen kan ich nicht mich rühmen, daß ich durch Gemüthsstärke den Schmerz und das Angstgefühl bemeistert, oder nur einmal wie durch ein Opiat übertäubt

täubt hätte. Ich demüthigte mich also schon im Geiste vor einem berühmten Philosophen, als ich von einem ebenfalls berühmten Arzt mit einem gewissen ehrerbietigem Erstaunen eine Schrift des ersten angezeigt fand die den erhabenen Titel führt: **Von der Macht des Gemüths, durch den blossen Vorsatz seiner krankhaften Gefühle Meister zu seyn.**. Ich las mit grosser Begier, aber fand am Ende, daß der gepriesene Besieger des Schmerzes eigentlich nur über gewöhnlichen Schnupfen und Husten Meister geworden sey, durch die sich freilich **Horazens** Philosophen (die aber, so wie alle alten, wie wir jetzt wissen, nur Titularphilosophen waren) schon aus der Fassung bringen liessen. Aber auch bei dieser Art krankhafter Gefühle war der Sieg noch nicht allgemein. Denn der Verf. gesteht selbst, daß ein mit **Kopfbedrückung verbundener Katharr** ihn für eigne Kopfarbeiten desorganisirt habe.*) Und so darf ich', der ich viele Jahre lang periodischen gichtischen Kopfschmerz erduldet hatte, ohne in einem beschwerlichen Amte etwas zu versäumen, jetzt da mein nie ganz aufhörender Schmerz, der an sich von viel böserer Art ist, als der ärgste Kopfschmerz, manchmal zu einer solchen

*) So mögte also doch Horaz in tantum noch Recht behalten.
Ad summam sapiens uno minor est Jove, dives
Liber, honoratus, pulcher, rex denique regum,
Praecipue sanus, nisi cum *pituita* molesta est.
Horat. Epist. LI. I. infine.

solchen Höhe steigt, daß Gehen, Stehen, Liegen, Sitzen, jedes seine eigne Qual hat und Angstgefühl in jeder Nerve zucket, mich wol nicht wundern, daß die Seele darüber so wenig vermag, als wenn sie durch blossen Vorsatz ein zerbrochenes Bein unzerbrochen machen sollte. Kurz dem Schmerz von einem gewissen Grade wird wol die ältere und neue Stoa nur so lange Hohn sprechen, als sie ihn nicht fühlt; und der edle **Garve** wurde auch wol eben deshalb bewundert, weil er unter bitterer Empfindung von der Wirklichkeit seines Schmerzes, sich nicht desorganisiren ließ, sondern dem ohnerachtet gemein verständliche Schriften voll **gesunder** Vernunft in **reinem** deutschen Styl ausarbeitete. Ob übrigens der Leser die Beschreibung **meines** traurigen Zustandes als eine Entschuldigung will gelten lassen, wenn hie und da in meinem Buche in Materie und Form etwas verfehlt ist, muß ich seiner freien Billigkeit überlassen. Indessen habe ich bei Unternehmung des Geschäfts die Hofnung gehabt, wenn meine Leiden auf der einen Seite die Geisteskräfte niederdrückten, so würde dies doch einiger Maassen dadurch ersetzt werden, daß ausser meinen Schmerzen mich, der ich von der ganzen Welt und allen Geschäften wie abgesondert bin, sonst nichts bei meiner Schriftstellerei zerstreuete.

Bei der Umarbeitung meines Buchs bin ich in der Hauptsache bei dem Plan geblieben, den ich bei der ersten Ausarbeitung angab. Keinesweges will ich solche Lehrlinge aus der Acht lassen, die im eigentlichen Sinn Mathematiker werden wollen. So wie ich vorher sie schon auf solche Schriftsteller hinwies, wo sie strengere oder doch ausführlichere Beweise finden konten; so habe ich jetzt, da ich ein vollständigeres Handbuch ausgearbeitet habe, diese umständlichern und für strenger gehaltenen Methoden grössentheils selbst darin aufnehmen können. Dennoch will ich immer noch auf die grössere, dem Staat eben darum wichtigere Zahl solcher Lehrlinge besondere Rücksicht nehmen, die als Feldmesser, Baumeister, Bergofficianten, Cameralisten, oder sonst so genante höhere Fakultisten, für ihr Hauptstudium nicht allein formellen, sondern auch materiellen Nutzen von der Mathematik haben wollen. Die erste Idee eines solchen Plans bildete sich bei mir, als ich die Mathematik zu Klosterbergen von 1770 bis 1778, manchmal bei einer Anzahl von 180 bis 200 jungen Leuten zu lehren und zu besorgen hatte, die nach des großen Königs Befehl zu brauchbaren **Geschäftsmännern** angezogen werden sollten. Von daher drang man, und zwar niemand so sehr, als mein Freund und vormaliger College, auch Nachfolger in der mathem. Lehrstelle, Hr. Prof. **Lorenz**, in mich, als ich schon Professer in Frankfurt war, diesen ihm bekanten Plan auszuführen. Nach seinen noch vor mir liegenden Briefen schien er mit der Ausführung nicht unzufrieden. Doch erschienen 1785 seine eignen **Elemente.** Ich schloß aus dem Titel, daß er als ein so grosser Verehrer Euklids sich gerne noch strenger und dichter an den Griechen habe anschliessen wollen. Mein damaliger neuer Geschäftskreis erlaubte mir nur in dem Buche zu blättern. Aber selbst der Anblick seiner Figuren z. B. die 28te und 30te und mehrere schienen meine Gedanken zu bestätigen. In eben dem Jahre erhielte ich vom sel. **Karsten** seine Abhandlung vom mathem. Unendlichen. Ich verwunderte mich in dessen Schreiben sowol als seiner Schrift meinen Freund **Lorenz** beschuldigt zu sehen, daß er nicht **strenge genug** verfahren habe. Da sah ich denn, daß Hr. L. in der Stereometrie eben so wenig wie ich die archimed. Exhaustionsmethode, sondern dafür, so wie auch **Segner**, das **Cavallerische** Princip, im 7ten Buch des methodi indivisibilium, gebraucht habe u. d. gl. Daß aber **Karsten** dies unter mehrerm tadelte, wunderte mich, weil ers in seinem doch auch für die Universität geschriebenen Auszug (Lorenz schrieb doch zunächst für eine Schule) angewandt hatte.

Bei meiner jetzigen Arbeit wollte ich die Einrichtung der jetzt beliebtesten Lehrbücher, wozu die Lorenzischen mit allem Rechte gehören, vergleichen.

Da

Da fand ich dann die bei der neuen Ausgabe von 1793 wiederholte Vorrede der ersten Ausgabe. Der Verfasser erklärt sich darin gegen die Methode, bei der Theorie Anwendungen zu machen auf eine Art, daß ich wegen oben berührter Umstände doch fast glauben muß, daß er auch meine Bemühung, hin und wieder dem Lehrling zu zeigen, daß und wie er die Theorie dereinst nutzen könne, grade hin für schädlich hält. Er wird es mir also wol erlauben auch meine Gedanken über diesen Punkt zu sagen.

Er sagt nun von der ersten Ausgabe seiner Elemente, „daß er sie nach einem Plan ausgearbeitet „habe, der das Studium der Mathematik Anfängern „zu erleichtern geschickt ist; daß diese Erleichterung „aber nicht im Zusammenstoppeln seichter durch „und durch mangelhafter Kenntnisse, die in der „Mathematik, wo strenge Methode die einzige Metho„de ist, nichts nutzten, sondern in sorgfältiger Auswahl „der Grundwahrheiten, genauen Anordnung des Gan„zen und der Theile, einem bestimten Ausdruck der „einzelnen Sätze, einer Entwickelung der Beweise, „die solche durch kürzern Vortrag nur einleuchtender „macht, bestünde.“ Ich sehe hieraus, dünkt mich, deutlich, daß Hr. Karsten, der sonst nicht tadelsüchtig war, geglaubt haben muß, daß ein Mann, der in seinem Werke die höchste Präcision und Strenge beobachtet zu haben behauptet, solche Erklärungen, wie die seinigen vom Unendlichen in der ersten Ausgabe waren, und solche nicht für strenge gehaltene Grundsätze, wie der **Cavallerische**, nicht brauchen müsse. Darum setzt K. auch wol hinzu daß man solche Beweise für erste Anfänger, oder für solche, **die Mathematik zum praktischen Gebrauch treiben wollen**, könne gelten lassen. Nur von einem Schriftsteller, der diese letztern für den schlechtern Theil hält, welchen er selbst in einer pädagogischen Anstalt nicht vor Augen gehabt zu haben versichert, verlangte K., daß er dann auch recht strenge seyn müsse. Denn sonst, um nur von dem Cavallerischen und ähnlichen Principien zu reden; so wird wol niemand den treflichen **Segner** in seinen Lehrbüchern eines Mangels der Gründlichkeit beschuldigen, der es ebenfalls sogar in der Planimetrie braucht, und übrigens doch gewiß im Geiste des **Euklides** schrieb, ohne grade in der Chlamys des Griechen aufzutreten. Nächst der **Strenge** hält Hr. L. auch noch die **Kürze**, also diese beiden für die alleinigen Mittel das Studium zu **erleichtern**. Man kan freilich sehr weitläuftig und sehr dunkel, aber doch auch kurz und dunkel seyn. Ist der Vortrag bei wenigen Worten deutlich; so ist diese lichthelle Kürze lobenswürdig. Affektirte Kürze verunglückt meistens. Dum brevis esse *volo*, obscurus fio. Hrn. **Lorenz** Lehrbuch giebt gewis viele Beispiele lichtheller Kürze. Ueberhaupt so herrliche Eigenschaften Strenge und Kürze (ohne räthselhafte Dunkelheit) in Schriften für Kenner

sind;

sind; so sollte ich doch warlich glauben, daß in Schriften für Anfänger (wenn mans nicht blos auf die mündliche Erklärung ankommen lassen will) die **Erleichterung** eigentlich in der auch noch durch mehrere Mittel zu bewirkenden **Deutlichkeit** gesucht werden müsse. Und da ohne **Aufmerksamkeit** alle Deutlichkeit nichts hilft, so müssen auch Mittel gesucht werden die Aufmerksamkeit zu erhalten. Besonders, dächte ich, müsten bei Lehrbüchern für Anfänger auf Schulen (auf Universitäten gehören die meisten auch zu den Anfängern) diese Eigenschaften zu erhalten gesucht werden. Ich hatte daher vor der ersten Ausarbeitung eines kürzern Lehrbuchs mich erklärt, daß von zwei Beweisen, die beide überzeugend wären, ich den leichtern und kürzern (z. E. die **Cavalleri-Segnersche** Methode) dem strengern, subtilern und weitläuftigern (z. E. der **archimedischen Exhaustionsmethode**) vorziehen wolle. Deutlichkeit und Interesse, also die Aufmerksamkeit, suchte ich am meisten dadurch zu erhalten, daß ich selbst im Buche den Lehrling hin und wieder darauf hinwies: wie man auf die Sätze selbst, dann auf ihren Beweis und Auflösung gekommen seyn mögte. Auch suchte ich allerdings die Deutlichkeit, wo ichs nöthig hielt, durch Beispiele: die Aufmerksamkeit und das Interesse durch den hin und wieder, besonders wenns seyn konte, von schwerern Theorien gewiesenen Nutzen zu erhalten.

Gegen diese meine von ihm vielleicht nur misverstandenen Ideen scheint die Frage gerichtet zu seyn, welche Hr. L. a. D. aufwirft:

„Ob man Anfängern die trocknen Lehren vorlegen „oder deren Vortrag mit nuzbaren Anwendungen ver„weben solle, und durch welches von beiden das Stu„dium der Wissenschaften am meisten erleichtert werde?

Kaum sollte man bei diesem Ausdrucke denken, daß die Absicht des Fragers wäre, sich für die blossen trocknen Lehren zu erklären, und im Ernste zu behaupten, daß eben die **Trockenheit die gröste Erleichterung für den Anfänger** sey. Aber noch sonderbarer wäre es freilich, wenn diejenigen, welche er für seine Gegenparthei annimt, wie er sagt, behaupteten, daß **jeder** Satz, (nämlich in der theoretischen Mathematik) **unmittelbar** angewendet werden sollte. Eigentlich ist dies noch wol keinem, der weis was Theorie und Unterricht ist, selbst kaum jenen Rechtsgelehrten eingefallen, welchen Deutschlands ältester und erster Mathematiker, dessen allgemein beliebtes Lehrbuch der theor. Elemente nach der neuen Ausgabe noch neue **interessante Anwendungen** zeigt*) ant-

*) Z. E. I. Th. Ex. zum 57 S., Anm. zum 62 Satz. Dahin gehört auch die häufige Hinweisung auf praktische Anwendung der eben vorgekommenen Theorie, ohne Warnung sie ja doch jetzt noch nicht anzusehen. Selbst Anal. des Unendlichen §. 95. VI bis VIII §. 161. Auch an mehr Stellen, die doch wol immer beweisen, daß er den Lehrer der etwa mündlich

antwortet: „Läßt sich denn aus der Rechtsgelehrsamkeit „nur grade so viel vortragen, als den meisten Rechts„gelehrten zum künftigen Gebrauch unentbehrlich ist? „Ich denke bald nach ihrem Eintritt in die Geschäfte „vergessen sie, selbst bei geschickter Verwaltung derselben, „manches was ihnen auf Universitäten war gesagt wor„den. Aber es zu sagen, erforderte der Zusammenhang; „die Nothwendigkeit, das Brauchbare aus dem nicht „unmittelbar Brauchbaren herzuleiten, der Umstand „daß Jurisprudenz nicht Handwerk, sondern Gelehrsam„keit ist.“ Und hierin bin auch ich mit Hr. Hofrath **Kästner** völlig einig. So wie es aber im ersten Bande seines theoretischen Lehrbuchs doch auch manche Anwendung gut gefunden hat (ungeachtet dasselbe gewiß auch für Professionsmathematiker geschrieben ist, und seit 40 Jahren aus ihm wol die meisten derselben die ersten Gründe ihrer Wissenschaft gelernt haben;) so durfte ich doch wol, der ich noch besonders auf zukünftige Geschäftsmänner Rücksicht nahm, sie von Zeit zu Zeit darauf hinweisen, daß die Theorie bei vielen Vorfällen im menschlichen Leben, die nicht grade im System der **eigentlich angewandten Mathematik** begriffen sind, ihnen hülfreiche Hand leisten könne.

lich noch hin und wieder zeigte, wozu und wie die vorgewesene Theorie zu gebrauchen sey, deshalb nicht für einen Obskuranten in der Mathematik erklären werde.

Hr. **Lorenz** läßt nun die Parthei, welche den Anwendungen geneigt ist, denen er zuwider ist, folgende Gründe, die er weiterhin zu entkräften bemüht ist, für sich anführen.

„1) Weil der Lehrling natürlicher Weise zu wissen verlange, wozu das was er lernen soll, nützlich sey. Ich muß nun gestehen, daß dies **Verlangen**, wenn es sich zur Unzeit äussern sollte mich nicht eigentlich bestimme, obgleich selbst Hr. H. **Kästner** S. 165, 5te Ausg. bekennet, daß er dieser, wie mich dünkt, doch auch eben nicht tadelnswerthen Ungeduld*), womit Anfänger Anwendung der theoretischen Lehren zu sehen verlangen, nachgebe, und sie ihnen dadurch nützlich zu machen suche, sie in der Folge auf Sätze aufmerksam zu machen, die sie sonst als leere Betrachtungen würden versäumt haben. Nun eben das halte ich für einen sehr triftigen Grund, weil der Anfänger mit neuem Eifer wieder eine Reihe abstrakter Wahrheiten lernen wird, wenn ihm von den vorigen ein oder der andere nützliche Gebrauch gewiesen worden ist. Er wird es jetzt zutrau-

*) Wenigstens sind mir solche ungeduldige Zuhörer viel lieber als diejenigen, die aus andern Gründen mit Ungeduld dem Ende jeder Lehrstunde entgegen sehen: in der That glauben, daß das trockne Zeug blos so etwas sey, womit man sie in der Schule quäle, ohne daß es im Leben zu was nütze; zum Theil wol gar glauben, sie dürften nicht aufmerken, weil Lehrbuch und Lehrer das Brocardicon, womit heutiges Tages so mancher, wie mit der sokratischen Methode, um sich wirft. Non scholae sed vitae discendum est. nicht beobachteten.

traulicher erwarten, bis es der Lehrer gerathen hält, ihm wieder nüzliche Anwendungen zu zeigen.

Zweiter Grund für die Anwendung: „Weil der „Satz selbst durch die Anwendung in mehreres Licht ge„setzt werde.“ Dies hat man freilich wol sonst so gedacht. Allein Hr. **Lorenz** suchet in der Folge zu beweisen, daß die Anwendung nicht allein nicht nutze, sondern sogar schädlich sey. Davon alsdann mehr. Ich bemerke nur daß ich bei der Anwendung auch nicht eigentlich die Aufhellung der Sätze bezwecke. Die letzte muß hauptsächlich durch deutlichen und das eigne Denken erweckenden Vortrag der theoretischen Wahrheiten selbst erreicht werden.

Dritter Grund: „weil der Vortrag durch die spe„cielle Behandlung (wie er die Anwendung nennt) viel „von seiner Trockenheit verliere, und durch die Mannig„faltigkeit der Sachen an Lebhaftigkeit und Inte„resse gewinne.“ Auch diesen Grund sucht Hr. Lorenz weiterhin zu entkräften und ich werde dann zeigen, daß er anders gefaßt mir sehr richtig zu seyn scheint.

Er sagt nun, was die von ihm sogenante andere Parthei, das ist, er selbst, verlangt. „Eine **gedrängte** „(warum nicht deutliche?) Behandlung der Lehren und „Vorschriften die nur durch wenige (ein unbestimtes „Wort!) aber ausgesuchte Beispiele erläutert werden, und „so verspare er die Anwendung der abstrakten Lehren für „die im Folgenden (was ist das für ein folgendes? etwa „die angewandte Mathematik?) häufig vorkommenden

„Gelegenheiten, wo erst ein rechter Gebrauch davon zu „machen ist.“

Ehe ich aber auf seine Gründe mich einlasse, weswegen es sogar schädlich (schädlich?) seyn soll, wenn man beim Vortrag der theoretischen Mathematik, Beispiele, oder doch viele (?) Beispiele giebt, oder Anwendungen macht, müssen doch gewisse Umstände, welche nicht völlig bestimt sind, fest gestellt werden. Wenn der Verfasser sich ganz von der grössern Anzahl lossagt, die aus speciellen Absichten die Mathematik erlernen (das heißt doch wol, um sie als Feldmesser, Baumeister, Cameralisten oder sonst bei einem andern Hauptgeschäfte zu nutzen) und erkläret, „daß er sich nur nach dem „bessern Theil gerichtet habe, welcher das Ganze zu „umfassen strebt, und nicht eher Anwendungen zu machen „verlangt, als bis dieselben in ihrer Vollkommenheit ge„macht werden können“; so wäre es doch ein grosses Unglück für die Classe von Lehrlingen, die er auf eine fast zu herabwürdigende Art für den schlechtern Theil hält, da es doch für den Staat wenigstens eben so brauchbare Menschen sind, wenn jeder Lehrer der Mathematik so dächte und so denken dürfte. Ich habe es mit vielen andern Lehrern der Mathematik für die theureste Pflicht, die mir der Staat auflegte, gehalten, eben deswegen, weil es so sehr wenig solche Lehrlinge giebt die aus der Mathematik ihr eigentliches Hauptstudium machen, (ohne wie bereits gesagt die leztgenanten zu versäumen), diese wegen

ihrer

ihrer Bestimmung zu Geschäftsmännern und Staatsdienern immer respektable und keinesweges verächtliche Classe, auch eben darum, weil sie die zahlreichste ist, unaufhörlich ins Auge zu fassen; und glaubte verantwortlich zu werden, wenn ichs nicht thäte. Wer nun weis, wie es auf Universitäten besonders so wenig zahlreichen als Frankf. a.O. zu der Zeit als ich dort schrieb und lehrte, zugieng, der wird zugestehen, daß wenn ich etwas ausgebreiteten Nutzen durch Mathematik stiften wollte, ich meinen schriftlichen und mündlichen Vortrag am wenigsten trocken, aber auch nicht blos strenge oder nur gründlich, sondern hauptsächlich deutlich und interessant einrichten muste. Manche Lehrer der obern Fakultäten selbst sagen es, freilich nicht aus den edelsten Motiven, ihren Zuhörern oft genug vor, daß die Mathematik für ihr Hauptstudium eine unfruchtbare Speculation, höchstens eine überflüßige Uebung der Logik sey, wozu die Fakultätswissenschaft eben so gut diene; so daß, wenn der Professor der Mathem., wofern sie sich ja zu ihm verirren, ihnen in der Theorie wirklich weiter nichts als dürre Rechnungen, und die Spielereien mit Figuren (wie sie es nennen) vorzeigt, ohne je sie auf den Nutzen davon hinzuweisen, er gewis in den ersten Wochen leeren Bänken sein quod erat demonstrandum und seine solutiones maxime concinnas vorpredigen kan. So hat er nun zwar die Würde der Wissenschaft wie der V. es nennt, behauptet, aber ihre wahre

Würde,

Würde, die in der über alle Stände verbreiteten Nüzlichkeit besteht, sehr wenig befördert. Denn kan Nuzen durch die Mathematik durch Menschen gestiftet werden, die nicht einmal Rechenkunst und Geometrie lernen?

Vieleicht aber will der Verfasser nur, daß das mathematische Lehrbuch blos die, wie er sagt, trocknen Lehren kurz und gedrängt enthalten, und daß es dem mündlichen Vortrag vorbehalten bleiben soll, Anwendungen zu machen, und dadurch Interesse in die Sache zu bringen. Da er die Anwendungen für durchaus schädlich erklärt, so muß er sie auch aus dem mündlichen Vortrag verbannen. Fände er sie aber in diesem nicht tadelhaft oder nachtheilig, so werden sie es ja dadurch nicht werden, wenn sie gedruckt werden. Uebrigens kan nur vom Vortrag der theoretischen Mathematik bey ihm die Rede seyn. Denn angewandte Mathematik ist — angewandte Mathematik. Er muß also dergleichen Anwendungen verstehen, wenn man wie z. B. **Karsten** die Lehren der sogenannten politischen Rechenkunst von Annuitäten, Leibrenten, Wittwenpensionen bei der allgemeinen Rechenkunst, oder wie **Kästner** die praktische Geometrie neben und mitten unter der sogenanten reinen mit einiger Umständlichkeit vorträgt. Noch weniger, stelle ich mir vor, gefallen ihm solche kurze praktische Anmerkungen, wie ich zum Beispiel neben den Construktionen von Aufgaben auf dem Papier

durch

durch Zirkel und Linial, über dergleichen Operationen auf dem Felde beigebracht habe; oder wenn man z. B. Berechnung von Holzklaftern verschiedener Provinzen des Landes, und wie man sich dabei zum Nachtheil Königl. Cassen irren könne, wenn man das Cubische Verhältniß nicht anzuwenden weis, (dergleichen man auch bei Kästner S. 386. 415 findet) mitten unter den theoretischen Sätzen der Stereometrie aufstellet. Ich kan indessen jedem unbefangenen Leser überlassen, ob dergleichen zu den **fremden** Einmischungen gehört, durch welche nach Hrn. L. Meinung die Uebersicht des Ganzen gestört wird, und die er wegzulassen räth, um den Gebrauch des Erlernten zu erleichtern. Sonderbar ausgedrückt: man soll den Gebrauch einer Sache nicht zeigen, um den Gebrauch um ein Grosses zu erleichtern. Doch er redet von fremder Einmischung (αλλοτριοις), welches aber den statum controversiae ändert, weil dergleichen kein Vernünftiger für gut halten wird. Dagegen ists doch wol natürlicher, daß solche recht aus der Sache hergenommene Anwendungen allgemeiner Lehren sie erst recht geläufig und unvergeßlich machen werden.

Nun giebt er noch vorzüglich zu bedenken, „daß „frühzeitige Anwendungen schwieriger sind, als es vielen, denen nicht alles dazu erforderliche bekant ist, zu „seyn scheine.“ Das ist ganz richtig. Aber davon kan ja die Frage nicht seyn! Wer verlangt denn zu frühe Anwendungen, oder daß Leute, die weder von den allgemeigemeinen noch speciellen Sätzen, worauf erste anzuwenden sind, gehörige Kenntniß haben, dergleichen machen sollen? Dies trift aber nicht auf solche Anwendungen wie z. B. die eben angeführten Aufgaben der politischen Rechenkunst gleich nach den Lehren von Progressionen und Logarithmen, worin sich der Verfasser sogar selbst einigermaassen einläßt.

Das würde allerdings ein Mißbrauch seyn, wenn man ganze Capittel der angewandten Mathematik in die theoretische verweben wollte, wie wol manchmal junge noch unerfahrne Lehrer es machen, um mit ihrem Wissen zu pralen. Indessen hin und wieder den Lehrling z. E. bei der Trigonometrie einen Blick in die Astronomie hinüber thun zu lassen, (wie etwa bei dem Exempel zu §. 49 Trig.) der ihn ahnden läßt, daß er hier eine Wissenschaft lerne, die ihm zu den erhabensten Kenntnissen den Weg bahnt, wird ihn gewiß anfeuren mit Begierde Lehren zu lernen, deren Trockenheit sonst nur gar zu leicht ermüdet (S. Kästn. S. 462 525). Wenn man auch wie in dem Beispiel noch die Erfindung der Parallaxe nicht ausführlich lehren kan, so wird gewis doch ein Exempel dieser Art ihm die Trigonometrie lieber machen, als blos abstrakte Zahlen. Sollte ein solches Hinweisen auf den edelsten Gegenstand menschlicher Kenntnisse schädlicher seyn, als die Berechnung der Wahrscheinlichkeit des L'Hombrespiels, dessen Grundsätze doch auch; hoffe ich, nicht allen jungen Leuten bekant sind?

Das

Das Höhenmessen und Nivelliren, wird beim Examen vom angehenden Geometer verlangt. Es setzt Begriffe wiewol die leichtesten aus Dioptrik, mathem. Geographie, also auch der Astronomie voraus. Ist es denn auch verwerflich oder gar schädlich: ist es zu frühzeitig, schon bei der Geometrie und Trigonometrie ihnen davon Begriffe zu geben, damit sie nicht abgewiesen werden? Kurz der Lehrer oder Schriftsteller muß Beurtheilungskraft genug haben, um die rechte Stelle zu finden, wo seine erläuternden und ermunternden Anwendungen hingehören.

In der That habe ich es nie für ein nicht seltenes Vorurtheil, wie der Verfasser sagt, sondern für eine allgemein durch die Erfahrung aller Zeiten und Menschenclassen, vom einfältigsten Landmann an bis zum sokratischen Weisen bestätigte Grundmaxime gehalten, daß beim Unterricht nichts die Begriffe so sehr aufkläre, als passende Beispiele. Ich meine auch, daß es der gewöhnliche Weg des menschlichen Geistes sey, vom Individuellen sich zum Abstrakten empor zu heben. So würde man ja dem, welchen der allgemeine Ausdruck des pythag. Lehrsatzes dunkel wäre, ihn erst an speciellen Beispielen, erst in rationalen, dann in irrationalen Grössen darstellen, eben dadurch ihm die Nothwendigkeit eines allgemeinen Beweises zeigen, und nur dann erst wird er wie weit der Satz sich erstreckt, einsehen, den Beweis

weis so viel besser begreifen, und nun in völliger Allgemeinheit diese wichtige und ihm recht interessant gewordene Wahrheit dem Depot seiner Kenntnisse beifügen. Allein der Verfasser hält es für ein grosses Vorurtheil dem Abstrakten durchs Individuelle zu Hülfe kommen zu wollen. Aber wie reimt sich das mit dem vorigen, da er doch wenige ausgesuchte Beispiele haben wollte? Er hätte also wenigstens nur sagen sollen, daß man des Guten zu viel thun könne, mithin bestimmen sollen, wie viel man denn eigentlich thun sollte, bei dem wie vielsten Beispiel eigentlich das Schädliche anfinge; oder will er eigentlich nur haben, daß, wenn einmal der allgemeine Satz hinlänglich durch vorhergehende Beispiele erklärt und eingesehen sey, man sich nun aller Anwendung enthalten solle, weil dies schädlich sey. Dies ist doch wahrlich fast eben so, als wenn man eine Predigt darum für weniger unterrichtend halten wollte, weil sie eine Nutzanwendung hatte. Ich sehe auch in der That nicht ein, wie zum Beispiel, wenn der Satz des 188 §phs von mir dazu unmittelbar angewandt wird, zu zeigen, wie man auf dem Felde am Ende einer graden Linie ein Perpendikel errichten soll, dadurch der abstrakte Satz ins Dunkle gestellt würde, oder ob nicht vielmehr durch diese gewiesene Brauchbarkeit er sich nicht noch tiefer einprägen sollte.

Doch

Doch Hr. L. führt einen Beweis für seine Behauptung. Die Abstraktionen sagt er: „gehörten zu den „nothwendigen Unvollkommenheiten endlicher Geister, „und so wäre ihre Absicht die möglichst wenigsten Ideen „zusammenzustellen, um unserm eingeschränkten Blicke „zu Hülfe zu kommen; da nun jeder Lehrsatz und „jede Aufgabe um desto schwerer zu übersehen sey, je „mehrere besondere Bestimmungen darin verwebt sind; „so könte also das Individuelle dem Abstrakten nichts „helfen, und man mache das lezte durch Beibringen des „erstern nur schwerer, schadete also der deutlichen Ein„sicht in die Sache.“ Ich weis wirklich nicht recht aus dieser Schlußkette heraus zu finden. Gebe ich die Konklusion zu, so beraube ich ja den Verfasser des Vortheils auch ein einziges von jenen ausgesuchten Beispielen beizubringen, wozu er zu der meiner Erinnerung so angenehmen Zeit, da wir in freundschaftlicher Eintracht, er die spekulative Philosophie, ich die Mathematik in Klosterbergen lehrten, so ein vorzügliches Talent hatte, und seine Schüler verlören die grosse Wolthat eines lichtvollen Unterrichts durch Beispiele, womit sie wenig zufrieden seyn würden, wenn er ihnen auch jezt in jeder Lehrstunde vorsagen wollte: **Je abstrakter, je deutlicher.** Aber mich dünkt, es ist auch in den Vordersätzen, etwas nicht so ganz richtiges. Von den allgemeinen Sätzen und Begriffen, (welches hier doch wol einerlei mit den abstrakten seyn soll) in Metaphysik oder Logik (wo grade Hr. L. doch in seinem Vortrage so reich an Beispielen zu sein pflegte) mögte es allenfalls gelten (und doch was ist Logik ohne Beyspiele?) Aber in der theoretischen (auch der praktischen) Mathematik sind in den **allgemeinen** Lehrsätzen und Auflösungen grade die mehrsten Bestimmungen wirklich recht **verwebt**. Sind nicht in der Geometrie und Trigonometrie die allgemeinsten Sätze und Aufgaben von den Triangeln und ihrer Auflösung viel zusammengesezter, als wenn man sie auf die Arten, das gleichschenklichte, gleichseitige rechtwinklichte **anwendet**? S. Ebene Trig. §. 63. Vergl. die allgemein gemachten Aufgaben VII Abschn. der allg. Rechenk. bes. §. 213. 215. 221. Wie weitläuftig ist nicht die allg. Gleichung für die Curven der zweiten Ordnung und wie einfach die für jeden Kegelschnitt ins besondere, wenigstens wenn die Abscissenlinie die Axe ist? Aber der einsichtsvolle Verfasser weis wol selbst, daß dies grade der Vorzug des Mathematischen vor dem metaph. Abstraktum ist. In der Mathematik läßt man nämlich die besondern Umstände und Bestimmungen bei der Abstraktion nie ganz aus dem Spiele, wie in der Metaphysik. Durch die Bezeichnung auch des Unbestimten zieht man sie mit in Rechnung. Dadurch müssen die allgemeinen Formeln freilich weitläuftig werden. Aber darum eben lassen sich die besondern Fälle in der Mathematik so sicher aus der allg. Form herleiten. Allein das metaph. Abstraktum giebt keine Anleitung auf das Speciellere mit Sicherheit zu schließen, weil alle Spuren der individuellen Begriffe, wovon abstrahirt worden, daraus verwischt sind. Von diesem, nicht vom math. Abstr. ists oft schwer und mißlich genug, auf das individuelle und auf die res vitae communis zu schliessen. Leider haben wir Beweise genug, wie es den reinen Vernunftphilosophen geht, wenn sie von dem Dinge an sich in die wirkliche Welt überspringen. Nach dieser ganz eignen Natur der mathem. Säße kan ich wenigstens das allgemeine nicht für so leicht halten, wenn gleich immer diese Formeln eine wahre Wolthat für endliche algebraisirende und analysirende Geister seyn mögen; weil sie mit einem Mahl tausend specielle Aufgaben meistens durch bloße Substitution specieller Wehrte dann sehr leicht auflösen. Man mag nun nach dieser Auseinandersetzung beurtheilen was von den folgenden Schlüssen des bekantermassen sonst so gründlichen Verfassers zu halten sey: **Die Erlernung der abstrakten Regeln ist nicht das Schwere der Wissenschaft, sondern die Anwendung dieser Regeln ist es, wozu mehr Kenntniß, mehr Uebung und mehr Kopf erfordert wird, als man beim ersten Anfange der Erlernung voraussetzen kan.** Immer komt er wieder auf die **zu frühe** Anwendung zurück, welche ja niemand vertheidiget. Aber wer z. B. den Hauptlehrsatz §. 320 meines Buchs begriffen hat, für den sind alle folgenden Anwendungen nicht zu früh. Er ist auch an der Stelle schon über den ersten Anfang hinaus. Nach den 4 Species muß man freilich nicht gleich von Leibrenten und dergl. reden. Ist aber die Anwendung grade das schwerste, wie unser Verfasser sagt (und daß sie immer schwer ist für den dem das Judicinm practicum fehlt oder noch schläft, davon bin ich zwar nicht durch seine Gründe, aber wol durch die Erfahrung auf der Schule und Universität, noth mehr aber in den mannigfaltigen Fächern meines Dienstes im Berg- Bau- und Finanzwesen überzeugt,) nun so ist es ja grade des Lehrers Pflicht, seinem Schüler über diesen Berg zu helfen, bei aller, das ist bei der ersten Gelegenheit das judicium practicum bei ihm zu wecken, ihm zu zeigen, daß mehr Gelegenheiten sind, als er selbst denket, wo diese für so trocken, dürre und unfruchtbar ausgeschriene Wissenschaft nicht blos innerhalb des bisherigen Gebietes der angewandten Math. und Physik, oder auch in andern Fächern wissenschaftlicher Kenntniß; sondern hauptsächlich in mannigfaltigen bürgerlichen Verhältnissen brauchbar sey. Erhält man denn die Uebung, die Hr. L. nöthig hält, in irgend einer Sache, wenn mans immer noch zu früh hält, einen Versuch darin zu machen? immer noch dies erst und noch das erst lernen zu müssen glaubt, ehe man von seinen Kenntnissen Anwendung macht. Nur zu oft entstehen so Menschen, die dadurch, daß ihr Lehrer (ich kan hier keinen andern Ausdruck finden) sie nach einer etwas affektirt strengen Methode führte, wornach freilich z. B. praktische Geometrie erst auf die Astronomie folgen muß, weil die Feldmesser-Boussole den Begrif von magnetischen und geogr.

Meri-

Meridian voraussezt, am Ende wenn sie sich Mathematik erlernt zu haben berühmen, keinen Garten mit ihrer ganzen Geometrie ausmessen, vielweniger nur so gut bei aller ihrer algebraischen Weisheit, als ein einfältiger Pächter ausrechnen können, wie viel für eine nach 10 Jahren erst zahlbare Forderung jezt gegeben werden kan. Wenn sie von ihrem sehr gründlichen Lehrer nie angewiesen sind, an solche Anwendung zu denken; so ahnden sie vieleicht kaum, daß die ihnen aufs beste vordemonstrirte Progressionslehre diese Frage so leicht beantwortet.

Nach alle diesem kan ich nun nach meiner objektiven und subjektiven Ueberzeugung auf ähnliche Art als der Verfasser sagen: Dies wird mich vermuthlich rechtfertigen, daß ich bei meinem Plane nicht blos die kleine Anzahl von Lehrlingen vor Augen gehabt habe, deren mir auch selbst auf Kl. Berge natürlicher Weise wenig vorgekommen sind, die die Absicht und die Zeit haben, **das Ganze zu umfassen** (das heißt doch wol zweite **Euler** oder **Kästner** wenigstens Professoren und Akademiker zu werden) und mit einer bei Studenten und Schülern wahrlich sehr seltnen Resignation (S. Kästn. S. 265) nicht eher Anwendungen verlangten, als bis solche in ihrer Vollkommenheit gemacht werden können. Auf die lezte Art Menschen habe ich um so weniger sehen können, weil es gar solche nicht geben kan, da der Lehrling, bei dem ich mir doch besonders auf der Schule Anfänger und nicht jene bärtige Schüler eines Euklides und Proklus denken muß, dies gar nicht zu beurtheilen vermag. Vielmehr wünschet jeder Lebhafte baldige Anwendung, der Phlegmatische läßt freilich den Lehrer machen. Dagegen habe ich gesucht, so viel ich konte allen nüzlich zu werden. Schon im kürzern Lehrbuch habe ich wie gesagt nicht immer die strengern aber doch unverwerfliche, wie Hr. Lorenz in seiner 1sten Ausgabe; in diesem ausführlichern Handbuch aber auch überdem die strengern Beweise beigebracht. Uebrigens habe ichaus erkanter Pflicht durch den problematischen Vortrag, durch Beispiele und gehörigen Orts eingeschaltete Anwendungen auf künftige Geschäfte und muthmaßliche Dienstereignisse für die dem Vaterlande gewiß eben so schäzbare Klasse künftiger Geschäftsmänner besonders zu sorgen gesucht, Denn da nach Hr. Lorenz die Anwendung der abstr. Regeln eigentlich das Schwere in der Wissenschaft ist, wozu **Uebung** erfordert wird (S. VII seiner Vorrede); so hielt ichs für Pflicht, besonders denen welchen man keine Zeit lies, mehr als theoretische Mathem. zu hören, eben über diese Schwierigkeit zu helfen, um sie anzuleiten allenfalls durch sich selbst weiter zu kommen. Durch diese Methode habe ichs bewirket, daß ob ich gleich im ersten halben Jahre nur 7 Zuhörer in der reinen Mathematik hatte, in jedem folgenden (denn ich las sie jedes Semester) doch die Anzahl meistens näher

bei

bei 42 als bei 28 war. Mehr glaube ich schwerlich daß auf einer Universität von etwa 200 Köpfen zu erhalten seyn wird. Denn wenigstens damals fand auf der Universität das compelle intrare nicht stat, dessen man sich freilich auf einem Pädagogium bedienen kan und muß. Hr. **Lorenz** schließt seinen Tadel eines Lehrbuchs oder Lehrers der bei der theoretischen Mathematik Anwendungen macht, mit den Worten: „Auch konte es **mir** „an solchen Anwendungen (den oben beschriebenen voll„kommenen) jede an dem ihr zugehörigen Orte nicht feh„len, da die Wissenschaft die ich zu bearbeiten hatte, von „einem so weiten Umfange und von so reichem und man„nigfaltigem Inhalte ist, auch alle ihre Theile solche Be„ziehung auf einander haben, daß **einer der Hülfe des „andern nicht entbehren kan.**“ Dies, gestehe ich, ist mir ganz unerklärbar. Daß er nur sich allein es zutrauen sollte, jede Anwendung am gehörigen Orte zu machen, allen andern vor ihm schuld geben wolle, sie hätten es nicht verstanden, kan ich mir bei der sonst beinahe **zu grossen** Bescheidenheit dieses Mannes, der bei den gründlichsten und mannichfaltigsten Kenntnissen nichts so sehr verabscheuet, als andere neben sich zu verachten, durchaus nicht vorstellen. Soll es überhaupt nur heissen: Anwendungen, nur am gehörigen Orte wären immer zu loben, warum verwürfe er denn die Parthei, die doch auch dies nur will? Denn wer wird, wenn ers auch selbst thäte, vertheidigen, daß dergleichen zur

Unzeit gemacht werden sollen? Eben so ists dunkel, wenn er sagt ein Theil der Mathematik könne der Hülfe des andern nicht entbehren. Freilich in Absicht der Gründe nicht, aber er redet ja von Anwendungen, und so hiesse es nun gar ganz dem vorigen zuwider: sie wären **durchaus nothwendig**. Sed manum de tabula.

Da also bei dem Lehrbuche, das ich jetzt herausgebe, noch eben der Plan zum Grunde lieget, so habe ich auch den Titel meines Buchs nicht ändern wollen, wenn gleich das Werk fast noch einmal so stark geworden, und an manchen Stellen ziemlich umgearbeitet ist. Will man über jede der beiden Abtheilungen desselben besonders ein halbes Jahr lesen; so wird es sich auch noch immer als Lehrbuch der theoretischen Mathematik gebrauchen lassen. Inzwischen habe ich bei dem jetzigen umständlichern Vortrage auch dieses beabsichtet, daß es für praktische Geometer und Baumeister und andre Geschäftsmänner ein **Handbuch** werden sollte, worin sie von allen Theilen der Theorie, welche sie hauptsächlich nutzen können, einen ausführlichen Unterricht und wirklich brauchbare Anwendungen finden mögten, ohne viele andre Schriften nachschlagen zu dürfen. Um alles leicht finden zu können ist ein ziemlich detaillirtes Inhaltsverzeichniß beigefügt. Ich will hier das hauptsächlichste bemerken, was in doppelter Rücksicht bei gegenwärtiger Bearbeitung des Werks geschehen ist.

Um

Um denjenigen, welche tiefer in die Mathematik eindringen wollen, ein ausgedehnteres Fundament zu geben enthält

die erste Abtheilung, ausser daß in den arithmetischen Wissenschaften die Beweise hin und wieder schärfer geführt sind, eine vollständigere Betrachtung der irrationalen und unmöglichen Grössen. In der niedern Algebra ist überall gewiesen, wie die Auflösungen allgemein gemacht werden. Allgemeine Formeln zwei unbekante Grössen zu finden, und zur kürzern Ausziehung der Quadrat- und Kubikwurzeln; vollständigere Auflösung der Aufgaben bei arithmetischeu und geometr. Reihen, genauere Betrachtung der Logarithmen aus der Zusammensetzung der Verhältnisse, wie auch der Entstehung und Summirung unendlicher Reihen sind hinzugekommen.

Auch in der **Planimetrie** sind mehrere einzelne Sätze in das System gehörigen Orts eingeschaltet, besonders die Sätze zur Kreisrechnung vollständiger auseinandergesetzt. Insbesondere hoffe ich über **geometr. und algebr. Analysis** zum Besten der Mathematikbeflissenen so viel beigebracht, und mit Beispielen theils im Laufe des Vortrags, theils bei der Abhandlung dieses Gegenstandes selbst so erläutert zu haben, daß meine Leser durch frühe und hinlängliche Bekanntschaft mit diesen Erfindungsquellen so viel besser in den Stand kommen werden, sich bei fortgesetztem mathematischen Studiren selbst zu helfen. Ich habe, da die Bogen schon gedruckt waren, erst das was Hr. **Murhard** in der Einleitung zu seinen Elementen der allg. Grössenlehre von geometrischer Analysis saget, zu Gesicht bekommen. Inzwischen wird man wol finden, daß nach meinem Plane die von ihm dem Hrn. **Maimon** wörtlich nachgeschriebenen Gedanken von der geometrischen Analysis, so scharfsinnig und subtil auch dessen logische Abzählung von 7 Arten derselben seyn mag, für meine Leser gar zu künstlich seyn würden. Wie **Plato**, **Pappus**, **Kästner** und **Schwab** sie bisher sich vorgestellt haben, hat sie sich hinreichend als eine reiche Erfindungsquelle bei Anwendung des sensus communis bewähret; und so wie dieser hauptsächlich den Analysten ohne weiteres Zersplittern in mancherlei Fälle auf die algebraische Gleichung führet, wenn er den nächsten Weg zu beweisen und Auflösungen sucht, so wird er auch gewis den Geometer nicht verlassen.

Zu der **ebenen Trigonometrie** sind ausser einer genauern Entwickelung der ersten Methode, die trigonometr. Linien und ihre Logarithmen zu finden, noch ein halbes Hundert analytischer Formeln, eigentlich der ganze III Abschnitt hinzugekommen; die analytische Auflösung der Dreiecke ist vollständiger gemacht; die Bestimmung der Dreiecke nach andern Datis, als in den vier gewöhnlichen Aufgaben; die kürzere Auflösung mancher geom. Aufgaben durch die Trigonometrie, die trigonometr. Berechnung des Inhalts gradlinigter Figuren, der Ab- und Ausschnitte des Kreises, ferner das soge-

nante

nante problema isoperimetricum, so weit es elementarisch ist, neu hinzugesetzt.

Ausser dem was von den hier benannten Materien auch demjenigen zu Gute kommt, der die Mathematik aus speciellen Absichten erlernet, werden diesem oder jenem nach seiner eignen Bestimmung folgende neu hinzugekommene Materien mehr oder weniger brauchbar seyn.

1) In der **Arithmetik** die viel ausführlichere Anweisung zur Ausübung der logarithmischen Rechnungen auch nach den neuern Handtabellen; der XIV Abschnitt worin die Anwendung der Progressionen- und Logarithmenlehre auf politische, ökonomische und juristische Rechnungsvorfälle, besonders die Annuitäten, Leibrenten und Witwenkassen, nebst zu diesen lezten Rechnungen brauchbaren Tabellen enthalten sind. Noch sind ziemlich vollständige Tabellen über Gewichte, Münzen- und Metallwehrte mitgetheilt.

2) In der **ebenen Geometrie** sind sowol die meisten für hiesiges Land in Betracht kommenden Längen und Flächenmaasse nebst den Reduktionsregeln ziemlich genau auseinander gesezt; die für den Feldmesser so nothwendige Aufgabe von der Feldertheilung, so daß er die gemeinigl vorkommenden Fälle darnach wird behandeln können rein geometrisch, algebraisch und endlich auch trigonomerrisch aufgelöst; die besten Feldmesserinstrumente und ihre Einrichtung, z. B. der Vernier oder Nonius mit seinen Gründen, noch genauer beschrieben; die Lehren der praktischen Geometrie bei der ersten Ausgabe noch

mit

mit der geometr. und trigonometr. Auflösung, aus drei bekanten Punkten den vierten zu bestimmen und in Grund zu legen, nebst der Anweisung zum Vergrössern und Verjüngen der Risse, vermehrt.

Zu der **ebenen Trigonometrie** insbesondere ist für den Feldmesser, außer dem daß die Anwendung dieser nüzlichen Wissenschaft noch bestimter und genauer gewiesen ist, eine zwar kurze, aber doch ziemlich vollständige und aus Gründen hergeleitete Abhandlung vom **Nivelliren** hinzugekommen.

Daß ich die ebene Trigonometrie vor der Stereometrie abhandele ist zwar nicht ganz gewöhnlich. Doch hat schon **Karsten** im Lehrbegrif und in den Anfangsgründen etwas ähnliches gethan. So wie mir überhaupt die Classification nicht ohne Grund zu seyn schien, zuerst alles in ununterbrochener Folge abzuhandeln, was von geometrischer und arithmetischer Betrachtung der Figuren die **in einer Fläche** liegen, für die niedere Mathematik gehöret; so schien mir auch der Uebergang von der arithm. Betrachtung des Kreises im XVI. Abschn. und von der algebraischen Auflösung geometrischer Aufgaben des XVII Abschn. der Planim. zur ebenen Trigonometrie äusserst natürlich, und jene Abschnitte die beste Vorbereitung zu lezterer. Denn die ganze ebene Trigonometrie betrachtet ursprünglich die Dreiecke im Kreise liegend, so daß ihre Seiten Sehnen werden, und schaft sich zur algebr. Berechnung derselben durch Berechnung der trigonometrischen Linien viele tausend Zahlenausdrücke die zum Halbmesser ein

eben

eben so allgemeines und beständiges Verhältniß haben, als im XVI Abschn. der Planim. die aus der Ludolphischen Zahl abgeleiteten, wie besonders aus dem VII Abschnitt der Trig. erheliet. Am meisten gewinnt man durch diese Anordnung bei der Stereometrie selbst, wo die Berechnung der geometr. Körper sich nun so viel befriedigender und aus leichter zu erhaltenden Datis zeigen läßt.

Dadurch sind nun auch in die erste Abtheilung dieses Buchs alle diejenigen Theile der theoretischen Mathematik zusammengebracht worden, wovon der Feldmesser bei seinen Geschäften fast täglich Gebrauch machen muß. Ich leugne damit nicht und habe es im Buch verschiedentlich bemerkt, daß der praktische Geometer und Geograph von der Stereometrie, sphärischen Trigonometrie, selbst der höhern theoretischen und der angewandten Mathematik nicht öfters Gebrauch machen könte, so wie hinwiederum selbst in dieser ersten Abtheilung manches vorkomt, was er selten oder gar nicht bei seinem Geschäfte brauchen wird. Lezteres ist ja schon darum natürlich, weil ich auf jede Art von Mathematikbeflissenen Rücksicht genommen habe. Ich behaupte nur daß der Feldmesser tausendmal mehr Veranlassung finden wird, auf Lehren in der ersten Abtheilung zu rekurriren, als auf Lehren der zweiten. Um deswillen wird man es nicht unrecht und unbequem finden, daß die Verlagshandlung diese erste Abtheilung auch unter dem besondern Titel **Handbuch der theoretischen Mathematik insbesondere für Feldmesser** zu verkaufen sich entschlossen hat.

Daß

Daß man eine grössere Vollständigkeit bei dieser ersten Abtheilung beabsichtet hat erhellt auch daraus daß 19 Kupfertafeln für selbige erforderlich gewesen sind. Zwar sind sie, damit sie nicht gebrochen werden dürfen nur genau von der Grösse des Formats. Die zweite Abtheilung hat deren nur sieben.

In dieser **zweiten Abtheilung** hat nun zuerst die **Stereometrie**, weil ebene Trigonometrie vorhergeht, viel ausführlicher abgehandelt werden können; dadurch ist sie an sich anwendbarer geworden. Die Beweise sind meistentheils nach beiden Methoden nach dem von **Segner** sehr einleuchtend dargestellten **Cavallerischen** noch von dem eigentl. methodo indivisibilium verschiedenen, Princip, und auch nach dem Euklidischarchimedischen methodo exhaustionis geführt worden. Denn wenn ich gleich die erste Methode mit **Segner** wirklich für evident halte; so vermehrt sie doch die Anzahl der Grundsätze in der Geometrie, und thut also in dieser Absicht der Einfachheit, welche ein Hauptcharakter der reinen Mathematik ist, Abbruch. Und hiernächst ist besonders der archimedische Beweis für das Verhältniß gleich hoher und breiter Kegel, Cylinder und Kugeln so scharfsinnig, so subtil und zugleich so berühmt, ist so häufig als der Grund und ursprüngliche Veranlassung der Entstehung der sogenanten Infinitesimalrechnung angegeben worden, daß dem angehenden eigentlichen Mathematiker wirklich etwas fehlen würde, wenn er mit dieser

Be-

Beweisart, so wie sie sich bei dem berühmtesten Lehrsatz bewähret, unbekant wäre.

Ferner ist zur Stereometrie eine Abhandlung der eigentlichen **Sphärick**, worin die sphärischen Dreiecke ganz so geometrisch wie die ebenen in der Planimetrie untersucht werden, hinzugekommen.

Endlich habe ich die **sphärische Trigonometrie**, welche bei dem vorigen Werke ganz fehlte, nicht nur hinzugesetzt, sondern auch mich besonders bemühet, das Zweideutige und das Bestimte bei den Resultaten für jedweden Fall so deutlich wie möglich und aus den sichern **Kästnerschen** Kennzeichen herzuleiten; dabei auch Probleme die selten die Elemente enthalten, weil ich sie für den Geographen (Geometre geographe) nützlich hielte, aufgelöset auch noch Anwendungen dieser Trigonometrie auf die Körperrechnung gemacht. Auf die Berechnung des Flächeninhalts eines sph. Dreiecks leitete mich die 52 Figur. Ich fand nachher in **Kästners** geom. Abhandlungen, daß schon **Alb. Girard** Erfinder dieser Auflösung ist.

In der **Analysis des Endlichen** sind ausser einer vollständigern Ausführung der vormals schon gewesenen Abschnitte, die Lehre von den Summen und Differenzen und dem figurirten Zahlen und eine kurze Einleitung in die höhere Gleichungslehre (Algebra sublimior) nach **Kästner**, auch zwei Abschnitte von den Funktionen und deren Verwandlung in unendl. Reihen hinzugekommen.

In der **höhern Geometrie** ist unter andern kleinen Vermehrungen die Quadratur der Ellipse, durch eine der

archim

archim. ähnliche Methode auf die Kreisquadratur zurückgebracht. Bei den Curven selbst sind die Cissois, Conchois und Epicykloide beschrieben.

Bei der **Infinitesimalrechnung** sind die Gründe etwas genauer untersucht, aus der Differentialrechnung die Binomialformel auf gebrochene und negat. Exponenten erweitert und dabei **Lamberts** sinnreich erdachte Reihe zur Ausziehung aller Wurzeln erklärt, die allgemeine Asymptotenregel gezeiget, so wie bei der Integralrechnung die allgemeine Logarithmenlehre aus Betrachtung der Logistik hergeleitet, ihre Verbindung mit der Hyperbel gezeiget und die umgekehrte Methode der Tangenten hinzugefüget ist.

Was in der **Geschichte** der hier abgehandelten Wissenschaften ab oder hinzugekommen, kan ich der eignen Bemerkung des Lesers überlassen. Ich habe sonst auch diese sorgfältig durchgesehen, und das Fehlerhafte zu berichtigen, wichtige Lücken aber auszufüllen gesucht; besonders aber die Bücherkenntniß noch etwas erweitert. So habe ich unter andern um die Schriften der Algebraisten oder vormals sogenanten Cossisten etwas verständlicher zu machen ihre dunkle Sprache durch eine Tabelle erläutert.

Die hauptsächlichsten Druckfehler, d. i. die den Sinn merklich verstellen könten, habe ich angemerkt und wird man sie vor dem Lesen des Werks gefälligst verbessern.

Berlin, den 25ten März 1800.

In-

Inhaltsverzeichniß der ersten Abtheilung.

Von der Mathematik überhaupt. S. 1.

Theoretische Mathematik.

Arithmetische Wissenschaften.

Allgemeine Begriffe und Sätze. S. 7.

Erste Abtheilung.

Die Zahlenrechenkunst.

Zweite Abtheilung.

Die allgemeine Rechenkunst. S. 74.

V.

Der Elementargeometrie.

Erster Theil.

Von Figuren in einerlei Ebene.

Erstes Hauptstück. Ebene Geometrie oder Planimetrie.

Nähere

Der Elementargeometrie ersten Theils. Zweites Hauptstück.

Die ebene Trigonometrie. S. 461.

II.

Anhang.

Vom Nivelliren. S. 551.

Bemerkte Druckfehler und sonstige Verbesserungen.

S.	Z.	von stat lies
17	10	Unten st. 5321 l. 5381
32	12	Oben st. der ersten 5 l. 3
40	2	O. st. 128 l. 125
44	1	U. st. § 36. l. §. 63
50	8	O. st. 3ten l. 5ten
68	6	U. st 975 l. 957
69	10	O. st. $6\frac{8}{17}$ l. $7\frac{8}{17}$
96	12	O. st. $-ab-$ l. $-ab+$
112	20	O. st. $+a^2$ l. $+a^2b$
123	2	O. st. $\frac{\sqrt[4]{4}}{\sqrt[4]{5}}$ l. $\frac{\sqrt[3]{4}}{\sqrt[3]{5}}$
128	1	U. st. a^{-n+n} l. a^{-m+n}
129	7	O. st. 6 zusammengesezte l. 6. Zusammengesezte
131	7	O. st. $x^{-2}.x^{-2}$ l. $x^{-2}.x^{-2}.x^{-2}$
132	8	O. st. $4^2.16$ l. $4^2=16$
157	8	U. st. verdoppeln kan l. verdoppelt, kan
166	3	U. st. $-(n+1)b$ l. $-(m+1)b$
167	2	O. st. des ersten -1 l. $-1.$
	2	O. st. $-1.-1$ l. $-1.a$
	3	O. st. -1 l. $-a$
172	1	O. st. $-\pm g$ l. $=\pm g$
177	15	U. st. 1087 l. 1077
184	16	U. st. $a+4d$ l. $a+d$
186	5	O. st. $n=\frac{2u+d\pm\sqrt{(2u\ d)^2-8Sd)}}{2d}$ l. $n=\frac{2u+d\pm\sqrt{(2u+d)^2-8Sd)}}{2d}$
188	10	O. st. 15 l. 16
219	6	U. st. a^4 l. $a^{\frac{1}{4}}$
	5	U. st. 100000 l. 10000
	4	U. st. $\sqrt[4]{10^3}$ l. $\sqrt[4]{10000^3}$
222	14	U. st. §. 265 l. §. 296
223	9	U. st. $10^{0,497}$ . . l. $10^{0,477}$ . .
226	8	U. st. $l\frac{x^2}{y}$ l. $l\frac{x^2}{y^2}$
233	1	O. nach S. 130 setze man hinzu in Hr. Vegas Handtabellen

S.	Z.	von stat lies
233	5	O. st. nach l. noch
		O. st. wofern l. wofür
234	1	O. fällt das l vorne weg
	12	O. st. 949 . . . l. 9,49 . .
	21	O. st. man die l. man hat
237	11	U. st. $(m-1)a$ l. $(m-1)^2a$
238	4	U. st. $\frac{2286}{2}=2093$ l. $\frac{2186}{2}=1093$
240	7	U. st. stellt l. steckt
	6	U. st. Ordnung l. Gleichung
244	15	O. st. $1+\frac{q}{r}a$ l. $\left(1+\frac{q}{r}\right)a$
253	12	O. st. C l. C ist o
255	[illegible]	U. st. sie l. die zugehörige Zahl
260	10	U. st. k l. beim nten Jahrek
		U. st. $ak=b$ l. $bk=a$
261	3	U. zu Auszahlen setze man S. Anm. unten S. 278.
273	8	O. st. n l. $n+1$
294	4	U. st. B in C l. B in D
302	24	O. fällt mit weg
313	20	O. st. DC l. AC
317	13	O. st. A in F l. A in D
325	1	O. st. CGK l. C auf GK
329	8	U. st. 83. 83. u 84. l. 105. und 106 §phs
	6	U. st. § 84 l. §. 106
340	12	O. st. ADB l. AFB
344	13	U st. AFB l. AFB (59 F.)
345	3	O. st. ADB l. AFB
	7	O. st. A l. A (58 F.)
353	14	O. st. DBA l. DFA
	2	U. st. ABD l. ABD (66 F.)
357	2	U. st. KP l. IP
362	8	O. st. = l. −
363	1	U. st. EF l. EG
364	13	U. st DEF l. CEF
369	20	U. st. PK l. P
371	7	U. st. AE+EC : AC l. AE+EC : AE
382	11	U. st. 98 F l. 96 F
394	11	U. st. AD l. Ad
398	11	U st. abc l abe
403	8	von unten mag man stat:
	u.	noch angebliche Grösse se-
	7	zen nur noch gegebene

S,

S.	Z.	von stat lies
		Grösse. Denn ist sie angeblich; so gebe man sie an; so ists eine gegebene Grösse. Dies ein für allemahl!
404	1	U. st. durch l. die durch
415	5	U. st. $\frac{1}{2}hm=\frac{1}{2}km$ l. $\frac{1}{2}hm+\frac{1}{2}km$
417	7	O. st. B^2 l. B
	12	O. nach ABCD setze man (71 F)
428	2	O. st. 0,564.a l. $0,564\sqrt{a}$
	8	U. 3te Columne st 2 l. 7
429	1	O. st. a : d l. d : a
433	15	U. st. R=ABG l. R+ABC
436	19	U. st. §. 18 l. §. 180
442	1	O. st. GE l. CE
	4	O. st. ACB l. ACE
	18	U. st. EF′C l. ED′C
448	1	O. st. §. 208 l. §. 205.
	22	O. st. HG l. HE
	12	U. st. x l. AL
	1	U. st. r l. oder
449	19	U. st. i l. ist
450	5	U. st. G l. BD
454	14	O. st. CH l. CA
	18	O. st. GH l. GK
456	11	O. st. ABCD=DEFC−ABFE l. ABCD−DEFC=ABFE
457	14	U. st. (81.82 F.) l. (94 F.)
464	7	O. st. (:) l. (;)
		st. beider letzten m l. n
473	8	O. 4te Columne st. $\pm\sqrt{(1-1)}$ l. $\pm\sqrt{(1-0)}$
	12	U. st. $\frac{1}{0}=$ l. $\frac{1}{0}=\infty$
476	15	O. st. des halben Winkels an der Spitze ACB l. der Hälfte des Winkels ACB an der Spitze.
477	9	O. nach beibehalten werden, füge hinzu und AF senkrecht auf CB gezogen wird.
	16	O. st. BF l. CF
482	11	U. st. 2″ l. 2′
488	8	O. st. Ganzen l. ganzen Unterschiede
491	15	U. st. zu groß für l. zu groß; für
493	4	O. st. dies in 1 dividirt l. hiermit die Einheit dividirt.
494	4	U. st. $cos\,\varphi - cos\,\psi$ l. $cos\,\psi - cos\,\varphi$
495	5	U. st. $cot\,\beta - cot\,\beta$ l. $cot\,\alpha - cot\,\beta$.
496	6	U. st. (156 F.) l. (160 F.)
499	14	O. st. 2426 l. 24266
	18	O. st. 24254,41 … l. 24266,44 …
500	3	U. st. 10theiligten l. 1000 theiligten.
503	14	U. st. B spitz l. B spitz wie in der 160 Figur
505	8	U. st. Aufl. 2 l. Auf 2 (162 F.)
508	13	O. st. II Algebr. Aufl. l. II Algebr. Aufl. (163 F)
526		Im 2ten Ex. 5te Zeile st. 98 l. 108
521	4	O. st. aber l. also
524	7	O. stat DC−μ l. DC=μ
542	2	O. st. P : π l. P : Π
553	1	U. st. d_1 l. D_1
558	3	O. st. ist μ l. ist es bis an μ
563	5	O. st. in B eins von B nach D herüber
564	1	O. st. die Partialdifferenzen l. die Summe der Partialdifferenzen.

Von der Mathematik überhaupt.

§. 1.

Alles an und in einem Dinge, was einer Vermehrung und Verminderung fähig ist, nennt man **Größe**; und der gemeinste Menschenverstand sieht manchmal nur allein auf diese Eigenschaft einer Sache ohne an die übrigen zu denken, das heißt: er betrachtet die Größe **abgesondert**. In der **Mathematik**, deren eigentlicher Gegenstand die Größe ist, wird sie **jederzeit** abgesondert betrachtet. Es ist also die Mathematik als eine Art Erkenntniß, deren Gegenstand möglich, das heißt hier, gedenkbar ist, auch selbst möglich oder gedenkbar. Als **wissenschaftliche** Erkenntniß aber lehrt die Mathematik wie man Größen mit einander durch Schlüsse vergleichen, und aus bekannten andere unbekannte herleiten könne.

§. 2. Zweierlei Arten die Größen zu betrachten, lassen sich noch unterscheiden. Man sieht sie entweder blos als eine Menge von Theilen an, diese

Theile mögen nun wirklich von einander getrennet seyn, (discretae) oder ein aneinander hangendes Ganzes (continuum) ausmachen. Oder, man sieht außerdem noch, auch wohl nur allein, auf die Verbindung, Lage und Ordnung der Theile einer Größe und ihrer Gränzen d. i. auf die **Figur**; welches denn besonders bei dem eigentlichen Continuo statt findet. Das erste heißt die Größen **arithmetisch**, das zweite heißt sie **geometrisch** betrachten. Arithmetik und Geometrie sind also die beiden reell von einander verschiedenen Haupttheile der Mathematik. Die **Algebra** ist unter der ersten mitbegriffen, und die **Trigonometrie** nimmt ihre Grundlehren aus der Geometrie her, und bringt bei der Ausführung alles aufs Rechnen. So ist sie aus beiden zusammengesetzt. Auch in den übrigen Theilen der Meßkunst ist das eigentlich mathematische weiter nichts als **Anwendung** der Arithmetik und Geometrie auf die in der Welt vorkommenden Dinge und ihre Eigenschaften und Kräfte, in so fern sich eine Menge von Theilen, meßbare Stufen, und Figur, kurz Größe daran bemerken läßt. Es ist daher begreiflich, wie die Anzahl der Wissenschaften der **angewandten Mathematik** noch immer zugenommen hat, und sie wird ferner zunehmen, so als sich an diesem oder jenem wichtigen Gegenstande in der Welt, das was Größe an ihm ist, so auf Zahl und Maaß bringen läßt, daß darauf eine zusammenhangende Reihe von Wahrheiten (ein System) gegründet werden kann.

§. 3. Uebrigens stellt folgende Tabelle kurz dar, was bisher als eigne Rangwissenschaft in der Mathematik aufgeführt wird.

Mathematik

- 1. Theoretische.
  - Discrete Größen Arithmet.
    - gemeine mit Ziffern
    - mit allgemeinen Zeichen Algebra
      - bis quadr. Gleichungen niedere
      - alle überhaupt höhere Alg.
      - Analysl. finitorum
      - das sogenannte unendlich Kleine und Große Analysis infinit.
  - stetige, Geometrie.
    - grade Linie, und Kreis geben niedere
    - und andere krumme Linien höhere Geomet.
      - Analysis auf Berechnung besonders der Dreiecke angewandt calculus geometricus
      - Trigonometrie ebne u. sphärische.
- 2. Angewandte.
  - Kräfte, mechanische Wissenschaften
    - bei festen
      - im Gleichgewicht. Statik.
      - in Bewegung Mechanik.
    - bei flüssigen Körpern
      - nicht elastis.
        - Gleichg. Hydrostatik
        - Bew. Hydraulik
      - elastische
        - Gleichg. Aerometrie
        - Beweg. Pneumatik
  - Licht, optische Wiss.
    - Menge und Stärke. Photometrie
    - grader Lichtstrahl. Optik nebst Perspektiv
    - zurückgeworfener. Katoptrik
    - gebrochener Dioptrik
  - Feuer, Pyrometrie
  - Himmelskörper astronomische Wissenschaften
    - zur Ausmessung am Himmel Astronomie, sphärische und theorische
    - zur Ausmessung der Erde, Geographie
    - — — — Zeit überhaupt Chronologie; des Tages; Gnomonik
  - Verbindung der Materialien architektonis. Wissenschaften
    - bürgerliche,
    - Kriegsbaukunst
    - Hydrotechnik
    - Schifsbaukunst
    - Artillerie

§. 3. Da die Größe bei allen Dingen in der Welt vorkommt; so wird man keines so lange recht erkennen, mithin auch recht nutzen, als man gar nichts oder nur sehr aufs Gerathewohl von seiner Größe zu urtheilen, und aus Datis das nicht unmittelbar zu messende nicht zu bestimmen weiß. Hieraus erhellt der Nutzen der Mathematik genugsam, doch nicht jedem sind jede Theile zu seinen Absichten gleich nöthig. — Der eigentliche Mathematiker muß freilich alle Theile möglichst zu umfassen beflissen seyn: jeder, dem Wahrheit und Gewißheit an sich Reize haben, wird nach Zeit und Umständen so viel Einsichten als er kann, sich darin zu erwerben suchen. Die theoretische Mathematik ist in gewissem Grade jedem, der seinen Verstand kultiviren und in irgend einem praktischen Theile etwas leisten will, unumgänglich nöthig. Uebrigens ist z. E. dem Juristen und noch mehr dem Kameralisten, Uebung der Arithmetik und gemeinen Algebra, praktische Geometrie, Civilarchitektur, Maschinenwesen, Wasserbaukunst nöthiger als andere Theile, z. E. Optik und Astronomie, mit welcher letztern ich im Gegentheil dem Theologen rathe, sich etwas mehr bekannt zu machen, u. s. w.

§. 4. Was einerlei Größe hat, nennet man **gleich**. Was verschiedene Größe hat ist **ungleich**. Das Zeichen der Gleichheit ist (=) der Ungleichheit >. Letzteres wird so gebraucht, daß die Oefnung dem größern zugekehrt ist.

Allgemeine Grundsätze der Mathematik sind:

I. **Jede Größe ist sich selbst gleich.**

II. **Das Ganze ist allen seinen Theilen gleich und größer als ein Theil.**

III. **Wenn zwei Größen einer und derselben dritten gleich sind; so sind sie auch unter sich gleich.**

IV. **Was größer oder kleiner ist, als eine von zwei gleichen Größen, das ist auch größer oder kleiner als die andere.**

Diese, so wie überhaupt jede Grundsätze, sind dem Menschen so natürlich, daß er unzählig darnach schließet und handelt, ohne es zu wissen, und ohne sie sich jemahls in so allgemeinen Ausdrücken gedacht zu haben. Oft vollenden sie in der Wissenschaft den Beweis, den der Anfänger manchmal, weil sie ihm nicht gegenwärtig sind, noch weit suchet. Darum müssen sie

hier

hier stehen, um sich darauf zu berufen. Auf folgende Art zeigt sich ihre Anwendung im gemeinen Leben:

II. 1 Thaler = 24 Groschen und 1 Thlr. $>$ 17 Gr.

III. 1 Dukat = 3 Thlr.
$4\frac{1}{2}$ Guld. = 3 Thlr.
―――――――――
1 Duk. = $4\frac{1}{2}$ Guld.

IV. 1 Duk. = $4\frac{1}{2}$ Guld.
1 Fdor. $>$ 1 Duk.
―――――――――
1 Fdor. $>$ $4\frac{1}{2}$ Guld.

§. 5. Die mathematische Lehrart erlernt man aus dem schriftlichen und mündlichen Vortrage am besten. Benennungen welche man braucht, um die verschiedenen Sätze und Theile der Abhandlung der Wissenschaft zu bezeichnen, sollen als Kunstwörter (termini technici) hier kurz erklärt werden.

Erklärung ist die deutliche Anzeige der Merkmale, wodurch sich eine Sache, ein Begrif oder der Verstand eines Wortes von allen übrigen Dingen seiner Art unterscheidet. **Sacherklärungen** (genetische) zeigen die Entstehungsart der Sache an. **Worterklärungen** nur, wie weit sich die Bedeutung eines Wortes erstrecke.

Ein **Satz** zeigt überhaupt an, daß einem Dinge (Subjekt) diese oder jene Eigenschaft (Prädikat) zukomme, d. i. A sey B; und ist ein **Grundsatz**, (axioma) wenn man blos die Worte verstehen darf, um seine Wahrheit anzuerkennen; **Lehrsatz** (theorema) wenn, um ihn für wahr anzunehmen, erst sein Zusammenhang mit Grundsätzen, oder mit andern bereits eben so ausgemachten Sätzen gewiesen werden muß. **Beweise** sind also die zu diesem Behuf entwickelte Schlußfolgen. **Zusatz** (corollarium) ist eine unmittelbare Folge (wenigstens durch einen oder sehr wenige höchst bekannte Zwischensätze) aus einem Lehrsatz. **Anmer-**

kung (scholion) ist, was etwa noch über den Vortrag zu erinnern ist, jedoch nicht nothwendig in den Zusammenhang gehört.

Willkührliche hypothetische Sätze in der Mathematik sind solche, die an sich nicht nothwendig sind, die aber doch zur Erleichterung des Vortrages und der Operation unter mehrern auch möglichen gewählt werden, daher sie auch **Wahlsätze** heißen. **Lehnsätze** (Lemmata) sind solche, die an sich schon an einer frühern Stelle der Wissenschaft oder in einer vorhergehenden Wissenschaft hätten vorkommen sollen, weil es aber zur Deutlichkeit bei der Theorie womit man sich eben beschäftiget, dienet, sie besonders darzustellen, nun noch nachgehohlt werden.

Ein Satz, welcher etwas zu bewerkstelligen, zu machen, darzustellen verlangt, heißt **Forderung** (Postulatum) wenn man durch die bloße Vorstellung, dessen was gemacht werden soll, sieht, daß, und wie man es machen kann; und **Aufgabe** (Problema) wenn erst die Art, wie es gemacht wird, nach Gründen angegeben werden muß. Hierbei kommt nun nicht allein vor, was man eigentlich finden, suchen, thun soll, (das Quaesitum) sondern meistens auch, woraus und wodurch es kann und soll gefunden und bewerkstelliget werden (Data). Wenn man aus der Natur des Gesuchten die Eigenschaften bestimmt die es haben muß, so nennt man diese Requisita oder **Erfordernisse**, aus welchen wieder Criteria zum Aufsuchen dessen was geschehen muß, und symptomata, als Eigenschaften dessen, was die Untersuchung stufenweise herausbringt, hergeleitet werden.

Der

Der theoretischen Mathematik Erster Theil.

Die arithmetischen Wissenschaften.

Allgemeine Begriffe und Sätze.

§. 6. Ueberhaupt genommen beschäftigt sich die Arithmetik mit der Größe, in so fern sie als ein solches Ganzes betrachtet wird, das aus Theilen bestehet, wovon man mehr oder weniger nehmen kann, die zugleich genommen für das ganze, einzeln aber, ohne daß die Idee von dem Ganzen sich dadurch änderte, für einander sich setzen lassen, z. E. eine Heerde, ein Haufen Menschen läßt sich so betrachten.

§. 7. Dinge, die auch manches von einander verschiedenes an sich haben, kann man doch blos in Absicht dessen, was sie mit einander gemein haben, betrachten. In so fern werden es Dinge einerlei Art seyn, und sich zusammen zählen lassen. Z. E. zwei Engländer, drei Franzosen und vier Deutsche haben das gemein, daß sie Europäer sind. Es sind neun Europäer, nicht neun Deutsche u. s. w.

§. 8. Bei wie viel Objekten diese gemeinschaftliche Eigenschaft angetroffen wird, giebt die Zahl an. Das Objekt, in sofern man blos auf diese gemeinschaftliche Eigenschaft bei ihm sieht, ist die **Einheit**; und die **Zahl** wäre also eine Menge von Einheiten. Es giebt gleiche und ungleiche Zahlen.

§. 9. Anmerk. 1 Wahrer oder falscher Witz muß sich doch immer gewisse Aehnlichkeiten, d. i. gemeinschaftliche Eigenschaften, an sonst in vieler Absicht doch noch sehr verschiedenen Dingen vorstellen, wenn er sie zusammen zählen will. Z. E. etwas gemeinschaftliches in sechs Gänsen und ihrer Verkäuferin, um sie sieben Gänse zu nennen; so daß sogar eine Aehnlichkeit erzwungen werden muß um so ganz heterogene Dinge zusammen zu zählen.

§. 10. Anmerk. 2. Man kann auch sagen, Zahlen seyen diejenigen Wörter in einer Sprache, wodurch man auf die Frage **wie viel?** antwortet. Eigentliche Definitionen lassen sich von den ersten einfachen Grundbegriffen der Wissenschaften schwerlich finden; man braucht sie auch nicht.

§. 11. Anmerk. 3. Sehr natürlich war es auch, Zahlenbegriffe nicht allein durch Worte, sondern auch, weil sie oft vorkamen, in Schriften durch noch einfachere Zeichen auszudrücken. Indessen ist die Rechenkunst mit Zahlzeichen, nichts anders als eine specielle Anwendung der viel allgemeinern arithmetischen Grundsätze, in so fern es die eingeführten Zahlzeichen, und das unten zu erklärende Zahlensystem mit sich bringen oder zulassen. Die folgenden Sätze passen auf jedes Zahlensystem, ja auf jede Größen überhaupt.

§. 12. Eine Zahl (oder Grösse) kann vermehrt werden. §. 1. das ist, es können mehrere Zahlen hinzukommen. Findet man eine Zahl, die diesen verschiedenen zusammengenommen gleich ist, so **addirt** man die Zahlen. Die gefundene Zahl heißt die **Summe**. Die gegebenen Zahlen, woraus man sie fand, **summirende**. Ist der Fall so, daß jede der hinzukommenden Zahlen der ersten gleich ist, so addirt man solchergestalt die erste

Zahl

Zahl etliche mal zu sich selbst, und diese **Art** der Addition heißt **multipliciren.** Die durch Multiplication gefundene Zahl heißt das **Produkt.** Die beiden Zahlen, wovon die eine wirklich etliche mal zu sich selbst hinzugesetzt wird (multiplicandus), die andere anzeigt wie oft die erste zu sich selbst hinzugethan werden soll (multiplicator), heißen **Faktoren.**

§. 13. 3. Der eine Faktor ist folglich im Produkt so oft enthalten, als die Einheit im andern Faktor, und es ist gleichgültig in welcher Ordnung die Faktoren auf einander folgen (oder welcher als multiplicandus oder als multiplicator betrachtet wird.) Das Produkt ist in beiden Fällen einerlei.

§. 14. Anmerk. Diese beiden Sätze lassen sich auch so erläutern.

```
A****B          B***C
 ****            ***
 ****C           ***
               A***
```

AB ist der eine und BC ist der andere Faktor. AC ist beidemal das Produkt. Die erste Figur zeigt, daß AB so oft in AC stecke als die Einheit in BC. Die andere, daß das Produkt einerlei bleibt, wenn auch die Ordnung der Faktoren anders ist §. 13. Auch bei den größten Faktoren wäre es überhaupt möglich, die Produkte so vorzustellen.

§. 15. Eine Zahl kann vermindert werden §. 1. d. i. es können Zahlen von ihr weggenommen werden. Wird von einer gegebenen eine andere gegebene **nur einmal** weggenommen: so **subtrahirt** man. Was bey einer solchen Subtraktion übrig bleibt, heißt die Differenz oder **Unterschied.** Daher ist die Differenz und die subtrahirte Zahl (subtrahendus) zusammengenommen der ersten Zahl (sie heißt numerus minuendus) gleich.

Wird aber von einer vorgegebenen Zahl eine andere so oft weggenommen, als es angeht, so heißt diese Art der Subtraktion eine **Division**. Die Zahl von welcher dieser wiederhohlte Abzug geschieht, heißt **Dividendus**, und die, welche so abgezogen wird, der **Divisor**. Diejenige, welche anzeigt, wie oft der Divisor sich hat abziehen lassen, heißt der **Quotient**.

§. 16. Z. 1. Der Divisor muß also im Dividend so oft enthalten seyn als die Einheit im Quotienten, und das Produkt des Divisors in den Quotienten, giebt den Dividendus.

§. 17. Z. 2. Daher ist auch der Quotient (als ein Faktor betrachtet) im Dividendus (als ein Produkt betrachtet) so oft enthalten als die Einheit im Divisor (als dem andern Faktor) §. 7. Oder der Divisor zeigt an, der wievielste Theil vom Dividendus der Quotient ist. Oder durch die Division wird der Dividendus in soviel Theile getheilt als der Divisor Einheiten enthält. Einer dieser Theile ist der Quotient.

§. 18. Z. 3. Es sey der Dividendus kleiner als der Divisor. Der Dividend sey z. E. * *, der Divisor * * *; so ist letzterer kein ganzes mal in ersterem enthalten. Doch zeigt (§. 17.) letzterer, daß man von ersterm den dritten Theil finden soll. Man theile jede Einheit des erstern in 3 Theile. Es mag v einen solchen Theil bedeuten; so erhält man $v\,v\,v\,v\,v\,v$ und $v\,v$ ist der Quotient: wenn der Dividend = *, der Divisor = * * *; so wäre v der Quotient.

§. 19. Z. 4. Nun ist offenbar, daß v so oft in $v\,v\,v$ = * enthalten ist, als * in * * *; und da

$v\,v$

vv gleichfalls eben so oft in *vvvvvv*, als * in *** ist; so ist auch hier wie überhaupt der Quotient so oft im Dividend, als die Einheit im Divisor enthalten.

§. 20. Z. 5. Wäre nun *********** durch **** zu dividiren, so wäre der Quotient ** in ganzen Einheiten. Nun soll noch *** durch **** dividirt werden. Es besteht aus *vvvvvvvvvvvv*, der 4te Theil ist *vvv* also der Quotient = ** *vvv*.

§. 21. Z 6. Ein Produkt durch einen Faktor dividirt, giebt den andern Faktor.

§. 22. Die Zeichen der Rechnungsarten sind: der Addition (+), der Subtraktion (—) der Multiplikation (×) und (.); der Division (:)

§. 23. Anmerk. Die Division wird auch durch einen Strich zwischen dem Dividendus und Divisor angezeigt. Z. E. $\frac{12}{4} = 12:4$. Wenn einer oder beide Faktoren zusammengesetzte Grössen sind, so werden sie zu Verhütung alles Misverstandes eingeklammert, da denn die Zeichen × und . gar wegbleiben können, z. E. (5+7) (3+6). Eben so wirds beim Dividend und Divisor gehalten, wenn das Zeichen : gebraucht wird, wenn man sie aber durch den Strich absondert, ists unnöthig z. E. $(9+2):(4-1) = \frac{9+2}{4-1}$.

§. 24. Aus dieser Darstellung lassen sich nun obigen allgemeinen IV. Grundsätzen der Mathematik §. 5. noch ein paar beifügen, die zunächst arithmetisch sind, sich aber doch auch auf die ganze Mathematik erstrecken. Es sind folgende:

V. Gleiches zu gleichem addirt, oder von gleichem subtrahirt, oder mit gleichem multiplicirt und dividirt, giebt gleiche Summen,

men, Differenzen, Produkte und Quotienten. Sie werden ungleich, wenn man ungleiches addirt und subtrahirt, oder damit multiplicirt und dividirt.

VI. Das Größere zum Gleichen addirt oder damit multiplicirt giebt mehr als das Kleinere, weniger aber, wenn man es subtrahirt oder damit dividirt.

§. 25. Anmerk. Sie lassen sich durch folgende Fälle wobei man sie im gemeinen Leben deutlich genug vor Augen zu haben pflegt, erläutern.

V. 1 Duk. = $4\frac{1}{2}$ fl.	1 Duk. = 3 thlr.
add. 1 Mark = 1 mk.	subtr. 2 fl. = 2 fl.
1 Dk. + 1 mk. = $4\frac{1}{2}$ fl. + 1 mk.	1 Dk. − 2 fl. = 3 thl. − 2 fl.
3 fl. = 2 thlr.	3 fl. = 2 thlr.
mult. 4 = 4	div. 24 = 24
12 fl. = 8 thlr.	$\frac{3}{24}$ fl. = $\frac{2}{24}$ thl. d. i. $\frac{1}{8}$ fl. = 2 gr.
VI. 3 fl. = 2 thlr.	3 fl. = 2 thlr.
add. 1 Dk. $<$ 1 Fd'or	mult. 3 $<$ 4
1 Duk. + 3 fl. $<$ 2 thl. + 1 Fd'or.	9 fl. $<$ 8 thlr.
1 Duk. = 3 thlr.	3 fl. = 2 thlr.
subtr. $\frac{1}{2}$ Frd'or $>$ 3 fl.	div. 3 $<$ 4
1 Dk. − $\frac{1}{2}$ Fd'or $<$ 3 thl. − 3 fl.	1 fl. $>$ $\frac{1}{2}$ thlr.

Der

Der arithmetischen Wissenschaften

Erste Abtheilung.

Die Zahlenrechenkunst.

I. Das Aussprechen und Schreiben der Zahlen.

§. 26. Im gemeinen Leben zählet man von eins bis zehne in einem fort, und die ersten zehn Zahlen haben ihren eigenen Namen. Darauf fängt man wieder von vorne an zu zählen, eins und zehen oder abgekürzt Eilf, zwei und zehen oder Zwölf, drei und zehn oder dreizehen u. s. w. bis noch einmal zehen hinzu kommt, welches Zwanzig heißt, dreimal zehen heißt Dreißig u. s. w. Zehnmal zehn heißt **hundert**, und man fängt wieder von vorne an, und zählt bis auf zehen hunderte fort, die man **tausend** nennt. Bei den Griechen war noch für zehen tausend wieder ein besonderes Wort Myrias. Wir haben erst für tausendmal tausend das Wort **Million**; für eine Million Millionen, **Billion**, für eine Million Billionen, **Trillion**, u. s. w.

§. 27. Die auf solche Art entstehende ungeheure Menge von Zahlenbegriffen im Schreiben auszudrücken, hat man abgekürzte Zeichen oder Ziffern von je her, und auf verschiedene Weise angenommen. Die

Die jetzigen sogenannten arabischen Zahlzeichen sind die bekannten zehn einfachen Ziffern, 1. 2. 3. 4. 5. 6. 7. 8. 9. 0. welche einzeln die neun ersten, und gehörig zusammengesetzt auch alle übrigen Zahlenbegriffe anzeigen können.

§. 28. Beim wirklichen Zählen verfuhr man so, daß man nur bis zehn einfache Einheiten zählte, diese dann in eine Summe gleichsam sammlete, und wieder zu einer neuen Einheit, die man eine Einheit der **ersten höhern Ordnung** nennen kann, machte, zwanzig waren denn zwei Einheiten der ersten höhern Ordnung u. s. w. Hatte man wieder zehn Einheiten dieser ersten höhern Ordnung zusammen; so sah man diese als eine Einheit der **zweiten höhern Ordnung** an, und nannte sie hundert, da denn zehn solche hunderte eine Einheit der **dritten höhern Ordnung** gaben. Nun können die einfachen Ziffern dies alles anzeigen, z. E. 5. kann fünf Einer, fünf Hunderte, fünf Tausender bedeuten; nur muß man noch ein Merkmal haben, woran man sehen kann, von welcher Ordnung die Einheiten seyn sollen, die es anzeigt. Dieses Merkmal fand man in der Stelle die es, und zwar von der Rechten zur Linken gerechnet, einnahm, welches ebenfalls durch das Hinzuschreiben so vieler Nullen zur rechten der 5, als die Zahl der Ordnung, wozu es gehöret, anzeigt, zu erhalten war. Z. E. 500 sind fünf Einheiten der zweiten höhern Ordnung, da nun eben so 40, vier Einheiten der ersten höhern Ordnung, 6 aber sechs einfache Einheiten bedeuten muß; so kann man kurz 546 schreiben, und jeder Ziffer den Werth beilegen, den sie wegen ihrer Stelle hat. So ist die Hauptregel entstanden:

Man

Man schreibt die Ziffern von der rechten gegen die linke Hand, und läßt jede in der folgenden Stelle zehnmal mehr bedeuten als sie in der nächst vorhergehenden bedeuten würde. In den Stellen welche leer bleiben müssen (weil man von den darin rangirenden Ordnungen keine Einheiten anzumerken hat) **setzt man die Nulle.**

§. 29. Nichts verräth mehr, daß die Ziffern aus dem Orient gekommen seyn müssen, als daß man so lange noch nicht der ganze Zahlenausdruck dasteht, wenn von der Linken zur Rechten geschrieben wird, das partiale geschriebene unrichtig lesen oder doch nicht mit Gewißheit wird angeben können; schreibt man aber von der Rechten zur Linken, so verbindet man mit jeder Ziffer, die aus der Feder hervorgeht, so gleich den richtigen Begrif. Es soll 1798 geschrieben werden. Von der Linken sey 17.. geschrieben. Man verstehts nicht oder doch unrecht. Von der Rechten sey geschrieben . . 98. Man verbindet eben den Begriff mit diesen Ziffern, den sie als Theile des vollendeten Ausdrucks haben werden. Eben so, wenn man einen noch so lang gedehnten Ausdruck von der Rechten zur Linken lesen wollte, so hätte das Aussprechen gar keine Schwierigkeit. Z. E. 87380965720689751 32 würde gelesen, zwei und dreißig und hundert und fünf tausend u. s. w. Da wir aber sonst *alles* von der Linken zur Rechten lesen, so haben wir dies auch auf die Zahlzeichen ausgedehnt. Man kann dabei auf folgende Art verfahren. Man merkt sich leicht wie drei Ziffern auf diese Art zu lesen, z. E. 132 welche eigentlich Ein hundert und dreißig und zwei solten gelesen, dem Gebrauch nach aber, hundert und zwei und dreißig ausgesprochen werden. Wenn nun noch mehr hinzukommen, so macht man bei der 4ten Ziffer einen Strich und spricht ihn durch tausend aus, z. E. 975,132; was zur linken des Strichs steht wird ausgesprochen, wie mans bei Ziffern deren Zahl nicht über 3 geht, schon gewohnt ist. Hat man sich dann erst gewöhnt, eine Anzahl Ziffern die nicht größer als sechs, auszusprechen: so theile man die ganze vorgegebene Zahl in Classen von der Rechten gegen die Linke von sechs Ziffern ein, die letzte kann dann auch weniger enthalten, und schreibe oberwärts an der siebenten Ziffer einen Strich (') eben so an der dreizehnten zwei Striche ('') u. s. w. und lese nun jede Classe wie man schon gewohnt ist; wo aber Striche kommen, spreche man: Trillion, Billion, Million, z. E. 8'''738096''572068'975132 heißt nun: acht Trillionen sieben hundert acht und dreißig tausend und sechs und neunzig Billionen u. s. w. Der höchste Grad der Fertigkeit wäre, wenn man, ohne diese Striche zu machen, blos durch das Ansehen die Zahlen in Classen zerfällen und aussprechen könnte. Die Kunst ist in der That so groß nicht; wenn im gemeinen Leben viel mit Trillionen zu rechnen wäre, könnte jeder sie höchstens in einer halben Viertelstunde lernen.

§. 30. Man nennt diese bisher erklärte Zeichenkunst, das **Dekadische Zahlensystem**, und wenn man sich dessen beim Rechnen bedient, so rechnet man nach der **Dekadik**. Wirklich ist diese Art die Zahlenbegriffe zu bezeichnen, vorzüglich geschickt dazu, aus bekannten Zahlen andere unbekannte zu finden. Es lassen sich nämlich, gegebene Zahlengrößen durch diese Ziffern ausgedrückt, bequemer als alle bisher übliche Zahlzeichen unter und neben einander stellen, und nun den Grundlehren des 7ten und 8. §. gemäß die gesuchte Zahlengröße in einer solchen Ordnung der Zeichen durch die Operation selbst darstel-

len,

len, daß der Ausdruck nach §. 13, verstanden und ausgesprochen, den gesuchten vorher noch nicht bekannten Zahlenbegriff genau angiebt. Darin besteht die eigentliche Rechenkunst in Zahlen oder mit Ziffern. §. 11.

II. Die vier Rechnungsarten in ganzen Zahlen.

§. 31. Aufg. Verschiedene Zahlen dekadisch zu addiren.

Aufl. und Bew. Es kann nach dem dekadischen Zahlensystem hierbey keine andere Absicht seyn, als daß man für die Summe der summirenden Zahlen einen solchen Ausdruck in Ziffern suchet, in welchem jede Art der Einheiten von selbst die ordnungsmäßige Stelle einnimmt, das heißt, so bald mehr als zehn Einheiten von einer niedrigen Ordnung sich finden, so muß immer statt **zehn** derselben **eine** höhere Einheit gerechnet und auch in die höhere Stelle übertragen werden. Um sich die Erreichung dieser Absicht zu erleichtern, schreibt man die summirenden Zahlen sogleich so unter einander, daß Einer unter Einern, Zehner unter Zehnern, Hunderter unter Hunderten u. s. w. zu stehen kommen. Z. E. $678345 + 5321 + 4894$ steht so:

$$\begin{array}{r} 678345 \\ 5321 \\ 4894 \end{array}$$

Nun müssen doch in der Summe alle Einheiten, Zehner, Hunderter u. s. w. der summirenden Zahlen enthalten seyn. Dieser verschiedenen Ordnungen Specialsummen suchet man durch ein leicht gelerntes Zusammenzählen (allenfalls bis zu mehrerer Uebung an den Fingern) indem man von den Einern anfängt und zu den höhern Ordnungen fortschreitet. Das Exempel bekommt nun folgende Gestalt:

678345
5381
4894
———
10
21
14
17
7
6
———
688620

Die hier gefundenen 10 Einer, 21 Zehner, 14 Hunderter u. s. f. die man sofort so rangiret, daß die eingenommene Stelle die Ordnung angiebt, welche man summirt hat, machen nun zusammen das Ganze so gut aus, sind partes integrantes desselben eben so gut, als die vorgegebenen summirenden Zahlen selbst. Nach der Dekadik sind aber 10 Einer wirklich ein Zehner, 21 Zehner sind ein Zehner und zwei Hunderter u. s. w. welches alles die Stelle auch schon angiebt, worin die einzelnen Ziffern stehen. Man sammlet nun aufs neue die Specialsummen der verschiedenen Ordnungen, und bringt sie auf den einfachsten dekadischen Ausdruck 688620, welches verlangt wurde.

§. 32. Man sahe bald, daß hier eine Abkürzung zu machen wäre, wenn man die Einheiten der höhern Ordnungen, welche in den Specialsummen der niedrigern enthalten waren, für diese höhern so lange im Sinne (in mente) aufbehielt, bis man zum Zusammenzählen der höhern Ordnungen wirklich fortschritte, da man sie denn sogleich mit zuzählen konnte. Dies giebt dem Exempel die gewöhnliche Gestalt.

678345
5381
4894
———
688020

Hier machen 10 Einer einen Zehner, daher schreibt man 0 in die Stelle der Einer, rechnet aber zu den 21 Zehnern den einen für diese Ordnung aufbehaltenen Zehner hinzu, sind 22, wovon wieder 20 Zehner als 2 Hunderter für die folgende Ordnung aufbehalten und nur 2 Zehner hingeschrieben werden u. s. w.

§. 33. Anmerk. Da das gezeigte Verfahren wirklich allgemein ist: so halte ich mich nicht auf, hier Fälle aufzusuchen, die man fälschlich für Ausnahmen halten könnte. Jeder Lehrer mag beurtheilen, obs nöthig ist, seinen Zuhörern z. E. die Regeln zu geben,

aus

aus sehr vielen summirenden Zahlen bestehende Columnen in mehrere Theile zu zerfällen u. s. f. Man nennt Probe, eine Rechnung welche uns die stärkste Wahrscheinlichkeit giebt, daß wir uns nicht, verrechnet haben. Ich weiß beim Addiren keine bessere als Widerholung des Zusammenzählens, etwa in einer andern Ordnung. Eine andere Probe, die sogenannte Neunerprobe ist entweder trüglich oder wird weitläuftiger als ein zweites Nachrechnen.

§. 34. **Aufg. Eine kleinere Zahl von einer größern abzuziehen.**

Aufl. Die Differenz soll hier wieder in einem einfachen Ausdruck vorgestellt werden; so daß keine Ordnung mehr als 9 Einheiten enthalte. Nun lassen sich die Fälle überhaupt auf zwei bringen.

1) Entweder sind die Einheiten jeder Ordnung des Subtrahendus kleiner als die Einheiten jeder Ordnung der größern Zahl. Nachdem man nun wie bei der Addition die kleinere Zahl gehörig unter die größere geordnet hat, so bemerket man darunter die Reste aus den einzelnen Ordnungen, wie sie auf einander folgen. Z. E.

$$\begin{array}{r} 798 \\ 645 \\ \hline 153 \end{array}$$

So zeiget die gefundene Zahl wie viele von jeder Art Einheiten, die in der größern enthalten waren, nach dem Abzug übrig bleiben.

2) Wenn gleich die ganze abzuziehende Zahl kleiner ist, als der numerus minuendus, wie hier vorausgesetzt wird; so können doch die Zahlen einiger Ordnungen der ersten zum Theil größer seyn, als die grade darüberstehenden in der größern Zahl. Hat die größere Zahl mehr Stellen, so können so gar alle Stellen im Subtrahendus größer seyn; und wenn beide aus gleich viel Stellen bestehen; so können alle im Subtrahendus, die höchste nur ausgenom-

nommen, größer seyn. Es ist indessen genug, die Regel nur für den Fall überhaupt zu geben, wenn eine Stelle im Subtrahendus eine größere Zahl enthält, als diejenige, welche drüber steht. Nun ist entweder in einem solchen Fall, in der nächst höhern Stelle des Minuendus eine wirkliche Ziffer, oder es gehen eine oder mehrere Nullen vorher. Ist das erste, so nimmt man eine Einheit aus der nächst höhern Stelle in die vorhabende herüber, wo sie zehn Einheiten von der niedrigern Art bedeutet, (welches in der Rechenmeister-Sprache **Borgen** heißt) da alsdenn der Abzug geschehen kann. Z. E.

Es ist	95	=	80	+	15
subtr.	78	=	70	+	8
Diff.	17	=	10	+	7

Hier sieht man nun deutlich, daß bei dem gewöhnlichen **Borgen** nichts weiter geschiehet, als daß man den numerus minuendus in andere Bestandtheile zerfället, die aber doch zusammengenommen dem minuendus gleich sind.

Sind eine oder mehrere nächst vorhergehende Stellen der obern Zahl mit Nullen besetzt, so geht man bis zu einer höhern Stelle welche wirkliche Ziffern enthält. Eine Einheit aus derselben in die nächst niedrige Stelle genommen, wird daselbst 10 bedeuten, wovon man alsdenn wenns nöthig, wieder eine wegnehmen kann, die in der zweiten niedrigern Stelle wieder 10 bedeutet, bis man in die vorhabende Stelle so viel bekommt, daß man abziehen kann.

Z. E.

Z. E.

$$\begin{array}{r}703 = 600 + 90 + 13\\ 346 = 300 + 40 + 6\\ \hline 357 = 300 + 50 + 7\end{array}$$

. . .

$$\begin{array}{r}9005 = 8000 + 900 + 90 + 15\\ 5739 = 5000 + 700 + 30 + 9\\ \hline 3266 = 3000 + 200 + 60 + 6\end{array}$$

Diese Entwickelung zeiget auch hier, daß man durch das Borgen kein anderes, sondern nur ein in andere Bestandtheile zerfälltes Ganzes hervorbringt, von welchem der Abzug durchaus angeht. Die gewöhnliche sich aus den Beispielen deutlich ergebende Regel ist nun diese: Man kann sogleich zu einer solchen obern Ziffer die kleiner als die untere ist, in Gedanken 10 hinzurechnen, und alsdenn abziehen. Weil diese 10 aber aus der nächst höhern Stelle, wo sie eins bedeuteten, weggenommen sind so ist diese höhere Stelle um 1 kleiner geworden, welches man durch einen oberwärts gesetzten Punkt anzeigt: Wenn man über Nullen wegborget, so wird die wirkliche Ziffer, von welcher man borget, um eins kleiner, die zwischen stehende Nullen aber sind als lauter 9 anzusehen.

§. 35. Anmerk. Ich darf mich wohl bei der Art des Subtrahirens nicht aufhalten, wo man den Punkt zu der nächsten untern Zahl setzt, die man dadurch um eins vergrößert ansieht. Sie läßt sich sonst auch aus der Natur der Subtraktion herleiten, weil man alsdann bei fortgehender Rechnung das Erborgte wirklich abzieht.

§. 36. Daß die Differenz zur subtrahirten Zahl addirt, den Minuendus wieder gebe, erhellt schon aus §. 15. Und, man sieht wie diese Addition wenn sie zutrift, zur Probe der Subtraktion dienen könne.

§. 37. Aufg. Alle Produkte der neun einfachen Zahlen zu finden.

Aufl. Man schreibt die neun Zahlzeichen in eine Horizontalreihe, addirt darauf in Vertikalreihen, herabwärts jede neunmal nach einander zu sich selbst, da denn auch in der ersten Vertikalreihe die Zahlzeichen in natürlicher Ordnung von 1 bis 9 zu stehen kommen. Man nimmt nun den einen Faktor in der obern Horizontalreihe, und den andern in der vordern Vertikalreihe, zieht von jenem vertikal abwärts, von diesem horizontal seitwärts grade Linien; wo sie sich durchkreuzen, steht das begehrte Produkt. Der Grund beruhet darauf, daß die Multiplikation nichts als eine wiederhohlte Addition ist. §. 12 Die Tabelle welche man sich ein für allemal verfertigt, heißt das **Einmaleins**, oder von dem Erfinder abacus Pythagoricus.

1	2	3	4	5	6	7	8	9
2	4	6	8	10	12	14	16	18
3	6	9	12	15	18	21	24	27
4	8	12	16	20	24	28	32	36
5	10	15	20	25	30	35	40	45
6	12	18	24	30	36	42	48	54
7	14	21	28	35	42	49	56	63
8	16	24	32	40	48	56	64	72
9	18	27	36	45	54	63	72	81

§. 38. Vermöge der Gesetze der Dekadik wird man eine Zahl mit 10, 100 u. s. w. blos dadurch mul-

tipli-

tipliciren, wenn man eine oder mehrere Nullen anhängt. §. 28. Daher ist hinwiederum z. E. 40 = 4. 10; 400 = 4. 100 und weiter ist 300. 6 = 3. 100. 6 = 3. 6. 100 §. 13. = 18. 100 = 1800. Ferner 300. 40 = 3. 100. 4. 10 = 3. 4. 100. 10 = 3. 4. 1000 = 12000. Hieraus ergiebt sich die Regel: Wenn die Faktoren einfache Zahlen mit angehängten Nullen sind: so multiplicirt man die einfachen Zahlen mittelst des Einmaleins, und hänget an das Produkt soviel Nullen, als beide Faktoren zusammengenommen bei sich hatten.

§. 39. **Aufg. Zwo Zahlen, es mögen die Faktoren einfach oder zusammengesezt seyn, in einander zu multipliciren.**

Aufl. Man multiplicirt die Einheiten, Zehner, Hunderter u. s. w. des einen Faktors mit den Einheiten, Zehnern, Hunderten u. s. w. des andern Faktors, und addirt die Partialprodukte: da denn diese Summe dem gesuchten ganzen Produkt gleich seyn muß, weil, wenn der Multiplicandus aus mehrern Theilen besteht, und man jeden Theil so oft nimmt, als der Multiplicator Einheiten enthält, dieß eben so viel ist, als wenn man den ganzen Multiplicandus auf einmal so oft genommen hätte.

Exempel. Man schreibt den Multiplicator unter den Multiplicandus nach seinem Range.

```
  3428
     6
  ----
    48
   120
  2400
 18000
 -----
 20568
  3428
     6
 -----
 20568
```

In diesem Exempel hat man die vorhandenen Einheiten 6mal genommen, giebt 48, die vorhandenen Zehner eben so oft, giebt 120 u. s. w. Diese Partialprodukte in eine Summe gebracht ist 20568. Die Nullen können auch weggelassen werden ohne Veränderung des Produkts. Man sieht leicht, daß sich auch hier die Abkürzung durch das Aufbehalten im Sinne machen lasse aus eben den Gründeu, wie bei der Addition.

Nun ist es begreiflich, wie man, wenn beide Faktoreu zusammengesetzte Zahlen sind, folgendergestalt verfahren könne.

```
   3452
    346
 -------
  20712
 13808
10356
 -------
1194392
```

Man sucht die Produkte 6 × 3452; 40 × 3452 u. s. w. jedes für sich und summirt zuletzt diese Partialprodukte.

Noch ein Beispiel, welches die besondern leicht zu erklärenden Fälle enthält, wäre dieses:

```
     8743
    16070
 ---------
   612010
  52458
 8743
 ---------
140500010
```

Man wird hier leicht zeigen können, woher die Abkürzungen entstehen, da man nur eigentlich soviel Partialprodukte zu suchen nöthig hat, als wirkliche Ziffern im Multiplicator vorkommen, wenn man sich nur hütet, den Rang der Ziffern der Produkte unrichtig anzugeben.

§. 40. **Aufg. Eine Zahl die unter den Produkten im Einmaleins vorkommt, mit einer einfachen Zahl zu dividiren.**

Aufl. Man wählt unter den oft an mehr Stellen in der Tafel stehenden Produkten ein solches, dem der Divisor in einer von den Reihen der einfachen Zahlen gegenübersteht, in der andern äußersten Reihe, findet man alsdenn den Quotienten. Z. E. für 24 : 3 wird 24 in der dritten Horizontalreihe genommen, so ist 8 der Quotient. Der Beweis erhellt §. 13. vergl. §. 16.

§. 41. Da überhaupt eine zehnmal, hundertmal u. s. w. größere Zahl einerlei Größe, auch zehn, hundertmal u. s. w. öfter enthalten muß, als die zehnmal kleinere sie enthält; so findet man hieraus auch die Quotienten solcher Zahlen, deren wirkliche Ziffern im Einmaleins stehen, wo aber noch Nullen anhangen. Nämlich $4800 : 8 = 48 : 8 \times 100 = 600$.

§. 42. Man sagt eine Zahl gehe in der andern auf, wenn sie genau etliche mal darin enthalten ist, d. i. sie ohne Rest dividirt. So gehen in jeden Produkten des Einmaleins, ein paar ganze Zahlen auf. Die Zahl, welche in der andern aufgeht, heißt auch das **Maaß** derselben. Das Maaß mehrerer Zahlen, welches also immer nicht größer als diese andern seyn muß, z. E. 2 von 8, 6, 4 ist auch das Maaß ihrer Summe (18); das Maaß (2) einer Zahl $12 = 8 + 4$ und eines ihrer Theile (4) ist auch das Maaß des andern Theils.

§. 43. Eine Zahl läßt sich auf mancherlei Art in Theile zerlegen, welche doch immer zusammen die ganze Zahl wieder ausmachen. Man könnte diese Theile **ergänzende Bestandtheile** (partes constituentes aut potius integrantes) nennen. So ist $18 = 10 + 8 = 12 + 6 = 11 + 7$ u. s. w.

Sollte nun z. E. 18 durch 3 dividirt werden; so kann man entweder mit einem mal sagen: es sei 6 mal darin enthalten, oder wenn man sagt in 12 ist es viermal und in 6 ist es zweimal, so ist es offenbar, daß $4 + 2$ ebenfalls den Quotienten geben müssen. Das heißt: man sucht die Partialquotienten aus den ergänzenden Bestandtheilen und addirt sie zuletzt.

Hätte man $11 + 7$ angenommen; so ist 3 in 11 nicht genau etliche mal, aber in 9 ist es dreimal; dann bleiben zwei übrig; ferner 3 in $7 = 6 + 1$ zweimal, da aber 1 übrig bleibt. Daher ist 3 in $9 + 6$ fünfmal. Addirt man die Reste so ist $2 + 1 = 3$ und $18 = (9 + 6) + 3$; nun war 3 in $9 + 6$ enthalten fünfmal, in 3 ist es einmal enthalten: also findet man wieder $18 : 3 = 6$.

Man hätte aber auch so verfahren können:

Es ist $18 = 11 + 7$ zu dividiren durch 3; Nun ist $11 = 9 + 2$, und 3 in 9 ist dreimal; man schlage die übrigen 2 zu 7, so ist $2 + 7 = 9$, darin ist 3 noch 3mal, also in 18 selbst sechsmal.

§. 44. **Aufg. Eine jede Zahl durch eine kleinere dekadisch zu dividiren.**

Aufl. Die Dekadik verlanget, daß der Quotient ein nach dem Decimalsystem sich selbst ordnender Ausdruck werde. Der kürzeste Weg dazu würde also der seyn, nach welchem sich gleich durch die Rech=

Rechnungsoperation selbst, die Theile des Quotienten in die gehörige Ordnung stellten, oder wenn man wie bei den vorigen Rechnungsarten, Zehner, Hunderter, Tausender, u. s. w. oder auch in umgekehrter Ordnung die Partialquotienten von der höchsten bis zur niedrigsten Ordnung nach der Reihe finden könnte. Wenn man diesen Zweck mit dem vorigen §. vergleicht, so kann man ein allgemeines Mittel dazu angeben. Wir wollen es an ein paar Beispielen zeigen.

1) Aufgegeben sey 2496 : 8; so ist 2496 = 2000 + 400 + 90 + 6. Man will zuerst wissen wie viele tausendmal 8 in 2496 sei. Nun ist 2000 = 2. 1000. Da nun 8 in 2. 1000 nicht ein Tausendmal ist, weil dazu nöthig wäre, daß 8 in 2 einmal steckte, so schlägt man 2000 zu 400 macht 2400 und frägt, wie viel hundertmal 8 darin ist, da 2400 = 24. 100; und 8 in 24 dreimal, so ist es 300 mal darin §. 41. und 300 der höchste Theil des Quotienten. Da nun 2496 = 2400 + 90 + 6 so ist die nächste Frage, wie viel zehnmal 8 in 90 = 9. 10. Nicht zweimal zehnmal, sonst müste der Dividend 16. 10 seyn. Setzt man nun 9. 10 = 8. 10 + 1. 10 so ist 8 in 8 einmal d. i. in 80 ist es 10 mal und 1. 10 oder 10 ist der zweite Theil des Quotienten. Nun schlägt man den Rest 1. 10 = 10 zu den 6 Einern und da 2496 = 2000 + 400 + 90 + 6 = 2400 + 80 + 16 so ist die letzte Frage, wie viel einzelne Mahle 8 in 16 ist, und man erhält 2 als den letzten Theil des Quotienten. Da man nun die Partialquotienten $\frac{2400}{8} = 300$; $\frac{80}{8} = 10$; $\frac{16}{8} = 2$ gefunden hat, so ist ihre Summe $312 = \frac{2496}{8}$ der ganze gesuchte Quotient.

2) Auf-

2) Aufgegeben 24472 : 56. Nun ist 24472 = 20000 + 4000 + 400 + 70 + 2. Aber es ist 56 in 20000 nicht ein 10000mal und wenn man den ersten Theil mit dem zweiten zusammenschlägt, ist auch 56 in 24000 noch nicht ein Tausendmal enthalten, man schlage dies daher mit 400 zusammen, giebt 24400 = 244. 100. Versucht man nun wie oft 56 in 244 sey, so geht es darin nicht auf, oder es ist nicht 5mal ganz darin enthalten, weil 5. 56 = 280 > 244. ist Nun ist 4. 56 = 224. Setzt man 244. 100 = 224. 100 + 20. 100 so giebt der erste Theil den Quotienten 400. Man schlägt nun 20. 100 = 2000 zu 70 giebt 2070 = 207. 10. Da man nun wieder frägt, wie oft 56 in 207 und auf eben die Art findet 207. 10 = 168. 10 + 39. 10; so ist 56 in 168. 10 enthalten, 3. 10 = 30 mal; und 30 ist der zweite Theil des Quotienten. Man schlägt nun 39. 10 = 390 zu 2 giebt 392 und frägt wie viel einzelne mal ist 56 in 392 und erhält 7, denn 7. 56 = 392. Also ist 7 der letzte Theil des Quotienten. Da nun 24472 = 20000 + 4000 + 400 + 70 + 2 = 22400 + 1680 + 392 und $\frac{22400}{56} = 400$; $\frac{1680}{56} = 30$; $\frac{392}{56} = 7$; so ist 24472 : 56 = 437 und 437 der ganze Quotient. Die Exempel würden nach der gemeinen Regel so stehen:

```
                 Q                         Q
Dividendus 2496|312          Divid. 24472|437
   Divisor  8                Divis.  56
           24                       224
          ----                      ----
             9                      207
             8                       56
          ----                      168
            16                      ----
            16                      392
          ----                      392
             0                      ----
                                      0
```

Näm-

Nämlich man giebt die Regel: 1) Man vergleiche den Divisor erst mit so vielen von den höchsten Ziffern des Dividendus, als er selbst Ziffern enthält, und sehe hiebei die niedrigste unter den verglichenen Ziffern so an, als wenn es simple Einer wären. Sollten die Ziffern des Dividends bei solcher Vergleichung kleiner seyn als der Divisor; so muß man noch eine niedrigere Ziffer im Dividend dazu nehmen, da denn der Divisor gewiß kleiner seyn wird. 2) So bald die verglichenen Stellen im Dividend dem Divisor gleich oder größer gefunden werden, schreibt man sie so untereinander, daß die Einheiten des Divisors unter der niedrigsten verglichenen Stelle des Dividends zu stehen kommen, frägt alsdann, wie oft der Divisor ganz im Dividendus enthalten sey. Ist der Divisor eine einfache Ziffer; so kann man ihn in der vordern Vertikalreihe des Einmaleins aufsuchen, und unter den mit ihm in derselben Horizontalreihe stehenden Produkten, das den Ziffern im Dividend gleiche oder nächst kleinere nehmen, wozu man denn nach §. 40. den Quotienten aus der Tafel nimmt, und bei Q hinschreibet. Ist der Divisor eine zusammengesetzte Ziffer, so vergleicht man meistens nur die höchste Ziffer desselben, mit denen über ihm oder ausserdem noch vor ihm zu stehenden Stellen des Dividends auf eben die Art.

3) Der gefundene Quotient wird mit dem ganzen Divisor multiplicirt, das Produkt unter die verglichenen Stellen des Dividends so geschrieben, daß die niedrigsten Stellen unter einander kommen und nun abgezogen. Für den Fall, wo der Divisor zusammengesetzt war, kann es nun kommen, daß das Produkt als Subtrahendus zu groß ist. Dann wird die bei Q geschriebene Zahl um 1 vermindert, das

Produkt

Produkt hiernach verändert und der Abzug versucht, welches Verfahren benöthigten Falls zu wiederholen.

4) Entweder für sich allein oder zu dem, was nach dem Abzug etwa übrig bleibet, wird die auf die bereits verglichenen Stellen im Dividend folgende Ziffer herunter geschrieben und das bereits beschriebene Verfahren widerholet, die Quotienten rechter Hand der bei Q bemerkten Ziffern niedergeschrieben u. s. w. Nur ist zu bemerken, daß nun, wenn bei der ersten wie No. 1. angestellten Probe der Divisor zu groß ist, sogleich eine Null neben den Ziffern bei Q geschrieben, und so fortgefahren werden muß, bis der Divisor kleiner wird, als die auf eben die Art wie No. 1. mit ihm verglichenen Stellen. Man sehe das Beispiel im folgenden §.

5) Fährt man so bis zur letzten Ziffer des Dividends fort, so sind die gefundenen Theile des Quotienten, wie sie da stehen, dekadisch ausgesprochen, der gesuchte Quotient.

Hier erhellt nun leicht, daß dieses Verfahren nur in der Form von dem vorhergewiesenen unterschieden sey, nur einen bequemen Ansatz des Exempels und Abkürzungen im Niederschreiben lehre, übrigens auf eben den Gründen beruhe.

§. 45. Es sey noch 7654 : 37 aufgegeben. Nach der gemeinen Regel steht es so:

Dabei

7654 | $206\frac{32}{37}$
37
74
254
37
222
32

Dabei zeigt sich der oft eintretende Fall, daß bei der lezten Division noch ein Rest bleibt; hier 32. Diese Zahl sollte eigentlich noch mit 37 dividirt, d. i. sie sollte in so viel Theile getheilt werden als der Divisor Einheiten hat, und ein Theil davon dem Quotienten beigefügt werden §. 18. Der Ausdruck $\frac{32}{37}$ kann hier wenigstens als Zeichen gelten, daß diese Division noch vorzunehmen, nach §. 23. Wie er in der That den gesuchten Theil von 32 bedeutet, werden wir bald deutlicher zeigen können.

§. 46. Proben zur Multiplication und Division lassen sich aus §. 13. 16. hernehmen. Bei der letzten ist es sichtbar, daß in dem Falle des 45. §. das Produkt aus dem Quotienten so weit man ihn gefunden, in den Divisor nur dann erst dem Dividend gleich seyn könne, wenn man den Rest addirt.

§. 47. Wenn eine Zahl mit 1 multiplicirt oder dividirt wird, so ist das Produkt dem Multiplicand, der Quotient dem Dividend gleich. Z. E. $1 \times 6 = 6$ und $6 : 1 = 6$. Das drükt man manchmal etwas unfüglich durch die Redensart aus: die 1 **multiplicirt und dividirt nicht.**

§. 48. Daß die in den Rechenschulen oft übliche Art **über sich zu dividiren,** theils die Revision des Exempels schwerer mache, theils sich in die mathematischen Rechnungen nicht wohl passe, läßt sich leicht zeigen.

§. 49. Wenn der Divisor aus mehrern Ziffern besteht, der Dividendus eine noch viel größere Anzahl

Anzahl Ziffern hat: ferner nach der Ziffer der höchsten Ordnung im Divisor große Zahlen wie 9, 8, 7, 6 folgen; so ist es besonders vortheilhaft, sich die Produkte aller einfachen Zahlen in den Divisor, durch Addition wie beim Einmaleins zu suchen; da man alsdenn nicht besorgen darf, die Partialquotienten zu hoch zu nehmen; wie sonst leicht geschehen kann, wodurch wenigstens unbequemes Weglöschen u. d. g. bereits niedergeschriebener Zahlen verursacht wird.

Exempel:

1) 298973)	564307865294 10 | 121853098	und $\frac{261056}{298973}$
2) 597946	298973	
3) 896919	653348	
4) 1195892	597946	
5) 1494865	554026	
6) 1793838	298973	
7) 2092811	2550535	
8) 2391784	2391784	
9) 2690757	1587512	
	1494865	
	926479	
	896919	
	2956041	
	2690757	
	2652840	
	2391784	
	261056	

§. 50. Uebrigens können nur die Umstände und eine vernünftige Ueberlegung derselben in jedem Falle bestimmen, welche von den bisher gelehrten Rech-

Rechnungsoperationen anzuwenden sey. Sehr oft werden auch noch besondere Kentnisse, theils der gewöhnlichen Geschäfte im menschlichen Leben, theils aus Wissenschaften erfordert, um sie gehörig zu gebrauchen. Ich will ein Beispiel geben: Es sezt jemand, der aus erster Ehe Kinder und Enkel, und auch eine Wittwe hinterläßt, jene nur im Pflichttheil zu Erben ein. Er hat 4 Kinder gehabt, wovon 2 gestorben sind, aber wiederum eins 3 das andere 2 Kinder hinterlassen haben. Das Vermögen besteht aus 2950 thlr. die auf Häuser, und aus 5 mal so viel, was auf liegende Gründe versichert ist. Unterdessen finden sich 1266 thlr. Schulden, und die Begräbnißkosten betragen 112 thlr. Hier muß man wissen, daß der lezte Posten von der ganzen Summe abzuziehen, dann nach der Rechtsregel

Quatuor aut infra dant natis jura trientem
Semissem vero dant natis quinque vel ultra.

der Pflichttheil der Kinder überhaupt auszumachen sey, die Enkel aber das Erbtheil, welches ihren verstorbenen Aeltern wenn sie gelebt, zugefallen seyn würde, zu theilen haben.

III. Die Bruchrechnung überhaupt.

§. 51. Wenn ein Ganzes in etliche gleiche Theile getheilet wird, und man von diesen Theilen eine Anzahl nimmt, so nennet man diese genommene Anzahl gleicher Theile **in Vergleichung mit dem ganzen einen Bruch** z. E. Zweidrittheile eines Thalers ist ein Bruch, zwei Mark eine ganze Zahl, und beide Größen sind doch gleich. Man muß zwei Zahlen wissen, eine, welche anzeiget, in wie viel gleiche Theile das Ganze getheilt worden oder den **Nenner** des Bruchs, die andere, welche bestimmt, wie viel von diesen Theilen zu nehmen sind oder den **Zähler**. Man pflegt den Zähler oben, den Nenner unten zu schreiben, und beide durch einen Strich abzusondern, z. E. $\frac{2}{3}$ heißt zwei Drittheile.

§. 52. Obgleich der Bruch keine Menge von mehrern Ganzen, als Einheiten betrachtet, ist, so ist er doch eine Zahl; denn die gleichen Theile des **einen** Ganzen, welche der Zähler aufzählt, sind hier eben das, was bei ganzen Zahlen die Einheiten selbst waren. Der Nenner giebt blos der gebrochenen Zahl den Namen, daher auch Brüche wie genannte Zahlen angesehen werden können.

§. 53. Ist der Bruch kleiner als das Ganze, so heißt er ein **eigentlicher** Bruch. Man kann aber auch die gleichen Theile des ganzen alle, oder auch solcher Größen als durch die Eintheilung entstanden mehrere, als auf ein Ganzes gehen, überhaupt so viel man will, nehmen. Solche Brüche heissen **uneigentliche** und **unächte** Brüche; sie enthalten das Ganze ein oder mehrmalen genau, oder auch noch etliche gleiche Theile darüber. Z. E. $\frac{4}{4}$, $\frac{5}{4}$, $\frac{11}{4}$, $\frac{8}{5}$, $\frac{7}{3}$, u. d. gl.

§. 54. Dividiren hieß, den so vielten Theil des Dividendus nehmen, als der Divisor anzeigt. §. 17. Nun setze man, es soll 3 durch 4 dividirt d. i. in 4 Theile getheilt werden. Wenn man $3 = 1 + 1 + 1$ setzt; so ist der Bruch $\frac{1}{4}$ eine Einheit in 4 Theile getheilt, und davon einer genommen. §. 52. Wenn man das wiederholt; so erhält man $\frac{1}{4} + \frac{1}{4} + \frac{1}{4} = \frac{3}{4}$ und $\frac{3}{4}$ ist der Quotient, welcher den vierten Theil von 3 angiebt. Hieraus erhellt genugsam,

wes-

weswegen man jeden Bruch als einen Quotienten ansehen könne, auch die uneigentlichen; wie der Zähler für den Dividend, der Nenner für den Divisor gelten, und wie man einen Bruch und eine Division mit einerlei Zeichen andeuten könne. §. 23. 53.

§. 55. Auch erhellet daraus, daß bei dem Falle in der Division §. 45. der Ausdruck $206\frac{32}{37}$ wirklich den vollständigen Quotienten angiebt. Denn wenn jede Einheit im Rest 32 in 37 Theile getheilt wird, und man $\frac{1}{37}$ nun 32 mal nimmt, so hat man wirklich 32 durch 37 dividirt.

§. 56. **So groß die Zahl ist, womit man blos den Zähler eines Bruchs multiplicirt oder blos den Nenner dividirt; so vielmal größer wird der Bruch; und so groß die Zahl ist, womit man blos den Zähler eines Bruchs dividirt, oder blos den Nenner multiplicirt, so vielmal kleiner wird ein Bruch.**

Bew. 1. Es sey $\frac{4}{10}$ gegeben, so ist $\frac{2 \cdot 4}{10} = \frac{8}{10} = 2 \cdot \frac{4}{10}$ und $\frac{4}{10 : 2} = \frac{4}{5} = 2 \cdot \frac{4}{10}$. Denn (da $\frac{1}{10}$ die Hälfte von $\frac{1}{5}$ so muß $\frac{4}{10}$ auch nur die Hälfte von $\frac{4}{5}$ seyn.

2. Es ist $\frac{4 : 2}{10} = \frac{2}{10} = \frac{4}{10} : 2$ und $\frac{4}{10 \cdot 2} = \frac{4}{20} = \frac{4}{10} : 2$. Denn da $\frac{1}{20}$ die Hälfte von $\frac{1}{10}$; so muß $\frac{4}{20}$ auch die Hälfte von $\frac{4}{10}$ seyn.

Man erläutere diese Sätze durch eingetheilte Linien. Das Gedächtniß zu erleichtern, merke man sich die Regel: die Multiplication und Division der Zähler hat eben den Effekt wie bei ganzen Zahlen, die Multiplication und Division des Nenners aber hat die entgegengesetzte Wirkung. Denn im ersten Fall bleibt der Nahme oder der Nenner, die neu angenommene Einheit §. 52. und der Zähler d. i. die Menge solcher Einheiten wird eben wie die ganzen 2, 3 mal u. s. w. genommen, oder es wird davon der 2te 3te Theil u. s. w. genommen. Im 2ten Fall bleibt die Zahl; die neuangenommene Einheit, wird 2, 3 und mehrmal kleiner, also muß der Wehrt 2, 3 mal mehr betragen; durchs dividiren wird bei eben dem Zähler die Einheit größer; es muß also der Wehrt eben so vielmal größer werden.

§. 57. Ein Bruch wird mit einer ganzen Zahl multiplicirt, wenn man seinen Zähler, er wird aber dividirt, wenn man seinen Nenner mit der ganzen Zahl multiplicirt.

§. 58. **Der Wehrt eines Bruchs wird nicht geändert, wenn man seinen Zähler und Nenner mit einer und derselben ganzen Zahl multiplicirt oder dividirt.**

Bew. Multiplicirt man den Zähler z. E. mit 3; so wird der Bruch so vielmal größer, multiplicirt man den Nenner darauf auch mit 3. so wird er eben so vielmal kleiner §. 56. So auch: dividirt man den Zähler des Bruchs mit einer Zahl z. E. 3. so wird der Bruch so vielmal kleiner, und dividirt man mit eben der Zahl den Nenner, so wird er eben so vielmal wieder größer; bleibt also in beiden Fällen wie er zu Anfang war, seinem Wehrte nach.

§. 59. Einen Bruch **aufzuheben** d. i. ihn seinem Wehrt unbeschadet, durch kleinere Zahlen auszudrücken, ist folglich leicht, so lange man nur noch eine Zahl finden kann, wodurch sich Zähler und Nenner ohne Rest dividiren lassen, das ist, wenn man nur noch ein gemeines Maaß des Zählers und Nen-

Nenners finden kann. Z. E. $\frac{8}{12} = \frac{8:2}{12:2}$ §. 30. $= \frac{4}{6} = \frac{4:2}{6:2} = \frac{2}{3}$.

§. 60. Wenn eine Zahl sich durch keine andere als durch 1 oder durch sich selbst ohne Rest dividiren läßt, so nennt man sie eine **Primzahl** (numerus primus). Z. E. 3 und 7 sind Primzahlen. Sind aber 2 oder mehrere Zahlen so beschaffen, daß keine von ihnen in den übrigen aufgeht, und sie sich auch alle zugleich durch keine andere Zahl als durch die 1 ohne Rest dividiren lassen; so heissen sie **Primzahlen unter sich** (numeri inter se primi), Z. E. 7 und 13, ferner 3, 11 und 17; auch 7, 21, 19 sind Primzahlen unter sich. Hingegen 7, 21; ferner 3, 15, 51 sind eben so wenig Primzahlen unter sich als 10, 25, 35, weil die ersten beiden sich eben durch die Primzahl 7; die zweiten drei durch die Primzahl 3; wie die letzten drei durch 5 ohne Rest dividiren lassen; oder die ersten 7; die zweiten 3; die 3ten 5 zum **gemeinschaftlichen Faktor** haben. Man sieht also leicht, daß wenn Zähler und Nenner eines Bruchs entweder Primzahlen oder doch Primzahlen unter sich sind, das Aufheben eines solchen Bruchs nicht angehe, nämlich auf solche Art, daß Zähler und Nenner ganze Zahlen blieben. Z. E. $\frac{7}{30}$, $\frac{15}{22}$ lassen sich nicht aufheben.

§. 61. Wenn man eine Zahl (7) findet, die in einer vorgegebenen (42) aufgeht, so ist das Produkt dieser Zahl (7), als eines Divisors in den Quotienten (6) der vorgegebenen Zahl gleich, 6. 7 = 42, und man sagt, die vorgegebene Zahl (42) sey aus den Faktoren (6 × 7) zusammengesetzt. Diese Faktoren lassen sich aufs neue in Faktoren zerfällen, z. E. 6 = 2. 3; so lange dieselben noch keine Primzahlen sind, wie z. E. 7 schon ist.

§. 62. Z. 1. Jede Zahl ist also entweder **eine Primzahl** oder auch ein Produkt, das aus lauter Primzahlen als Faktoren zusammengesetzt ist, d. i. eine **zusammengesetzte Zahl.** Die Primzahlen werden in diesem Betracht **einfache Faktoren** genannt.

§. 63. Z. 2. Ausser der zusammengesetzten Zahl selbst, kann keine Zahl, die in einer zusammengesetzten aufgehet, größer seyn als die Hälfte der zusammengesetzten Zahl. So ist 18 das größte Maaß von 36.

§. 64. Will man also einen Bruch nicht nur überhaupt **kleiner** ausdrücken, sondern ihn auf seinen **kleinsten** Ausdruck bringen, so wäre folgendes ein Mittel.

Man zerfället den Zähler und Nenner in seine einfache Faktoren; je zwei gleiche im Zähler und Nenner lässet man weg, die übrigen multiplicirt man wieder in einander, so bekommt man den kleinsten Ausdruck oder den kleinsten Zähler und Nenner.

Z. E. $\frac{2310}{4350} = \frac{\cancel{2}\cdot 7\cdot \cancel{11}\cdot \cancel{5}\cdot 3}{5\cdot \cancel{11}\cdot 17\cdot \cancel{2}\cdot \cancel{5}} = \frac{21}{85}$. Denn 21 und 85 sind nun Primzahlen unter sich, und leiden kein weiteres Aufheben.

Aber hierbei kommt es nun allerdings darauf an, daß man überhaupt die Faktoren, insbesondere die einfachen zu finden, sichere Kennzeichen habe. Zur Ausübung wird auch noch verlangt, daß man sie schnell finden könne. Da aber diese Faktoren so mannichfaltig sind, indem es besonders eine unzählbare Menge kleiner und großer Zahlen giebt, welche Primzahlen sind; so hat man hauptsächlich die kleinern Faktoren zu finden, bequeme Regeln aufgesucht. Eine an sich allgemeine Art die Kennzeichen zu bestimmen, welche eine Zahl haben muß, worin eine gegebene Zahl aufgeht, soll hier gezeigt werden.

§. 65.

§. 65. Das Maaß eines Faktors von einem Produkt geht auch in dem Produkt auf. Z. E. $42 = 3 . 14 = 1 . 14 + 1 . 14 + 1 . 14 = 14 + 14 + 14$. §. 12. Wenn nun eine Zahl wie 7 in dem Faktor 14 aufgeht, so muß sie von jedem 14 also auch von 3. 14 oder 42 das Maaß seyn. Man sieht, daß diese Vorstellung sich jederzeit anbringen lasse, der andere Faktor sey so groß als er wolle.

§. 66. **Aufg. Die Kennzeichen zu finden, welche alle diejenigen Zahlen haben müssen, wovon eine gegebene kleinere das Maaß seyn soll.**

Aufl. Die Ziffern des Dividendus welche in in der Stelle der Einer stehen, nenne man a, die welche in der Stelle der Zehner stehen b, die in der Stelle der Hunderter c u. s. w. nach der Ordnung des Alphabeths, sehe sie aber insgesammt als bloße Einer an; so wird jeder Dividendus durch folgenden Ausdruck vorgestellt werden.

$1 . a + 10 . b + 100 . c + 1000 . d + 10000 . e$ u. s. w. Z. E. $1 . 6 + 10 . 2 + 100 . 5 + 1000 . 9 + 10000 . 4 = 49526$. Wenn nun eine Zahl in den Faktoren 1, 10, 100, u. s. w. aufgeht, so müßte sie in jedem Theil des Ganzen, d. i. in dem Dividend selbst aufgehen. §. 65. Sollte die Bedingung, wie mehrentheils, nicht zutreffen, so muß man auf eine andere Art untersuchen, ob sie nicht doch noch ein Maaß vom Dividend sey. Z. E. wir untersuchen von welchen Zahlen 8 ein Maaß seyn könne. 1 : 8 giebt den Rest, 1; der gesammte Rest des ersten Gliedes ist also $1 . a = a$; $10 : 8$ giebt den ganzen Quotienten 1 den Rest 2; daher ist $10\,b = 8\,b + 2\,b$; in 8 b geht 8 auf; es bleibt aber noch 2 b übrig; ferner: $100 : 8$ giebt den Quotienten 12 den Rest 4; folglich

lich ist $100\,c = 12.8\,c + 4\,c$; folglich bleibt $4\,c$ übrig. Endlich giebt $1000 : 8$ den ganzen Quotienten 128 ohne Rest; daher geht 8 in 1000 d auf; also auch in 10000, und in 10000 e, in 100000 f u. s. w. Man sieht nun deutlich, weil der Hauptausdruk mit folgenden gleich ist, $a + 8\,b + 2\,b + 12.\,8\,c + 4\,c + 1000\,d + 10000\,e = (a + 2\,b + 4\,c) + 8\,b + 96\,c$ $1000\,d + 10000\,e$ u. s. w. es nur darauf ankommt, ob die Summe der Einzer, des doppelten der in der Stelle der Zehner und des vierfachen der in der Stelle der Hunderter stehenden Ziffern, (alle nur wie Einheiten angesehen) sich durch 8 ohne Rest dividiren lasse, d. i. ob $\frac{a + 2\,b + 4\,c}{8}$ eine ganze Zahl sey; denn die Summe der übrigen Glieder mit 8 dividirt, giebt gewiß eine ganze Zahl. Aehnliche Untersuchungen lassen sich bei jedem andern vorgegebenen Divisor anstellen. Kürzer verfährt man auf folgende Art: Man schreibt a besonders, dividirt nun zuerst 10 mit dem zu untersuchenden Divisor; bleibt ein Rest, so addirt man zu a das Zeichen b mit der Zahl des Restes multiplicirt; setzt nun aber auch zu dem Rest eine 0, und dividirt weiter, bleibt wieder ein Rest, so setzt man so viel mal c als die Zahl des Restes anzeigt, zu dem vorhin schon bemerkten. So fährt man fort, bis entweder kein Rest bleibt, oder man doch sehen kann, daß die Zahlen des Restes nach der Ordnung wieder kommen werden. Alsdann hat man eine Summe, worin der vorgegebene Divisor aufgehen muß, wenn er in dem ganzen Dividend aufgehen soll. Das vorige Exempel würde nun so stehen:

```
8)10|1      a + 2b + 4c        36)10|0     a+10b+28c+28d+28e u. s. w.
   8|                              0|      od. a+10b+28(c+d+e+f etc.)
  ---                             ----
   20|2                           100|2
   16|                             72|
   ---                            ----
    40|5                           280|7
    40|                            252|
    ---                            ----
     0                              280|7
                                    252|
                                    ----
                                     28
```

Wenn also $\frac{a+2b+4c}{8}$ u. $\frac{a+10b+28(c+d+e+f \text{ etc.})}{36}$ ganze Zahlen sind, so ist im ersten Fall 8 im andern 36 ein Maaß des vorgegebenen Dividendus. Ich will nun nach der Ordnung die so gefundenen Kennzeichen für die Divisoren 2 bis 11 hersetzen.

Für	2	wenn	$\frac{a}{2}$ — —	eine ganze Zahl ist
=	3	=	$\frac{a+b+c+d+e+f \text{ etc.}}{3}$	= = =
=	4	=	$\frac{a+2b}{4}$	= = =
=	5	=	$\frac{a}{5}$	= = =
=	6	=	$\frac{a+4(b+c+d+e+f. \text{ etc.})}{6}$	= = =
=	7	=	$\frac{a+3b+2c+6d+4e+5f+g+3h \text{ etc.}}{7}$	= = =
=	8	=	$\frac{a+2b+4c}{8}$	= = =
=	9	=	$\frac{a+b+c+d+e+f \text{ etc.}}{9}$	= = =
=	10	=	$\frac{a}{10}$	= = =
=	11	=	$\frac{a+10b+c+10d+e+10f \text{ etc.}}{11}$	= = =

Anmerk. Statt der für die Zahl 7 gegebenen beschwerlichen Regel läßt sich folgende etwas leichtere gebrauchen.

$\frac{a - 4b + 2c - d + 4e - 2f}{7}$ u. s. w. und für die Zahl 11 folgende: $\frac{a - b + c - d + e - f \text{ etc.}}{11}$

Der mündliche Vortrag und Beispiele werden mit mehrerm erläutern was hier kurz hat gesagt werden müssen. Umständlicher findet man es in Hrn. Hofrath Karsten Lehrbeg. Theil 2. 1 Abtheilung, S. 1 bis 8. Letztere beide Regeln erhellen erst deutlich aus dem Begrif der entgegengesetzten Größen. Bei der Anwendung muß nur immer daran gedacht werden, daß wenn die Ziffern des Dividends statt der Buchstaben gesetzt werden, man sie als bloße Einer zu betrachten habe. Z. E. Wenn man sie alle als solche addirt, und die Summe ist durch 3 oder durch 9 ohne Rest theilbar, so ist es der vorgegebene Dividend selbst.

§. 67. Dieser Regeln kann man sich nun bedienen, um gemeinsame Faktoren des Zählers und Nenners, oder überhaupt verschiedener Zahlen zu finden. Aber selten wird man doch so weit damit reichen, oben berührter Umstände wegen, sie in ihre einfachen Faktoren zu zerfällen, und weiter sie zu berechnen, ist wieder die Forderung der schnellen Anwendung weil die Formeln sehr weitläuftig werden. Besser erhält man dieses durch eigene dazu eingerichtete Tabellen. In Lamberts Zusätzen zu den Trigonometrischen Tafeln sind dergleichen für alle Zahlen von 1 bis 102000. Man hat sie schon viel weiter fortgesetzet, durch welche nutzbare Arbeit sich insbesondere Hr. **Hindenburg** verdient gemacht hat.

Anmerk. Bei dem Bruch $\frac{518918400}{878585600}$ werden sich alle oben gegebene Regeln und an diesem: $\frac{22386}{63427}$ der Gebrauch der Lamb. Tafel zeigen lassen.

§. 68.

§. 68. Wenn von zwei ungleichen Zahlen A und B. die kleinere B in der größern A nicht aufgeht, also einen Rest C läßt, dieser Rest C in B dividirt, wieder einen Rest E, und so fort bis man auf die Einheit F kommt; so sind A und B Primzahlen unter einander.

A.	13
B.	8
C.	5
D.	3
E.	2
F.	1

Bew. Sollte irgend eine Zahl das gemeinschaftliche Maaß von A und B seyn; so müste es (§. 42.) auch das Maaß von C, also auch von B und C und folglich auch von D; also auch von C und D; mithin auch von E und daher von E und D; endlich auch von F seyn, welches nicht möglich ist, da das Maaß nie größer, als die Zahl seyn kann, die dadurch gemessen wird.

§. 69. **Aufg. Es sind zwei Zahlen A und B gegeben, man soll ihr größtes gemeines Maaß finden**

Aufl. I. Geht B in A auf so ist B das gesuchte größte Maaß; weil B sein eignes Maaß ist; und keine größere Zahl die Zahl B messen kann §. 63.

A	18
B.	6

II. Man dividirt die größere Zahl A durch die kleinere B. Bleibt ein Rest C; so dividire man damit den vorigen Divisor B; bleibt wieder ein Rest D; so dividire man damit abermal den letzten Divisor, und fahre so fort, bis alles aufgeht, so wird die Zahl, welche man bei der lezten Division als Divisor brauchte, wenn sie nicht die Einheit ist, das größte gemeinschaftliche Maaß der vorgegebenen Zahlen seyn.

A	48
B	18
C	12
D	6

Bew. D ist nicht die Einheit §. 68. D ist aber das Maaß von sich selbst und von C §. 60. folglich auch von B §. 42; mithin auch vou C und B und daher auch von A; mithin auch A und B. Sollte es irgend eine Zahl N > D geben, die von A und B ein gemeinschaftliches Maaß wäre, so müste sie auch C nach §. 42. messen, also B und C, mithin auch D, welches doch kleiner, als N vorausgesetzt wird, und also nach §. 60. unmöglich dadurch gemessen werden kann.

Exempel. Man soll den Bruch $\frac{1464}{4697}$ auf seinen kleinsten Ausdruck bringen. Dies wird geschehen können, wenn man das größte gemeine Maaß des Zählers und Nenners gefunden.

```
              a
1464)4697|3
     4392|         b
     ----------
      305|1464| 4
         |1220|          c
         -------
          244|305| 1
             |244|            d
             -------
               61|244|4
                 |244|
                 -----
                   0
```

Da nun $\frac{1464}{61} = 24$; $\frac{4697}{61} = 77$ so ist der Bruch $\frac{1464}{4697} = \frac{24}{77}$ und auf seinen kleinsten Ausdruck gebracht. Aber dieß ist in der Ausübung eine sehr beschwerliche und auch manchmal fruchtlose Operation nach §. 36.

Man

Man kann dergleichen Exempel aber auch so ansezzen; Es sei $\frac{216}{1147}$; so ist, wenn man Zähler und Nenner mit 216 dividirt, $\frac{216}{1147} = \cfrac{1}{5 + \frac{67}{216}}$.

Ferner ist $\frac{67}{216} = \cfrac{1}{3 + \frac{15}{67}}$ und $\frac{15}{67} = \cfrac{1}{4 + \frac{7}{15}}$ und $\frac{7}{15} = \cfrac{1}{2 + \frac{1}{7}}$.

Also $$\frac{216}{1147} = \cfrac{1}{5 + \cfrac{1}{3 + \cfrac{1}{4 + \cfrac{1}{2 + \cfrac{1}{7}}}}}$$

Man hat dies **Stufen-Brüche, Ketten Brüche, stetige Brüche** (fractiones continuas) genannt. Je weniger man davon nimmt, je kleiner wird wohl der Ausdruck, aber desto weniger genau ist der Wehrt den man bekömmt; je mehr man von dem, was dem Nenner angehängt ist, nimmt, je genauer bekommt man den wahren Wehrt.

So ist z. B. $\frac{1}{5} > \frac{216}{1147}$; $\cfrac{1}{5 + \frac{1}{3}} = \frac{3}{16} < \frac{216}{1147}$ aber ihm näher. Ferner: $$\cfrac{1}{5 + \cfrac{1}{3 + \cfrac{1}{4}}} = \cfrac{1}{5 + \frac{4}{13}} = \frac{13}{69}$$ $$> \frac{216}{1147}$$

$> \frac{216}{1147}$ und wieder näher als $\frac{3}{16}$.

Ferner $$\cfrac{1}{5+\cfrac{1}{3+\cfrac{1}{4+\cfrac{1}{2}}}} = \frac{29}{154} < \frac{216}{1147}$$

Endlich, wenn man auch das zulezt angehangene $\frac{1}{7}$ hinzu nimmt, so kommt der völlig genaue Wehrt wieder heraus. Viel bequemer ist es schon auch Behufs einer solchen Annäherung das Beispiel wie das vorige zu setzen.

I.

1147 | 5
216
1080
67 | 216 | 3 (II.)
201
15 | 67 | 4 (III.)
60
7 | 15 | 2 (IV.)
14
1 | 7 | 7 (V.)
7
0

Man nimmt 1 zum Zähler; den ersten Quotienten zum Nenner; giebt . . . $\frac{1}{5}$

Dann den Quotienten II. zum Zähler; ihn mit dem vorigen Nenner multiplicirt und 1 addirt zum Nenner; giebt . . . $\frac{3}{16}$

Dann mit III. den letzten Zähler multiplicirt und den vorletzten addirt, so auch den letzten Nenner multiplicirt und den vorlezten addirt giebt den Bruch . . . $\frac{13}{69}$

u. s. w.

Be-

Bequemer noch steht das Exempel wie neben bei, wo denn, wenn mit dem gefundenen Quotienten immer was in der 3ten und 4ten Columne steht, multiplicirt und die unmittelbar darüber stehende Zahl addirt wird, in der 3ten die Zähler, in der 4ten die Nenner der **Annäherungs-Brüche** (?) sich ergeben.

1147		1	0
216	5	0	1
67	3	1	5
15	4	3	16
7	2	13	69
1	7	29	154
		216	1147

§. 70. Da aus dem Beweise §. 69. erhellt, daß, wenn eine Zahl zwei andere mißt, sie auch ihr größtes gemeines Maaß messen müsse, so wird für 3 oder mehr Zahlen A, B, C das größte gemeine Maaß gefunden, wenn man sie nach ihrer Größe ordnet, und nun für die beiden größern das größte gemeine Maaß sucht. Es sey D von A und B ein solches Maaß. Ist es auch ein Maaß von C, so ist auch D das größte Maaß für A, B, C. Denn gäbe es ein größeres so müßte es auch D messen. Es ist aber größer als D, welches unmöglich ist. Ist D für A und B das größte gemeine Maaß, geht aber nicht in C auf, so suchet man das größte gemeine Maaß für C und D. Findet man hiefür E, so ist dieß das größte gemeine Maaß für A, B und C. E mißt nämlich D als ein Maaß von A und B; also wird auch A und B so wie C von E gemessen. Sollte $N > E$ die Zahlen A, B und C messen, so müßte N auch C, also D und C mithin auch E messen, also kleiner oder doch gleich mit E seyn gegen die Voraussetzung.

A 8. B 6. C 4
D 2.

A 18. B 12. C 4.
D 6. E 2.

§. 71. **Aufg. Zwei oder mehrere Brüche, ohne daß ihr Wehrt verändert werde, auf einerlei Benennung zu bringen.**

Aufl. Man multiplicire den Zähler und Nenner eines jeden Bruchs, mit dem Produkt aus den Nennern der übrigen. Denn dadurch wird der Wehrt der Brüche nicht verändert wegen §. 58. und sie bekommen auch gleiche Nenner. Denn jeder Nenner wird nun das Produkt aus den Nennern aller vorgegebenen Brüche. Z. E. $\frac{3}{5}$, $\frac{2}{7}$ auf einerlei Benennung giebt $\frac{3.7}{5.7}$, $\frac{5.2}{5.7}$ d. i. $\frac{21}{35}$, $\frac{10}{35}$. So auch $\frac{2}{3}$, $\frac{3}{7}$, $\frac{4}{11}$ giebt $\frac{2.7.11}{3.7.11}$, $\frac{3.11.3}{3.7.11}$, $\frac{3.7.4}{3.7.11}$ oder $\frac{154}{231}$, $\frac{99}{231}$, $\frac{84}{231}$.

§. 72. Die Auflösung der Aufgabe des vorig. Sphs läßt sich zwar allgemein anwenden, führet aber besonders bei großen Nennern weitläuftige Multiplicationen mit sich, und veranlaßt die Frage ob hier nichts abzukürzen sey. Wenn man zum General-Nenner nur überhaupt eine Zahl nimmt, worin alle gegebenen Specialnenner aufgehen, und mit den Quotienten, welche solche Divisionen geben, die vorgelegten Zähler und Nenner multiplicirt so erhalten die Brüche auch einerlei Benennung. Ist diese Zahl kleiner als das Produkt aus allen Nennern, so werden die Ausdrücke auch kleiner, als nach §. 71. Z. E. $\frac{7}{12}$, $\frac{5}{8}$ haben den Generalnenner 96; aber auch 72. Denn $\frac{72}{12} = 6$ und $\frac{72}{8} = 9$ und der erste Bruch wird $\frac{7.6}{12.6} = \frac{42}{72}$; der zweite $\frac{5.9}{8.9} = \frac{45}{72}$. Man hätte auch 24 zum Generalnenner nehmen können, und erhalten $\frac{7.2}{12.2} = \frac{14}{24}$, und $\frac{5.3}{8.3}$. Eben so $\frac{4}{9}$, $\frac{5}{6}$, $\frac{2}{3}$, haben ausser 162 auch 108, 54, 36, 18 zu Generalnennern.

Lezterer

Lezterer giebt $\frac{8}{18}$, $\frac{15}{18}$, $\frac{12}{18}$. Unter 18 wird sich keine Zahl finden lassen, worin noch alle Specialnenner 9, 6, 3, aufgiengen. §. 63. Er kann der **kleinste Generalnenner** heissen. Da es zur geschmeidigsten Darstellung der Brüche dient, ihn allemal sogleich zu bekommen, so ist darzu eine Regel nöthig. Es ist sichtbar, wenn man die gemeinschaftlichen Faktoren der Nenner sucht, und sie in diejenigen, welche verschiedenen etwa einzeln zukommen, multiplicirt; so erhält man eine Zahl, worin die Produkte aus den Faktoren jeder Nenner aufgehen, und sie ist die kleinste noch brauchbare, wenn sie aus nicht mehr Faktoren zusammengesetzt ist. So ist z. B. von 9, 6, 3, das gemeinschaftliche Maaß 3 und die Quotienten 3, 2, sind das eigne. In 3. 3. 2 = 18 müssen nun 3. 3 = 9; 3. 2 = 6 und 3 aufgehen. Kleiner kann man den gemeinen Nenner auch nicht bekommen. Denn wenn man einen der einfachen Faktoren wegläßt; so gehen auch nicht alle Specialnenner darin auf. Daher giebt man folgende Regel. In den gegebenen unter einander stehenden Brüchen dividire man blos die Nenner mit dem Maaß, welches, wo nicht alle, doch die meisten gemein haben, und setze die Quotienten und nicht dadurch theilbaren Nenner wieder unter einander hin, den Divisor bemerkt man über der Verticalreihe. Man fahre so fort, bis keine zwei unter den zulezt geschriebenen Quotienten und ungeänderten Nennern mehr ein gemeines Maas haben. Das Produkt aus diesen Zahlen und den gebrauchten Divisoren giebt den kleinsten Generalnenner. Das Exempel steht nun so:

2. 21. 3. 2 = 252 kleinster Generalnenner.

3	3	$\frac{13}{63}$	4	52
1	2	$\frac{9}{42}$	6	54
2	4	$\frac{11}{84}$	3	33

und die Brüche heissen nun $\frac{62}{252}$ $\frac{54}{252}$ $\frac{33}{252}$

Die vierte Vertikalcolumne erhält man durch die Division des Generalnenners mit den gegebenen. Diese Quotienten in die gegebenen Zähler multiplicirt, geben in der 3ten Columne die neuen Zähler der den vorigen im Wehrt gleichen Brüche, welche alle den oben an der 4ten Columne bemerkten Nenner haben.

§. 73. Aufg. Zwei oder mehr Brüche zu addiren, und einen von dem andern abzuziehen.

Aufl. Haben sie einerlei Benennung, so werden nur die Zähler summirt oder von einander subtrahirt mit Beibehaltung des Nenners, denn $\frac{5}{9} + \frac{2}{9}$ oder 5 Neuntheil und 2 Neuntheil sind so gut 7 Neuntel d. i. $\frac{7}{9}$ als 5 Thaler und 2 Thaler zusammen 7 Thaler machen. Haben sie verschiedene Nenner so müssen sie erst nach §. 71. oder §. 72. auf einerlei Benennung gebracht werden. Z. E.

2. 2. 3. 2. 3. 5 = 360 Kleinster General-Nenner

2	4	8	$\frac{3}{8}$	45	135
1	2	4	$\frac{7}{12}$	30	210
1	1	2	$\frac{5}{6}$	60	300
3	3	3	$\frac{2}{9}$	40	80
5	5	5	$\frac{4}{5}$	72	288

Summa $\frac{1013}{360}$

4. 3. 3 = 24

2	$\frac{5}{8}$	3	15
3	$\frac{7}{12}$	2	14

Rest $\frac{1}{24}$

§. 74. Ein uneigentlicher Bruch wie dieser: $\frac{1013}{360}$ ist gleich $2 + \frac{293}{360}$ welches man durch die Division §. 54. erhält, und auch so schreibt: $2\frac{293}{360}$; dergleichen Ausdrücke **vermischte Zahlen** genannt werden. Oefters will man lieber statt der vermischten Zahl einen uneigentlichen Bruch. Weil nun z. E. $4\frac{5}{6} = 4 + \frac{5}{6} = \frac{4}{1} + \frac{5}{6}$ so darf man nur beide auf eine Benennung bringen und die Zähler addiren nach §. 73. Dann ist $4\frac{5}{6} = {}^{29}$. Dieß nennt man auch **eine ganze Zahl zu einem Bruch addiren**, oder **eine vermischte Zahl einrichten.**

Man sieht nun auch, wie ein Bruch von einer ganzen Zahl **subtrahirt** werden könne. Z. E. $4 - \frac{5}{6} = \frac{24-5}{6} = \frac{19}{6}$ oder $3\frac{1}{6}$. Will man bei der Subtraktion eines eigentlichen Bruchs ein Resultat von der letztern Gestalt sogleich haben, so vermindere man die ganze Zahl um eins, und addire dazu, oder hänge daran einen Bruch, dessen Nenner der gegebene, der Zähler aber die Differenz des gegebenen Zählers vom gegebenen Nenner ist. So ist $6 - 5 = 1$, $4 - 1 = 3$: Also $4 - \frac{5}{6} = 3\frac{1}{6}$ Eigentlich weil $4 - \frac{5}{6} = 3 + \frac{6}{6} - \frac{5}{6} = 3\frac{1}{6}$ ist. Bei Aufgaben wie diese: $19 - \frac{13}{24} = 18\frac{11}{24}$ sieht man die Abkürzung der gemeinen Methode.

§. 75. Aufg. **Einen Bruch mit einem andern zu multipliciren.**

Aufl. Man multiplicirt Zähler mit Zähler und Nenner mit Nenner, und macht das Produkt der gegebenen Zähler zum Zähler des gesuchten Bruchs, das Produkt der gegebenen Nenner zum Nenner des gesuchten Bruchs. Z. E. $\frac{2}{5} \cdot \frac{3}{4} = \frac{2 \cdot 3}{5 \cdot 4} = \frac{6}{20}$.

Bew. Einen Bruch $\frac{1}{4}$ mal nehmen heißt seinen 4ten Theil nehmen, dadurch wird er viermal kleiner. Dies erhält man nach §. 56. Wenn man den Nenner mit 4 multiplicirt; so ist $\frac{2}{5.4} = \frac{2}{20}$ der 4te Theil von $\frac{2}{5}$; aber einen Bruch $\frac{3}{4}$ mal nehmen, heißt den 4ten Theil nicht ein, sondern 3 mal nehmen. So muß also $\frac{2}{20}$ wieder 3 mal größer werden, welches geschieht wenn der Zähler mit 3 multiplicirt wird, und man erhält $\frac{6}{20} = \frac{2.3}{5.4} = \frac{2}{5}.\frac{3}{4}$.

§. 76. Z. 1. Aus diesem Beweis erhellet allgemein, daß das Produkt dadurch entsteht, wenn man den Multiplicand so vielmal kleiner macht, als die Zahl des Nenners vom Multiplicator anzeigt, aber auch wieder so vielmal vermehrt, als der Zähler des Multiplicators haben will. Dies giebt noch andere Methoden, welche der 56. §. rechtfertigt. Z. E. $\frac{9}{14} \times \frac{2}{3} = \frac{9:3}{14:2} = \frac{3}{7}$; $\frac{10}{11} \times \frac{2}{5} = \frac{(10:5).2}{11} = \frac{4}{11}$; $\frac{33}{35}.\frac{7}{8} = \frac{33}{(35:7).8} = \frac{33}{40}$. Man bekommt, wenn man sie zur rechten Zeit anbringt, kürzer ausgedruckte Produkte.

§. 77. Z. 2. Die Multiplication eines eigentlichen Bruches mit einem solchen, muß ein Produkt geben das kleiner ist, als einer von den Faktoren. Denn welchen Faktor man auch zum Multiplicand annimmt, so will der Multiplicator, daß man ihn nicht ganz, sondern nur $\frac{1}{4}$, $\frac{1}{2}$, $\frac{3}{4}$ mal nehmen soll, um das Produkt zu machen. Z. E. Es soll die Hälfte einer halben Elle ein viertelmal genommen werden, giebt $\frac{1}{16}$ Elle.

§. 78. Z. 3. Eine ganze Zahl wird mit einem Bruch, und, da es auf die Ordnung der Faktoren nicht ankommt, §. 12. ein Bruch mit einer ganzen Zahl multiplicirt, wenn man den Zähler des Bruchs mit der ganzen Zahl multiplicirt. Z. E. $4 \cdot \frac{3}{7} = \frac{3}{7} \times 4 = \frac{12}{7}$. Denn der Bruch soll so vielmal vergrößert werden, als die ganze Zahl anzeigt. §. 56. Aus diesem Grunde ist auch $4 \cdot \frac{5}{12} = \frac{5}{12:4} = \frac{5}{3}$. Das Produkt muß hier kleiner als die ganze Zahl werden, nach §. 77.

§. 79. Z. 4. Der Satz §. 13. läßt sich auch so ausdrücken: Aus einem Faktor wird das Produkt auf eben die Art, als aus der Einheit der andere Faktor. In dieser Allgemeinheit gilt er auch von Brüchen. Z. E. $\frac{1}{2} \cdot \frac{3}{4} = \frac{3}{8}$. Aus 1 wird $\frac{1}{2}$ dadurch, daß man die Hälfte davon nimmt; und eben so wird aus $\frac{3}{4}$ das Produkt $\frac{3}{8}$. Nun ist auch umgekehrt wahr, wie aus $\frac{1}{2}$ die 1 wird, so aus $\frac{3}{8}$ die Zahl $\frac{3}{4}$. Mithin stekt auch ein Faktor so oft in der Einheit, als das Produkt iu dem andern Faktor.

§. 80. Aufg. **Einen Bruch durch einen andern zu dividiren.**

Aufl. Man mache den Nenner des Divisors zum Zähler, und den Zähler zum Nenner. Nach dieser Versetzung multiplicire man die Brüche, wie §. 75. so ist das so gefundene Produkt der hier gesuchte Quotient. Z. E. $\frac{2}{5} : \frac{3}{4} = \frac{2}{5} \times \frac{4}{3} = \frac{8}{15}$.

Bew. Wenn man frägt, wie oft ist 1 in $\frac{2}{5}$ enthalten, so ist die Antwort $\frac{2}{5}$ mal, oder nicht 1 ganz sondern $\frac{2}{5}$ von 1 sind darin enthalten. Wie oft ist nun $\frac{1}{4}$ in Eins? Natürlich 4 mal öfter, d. i.

$4 \cdot \frac{2}{5} = \frac{8}{5}$ mal. Endlich wie oft stekt $\frac{3}{4}$ in $\frac{2}{5}$? Offenbar dreimal weniger als $\frac{1}{4}$ also $\frac{2 \cdot 4}{5 \cdot 3} = \frac{8}{15}$ mal.

§. 81. Z. 1. Da nun hier der Dividend so vielmal vergrößert wird, als der Nenner, aber auch so vielmal verkleinert wird, als der Zähler des Divisors anzeigt; so wird §. 56. hier verschiedene Methoden nach den Umständen anbringen lehren. So ist $\frac{21}{32} : \frac{3}{8} = \frac{21:3}{32:8} = \frac{7}{4}$; $\frac{12}{17} : \frac{4}{9} = \frac{(12:4) \cdot 9}{17} = \frac{27}{17}$; $\frac{17}{24} : \frac{5}{8} = \frac{17}{(24:8) \cdot 5} = \frac{17}{15}$.

§. 82. Z. 2. Eine ganze Zahl wird mit einem Bruch dividirt, wenn man den Bruch umkehrt, und dann multiplicirt. Z. E. $4 : \frac{2}{5} = \frac{4}{1} : \frac{2}{5} = \frac{4 \cdot 5}{1 \cdot 2} = 4 \cdot \frac{5}{2} = \frac{20}{2} = 10$. Ein Bruch wird mit einer ganzen Zahl dividirt, wenn man den Nenner des Bruchs mit der ganzen Zahl multiplicirt. Z. E. $\frac{2}{5} : 4 = \frac{2}{5} : \frac{4}{1} = \frac{2}{5} \times \frac{1}{4} = \frac{2}{5 \cdot 4} = \frac{2}{20} = \frac{1}{10}$. Wenn die ganze Zahl im Zähler aufgeht, so dividirt man nur den Zähler $\frac{14}{19} : 7 = \frac{14:7}{19} = \frac{2}{19}$, wie von selbst klar ist.

§. 83. Z. 3. Wenn man einen Bruch, oder auch eine ganze Zahl durch einen eigentlichen Bruch dividirt, so wird der Quotient größer als der Dividend war. Denn es ist der Dividend mit einer größern Zahl multiplicirt worden, als mit welcher er nachher wieder dividirt wurde. Das Gegentheil entsteht, wenn der Divisor eine ganze Zahl oder uneigentlicher Bruch ist.

§. 84. Z. 4. Auch bei Brüchen ist es richtig, daß der Divisor so oft im Dividend, als die Einheit im im Quotienten enthalten sey. Z. E. $\frac{2}{3} : \frac{1}{4} = \frac{8}{3}$. Nun ist $\frac{1}{4}$ d. i. $\frac{3}{12}$ so oft in $\frac{2}{3}$ oder $\frac{8}{12}$ als 1 oder $\frac{3}{3}$ in $\frac{8}{3}$.

§. 85. Anmerk. Hieraus erhellet, daß auch bei der Division der Brüche eben die Probe wie bei ganzen Zahlen statt finde.

§. 86. Man nennt solche Brüche, deren Zähler oder Nenner, oder beide für sich betrachtet, schon Brüche sind, **gebrochene** oder irreguläre Brüche. Sie entstehen folgender maßen. Man will einen Dukaten als Ganzes in Theile zu einem Thlr. theilen. So findet man $2\frac{3}{4}$ Thaler. Ein Gulden ist $\frac{2}{3}$ eines Thalers. So wie nun, wenn der Thlr. in 24 Gr. getheilt, und der Gulden zu 16 Groschen genommen würde, $\frac{16}{24}$ Thlr. den Gulden ausdrücken, so sind auch $\frac{\frac{2}{3}}{2\frac{3}{4}}$ Duk. dem Wehrt eines Guldens gleich. Er hält $\frac{2}{3}$ der Einheit, wovon $2\frac{3}{4}$ auf den Dukaten gehen. Eben so sind $\frac{\frac{3}{4}}{12}$ ℔ Ap. Gew. zu erklären. Man wollte keine ganze Unze, sondern nur $\frac{3}{4}$ Unze haben. Endlich ein Gulden ist $\frac{2}{3}$ als Thaler ausgedrückt 10 Gr. sind $\frac{5}{12}$ Thaler. Dieß veranlaßt den gebrochenen Bruch $\frac{\frac{5}{12}}{\frac{2}{3}}$ Gulden.

Nun ist $\frac{\frac{2}{3}}{2\frac{3}{4}}$ Duk. $= \frac{2}{3} : 2\frac{3}{4} = \frac{2}{3} : \frac{11}{4} = \frac{8}{33}$ Duk.

$\frac{\frac{3}{4}}{12}$ ℔ $= \frac{3}{4} : 12 = \frac{3}{48} = \frac{1}{16}$ ℔.

$\frac{\frac{5}{12}}{\frac{2}{3}}$ Gulden $= \frac{5}{12} : \frac{2}{3} = \frac{15}{24} = \frac{5}{8}$ Gulden.

Man sieht hieraus, daß es immer am besten ist, einen solchen gebrochenen Bruch, wenn man darauf gerathen sollte, durch die Regel der Bruchdivision in einen regulären Bruch zu verwandeln nach §. 80. Es ist doch wohl das dortige $\frac{2}{5} : \frac{3}{4} = \frac{\frac{2}{5}}{\frac{3}{4}}$ und umgekehrt das hiesige $\frac{\frac{5}{12}}{\frac{3}{4}} = \frac{5}{12} : \frac{3}{4}$.

§. 87. Wenn man vermischte Zahlen nach §. 74. einrichtet, so können damit alle Rechnungen wie mit andern Brüchen vorgenommen werden. So ist $4\frac{2}{3} + 2\frac{3}{4} = \frac{14}{3} + \frac{11}{4} = \frac{89}{12}$ und $4\frac{2}{3} - 2\frac{3}{4} = \frac{23}{12}$. Eben so $4\frac{2}{3} . 2\frac{3}{4} = \frac{14}{3} . \frac{11}{4} = \frac{154}{12}$ und $4\frac{2}{3} : 2\frac{3}{4} = \frac{14}{3} : \frac{11}{4} = \frac{56}{33}$. Bei der Addition giebt es indessen eine Verkürzung, wenn an mehrern einzelnen Posten Brüche hangen, sie für sich zu addiren, in der Summe die ganzen Zahlen abzusondern, und dann der gefundenen Summe der übrigen ganzen Zahlen beizufügen. Z. E.

3.	8.	3 = 72 Gen. Nenner.	
8	$7\frac{7}{8}$	9	63
1	$5\frac{2}{3}$	24	48
3	$3\frac{7}{9}$	8	56
Summa	$17\frac{23}{72}$		167 | 2

72

144

23

Bei den übrigen Rechnungsarten scheint es mir rathsamer zu seyn, bei der Simplicität der Hauptregel zu bleiben.

§. 88. Wäre folgendes zu dividiren gegeben $\frac{879357}{4500}$; so ist ein solcher Ausdruck $= \frac{879357}{100.45} = \frac{879357}{100} : 45 = 8793\frac{57}{100} : 45 = 195 + \frac{18}{45} + \frac{57}{4500}$
$= 195$

$= 195 + \frac{1857}{4500}$. Hieraus erhellt die Richtigkeit der Regel: Wenn an dem Divisor Nullen hangen, so schneide man so viel Stellen vom Dividend ab, als Nullen am Divisor hangen, und dividire nur mit den wirklichen Ziffern. An dem Quotienten aber hänge man einen Bruch, dessen Zähler der Rest mit den nun wieder hinzugeschriebenen vorher abgeschnittenen Ziffern, der Nenner der ganze Divisor ist. Das Exempel steht so:

```
8793|57|195 1857/4500
45  |00|
----
429
405
----
 243
 225
----
  18
```

IV. Von den Decimalbrüchen insbesondere.

§. 89. Brüche, deren Nenner die 1 mit einer oder mehrern angehängten Nullen ist, kann man füglich **Decimal-Brüche** oder zehntheilige Brüche nennen. Z. E. $\frac{3}{10}$, $\frac{4}{1000}$, $\frac{45}{100}$, $\frac{574}{100}$, $\frac{634682}{10000}$. Bei den beiden lezten als uneigentlichen Brüchen sieht man leicht, daß der Nenner des nach der Division beizufügenden eigentlichen Bruchs, jedesmal die 1 mit so viel Nullen seyn werde, als der Zähler Zahlzeichen hat, oder nach §. 88. gleich vom Dividendus Stellen abgeschnitten wurden. Z. E. $5\frac{74}{100}$, $63\frac{4687}{10000}$. Darum macht man sich die Abkürzung, diese Nenner lieber gar nicht zu schreiben, die Zähler aber durch ein (.) oder unzweideutiger durch ein (,) von den ganzen Zahlen abzusondern. Auf diese Art giebt $63\frac{4687}{10000}$ und 63, 4687 einerlei Verstand, und wird auf einerlei Art gelesen. Weil auch $\frac{4}{10} + \frac{6}{100} + \frac{8}{1000} + \frac{7}{10000} = \frac{4687}{10000}$ so kann man auch so lesen: 63 Ganze 4 Zehntheile, 6 Hunderttheile u. s. w. Ist auch kein Ganzes vorhanden; so kann man doch eben die Bezeichnung beibehalten, wenn man nur eine Null in die Stelle der Einer schreibt. Denn $\frac{347}{1000} = 0, 347$. Und da man linker Hand einer ganzen Zahl ohne ihren Wehrt zu verändern, so viel Nullen schreiben kann, als man will, so ist $\frac{347}{100000} = \frac{00347}{100000} = 0{,}00347$.

§. 90. Z. 1. Es erhellet, daß wenn nur erst einmal die Stelle der Einer durch das Decimalzeichen (,) festgesezt ist; so können auch rechter Hand so viel Nullen geschrieben werden als man will, ohne daß der eigentliche Wehrt des Ausdruks geändert wird.

§. 91. Z. 2. Eine ganze Zahl kann man also am Ende mit dem Decimalzeichen versehen; wenn man nun Nullen rechter Hand schreibt, so kann sie als Decimalbruch angesehen, und auch so gelesen werden. Z. E. $17 = 17, 00 = \frac{1700}{100}$ d. i. 1700 Hunderttheile.

§. 92. Z. 3. Wenn man auf eben die Art, wie bei ganzen Zahlen den Namen einer Decimalstelle finden will, so muß man die Stelle der Einer mitzählen. So kommt man z. E. ebenfalls in der 7ten Stelle, so wie bei ganzen Zahlen links der Einheit auf **Millionen**, auf der rechten Seite der Einheit auf **Milliontheilchen** u. s. w.

§. 93. Z. 4. Wirklich bekommen nun auch rechter Hand der Einer alle Ziffern ihren Wehrt von

der

der Stelle, und man kann auch die Zehntheile die erste niedrigere Ordnung, die Hunderttheile die zweite niedrigere Ordnung nennen. §. 28.

§. 94. Aufg. **Einen jeden Bruch in einen Decimalbruch zu verwandeln.**

Aufl. Man hänge so viel Nullen an den mit dem Decimalzeichen bemerkten Zahlen, als man nöthig erachtet, sehe den Dividend als eine ganze Zahl an, und dividire mit dem Nenner. Im Quotienten aber schneide man so viel Decimalstellen ab, als man vorher Nullen angehängt hatte.

Z. E. $\frac{1}{2} = 1,0:2 = 0,5$. Denn 1,0 kann gelesen werden 10 Zehntheilchen §. 91. davon ist die Hälfte $\frac{5}{10}$ oder 0,5. Eben so: $\frac{19}{8} = \frac{19,000}{8} = 2,375$. Denn der 8te Theil von 19000 Tausendtheilchen sind 2375 Tausendtheilchen $= 2,375$. Auf eben diese Art findet man $\frac{3}{32} = 0,09375$.

§. 95. Z. 1. Man sieht wohl, daß man gleich anfangs nicht mehr Nullen anzuhängen brauchte, als nöthig waren, die erste Frage bei der Division zu beantworten. Bleibt ein Rest, so hängt man an diesem eine Null und fährt fort, bis entweder alles aufgeht oder man auf Stellen einer so niedrigen Ordnung kommt, die man im vorhabenden Fall aus der Acht lassen kann. Manchen Quotienten sieht man es bald an, daß sie sich nie völlig finden lassen, daß heißt, daß die vorgegebene Größe in Decimalbrüchen nie völlig auszudrücken sey. Z. E. $\frac{1}{7} = 0,14285714$; $\frac{1}{3} = 0,33333333$, wo aber doch der Fehler schon kleiner als ein Hundert Milliontheilchen ist. Hieraus ergiebt sich auch, wie man bei der Division mit ganzen Zahlen, wenn Reste bleiben, den Wehrt des Quotienten in 10theiligen Brüchen, wo nicht erreichen,

doch

doch sich ihm jederzeit so sehr nähern könne, als mans irgend nöthig findet.

§. 96. Z. 2. Brüche auf einerlei Benennung zu bringen, darf man sie nur in Decimalbrüche verwandeln.

§. 97. **Aufg. Zahlen, worunter Decimalbrüche vorkommen, zu addiren und von einander zu subtrahiren.**

Aufl. Man sezt die Ziffern so untereinander, daß die von einerlei Ordnung in eine Vertikalreihe zu stehen kommen, und verfährt wie bei ganzen Zahlen. In der Summe oder der Differenz sezt man das Zeichen rechter Hand der Zahl, welche gerade unter der Columne der Einer steht.

Add.

34,072	$\frac{3}{7} = 0,42857$
0,643	$\frac{4}{7} = 0,57142$
179,85	$\frac{7}{7} = 1 = 0,99999$
42,65938	
257,22438	

Subtr.

89,27	$\frac{5}{4} = 1,25$
5,398	$\frac{1}{2} = 0,5$
83,872	$\frac{3}{4} = 0,75$

Bew. Wenn man die Lücken in den Columnen rechter Hand mit Nullen ausfüllet nach §. 90. und sie dann als ganze Zahlen ansiehet, so sind sie die Zähler solcher Brüche, die einerlei Benennung haben. So wäre im ersten Exempel der gemeine Nenner 100000. Folglich darf man nur die Zähler addiren oder von einander abziehen, und die Nenner beibehalten, welches leztere die dem Zeichen im Resultat angewiesene Stelle wirklich leistet.

§. 98.

§. 98 Anmerk. Warum das 2te Exempel um $\frac{1}{100000}$ fehlet, sieht man aus Vergleichung mit §. 95.

§. 99. **Aufg. Zahlen, wobei Decimalstellen vorkommen, in einander zu multipliciren, und eine durch eine andere zu dividiren.**

Aufl. 1. Multiplication. Man sieht zuerst die vorgegebenen Ziffern so an, als wenn sie ganze Zahlen bedeuteten, und multiplicirt auch eben so wie bei ganzen Zahlen, ohne auf das Decimalzeichen zu achten. Nur im Produkt rücket man dies Zeichen um so viel Stellen von der Rechten gegen die Linke einwärts, oder sondert damit so viel Stellen für Decimalbrüche ab, als man in beiden Faktoren Decimalstellen zusammen zählet. Sind nicht Stellen genug im Produkt, so fügt man so viel Nullen linker Hand bei, bis dies angeht.

I.	II.	III.	oder
7,425	0,0075	$\frac{5}{4} = 1,25$	1,25
0,23	8,4	$\frac{8}{5} = 1,6$	1,6
22275	300	750	125
14850	600	125	750
1,70775	0,06300	$\frac{40}{20} = 2 = 2,000$	2,000

Bew. Wenn man die vorgegebenen Decimalbrüche auf die gewöhnliche Form der Brüche bringt, und nach der gemeinen Regel §. 75. multiplicirt; so wird das Produkt der Nenner die 1 mit so viel angehängten Nullen, als die Summe der Nullen in beiden Nennern, und vorher die Summe der Decimalstellen in beiden Faktoren betrug. Dies mit der Art die Decimalbrüche zu schreiben §. 89. verglichen, zeigt die Richtigkeit des Verfahrens.

II. Divi-

II. **Division.** Ehe man weiter etwas mit den vorgegebenen Zahlen vornimmt, sehe man nach 1) ob der Dividendus wenigstens eben so viel Decimalstellen hat, als der Divisor; wo nicht, so füge man so viel Nullen bei, §. 90. wodurch der Wehrt nicht geändert wird. 2) Ob wenn man beide als ganze Zahlen ansieht, der Dividend größer sey als der Divisor; wo nicht, so hilft man ersterm mit beigefügten Nullen. Wenn nun die Zahlen diese beiden Erfordernisse haben; so dividirt man wie bei ganzen Zahlen, bis man so weit kommt, daß man bei der gemeinen Division mit ganzen Zahlen aufhören, oder wegen des Restes nur noch einen Bruch dem Quotienten beifügen würde. Alsdann zieht man die Anzahl Decimalstellen im Divisor, von der Anzahl derselben in dem zugerichteten Dividend ab, und schneidet so viel Stellen im Quotienten für Decimalbrüche ab, als die Zahl des Unterschiedes angiebt. Nur muß man nicht wie bei der gewöhnlichen Division aus Rest und Divisor einen gemeinen Bruch formiren, sondern nachdem der Wehrt des bisherigen Quotienten bestimmt ist, dem Rest eine Null beifügen §. 95. und auf diese Art fortfahren noch kleinere Theile zu suchen.

Fälle I. 5,793 : 8,4

```
8,4) 5,793 | 0,68
     504   |
     ----
      753
      672
      ---
Rest   81
```

II. 43,9 : 7,38

```
43,90 | 5,
 7,38 |
 3690
 ----
Rest 700
```

III. 5,786 : 4934,2
```
5,7860| 0,001
4934,2
------
Rest 8518
```

IV. 4,65 : 1,82
```
1,82) 4,65|2,---
      364
------
Rest 101
```

V. 0,13 : 6,72
```
6,72)0,1300|0,01 - - -
        672
------
Rest 628
```

VI. 19,7 : 8,152
```
8,152)19,700|2,
      16,304
------
Rest 3396
```

VII. 79,63 : 263,395
```
263,395) 79,6300|0,3
          790185
------
Rest 6115
```

Weil gemeiniglich Anfänger Schwierigkeit finden, im Quotienten das Decimalzeichen zu setzen, so habe ich die Regel dazu, an den Beispielen vorzüglich zeigen wollen. Das Suchen noch kleinerer Theile des Quotienten, hat keine Schwierigkeit weil sich alles von selbst rangiret. Z. B. das 2te Exempel 43,9 : 7,38 stünde nun so:

```
43,90|5,948 - -
 7,38
 3690
------
 7000
 6642
------
  3580
  2952
------
  6280
  5904
------
   376
```

welches die zum Grunde liegende Einheit z. B. Fuß, ℔, Thaler so genau geben würde, daß kein Tausendtheilchen mehr daran fehlte. Folgende Beispiele haben auch eigentlich nichts besonders: 36,2079 : 0,00092 ; 0,00102 : 8, 192374; 0,0035 : 0,07291.

Bew.

Bew. Das bei der Auflösung schon gerechtfertigte Beifügen der Nullen rechter Hand, schränket den Beweis nur auf die Fälle ein, wenn der Dividend eben so viel oder auch mehr Decimalstellen, als der Divisor hat. Nun ist

I. $5,793 : 8,4 = \frac{5793}{1000} : \frac{84}{10} = \frac{5793 \cdot 10}{84 \cdot 1000} = \frac{5793}{84} \cdot \frac{1}{100}$

Das heißt die Ziffern werden wie bei ganzen Zahlen dividirt, der Quotient 68 ist noch mit $\frac{1}{100}$ zu multipliciren, giebt $\frac{68}{100} = 0,68$ wie oben. Der Nenner muste 1 mit so viel Nullen werden, als der Nenner des Dividends hatte, weniger der Anzahl Nullen beim Nenner des Divisors. Wenn wir nun nach der angenommenen Art die Decimalbrüche schreiben, trift die gegebene Regel immer zu.

II. $4,65 : 1,82 = \frac{465}{100} : \frac{182}{100} = \frac{465}{182} = 2, \ldots$

§. 100. Z. 1. Man sieht wohl wenn der Dividend eine ganze Zahl wäre, daß man nicht eher Nullen anhängen müsse, bis man die Einer mit dem Zeichen (,) bemerkt hat. Aus der Division lässet sich nun auch die Verwandlung jedes Bruchs in einen Decimalbruch am deutlichsten herleiten.

§. 101. Z. 2. Mit einer Zahl, die aus der 1 mit angehängten Nullen besteht, eine andere ganze oder ganze mit angehängten Decimalbrüchen zu multipliciren, oder zu dividiren, darf man, um das Produkt zu bekommen, nur das Decimalzeichen so viel Stellen nach der rechten Hand; um aber den Quotienten zu erhalten, so viel Stellen nach der linken Hand verrücken, als Nullen an der 1 hangen, $4,7392 \cdot 1000 = 4739,2$; $64,2 \cdot 100 = 6420$; $5734 : 10 = 573,4$; $8,3 : 100 = 0,083$.

§. 102. Ausser der leichtern Rechnung, die völlig wie bei ganzen Zahlen geführt wird, und nur verlangt, daß man im Resultat das Zeichen gehörig setze, hat diese Decimalrechnung noch andere Vortheile. Man kann die Decimalbrüche ohne weitere Veränderung auf alle Art mit ganzen Zahlen vergleichen. Darum macht man sich auch, an die Dekadik gewöhnt, von ihrer Größe eine deutlichere Vorstellung als von andern Brüchen. Das Aufheben, welches hierzu auch dienet, geht nicht allemal an. Das Wegstreichen gleich vieler Stellen im Zähler und Nenner giebt manchmal zu unrichtige Begriffe. Z. E. $\frac{122}{421} = \frac{1}{4}$. In der Mathematik und deren Anwendung sind die Decimalbrüche nunmehr unentbehrlich.

V. Rechnung mit genannten Zahlen.

§. 103. **Genannte** Zahlen nennet man diejenigen Zahlenausdrücke, welchen der Nahme der zum Grunde liegenden Einheit beigefügt ist, z. E. 12 Thaler, 7 Pfund. Die Einheiten aber, wornach man dergleichen Größe mißet, sind sehr verschieden, und man hat selten auch nur das Gesetz dabei beobachtet, daß man gleichförmig eine gleiche Anzahl niederer Einheiten in eine Summe gesammlet hätte, um daraus eine Einheit höherer Ordnungen zu machen, wie bei der Dekadik. So machen in Münzen 12 Pfennige einen Groschen; 24 Groschen einen Thaler; bei Gewichten 20 Gran einen Scrupel, 3 Scrupel 1 Drachme, 8 Drachmen eine Unze, 16 Unzen ein gemeines Pfund 110 ℔ einen Centner. Auch wird das Pfund in 32 Loth, das Loth in 4 Quentchen eingetheilt. Nur beim Längenmaaß ist man etwas regelmäßiger verfahren, denn im rheinländischen Maaß machen 12 Scrupel eine Linie, 12 Linien einen Zoll, 12 Zoll einen Fuß, 12 Fuß eine Rheinländische Ruthe. Vom Geometer wird leztere in 10 Fuß, der Fuß in 10 Zolle, der Zoll in 10 Linien und die Linie in 10 Scrupel getheilt. Uebrigens sind die gemeinen Eintheilungen selbst nicht aller Orten gleich. Man muß aus dem gemeinen Leben oder aus ausdrücklich davon handelnden Schriften sich davon mehrere Kenntniß verschaffen. Hier können wir uns mit dem angegebenen zum jetzigen Behuf begnügen.

§. 104. **Aufg. Eine genannte ganze oder gebrochne Zahl, auf einen andern größern oder kleinern Namen zu bringen. Wenn z. E. 1 Thl. 15 Gr. so ausgedrukt wird: 39 Gr.; so sagt man es sey auf einen kleinern Namen gebracht und wenn statt 39 Gr. der Ausdruck 1 Thl. 15 Gr. gefunden wird, so sagt man 39 Gr. sind auf den größern Namen gebracht.** Also

1) Eine genannte ganze Zahl wird auf einen größern Namen gebracht, wenn man mit der Anzahl Theile, welche eine Einheit der nächst höhern Ordnung ausmachen, dividirt; fügt man nun dem Quotienten einen Bruch bei §. 54.; so erhält alles den höhern Namen. Man kann aber auch den Rest mit dem Namen der kleinern Theile hinzufügen. Z. E. 319 Gr. $= \frac{319}{24}$ Thl. $= 13\frac{7}{24}$ Thl. $=$ 13 Thl. 7 Gr.

2) Eine ganze genannte Zahl auf den kleinern Namen zu bringen, multiplicirt man die Zahl der höhern Ordnung, mit der Anzahl Einheiten der niedrigern, welche sie enthält.

Z. E.

Z. E. 15 Centner 17 ℔ $=$ 15. 110 ℔ $+$ 17 ℔ $=$ 1667 ℔.

3) Eine gebrochene genannte Zahl wird ebenfalls auf einen größern oder kleinern Namen gebracht, wenn man im ersten Fall mit der Anzahl niedriger Einheiten, welche eins von der höhern Ordnung ausmachen, den Bruch dividirt, im andern Fall multiplicirt, und dem Resultat den höhern oder niedrigern Namen giebt.

Z. E. $\frac{4}{9}$ Fuß sollen durch den Namen Ruthe ausgedruckt werden, so ist $\frac{4}{9}$ Fuß $= \frac{4}{9\,.\,12} = \frac{4}{108} = \frac{1}{27}$ Ruthe

$\frac{3}{5}$ Thl. $= \frac{3}{5} \times 24$ Ggr. $= \frac{72}{5}$ Gr. $= 14\frac{2}{5}$ Gr.

Ferner: $\frac{2}{5}$ Gr. $= \frac{2}{5}.\ 12$ Pfenn. $= \frac{24}{5} = 4\frac{4}{5}$ Pfenn.

§. 105. a. **Aufg. Genannte Zahlen zu addiren, und von einander zu subtrahiren.**

Aufl. Eben so wie bei ungenannten Zahlen, werden die Einheiten gleicher Ordnungen unter einander gesetzt. Alsdenn wird bei der niedrigsten angefangen, und nun

1) Bei der Addition die Summe, wenns nöthig ist, auf den nächst größern Namen gebracht und nur der Rest mit dem niedrigern Namen hingeschrieben, die herausgebrachte Zahl des nächst höhern Namens zur höhern Ordnung addirt.

48 Thl.	21 Gr.	9 Pf.
17	4	8
3	—	6
69 Thl.	2 Gr.	11 Pf.

2) Bei der Subtraktion borgt man, wie bei ungenannten Zahlen von der nächst höhern Ordnung, wenn es nöthig ist eine Einheit, die nun in der niedrigern Stelle so viel Einheiten bedeutet, als von dieser auf die höhere gehen.

	18 Ruth.	7 Fuß	4 Zoll	3 Linien.
	14	9	2	7
Rest	3 Ruth.	10 Fuß	1 Zoll	8 Linien

§. 105. b. Aufg. **Eine genannte Zahl mit einer ungenannten ganzen Zahl zu multipliciren.**

Aufl. Man multiplicirt die genannte Zahl von der niedrigsten Ordnung bis zur höchsten. Zu dem Produkt der nächst höhern addirt man, was man bei dem nächst niedern Produkt durch Reduktion auf den größern Namen von diesem gefunden hat.

```
17 Pf.         11 Unz.        5 Dr.
54             54             54
----           ----           -------
68             54             270 | 33
85             54             8   |
----           ----           -------
918            594            6 Dr.
39             33
----           ----
957 | ℔        627 | 39
110 | 8 C.     16
880 |          48
----           ----
77 ℔           147
               144
               ----
               3 Unzen.
```

Produkt: 957 Pf. 3 Unz. 6 Dr. oder 8 Centner 77 Pf. 3 Unz. 6 Dr.

§. 106. **Aufg. Eine genannte Zahl mit einer ungenannten ganzen Zahl zu dividiren.**

Aufl. Man dividirt von der höchsten Ordnung an bis zur niedrigsten. Die Reste bringt man jederzeit auf den kleinern Namen, und schlägt sie zu der niedrigern Ordnung hinzu, ehe man diese dividirt

142 Thl. 19 Gr. 7 Pf. Quot. 8 Thl. 9 Gr. $7\frac{8}{17}$ Pf.
17 | 144 | 120
136 | 8 Thl. 163 | 9 Gr. 127 | $7\frac{8}{17}$ Pf.
6 | 153 | 119
24 | 10. 12 Pf. 8
144

§. 107. Aus der Aehnlichkeit der Gründe mit denjenigen worauf die Rechnungsarten mit ungenannten Zahlen beruheten, werden sich die Rechnungen mit genannten Zahlen rechtfertigen lassen. Soll eine genannte Zahl mit einem Bruch multiplicirt werden, so muß man mit dem Zähler des Bruchs wie §. 105. b multipliciren, das entstandene Produkt aber nach §. 106. mit dem Nenner dividiren, das letzte Resultat ist das was man suchet. Eben so bei der Division wird die genannte Zahl mit dem Nenner des Bruchs multiplicirt, was heraus kommt mit dem Zähler dividirt, so erhält man den gesuchten Quotienten. Verglichen mit §. 78. und §. 82.

§. 108. Eine zusammengesetzte genannte Zahl mit einer solchen, z. B. 6 Thl. 16 Gr. 9 Pf. mit 2 Thl. 6 Gr. multipliciren giebt keinen recht deutlichen Sinn, bis man beide auf einen Bruch aus der Einheit z. E. den Thaler gebracht hat. Es dürfen indessen die Umstände wohl nicht leicht eine Aufgabe dieser

dieser Art zu berechnen verlangen. Aber nach dem Grundbegrif der Division kann wohl die Frage entstehen: wie vielmal 2 Thl. 6 Gr. in 6 Thl. 16 Gr. 9 Pf. enthalten sey; da wird man aber am natürlichsten darauf gerathen nach §. 104. beide auf den kleinsten gemeinschaftlichen Namen zu bringen: da man dann eine ganze Zahl zum Quotienten erhält — Die Geometrie kann das besondere, was Längen- Flächen- und Körpermaaße hier darbieten, erst deutlich machen.

IV. Von Zahlenverhältnissen und Proportionen.

§. 109. Wenn man zwei Zahlen so mit einander vergleicht, daß man untersucht, wie oft die eine in der andern enthalten ist, oder was der einen für eine Größe gegen die andere zukomme, so untersucht man ihr **Verhältniß**. Ein solches nennt man eigentlich das geometrische Verhältniß, von welchem hier noch allein die Rede seyn wird. Z. E. Es seyn die Zahlen 4 und 12. Diejenige Zahl welche anzeigt, wie groß die eine Zahl (12), gegen die andere, (4) ist, oder wie oft eine in der andern enthalten sey, heißt der **Verhältnißnahme**. Man findet ihn durch die Division. Er ist also der Quotient, welcher gefunden wird, wenn man eine von den zu vergleichenden Zahlen durch die andere dividirt. Man findet also auch das (geometrische) Verhältniß zweier Zahlen dadurch, daß man sie in einander dividirt.

§. 110. Wenn nun eine Zahl in der andern genau etlichemal enthalten ist, so wird der Verhältniß-

niß-

nißnahme eine ganze Zahl. Stekt aber nur ein gewisser aliquoter Theil der einen Zahl etliche Mahl in der andern, so ist der Verhältnißnahme ein Bruch. Z. E. 1 Fuß ist zweimal in einer Elle, 4 dreimal in 12; Ein Gulden ist $1\frac{1}{2}$ oder $\frac{3}{2}$ mal im Thaler; 6 ist in 20 enthalten $3\frac{1}{3}$ mal.

§. 111. Das Verhältniß von zwei Paar Zahlen kann gleich oder ungleich seyn. Ist das erste, so stehen die 4 Zahlen in **Proportion**, welche also in der Gleichheit zweier Verhältnisse besteht, und aus der Gleichheit der Verhältnißnahmen erkannt wird. Weil nun diese durch Division gefunden werden, so pflegt man sich auch des Divisionszeichens zu bedienen, um anzuzeigen, daß man die Zahlen nicht an und für sich, sondern ihr Verhältniß betrachten solle. Daß vier Zahlen z. E. 3, 6, 4, 8, in Proportion sind, wird nun folgendermaßen angedeutet; $3:6=4:8$. Jede einzelne Zahl in einem Verhältnisse heißt ein **Glied** (terminus) des Verhältnisses. Wenn das **nachfolgende** Glied des einen Verhältnisses, dem **vorhergehenden** des andern Verhältnisses gleich ist; so heißt die Proportion eine **stetige** (continua). Z. E. $3:6=6:12$.

§. 112. **Z. 1.** Es erhellet, daß wenn man den Verhältnißnahmen weiß, die nachfolgenden Glieder durch eine Multiplication des Verhältnißnahmens in die vorhergehenden ausgedrukt werden können. Z. E. Statt der vorigen beiden Proportionen, schreibt man $3:2.3=4:2.4$; und $3:2.3=2.3:2.2.3$.

§. 113. Z. 2. Daraus sieht man leicht, daß jedesmal das Produkt der beiden mittlern Glieder einer Proportion, dem Produkt der beiden äussern gleich seyn müsse.

§. 114. Aufg. Aus drei gegebenen Zahlen, die vierte Proportionalzahl zu finden.

Aufl. Man dividirt das Produkt des 2ten und 3ten Gliedes durch das erste; so ist der Quotient die gesuchte Zahl. Denn wenn z. E. $3 : 6 = 8 :$ 4ten Zahl aufgegeben ist, so läßt sich dieß auch so ausdrücken; $3 : 2 . 3 = 8 :$ 4ten Zahl, das heißt: die 4te Zahl wird $2 . 8$ seyn. Nun ist $\frac{2 . 3 \times 8}{3} =$ dem Produkt der beiden leztern gegebenen Zahlen durch die erste dividirt $= 2 . 8 = 16 =$ der 4ten Zahl. Daher wenn die 3 Zahlen jede andere z. E. 6, 17, 9 wären, so ist die 4te Proportionalzahl $= \frac{17 . 9}{6}$.

§. 115. Da bei der Multiplication der eine Faktor im Produkt so oft enthalten war, als die Einheit im andern, und da der Divisor im Dividend eben so oft stecket, als die Einheit im Quotienten; so kann man sich bei jeder Multiplication und Division, selbst in Brüchen, 4 Proportionalgrößen gedenken.

Z. E. $3 . 7 = 21$ giebt die Proportion $1 : 3 = 7 : 21$

$\frac{3}{7} \times \frac{2}{5} = \frac{6}{35}$ „ „ „ $1 : \frac{3}{7} = \frac{2}{5} : \frac{6}{35}$

oder $\frac{3}{7} : 1 = \frac{6}{35} : \frac{2}{5}$

Denn es läßt sich nach §. 38. auch so ausdrücken „ „ $\frac{3}{7} : \frac{7}{7} = \frac{6}{35} : \frac{14}{35}$

$35 : 7 = 5$ „ „ „ $1 : 5 = 7 : 35$

oder $5 : 1 = 35 : 7$

$\frac{2}{5} : \frac{6}{7} = \frac{14}{30}$ „ „ „ $1 : \frac{14}{30} = \frac{6}{7} : \frac{2}{5}$

oder $\frac{14}{30} : 1 = \frac{2}{5} : \frac{6}{7}$

oder $\frac{14}{30} : \frac{30}{30} = \frac{14}{35} : \frac{30}{35}$

§. 116. Da in einer Proportion das erste Glied durch das 2te, und das 3te durchs 4te dividirt gleiche Quotienten giebt; Quotienten aber als Brüche angesehen werden, oder der Dividend für den Zähler, der Divisor für den Nenner genommen werden kann; so giebt es gleiche Brüche, wenn man die gleichnahmigen Glieder einer Proportion zu Zählern und Nennern macht. Z. E. $3:4=6:8$ giebt $\frac{3}{4}=\frac{6}{8}$ und wenn $\frac{5}{12}=\frac{10}{24}$ so ist $12:5=24:10$. Hieraus folgt eine allgemeine Regel einen Bruch in einen andern von einem begehrten Nenner zu verwandeln. Wenn man nämlich mit dem neuen Nenner den alten Zähler multiplicirt, und mit dem alten Nenner das Produkt dividirt; so erhält man den Zähler zu dem neuen Nenner. Z. E. $\frac{5}{7}$ in 18 Theile auszudrücken, $7:5=18:$ neuen Zähler $=\frac{90}{7}=12\frac{6}{7}$. Also $\frac{5}{7}$ $\frac{12\frac{6}{7}}{18}$. Hiedurch wird auch §. 94. und §. 104. 3 bestätigt.

§. 117. **Anmerk.** Das Mehrere von dieser fruchtbaren und höchst nüzlichen Theorie der Proportionen, wird sich allgemeiner und kürzer abhandeln lassen, wenn man die ersten Gründe der allgemeinen Rechenkunst aus der nun folgenden Abtheilung begriffen hat. Auch die Lehren von der Ausziehung der Quadrat- und Cubikwurzeln und von der Sexagesimalrechnung, habe ich aus ähnlichen Gründen dahin verwiesen.

Der arithmetischen Wissenschaften

Zweite Abtheilung.

Die allgemeine Rechenkunst.

§. 118. Das Verhältnis einer Größe gegen eine andere von eben der Art, die als die Einheit betrachtet wird, kann nun überhaupt eine **Zahl** heißen, wozu ganze Zahlen §. 7. und Brüche §. 51. gehören. Auf solche Weise giebt es keine Größen, die sich nicht als Zahlen gedenken ließen, wo aber eben die Größe durch sehr verschiedene Zahlen ausgedrukt werden kann, nachdem man die Einheit anders nimmt, z. E. eine Linie ist 12 oder 10, nachdem der zwölfte oder zehnte Theil davon die Einheit ist, nach der man rechnet. Läßt man die Einheit unbestimmt, so kann man doch die Größe immer noch sich als eine Zahl gedenken; nur müßte man sie anzudeuten ein allgemeineres Zeichen als die Ziffern haben. Eben dies findet statt, wenn man auch nur die Anzahl der bestimmten Einheiten unbestimmt lassen will, wobei denn auch selbst die Art der Einheiten unausgemacht bleiben kann. Diejenige Rechenkunst in welcher man in solchen unbestimmten Fällen statt der Ziffern, sich allgemeiner Zeichen bedienet,

net, heißt **allgemeine Rechenkunst** und weil man zu diesen allgemeinen Zeichen die Buchstaben, vorzüglich dies kleinen des lateinischen Alphabeths gebraucht, **Buchstabenrechnung**, auch wohl die **Algebra**.

Aus diesen Erklärungen erhellt genugsam, daß ein Buchstabe als ein allgemeines Zeichen jeden Wehrt, so wohl in ganzen als in gebrochenen Zahlen u. s. w. wenn man ihn nicht ausdrücklich auf **eine** Art einschränket, annehmen könne. Es sey eine Proportion in Buchstaben ausgedrückt; a : b = c : d; so ist nach §. 114. $d = \frac{b \cdot c}{a}$, man mag für b, c, a, Zahlen setzen, von welcher Art man will. Allein man kann auch z. B. sagen: wenn n eine ganze Zahl ist; so ist 2 n jedesmal eine gerade, 2 n 1, eine ungerade Zahl.

§. 119. **Anmerk.** **Algebra** im eingeschränkten Verstande wird eigentlich die Wissenschaft genannt, bestimmte und unbestimmte Aufgaben durch Gleichungen aufzulösen. Den Theil der allgemeinen Rechenkunst, welcher die vier Rechnungsarten mit Buchstaben (Algorithmum speciosum) und etwa noch die Lehre von den Potenzen enthält, pflegt man denn insbesondere **Buchstabenrechnung** zu nennen. Das übrige faßt man unter dem Namen Analysis zusammen, unter welchem Worte doch auch das vorgenannte, besonders die Algebra oft mit begriffen wird. Es sind daraus zwei verschiedene Wissenschaften, Analysis finitorum und infinitorum entstanden. Indessen sind wirklich die Gränzen der Begriffe, die man unter manchen von diesen Worten andeuten will, nicht so ganz festgesetzt. Der Grund davon scheint zu zu seyn, daß man, so wie diese Wissenschaften, sich erweiterten, die neu entdekten Theile theils mit neuen Namen belegte, theils sie auch wieder unter dem Namen der Grundwissenschaft mit begrif. Eigentlich sieht man bei dem Worte Analysis auf die Methode, jede Größen als Zahlen anzusehen, und alsdenn aus der Verbindung zwischen dem gegebe-

neu

nen und gesuchten Gleichungen abzuleiten, durch deren Auflösung (Algebra im engen Verstande) man das Gesuchte bestimmet. In so fern ist Analysis ein allgemeineres Wort, welches die Algebra unter sich begreift.

Ich werde mich in diese weit ausgebreiteten Wissenschaften nur so weit einlassen, als die ersten Grundsätze der allgemeinen Rechenkunst heutiges Tages ganz nothwendig geworden sind, wenn man theils ohne Umschweife eine Menge praktischer Wahrheiten verstehen lernen, theils ein Mittel haben will in vorkommenden Fällen sich selbst zu helfen. Für dasjenige, was hier davon vorkommen wird, darf man sich indessen nicht scheuen, da es in der That kaum so schwer, wenigstens nicht so mühsam ist, als manches in der Zahlenrechnung, und eben so wenig darf man stolz darauf seyn, wenn man es erlernt hat, als wäre es die ganze Algebra. Indessen kann ich zum voraus versichern, daß die angewandte Mühe sich durch den Nutzen, den man in der leichtern Erkenntniß vieler Wahrheiten davon bald verspüren muß, reichlich belohnen wird.

I. Die vier Rechnungsarten in allgemeinem Verstande.

§. 120. Es giebt gewisse Größen, welche in einer solchen Beziehung auf einander betrachtet werden **können**, daß eine die andere vermindert; sie heißen in so fern **entgegengesetzte** Größen. Dergleichen sind Vermögen und Schulden, Vorwärts und Rückwärts in einer und derselben Linie. So sind 7000 Thl. Vermögen und 4000 Thl. Schulden, wenn sie sich bei einer Person finden, weder 11000 Thl. Vermögen noch 11000 Thl. Schulden, sondern die

Schul-

Schulden machen, daß man das Vermögen der Person eigentlich nur 3000 Thl. rechnen kann, das heißt die Schulden vermindern das Vermögen und umgekehrt. Man sieht leicht, daß solche Größen, um einander vermindern zu können, unter einem gemeinschaftlichen Hauptbegriff gehören müssen. So machen Vermögen und Schulden dasjenige aus, was man den statum bonorum eines Mannes nennt. Vorwärts und Rückwärts gehen, gehört unter dem allgemeinen Begriff der Bewegung in einer Linie. In so fern kann man immer sagen, entgegengesetzte Größen müssen Größen von einerlei Art seyn. Geld und Geldeswehrt ist im ersten Exempel und durchlaufener Raum im andern die Art. Sobald man aber wissen will, wie groß nun eigentlich das Vermögen nach Abbezahlung der Schulden, und umgekehrt, oder wie groß die Entfernung vom Anfangspunkt der Bewegung wegen des abwechselnden Fort- und Rükganges sey; so sind wie gesagt 7000 Thl. Vermögen und 4000 Thl. Schulden zusammengeschlagen nur 3000 Thl. Vermögen, und 7 Meilen vorwärts und 4 Meilen rükwärts, sind weder 11 Meilen vorwärts noch 11 Meilen rückwärts, sondern nur 3 Meilen vorwärts.

§. 121. Wenn man die eine von diesen Größen, wie das Vermögen, **positiv** oder **bejahend** nennt, so nennt man die entgegengesezte, wie die Schulden, eine **verneinende** Größe. Es ist willkührlich und rühret gemeiniglich von Nebenabsichten oder Vermuthungen her, welche von beiden man positiv nennet; nur muß die einmal angenommene Benennung in einem und demselben zu betrachtenden Fall für jede sorgfältig beibehalten werden.

Aus dem bisherigen erhellet nun genugsam, daß die negativen Größen so gut wirkliche Größen sind, als die positiven. Z. E. Schulden, so lange man sie nur als Schulden ansieht, sind wirklich, sogar was positives. So bald man sie aber als Vermögen ansehen will, sind sie das nicht, sondern das Gegentheil davon, d. i. Schulden sind verneinendes Vermögen.

Zur Vermeidung der Weitläuftigkeit hat man es so eingeführt, das positive durch das Zeichen + das negative durch — anzudeuten.

§. 122. Wenn man zu einer verneinenden Größe die ihr gleiche bejahende setzet, so heben sie einander auf und geben zusammen 0 z. E. es ist — 3 + 3 = 0 oder wer 3 Thaler schuldig war, und 3 Thaler baar Geld bekommt, der muß seine Schulden bezahlen, und hat alsdenn nichts. Man kann also von ihm sagen, er habe vorher weniger als Nichts gehabt, weil er nun erst nichts hat, nachdem er etwas bekommen. In diesem Verstande kann man sagen, eine verneinende sey **weniger als nichts**, nämlich von der positiven. Denn an sich selbst ist die negative Größe, da sie etwas wirkliches ist §. 121., **mehr als nichts**; sie ist weniger als ein relatives, mehr als ein absolutes Nichts.

Dies ist die Art, wie Herr Hofrath **Kästner** den Ausdruk weniger als Nichts rechtfertiget, und für Misdeutung verwahret. Auf einer geraden Linie kann man einen Punkt als die Gränze der positiven und negativen Größen annehmen, die an den verschiedenen Seiten des Punkts liegen. Sie wird alsdenn zu der besten sinnlichen Vorstellung des hier gesagten dienen können; so wie überhaupt, dieser Begriff sehr durch

die

die Anwendung auf die Geometrie erläutert wird, daher ihn auch Herr Hofrath **Karsten**, Th. 1. Abth. 1. seines Lehrbegriffs daraus herleitet.

§. 123. Aufg. Ungleiche entgegengesezte Größen von einerlei Art im allgemeinen Verstand zu addiren.

Aufl. Man siehet beide Größen als absolute Größen an, und suchet ihre Differenz, welche man mit dem Zeichen der größern sezet, so hat man die Summe beider Größen im allgemeinen Verstande. Man nennt dies auch die **algebraische Summe**. Z. E. $+ 7$ und $- 3$ addirt, giebt $+ 4$; und $- 11 + 5 = - 6$. So auch $9a - 5a$ addirt, ist $+ 4a$ und $11b - 13b = - 2b$.

Bew. Da sich entgegengesezte Größen ihrer Natur nach vermindern, wenn sie ein Ganzes ausmachen sollen, §. 120. und zwar die Größere von der Kleinern gerade um so viel vermindert wird, als die absolute Größe der leztern beträgt; so erhellt die Richtigkeit des Verfahrens.

§. 124. **Anmerk.** Eben die besondere Natur der entgegengesetzten Größen macht, daß hier Summe wirklich nichts anders ist, als das was von der größern übrig bleibt, wenn sie durch die kleinere um das, was dieser gleich ist, vermindert worden. Es ist eine wahre Subtraktion. Allein die Folge wird zeigen, daß es zur Verkürzung der Rechnung diente, sich hier der Worte Addition, Summe zu bedienen. Es geht doch, denke ich, schon dem Sprachgebrauch nach an, zu sagen: Man muß die Capitalien und Schulden des Mannes, seine positiven und negativen Capitalien zusammennehmen, (addiren) wenn man sein wahres Vermögen herausbringen will.

§. 125. Wegen §. 122 ist $+7a-7a=0$; Ferner, wenn die Größen einerlei Zeichen haben, muß man sie nur blos mit Beibehaltung des Zeichens addiren. Z. E. $+3+5=+8$; $-3-2=-5$; $+a+3a=+4a$; $-2b-7b=-9b$.

§. 126. **Willkührliche Sätze.** Wenn man mehrere Zahlen, positive und negative, in eine Reihe nimmt, so ist man übereingekommen die erste, ohne Zeichen zu schreiben, wenn sie positiv ist. Z. E. $a-b+c$. Auch schreibt man nicht $+1a$ sondern nur $+a$ nicht $-1b$ sondern nur $-b$.

§. 127. Größen die mit verschiedenen Buchstaben angedeutet sind, müssen eben so wie Dinge, die nicht von einerlei Art, oder die noch nicht auf einerlei bestimmte Einheit gebracht sind, blos mit ihrem Zeichen neben einander hingeschrieben werden, wenn man sie summiren soll. Z. E. So wie 5 Stühle und 3 Tische = 5 Stühle + 3 Tische sind, so giebt $2a$ und $3b$ addirt $2a+3b$ und dergl.

§. 128. Da nun alle Fälle erwogen; so können wir jetzt jede Größen welche mit den Zeichen + und — verbunden sind, sie mögen nun mit Buchstaben oder Zahlen ausgedrukt oder untermischt seyn, addiren.

Ex. 1. Es soll die Summe gesucht werden von folgenden Grössen; $a-h-4c+3b-2d-5f+(3d-7b+5a-6f+c-2g+m)$. Man ordnet die verschiedenen Glieder in Columnen, daß die gleichen Buchstaben unter einander kommen. Diejenigen, wozu sich keine gleiche finden, setzt man zulezt.

$$\begin{array}{l} a-4c+3b-2d-5f-h \\ \underline{5a+\ c-7b+3d-6f-2g+m} \\ 6a-3c-4b+\ d-11f-h-2g+m \end{array}$$

Nach §. 127. müssen nun $-h-2g+m$ blos mit ihrem Zeichen angehangen werden, nach §. 125. geben $-5f-6f$ zusammen $-11f$; nach §. 123. geben $-2d+3d$. die algebraische Summe $+d = +1d$ §. 126. u. s. w. Auch ist es einerlei, ob man von der rechten oder linken Seite zu addiren anfängt, weil die Buchstaben keinen Wehrt von ihrer Stelle haben.

Man sieht auch leicht, wie die Rechnung ausfällt, wenn mehr als 2 Reihen unter einander zu stehen kommen. Z. E.

$$\begin{array}{l} 3a-6b+\ f-9 \\ 2a+3b-3f+2 \\ -a-2b+4f-1 \\ \underline{\quad +16b-8f} \\ 4a+11b-6f-8 \end{array}$$

Hier kann man nun bei jeder Columne entweder die positiven und negativen für sich addiren, und alsdenn die Differenz mit dem Zeichen der grössern hinschreiben. Z. E. $-8f-3f = -11f$; $+f+4f = +5f$. Nun ist $-11f+5f$ nach §. 124. $= -6f$; oder man macht es auf folgende etwas kürzere Art: $-8f+4f$ giebt $-4f$. Aber $-4f-3f$ giebt $-7f$; Endlich $-7f+f$ giebt $-6f$.

Auf eine ganz ähnliche Art könnte man bei genannten Zahlen verfahren, wenn etwa die verschiedenen Posten der Einnahme und Ausgabe erstere mit + die andere mit — bezeichnet, folgendergestalt unter einander geschrieben wären:

+6 thl. — 7 pf. — 18 gr. + 1 thl. + 9 gr. — 3 pf.
— 5 thl. + 8 gr. — 17 gr. + 9 pf. — 6 gr.: so setzt man:

6 thl. — 18 gr. — 7 pf.	Einnahme 6 thl. 9 gr. 9 pf.
1 thl. + 9 gr. — 3 pf.	1 = 8 =
— 5 thl. + 8 gr. + 9 pf.	Summ. Einn. 7 thl. 17 gr. 9 pf.
— 17 gr.	Ausgabe 5 thl. 18 gr. 7 pf.
— 6 gr.	17 gr. 3 pf.
	6 gr.
2 thl. — 24 gr. — 1 pf.	
oder 23 gr. 11 pf.	Sum. Ausg. 6 thl. 17 gr. 10 pf.
	Rest 23 gr. 11 pf.

Die zur Seite gesetzte Rechnung nach der gemeinen Art zeigt, daß beide auf einerlei Resultat führen; zur neuen Bestätigung des hier aus der Natur entgegengesezter Größen hergeleiteten Verfahrens.

§. 129. Anmerk. Man kann sich auch die allgemeine Addition so vorstellen: Zu einer Zahl z. E. 7 soll ein Aggregat z. E. 8 — 5 addirt werden, was ist nun 7 + (8 — 5)? Es ist 15 — 5 = 10 So ist 7 + (6 — 5) = 8 und 7 + (0 — 5) = 7 + (— 5) = + 2. Eben so in Buchstaben 7a + (4a — 2a) = 9a und wenn statt 4a gesetzt würde 0; so ist doch 7a + (— 2a) = + 5a.

§. 130. Aufg. Größen im allgemeinen Verstande von einander zu subtrahiren, sie mögen nun entgegengesetzt seyn oder nicht, und der Subtrahendus mag größer oder kleiner seyn als der Minuendus.

Aufl. Man verwechselt die Zeichen der verschiedenen Glieder des Subtrahendus, indem man wo + steht, — und wo — steht, + setzt, und darauf addirt man auf vorbeschriebene allgemeine Art. Z. E.

I. $+7$	II. $+7$	od. $3a$	III. -7	IV. -7	od. $-a$	V. $+4$
$+4$	-4	$-a$	-4	$+4$	$+b$	$+7$
$-$	$+$	$+$	$+$	$-$	$-$	$-$
Diff. I. $+3$	II. $+11$	$+4a$	III. -3	IV. -11	$-a-b$	V. -3

Denn da in I wenn das positive abgezogen wird, 7 um 4 abnimmt, so muß in II, wo eben so viel, aber negatives abgezogen wird, grade das Gegentheil erfolgen, d. i. 7 um 4 zunehmen. Eben das läßt sich bei III und IV zeigen. Dies erhält man nun durch die gegebene Regel.

§. 131. Wenn gegeben wäre 9, davon sollte $7-4$ abgezogen werden, so würde dies so gezeichnet: $9-(7-4)$. Der Abzug kann nun in Zahlen auf zwiefache Art gemacht werden. I. $7-4=3$; daher $9-3=6$; II. $9-7=2$. Aber nun sind 4 zu viel abgezogen. Also müssen sie wieder addirt werden, gibt $2+4=6$. Wenn man daher die Subtraktion nicht wirklich vornehmen, aber doch ohne Klammer schreiben will, so ist $9-(7-4)=9-7+4$ und allgemein $a-(b-c)=a-b+c$.

Auch hieraus folgt die Regel des vorigen Sphs. Es ist vermöge des gesagten $9-(7-4)=6$, und $9-(6-4)=7$ und $9-(5-4)=8$. Ueberhaupt wächst der Rest um so viel Einheiten, als die positive Zahl in der Klammer abnimmt. So ist $9-(4-4)=9$; $9-(3-4)=10$; $9-(2-4)=11$; $9-(1-4)=12$; $9-(0-4)=9-(-4)=13$; welches man unmittelbar erhalten würde, wenn man -4 mit dem entgegengesezten Zeichen addirte. Eben so muß allgemein: $a-(0-c)=a-(-c)=a+c$ und $7a-(-4a)=11a$ seyn. So ist auch $a+b-(c-d)=a+b-c+d$;

$3a - 4b - (2a - 5b) = 3a - 4b - 2a + 5b = a + b$. So lassen sich alle Aufgaben auf diese Bezeichnung, daß man den ganzen Subtrahendus einklammert, reduciren; zugleich aber erhellet, daß es einerlei Regel mit der vorigen giebt, weil die in der Klammer stehenden Größen, wenn man sie von der Klammer befreien will, mit den entgegengesetzten Zeichen zu dem numero minuendo addirt werden.

Wenn jemand in der That 7000 rthl. Vermögen hat, ohnerachtet auch 4000 rthl. Schulden auf ihm haften, so drücket $7000 - 4000 + 4000 = 7000$ seinen Vermögenszustand aus. Nimmt man davon das 2te Glied weg, so bleibt 11000. Auch dies ist eine **Kästnerische** Vorstellungsart.

§. 132. Da man ganze Reihen oder Aggregate von Größen addiren kann; §. 128.; so kann man dergleichen auch von einander subtrahiren. Z. E. $3a - b + 4g - f - (2a + b - 3g - f)$ wird nun nach §. 130. so geordnet und gerechnet:

$$\begin{array}{rl} & 3a - b + 4g - f \\ \text{Subtr.} & 2a + b - 3g - f \\ & - \;\; - \;\; + \;\;\; + \\ \hline \text{Diff.} & a - 2b + 7g \end{array}$$

Oder wenn man nach §. 131. die Klammer weg läßt: $3a - b + 4g - f - 2a - b + 3g + f = a - 2b + 7g$ wie vorhin. So auch folgendes Exempel:

$$\begin{array}{rl} & 5a - 3b + f - 9h + 8 \\ \text{Subtr.} & 2a + 3b + f - 8h + 7 + g \\ \hline \text{Diff.} & 3a - 6b \;\; - \;\; h + 1 - g \end{array}$$

§. 133. Anmerk. 1. Man kann die Richtigkeit des Verfahrens eben wie §. 128. an genannten Zahlen prüfen.

	7 thl. — 19 gr. + 11 pf.		7 thl. 14 gr. 6 pf.
Add.	— 3 " + 13 " + 7 "	Subtr.	3 " 19 "
A =	4 thl. — 6 gr. + 18 pf.	=	3 thl. 19 gr. 6 pf.
	9 thl. — 10 gr. — 7 pf.		9 thl. 19 gr.
Add.	— 7 " + 19 " — 8 "	Subtr.	7 " 11 " 3 pf.
B =	2 thl. + 9 gr. — 15 pf.	=	2 thl. 17 gr. 9 pf.
A — B =	2 thl. — 15 gr. + 33 pf.	=	1 thl. 11 gr. 9 pf.

Denn 2 thl. — 15 gr. = 1 thl. 9 gr.. Da nun 33 pf. = 2 gr. 9 pf. so ist 2 thl. — 15 gr. + 33 pf. = 1 thl. 11 gr. 9 pf.

§. 134. Anmerk. 2. Die Addition und Subtraktion dienen sogar schon, allgemeine arithmetische Auflösungen zu finden. Es seyn zwei Größen a und b; und $a > b$ so ist $a + b$ die Summe, $a - b$ die Differenz. Man addire diese Summe und Differenz, und man subtrahire die Differenz von der Summe, so hat man

	$a + b$		$a + b$
add.	$a - b$	subtr.	$a - b$
	$2a$		$2b$

Daraus folgt also, daß $2a = (a + b) + (a - b)$ daher $a = \frac{a + b}{2} + \frac{a - b}{2}$ und $2b = (a + b) - (a - b)$ Also $b = \frac{a + b}{2} - \frac{a - b}{2}$. Das will sagen: die größere Zahl a ist der halben Summe + dem halben Unterschiede, die kleinere b der halben Summe weniger dem halben Unterschiede gleich. Darnach ließe sich nun z. E. die Summe 4395 leicht so unter 2 Erben vertheilen, daß einer 537 thl. mehr als der andere bekäme.

Es ist bei den Versuchen über die Geschwindigkeit des Schalls noch immer nicht entschieden, ob nicht der Wind wenn er eben die Richtung habe, ihn beschleunige und im Gegentheil aufhalte. Aber durch einen doppelten Versuch bald auf einander in A und B kann man diesem Irrthum ausweichen. In A wird ein Stück abgeschossen. Die Uhr zeigt z; t Sek. ist die Zeit, die der Schall braucht. Die Uhr in

B geht d Sek vor; m Sek. hält der Wind den Schall auf. Die Uhr in B zeigt also, da man den Schall hört, z + d + t + m; der Unterschied von z ist d + t + m. Man schießt bald darauf in B ein Stück ab. Die Uhr zeigt u. In A zeigt sie dann u — d. In A wird man nun, weil der Wind ihn m Sekunden befördert, den Schall zur Zeit u — d + t — m vernehmen. Nun ist der Unterschied von der Uhrzeit in B = — d + t — m addirt zu d + t + m giebt 2 t, also auch das gesuchte t.

§. 135. Weil Buchstaben keinen Wehrt von ihrer Stelle bekommen, so konnte man bei ihnen von den 4 Zeichen der Rechnungsoperation eines entbehren, indem die Abwesenheit eines Zeichens, nun schon an sich ein Zeichen abgeben konnte. Man hat dies für die **Multiplication** mit Buchstaben festgesetzt und **Harriot** war der erste, der stat a × b blos ab stat a × b × c blos abc schrieb u. s. f. So muste er auch stat a × a schreiben aa stat a × a × a setzen aaa u. s. f. Für Ausdrücke der leztern Art führte **Cartesius** noch die Abkürzung ein, die Anzahl solcher gleichen Faktoren, durch eine kleine Ziffer anzudeuten, die oberwärts rechter Hand neben dem einfachen Faktor gesetzt wird. So setzt man $aa = a^2$; $aaa = a^3$; $aaaaaa = a^6$ u. s. w. wovon der Vortheil sehr deutlich erhellet.

Eine Größe mit sich selbst multiplicirt oder ein Produkt aus 2 gleichen Faktoren pflegt man das Quadrat oder die zweite Potenz der Größe zu nennen, und durch a^2, b^2 u. d. gl. anzudeuten. Dreier gleichen Faktoren Produkt heißt der Kubus oder die 3te Potenz des einfachen Faktors und wird durch a^3, b^3, u. d. gl. angezeigt. So heißt a^4 das Biquadrat oder 4te Potenz von a; a^5 die fünfte Potenz von a u. s. f.

§. 136. Da alle Zahlen ein gewisses Verhältniß zu ihrer Einheit haben §. 120., oder als aus einer Einheit entsprungen gedacht werden müssen; wir aber jetzt mit positiven und negativen Größen so wie sie vorkommen, zu rechnen haben, so muß wenigstens bestimmt werden ob + 1 oder — 1 diejenige Einheit seyn soll, womit wir alle Zahlen vergleichen wollen. Man hat + 1 dazu gewählt; und so sind die bejahenden Größen Mengen dieser Einheit selbst, die verneinenden Mengen von dem entgegengesetzten derselben; oder die bejahenden entstehen dadurch, daß man + 1 etliche Mahl setzt oder wiederholt, die verneinenden dadurch, daß man + 1 erst nichts werden, dann auf die entgegengesetzte Seite so viel wachsen läßt, als es abgenommen hatte, und denn diese dem + 1 entgegengesetzte Größe — 1, etliche Mahl nimmt.

§. 137. **Aufg. Zwei Größen in einander zu multipliciren, sie mögen nun beide positiv oder beide negativ oder eine positiv, die andere negativ seyn, gleiche oder verschiedene Zeichen haben.**

Aufl. Man multiplicire sie wie absolute Größen. Wenn aber beide Faktoren positiv oder negativ sind, so giebt man dem Produkt das Zeichen +; sind aber die Zeichen der Faktoren verschieden, so bekommt das Produkt das negative Zeichen. Z. E. $+7 \cdot +4 = +28$; $-7 \cdot +4$ oder $+7 \cdot -4 = -28$; $-7 \cdot -4 = +28$. So auch $+a \cdot +b = +ab$; $+a \cdot -b = -ab$; $-a \cdot +b = -ab$; $-a \cdot -b = +ab$.

Bew. Wenn man die Einheit, worauf sich alles beziehet, positiv nimmt §. 136. und mit den 4 Fällen die hier vorkommen, die Grundregel der Multiplication: So wie der eine Faktor aus der Ein=

Einheit gemacht wird, eben so wird auch das Produkt aus dem andern Faktor gemacht §. 115. vergleichet; so wird man über das Zeichen nicht zweifelhaft bleiben, welches dem Produkt zu geben ist:

I. Fall $+1 : +a = +b : (+a . +b)$; $+1 : +7 = +4 : (+7 . +4)$. Niemand zweifelt hier, daß das Produkt $+ab$ und $+28$ seyn müsse.

II. $+1 : +a = -b : (+a . -b)$; $+1 : +7 = -4 : (+7 . -4)$. Es ist aus $+1$ selbst und nicht aus seinem entgegengesetzten, das man 7 mal wiederholt, der Faktor 7 entstanden, so muß auch der andere Faktor -4 selbst 7 mal wiederholt (zu sich selbst addirt) werden, welches -28 giebt. Eben so muß das Produkt in Buchstaben $-ab$ seyn.

III. $+1 : -a = +b : (-a . +b)$; $+1 : -7 = +4 : (-7 . +4)$. Hier muß aus $+1$ erst -1 gemacht und dies letztere 7 mal zu sich selbst addirt werden, um -7 zu machen; so muß auch das Produkt aus dem eben so oft wiederholten Gegentheil von $+4$ d. i. aus -4 gemacht werden, dies giebt -28. Eben so in Buchstaben $-a . +b = -ab$.

IV. $+1 : -a = -b : (-a . -b)$; $+1 : -7 = -4 : (-7 . -4)$. So wie man hier erst $+1$ sich in sein entgegengesetztes -1 verwandeln läßt, und dieses nun 7 mal zu sich selbst gesetzt -7 giebt; so muß man auch -4 in sein entgegengesetztes $+4$ verwandeln, welches denn 7 mal gesetzt, $+24$ giebt. Und so giebt auch $-a$ $-b$ das positive $+ab$.

§. 138. Anmerk. So findet man diese Sache zuerst von Herrn Kästner, dem nachher fast alle deutsche Algebristen gefolgt sind, ausgeführt. Andere Beweise, wie bei den Franzosen, sind nicht so geschickt, die Zweifel, besonders bei dem IVten Fall zu heben. Der beste ist noch dieser: Es sey aufgegeben $-7.(+5-3)$ so würde, wenn der IIte und IIIte Fall ausgemacht ist $-7.+5=-35$ zu viel von der negativen Art seyn. Eigentlich kommt nur -14. Da nun $-7.-3$, wenn man die Zahlen absolut betrachtet, 21 giebt, so können diese 21 nicht anders als $+21$ seyn. Denn es ist nur $-35+21=-14$ keinesweges $-35-21$ d. i. $-7.-3$ ist $=+21$.

§. 139. Jetzt läßt sich von allen Aggregaten das algebraische Produkt machen.

$$(7-8+3).(6-7+4)=2.3=6.$$

$$\begin{array}{r} 7-8+3=2 \\ 6-7+4=3 \\ \hline 28-32+12 \\ -49+56-21 \\ +42-48+18 \\ \hline +42-97+102-53+12=6 \end{array}$$

Man sieht, daß es bei Ziffern nicht nöthig gewesen wäre, die Produkte zu zerstreuen. Man hätte so fort das positive und negative gegen einander aufheben können.

Exempel in Buchstaben. 1) $(a-x)x$; 2) $(a+b)(a+b)$; 3) $(a-b)(a-b)$; 4) $(a+b)(a-b)$; 5) $(a+b-c)(b-c)$; 6) $(5a+3b-c);(7b-2c+d)$

1) $$\begin{array}{r} a-x \\ x \\ \hline ax-x^2 \end{array}$$

Das heißt: die Differenz zweier Größen mit der kleinern multiplicirt, ist das Produkt beider Größen weniger dem Quadrat der Kleinern.

2)
$$\begin{array}{r} a + b \\ a + b \\ \hline ab + b^2 \\ a^2 + ab \quad\quad \\ \hline a^2 + 2ab + b^2 \end{array}$$

Weil eine Größe mit sich selbst multiplicirt, das Quadrat dieser vorgegebenen Größe giebt: so zeigt diese Multiplikation den allgemeinen Ausdruck für das Quadrat jeder aus 2 Theilen bestehenden Größe (binomium).

3)
$$\begin{array}{r} a - b \\ a - b \\ \hline - ab + b^2 \\ a^2 - ab \quad\quad \\ \hline a^2 - 2ab + b^2 \end{array}$$

Dies ist der allgemeine Ausdruck für das Quadrat der Differenz zweier Größen.

4)
$$\begin{array}{r} a + b \\ a - b \\ \hline - ab - b^2 \\ a^2 + ab \quad\quad \\ \hline a^2 \quad\quad - b^2 \end{array}$$

Das Produkt der Summe zweier Größen in ihre Differenz ist immer der Differenz der Quadrate beider Größen gleich.

5)
$$\begin{array}{lll} a - b & = \overset{a}{10000} - \overset{b}{6} & = 9994 \\ a - c & = \overset{a}{10000} - \overset{c}{17} & = 9983 \\ \hline - ac + bc & a - (b + c) = 10000 - 23 & = \\ a^2 - ab & & = 9977 \\ \hline a^2 - a(b + c) + bc & \text{mult. mit } a & = 99770000 \\ a\,(a - (b + c)) + bc & \text{add. } bc & = 99770102 \end{array}$$

Hieraus folgt eine verkürzte Multiplicationsregel für 2 Faktoren die nicht viel von 10000, 100000 u. s. w. verschieden sind.

Zur Uebung dienen folgende Aufgaben:

$(a + b - c)\,(b - c) = ab - ac + (b - c)^2$ lezteres nach 3.

$(5a+3b-c).(7b-2c+d)=21b^2+35ab-$
$10ac-13bc+2c^2+5ad+3bd-cd$
$(a^2-ab+b^2)(a+b)=a^3+b^3$
$(a^3+a^2b+ab^2+b^3)(a-b)=a^4-b^4$
$(a^4-a^3b+a^2b^2-ab^3+b^4).(a+b)=a^5+b^5$

§. 140. Z. Die Beispiele zeigen genugsam, wie die allgemeine Multiplication zur Erfindung brauchbarer Sätze dienen könne, die nun für alle Zahlengrößen gelten. So ist nach n. 4 $(7+4)(7-4)=49-16=33$. Eben so zeigen sich hier die ersten Schritte zu der für den Analysten höchst brauchbaren Kunst, zusammengesezte Größen in ihre Faktoren zu zerfällen. Denn es ist

1) $ax-x^2=(a-x)x$
2) $a^2+2ab+b^2=(a+b)(a+b)$
3) $a^2-2ab+b^2=(a-b)(a-b)$
4) $a^2-b^2=(a+b)(a-b)$

Anmerk. Hieraus erhellet nun die Gleichheit folgender Ausdrücke.

$16x^2+8xg+g^2=(4x+g).(4x+g)=(4x+g)^2$
$(f+\frac{1}{2}g)^2=f^2+fg+\frac{1}{4}g^2$
$(x-3g)^2=x^2-6xg+9g^2$
$u-u^2=(1-u)u$
$25f^2g^2-9r^2u^2=(5fg+3ru)(5fg-3ru)$
$(x+g)^2-(x-g)^2=4xg$

Noch ein Beispiel wie die Zahlenrechnung dadurch erleichtert werden kann. Es sind zwei Baustellen zu verkaufen, die eine von 114 F. die andere von 109 F. ins gevierte. Wie viel Quadratfuß ist die eine größer? $114^2-109^2=(114+109)(114-109)$ nach n. $4=223.5=1115$ Qu. Fuß.

§. 141. Wenn in allgemeinen Ausdrücken ab gegeben ist, und durch a dividirt werden soll; so sieht man leicht, daß $ab:a=\frac{ab}{a}=b$; und eben so:

ab

$abc : bc = a$ sey. Man kann nun die Regel geben: Die gleichen Faktoren oder Buchstaben im Dividendus und Divisor heben sich gegen einander auf; was denn stehen bleibt, ist der Quotient. Daher ist auch $bd : cbd = \frac{bd}{cbd} = \frac{1}{c}$, wo $\frac{1}{c}$ der Quotient ist. Wenn hingegen Dividendus und Divisor ganz verschieden sind, so kann die Division blos durch Zeichen angedeutet werden; z. E. $a : b = \frac{a}{b}$; $a : (b+c) = \frac{a}{b+c}$. Von Fällen wie der lezte läßt sich hier noch nichts mehr sagen.

§. 142. Aufg. Größen mit gleichen oder entgegengesezten Zeichen in einander zu dividiren.

Aufl. Auch hier dividirt man zuerst wie bei absoluten Größen, wenns Buchstaben sind, nach dem vor. §. giebt aber auch gleichfalls dem Quotienten das positive oder negative Zeichen, nachdem Dividendus und Divisor gleiche oder ungleiche Zeichen haben. Z. E. $+12 : +4 = +3$; $-12 : -4 = +3$; $+12 : -4 = -3$; $-12 : +4 = -3$. So auch

$+ab : +a = +b$; $-ab : -a = +b$; $+ab : -a = -b$; $-ab : +a = -b$

$+a : +b = +\frac{a}{b}$; $-a : -b = +\frac{a}{b}$

$+a : -b = -\frac{a}{b}$; $-a : +b = -\frac{a}{b}$

Bew.

Bew. Da aus der Einheit der Quotient auf eben die Art gemacht wird, wie aus dem Divisor der Dividend, so läßt sich der Beweis wie bei der Multiplication führen. Z. E. $-4 : +12 = +1 : -3$; und $-4 : -12 = +1 : +3$.

§. 143. Anmerk. Hieraus sieht mau, was die kurze Regel für Multiplication und Division sagen will: Gleiche Zeichen geben plus (+) ungleiche geben minus (—).

§. 144. Nun lassen sich auch **zusammengesezte** Größen dividiren. Von den Fällen, wo Dividend und Divisor ganz ungleiche Buchstaben haben, ist schon oben §. 141. geredet. Wir wollen noch 2 Fälle unterscheiden.

1. Wo nur allein der Dividendus eine zusammengesezte Größe ist. Z. E. $(ab - ac + ad) : a$ wird so angesezt:

```
ab — ac + ad | b — c + d.
 a
ab
————
   — ac
   — ac
   +
   ————
       + ad
       + ad
       —
       ————
        o
```

Es wird nämlich jedes Glied des Dividends durch den Divisor dividirt: so ist $\frac{ab}{a} = b$ $\frac{-ac}{a} = -c$ u. s. f. Die Summe der Quotienten wird mit den gehörigen Zeichen wie bei der gemeinen Division zur Seite hingeschrieben.

2. Wenn so wol der Divisor als der Dividend eine zusammengesezte Größe ist. Eine vorläufige Regel ist hier, die Glieder des Dividend und Divi-

sors nach den Potenzen eines Buchstabens zu ordnen der in beiden vorkommt. Z. E. $(a^3 - ab^2 + b^3 - a^2b):(a+b)$ wird so gesezt:

$$
\begin{array}{l|l}
(a+b)\; a^3 - a^2b - ab^2 + b^3 & a^2 - 2ab + b^2 \\
 a^3 + a^2b & \\
 - \;\; - & \\
\hline
 -2a^2b - ab^2 + b^3 & \\
 -2a^2b - 2ab^2 & \\
 + \qquad + & \\
\hline
 + ab^2 + b^3 & \\
 + ab^2 + b^3 & \\
\hline
 \quad 0 &
\end{array}
$$

So wie man nämlich bei der gemeinen Division zu fragen pflegt, wie oft die höchste Ziffer des Divisors in der höchsten des Dividends enthalten sey, dann aber mit dem gefundenen Quotienten alle Ziffern des Divisors multiplicirt u. s. w. so frägt man auch hier nur, wie oft das erste Glied (a) des Divisors in dem ersten Gliede des Dividends (a^3) enthalten sey. Nun ist $\frac{a^3}{a} = a^2$. Mit diesem a^2 werden nun alle Glieder des Divisors multiplicirt, und das gesammte Produkt vom Dividend abgezogen. Unter den Gliedern des Subtrahendus muß wenigstens das erste Glied dem ersten des Dividendus gleich seyn. Nachdem nun der Rest gefunden, worunter das erste Glied des Dividendus nicht mehr seyn kann, frägt man aufs neue, wie oft das erste Glied des Divisors im ersten Gliede des noch übrigen Dividendus sey, und fährt mit dem beschriebenen Verfahren so lange fort, bis entweder, wie hier, alles aufgeht, oder wenn Reste bleiben, lassen sie sich wie die

die Folge zeigt, auch in Form eines Bruches bei fügen.

Nicht anders sind folgende Exempel gerechnet.

$$\begin{array}{l|l} (a+b)\; a^2 - b^2 & a - b \\ \quad\;\; a^2 + ab & \\ \quad\;\; - \;\; - & \\ \hline \quad\;\; -ab - b^2 & \\ \quad\;\; -ab - b^2 & \\ \quad\;\; + \;\;\; + & \\ \hline \quad\;\; 0 & \end{array}$$

$$\begin{array}{l|l} a^2 - 2ac - b^2 + c^2 & a + b - c \\ (a - b - c) & \\ a^2 - ab - ac & \\ \hline +ab - ac - b^2 + c^2 & \\ +ab - b^2 - bc & \\ \hline -ac + bc + c^2 & \\ -ac + bc + c^2 & \\ \hline 0 & \end{array}$$

§. 145. Es ist an sich offenbar, daß sich die hier gegebenen Regeln auf den Grundbegriff der Division beziehen. Auch muß jedesmal, wenn alles aufgeht, das Produkt des Quotienten in den Divisor, den Dividend wieder herausbringen. So ist $(a+b-c)(a-b-c) = a^2 - 2ac - b^2 + c^2$ woraus zugleich erhellet, wie die Division unmittelbar dienen könne, in Buchstaben gegebene Ausdrücke in Faktoren zu zerfällen.

§. 146. Da Buchstaben ganz allgemeine Zeichen von Zahlen sind; so lassen sich auch Brüche in Buchstaben vorstellen und dann alle Rechnungen wie bei Ziffern, damit nach eben den Regeln vornehmen.

nehmen. Z. E. die Brüche $\frac{a}{b}$, $\frac{c}{d}$ zu addiren oder von einander abzuziehen, giebt $\frac{ad \pm cb}{bd}$ und

$$\frac{a}{b} + \frac{c}{d} + \frac{e}{f} = \frac{adf + cbf + ebd}{bdf}$$

$$\frac{a}{b} \cdot \frac{c}{d} = \frac{ac}{bd}; \quad \frac{a}{b} : \frac{c}{d} = \frac{ad}{bc}.$$

Ein Bruch $\frac{b}{c}$ mit einer ganzen Zahl a multiplicirt, giebt $\frac{ab}{c}$. Ist der Bruch ein solcher uneigentlicher, daß $b > c$ jedoch $b < 2c$; so kann $a \cdot \frac{b}{c} = a\left(1 + \frac{d}{c}\right)$ gesetzt werden. Dies giebt eine abgekürzte Rechnung, wenn b und c sehr große Primzahlen und nicht sehr verschieden sind. Z. E. $\frac{7883}{7879} \times 587 = 587 + \frac{2348}{7879}$

§. 146. Es sey gegeben $b^2 - bc - ab -$ $ac + a$ zu dividiren durch $b + c$; so wird man nach §. 144. so verfahren.

$$
\begin{array}{l|l}
(b-c)\,b^2 - bc - ab + ac + a & b - a + \frac{a}{b-c} \\
\quad\; \underline{b^2 - bc} & \\
\qquad\quad - ab + ac + a & \\
\qquad\quad \underline{- ab + ac} & \\
\qquad\quad \text{Rest.} + a &
\end{array}
$$

indem man den Rest zum Zähler, den Divisor zum Nener macht wie §. 54 und 45.

Wollte

Wollte man aber die allgemein geltenden Regeln der Division auch noch auf den Rest und Divisor anwenden; so früge man wie oft ist b in a. Antw. $\frac{a}{b}$ mal; denn b. $\frac{a}{b} = a$. Nun ist $\frac{a}{b} \times (b-c) = a - \frac{ac}{b}$. und $a - (a - \frac{ac}{b}) = + \frac{ac}{b}$. Man fragt weiter, wie oft ist b in $+\frac{ac}{b}$ und findet $+\frac{ac}{b^2}$ mal und so kann man weiter fortfahren Das Exempel stünde so:

$$(b-c)\,a \,\Big|\, \frac{a}{b} + \frac{ac}{b^2} + \frac{ac^2}{b^3} \text{ u. s. w.}$$

$$a - \frac{ac}{b}$$

$$+\frac{ac}{b}$$

$$+\frac{ac}{b} - \frac{ac^2}{b^2}$$

$$+\frac{ac^2}{b^2}$$

$$+\frac{ac^2}{b^2} - \frac{ac^3}{b^3}$$

$$+\frac{ac^3}{b^3}$$

Es ist sichtbar, daß man diese Division so lange fortsetzen könne als man wolle, ohne jemals zu Ende zu kommen; daß die folgenden Glieder des Quotienten nach einem Gesetze (wenn man mit $\frac{c}{b}$ multiplicirt) aus dem vorhergehenden entspringen; daß, wenn man abbrechen will, an den bis dahin gefundenen Quotienten ein Bruch anzuhangen sey, dessen Zähler der Rest, bei dem man stehen blieb, der Nenner der Divisor ist u. m.

§. 147. Wenn $a = 1$; $b = 1$; $c = x$ gesetzt wird, so erhielte man 1) $\frac{1}{1-x} = 1 + x + x^2 + x^3 \ldots$ Eben so erhält man durch die gleichmäßige Anwendung der Divisionsregel für $\frac{a}{b+c}$ den Quotienten: 2) $\frac{a}{b} - \frac{ac}{b^2} + \frac{ac^2}{b^3} - \frac{ac^3}{b^4}$ u. s. w. ohne Ende und $\frac{1}{1+x}$ giebt: 3) $1 - x + x^2 - x^3 + x^4$ u. s. w.

§. 148. Da eine Menge von Größen, deren jede nach einem ihnen allen gemeinschaftlichen Gesetze formirt wird, eine **Reihe** (series) heißt; so sehen wir, wie wir hier durch die Division auf Reihen geführt sind. So wird in der ersten §. 146. jedes vorhergehende Glied mit $\frac{b}{c}$ multiplicirt, um das nachfolgende zu machen, und so zeigt sich dies Gesetz auch leicht bei den übrigen. An sich höret diese Division nie auf, und man sieht, weshalb solche Quotienten **unendliche** Reihen heissen. Will man das abgebrochene vollständig machen, so folge man der Regel am Ende des 146 §phs. Daselbst käme hinzu $\frac{ac^3}{b^3(b-c)}$. Zu 1) §. 147. käme $\frac{x^4}{1-x}$; zu 2) $\frac{ac^4}{b^4(b+c)}$ zu 3) $\frac{x^5}{1+x}$ hinzu, so wären die Quotienten $\frac{a}{b-c}$; $\frac{1}{1-x}$; $\frac{a}{b-c}$; $\frac{1}{1+x}$ wieder ergänzet.

II. Von Ausziehung der Quadratwurzel.

§. 149. Das Produkt zweier gleichen Faktoren nannten wir das Quadrat des einfachen Faktors. §. 135. So ist $a^2 = aa$ das Quadrat von a, und in Ziffern $2^2 = 2 . 2 = 4$ das Quadrat von 2. Und auf solche Art findet man leicht das Quadrat einer jeden Zahl, wenn man sie mit sich selbst multiplicirt. Im Gegentheil könnte eine Zahl z. E. 64 gegeben seyn, und man sollte diejenige Zahl finden, welche mit sich selbst multiplicirt die gegebene heraus bringet. Die Zahl, welche dies leistet, nennet man die **Quadratwurzel** der vorgegebenen Zahl. Das Zeichen, daß diese Operation vorzunehmen sey, ist dieses $\surd$, und man sieht nun leicht, was die Ausdrücke $\surd 9$, $\surd 3$, $\surd a^2$, $\surd a$ sagen wollen, auch daß man die Quadratwurzel jeder vollkommnen Quadratzahl von nicht mehr als zwei Ziffern aus dem Einmaleins finden könne. Denn alle diese Quadrate stehen in der Diagonalreihe, oben von der Linken zur Rechten herunter.

§. 150. Es war §. 139. 2) $(a + b)^2 = a^2 + 2ab + b^2$ das heißt, weil dies ein allgemeiner Lehrsaz ist, das Quadrat einer Wurzel, welche aus 2 Theilen besteht (eines binomii) kann aus folgenden Gliedern zusammengesetzt werden:

1) dem Quadrat des ersten Theils der Wurzel,

2) dem doppelten Produkt aus beiden Theilen und

3) dem Quadrat des zweiten Theils der Wurzel.

Nun kann man jede Zahl von 2 Ziffern als ein binomium ansehen. So ist $78 = 70 + 8$ und $78^2 = (70 + 8)^2 = 70^2 + 2 . 70 . 8 + 8^2$ d. i. $78^2 = 4900 + 1120 + 64 = 6084$; eine Zahl, die man auch durch die gewöhnliche Multiplication eben so findet.

§. 151. Vergleichet man einen solchen besondern Fall mit dem allgemeinen Ausdruk des Quadrats einer zweitheiligen Wurzel; so wird sich hierdurch eine Regel herleiten lassen, wie überhaupt aus dem vorgegebenen Quadrat einer Zahl von 2 Ziffern, diese ihre Wurzel, und zwar sogleich dekadisch gezeichnet, zu finden sey. Das erste Glied a^2 giebt den ersten Theil der Wurzel a; und eben so giebt das erste Glied des Zahlenausdruks 4900 die Wurzel 70. Zieht man a^2 und 4900 von ihren zugehörigen Ganzen ab; so bleibt $2ab + b^2$ und $1120 + 64$ übrig; woraus in beiden sich der zweite Theil der Wurzel ergeben muß. Im ersten Fall wissen wir, er sey b: Nun ist $\frac{2ab + b^2}{b} = 2a + b$ und $2ab + b^2 = (2a + b) . b$. Im andern Fall muß zwar hier vorausgesetzt werden, wir wissen diesen 2ten Theil der Wurzel noch nicht. Aber wegen Allgemeinheit der Formel muste sich doch $1120 + 64$ in Faktoren wie $(2a + b) . b$ zerfällen lassen. Aus dem gefundenen 70 läßt sich nun $2 . 70 = 140$; wie aus a das 2a machen. Und so wie $\frac{2ab}{2a}$ den Quotienten b giebt; so muß auch $\frac{1120}{140}$ den zweiten Theil nämlich 8 geben. Man hat also, so wie im allgemeinen $2a + b$ hier $140 + 8$. Und da $(2a + b) b = 2ab + b^2$; so wird auch $(140 + 8) . 8 = 1120 + 64$ wie nothwendig ist, wenn $4900 + 1120 + 64$ nach dem binomischen Lehrsatz geformte Glieder der Quadratzahl sind. Man kann nun die Schemata so setzen.

$$\begin{array}{r|l|l}
a^2 & +\,2ab + b^2 & a + b \\
a^2 & & \\
\hline
0 & 2ab + b^2 & \\
 & ((2a) \;+ b) & \\
 & 2ab + b^2 & \\
\hline
 & 0 &
\end{array}
\qquad
\begin{array}{r|l|l}
4900 & +\,1120 + 64 & 70 + 8 \\
4900 & & \\
\hline
0 & 1120 + 64 & \\
 & ((140) + \;8) & \\
 & 1120 + 64 & \\
\hline
 & 0 &
\end{array}$$

§. 152. Allein wenn gleich die Glieder des Quadrats durch die dekadische Addition vorher in eine Summe gesammelt wären, oder die vorgegebene Zahl, deren Quadratwurzel man suchen soll, ein einzelner dekadischer Ausdruk wäre, so kann man doch die aus der allgemeinen Rechenkunst hergeleitete Entwickelung hier anbringen. Man kann doch immer jedes Quadrat so ansehen, als wenn es wie in folgenden Exempeln entstanden wäre.

$$\begin{array}{rl}
\text{A}\;78^2 & = (70+8)^2 \\
70^2 & = 4900 \\
2.70.8 & = 1120 \\
8^2 & = 64 \\
\hline
78^2 & = 6084
\end{array}
\qquad\qquad
\begin{array}{rl}
\text{B}\;99^2 & = (90+9)^2 \\
90^2 & = 8100 \\
2.90.9 & = 1620 \\
9^2 & = 81 \\
\hline
99^2 & = 9801
\end{array}$$

Wenn man auf diese Exempel merket, so erhellt, daß man die Nullen in den einzelnen Gliedern zu schreiben überhoben seyn könne, da sie die Summe nicht verändern, daß aber immer die niedrigste wirkliche Ziffer des Quadrats des ersten Theils oder des Zehners in der 3ten Stelle von der Rechten gegen die Linke, des doppelten Produkts niedrigste Ziffer in der zweiten, des Quadrats vom zweiten Theil oder von dem Einer in die erste Stelle zu stehen komme. Die Allgemeinheit davon begreifet man leicht.

Nun können zwar die wirklichen Ziffern der einzelnen Glieder für sich betrachtet noch größere oder kleinere Wehrte haben als in A. Aber da kein Zehner oder Einer ein größeres Quadrat haben kann als in B. auch es kein größeres doppeltes Produkt eines Zehners in einen Einer giebt als in eben dem Exempel; so kann man hieraus schließen, bis in welche Stellen die wirklichen Ziffern dieser Wehrte bei einer zweitheiligten Wurzel überhaupt nur reichen können, und daß ein solches Quadrat überhaupt nur 4 Ziffern haben könne. Weniger als drei Ziffern kann aber auch das Quadrat eines Binomii nicht haben, weil schon $10^2 = 100$ ist und aus 3 Stellen besteht.

§. 153. Die Wurzel von 4900 oder 8100 weis man, wenn sie von 49 und 81 als den wirklichen Ziffern weis. Doch sind nicht alle Zahlen der Art so, wie diese, Quadratzahlen von ganzen Einern. Die letztern hat man alle im Einmaleins. Man pflegt sie aber auch wohl besonders in folgender Ordnung, die man ein Quadrattäfelein nennet, hinzusetzen. Ich werde die in der Folge zu erklärenden Cubikzahlen und Biquadrate hinzufügen.

Wurzeln	1	2	3	4	5	6	7	8	9
Quadrate	1	4	9	16	25	36	49	64	81
Cubi	1	8	27	64	125	216	343	512	729
Biqnad.	1	16	81	256	625	1296	2401	4096	6561

§. 154. Wir wollen nun das Schema der Berechnung, wie es sich auf das bisherige gründet, hersetzen, und die Erklärung beifügen:

```
          A (a+b)²                                  B (a+b)²
          78² = (70+8)²              —         99² = (90+9)²
   a² = 70² = 49 | 00                —      90² = 81 | 00
 2ab = 2.70.8 = 11 | 20              —    2.90.9 = 16 | 20
  b² =     8² =    | 64              —        9² =    | 81
 ------------------------------------------------------------------
          78² = 60 | 84 | 70 a                99² = 98 | 01 | 90 = a
   a² —       49   |    |  8 b       —         a² = 81 |    |  9 = b
 2ab + b² =   11   | 84  78 = a + b  2ab + b² = 17 | 01  99 = a + b
 ((2a)+b) =  ((1   | 4)8)            ((2a)+b) = ((1 | 8)9)
 2ab + b² =   11   | 84              2ab + b² = 17 | 01
                   | 0                               | 0
```

Wenn man nämlich im Exampel durch einen Vertikalstrich 2 Stellen von der Rechten gegen die Linke abschneidet; so muß nun das Quadrat der wirklichen Ziffer des Zehners ganz in den linker Hand übrig bleibenden Ziffern stecken. Und da in B wo 2 ab den höchsten möglichen Wehrt hat, nicht mehr als $16 + 1 = 17$ zu diesen Ziffern hinzukommen, und doch $81 + 17 = 98 < (9 + 1)^2$ ist; so hat man nur das nächst niedrige Quadrat von der Classe linker Hand abzuziehen, um einen Rest zu bekommen der nun $2\,ab + b^2$ gleich ist. Wenn man nun die Wurzel des ersten Theils oder a doppelt nimmt, und es als Divisor unter die Stelle ordnet, worin die niedrigste Ziffer von 2 ab Einfluß hat, so findet man dadurch den zweiten Theil der Wurzel. Man setzt ihn zu dem Divisor (2 a) und erhält (2 a) + b. Dies mit b oder dem zweiten Theil multiplicirt, muß $2\,ab + b^2$ geben und also, wenn, wie hier immer vorausgesetzt wird, die vorgegebene Zahl ein vollständiges Quadrat ist, wenn es abgezogen wird, keinen Rest lassen, zum Beweise, daß man auch den 2ten Theil der Wurzel richtig gefunden habe.

So rechtfertiget sich hierdurch schon die gemeine Regel: 1) Man theilt die vorgegebene Zahl von der Rechten gegen die Linke in Classen von 2 Stellen (die letzte kann denn auch nur eine Stelle bekommen); 2) zieht von der ersten Classe zur Linken das gleiche oder nächst kleinere Quadrat ab, und schreibt die Wurzel wie bei der Division zur Seite der gegebenen Zahl. 3) Das doppelte derselben schreibt man unter der höchsten Stelle der folgenden Classe. 4) Man dividirt in die darüber stehenden Ziffern und den gefundenen Quotienten fügt man der Wurzel bei; schreibt ihn aber auch 5) neben dem Divisor, und multiplicirt nun diese Summe mit dem Quotienten, 6) das gefundene Produkt zieht man wieder ab. Ich gebe noch folgendes Beispiel

$$\begin{array}{rr|r|l}
 & & & a+b \\
a^2+2ab+b^2 = & 44 & 89 & 67 \\
a^2 = & 36 & & \\
2ab+b^2 = & 8 & 89 & \\
(2a)+b = & (1 & 2)7 & \\
((2a)+b).b = 2ab+b^2 = & 8 & 89 & \\
\hline
 & & 0 &
\end{array}$$

§. 155. Bestünde die Wurzel aus 3 Theilen $a+b+c$ so kann (weil $a+b+c=(a+b)+c$ ist) $a+b$ für den ersten und c für den 2ten Theil angesehen werden. Daher ist $((a+b)+c)^2 = (a+b)^2+2(a+b)c+c^2 = a^2+2ab+b^2+2(a+b)c+c^2$. Hieraus ließe sich die Wurzel auf eine ähnliche Art wie oben §. 151. herstellen, wie das Schema zeiget:

Auf

$$
\begin{array}{r|l|l|l}
a^2 & +\,2ab+b^2 & +\,2(a+b)c+c^2 & a+b+c \\
a^2 & & & \\
((2+a)b) & 2ab+b^2 & & \\
 & 2ab+b^2 & & \\
\hline
 & 0 & 2(a+b)c+c^2 & \\
 & & (2(a+b)+c & \\
 & & 2(a+b)+c^2 & \\
\hline
 & & 0 &
\end{array}
$$

Auf ähnliche Art wird man bei dem Quadrat einer viertheiligen, fünftheiligen Wurzel u. s. f. verfahren können. Denn z. E. $(a+b+c+d)^2 = ((a+b+c)+d)^2 = a^2 + 2ab + b^2 + 2(a+b)c + c^2 + 2(a+b+c)d + d^2$. Und es ist offenbar, daß um den 3ten, 4ten Theil u. s. f. der Wurzel zu finden, man nur immer das doppelte dessen was bereits von der Wurzel gefunden, zum Divisor nehmen nnd wie §. 154. damit zu verfahren habe.

Läßt man in der Formel $a^2 + 2ab + b^2$ den Buchstaben a immer das bereits bei der vorigen Classe gefundene bedeuten, b aber den Theil der Wurzel den man bei der Classe suchet, mit welcher man eben beschäftiget ist: so braucht es keiner weitern Vorschrift als diese kurze Formel, um in jedem Falle die Quadratwurzel richtig zu finden. Ich will zwei Beispiele geben, welche dies zeigen können.

$$643^2 = (\overset{a}{600} + \overset{b}{40} + \overset{c}{3})^2$$

$a^2 =$	36	00	00	
$2ab =$	4	80	00	
$b^2 =$		16	00	
$2(a+b)c =$		38	40	
$c^2 =$			9	abc
	41	34	49	643
$a^2 =$	36			
	5	34		
$(2a)+b =$	(1	2)4		
$2ab+c^2 =$	4	96		
		38	89	
$2(a+b)c =$		(12	8)3	
$2(a+b)c+c^2 =$		38	49	
		0		

ab
∧ -
ab -
∧ - -
ab - -

	14	39	44	36	3794
$a^2 =$	9				
	5	39			
$2a+b$		(6)7			
$2ab+b^2$	4	69			
		70	44		
$2a+b$		(7	4)9		
$2ab+b^2$		67	41		
		3	03	36	
$2a+b =$			(75	8)4	
$2ab+b^2 =$		3	03	36	
			0		

Alles was übrigens von dem Quadrat der zweitheiligten dekadischen Wurzel §. 152. angemerkt worden, gilt auch hier; welches man sieht wenn man $100^2 = 10000$ und $999^2 = 998001$; $1000^2 = 1000000$; $9999^2 = 99980001$ aus ihren Bestandtheilen nach 155 zusammensezet und bemerket, bis zu welchen Stellen rechts und links sich die Partialprodukte erstrecken, und in wie weit sie die Klassen gegen die Linke vermehren. Aus dem endlichen Resultat ergiebt sich dann deutlich, daß die Anzahl der Klassen nie grösser oder kleiner werden kann, als die Anzahl der Ziffern in der Wurzel und daß die Anzahl der Stellen der Wurzelgrösse mit der Anzahl der Klassen einerlei ist.

§. 156

§. 156. Nicht alle Zahlen sind Quadratzahlen von Wurzeln die aus ganzen Zahlen bestehen wie schon §. 153. erhellete. Indessen kann man doch durch das bisher gewiesene Verfahren die Wurzeln so genau finden, daß sie um keine ganze Einheit, von der eigentlichen Quadratwurzel der vorgegebenen Größe, verschieden sind. Es sey z. E.

$\sqrt{280700}$ und $\sqrt{180}$ zu suchen.

```
                              a b
                              ∧ .
                              ab.
   I.       28|07|00 | 529          II.      1'80 |13
 a² =       25|  |                     a²    1|
            --| --|--                       --|----
             3| 07|                           |80
 (2a)+b      1| 02|                  (2a)+b   |(2)3
             2| 04|                           |69
            --| --|                        -------
             1| 03|00                     Rest 11
 (2a)+b       |(10|4)9
              | 94|41
          ------------
      Rest    859
```

In diesen Exempeln ist nun 529 von 280700—859 d. i. von 279841 und 13 von 180 — 11 d. i. von 169 die genaue Wurzel. Aber 530^2 würde schon 280900 und $14^2 > 180$ seyn.

Anmerk. Die erste Quadratzahl ist das Resultat der Frage: wie groß müste die Fronte eines Lagers für 66 Bataillons und 40 Eskadrons seyn, wenn ein Bataillon 3350 □ruthen 1 Eskadron 1490 □ruthen Plaz gebraucht, und das Lager im Vierek soll angelegt werden. Hier würde es wohl auf einige Fuße mehr oder weniger nicht ankommen. Aber wenn z. E. Colonisten Gartenplätze von 1 Morgen Landes = 180 □ruthen in lauter Vierecken sollten angewie-

sen

sen werden, müste man wohl schon genauer rechnen wozu nun die Anleitung folgt.

§. 157. Wenn n überhaupt die Wurzel einer Quadratzahl $= n^2$ ist; so wird $n + 1$ ein Quadrat $n^2 + 2n + 1$ geben, welches das vorige um seine doppelte Wurzel und die Einheit übertrifft. Wäre nun die zum Ausziehen der Wurzel vorgegebene Zahl $n^2 + m$; so daß $m < 2n + 1$; so kann man durch die Rechnungsregel, welche ein vollkommenes nach §. 139 zusammengeseztes Quadrat voraussezt nur n zur Wurzel erhalten und es bleibt m übrig. Es ist alle mal dieses $m < 2n + 1$ wie in den Beispielen $859 < 2.529 + 1$ und $11 < 2.13 + 1$

§. 158. Das Quadrat eines Bruchs ist dem Quadrat des Zählers dividirt durch das Quadrat des Nenners gleich. Denn $\left(\frac{a}{b}\right)^2 = \frac{a}{b} \cdot \frac{a}{b} = \frac{a^2}{b^2}$. Eben so ist die Wurzel eines Bruchs, ein Bruch, den man erhält, wenn man die Quadratwurzel des Zählers zum Zähler, die Wurzel des Nenners zum Nenner nimmt. Den $\sqrt{\frac{a^2}{b^2}} = \frac{a}{b}$ und $\sqrt{\frac{9}{16}} = \frac{3}{4}$.

§. 159. Wenn man nun eine Zahl, wie 180 mit 100 multiplicirt, zum Zähler eines Bruchs machet, dessen Nenner 100 ist, wie $\frac{18000}{100}$ so läßt sich daraus wie aus einem Bruch die Quadratwurzel ausziehen. Sie wird ein Bruch dessen Nenner 10 ist. Sezte man $180 = \frac{1800000}{10000}$; so bekäme man den Nenner 100, nachdem man die Quadratwurzel des Zählers, so weit es in ganzen Zahlen angeht, gefun-

gefunden; und so fort an, kann man in dem Bruch, der die Wurzel vorstellet, die Nenner 1000, 10000 u. s. w. bekommen. Hierauf und auf die Art die Decimalbrüche zu schreiben, gründet sich die Regel sich der wahren Wurzel einer unvollkommnen Quadratzahl wie 180 in zehntheiligten Brüchen so sehr zu nähern, als man es für nöthig findet. Nämlich man verschafft sich durch das Anhängen zweier Nullen an den Rest immer wieder eine neue Klasse, welche man wie die vorigen behandelt, wie in den Beispielen $\sqrt{180}$ und $\sqrt{2}$.

```
1 | 80 | 13,41            2 | 1,414
1 |                        1 |
------                     ------
  80                       1 | 00
 (2)3                        | (2)4
  69                         | 96
------                     ------
 1100                        400
  (2)64                      (28)1
 -------                   -------
   1056 |                    11900
 -------                     (282)4
     44|00                   11296
     26|81                 -------
   -------                     604
     1719
```

Z. B. Eine Ausgußöffnung von 2 Quadratfußen muß, wenn sie viereckt seyn soll, in allen Kanten 1,414 Fuß halten. Multiplicirt man die gefundenen Wurzeln mit sich selbst, so findet man, daß sie immer genauer die gegebene Zahl herausbringen, je mehrere Decimalstellen man gesucht hat.

III. Von Auszziehung der Kubikwurzel.

§. 160. Der Kubus einer Zahl entsteht, wenn man ihr Quadrat noch einmal mit der Wurzelzahl multiplicirt. Denn $a^2 . a = aaa = a^3$. Und die Kubikwurzel einer Zahl ist diejenige, deren Quadrat mit der Wurzel multiplicirt die vorgegebene Zahl wieder heraus bringet; das Zeichen ist $\sqrt[3]{}$ und man sieht nun, was unter den Ausdrücken $\sqrt[3]{a^3}$, $\sqrt[3]{b}$, $\sqrt[3]{729}$, $\sqrt[3]{14}$ zu verstehen sey und wie man die Kubikwurzeln aller vollkommenen Kubikzahlen, die nur aus 3 Ziffern bestehen, aus der Wurzeltafel §. 153. hernehmen könne.

§. 161. Wenn man demnach $(a + b)^2 = a^2 + 2ab + b^2$ noch einmal mit $a + b$ multiplicirt, so erhält man einen allgemeinen Ausdruck für die Kubikzahl eines binomii wie $a + b$. Die Rechnung ist diese

$$\begin{array}{r} a^2 + 2ab + b^2 \\ a + b \\ \hline + a^2 + 2ab^2 + b^3 \\ a^3 + 2a^2b + ab^2 \quad\quad\quad \\ \hline a^3 + 3a^2b + 3ab^2 + b^3 = (a + b)^3 \end{array}$$

Da nun jede aus zwei Ziffern bestehende Zahl als ein binomium betrachtet werden kann; so hat man z. E.

$$\begin{array}{rrcl} & 87^3 = (80 + 7)^3 & & 99^3 = (90 + 9)^3 \\ a^3. = & 80^3 = 512000 & — & 90^3 = 729000 \\ 3a^2b = & 3 . 80^2 . 7 = 134400 & — & 3 . 90^2 . 9 = 218700 \\ 3ab^2 = & 3 . 80 . 7^2 = 11760 & — & 3 . 90 . 9^2 = 21870 \\ b^3 = & 7^3 = 343 & — & 9^3 = 729 \\ \hline (a + b)^3 = & 87^3 = 658503 & & 99^3 = 970299 \end{array}$$

§. 162.

§. 162. Wir wollen nun das leichteste zuerst vornehmen und aus dem allgemeinen Ausdruck die Wurzeln woraus er besteht, aufsuchen.

$$\begin{array}{r|l|l}
a^3 & +3a^2b+3ab^2+b^3 & a+b \\
a^3 & & \\
\hline
0 & +3a^2b+3ab+b^3 & \\
 & ((3a^2)+3ab+b^2) & \\
 & +3a^2b+3ab^2+b^3 & \\
\hline
 & \quad 0 &
\end{array}$$

Diesem Verfahren in dem besondern Fall Schrits vor Schritt nachgegangen, giebt die Rechnung

$$\begin{array}{r|l|l}
512000 & +134400+11760+343 & 80=a \\
a^3=512000 & & 7=b \\
\hline
0 & 134400+11760+343 & 87=a+b \\
(3a^2)+3ab+b^2= & (19200)+1680+49 & \\
 & 134400+11760+343 & \\
\hline
 & \quad 0 &
\end{array}$$

Es ist nämlich sichtbar, daß der erste Theil der Wurzel a im allgemeinen Ausdruk nichts anders als die Kubikwurzel des ersten Gliedes a^3 sey. So muß auch in dem speciellen Falle die Kubikwurzel des ersten Gliedes $\sqrt[3]{512000}=80$ der erste Theil der gesuchten Wurzel seyn. Nachdem a^3 abgezogen, bleibt in dem allgemeinen Falle $3a^2b+3ab^2+b^3$ und im speciellen $134400+11760+343$ übrig. Nun ist b im ersten Fall bekannt, und $\frac{3a^2b+3ab^2+b^3}{b}$ giebt $3a^2+3ab+b^2$. Da aber auch $\frac{3a^2b}{3a^2}=b$ ist

ist, so würde man auch im speciellen nur 134400 durch $3 \cdot 80^2$ dividiren dürfen, und $\frac{134400}{19200}$ giebt 7 oder den zweiten Theil der Wurzel. Was weiter zu thun, sieht man nun leicht aus dem Schema.

§. 163. Bei der dekadischen Rechnung müssen wir aber uns vorstellen, daß eine vorgegebene Kubikzahl aus denen in eine Hauptsumme gesammelten Partialgliedern bestehe, woraus dann die Kubikwurzel zu suchen. Ich werde die völlige Rechnung hersetzen, und darauf die Regel mit ihren Gründen folgen lassen.

$(a+b)^3 = (80+7)^3 = 87^3$

$a^3 =$	$80^3 =$	512	000	
$3a^2b =$	$3 \cdot 80^2 \cdot 7 =$	134	400	
$3ab^2 =$	$3 \cdot 80 \cdot 7^2 =$	11	760	
$b^3 =$	$7^3 =$		343	$a+b$
		658	503	$80+7=87$
$a =$		512	000	
		146	503	
$3a^2 =$		(19	200)	
$3a^2b =$		134	400	
$3ab^2 =$		11	760	
$b^3 =$			343	
		146	503	
			0	

Aus einer vorgegebenen Zahl, die nicht aus mehr als 6 Ziffern besteht, die Kubikwurzel auszuziehen, pflegen folgende Regeln gegeben zu werden.

1) Man theile eine solche Zahl in Classen von 3 Ziffern von der Rechten gegen die Linke, da denn die

die Classe zur Rechten auch eine oder zwei Ziffern bekommen kann.

Denn $9^3 = 729$ hat nur noch 3; $10^3 = 1000$ schon 4; und $99^3 = 970299$ nicht mehr als 6 Stellen. Daher wird man, wenn eine zweitheilige Würzel zum Grunde liegt, immer gewiß 2 Classen, aber auch nicht mehr bekommen.

2) Man sieht die Ziffern der niedern Classe als Nullen an, und nimmt aus der Kubiktafel §. 153. eine Kubikzahl, welche den Ziffern der höchsten Classe gleich oder doch die nächst niedrigere davon ist. Sie ist mit 3 angehängten Nullen die Kubikzahl des ersten Theils oder der Zehner der Wurzel, welcher leztere zur Seite wie ein Quotient bemerkt wird.

Weil in dem Beispiel §. 161. die höchste Classe in 99^3 ungeachtet dessen, was von den Ziffern der übrigen Glieder durch die Addition hinzugekommen, doch nur 970 enthält, welches kleiner als $(9+1)^3$ so darf man nicht besorgen, daß man eine zu große Wurzel durch dieses Verfahren bekäme.

3) Diesen nächst kleinern Kubus zieht man von der vorgegebenen Zahl ab. Der Rest enthält dann die 3 übrigen Glieder oder $3a^2b + 3ab^2 + b^3$.

Anmerk. Man sieht leicht, daß die 3 Nullen an der abzuziehenden Zahl den Rest nicht verändern; also auch nicht durften geschrieben werden.

4) Man sucht das 3fache Quadrat des gefundenen Theils der Wurzel ($3a^2$) und schreibt es unter dem Rest auf solche Art, daß seine niedrigste Ziffer unter der höchsten die aus der zweiten Classe beim subtrahiren herunter gesezt worden, zu stehen

 komme

komme. Nun dividirt man wie gewöhnlich den Rest mit dem 3fachen Quadrat, und bemerkt den Quotienten als zweiten Theil der Wurzel (b), hier den Einer, derselben zur Seite, und multiplicirt mit selbigem den Divisor ($3a^2$). Das Produkt ($3a^2b$) wird wie der Divisor untergeschrieben, aber noch nicht sogleich abgezogen, sondern erst

5) Das Produkt des 3fachen ersten Theils der Wurzel in das Quadrat des Quotienten ($3ab^2$) gesucht, und so unter dem vorigen gesezt, daß seine niedrigste wirkliche Ziffer eine Stelle weiter zur Rechten kommt. Nun wird

6) Der Kubus des zweiten Theils oder des Quotienten (b^3) gemacht, und unter das vorige wieder so geschrieben, daß die niedrigste Ziffer zur Rechten hinausgerükt werde.

7) Wird die Summe der 3 auf solche Art gefundenen Glieder ($3a^2b + 3ab^2 + b^3$) gemacht, und vom vorigen Reste abgezogen, welches nun nichts übrig lassen wird.

Aus der allgemeinen Betrachtung im vorigen §. erhellte, daß mit $3a^2$ zuerst in $3a^2b$ dividirt werden müste, oder mit den wirklichen Ziffern dieser beiden Größen. Nun erstrecken sich aber die wirklichen Ziffern der lezten nur bis in die erste Stelle der 2ten Classe. Daß die Produkte, wie hier gesagt, geschriebrn werden müssen, sieht man deutlich, wenn die Nullen mitgeschrieben werden, welche von den an den Faktoren eigentlich hangenden Nullen herkommen. Die Regel muste nur darum gegeben werden, weil man Kürze halber die Nullen wegzulassen pflegt.

Eigentlich hätte, nachdem b gefunden war, der ganze Divisor §. 162. $3a^2 + 3ab + b^2$ erst completirt

tirt werden sollen. Aber mit b multiplicirt giebt er $3a^2b + 3ab^2 + b^3$ worauf es beim Abzuge doch eigentlich nur ankommt.

Anmerk. Da von den Produkten $3ab^2$ und b^3 die höchsten Ziffern zu den Stellen des Restes, worein mit $3a^2$ zuerst dividirt wird, um b zu finden, gemeiniglich manche hinzu addirt sind, so kann man bei der ersten Probe b zu groß genommen haben. Es ist kein anderer Rath, als es um 1 kleiner zu nehmen und die Rechnung zu wiederholen. —

§. 164. Weil $(a+b+c)^3 = ((a+b)+c)^3 = (a+b)^3 + 3(a+b)^2c + 3(a+b)c^2 + c^3 = a^3 + 3a^2b + 3ab^2 + b^3 + 3(a+b)^2c + 3(a+b)c^2 + c^3$; so läßt sich bei einer Zahl die eine 3theilige Wurzel hat, wenn a und b nach den Regeln des vorigen §phs für beide ersten Classen gefunden, auch c dadurch suchen, daß man mit $3(a+b)^2$ den Rest dividirt. Eben so würde man den 4ten Theil der Wurzel, wenn sie so viel hat, dadurch finden, daß man bei der 4ten Classe zur Linken mit dem 3fachen Quadrat der bereits gefundenen 3 Theile dividirte u. s. w.

Alles dieses wird mittelst des einfachen Ausdruks $a^3 + 3a^2b + 3ab^2 + b^3$ geleistet, wenn man a und b wie oben bei Ausziehung der Quadratwurzel ansiehet. §. 155.

Daß die Anzahl der Classen und der Theile der Wurzel gleich seyn müsse; davon überzeugt man sich, wenn man 100^3 und 999^3; 1000^3 und 9999^3 macht, wie auch von dem übrigen, welches bei der zweitheiligten bemerket, und unter der gehörigen Bedingung hier zu wiederholen ist. Ich setze noch ein Exempel her, welches gehörig betrachtet, das Verfahren deutlich machen wird.

$(a+b)^3 =$	189	712	900	936	5746
$a^3 =$	125				
	64	712			
$(3a^2) =$	(7	5)			
$3a^2b =$	52	5			
$3ab^2$	7	35			
b^3		343			
	60	193			
	4	519	900		
$(3a^2) =$		(974	7)		
$3a^2b =$	3	898	8		
$3ab^2 =$		27	36		
$b^3 =$			64		
	3	926	224		
		593	676	936	
$(3a^2) =$		(98	842	8)	
$3a^2b =$	—	593	056	8	
$3ab^2 =$	—	—	619	92	
$b^3 =$	—	—	—	216	
		593	676	936	
			0		

§. 165. Da $\left(\frac{a}{b}\right)^3 = \frac{a^3}{b^3}$ und folglich $\sqrt[3]{\frac{a^3}{b^3}} = \frac{a}{b}$ so sieht man, daß die Kubikwurzel eines Bruchs auch nichts anders sey als ein Bruch, dessen Zähler die Kubikwurzel des Zählers und dessen Nenner die Kubikwurzel des Nenners vom vorgegebenen Bruch ist.

Hier-

Hieraus folget für solche Zahlen, deren Kubikwurzel man in ganzen Zahlen nicht genau finden kann, eine ähnliche Regel wie bei den Quadratzahlen, sich der wahren kubischen Wurzel in Decimaltheilen zu nähern. Nämlich: Man schaffet sich durch das Anhängen je **dreier** Nullen neue Classen, welche man wie die vorigen behandelt. Die gefundenen Zahlen sind dann Zehntheile, Hunderttheile, u. s. w. Z. E. $\sqrt{3} = \sqrt{\frac{3000}{1000}} = \sqrt{\frac{3000000}{1000000}}$. Das Exempel läßt sich so berechnen:

3	1,442		
1			
2	000		
(	3)		
1	2		
	48		
	64		
1	744		
	256	000	
	(58	8)	
	235	2	
	6	72	
		64	
	241	984	
	14	016	000
	(6	220	8)
	12	441	6
		16	28
			8
	12	457	888
Rest	0,001	558	112

Anmerk. Uebrigens folgt auch wie §. 157. weil $(n+1)^3 = n^3 + 3n^2 + 3n + 1$; daß wenn $n^3 + m$ den unvollkommenen Kubus anzeigt, bei dem Verfahren des 164. und vorh. §phen $m < 3n^2 + 3n + 1$ seyn würde.

§. 166. Aufg. Aus zehntheiligen Brüchen oder aus Zahlen, woran Decimalbrüche hangen, die Quadrat- und Kubikwurzeln auszuziehen.

Aufl. Wenn in der **Anzahl** der Decimalstellen, falls die Quadratwurzel gesucht wird, die Zahl 2, wofern aber die Kubikwurzel verlangt wird, die Zahl 3 aufgeht; so ist weiter nichts zu beobachten als daß die erste Classe welche aus Decimalstellen besteht, in der Wurzel Zehntheile, die zweite Hunderttheile giebt. Geht aber ein solches Aufheben durch 2 und 3 nicht an; so werden so viel Nullen angehängt, bis es angeht. Denn hiedurch wird ein Decimalausdruk nicht vergrößert §. 90. So ist

$\sqrt{43,4} = \sqrt{43,40}$ und $\sqrt[3]{67,3201} = \sqrt[3]{67,320100}$; wodurch sich denn so gleich in der gefundenen Wurzel der Wehrt der Ziffern bestimmt, der sonst zweifelhaft seyn, oder durch Umschweife gesucht werden müste. Die Sache selbst folget ganz und gar aus der Natur der Decimalbrüche. Z. E. $\sqrt[3]{78,932} = \sqrt[3]{\frac{78932}{1000}}$

$= \sqrt[3]{78932} : \sqrt[3]{1000} = \frac{\sqrt[3]{78932}}{10}$ u. d. gl.

§. 167. Hiebei läßt sich auch zeigen, wie die Quadrat- und Kubiktafeln, dergleichen in **Wolfs** trigonometrischen Tafeln, in **Lamberts** Zusätzen wie auch in **Schulzens** Tafeln vollständiger aber beim Ludolph

Ludolph und **Büchner** vorkommen, zur Abkürzung der Quadrat= und Kubikrechnung dienen. Wenn z. E. die Tabellen bis auf die ersten 1000 Zahlen reichen; so kann man daraus die ersten 3 Theile der Wurzel auf einmal finden. Nämlich man nimmt aus den Tabellen die Quadrat= oder Kubikzahl, welche die nächst kleinere zu dem ist, was die Ziffern der 3 höchsten Classen der vorgegebenen für sich betrachtet, anzeigen. Nachdem man sie abgezogen und die Wurzel aus den Tafeln an der gehörigen Stelle bemerkt hat, so rechnet man wie gewöhnlich weiter. Dies geht auch bei Decimalausdrücken an, wenn man sie gehörig eingerichtet, §. 166. erstlich bei der Vergleichung mit den Zahleu der Tafel als ganze Zahlen ansieht, und nur in der gefundenen Wurzel für jede Decimalklasse der vorgegebenen Zahl eine Decimalstelle in der Wurzel rechnet. Haben die vorgegebenen Zahlen nicht 3 Klassen, so hängt man die gehörige Anzahl Nullen an, die man, wenn auch noch keine Decimalstellen vorhanden, als solche bei der Bezeichnung der Ziffern der Wurzel ansiehet. Beispiele werden die Abkürzung zeigen.

S. §. 156.

Nächst kleineres √28|07|00|529,8 √180,00|13,4
Quadrat =27|98|41| 179,56

85900 441
1058

Eben so §. 164. $\sqrt[3]{189|712|900|936}\,|\,5746$ $\sqrt[3]{67{,}320100}\,|\,4{,}06$
Nächst kl. Kub. 189|119|224 66,923416

593676936 396684
988428
5930568
61992
216

593676936

0

und in §. 165. $\sqrt[3]{3} = \sqrt[3]{3{,}000000}\,|\,1{,}442$
nächst kl. Kub. = 2985984

14016000
(62208)

§. 168. Anmerk. 1. Folgende Beispiele können zur Uebung dienen: 1000 Eimer Soole sollen in einem kubischen Behälter enthalten seyn, 1 Eimer ist 14 Maas und 35 Maas ein Kub. Fuß, wie tief muß der Behälter seyn? Antw. 7, 3 Fuß. Wenn 100000 St. Dukaten in einen Kubus gegossen werden, wie groß wird dessen Seite seyn? Der Kub. F. gegossenes Dukatengold, wiegt 1191, 2278 ℔ und 67 Dukaten machen 1 Mk. oder ½ ℔. Antw. 0,855 K. F.

§. 169. Anmerk. 2. Die Quadrat- und Kubiktafeln können nach §. 157 und 165 leicht fortgesetzt und geprüft werden, wenn man zu jedem gefundnen Quadrat n^2 nur $2n + 1$ und zu jedem gefundnen Kubus $3n^2 + 3n + 1$ hinzu sezt; wo man im lezten Fall n^2 aus den bereits fertig vorausgesezten Quadrattafeln nehmen kann. So ist $14^3 = (13^3)2197 + (3n^2)507 + (3n)39 + 1 = 2744$. Für die ersten 100 Zahlen hat Hr. Lambert in seinen Zusätzen Tab. 41. die Quadratwurzeln bis auf zehn Milliontheilchen berechnet. Dies ist von Hrn. Prof. Röhl bis auf die Zahl 1000 nicht nur fortgesezt, sondern er hat auch eben so die Kubikwurzeln der ersten 1000 Zahlen berechnet. Sie sind in Schulzens Tabellen eingerücket. Leztere geben nun $\sqrt{180} = 13{,}4164078$; $\sqrt{2} = 1{,}4142136$ $\sqrt[3]{3} = 1{,}4422496$ ohne alle Mühe.

IV.

V. Von den Potenzen und Dignitäten und ihren Veränderungen.

§. 170. Ueberhaupt heißt ein Produkt aus lauter gleichen Faktoren eine **Potenz** oder **Dignität** des einfachen Faktors, wovon schon oben §. 135. geredet worden, welches hier zu wiederholen ist. Die kleine zur rechten des einfachen Faktors oder der **Wurzel** geschriebene Zahl, welche anzeigt, **wie viel** gleicher Faktoren Produkt die Potenz seyn soll, oder von was für einem **Grade** die Potenz sey, heißt der **Exponent** der Potenz z. E. $a^5 = aaaaa$. Eben so bedeutet a^n die nte Potenz von a oder ein Produkt von n gleichen Faktoren die alle $= a$ sind. So wie nun Quadrat- und Kubikwurzeln zu suchen vorfallen konnte, so können auch Wurzeln höherer Potenzen begehrt werden. Man bedient sich dies anzudeuten des gewöhnlichen Wurzelzeichens ($\sqrt{}$), worin man eine kleine Zahl schreibet, die andeutet, von was für einem Grade man die Wurzel sucht. So zeigt $\sqrt[4]{625}$ an, daß man eine Zahl suche, welche viermal als einfacher Faktor gesezt, durch die Multiplication die Zahl 625 herausbringt, d. i. die Wurzel der 4ten Potenz oder die Biquadratwurzel von 625. $\sqrt[7]{a}$ bedeutet einen von 7 gleichen Faktoren, die in einander multiplicirt, die Größe a geben. Man sieht wohl was $\sqrt[n]{a}$ nun vorstellen soll.

Daraus folgt sogleich, daß $\sqrt[n]{a}$ zur nten Potenz erhoben, oder $(\sqrt[n]{a})^n = a$ sey. So ist $(\sqrt{2})^2 = 2$; $(\sqrt[4]{625})^4 = 625$ u. d. gl.

§. 171. Die Potenz eines Produkts ist ein Produkt aus den Potenzen der Faktoren von dem verlangten Exponenten. Es ist nämlich $(ab)^n$ ein Produkt aus n Faktoren ab, d. i. aus n Faktoren a in n Faktoren b. Daher ist $(ab)^n = a^n b^n$. Umgekehrt ist $\sqrt[n]{a^n . b^n} = \sqrt[n]{a^n} . \sqrt[n]{b^n} = ab$ und $\sqrt[n]{ab}$ $\sqrt[n]{a} . \sqrt[n]{b}$.

§. 172. Einen Bruch erhebt man zu einer Potenz von einem gegebenen Exponenten, wenn man den gegebenen Zähler und Nenner jeden für sich zu der begehrten Potenz erhebt, und die gefundene Potenz des Zählers zum Zähler, die Potenz des Nenners zum Nenner eines Bruchs macht. Ein solcher Bruch ist die begehrte Potenz des gegebenen. Denn es ist $\left(\frac{a}{b}\right)^4 = \frac{a}{b} . \frac{a}{b} . \frac{a}{b} . \frac{a}{b} = \frac{a^4}{b^4}$. Also überhaupt $\left(\frac{a}{b}\right)^n = \frac{a^n}{b^n}$. Auf solche Art ist nun $\left(\frac{a}{b}\right)^7 = \frac{a^7}{b^7}$; $(\frac{2}{3})^4 = \frac{2^4}{3^4} = \frac{16}{81}$ u. d. gl.

§. 173. Z. Eben so findet man auch die Wurzel von irgend einer Potenz aus einem Bruche, wenn man die Wurzel von dieser Potenz aus dem Zähler gezogen, durch die Wurzel von eben der Potenz aus dem Nenner dividirt. Z. E. $\sqrt[n]{\frac{a^n}{b^n}} = \frac{\sqrt[n]{a^n}}{\sqrt[n]{b^n}} = \frac{a}{b}$;

und

und $\sqrt[3]{\frac{27}{64}} = \frac{\sqrt[3]{27}}{\sqrt[3]{64}} = \frac{3}{4}$; $\sqrt[4]{\frac{16}{81}} = \sqrt[5]{\frac{32}{243}} = \frac{2}{3}$; $\sqrt[n]{\frac{c}{d}} = \frac{\sqrt[n]{c}}{\sqrt[n]{d}}$; $\sqrt[3]{\frac{4}{5}} = \frac{\sqrt[4]{4}}{\sqrt[4]{5}}$.

Anmerk. Hieraus bekommt der Grundsatz §. 24. V. noch eine Vermehrung: wenn gleiche Größen zu gleicher Potenz erhoben oder aus gleichen Größen Wurzeln von gleichen Exponenten gezogen werden; so bleiben die Größen noch gleich.

§. 174. Die Potenz eines Bruches **kann** nicht nur immer in **Form** eines Bruchs ausgedrükt werden, wie aus dem vorig. §. erhellet; **sondern die Potenz eines wahren Bruchs von einem jedweden Grade muß auch immer ein wahrer Bruch seyn.**

Bew. Von eigentlichen Brüchen erhellt die Behauptung leicht. Denn da $\left(\frac{a}{b}\right)^n = \frac{a^n}{b^n}$; so muß $a^n < b^n$ seyn, weil $a < b$ ist; folglich ist $\frac{a^n}{b^n}$ ein eigentlicher Bruch. Ist $\frac{a}{b}$ ein wahrer uneigentlicher Bruch; so ist er entweder auf seinen kleinsten Ausdruk gebracht oder nicht. Weil er in beiden Fällen doch einerlei Wehrt hat, so wird man sich den Bruch immer so vorstellen können, als wenn er auf die kleinsten Zahlen gebracht wäre. Sein Zähler und Nenner werden folglich ungleiche Primzahlen oder Produkte aus ungleichen Primzahlen seyn. Es sey also

also $\frac{a}{b} = \frac{c.d.e.\text{———}h}{\gamma.\delta.\varepsilon.\text{———}\eta}$; wo die Buchstabenfaktoren ungleiche Primzahlen bedeuten, so ist

$$\left(\frac{a}{b}\right)^2 = \frac{c.c.d.d.e.e\text{——}h.h}{\gamma.\gamma.\delta.\delta.\varepsilon.\varepsilon\text{———}\eta.\eta}$$

Eben so würde beim Kubus jeder einfache Faktor im Zähler und Nenner 3 mal; bei der nten Potenz n mal vorkommen. Es werden sich also bei keiner Potenz von $\frac{a}{b}$ auch **nur einige**, viel weniger **alle** Faktoren des Nenners; gegen gleiche Faktoren des Zählers aufheben lassen. Mithin kann $\left(\frac{a}{b}\right)^n = \frac{a^n}{b^n}$ niemals eine ganze Zahl seyn, und es müssen vielmehr, weil $a^n > b^n$, uneigentliche Brüche durch alle Potenzen hindurch entstehen.

§. 175. Z. 1. Die Potenzen der eigentlichen Brüche werden von Grade zu Grade abnehmen, der uneigentlichen ihre zunehmen, so ist $(\frac{3}{4})^3 < (\frac{3}{4})^2 < \frac{3}{4}$; $(\frac{4}{3})^3 > (\frac{4}{3})^2 > \frac{4}{3}$. Dies kann bei hohen Potenzen sehr weit gehen z. B. $(\frac{3}{2})^{50}$; $(\frac{5}{2})^{50}$. Aus **Lamberts** 7ter, 8ter und 9ter Tafel sieht man, daß bei dem ersten der Zähler 24, der Nenner 16 Ziffern, also der Quotient an ganzen Zahlen 9 Ziffern habe, also Hunderte von Millionen enthalte, im zweiten Falle aber dieser Quotient sogar in ganzen Zahlen 20 Ziffern betrage, mithin Zehner von Trillionen enthalte. Das Umgekehrte findet bei den Potenzen eigentlicher Brüche stat, die unter jede gedenkbare Größe sinken können. Daher schon $(\frac{1}{2})^n$, und also auch $a.(\frac{1}{2})^n = \frac{a}{2^n}$ kleiner werden kann, als jede

gedenk-

gedenkbare Grösse, wenn man n immer grösser und grösser nimmt. Kurz keine Grösse ist so klein, daß sie nicht, wenn man nur n groß genug nimmt, durch Multiplication mit 2^n grösser werden könnte, als jede vorgegebene Grösse, und keine ist so groß, daß sie nicht durch Division mit 2^n kleiner werden könnte, als jede noch so kleine Grösse.

§. 176. Z. 2. Wenn die Potenzen keine ganzen Zahlen sind; so sind es auch die Wurzeln nicht. Denn wenn $\frac{a}{b}$ ein wahrer Bruch ist, und $\sqrt[n]{\frac{a}{b}}$ sollte eine ganze Zahl seyn; so müste $\left(\sqrt[n]{\frac{a}{b}}\right)^n = \frac{a}{b}$ auch eine ganze Zahl seyn, wider die Voraussetzung.

§. 177. Wenn die Wurzel einer ganzen Zahl grösser als eine gewisse ganze Zahl x und kleiner als x + 1 ist; so giebt es keinen eigentlichen Bruch der mit x zusammen genommen, die Wurzel genau ausdrükt. Z. E. die Wurzel von jeder Potenz von 3 ist kleiner als 2 und grösser als 1. Gäbe es nun einen Bruch, der an 1 angehängt die begehrte Wurzel genau angäbe; so würde er doch mit 1 zusammengenommen, einen uneigentlichen Bruch ausmachen; folglich könnte die nte Potenz von diesem uneigentlichen Bruche keine ganze Zahl also auch nicht 3 seyn §. 174. Höchstens kann man daher Methoden angeben, wodurch man dem wahren Wehrt der Wurzel in solchen Fällen so nahe kömmt, daß der Fehler nach den Umständen unmerklich oder unwichtig wird, dergleichen das Anhangen von 2 oder 3 Nullen an dem Rest bei der Ausziehung der Wur-

zeln

zeln aus unvollkommnen Quadrat- und Kubikzahlen war. §. 159. 165.

§. 178. Aufg. Potenzen zu addiren und von einander zu subtrahiren.

Aufl. Wenn die Wurzelgrößen oder nur die Exponenten verschieden sind, so kann man dergleichen Größen nicht anders als mit den Zeichen + und — zusammensetzen. Z. E. zu a^3 addirt b^2 ist $a^3 + b^2$; a^5 zu a^2 ist $a^5 + a^2$. Eben so b^3 von a^4 ist $a^4 - b^3$; $2\,a^2$ von $4a^3$ ist $4a^3 - 2\,a^2$. Sind aber die Wurzelgrößen so wohl als die Exponenten gleich, so ist $2a^5 + 4a^5 = 6a^5$ nnd $7\,a^2 - 3\,a^2 = 4\,a^2$.

§. 179. Aufg. Potenzen in einander zu multipliciren und zu dividiren.

Aufl. Wenn die Wurzelgrößen ungleich sind, so läßt sich die Multiplication und Division nur durch die Zeichen andeuten. Z. E. a^3 multiplicirt mit b^2 ist $a^3\,b^2$ und $a^n : b^m = \frac{a^n}{b^m}$. Sind die Wurzelgrößen gleich, so merkt man

1) **die Multiplicationsregel:** Man behält die Wurzelgröße bei, und giebt ihr einen Exponenten, welcher die Summe der Exponenten der Faktoren ist. Z. E. $a^3 . a^2 = a^5$ denn $a^3 . a^2 = aaa . aa = a^5$; $2^2 . 2^3 = 2^5 = 2 . 8 = 32$.

2) **Die Divisionsregel:** Man behält die Wurzelgröße bei, giebt ihr aber einen Exponenten, welcher entsteht, wenn man vom Exponenten des Dividends den Exponenten des Divisors abziehet. Z. E. $a^5 : a^2 = a^3$. Denn $a^5 : a^2 = \frac{aaaaa}{aa} = aaa =$

a^{5-2}

$a^{5-2} = a^3$; $3^5 : 3^2 = 3^3 = 243 : 9 = 27$. Wenn die Exponenten allgemeine Zeichen wie m und n sind; so muß $a^m . a^n = a^{m+n}$ und $a^m : a^n = a^{m-n}$ seyn; welche Ausdrücke nun allgemeine Regeln der Multiplication und Division der Potenzen abgeben.

Anmerk. Wüste man $2^{12} = 4096$; so giebt eine Multiplication $2^{24} = 2^{12} . 2^{12} = 4096 . 4096$. So ist $4^2 . 4^2 . 4^4 . 4^8 = 4^{16}$; woraus man begreift, wie das gesagte Abkürzungen giebt, hohe Potenzen von Zahlen zu finden.

§. 180. Weil nun $x^3 : x^2 = x^{3-2} = x^1$ und auch $x^3 : x^2 = \frac{xxx}{xx} = x$; so ist $x^1 = x$ d. i. jede Größe ist von sich selbst die erste Potenz.

§. 181. Eine Potenz deren Exponent 0, ist allemal 1. Denn $x^1 : x^1 = x^{1-1} = x^0$.

$$x^1 : x^1 = x : x = 1 \text{. Folglich ist } x^0 = 1$$

Dies ist immer wahr, x mag eine Größe seyn was für eine es wolle: So ist $a^0 = 1$; $b^0 = 1$; $2^0 = 1$ $1000000^0 = 1$. Es sind auch gleichgeltende Ausdrücke $1 = \frac{x}{x} = x^0$ und $\frac{x}{x} = b^0 = \frac{8}{8} = 19^0$ u. s. w.

§. 182. Diese Betrachtungen zeigen nun, daß z. B. die Reihe 1) §. 149. auch so ausgedrukt werden könne

$$\frac{1}{1-x} = x^0 + x^1 + x^2 + x^3 \text{-----} + \text{---} x^{m-2} + x^{m-1}$$

und man sieht nun, daß das Gesetz der Reihe darin besteht, jedes Glied außer der Ordnung x^{m-1} zu setzen, wenn die Zahl der Glieder m ist. In sofern heißt x^{m-1} das **allgemeine Glied** (terminus generalis)

ralis) der Reihe. Für $\frac{1}{1+x} = x^0 - x^1 + x^2 - x^3 \ldots$ ist der ungraden Glieder allgemeiner Ausdruck $+ x^{m-1}$, der graden $- x^{m-1}$. In n. 2 ist dort für die graden $- \frac{a\,c^{m-1}}{b^m}$; für die ungeraden $+ \frac{a\,c^{m-1}}{b^m}$ der terminus generalis.

§. 183. 1. Wenn des Divisors Exponent größer ist, als der Exponent des Dividendus; so wird der Exponent des Quotienten negativ. Denn $x^3 : x^2 = x^1$; $x^3 : x^3 = x^0$; $x^3 : x^4 = x^{-1}$; $x^3 : x^5 = x^{-2}$ u. s. f.

2. Eine Potenz, welche einen negativen Exponenten hat, ist einem Bruche gleich, dessen Zähler 1, und dessen Nenner eine Potenz mit eben demselben, aber positiven Exponenten ist. Denn $x^3 : x^5 = x^{-2}$: aber $x^3 : x^5 = \frac{x^3}{x^5} = \frac{1}{x^2}$. Folglich ist $x^{-2} = \frac{1}{x^2}$. Ueberhaupt sind x^{-n} und $\frac{1}{x^n}$ gleichgeltende Ausdrücke; weil $x^{-n} = x^{0-n} = x^0 : x^n = \frac{x^0}{x^n} = \frac{1}{x^n}$.

3. Daraus sieht man was die Zahlen ausdrücke 2^{-3} 10^{-4} u. d. gl. eigentlich bedeuten, oder wie man ihre Wehrte nach der Zahlenrechnung bestimmen könne: Nämlich $2^{-3} = \frac{1}{2^3} = \frac{1}{8}$ und $10^{-4} = \frac{1}{10000} = 0{,}0001$ und $4 \cdot 10^{-4} = \frac{4}{10000} = 0{,}0004$.

4. Weil nun $a^{-m} \cdot a^{-n} = \frac{1}{a^m} \cdot \frac{1}{a^n} = \frac{1}{a^{m+n}} = a^{-(m+n)}$ und $a^{-m} : a^{-n} = \frac{1}{a^m} : \frac{1}{a^n} = \frac{a^n}{a^m} = a^{n-m} = a^{-m+n}$;

so

so sieht man, weil doch wirklich $-m$ und $-n$ addirt $-(m+n)$ und von $-m$ abgezogen $-n$ den Ausdruck $-m+n$ giebt, daß die allgemeinen Regeln §. 179. auch hier gelten. Demnach ist $x^{-3} . x^{-4} = x^{-7}$; $x^{-3} : x^{-4} = x$; $3^{-7} : 3^{-3} = 3^{-4}$ u. s. f.

6 zusammengesetzte Potenzen lassen sich ganz ähnlich behandeln. So ist $a^2 x^3 . ax = a^3 x^4$ denn $a^2 x^3 . ax = a^2 . a . x^3 . x = a^3 x^4$; daher allgemein $x^n . y^m . xy = x^{n+1} . y^{m+1}$. Eben so ist $a^2 x^3 : ax = ax^2$ weil $\frac{a^2 x^3}{ax} = ax^2$. Ferner ist $x^n . x^2 = x^{n+2}$ und $x^n : x^3 = x^{n-3}$. So daß diese Regeln auch für unbestimmte und für vermischte Ausdrücke gelten.

§. 184. Aus diesen Lehren folgt nun, daß man einen jeden Decimalbruch wie §. 89. $\frac{3}{10}$, $\frac{4}{1000}$, $\frac{45}{100}$, $\frac{634680}{10000}$ nicht nur $\frac{3}{10^1} = 3 . \frac{1}{10^1}$; $\frac{4}{10^3} = 4 . \frac{1}{10^3}$; $\frac{45}{10^2} = 45 . \frac{1}{10^2}$; $\frac{634682}{10^4} = 634682 . \frac{1}{10^4}$ setzen sondern auch $3 . 10^{-1}$; $4 . 10^{-3}$; $45 . 10^{-2}$; $634682 . 10^{-4}$ dafür schreiben, und sie durchaus bei der Multiplication und Division nach Art ganzer Zahlen mit negativen Potenzen multiplicirt, behandeln könne.

Wenn also a und b die bei eigentlichen oder uneigentlichen Decimalbrüchen vorkommenden Ziffern als ganze Zahlen betrachtet, vorstellen, so ist $a . 10^{-n} . b . 10^{-m} = a . b . 10^{-n} . 10^{-m} = ab . 10^{-(n+m)}$ Z. E. $0{,}45 . 63{,}4682 = 45 . 10^{-2} . 634682 . 10^{-4}$

$= 45$

$= 45.634682 . 10^{-6} = 28560690 . 10^{-6} = \frac{28560690}{1000000}$
$= 28,1560690$. Das heißt: sie werden wie ganze Zahlen multiplicirt und so viel Stellen für die Decimalbrüche rechter Hand abgeschnitten, als beide Faktoren zusammen enthalten, oder als der Exponent des Produkts der Potenzen von 10 angiebt.

Eben so ist $a . 10^{-n} : b . 10^{-m} = \frac{a . 10^{-n}}{b . 10^{-m}}$
$= \frac{a}{b} . \frac{10^{-n}}{10^{-m}} = \frac{a}{b} . 10^{-(n-m)}$. Das heißt, man dividire die wirklichen Ziffern wie bei ganzen Zahlen. Hat man den Quotienten $\frac{a}{b} = q$ so ist nun $q . 10^{-(n-m)} = \frac{q}{10^{n-m}}$ das heißt, man schneide so viel Stellen rechter Hand ab, als der Ueberschuß der Stellen des Dividends über die Stellen des Divisors beträgt. Wäre $m > n$, so ist $n - m$ negativ, und so müste man dem Quotienten so viel Nullen rechter Hand beifügen. Z. E. $886,32 : 2,462$
$= \frac{88632}{2462} . 10^{-(2-3)} = 36 . 10^{1} = 360$

§. 185. **Vorgegebene Potenzen zu höhern Graden zu erheben.**

Aufl. Man multiplicirt ihren Exponenten mit dem Exponenten des verlangten Grades. Z. E. $(a^3)^4 = a^{12}$. Denn $(a^3)^4 = a^3 . a^3 . a^3 . a^3 = a^{3+3+3+3} = a^{12}$ Man sieht hieraus, daß der Exponent der gegebenen Potenz so oft zu sich selbst addirt wird, als der Exponent

ponent des verlangten Grades anzeigt, das heist, ersterer mit leztern multiplicirt wird, daher ist allgemein $(x^m)^n = x^{mn}$.

So ist auch $(x^2 . y^3)^3 = x^6 y^9$; überhaupt $(x^m . y^r)^n = x^{nm} y^{rn}$ Auch bei negativen Exponenten gilt die Regel. Z. E. $(x^{-2})^3 = x^{-6}$ Denn $(x^{-2})^3 = x^{-2} . x^{-2} = x^{-6}$ §. 171. Daher allgemein $(x^{-n})^m = x^{-nm}$. Auch ist $(x^{-n})^{-m} = x^{mn}$. Denn $x^{-n} = \frac{1}{x^n}$ Es sey $\frac{1}{x^n} = r$ so ist $r^{-m} = \frac{1}{r^m} = \frac{1}{\left(\frac{1}{x^n}\right)^m} = \frac{1}{\left(\frac{1}{x^{mn}}\right)} = 1 : \frac{1}{x^{mn}} = x^{mn}$ z. B. $(3^{-2})^{-3} = 729$

Hieraus ergiebt sich noch eine leichtere Methode als im 179. §. sehr hohe Potenzen bestimmter Zahlen zu finden. Z. E. Es sollte auf das lezte Feld des Schachbretts das gelegt werden, was herauskommt; wenn auf das erste Feld 1, aufs 2te 2, aufs 3te 4 u. s. w. Stücke gelegt werden; so kämen auf das lezte Feld 2^{63} Nun ist $(2^2)^2 = 2^4$; $(2^4)^2 = 2^8$; $(2^8)^2 = 2^{16}$; $(2^{16})^2 = 2^{32}$; $(2^{32})^2 = 2^{64}$ und $\frac{2^{64}}{2} = 2^{63} = 9223372036854775808$

§. 186. **Aufg. Die Wurzel von einem gegebenen Grade aus einer gegebenen Potenz auszuziehen.**

Aufl. Die gegebene Potenz sey x^{12}; daraus soll die Wurzel der 3ten Potenz ausgezogen werden. Man verlangt also einen Ausdruck, der dreimal als

Faktor gesezt, durch die Multiplication x^{12} giebt; dies muß x mit einem solchen Exponenten seyn, welcher 3mal genommen 12 giebt, folglich ist der gesuchte Exponent $12:3 = \frac{12}{3} = 4$; und $\sqrt[3]{x^{12}} = x^{\frac{12}{3}} = x^4$. Allgemein ist demnach $\sqrt[n]{x^m} = x^{\frac{m}{n}}$ Man erhält also die begehrte Wurzel, wenn man den Exponenten der gegebenen Potenz durch den Wurzelexponenten dividirt. Z. E. $\sqrt[5]{4^{10}} = 4^{\frac{10}{5}} = 4^2$ 16. $\sqrt[5]{3^2} = 3^{\frac{2}{5}}$.

Bei zusammengesezten Größen ist $\sqrt[n]{x^m\, y^r} = x^{\frac{m}{n}}\, y^{\frac{r}{n}}$ Daher ist auch $\sqrt[n]{a^n . x^m} = a^{\frac{n}{n}} . x^{\frac{m}{n}} = a . x^{\frac{m}{n}} = a\sqrt[n]{x}$; welches die Größe zum Theil vom Wurzelzeichen befreien heißet. Z. E. $\sqrt[3]{5^6 . 4^3} = 4^{\frac{3}{3}} . 5^{\frac{6}{3}} = 4 . 25 = 100$.

§. 187. Hieraus ergiebt sich eine Methode durch mehrmalige Ausziehung der Quadrat= oder Kubikwurzel entweder jeder für sich oder beider nach einander, die Wurzel noch höherer Potenzen als Quadrat und Kubus zu finden; wenn nämlich 2 und 3 in dem Exponenten der Potenz mehrmalen aufgehen. So ist $\sqrt[2]{a^4} = a^{\frac{4}{2}} = a^2$ und $\sqrt{a^2} = a$; $\sqrt[2]{a^8} = a^4$ u. s. w.; $\sqrt[2]{a^6} = a^3$ und $\sqrt[3]{a^3} = a$; $\sqrt[3]{a^9} = a^3$ w. Weiter als auf die 4te, 6te, 8te, 9te dürfte

das

das Verfahren wohl ohne merklich zu irren, wenn die Wurzelgrössen irrational werden, nicht reichen. Z. E. $\sqrt[4]{456976}$ macht man erstlich die $\sqrt[2]{}$; sie ist 676. und $\sqrt{676} = 26 = \sqrt[4]{456976}$. Von $\sqrt[6]{531441}$ ist die $\sqrt[2]{} = 729$, deren Kubikwurzel 9 die gesuchte Wurzel der 6ten Potenz ist.

§. 188. Da m und n jeden Wehrt haben können, so kanns auch kommen, daß $n > m$ ist, aber doch n in m nicht aufgeht. Das heist, man geräth auf Ausdrücke, deren Exponenten Brüche sind. Man nennt sie Bruchpotenzen. Z. E. $\sqrt[3]{x^2} = x^{\frac{2}{3}}$. Es ist auch $(x^{\frac{2}{3}})^3 = x^2$ folglich $x^{\frac{2}{3}}$ die Kubikwurzel von x^2. Eben so $\sqrt[2]{x^5} = x^{\frac{5}{2}}$; $\sqrt[5]{x} = \sqrt[5]{x^1} = x^{\frac{1}{5}}$.

Diese gebrochene Exponenten können auch negative Größen seyn. Z. E. $\sqrt[7]{x^{-3}} = x^{-\frac{3}{7}}$.

§. 189. Da man also alle Größen, wobei das Wurzelzeichen vorkommt, als Potenzen mit gebrochenen Exponenten ausdrücken kann; so würde man das Wurzelzeichen zur Noth entbehren können. Man bedient sich auch dieser Bezeichnungsart wirklich sehr häufig, besonders, wenn die übereinstimmige Entstehungsart, oder die gleiche Behandlung der Potenzen mit ganzen Exponenten und der Radikalgrößen u. d. gl. daraus erhellen soll. Indessen behält man doch lieber in andern Fällen das schon so bekannte Wurzelzeichen bei. Es bezeichnet nun auch unter andern kurz und deutlich, was eine Bruchpotenz eigentlich sagen will. So ist $a^{\frac{4}{3}} = \sqrt[3]{a^4}$; $4^{\frac{12}{5}}$ =

$= \sqrt[5]{4^{12}}$; $5^{\frac{3}{4}} = \sqrt[4]{5^3} =$ der Biquadratwurzel aus 125.

§. 190. Hieraus lassen sich nun manche Verwandlungen der Ausdrücke herleiten. Wenn die Exponenten uneigentliche Brüche sind; so ist z. E. $a^{\frac{5}{2}} = a^{2\frac{1}{2}} = a^2 . a^{\frac{1}{2}} = a^2 \sqrt{a}$; $a^{\frac{10}{3}} = a^3 . a^{\frac{1}{3}} = a^3 \sqrt[3]{a}$ und $a^{\frac{15}{4}} = a^3 \sqrt[4]{a^3}$.

So ist $\frac{1}{\sqrt{a}} = \frac{1}{a^{\frac{1}{2}}} = a^{-\frac{1}{2}} = \sqrt{a^{-1}} = \sqrt{\frac{1}{a}}$

und $\frac{a^2}{\sqrt[4]{a^3}} = a\sqrt[4]{a}$; weil $\frac{a^2}{\sqrt[4]{a^3}} = a^2 . a^{-\frac{3}{4}} = a^{1\frac{1}{4}}$ u. s. w.

§. 191. Weil $\sqrt[n]{ab} = \sqrt[n]{a} . \sqrt[n]{b}$ §. 171. und $\sqrt[n]{ab} = (ab)^{\frac{1}{n}}$; so ist $(ab)^{\frac{1}{n}} = a^{\frac{1}{n}} . b^{\frac{1}{n}}$.

Weil $\frac{a}{b} = \frac{ab}{b^2} = \frac{1}{b^2} . ab$; so ist $\sqrt{\frac{a}{b}} = \sqrt{\frac{1}{b^2}} \sqrt{ab} = \frac{1}{b} \sqrt{ab} = \frac{\sqrt{ab}}{b}$. Also auch $\sqrt{\frac{1}{b}} = \frac{1}{b} \sqrt{b} = \frac{\sqrt{b}}{b}$. Es sey $\frac{a}{b} = \frac{3}{4}$ so ist $\sqrt{\frac{3}{4}} = \frac{\sqrt{12}}{4}$ und wenn $\frac{a}{b} = \frac{1}{7}$ so ist $\sqrt{\frac{1}{7}} = \frac{\sqrt{7}}{7}$.

Wenn das Product des Zählers in den Nenner eines Bruchs die Zahl 100 nicht übersteiget, so dient

dient **Lamberts** oben §. 169. angeführte Tabelle, die Quadratwurzel eines Bruchs durch eine bloße Division bis auf Milliontheile zu finden. Z. E. $\sqrt{\frac{5}{7}} = \frac{\sqrt{35}}{7}$. Nun ist nach der Tabelle $\sqrt{35} = 5{,}9160798$. Folglich ist $\sqrt{\frac{5}{7}} = 0{,}8451544$. Hrn. **Röhls** Tafeln erfordern nur, daß das Product aus Zähler und Nenner nicht größer als 1000 sey.

Da $\frac{a}{b} = \frac{ab^2}{b^3}$ so ist $\sqrt[3]{\frac{a}{b}} = \frac{\sqrt[3]{ab^2}}{b}$ und wenn $a = 1$; $\sqrt[3]{\frac{1}{b}} = \frac{\sqrt[3]{b^2}}{b}$, welches ähnliche Abkürzungen zur Ausziehung der Kubikwurzel aus Brüchen giebt; wenn man Hrn. **Röhls** von **Schulzen** eingerückte Tafeln gebraucht. **Ueberhaupt** ist $\sqrt[n]{\frac{a}{b}} = \frac{\sqrt[n]{ab^{n-1}}}{b}$ z. B. $\sqrt[4]{\frac{3}{4}}$ $= \frac{\sqrt{\sqrt{192}}}{4}$ §. 187 $= \frac{\sqrt{13{,}8564064}}{4}$ (nach Röhl) $= \frac{3{,}72}{4} = 0{,}93$.

§. 192. **Aufg. Wurzelgrößen unter einerlei Benennung zu bringen, oder machen, daß eben die Wurzelgrössen einerlei Wurzelexponenten bekommen.**

Aufl. Es seyn gegeben $\sqrt[m]{x^n}$ und $\sqrt[r]{y^t}$, welche nun $x^{\frac{n}{m}}$, $y^{\frac{t}{r}}$ gesetzt werden können. Aber $\frac{n}{m}$ und $\frac{t}{r}$ auf einerlei Benennung gebracht, giebt $\frac{nr}{mr} = \frac{n}{m}$ und

$\frac{tm}{rm} = \frac{t}{r}$: Folglich $x^{\frac{n}{m}} = x^{\frac{nr}{mr}} = \sqrt[mr]{x^{nr}}$

$$y^{\frac{t}{r}} = y^{\frac{tm}{rm}} = \sqrt[mr]{y^{tm}}$$

So ist nun auch $x^r . x^{\frac{m}{n}} = x^{\frac{rn}{n}} . x^{\frac{m}{n}} = \sqrt[n]{x^{rn}} . x^m$ (171) $= \sqrt[n]{x^{rn+m}} = x^{\frac{rn+m}{n}} = x^{r+\frac{m}{n}}$; $(x^{\frac{1}{n}})^{\frac{1}{m}} = \sqrt[m]{x^{\frac{1}{n}}} = x^{\frac{1}{n}:m} = x^{\frac{1}{mn}}$ wie bei ganzen Exponenten.

§. 193. **Aufg. Wurzelgrößen zu addiren und von einander zu subtrahiren.**

Aufl. $\sqrt[m]{x^n} \pm \sqrt[r]{y^t} = x^{\frac{nr}{mr}} \pm y^{\frac{mt}{mr}}$ kann nur durch Zeichen angedeutet werden. Hätte man aber $\sqrt[n]{a^n b^r} \pm \sqrt[n]{c^n b^r}$; so wäre dies $a\sqrt[n]{b^m} \pm c\sqrt[n]{b^r} = (a \pm c)\sqrt[n]{b^r}$. In Zahlen können hier sehr abgekürzte Ausdrücke entstehen. Z. E. $\sqrt{63} + \sqrt{28} = \sqrt{9.7} + \sqrt{4.7} = 3\sqrt{7} + 2\sqrt{7} = 5\sqrt{7}$; und $\sqrt{63} - \sqrt{28} = 3\sqrt{7} - 2\sqrt{7} = \sqrt{7}$. So auch $\sqrt[3]{375} + \sqrt[3]{192} = 9\sqrt[3]{3}$; $\sqrt[4]{162} - \sqrt[4]{32} = \sqrt[4]{2} = \sqrt[2]{1,414213} = 1,189$.

§. 194. **Aufg. Wurzelgrößen in einander zu multipliciren.**

Aufl. Es ist $a\sqrt[m]{b} \times c\sqrt[n]{d} = ac\sqrt[m]{b}.\sqrt[n]{d} = acb^{\frac{1}{m}}.d^{\frac{1}{n}} = acb^{\frac{n}{mn}}.d^{\frac{m}{mn}} = ac\sqrt[mn]{b^n d^m}$. In Zahlen $3\sqrt[3]{7}.2\sqrt[2]{8} = 3.2\sqrt[6]{7^2.8^3} = 6\sqrt[6]{25088}$.
$(\sqrt{3}+\sqrt{2})(\sqrt{3}-\sqrt{2})$ §. 140. $= 3 - 2 = 1$.

§. 195.

§. 195. Zwo einzelne Wurzelgrößen von einerlei Benennung durch einander zu dividiren, bedient man sich einer ähnlichen Regel: z. E. $ab\sqrt{ce} : bf\sqrt{ge}$ $= \frac{ab\sqrt{ce}}{bf\sqrt{ge}} = \frac{ab}{bf} \cdot \sqrt{\frac{ce}{ge}} = \frac{a}{f}\sqrt{\frac{c}{g}}$.

§. 196. Anm. Die in diesem Abschnitte vorgetragene Lehren, dienen nun hauptsächlich zur Abkürzung der Schlüsse des analytischen Vortrags. Da sie gleichsam die geheime Sprache der Analysten oder wenigstens eine Art abgekürzter Schlüsse, das gewissermassen was Euklids Data für den Geometer, sind, so muß man einige Uebung darin haben, wenn man mathematische Schriften ohne Anstoß lesen will. Wenn nun Ausdrücke wie die folgenden gleich gesezt werden, so wird man in dem vorhergehenden den Grund dazu finden.

$x^3 . x^n = x^{3+n}$; $x^{\frac{1}{2}} . x^{\frac{2}{5}} = \sqrt[10]{x^9}$; $x^{\frac{1}{2}} . x^{\frac{n}{m}} = \sqrt[2m]{x^{m+2n}}$; $\sqrt[4]{x^{-1}} . \sqrt[3]{x} = \sqrt[12]{x}$; $y^{\frac{3}{4}} : y^{\frac{1}{2}} = \sqrt[4]{y}$; $\sqrt{y} : \sqrt[3]{y^{-2}} = y\sqrt[6]{y}$; $(z^{-\frac{1}{2}})^6 = \sqrt{\frac{1}{z^6}}$; $(z^{-\frac{1}{n}})^{\frac{r}{m}} = \sqrt[mn]{\frac{1}{z^r}}$; $x^2y^3 . x^4y^{\frac{1}{2}} = x^6\sqrt{y^7}$; $z^3y : z^4y^2 = \frac{1}{zy}$; $(x^2 + b^{\frac{1}{3}}x + b^{\frac{2}{3}})(x - b^{\frac{1}{3}}) = x^3 - b$

V. Anwendung des bisherigen auf die Sexagesimalrechnung.

§. 196. Da ein **Sexagesimalbruch** ein solcher Bruch ist, dessen Nenner eine Potenz von 60 ist, so ist $\frac{a}{60^n} = a . 60^{-n}$ die allgemeinste Vorstellung eines solchen Bruchs. Eine Zahl die aus 60 Einern besteht, nennt man ein Schock; wenn man nun dieser Schocke wieder 60 nähme u. s. w. so gäbe dies höhere Ordnungen. Was unter die Einer hier ist, kann also durch $a.60^{-n}$, was zu den höhern Ordnungen gehört, durch $a.60^n$ angedeutet werden. Kürzer kann man noch durch grade über die Ziffern gesezte Zahlen andeuten, mit was für einer positiven oder negativen Potenz von 60 man sich vorstellen muß, daß sie multiplicirt seyn. Z. E. $\overset{+1}{14} = 14.60$; $\overset{0}{13}$ sind simple Einheiten; $\overset{-3}{45} = 45.60^{-3}$.

§. 197. **Aufg. Die vier Rechnungsarten mit Sexagesimalbrüchen vorzunehmen.**

Aufl. Addition und Subtraktion können ganz wie bei genannten Zahlen vorgenommen werden. Z. E.

	+1	0	−1	−2
	34	05	18	23
	18	12	54	14
Summa	52	18	12	37
Untersch.	15	52	24	9

Multiplication. Man darf nur die überschriebenen Zahlen algebraisch addiren, und diese Summe über das Produkt der wirklichen Ziffern setzen. Z. E. $\overset{+1}{17}.\overset{-3}{46} = \overset{-2}{782}$. Denn es ist $\overset{+1}{17} = 17.60$; $\overset{-3}{46} = 46.60^{-3}$. Also das Produkt $17.46.60^{-2} = 782.60^{-2} = \overset{-2}{782}$ §. 196. Eine Zahl wie hier 782 muß nun noch wie §. 104 auf den höhern Namen gebracht werden. Dies giebt $\frac{\overset{-2}{782}}{60} = \overset{-1}{13}\ \overset{-2}{02}$.

Man findet unter andern in Hausens Elem. Math. p. 77. eine eigne Tabelle, wie ein Einmaleins, sich die Multiplication und Division zu ersparen. Darin findet man z. E. 17.46 = 13 02. Die Lehre von den Exponenten zeigt nun den Werth der niedrigsten Classe, u. s. w.

So kann man nun leicht, selbst wenn beide Faktoren mehrere Glieder haben, die Multiplication vornehmen.

Z. E.

$$\begin{array}{rrrrrrr} & & \overset{+1}{07}+ & \overset{0}{19}+ & \overset{-1}{03}+ & \overset{-2}{37} & \\ & & & & & \overset{0}{08}+\overset{-3}{17} & \\ \hline & & \overset{-0}{02} & \overset{-2}{04} & \overset{-3}{24} & \overset{-4}{01} & \overset{-5}{29} \\ \overset{+1}{58} & \overset{0}{32} & \overset{-1}{28} & \overset{-2}{56} & & & \\ \hline \overset{+1}{58} & \overset{0}{32} & \overset{-1}{31} & 00 & \overset{-3}{24} & \overset{-4}{01} & \overset{-5}{29} \end{array}$$

Division. Kürze halber setze ich hier gleich ein Exempel

$$\begin{array}{l} \overset{-2}{1}\overset{-1}{6})33\,|\,\overset{+1}{02}\quad\overset{0}{03}\quad\overset{-1}{45} \\ \underline{\;32\;}\;{}^{-2} \\ \quad 1\,00 \\ \quad \underline{48}\;{}^{-3} \\ \quad 12\,00 \end{array}$$

Denn $33.60^{-1} : 16.60^{-2} = \frac{33}{16}.\overset{+1}{60}$. Daher ist der Quotient 2 oder 02 eigentlich $\overset{+1}{02}$. Der Rest $1 = \overset{-1\;-2}{1\;00} = \overset{-2}{60} = 60.60^{-2}$. Nun ist $60.60^{-2} : 16.60^{-2} = \frac{60}{16}$. Dies giebt den Quotienten $3 = \overset{0}{03}$. Der Rest $\overset{-2}{12} = \overset{-2\;-3}{12\,00} = \overset{-3}{720} = 720.60^{-3}$. Nun ist $720.60^{-3} : 16.60^{-2} = \frac{720}{16}.60^{-1} = 45.60^{-1} = \overset{-1}{45}$, welches keinen Rest lässet.

Mit den Tafeln rechnet man so. In der Verticalreihe nimmt man den Divisor 16; und sucht gegenüber eine Zahl die mit 33 gleich, oder die nächst kleinere davon ist d. i. 32. In der obern Horizontalreihe findet

findet man den Quotienten 2. Nun ist $-1-(-2) = +1$. Man schreibt daher im Quotienten $0\overset{+1}{2}$. Die Zahl 32 subtrahirt giebt den Rest $\overset{-1}{1}$ der auch so ausgedrückt werden kann $1\,\overset{-1}{0}\overset{-2}{0}$. Man sucht hievon das nächst kleinere dem 16 gegen über; es ist 48 welches den Quotienten $0\overset{0}{3}$ giebt, Der Abzug läßt $1\overset{-2}{2}0\overset{-3}{0}$; dies steht dem 16 selbst gegenüber und zeiget in der obern Horizontalreihe den Quotienten $4\overset{-1}{5}$ an.

VI. Von graden und ungraden Zahlen, den Irrationalzahlen, den eingebildeten und unmöglichen Grössen.

§. 198. Zahlen die durch 2 dividirt eine ganze Zahl zum Quotienten geben, sind **grade**, diejenigen bei welchen in diesem Fall eine ganze Zahl $+\frac{1}{2}$ der Quotient wird, sind **ungrade**. Ist daher n, m oder r eine ganze Zahl, so ist die allgemeine Form einer graden Zahe 2n, einer ungraden $2n + 1$. Daraus folgt

1) Das Produkt einer graden Zahl sowohl in eine grade als in eine ungrade ist eine grade Zahl. Denn $2n \,.\, 2m = 4nm = 2.2nm$; und $(2n+1)2m = 4nm + 2m = 2(2nm+m)$; wo die Division mit 2 immer eine ganze Zahl giebt

2) Das Produkt aus 2 ungraden Zahlen ist ungrade. Denn $(2n+1)(2m+1) = 4nm + 2m + 2n + 1 = 2(2nm+m+n) + 1$; wo $2nm + m + n$ eine ganze Zahl $= r$ gesezt das Produkt $2r + 1$ ungrade zeigt.

Anm.

Anm. Hierin liegt der Grund des bekannten Kunststücks, da man jemanden aufgiebt wie er will in einer Hand eine grade Zahl (2); in der andern eine ungrade (3) zu nehmen, welches man denn so erräth: Man läßt ihn mit 5 die Zahl in der rechten, mit 4 die Zahl in der linken multipliciren und die Summe der Produkte angeben; ist sie grade: so ist grade in der Rechten, ist diese Summe ungrade; so ist grade in der linken.

§. 199. Unter den Zahlen gab es solche, deren Quadrat und Kubikwurzel man niemals genau durch die Rechnung finden konnte. Z. E. $\sqrt{12}$; $\sqrt[3]{15}$. Eben dergleichen findet noch häufiger bei den Wurzeln höherer Potenzen statt. Z. E. wenn $\sqrt[7]{2}$ verlangt wird, so kann man durch keine Rechnung eine Zahl finden, welche auf die 7te Potenz erhoben $= 2$ wird. Ueberhaupt können in dem Ausdruck $\sqrt[n]{a}$ die Größen n und a unter allen möglichen Wehrten sehr häufig solche haben, daß man nie die Wurzel der nten Potenz von a ganz genau angeben kann. Man nennet solche Wurzeln Irrationalwurzeln, oder **Irrationalzahlen.** Es sind nämlich Zahlen, deren Verhältniß zur Einheit sich nie völlig genau angeben läßt, z. E. $\sqrt{2}$, $\sqrt[3]{3}$. Dadurch unterscheiden sie sich von solchen Zahlen, deren Verhältniß zu einem gewissen bestimten Theile der Einheit nicht genau zu finden ist, wenn sie gleich bei einer andern Eintheilung der Einheit sich ganz genau angeben lassen z. E. der Zahlenbegrif den $\frac{3}{7}$ vorstellt, ist eine Rationalzahl. Denn sein Verhältniß zu 7 oder zum 7ten Theil der Einheit ist ganz genau angegeben. Er kan aber nie auf einen Decimalbruch gebracht werden, der es völlig genau ausdrückte, das heißt nur: es ist keine Potenz von 10, gegen welche sich sein Verhältniß ganz genau angeben liesse, oder zu einem Zehntel der Einheit läßt sich das Verhältniß dieses Zahlenbegrifs nicht genau angeben. Indessen sind die Irrationalzahlen doch wirkliche Größen. Denn ich kan ganz bestimmt sagen; $\sqrt{2}$ ist die Zahl deren Quadrat $= 2$ ist und keine andere.

Anmerk. Von diesem leztern überzeuget uns die Geometrie augenscheinlich. Wenn in einem rechtwinklichten Dreieck beide Katheten $= 1$ sind; so ist die Hypotenuse $\sqrt{2}$ und eine wirklich völlig bestimte Größe.

§. 200. Die bisher beschriebenen Irrationalzahlen sind eigentlich **arithmetisch** irrational. Aber **algebraisch** irrational sind alle in Buchstaben ausgedrückte Grössen, die man, so lange sie nicht auf bestimte Zahlen gebracht sind, nicht von dem Wurzelzeichen oder Bruchexponenten befreien kan. So sind $a^2 + b$, $\sqrt[3]{a^3}$ (weil es $= a$) $\sqrt{a^2 - 2ab + b^2}$ (weil es $= a - b$) rational im algebraischen Verstande. Aber $\sqrt{a}$, $a^{\frac{m}{n}}$, $\sqrt{(a^2 + b)}$ sind in diesem Verstande irrational, wenigstens so lange die Ausdrücke allgemein bleiben. Denn wenn in $\sqrt{a}$ statt a die bestimte Zahl 4 gesezt wird, so wäre $\sqrt{4} = 2$ rational. Aber hier ist ein arithmetischer Ausdruck aus dem algebraischen geworden. Im Gegentheil würde aus dem algebraischrationalen $\sqrt[3]{a^3}$ ein arithmethischirrationales, wenn $a = \sqrt{2}$ genommen würde.

§. 201. **Wenn das Quadrat einer Irrationalzahl rational ist; so sind alle grade Potenzen rational, alle ungrade aber irrational.**

Bew.

Bew. In dem Ausdruck $\sqrt{a}$, der algebraisch-irrational ist, bedeute a eine rationale Zahl; so ist $\sqrt{a}.\sqrt{a} = a$ rational. Folglich ist 1) $\sqrt{a} = a^{\frac{1}{2}}$ und $(a^{\frac{1}{2}})^{2n} = a^n$ rational. 2) $\sqrt{a} = a^{\frac{1}{2}}$ und $(a^{\frac{1}{2}})^{2n+1} = a^{n+\frac{1}{2}} = a^n . a^{\frac{1}{2}} = a^n \sqrt{a}$ irrational. Der Saz gilt auch von arithmetischen Irrationalzahlen. Denn $(\sqrt{2})^2 = 2$; $(\sqrt{2})^3 = (2^{\frac{1}{2}})^3 = 2^{1+\frac{1}{2}} = 2\sqrt{2}$ irrational u. s. w.

§. 202. Wenn von -9 die Quadratwurzel verlangt wird; so ist sie weder $+3$ noch -3, (welche beide das Quadrat $+9$ geben). Jede andere Zahl kan noch weniger von -9 die Quadratwurzel seyn. Wer also diese Quadratwurzel angegeben haben will, der fordert etwas unmögliches und $\sqrt[2]{-9}$ ist eine **unmögliche Größe.** Dieser Begrif kan leicht allgemeiner gemacht werden. Jede positive Wurzel giebt lauter Potenzen, welche positive Größen sind. Von einer jeden negativen Wurzel sind die graden Potenzen auch positiv, die ungraden negativ. Denn $-x \times -x = +x^2$; $+x^2 \times -x = -x^3$; $-x^3 \times -x = +x^4$ u. s. w. Daher ist es überhaupt unmöglich, die Wurzel von einem **graden** Exponenten aus einer negativen Größe auszuziehen. Denn man nehme sie $+$ oder $-$ so wird sie zur **graden** Potenz erhoben, doch nie etwas negatives geben. Es ist folglich $\sqrt[2n]{-x}$ der allgemeinste Ausdruck für die unmöglichen Größen oder eine **unmögliche** oder **eingebildete Größe** ist die Wurzel eines **graden** Exponenten aus einer **negativen** Größe. Die Wurzel eines **ungraden** Exponenten aus einer **negativen** Größe ist aber keinesweges unmöglich. Denn z. E. $\sqrt[3]{-8} = -2$; weil $-2 \times -2 \times -2 = -8$ ist. So

So ist auch der zusammengesezte Ausdruck $c \pm \sqrt[2n]{-x}$ eine unmögliche Grösse, man pflegt ihn auch wohl besonders mit dem Namen **eingebildete** Grösse bezeichnen.

§. 204. 1. Es ist $\sqrt[2n]{-x} = -x^{\frac{1}{2n}} = \sqrt{\sqrt[n]{-x}}$. Der Exponent n kan ungrade oder grade, mithin dieser Ausdruck die Quadratwurzel 1) aus einer möglichen (rationalen oder irrationalen), aber negativen Grösse 2) aus einer unmöglichen Grösse seyn §. 202. In beiden Fällen zeigt dieser Ausdruck etwas unmögliches an.

2. Da auch $-x^{\frac{1}{2n}} = \sqrt[n]{\sqrt{-x}}$; so heißt dies; die Wurzel jeden Grades aus einer unmöglichen Grösse ist selbst etwas unmögliches, eine Frage die nicht zu beantworten ist.

3. Endlich ist $\sqrt[2n]{-1 . x} = \sqrt[2n]{x} . \sqrt[2n]{-1}$. Nun sei die rationale oder irrationale Grösse $\sqrt[2n]{x} = a$; so kan man auch durch die Ausdrücke $a\sqrt[2n]{-1}$, $b\sqrt[2n]{-1}$ die unmöglichen Grössen darstellen. In einander multiplicirt oder dividirt geben sie die reellen Grössen $-ab$ und $+\frac{a}{b}$ und wenn bei der ersten $a = 12$, bei der zweiten $b = 4$ ist; so muß nach dem Grundsaz der Multiplication aus $12\sqrt[2n]{-1}$ das Produkt -48 eben so entstehen, als aus der Einheit $4 . \sqrt[2n]{-1}$ wird; und so muß auch $4\sqrt[2n]{-1}$ in $12\sqrt[2n]{-1}$ eben so enthalten sein wie die Eins im Quotienten $+3$.

Anm.

Anm. Diese freilich etwas sonderbare aus den Postulaten der Arithmetik entstehende Erscheinung vergleicht Lambert in der Architektonik §. 163 mit einem Sprachausdruck „das morgende Gestern" welches den reellen Begrif Heute ausdrückt; ob es gleich etwas unmögliches ist, wenn man im gegenwärtigen Augenblick behaupten wollte, daß der gestrige Tag auch zugleich der morgende sey. Aber das morgende Gestern ist wie hier die Multiplication, welche die Gedenkbarkeit wieder herstellt. Für die Division hat er wohl eine ähnliche Erläuterung nicht anwendbar gefunden. In der That sind diese unmögliche Grössen ein Beweis von der Vollständigkeit der algeb. Charakteristik. Wenn die Bedingungen einer Frage so sind, daß sie nicht mit einander bestehen können, so führt uns die Entwickelung derselben auf eine Antwort, worin eine Größe von der Form $\sqrt[2n]{-x}$ vorkomt, das heist, die Frage ist unzulässig.

§. 204. **Alle grade Potenzen von einer unmöglichen Grösse sind mögliche, alle ungraden unmögliche Grössen.**

Bew. Es ist $(a\sqrt[2n]{-1})^{2n} = -a^{2n}$ eine mögliche; $(a\sqrt[2n]{-1})^{2n+1} = a^{2n+1}. -1^{1+\frac{1}{2n}} = a^{2n+1}.\sqrt[2n]{-1^{2n+1}}$ eine unmögliche Grösse nach §. 203

VII. Auflösung der Gleichungen besonders der einfachen.

§. 205. Einerlei Grösse kan öfters auf verschiedene Weise, so wie sie bald aus diesen bald aus andern Theilen auf mancherlei Weise zusammengesezt ist, ausgedruckt werden. Wenn man zwei Ausdrücke dieser Art einander gleich sezt, so hat man eine **Gleichung**. Z. E. $4^2 + 5 = 2\sqrt{121} - 1 = \sqrt{64}$

$+ \sqrt[3]{8} + \sqrt[4]{16} + \sqrt{81} = 3 \cdot 7 = 30 - 9 = 21$
Theile einer Gleichung, die blos ohne weitere Verbindung mit den Zeichen + und — zusammen hängen, heißen **Glieder** der Gleichung, z. E. $8 \cdot 3 + \frac{7+11}{2} = \frac{64}{2} - \frac{21-9}{3} + 1 + \sqrt{16}$ besteht aus 6 Gliedern. Von den in solchen Gleichungen vorkommenden Größen kan eine und die andere unbekannt seyn, ob man gleich immer aus andern Gründen weis, daß beide Ausdrücke gleich seyn müßten. Z. E. Es giebt eine Münze, wovon immer 5 Stücke drei 8 Gr. Stücke machen. Diese Münze soll Kürze halber x heissen und der Groschen die Einheit seyn; so ist $5x = 3 \cdot 8$. Gr.

Da $x = x^1$ so komt in dieser Gleichung die unbekante Größe in der ersten Potenz vor. Solche Gleichungen heissen **einfache** selbst alsdenn, wenn mehrere unbekante Grössen sich einmischen, doch müssen sie in keinem Gliede in einander multiplicirt seyn, so lange die Gleichung einfach bleiben soll. Ist die unbekante Grösse auch nur in einem Gliede in einer höhern Potenz, so heißt die Gleichung hiernach eine quadratische, kubische, biquadratische und überhaupt eine **höhere** Gleichung.

§. 206. Man bedient sich der lezten Buchstaben des kleinen Alphabeths um die unbekanten Grössen, der ersten Buchstaben in unbestimten, der Ziffern in bestimten Fällen um die bekanten Größen anzudeuten. Zuerst von einfachen Gleichungen, die nur **eine** unbekante Grösse enthalten, welche dann gemeiniglich durch den Buchstab x angezeigt wird.

§. 207. Es kömmt nun bei der Erfindung der unbekannten Grösse alles darauf an, daß man die vorgegebene Gleichung, worin x noch mit bekanten Grös-

Grössen vermengt, oder durch die verschiedenen Rechnungsarten verbunden ist, auf die Form $x = A$ bringe, das heißt eine Methode wisse, alles so einzurichten, daß alle bekante Grössen auf einer Seite zu stehen kommen, die vorher unbekante aber allein sich ihnen gegenüber befinde. Es bedeutet nämlich A einen Ausdruck, der durch die Zeichen der 4 Rechnungsarten, die Wurzelzeichen und Exponenten auf mancherlei mit den bekanten Grössen vorzunehmende Rechnungsoperationen hinweiset und, dadurch vorschreibt, wie man die unbekante Grösse aus den bekanten bestimmen soll. Ziehet man wirklich dieses Resultat, so ist dann x keine unbekannte Grösse mehr. Z. E. in dem vor. leichten Fall, wenn $5x = 3 \cdot 8$ Gr.; so versteht man unter x den preussischen Tümpf und es ist $x = \frac{3 \cdot 8}{5} = \frac{24}{5} = 4\frac{4}{5}$ Gr.

§. 208. Dieses Geschäfte, die unbekannte Grösse auf eine Seite, und die bekanten in einer Verbindung, worin sie ihr gleich sind, auf die andere zu schaffen, nennt man die Auflösung der Gleichungen und die **Algebra** in engerm oder **eigentlichem** Verstande des Worts. Es beruhet beinahe alles auf die geschickte Anwendung der allgemeinen Grundsätze §. 5. 24. 173 Anm. besonders des Vten, welche nach einiger Uebung beinahe mechanisch vorgenommen werden kan. Hier sind einige Beispiele,

I. $3a - x = b$
$x = x$ add.
nach V. §. 24.
$3a = b + x$
$b = b$ subtr.
nach V.
$3a - b = x$

II. $ax = b$: a
$x = \frac{b}{a}$ nach V.

III. $\frac{x}{b} = a$. b
$x = ab$ nach V.

Regel. Die subtrahirte Größe wird durch di Addition, und umgekehrt; die multiplicirte durch Division und umgekehrt auf die andere Seite geschaft.

IV. $\sqrt[n]{x} = ab$

$x = a^n b^n$ nach §. 107

V $\frac{ax}{f} + b - c = d$

$\frac{ax}{f} = d - b + c$ wie no. I.

$x = \frac{f(d-b+c)}{a}$ wie no. II

VI. $\frac{ax+b}{x-c} = f$. $x - c$

$ax + b = fx - fc$

$ax = ax$ subtr. wenn $a < f$

$b = (f-a)x - fc$

$\frac{b+fc}{f-a} = x$

VII. $ax = \frac{c}{f} - bx$

$ax + bx = \frac{c}{f}$

$(a+b)x = \frac{c}{f}$

$x = \frac{c}{f(a+b)}$

Regel. Wenn x im Nenner vorkomt, so mu zu allererst mit diesem Nenner die ganze Gleichun multiplicirt werden; damit man wisse, ob sie auch al eine einfache aufgelöset werden könne. Denn wär $fx + \frac{b}{x} = a$ so ist $fx^2 + b = ax$ eine quadratische Gleichung, welche anders als die einfache aufzulösen ist.

Dergleichen Regeln wird man hier noch mehrere ableiten können.

§. 209. Ich habe die gewöhnlichsten Wege zur Auflösung bereits gegebener einfachen Gleichungen vorgezeichgezeichnet. Gemeiniglich muß aber die Gleichung selbst erst aus den Umständen der Aufgabe hervorgesucht werden. Dies ist die Hauptgeschicklichkeit des Analysten, wozu einem jeden sein eigner gesunder Verstand die besten Regeln giebt, deren öftere Ausübung die vorgenannte Fertigkeit hervorbringt. Im allgemeinen läßt sich wenig mehr sagen, als man müsse wie bei jeder Rechnung, die Sache wovon die Rede ist, genau kennen, auf alle Bedingungen einer Frage aufmerksam seyn, die fremden Umstände von den eigentlich zur Auflösung der Aufgabe erforderlichen Datis absondern, und nun die verschiedenen Verbindungen der Größen, unter welchen sie einerlei oder gleich sind, durch die vorgeschriebene algebraische Bezeichnung ausdrücken, d. i. aus der gemeinen Sprache in die algebr. übersetzen. Beispiele zeigen die Sache am deutlichsten. Hier eins der leichtesten:

§. 210. **Aufg. Das Geld, was jemand in der Tasche hat oder eine Zahl die er sich denket auszurechnen.**

Aufl. Man nennt die gesuchte Zahl x, und lässet den, welcher sie kennet, dieselbe für sich mit 7 multipliciren, zum Produkt 5 addiren, die leztere mit der um 3 verminderten unbekanten Zahl dividiren, und sich nun den Quotienten angeben z. E. lezterer wäre 19 so ist

$$\frac{7x+5}{x-3} = 19;$$

$$7x + 5 = 19x - 3.19$$

$$5 + 57 = (19 - 7)x = 12x$$

d. i. $x = \frac{62}{12} = 5$ rthl. 4gr.

Die Zahlen sind hier ganz willkührlich angenommen, die allgemeine Auflösung steht 208.

VI. $x = \frac{b+fc}{f-a}$; wo hier $b=5$; $a=7$; $c=3$; und $f = 10$ ist. Diese allgemeine Form giebt also so in jedem Fall die Antwort sogleich. Die Rechnungsarten liessen sich zu eben der Absicht noch auf mancherlei Art verbinden.

§. 211. **Aufg. Einem Maurer der mit 25 Leuten, Gesellen und Handlangern gearbeitet, ist bei 12stündiger Tagearbeit 47 Rthlr. Wochenlohn bezahlet. Es ist nicht bemerket, wie viel Gesellen und wie viel Handlanger dabei gewesen, soll aber jezt nachgewiesen werden. Der Meister bekomt 9, der Geselle 8, und der Handlanger 5 Gr. Tagelohn.**

Aufl. Die 12 Stunden täglich sind eine Grösse die keinen Einfluß auf das Resultat hat, also ein fremder Umstand §. 209. Es komt nur auf die Zahl der Gesellen und Handlanger an, und weil auf den Meister $9.6 = 54$ Gr. $= 2$ Thlr. 6 Gr. kommen, so ist auch dies abzusondern §. 209, und für jene beträgt das gesamte Wochenlohn noch 44 Thlr. 18 Gr. Es sey die Anzahl der Gesellen gewesen x; so müssen $25 - x$ Handlanger gewesen seyn. Der Gesellen Wochenlohn beträgt $6.8.x$ Gr. Der Handlanger $5.6.(25 - x) = 5.6.25 - 5.6x$. Nun muß beides zusammen d. i.

$6.8x - 5.6x + 5.6.25$ Thlr. $= 44$ Thlr. 18 Gr. seyn

Dies giebt $18x + 750 = 1074$

oder $18x = 1074 - 750 = 324$

Folglich $x = \frac{324}{18} = 18$ die Anzahl der Gesellen:

Daher $25 - 18 = 7$ die Zahl der Handlanger.

Ganz ähnliche Fälle in Absicht der Auflösung können bei noch so sehr veränderten Umständen vorkommen. Z. E. Ein Leinwandhändler bekömt Commißion zweierlei Sorten Leinwand, das feinere das Stück zu 11 Thlr. das gröbere zu 9 Thlr. zu übersenden. Er

Er weiß daß er auf 1320 Thlr. für 134 Stück den Handel geschlossen, hat aber vergessen, zu bemerken, wie viel Stücke von jeder Art verlangt wurden. Auch hier ist eine Summe der Stücke wie dort der Arbeiter gegeben, (sie sei also überhaupt a) die Anzahl der bessern Stücke wie oben die Anzahl der Gesellen ist auch hier unbekant, also x; die Anzahl der Stücke von der schlechtern Art a — x. Wenn jede von den lezten Grössen auch hier mit dem bekanten Preise wie dort mit dem Wochenlohn multiplicirt werden, (diese Faktoren sollen b und c heißen), so sind die Produkte zusammen einer gewissen bekannten Größe d gleich. Folglich ist allgemein $bx + ac - cx = d$

$$(b-c)x = d - ac$$

$$x = \frac{d - ac}{b - c}$$

§. 212. **Aufg. Der Faktor eines Amsterdammer Hauses hatte in Danzig einen Vorrath von Rocken die Hälfte für 1 rthlr. 4 gr. die andere Hälfte für 1 rthlr. 10 gr. den Scheffel eingekauft, und den ganzen Bestand sofort wieder für 1 rthlr. 16 gr. verkauft, worauf 1152 rthlr. gewonnen worden. Die Rechnung darüber ist durch einen Zufall auf der Reise verloren. Man will wissen, wie viel Rocken der ganze Vorrath betragen habe.**

Aufl. Die eine Hälfte beträgt $\frac{1}{2}x$ Schfl. die Ausgabe dafür $\frac{1}{2}x \cdot \frac{7}{6}$ rthl. $= \frac{7}{12}x$ rthl. Eben so kostet die andere Hälfte $\frac{1}{2}x \cdot \frac{17}{12} = \frac{17}{24}x$ rthl. und $\frac{14+17}{24}x = \frac{31}{24}x =$ der ganzen Einkaufssumme, oder der Ausgabe. Ferner ist $\frac{5}{3}x =$ der ganzen Einnahme für den Rocken. Nun muß die Einnahme so groß seyn als die Ausgabe und der Gewinn zusammengenommen. Mithin ist

⊙. $\frac{31}{24}x + 1152 = \frac{5}{3}x$; $(\frac{5}{3} - \frac{31}{24})x = \frac{40-31}{24}x = \frac{3}{8}x = 1152$
Mithin $x = 8 \cdot 384 = 3072$ Schfl. $= 128$ Winspel.

Wenn man hier statt der Hälften, Drittel, Viertel u. s. w. überhaupt ntel sezte und die verschiednen Einkaufspreise c, d, e u. s. w. den Verkaufspreis aber für den Schfl. oder dergl. a nennte, so hätte man wie in ⊙ $\left(\frac{c}{n} + \frac{d}{n} + \frac{e}{n} \ldots\right)x + f = ax = \frac{c+d+e+\ldots}{n}x + f$ und $\left(a - \frac{c+d+e+\ldots}{n}\right)x = f$ und $(na - (c+d+e+\ldots))x = nf$. Dies giebt $x = \frac{nf}{na-(c+d+e+\ldots)}$. Man sieht wohl, daß die Gleichung noch allgemeiner ausgedrückt werden könte; aber ich vermeide hier noch die zu grosse Verwickelung.

§. 213. Aufg. Die Zahl zu finden deren Hälfte, dritter und vierter Theil um 1 die gesuchte Zahl übertrift.

Aufl. Die gesuchte Zahl sey x; so ist

$$\frac{1}{2}x + \frac{1}{3}x + \frac{1}{4}x = x + 1$$

Also $\frac{13}{12}x = x + 1$; folgl. $\frac{1}{12}x = 1$ und $x = 12$.

Anm. 1. Wäre ein Testament so gemacht: A soll in semisse, B in Triente, C in Quadrante erben; so geht dies an sich nicht an. Doch würde des Testators Wille wol am richtigsten befolget, wenn sie in der ihnen zugedachten Proportion erbten. Das Vermögen sey 16800 Rthlr., man sucht eine Grösse deren Hälfte, Drittel und Viertel 16800 macht.

Daher ist $\frac{1}{2}x + \frac{1}{3}x + \frac{1}{4}x = \frac{13}{12}x = 16800$

Mithin ist $x = \frac{12 \cdot 16800}{13} = 15507\frac{9}{13}$

Nun bekömt A $7753\frac{11}{13}$, B $5169\frac{3}{13}$, C $3876\frac{12}{13}$. S. Polacks Math. for. 2. Ausg. S. 27.

Anm.

Anm. 2. Wenn die Brüche im Hphen auf den Zähler 1 reducirt, überhaupt $\left(\frac{1}{n} + \frac{1}{m} + \frac{1}{r}\right) > 1$; stat 1 aber p gesezt wird; so giebt dies die allgemeine Gleichung $\left(\frac{1}{n} + \frac{1}{m} + \frac{1}{r} + \ldots\right)x = x + p$. Daher ist $\left(\frac{mr + nr + nm + \ldots}{nmr \ldots} - 1\right)x = p = \frac{mr + nr + nm - nmr}{nmr}x$

Also $x = \frac{nmr \ldots p}{mr + nr + nm + \ldots - nmr \ldots}$. Setzt man $\frac{1}{n} = \frac{5}{6} = \frac{1}{1{,}2}$; $\frac{1}{m} = \frac{1}{3}$; $\frac{1}{r} = \frac{1}{5}$ und $p = 10$: so ist $x = 27{,}2727\ldots$ und $(\frac{5}{6} + \frac{1}{3} + \frac{1}{5})x = 37{,}27$.

§. 214. **Aufg. Zwei Boten A und B machen einerlei Weg, B geht 3 Tage später aus als A, macht aber auf den Tag 7 Meilen, da A nur täglich 5 Meilen zurück leget, in wie viel Tagen wird B den A einholen?**

Aufl. Die gesuchte Zeit sey x so ist A $(3 + x)$ Tage gegangen, ehe ihn B einholet. In dieser Zeit hat A grade $(3 + x)5$ Meilen zurück gelegt, B aber ist $7x$ Meilen gegangen. Wenn sie sich treffen, sind beider vom Anfangspunct an zurück gelegte Wege gleich groß. Also ist $7x = 15 + 5x$ und $2x = 15$. Folglich $x = 7\frac{1}{2}$ d. i. B holet den A in $7\frac{1}{2}$ Tagen ein.

Die einzige Erforderniß wenn B den A einholen soll ist, daß B überhaupt größere Tagreisen als A macht. Sonst können die Tagreisen an und für sich jede Grössen oder jede Verhältnisse gegen einander haben. Es sey nun die Zeit um welche A früher ausgegangen überhaupt c. Die Tagreise des A = a des B = b, so daß $b > a$; ist x die Zeit in welcher B den A einholet; so ist allgemein der Weg, den B in der Zeit machet $bx = ac + ax =$ dem Wege den A zurück gelegt hat. Daher $bx - ax = ac$ und $x = \frac{ac}{b - a}$. Das paßt nun auf alle Fälle, wenn von 2 sich gleichförmig bewegenden Körpern der langsamere voraus ist.

Aus einer so herausgebrachten Finalgleichung wie §. 207. 208. kan man fast immer mit vielem Nutzen eben so viel besondere Auflösungen ableiten, als verschiedene Grössen darin vorkommen, deren jede einzeln alsdann als das Quaesitum, die übrigen als data angesehen werden können. Im Beispiel sind 4 verschiedne Grössen, und so hat man wenn man x lieber m nennet.

1) $m = \frac{ac}{b - a}$ die Zeit des Einholens.

2) $c = \frac{b - a}{a} m$ die Zeit des Vorsprungs des A

3) $b = \frac{ac}{m} + a$ die erforderl. Tagreise des B

4) $a = \frac{bm}{c + m}$ die Tagreise des A.

Bei der Aufgabe können sich noch Einschränkungen einstellen. z. E. Es soll ein Courier von B über R nach P reiten, mit der Vorschrift täglich 8 Meilen zurückzulegen. Er ist schon 3 Tage weg und man findet nöthig ihm einen zweiten nachzuschicken, der ihn wenigstens noch in R 79 Meilen von B einholen muß. Er braucht bis R jezt nur noch $\frac{79 - 24}{8} = \frac{55}{8} = 6\frac{7}{8}$. In dieser Zeit welches also hier die Grösse m ist, die man indessen Sicherheitswegen $6\frac{1}{2}$ nimt muß B den A ein-

A einholen. Daher ist aus 3) $b = \frac{8 \cdot 3}{6\frac{1}{2}} + 8 = 11\frac{3}{4}$ M. beinahe.

Wenn 2 Körper nach einer Richtung die Geschwindigkeiten a und b haben und ihre jezige Entfernung wäre d, so ist $\frac{d}{a}$ die Zeit, welche A brauchte, um d zurückzulegen d.i. $\frac{d}{a} = c$ und $\frac{ac}{b-a} = x = \frac{d}{b-a}$ zeiget die Zeit an, binnen welcher sie zusammen kommen werden. Z. B. Ein Comet geht täglich 10°, der Mond hinter ihm her täglich 13°, beide im Thierkreise von Westen nach Osten, wann wird der Mond den Cometen bedecken, wenn sie jezt noch 20° von einander sind? Es ist $x = \frac{20}{13-10} = \frac{20}{3} = 6\frac{2}{3}$ Tage.

§. 215. **Aufg. Ein Kaufmann braucht zur Erhaltung seines Hauswesens jährlich 100 Friedrichsdor, wenn er diese mit Anfang jeden Jahrs von der Masse seines Vermögens abgenommen hat; so vermehrt er das übrige um den 3ten Theil. In 3 Jahren hat er auf die Art sein Vermögen grade verdoppelt, wie groß war das Capital womit er vor 3 Jahren anfieng? (S. Newton Arithm. univ. p. 65.)**

Auflösung.

1. Das Capital womit der Kaufmann zu handeln anfängt, ist immer

im speciellen Fall	und	überhaupt
x		x

2. Davon nimt er im Anfang des ersten Jahrs für sein Hauswesen 100 Fr. dor oder n; bleibt

speciell	überhaupt
x — 100	x — n

3) Den

3. Den Rest vermehrt er im 1sten Jahr um $\frac{1}{3}$ oder $\frac{1}{m}$ d. i. multiplicirt ihn mit $\frac{4}{3}$ oder $\frac{m+1}{m}$; wird

speciell $\frac{4x-400}{3}$ überhaupt $\frac{(m+1)(x-n)}{m}$

4. Davon nimt er im zweiten Jahr $\frac{300}{3} = 100$ oder $\frac{mn}{m} = n$; bleibt

$\frac{4x-700}{3}$ oder $\frac{(m+1)(x-n)-mn}{m}$

5. Vermehrt er den Rest wieder um $\frac{1}{3}$ oder $\frac{1}{m}$ d. i. multiplicirt ihn mit $\frac{4}{3}$ oder $\frac{m+1}{m}$; wird

$\frac{16x-2800}{9}$ oder $\frac{(m+1)^2(x-n)-(m+1)mn}{m^2}$

6. Nimt anfangs des 3ten Jahrs $100 = \frac{900}{9}$ oder $n = \frac{m^2n}{m^2}$ davon ab; bleibt

$\frac{16x-3700}{9}$ oder $\frac{(m+1)^2(x-n)-(m+1)mn-m^2n}{m^2}$

7. Endlich vermehrt er den Rest bis Ende des 3ten Jahrs wieder $\frac{4}{3}$ oder $\frac{m+1}{m}$ mahl; so hat er

speciellen Fall $\frac{64x-14800}{27}$ überhaupt $\frac{(m+1)^3(x-n)-(m+1)^2mn-(m-1)m^2n}{m^3}$

Weil aber im speciellen Fall das Capital durch alle diese Veränderungen verdoppelt worden, so muß

64x

$\frac{64x-14800}{27}=2x$; $64x-14800=54x$; $10x=14800$ und $x=1480$ Frdor. das Capital seyn, womit er anfing und jezt besizt er 2960 Frdor.. Sezt man die Vervielfältigungsgrösse überhaupt r; so ist allgemein $\frac{(m+1)^3x-((m+1)^3+(m+1)^2m+(m+1)m^2)n}{m^3}=rx$. Daher ist $x=\frac{((m+1)^3+(m+1)^2m+(m+1)m^2)n}{(m+1)^3-m^3r}$ und noch allgemeiner nach p Jahren $\frac{n((m+1)^p+(m+1)^{p-1}m+(m+1)^{p-2}m^2\ldots+(m+1)^1m^{p-1})}{(m+1)^p-m^p.r}=x$. Wenn r grösser genommen würde als $\frac{(m+1)^p}{m^p}$; so würde x negativ; welches gegen die Bedingung ist, weil der Kaufmann gleich anfangs Vermögen gehabt haben soll. Für $m=3$ wie im Beispiel kan r in ganzen Zahlen nicht grösser seyn als 2 und für $m=2$ nicht grösser als 3. Für $m=1$ d. i. wenn nach abgenommenem n eben so viel als da ist immer zu erworben wird; so ist $x=\frac{14n}{8-r}$. Wer also sein Capital nach 3 Jahren verdoppeln kann wenn er jährlich 100 braucht anfänglich nur $233\frac{1}{3}$ gehabt haben, und so läßt sich hier auf unzählige Fälle schliessen.

§. 216. **Aufg. Jemand der auf 6 Jahre außer Landes gegangen war, hatte sein Rittergut auf die Bedingung verpachtet, daß bei seiner Rückkunft ihm 12000 Rthlr. bezahlt werden sollten. Der Pachter hat aber im 3ten und**

5ten

5ten Pachtjahre Miswachs gehabt. Für das erstemal soll ihm nach gerichtlicher Besichtigung $\frac{1}{2}$, für das zweitemal $\frac{3}{4}$ erlassen werden. Wie viel Rthlr. sind an der ganzen Summe von 12000 Rthlr. wirklich nachzulassen?

Aufl. Wenn die jährige Pacht bekant wäre, so könte man daraus auch den Erlaß bestimmen. Sie ist hier aber nicht, wie es zuerst scheint, 2000 Rthlr. Denn weil die Pacht des ersten Jahrs 5, des 2ten 4 Jahre u. s. w. stehen bleibt, so würden, wenn die Zinsen gerechnet würden, mehr als 12000 Rthlr. am Ende zu bezahlen seyn. Man suche also die jährige Pacht $= x$; so wäre zu bezahlen nach einem Jahr x und wenn x stehen bleibt, noch überdem

nach dem 2ten Jahr	$x + \frac{1}{20}x$	bei 5 pr. c. Zinsenfuß
nach dem 3ten	$x + \frac{2x}{20}$	
nach dem 4ten	$x + \frac{3x}{20}$	
nach dem 5ten	$x + \frac{4x}{20}$	
nach dem 6ten	$x + \frac{5x}{20}$	
Summe	$6x + \frac{15x}{20}$	

Nun ist $6x + \frac{15x}{20} = 12000 = (6 + \frac{3}{4})x = \frac{27}{4}x$
Demnach ist $x = \frac{48000}{27} = \frac{16000}{} = 1777\frac{7}{9}$ Rthlr. die jährige Pacht.

Nun muß verhältnißmäßig von dieser Jahrspacht nicht allein nachgelassen, sondern auch die darauf haftenden Zinsen zugleich von der Hauptsumme abgerechnet werden. So ist fürs 3te Jahr der Erlaß $\frac{1}{2}x$ und wegen der Zinsen in den 3 übrigen Jahren der ganze Erlaß $\frac{1}{2}x + \frac{3x}{40}$. Eben so fürs 5te Jahr $\frac{3}{4}x + \frac{3}{80}x$. Es geht also von den 12000 Rthlr. ab $\frac{5}{4}x + \frac{9}{80}x = \frac{109}{80}x = 2422\frac{2}{9}$ Rthlr. Hätte man fälschlich 2000 Rthlr. angenommen, so würde man

den

den Erlaß zu 2500 Rthlr. bestimmt haben. Siehe Ungers Beitr. znr Mathes. for. 2 Th. S. 117.

§. 217. Aufg. **Ein Vater hat sein Testament so gemacht, daß seine Kinder nach der Ordnung der erste 100 Rthlr. und $\frac{1}{10}$ von dem übrigen der 2te 200 und wieder $\frac{1}{10}$ des übrigen und so weiter bekommen sollen. Am Ende bekommen alle gleichviel, wie groß muß das Vermögen und die Anzahl der Kinder gewesen seyn.**

Aufl. A bekommt $x = 100 + \frac{z - 100}{10} = \frac{1000 + z - 100}{10}$ wenn z das ganze Vermögen ist, welches also nachdem x davon genommen $z - x$ geworden ist. B bekommt auch $x = 200 + \frac{z - x - 200}{10} = \frac{2000 + z - x - 200}{10}$. Es muß aber $1000 + z - 100 = 2000 + z - x - 200$ d. i. $1000 - x - 100 = 0$ und $x = 900$ seyn. Nun ist also $900 = \frac{1000 + z - 100}{10}$ also $z = 9000 - 1000 + 100 = 8100$ das ganze Vermögen und $u = \frac{8100}{900} = 9$, ist die Zahl der Kinder. Allgemein ist $x = (b - 1)a$; $z = (b-1)^2 a$; $u = \frac{(b-1)^2 a}{(b-1)a} = b - 1$. Es sei $a = 1000$ $b = 7$; so ist jedes Erbe 6000, das Capital 36000, und die Zahl der Kinder 6.

§. 218. **Aufg. Wenn Geld postfrei einzusenden ist, und die Post nur bis an einen gewissen Ort die Bezahlung annimmt, wie viel ist der Hauptsumme beizulegen, damit der Empfänger das Seinige postfrei erhalte.**

Aufl. Wir wollen den Fall so fort allgemein betrachten. Es sey m die Grösse welche anzeigt, wie oft das Postgeld von 100 Rthlr. in 100 Rthlr. enthalten ist: das wegen des zu ersetzenden Porto zuzulegende sey x, die Hauptsumme sey a, so muß übersandt werden $a + x$; davon muß der Empfänger der Post geben $\frac{a+x}{m}$ daher muß $x = \frac{a+x}{m}$ seyn. Mithin ist $mx = a + x$; $mx - x = (m - 1)x = a$ d. i. $x = \frac{a}{m-1}$ z. E. wenn das Postgeld $\frac{1}{2}$ pr. c. so ist $m = 200$. Wären 10000 Rthlr. einzusenden so müste $x = \frac{10000}{199} = 50,25$ etwa 50 Rthlr. 6 Gr. zugelegt werden.

Anm. Im Hannöverschen ist eine Abgabe die man den Scheffelschatz nennet. Vermöge derselben soll ein Verpachter von der Pacht die er bekomt, der Landesherrlichen Kammer $\frac{1}{20}$ bezahlen. Es ist die Frage wenn der Pachter diese Abgabe mit übernimt, wie viel er deswegen zu bezahlen hat, wenn der Verpachter die reine Summe a haben will. Das gesuchte sey x, so bezahlt der Pachter überhaupt $a + x$. Dies ist der gesammte Ertrag oder Pacht vom Gute, und davon will der Landesherr den 20ten haben. So ist $\frac{a+x}{20} = x$ d. i. $x = \frac{a}{20-1}$. Sezt man statt 20 überhaupt m so hat man auch hier $x = \frac{a}{m-1}$.

An diesen Beispielen läßt sich besonders zeigen, in was für Schwierigkeit die gemeine Rechnung führet,

ret, und beim leztern besonders, um wie grosse Summen man bei einer Einnahme vom ganzen Lande irren kann; wenn man nicht genau überleget, oder aus Mangel algebraischer Hülfsmittel zu leichtsinnig gerechnet. Es sind 2,6316 pr. c. also auf eine Million 26316 rthlr. Verlust für die Landsherrl. Casse.

§. 219. Wenn zwei oder mehr unbekante Grössen aus den Bedingungen einer Aufgabe gefunden werden sollen, so müssen, um sie bestimt zu finden, eben so viel besondere Gleichungen sich aus den Datis ableiten lassen, als unbekante Grössen zu suchen sind.

Gesezt nun es wären aus 2 solchen Gleichungen die Grössen x und y zu suchen; so sieht man 1) in jeder Gleichung nur auf eine von den unbekanten Grössen z. E. auf x und bestimt sie aus jeder Gleichung als wenn nicht nur alle übrigen Grössen, sondern auch selbst y bekant wäre. 2) Beide so gefundene Wehrte von x müssen einander doch gleich seyn, und man kan daher eine Gleichung ansetzen, worin nur noch eine unbrkante Grösse y ist, welches nun 3) nach dem vorigen bestimt wird. Sezt man nun 4) das gefundene y in einen der vorigen Wehrte von x: so ist auch x bestimt. Exempel werden die allgemeine Regel erläutern.

§. 220. Aufg. Man soll 2 Grössen suchen deren Summe a und deren Differenz b ist.

Aufl. I. Es ist $x + y = a$; $x - y = b$ daher ist 1) $x = a - y$ und $x = b + y$; folglich 2) $a - y = b + y$. Mithin ist 3) $2y + b = a$ und $2y = a - b$. Folglich $y = \frac{a-b}{2} = \frac{a}{2} - \frac{b}{2}$. 4) Weil $x = b + y$ war, so ist auch

 $x = b$

$x = b + \frac{a}{2} - \frac{b}{2} = \frac{a}{2} + \frac{b}{2}$ d. i. die größere Quantität x ist der halben Summe und der halben Differenz zusammen, die kleinere der halben Summe weniger der halben Differenz gleich. Eine allgemeine Auflösung, deren Nutzen sich häufig im folgenden zeigen wird.

II. Man setze

$$\begin{array}{rl} & x + y = a \\ \text{add.} & x - y = b \\ \hline & 2x = a + b \end{array} \qquad \begin{array}{rl} & x + y = a \\ \text{subtr.} & x - y = b \\ \hline & 2y = a - b \end{array}$$

Daher $x = \frac{a}{2} + \frac{b}{2}$ und $y = \frac{a}{2} - \frac{b}{2}$ wie vorher Vergl. mit §. 134. Dies ist eine Auflösung die sich für diesen besondern Fall schicket. Den ersten Weg kann man aber bei jeden Auflösungen, wo aus 2 Gleichungen 2 unbekannte Größen zu erfinden sind, gehen.

§. 221. **Aufg. A will seinem Nachbar B eine Hufe Landes abkaufen. B weigert sich, weil er sagt, alsdann würde A doppelt soviel Acker als B besitzen, A solle ihm lieber eine Hufe von dem seinigen verkaufen; so würden sie beide gleich viel Acker haben. Wie viel Hufen hat jeder?** A habe x und B habe y Hufen, so ist

Nach §. 219. $x+1=2(y-1)$ und $x-1=y+1$

1) $x=2(y-1)-1$ und $x=y+2$

2) $2y-2-1=2y-3=y+2$

Demnach 3) $y-3=2$ und $y=5$. Da nun 4) $x=y+2$ so ist $x=7$.

Diese Aufgabe kann ganz allgemein aufgelöset werden, wenn man sie folgendermaaßen ausdrückt: Zwei Zahlen x und y zu finden: Wird von y eine Grösse

b weg=

b weggenommen und zu x zugelegt so ist $x + b = m(y - b)$; wird hingegen eine andere Grösse a von x weggenommen und zu y addirt; so ist $y + a = n(x - a)$. Also hat man wie §. 219. fordert, zu zwei unbekannten Grössen 2 Gleichungen
$x + b = my - mb$; $y + a = nx - na$. Daher

1) $x = my - mb - b$ und $x = \frac{y + na + a}{n}$; folglich

2) $my - mb - b = \frac{y + na + a}{n}$ und

3) $nmy - y = nmb + nb + na + a$. Dies giebt
$\odot . y = \frac{nmb + nb + na + a}{nm - 1}$. Nun setzt man diesen Werth

4) in $x = \frac{y + na + a}{n}$; so ist

$$x = \left(\frac{nmb + nb + na + a}{nm - 1} + na + a\right) : n$$

$$= \frac{nmb + nb + na + a + n^2ma + nma - na - a}{(nm - 1)n}, \text{oder}$$

$$♄ . x = \frac{nma + ma + mb + b}{nm - 1}$$

Setzt man die abzuziehenden und zu addirenden Grössen gleich; nämlich $b = a$

so ist in ♄. $x = \frac{nma + 2ma + a}{nm - 1} = \frac{(nm + 2m + 1)a}{nm - 1}$

und in ⊙. $y = \frac{nma + 2na + a}{nm - 1} = \frac{(nm + 2n + 1)a}{nm - 1}$

Setzt man, wenn zu x die a von y hinzukömmt, alsdann $x + a$ noch $m(y - a)$ sey; wenn aber von x die a zu y addirt wird, alsdann $x - a = y + a$ sei

 d. i.

d. i. sezt man $n = 1$ so ist $x = \frac{3m+1}{m-1}$ a und $y = \frac{m+3}{m-1}$ a. Sezt man weiter $m = 2$ so wird $x = 7a$ und $y = 5a$ und wenn $a = 1$; so ist endlich $x = 7$ und $y = 5$ wie oben. Beim Vortrage kann man alles mit Beispielen erläutern, so zeigt sich was oft in der angewandten Mathematik vorzukommen pflegt, daß die allgemeinen Formeln in speciellen Fällen immer einfacher werden. In der Metaphysik hat im Gegentheil das allgemeine die wenigsten, das specielle die meisten Merkmale!!

§. 222. **Aufg. Aus 2 Röhren wird Wasser in ein Gefäß geleitet. Man hat einmal die erste a Stunden und die andere b Stunden Wasser schütten lassen. Man fand daß c Maaß in dem Gefäß waren. Ein andermal hatte die erste d Stunden und die 2te Röhre f Stunden sich ergossen, und man fand g Maaß im Gefäß. Wie viel giebt jede Röhre Wasser in einer Stunde?**

Aufl. Wenn in einer Stunde die erste Röhre x Eimer giebt, so muß sie in a Stunden ax Eimer geben. Und wenn die 2te y Eimer in einer Stunde giebt, so schüttet sie in b Stunden by Eimer. Daher ist

$ax + by = c$ Eben so findet man $dx + fy = g$

Also 1) $ax = c - by$ und $x = \frac{g - fy}{d}$

$$x = \frac{c - by}{a}$$

Daher 2) $\frac{c - by}{a} = \frac{g - fy}{d}$ und 3) $dc - bdy =$

ag

$ag - afy$ Folglich $afy - bdy = ag - dc$; und

I. $y = \frac{ag - dc}{af - bd}$ Da nun 4) $ax = c - by$ so ist

$$ax = c - \frac{bag - bdc}{af - bd} \text{ oder}$$

$$ax = \frac{afc - bdc - bag + bdc}{af - bd} = \frac{afc - bag}{af - bd}$$

Folglich II. $x = \frac{fc - bg}{af - bd}$

Z. E. Es sey $a = 2$; $b = 3$, $c = 21$; $d = 7$, $f = 6$, $g = 51$

so ist $x = \frac{6 . 21 - 3 . 51}{2 . 6 - 3 . 7} = \frac{42 - 51}{4 - 7} = \frac{-9}{-3} = 3$ und

$$y = \frac{2 . 51 - 7 . 21}{2 . 6 - 3 . 7} = \frac{2 . 17 - 7 . 7}{4 - 7} = \frac{15}{3} = 5$$

§. 223. Die Fundamentalgleichungen des vor. Sphs geben eine vollständige Form für die beiden zur Erfindung zweier unbekannten Grössen erforderlichen Gleichungen. In beiden zeigen sich die unbekannten Grössen jede für sich mit einer bekannten multiplicirt; die beiden Produkte einer bekannten gleich. Darauf lassen sich nun alle andere auch die vorherigen im 221 und 220 Paragraph zurückführen und dann durch die Substitution in den hiesigen Wehrten für x und y unmittelbar auflösen nach unten stehenden Tabellen A und B.

In 221 war $x + b = my - mb$

$$x - my = - mb - a = -(m + 1)b$$

Ferner $nx - y = na + a = (n + 1)a$

Daher weil nun §. 222. $x = \frac{fc - bg}{af - bd}$;

 so

so wird §. 221 $x = \frac{(m+1)b + m(n+1)a}{-1+mn}$ nach den Tabellen A und B

oder $x = \frac{mna + ma + mb + b}{mn - 1}$.

Eben so ist §. 222 $y = \frac{ag - dc}{af - bd}$; und so ist §. 221 das $y = \frac{nmb + nb + na + a}{mn - 1}$ aus den Tabellen. In §. 220 war $x + y = a$; $x - y = b$

Daher ist wegen $x = \frac{fc - bg}{af - bd}$ §. 222

in §. 220 das dortige $x = \frac{-(a+b)}{-(1+1)} = \frac{a+b}{2}$ §. 142

Eben so findet man auch $y = \frac{a-b}{2}$ aus den Tabellen. Nun noch ein neues Beispiel mit Zahlen: welche Grössen x und y thun den Bedingungen ein Genüge, daß $x + \frac{2}{3}y = 29$ und $\frac{3}{4}x + y = 29$ seyn; dies giebt aus der Tafel

$$x = \frac{29 - \frac{2}{3}.29}{1 - \frac{1}{2}} = \frac{3.29 - 2.29}{3.\frac{1}{2}} = 19\tfrac{1}{3} \text{ und } \tfrac{2}{3}y = 9\tfrac{2}{3}$$

$$y = \frac{29 - \frac{3}{4}.29}{1 - \frac{1}{2}} = \frac{(4-3)29}{2} = 14\tfrac{1}{2} \text{ und } \tfrac{3}{4}x = 14\tfrac{1}{2}$$

Taf. A	a	b	c	d	f	g
§. 221	1	$-m$	$-(n+1)b$	n	-1	$(n+1)a$
§. 220	1	1	a	1	-1	b
§. 223	1	$\frac{2}{3}$	29	$\frac{3}{4}$	1	29

Taf.

Taf B	§. 221.	§. 220.	§. 223
$+ fc$	$-1 - (m+1)b$ $= (m+1)b$	$-1 . 1$ $= -1$	29
$- bg$	$-(-m(n+1)a)$ $= m(n+1)a$	$-1 . b$ $= -b$	$-\frac{2}{3}\,29$
$+ af$	$1 . -1$ $= -1$	$1 . -1$ $= -1$	$+1$
$- bd$	$-(-mn)$ $= mn$	$-(1 . 1)$ $= -1$	$-\frac{1}{2}$
$+ ag$	$(n+1)a$ $= (n+1)a$	$1 . b$ $= b$	29
$- dc$	$-(n. -(m+1)b)$ $= n(m+1)b$	$-1 . a$ $= -a$	$-\frac{3}{4} . 29$

§. 224. **Aufg. Wenn man für 3 unbekannte Grössen x, y, z 3 Gleichungen hat nach §. 219. diese Grössen zu finden.**

Exempel. Die Mächte L, M, N gränzen mit einer vierten F, deren plötzlichen Angrif sie immer zu befürchten haben. In den Gränzprovinzen können sie nur eine Anzahl von resp. x, y, z Mann unterhalten, und es ist doch nöthig schnell 100000 Mann gegen F aufzustellen. Sie schliessen ein Bündniß nach welchem in lezterer Hinsicht M demL mit $\frac{1}{2}$; N dem M mit $\frac{1}{3}$ und L dem N mit $\frac{1}{4}$ der Gränztruppen im Fall des Angrifs sogleich zu Hülfe kommen soll. Wie stark war eines jeden Gränzarmee? ($m = 1000$).

Aufl. Es ist I. $x + \frac{1}{2}y = 100.m$ II. $y + \frac{1}{3}z = 100.m$ III. $z + \frac{1}{4}x = 100.m$

1) Man sucht x aus I. und III. daher $x = 100.m - \frac{1}{2}y$; $x = 100.m - 4z$.

2) Man sezt diese Wehrte gleich IV. $100.m - \frac{1}{2}y = 400.m - 4z$, worin kein x.

3) Aus II. worin auch kein x und IV. bestimmt man y. Aus II. ist $y = 100.m - \frac{1}{3}z$; aus IV. ist $y = 8z - 600.m$

4 Nun erhält man die Gleichung V. $100.m - \frac{1}{3}z = 8z - 600.m$. Daraus ist nun $700.m = \frac{25}{3}z$ und $z = \frac{2100000}{25} = 84000$.
Nun wird $100000 - \frac{1}{3}z = y = 100.m - \frac{84000}{3} = 72000$ und $100000 - \frac{1}{2}y = x = 100.m - \frac{72000}{2} = 64000$

Oft kann man diese Weitläuftigkeit ganz umgehen. Z. E. Man soll drei Grössen x, y, z, finden, wo man die Summe der ersten und zweiten a der ersten und dritten b, der zweiten und dritten c weiß. Es sey ihrer aller Summe; S so ist die dritte $z = S - a$ die zweite $y = S - b$; die erste $x = S - c$. Mithin $S - a + S - b + S - c = S = 3S - (a + b + c)$ und $S = \frac{a + b + c}{2}$ also $\frac{a + b + c}{2} - a = z$ u. s. w. z. E. wenn $a = 24$; $b = 18$; $c = 12$; so sind 3, 9, 15 die gesuchten Zahlen.

Kürze

Kürze halber überlasse ich die seltnere Aufgaben von 4 und mehr unbekannten Grössen eigenem Nachdenken.

§. 225. Wenn in Gleichungen, worin x und y vorkommen, das Produkt x y ist, so führt dies auf eine quadratische Gleichuug. Z. E. Er sey I. $c + xy = a^2$ so ist $x = \frac{a^2 -}{y}$ — II. $a' + x = y$ so ist $x = y - a'$ folgl. $\frac{a^2 - c}{y} = y - a'$ und $a^2 - c = y^2 - a'y$ eine quadratische Gleichung, welche auch entsteht wenn wie §. 208. a. E. x im Nenner durch Multiplication die auch solche Glieder trift, worin schon x' ist, weggeschaft wird, oder im ähnlichen Fall wenn x unterm Radicalzeichen steht und durchs quadriren davon befreit werden soll. Z. E. $3x - 2\sqrt{x} = 7$.

VIII. Auflösung der quadratischen so wohl reinen als vermischten Gleichungen.

§. 226. Sobald man in einer Gleichung Glieder findet, sollte es auch nur eins seyn, welches von der unbekannten Grösse die 2te Potenz enthält; so ist die Gleichung eine **quadratische**. Es kann daher in einer quadratischen Gleichung außerdem noch Glieder geben, worin **x** in der ersten Potenz oder worin es gar nicht vorkommt. Eine jede quadratische Gleichung läßt sich solchergestalt auf die Form $x^2 \pm mx = \pm g$ bringen. Dies läßt sich an Gleichungen wie diese $2x^2 - 3x + 4 = 5x^2 - 8x + 11$ und $\frac{ax + b}{cx + d} =$

$\frac{ex+f}{gx+h}$ und $3x - 2\sqrt{x} = 7$ §. 225 zeigen, wenn man sie gehörig reduciret und ordnet.

Das Glied x^2 als das wesentliche der quadratischen Gleichung kann in der Gleichung natürlicher Weise nie fehlen. Fehlte aber g oder das Glied welches lauter bekannte Grössen enthält; so wäre $x^2 \pm mx = 0$; daher, wenn man mit x dividirt $x \pm m = 0$ oder $x = \pm m$ welches nur eine einfache Gleichung ist. Fehlte aber das zweite Glied mx; so ist $x^2 = \pm g$. Gleichungen, die auf diese Form gebracht werden können, nennet man **reine** quadratische Gleichungen.

§. 227. Reine quadratische Gleichungen lassen sich leicht auflösen. Denn wenn $x^2 = \pm g$ so ist $x = \sqrt{\pm g}$ oder da die Quadratwurzel eines positiven Quadrats positiv und negativ seyn kann, $x = \pm\sqrt{\pm g}$. Ist g positiv, so ist das eine mögliche, wenn aber g negativ ist, eine unmögliche Grösse. §. 202.

§. 228. **Aufg. Es wird eine Zahl gesucht von der Beschaffenheit, daß wenn man 5 hinzu addirt und 5 davon abzieht, und nun die Summe $(x+5)$ mit der Differenz $(x-5)$ multiplicirt, das Produkt 96 mache.**

Aufl. Es muß $(x+5)(x-5) = x^2 - 25 = 96$ seyn, daher ist $x^2 = 96 + 25 = 121$. Folglich $x = \pm\sqrt{121} = \pm 11$. Denn $11 + 5 = 16$; $11 - 5 = 6$ und $6 . 16 = 96$.

§. 229. **Aufg. Wenn die Summe und das Produkt zweier Zahlen gegeben ist, die Zahlen selbst zu finden.**

Aufl.

Aufl. Wenn man sich an den Saz des 220. Paragraphs erinnert, so sieht man; es käme nur darauf an, die Differenz beider Zahlen zu wissen. Nun sey die Summe m die Differenz z so ist die grössere $\frac{1}{2}m + \frac{1}{2}z$; die kleinere $\frac{1}{2}m - \frac{1}{2}z$. Das Produkt beider gesuchten Zahlen sey g; so ist $(\frac{1}{2}m + \frac{1}{2}z)(\frac{1}{2}m - \frac{1}{2}z) = \frac{1}{4}m^2 - \frac{1}{4}z^2 = g$ dies giebt $\frac{1}{4}z^2 = \frac{1}{4}m^2 - g$ folglich $z^2 = m^2 - 4g$ und $z = \pm\sqrt{(m^2 - 4g)}$. Folglich ist die grössere Zahl $= \frac{1}{2}m + \frac{\sqrt{(m^2 - 4g)}}{2}$ die kleinere $\frac{1}{2}m - \frac{\sqrt{(m^2 - 4g)}}{2}$.

Es ist $\frac{\sqrt{m^2 - 4g}}{2} = \sqrt{\left(\frac{m^2}{4} - g\right)}$; mithin wenn $\frac{m^2}{4} = g$; so sind beide Zahlen gleich; Es muß also der halben Summe Quadrat eigentlich grösser seyn als das Produkt, denn wenn $\frac{m^2}{4} < g$ so ist die Auflösung nicht möglich z. E. wenn die Summe 7 das Produkt 13 gesetzt würde.

Wäre man etwa nicht darauf verfallen, dies Problem auf die Erfindung der Differenz zurück zuführen, so hätte man hier für 2 unbekannte Grössen 2 Gleichungen gefunden, nämlich: I. $x + y = m$ II. $xy = g$. Daraus folgt $y = m - x$ und $y = \frac{g}{x}$ folglich $m - x = \frac{g}{x}$ und $mx - x^2 = g$ oder $x^2 - mx = -g$.

§. 230. Diese Gleichung $x^2 - mx = -g$ enthält nun **alle Glieder** der oben §. 226 gegebenen Form quadratischer Gleichungen. In dieser Rücksicht nennt man sie **vollständig**, da $x^2 = \pm g$ unvollvollständig war. In so fern aber in $x^2 \pm mx = \pm g$ außer dem Gliede worin x^2, auch noch ein anderes vorkommt, worin x ist, heißt sie eine unreine oder **vermischte** (impura, mixta, adfecta.)

§. 231. Aufg. **Eine vermischte quadratische Gleichung aufzulösen.**

Aufl. Wäre $x^2 \pm 2nx + n^2 = +g$ vorgegeben, so fände man leicht x. Denn man weiß aus §. 139 2) 3) daß $\sqrt{(x^2 \pm 2nx + n^2)} = x \pm n$; folglich $x \pm n = \pm \sqrt{\pm g}$, mithin $x = \mp n \pm \sqrt{\pm g}$ sey. Nun hat die vermischte Gleichung die Form $x^2 \pm mx = \pm g$, welches auch so ausgedrückt werden kann: $x^2 \pm 2.\frac{1}{2}mx = \pm g$. Daher $x^2 \pm 2.\frac{1}{2}mx + \frac{1}{4}m^2 = \pm g + \frac{1}{4}m^2$ oder $x^2 \pm mx + \frac{1}{4}m^2 = \pm g + \frac{1}{4}m^2$. Nun ist aber

$x \pm \frac{1}{2}m = \pm \sqrt{(\pm g + \frac{1}{4}m^2)}$ Mithin ist

$x = \mp \frac{1}{2}m \pm \sqrt{(\pm g + \frac{1}{4}m^2)}$; welches eine ganz allgemeine Regel giebt: wenn die vermischte Gleichung auf ihre einfachste Form gebracht ist, so sezt man zu der beständigen Grosse ($\pm g$) das Quadrat von der Hälfte des bekannten Coefficienten des zweiten Gliedes oder von $\frac{1}{2}m$ (d. i. $\frac{1}{4}m^2$) hinzu. Zu der Quadratwurzel aus dieser Summe füget man noch den negativen Wehrt des halben Coefficienten ($-\frac{1}{2}m$) wenn m positiv, den positiven Wehrt, ($+\frac{1}{2}m$) wenn m negativ war. Die Grösse x bekommt aber in jedem Fall einen doppelten Wehrt, weil die Wurzelgrösse positiv und negativ seyn kann.

§. 232. Z. 1. Wenn daher $x^2 \pm 6x = 7$; so ist hier $m = \pm 6$ $g = +7$ folglich $x = +3 \pm \sqrt{7+9} = +3 \pm \sqrt{16}$. Also für -6 I. $x = +7$ und II. $x = -1$. Für $+6$ ist I. $x = +1$ und II. $x = -7$.

§. 233.

§. 233. Z. 2. Wenn $x^2 \pm x = \pm g$ so ist $m = 1$. Folglich $x = \mp \frac{1}{2} \pm \sqrt{\pm g + \frac{1}{4}}$; und wenn m ein Bruch ist. Z. E. $x^2 \pm \frac{1}{3}x = \pm g$ so ist $x = \mp \frac{1}{6} \pm \sqrt{\pm g + \frac{1}{36}}$.

§. 234. Z. 3. Wenn $x^2 \pm mx = -g$ und $g > \frac{1}{4}m^2$ so ist $\pm \sqrt{(-g + \frac{1}{4}m^2)}$ eine unmögliche Grösse §. 202. Daher haben auch beide Wehrte von x eine nur eingebildete Grösse. Z. B. Es sey $x^2 - 8x = -20$; so hat man $x = 4 \pm \sqrt{-4}$; die sich freilich nicht darstellen läßt. Nichts desto weniger thut sie den Bedingungen der Aufgabe ein Genüge. Denn sezt man $x^2 = (4 \pm \sqrt{-4})^2$ so erhält man

$$\begin{array}{rl} x^2 = & 16 - 4 \pm 8\sqrt{-4} \\ -8x = & -32 \quad \mp 8\sqrt{-4} \\ \hline \end{array}$$

$x^2 - 8x = -20$; ein Ausdruck, worin sich das unmögliche durch + und — aufhebt, und wozu sich schlechthin kein reelles x finden läßt, welches in Zahlen diese Gleichung darstellte.

§. 235. Wenn wir nun die Aufgabe des 229. Paragraphs noch einmal vornehmen: zwei Grössen zu finden deren Summe $(x + y) = m$ und deren Produkt $xy = g$; so erhielten wir für x den Werth $x^2 - mx = -g$. Daher ist $x = + \frac{1}{2}m \pm \sqrt{(-g + \frac{1}{4}m^2)}$ oder $x = \frac{1}{2}m \pm \frac{\sqrt{m^2 - 4g}}{2}$. Weil nun $y = m - x$ so ist $y = \frac{1}{2}m \pm \frac{\sqrt{m^2 - 4g}}{2}$ oder vielmehr man erhält beide Zahlen, wenn man die Wurzelgrösse einmal positiv das anderemal negativ nimmt, welches hier auch daher kommt, weil $x + y = y + x$ und $xy = yx$ ist. Z. E. Eine Braut die älter ist, als ihr Verlobter, sagt: wenn sie sich in

dir

die Summe ihrer Jahre theilten, so werde auf jeden nur 34 kommen. Das Produkt des beiderseitigen Alters aber sey noch 196 weniger als 34 · 34. Hier ist $m = 68$ und $g = 960$. Daher $x = 34 \pm \sqrt{34^2 - 960}$ also der Braut Alter 48 des Bräutigams 20 Jahr.

§. 236. **Aufg. Ein Kaufmann hatte auf der Frankfurter Messe etliche Stücken Tuch für 1800 Dukaten gekauft, die er bei seinem Commissionair gelassen, um sie ihm nachzuschicken. Ehe sie ankamen, starb ersterer plötzlich, und nach einiger Zeit schickte der Commissionair den Erben 100 Stücke Tuch. Man weiß nicht ob die Anzahl richtig sey. Man erinnert sich nur, daß der Verstorbene gesagt habe: Hätte er seinen Handel einen Tag früher gemacht, so würde er für eben die 1800 Dukaten 30 Stücke mehr habe kaufen können, und das Stück wäre ihm 3 Dukaten wolfeiler gekommen.**

Aufl. Die wahre Anzahl sey x; so ist $\frac{1800}{x}$ der Preis des einzelnen Stücks. Hätte man 30 Stücke mehr für 1800 Dukaten bekommen, so wäre $\frac{1800}{x+30}$ der Preis eines einzelnen Stücks, lezterer ist um 3 geringer als der erstere Preis. Folglich ist $\frac{1800}{x+30} + 3 = \frac{1800}{x}$ oder $\frac{1800+3x+90}{x+30} = \frac{1800}{x}$ daher $1800 + 3x + 90 = \frac{1800x + 30.1800}{x}$ und

$$1800x + 3x^2 + 90x = 1800x + 30.1800$$

d. i.

d: i. $3x^2 + 90x = 30 . 1800$ oder $x^2 + 30x = 18000$
Folglich ist $x = -15 \pm \sqrt{(18000 + 225)}$
das ist $x = -15 \pm \sqrt{18225} = 120$, weil hier nur der positive Wehrt anwendbar ist. Es sind also 20 Stücke Tuch untergeschlagen, Sollte dergleichen wohl einen so gültigen Beweis geben als das juramentum purgatorium? Ich zweifle.

§. 237. **Aufg. Zwei Zahlen zu finden, wovon die Summe, und die Summe ihrer Quadratzahlen bekannt ist.**

Aufl. Es sey $x + y = a$ und $x^2 + y^2 = b^2$. Daher ist $y = a - x$ und $y^2 = a^2 - 2ax + x^2$; mithin $2x^2 - 2ax = b^2 - a^2$ und $x^2 - ax = \frac{b^2 - a^2}{2}$

d. i. $x = \frac{a}{2} \pm \sqrt{\frac{a^2}{4} + \frac{b^2 - a^2}{2}}$ oder

$x = \frac{a \pm \sqrt{2b^2 - a^2}}{2}$. Es sey $a = 7$ $b = 5$; so sind die beiden gesuchten Wehrte $\frac{7 \pm \sqrt{50 - 49}}{2} = 4$ und 3 nachdem man + oder − nimmt.

Hat man $x + y = a$ und $x^2 - y^2 = b^2$; so geräth man auf eine einfache Gleichung $2ax - a^2 = b^2$ und $x = \frac{b^2 + a^2}{2a}$ Z. E. $a = 18$ $b = 12$ giebt $x = \frac{144 + 324}{36} = 13$ und $y = 5$. Ist $x - y = a$ und $x^2 - y^2 = b^2$; so hat man eben die Auflösung. Zu der Summe a das Produkt $x^2 . y^2$ ge=

genommen führt auf eine höhere Gleichung. Aber $\frac{x^2}{y^2} = b^2$ führt zu einer quadratischen u. s. w.

Ich will doch hier eine Aufgabe vortragen, als ein Beispiel wie in der mathematischen Physik oder physischen Meßkunst sich der Gebrauch dieser Lehren manchmal ganz unerwartet zeigt.

§. 238. Es ist bekannt, daß der Schall Zeit gebraucht, nach den besten Beobachtungen eine Sekunde um 1077 Rheinl. Fuß durchzugehen. Man hat dies bald angewandt, Distanzen auf der Oberfläche der Erde zu messen, weil z. E. 2 Sekunden zwischen Bliz des Feuergewehrs und dem gehörten Knall 2154 Fuß Entfernung bedeuten. Je tiefer eine Grube, ein Schacht ist, je später muß der Schall eines herabgeworfenen Steins das Ohr erreichen. Aber ein Theil dieses Zeitraums wird mit dem Fallen des Steins zugebracht. Wie viel ist es und wie sondert man beide Bestandtheile von einander ab? Ich nehme hier aus der Naturlehre für bekannt an, daß der Raum, den ein schwerer kompackter Körper in t Sekunden durchfällt wenn $g = 15,625$ rheinl. Fuß bedeutet gt^2 sey. Hat man nun von dem Augenblick an da man den Stein in die senkrechte Grube fallen ließ, genau m Sekunden an der Uhr gezählt bis man den Schall vernahm, und sezt man den unbekannten Theil davon, den er aus der Tiefe herauf zu kommen braucht x; so muß er zum Fall $m - x$ Sekunden gebraucht und darin den Raum $g(m - x)^2$ zurückgelegt haben. Eben so groß ist der Rückweg des Schalles in x Sekunden 1077.x. Also wenn $1077 = r$ der Kürze wegen gesezt wird: so ist $rx = g(m - x)^2 = gm^2 - 2gmx + gx^2$ oder $gx^2 -$

(2gm

$(2gm+r)x = -gm^2$ und $x^2 - \frac{2gm+r}{g}x =$ $-m^2$ Also $x = \frac{2gm+r}{2g} \pm \sqrt{\left(\frac{(2gm+r)^2}{4g^2} - m^2\right)}$ $= \frac{2gm+r \pm \sqrt{4gmr+r^2}}{2g}$. Hätte man grade 20 Sekunden an der Uhr beobachtet; so ist

$r^2 = 1077^2 = 1159929$ $\qquad 2gm = 625$

$\qquad r = 1077$

$4gmr = 80.1077.15,625 = 1346250$ $\qquad 2gm + r = 1702$

$\sqrt{(4gmr+r^2)} = \sqrt{2506179}$ $\qquad$ subtr. $1583,1$

$= 1583,1$ $\qquad \frac{118,90}{2g = 31,25} = 3,8$

Nun ist $3,8 \cdot 1087 = 4092,6$ die Tiefe der Grube.

§. 239. Aufg. Zwo Zahlen zu finden, deren Summe, Produkt und Unterschied der Quadrate gleich ist.

Aufl. Es ist $x + y = x^2 - y^2 = (x+y)(x-y)$

Daher ist $1 = x - y$ (d. i. die eine Grösse übertrift die andere um 1)

Folglich ist $1 + y = x$

Und $1 + 2y = x + y$. Da aber auch

$x + y = xy$ so ist

$1 + 2y = xy = (1+y)y$.

Folglich ist $1 + 2y = y^2 + y$

Oder $y^2 - y = 1$

Dies giebt $y = \frac{1}{2} \pm \sqrt{\frac{5}{4}} = \frac{1 \pm \sqrt{5}}{2}$

Da nun $x = 1 + y$ so ist $x = 1 + \frac{1 \pm \sqrt{5}}{2} = \frac{3 \pm \sqrt{5}}{2}$

Diese Wehrte von x und y halten die Probe. Denn

 1) x +

$$1)\ x+y=\frac{1\pm\sqrt{5}+3\pm\sqrt{5}}{2}=\frac{4\pm2\sqrt{5}}{2}$$
$$=2\pm\sqrt{5}$$

oder wenn man nur den positiven Wehrt nimmt die Summe $x+y=2+\sqrt{5}$.

$$2)\ xy=\frac{3+4\sqrt{5}+5}{4}=\frac{8+4\sqrt{5}}{4}=2+2\sqrt{5}$$

$$3)\ x^2-y^2=\frac{9+6\sqrt{5}+5-1-2\sqrt{5}-5}{4}$$

$$x^2-y^2=\frac{8+4\sqrt{5}}{4}=2+\sqrt{5}.$$

§. 240. Die Auflösung der quadratischen Gleichungen erfordert Ausziehung der Quadratwurzel. Wie man sich schnell der irrationalen Wurzel nähern könne, soll hier anhangsweise gezeigt, auch weil man jezt mit der algebr. Behandluug der Gleichungen bekannt ist, eben dergleichen kürzerer Weg zu Ausziehung irrationaler Kubikwurzeln gelehrt werden.

Nach §. 157, 165 lassen sich unvollkommene Quadrat- und Kubikzahlen durch n^2+m und n^3+m vorstellen, so daß wenn n gefunden, das an der Wurzel noch fehlende keine ganze Einheit von derjenigen Ordnung mehr beträgt, wozu die niedrigste Ziffer in der Zahl n gehört. Das nun noch zu suchende x kann nur noch aus Zahlen von niedrigern Ordnungen als die ebengenannte bestehen. In so fern kann man I für die Ausziehung der **Quadratwurzel** $n^2+m=n^2+2nx+x^2$ sezen. Dann müste $m=2nx+x^2=(2n+x)x$ und $\frac{m}{2n+x}=x$ seyn; das heist: wenn man x wirklich wüste, so müste der Quotient der lezten Division den Quotienten x

so

so gut geben, als oben bei vollkommenen Quadratzahlen $2a+b$ den b gab.

Es sey nun $\sqrt{n^2+m} = \sqrt{439627}$
Nach §. 167 aus den Tab. $n^2 = 439569$; $n = 663$
$m = 58$ d.i. $\frac{m}{2n} = 0{,}043$
Nun ist $2n = 1326$
beinahe x

Man mache nun $\frac{m}{2n+x} = \frac{58}{1326{,}043} = 0{,}04373 = x$ noch genauer; also $\sqrt{n^2+m} = n + x = 663{,}04373$

II. Eben so ist Behufs der **Kubikwurzel** $n^3+m = n^3+3n^2x+3nx^2+x^3$ oder $m = 3n^2x+3nx^2+x^3$ zu sezen, welches dann $\frac{m}{3n^2+3nx+x^2} = x$ und wenn man Zähler und Nenner mit $3n$ dividirt $\frac{m}{3n} \times \frac{1}{n+x+\frac{x^2}{3n}} = x$ giebt. Da x an sich gegen n eine kleine Grösse oder Bruch ist; so ist $\frac{x^2}{3n}$ noch viel kleiner, und kann aus der Acht gelassen werden, weil doch bei Irrationalgrössen keine völlige Genauigkeit erreichbar ist; und so ist $x = \frac{m}{3n} \cdot \frac{1}{n+x}$ beinahe.

Nun sey $\sqrt[3]{(n^3+m)} = \sqrt[3]{789346259}$
Man mache erst $n^3 = 788889024$ Also $n = 924$

$\frac{m}{3n} \cdot \frac{1}{n} = \frac{m}{3n} : n = \frac{164{,}94769}{924}$ | $m = 457235$ / $3n = 2772$ $= 164{,}94769 = \frac{m}{3n}$

so erhält man $\frac{m}{3n}$: $n = 0{,}178$ welches x sehr nahe kömmt

 Das

Dafür stehet es nun in $\frac{m}{3n} : (n+x) = \frac{164,94769}{924,178}$ $= 0,17848 = x$ bis auf eine unmerkbare Grösse. So ist nun $\sqrt[3]{(n^3+m)} = n + x = 924,17848$

IX. Von Proportionen überhaupt.

§. 241. Wenn man zwei Grössen mit einander vergleichen will; so kann man entweder fragen 1) **um wie viel** die eine grösser als die andere sey, d. i. um was für eine Grösse die eine verändert werden muß, um die andere daraus zu machen, oder 2) **wie vielmal** die eine grösser ist, als die andere, d. i. wie oft die eine die andere in sich enthalte. Im ersten Fall heist es, man sucht das **arithmetische**, im andern Fall das **geometrische Verhältniß** beider Grössen. (Ausdrücke die nicht sonderlich gewählt, aber überall angenommen sind.) Das arithmetische Verhältniß findet man durch die Subtraktion, das geometrische durch die Division. Die Gleichheit zweier Verhältnisse, welche in beiden Fällen eine **Proportion** heißt, wird daher im ersten Falle durch gleiche Unterschiede, im andern durch gleiche Quotienten bestimmt. Im lezten Fall heißt hier der Quotiente der **Verhältnißnahme**. Z. E. $3 - 1 = 2$ und $6 - 4 = 2$. Die Zahlen 3, 1, 6, 4 geben nun eine arithmetische Proportion, die auch so geschrieben wird $3 - 1 = 6 - 4$. Denn das Zeichen der Subtraktion ist das natürlichste für arithmetische Verhältnisse. Eben so wenn $6:2 = 3$ und $15:5 = 3$ so geben die Zahlen 6, 2, 15, 5 eine geometrische Proportion die wir mit Leibnitzen so schreiben $6:2 = 15:5$.

§. 242. Anm. 1. Es ist auch noch sehr gewöhnlich den Verhältnißnahmen Exponenten zu nennen, welches Mißverstand geben kann. Bei einigen, besonders Engländern und Franzosen findet man auch folgende Bezeichnungsarten; 6.2 statt 6—2 für das arithmetische Verhältniß, und 6.2:7.3 für die arithmetische Proportion. Das geometrische Verhältniß bezeichnen sie jezt wenigstens wie wir 9:3, die geometrische Proportion 9 : 3 : : 12:4, wo wenigstens die arithmetischen Verhältnisse und Proportionen sehr mißverstanden werden können.

§. 243. Anm. 2. Die Namen Verhältniß (ratio) und Proportion brauchten die Alten nur für die jezt sogenannten geometrischen Verhältnisse und Proportionen. Ohne Beiwort gesezt bedeuten diese Worte auch jezt immer das geometrische. In den mittlern Zeiten nannte man das geometrische Verhältniß proportio und die geometrische Proportion proportionalitas.

§. 244. Jede einzelne Grösse von den beiden, deren Verhältniß man betrachtet, heist ein **Glied** (terminus) des Verhältnisses. Daher jede Proportion vier Glieder haben muß.

Es ist gleichgültig, welches von zwei gleichen Verhältnissen, oder ob in den beiden Verhältnissen das kleinere Glied vor oder nachgesezt wird. Denn wie $3 - 1 = 6 - 4$; so ist auch $1 - 3 = 4 - 6$ und wie $6:2 = 15:5$ so ist $2:6 = 5:15$; $5:15 = 2:6$; $15:5 = 6:2$.

Wenn das 2te und 3te Glied einander gleich sind, so heist die Proportion **stetig** (continua), sonst **abgesondert** (discreta) z. E. $2 - 3 = 3 - 4$ ist eine stetige arithmetische; $2:6 = 6:18$ eine stetige geometrische; $4 - 7 = 5 - 8$ eine discrete arithmetische; $2:6 = 5:15$ eine discrete geometrische Proportion.

Das erste und 3te Glied der geometrischen Proportion heissen **vorhergehende** (antecedentes); das

2te und 4te **nachfolgende** (consequentes). Daher heißen auch beide vorhergehende und beide nachfolgende die **gleichnahmigen** oder **gleichliegenden** Glieder (termini homologi). Dies ist schon in der Zahlenarithmetik zum Theil vorgekommen und wird nur hier wiederholt, und auf die arithmetischen Verhältnisse und Proportionen angewandt.

X. Von arithmetischen Proportionen und Reihen.

§. 245. Man darf zu dem gegebenen ersten und 3ten Gliede einer arithmetischen Proportion nur die gegebene Differenz addiren, um das zweite und vierte Glied zu bekommen. Eine stetige Proportion hat nur 3 **wirklich** der Zahl und Grösse nach **verschiedene** Glieder. In derselben giebt daher die Differenz zum ersten Gliede addirt das zweite, und eben die Differenz zum zweiten addirt das dritte. Es sey das erste Glied a, das dritte b, die Differenz d, so ist der **allgemeine Ausdruck der discreten arithmetischen Proportion**

$$a - (a + d) = b - (b + d);$$

Wenn ebenfalls a das erstere Glied, d die Differenz ist, so ist **der allgemeine Ausdruck der stetigen arithmetischen Proportion**

$$a - (a + d) = (a + d) - (a + 2d);$$

wo denn a + d das zweite oder **mittlere** Glied heißt.

§. 246. Die Summe der beiden äussersten (des ersten und vierten) ist der Summe der beiden mittlern Glieder (des 2ten und 3ten) gleich. Denn

I.

I. II. III. IV.
$a-(a+d)=b-(b+d)$
add. IV. $b+d$ III. b

$a+b+d=a+d+b$

z. E. $5-7=6-8$ und $5+8=7+6=13$.

§. 247. Z. Man findet also das 4te Glied wenn man von der Summe der beiden mittlern das erste abziehet. Denn $(a+d+b)-a=b+d$ dem 4ten z. E. wenn $9-6=17-x$ seyn soll, so muß $x=17+6-9=14$ seyn.

§. 248. In einer stetigen Proportion ist also die Summe der äussersten dem doppelten mittlern Gliede gleich. Der äussersten Summe $a+(a+2d)=2(a+d)$. Das doppelte des mittlern $=2(a+d)$ in der allgemeinen Formel. Z. E. $7-18=18-29$ und $2.18=7+29=36$.

§. 249. Z. Daher findet man das mittlere Glied aus den gegebenen äussersten Gliedern, wenn man die Summe der leztern halbiret. Z. E. wenn $8-x=x-34$ seyn soll, so muß $x=\frac{8+34}{2}=21$ seyn.

§. 250. Eine Menge Grössen, die immer um eine gleiche Grösse wachsen oder abnehmen, so wie sie in der Ordnung aufeinander folgen; so daß jede 3 neben einander stehende eine arithmetische stetige Proportion geben, heissen eine **arithmetische Reihe** oder **Progression**. So sind die nach einander hingeschriebenen natürlichen Zahlzeichen 1, 2, 3, 4, 5, u. s. w. eine arithmetische Progression

§. 251. **Die Summe der äussersten Glieder einer arithmetischen Reihe, ist der Summe jeder zwei von beiden äussersten gleich weit abstehenden Glieder gleich.**

Bew. Zu allgemeiner Form läßt sich die arithmetische Reihe so vorstellen:

Zeiger	1	2	3	4	5	6	7
Reihe	a	$a+d$	$a+2d$	$a+3d$	$a+4d$	$a+5d$	$a+6d$
				$a+3d$	$a+2d$	$a+d$	a
				$2a+6d$	$2a+6d$	$2a+6d$	$2a+6d$

wo man lauter gleiche Summen in der angegebenen Voraussetzung entstehen sieht. Bestünde die Reihe aus n Gliedern, so sieht man wohl, daß überhaupt die Differenz so oft zum ersten Gliede hinzugesezt werden muß, als die Anzahl des Gliedes oder der **Zeiger** (Index) weniger 1 beträgt. So ist das 3te $a+2d$, das 4te $a+3d$ u. s. w. Es ist also das nte Glied $a+(n-1)d$. Mithin liesse sich eine aus n Gliedern bestehende Reihe so ausdrücken:

Zeiger	1	2	3	. .	$n-2$	$n-1$	n
	a,	$a+d$,	$a+2d$	. .	$a+(n-3)d$,	$a+(n-2)d$,	$a+(n-1)d$
					$a+2d$	$a+4d$	a
					$2a+(n-1)d$,	$2a+(n-1)d$;	$2a+(n-1)d$.

woraus die völlige Allgemeinheit des Satzes klar ist.

§. 252. Z. 1. Weil bei einer ungraden Anzahl Glieder, das mittelste vom ersten und lezten gleich weit entfernt ist; so ist das doppelte des mittlern der Summe der äussersten gleich.

§. 253. Z. 2. Wenn **das lezte Glied** u genannt wird, so ist wenn die Reihe mit dem nten Gliede abbricht; $u = a+(n-1)d$.

§. 254. Z. 3. **Fallen** die Glieder einer arithmetischen Reihe, so ist d negativ, und die angeführten Sätze gelten übrigens auch hier. Z. E. $u = a - (n-1)d$.

§. 255. **Aufg. Die Summe einer arithmetischen Reihe zu finden.**

Aufl.

Aufl. Man multiplicirt die Summe des ersten und lezten Gliedes mit der halben Anzahl der Glieder.

Bew. Es sind halb so viel Paare von Gliedern als Glieder da sind, das ist: wenn n die Anzahl der Glieder, so ist $\frac{1}{2}n$ die Anzahl der Paare. Die Summe jeden Paares, wenn man die von den äussersten gleich weit abstehenden zusammen nimmt, ist der Summe des ersten und lezten gleich, oder $a + u$. Nun sind $\frac{1}{2}n$ solcher Summen da. Daher ist die Summe der ganzen Reihe oder

$$S = \frac{1}{2}n(a + u).$$

§. 256. Die beiden für u und S gefundenen Wehrte sind die Fundamentalgleichungen in der gesammten Lehre von den arithmetischen Reihen. Man sieht daß überhaupt fünf Grössen hier in Betracht kommen. S die Summe einer arithmetischen Reihe; u ihr leztes, a ihr erstes Glied; d der Unterschied zweier aufeinander folgenden Glieder; n ihre Anzahl.

Man kann nun, wie in der höhern Analyse allgemein bewiesen wird, von 5 Grössen 3 auf 10fach verschiedene Weise nehmen; so sind hier 10 verschiedene Verbindungen der gegebenen Grössen, wodurch immer zwei fehlende bestimmt werden. Dies giebt 20 Wehrte welche über die 5 zu bestimmenden Grössen gleich vertheilt für jede einen vierfachen Ausdruck geben. Dies veranlasset die

Aufgabe. Vier Wehrte für jede der fünf Grössen S, u, a, d, und n, welche bei arithmetischen Reihen vorkommen, zu entwickeln.

Die mit einbegriffenen Fundamentalgleichungen sind

I $u = a + (n - 1)d$. II $S = \frac{1}{2}n(a + u)$

I in II substituirt giebt III. $S = \frac{1}{2}n(2a + (n-1)d)$

Daraus folgt IV. $n = \frac{-(2a-d) + \sqrt{(8Sd + (2a-d)^2)}}{2d}$

Aus I folgt V. $a = u - (n-1)d$; dies in II subst.

VI. $S = \frac{n}{2}(2u - (n-1)d)$ und

VII. $n = \frac{2u + d \pm \sqrt{((2u+d)^2 - 8Sd)}}{2d}$

Aus II folgt VIII. $n = \frac{2S}{a+u}$ und IX. $a = \frac{2S - nu}{n}$

und X. $u = \frac{2S - na}{n}$

Aus V wird XI. $d = \frac{u-a}{n-1}$ und XII. $n = \frac{u+d-a}{d}$

Nun giebt noch VIII vergl. mit V no. XIII. $d = \frac{2nu - 2S}{n.\overline{n-1}}$

und XIV. $u = \frac{2S + n.\overline{n-1}.d}{2n}$

Und IX mit I vergl. XV. $d = \frac{2S - 2na}{n.\overline{n-1}}$

und XVI. $a = \frac{2S - n.\overline{n-1}.d}{2n}$

Endlich VII in X substit. XVII. $d = \frac{u^2 - a^2}{2S - (a+u)}$

und XVIII. $S = \frac{u^2 - a^2 + (a+u)d}{2d}$

Daraus dann XIX. $a = \frac{d \pm \sqrt{(2u+d)^2 - 8Sd)}}{2}$

XX. $u = \frac{d \pm \sqrt{(2a-d)^2 + 8Sd)}}{2}$

Die

Die wenigen Zwischensätze wird jeder leicht hinzudenken.

Die Tabelle zeigt nun, wie sich aus 3 gegebenen 2 gesuchte, jede aber überhaupt vierfach darstellt.

Sua	giebt	1) d in XVII	und	1) n in VIII
Sad	—	1) u in XX	und	2) n in IV
Sdn	—	2) u in XIV	und	1) a in XVI
San	—	3) u in X	und	2) d in XV
Sun	—	2) a in IX	und	3) d in XIII
Sud	—	3) a in XIX	und	3) n in VII
uan	—	1) S in II	und	4) d in XI
adn	—	2) S in III	und	4) u in I
udn	—	3) S in VI	und	4) a in V
uad	—	4) S in XVIII	und	4) n in XII

§. 257. **Aufgaben. 1. Die Summe aller natürlichen Zahlen von 1 bis 100 zu finden.** Hier ist $a = 1$; $u = n = 100$. Folglich ist $S = (a + u) . \frac{1}{2} n = 101 . 50 = 5050$. Auf ähnliche Art liesse sich die Summe der natürlichen Reihe von 1 bis 1000000 finden. Man sieht leicht, daß 5 Nullen zwischen beide 5 und am Ende stehen müssen.

2. **Die Summe der ungraden Zahlen von 1 an bis zu der nten ungraden Zahl zu finden:** Hier ist $a = 1$ und $d = 2$. Daher $u = 1 + (n - 1)2 = 2n - 1$. Folglich ist $S = (1 + 2n - 1)\frac{n}{2} = 2n . \frac{n}{2} = n^2$. d. i. die Quadratzahl der Anzahl der Glieder woraus die Reihe der ungraden Zahlen von 1 an besteht, ist der Summe der ganzen Reihe gleich. So ist $1 + 3 = 2^2 = 4$; $1 + 3 + 5 = 3^2 = 9$. u. s. w. Dies trift mit §. 169 zu, und $2n + 1$, oder der Zusaz, den man zu einer Quadratzahl macht, um die nächst höhere zu finden, ist nichts anders, als die $(n + 1)$te aller ungraden Zahlen, deren Summirung alle Quadrate giebt z. E. $144 = 12^2$; so giebt $144 + 2 . 12 + 1 = 144 +$

25 = 169 das Quadrat von 13, und 25 ist auch die 13te ungrade Zahl.

3. Es soll ein Brunnen gegraben, und der erste Fuß soll mit 3, der folgende mit 6 Gr. und so weiter mit 9, 12 Gr. u. s. f. bezahlt werden. (Eine Art des Accords, der mit der Natur der Arbeit übereinstimmt). Wenn nun der Brunnen 32 Fuß tief wird, wie viel kostet er zu graben? Hier ist $a = d = 3$; $n = 32$. Also $u = a + (n-1)a = na$. Also $S = (a + na)\frac{n}{2} = (n+1)a.\frac{n}{2} = 3 . 33 . 15 = 66$ Rthlr.

Beim Polack Math. for. findet man folgendes Beispiel: Es war ein Brunnen 12 Fuß tief zu graben zu 12 Rthlr. verdungen. Der erste Brunnengräber starb, als 8 Fuß fertig waren. Ein anderer tritt in seinen Accord. Wie viel muß er den Erben des ersten herausgeben? Gesezt hier wäre $a = d$ wie im vorigen Exempel; so ist $S = (2a + (n-1)a)\frac{n}{2} = (n+1)a.\frac{n}{2}$. Folglich ist $a = \frac{2S}{(n+1)n}$. Da nun $S = 12$ Rthlr.; so ist $a = \frac{2.12.24}{13.12}$ Gr. $= \frac{48}{13} = 3\frac{9}{13}$ Gr. Daher bekommen die Erben $S = (2a + (n-1)d)\frac{n}{2}$ weil nun $n = 8$ gesezt wird $(2.\frac{48}{13} + 7.\frac{48}{13}.)4 = \frac{9.48.4}{13} = \frac{1728}{13} = 132\frac{12}{13}$ Gr. oder 5 Rthlr. 13 Gr. beinahe.

4. Ein verschütteter Brunnen soll wieder aufgegraben werden. Man findet in den Rechnungen, er habe vor 100 Jahren zu graben gekostet 69 rthlr. 20 gr. Man habe für Abraum und sonstige Veranstalten 1 rthlr. 12 gr.; für den ersten Fuß 2 gr.; für den lezten, weil man für jeden folgenden Fuß eine Kleinigkeit, aber doch immer gleich viel zulegen müssen, 3 rthlr. 8 gr. bezahlt. Man will nun hieraus her-

herleiten, wie tief man werde graben müssen, um auf die Quellen zu kommen. Hier ist eigentlich weil 1 rthlr. 12 gr. abzurechnen sind, um bloß die Reihe zu behalten $S = 68$ rthlr. 8 gr. $= 1640$ gr.; $a = 2$ gr. $u = 3$ rthlr. 8 gr. $= 80$ Gr. bekannt; man soll n finden; so ist $n = \frac{2S}{a + u} = \frac{2 . 1640}{82} = \frac{1640}{41} = 40$ Die Zulage oder d fände man nach §. 256 für sich aus $d = \frac{u^2 - a^2}{2S - (u + a)} = \frac{82 . 78}{2 . 1640 - 82} = \frac{82 . 78}{3198}$ $= \frac{41 . 26}{533} = \frac{41 . 26}{13 . 41} = 2$. Nimmt man aus der Auflösung $n = 40$; so gab schon $\frac{u - a}{n - 1} = \frac{78}{39}$; $d = 2$. Man wird 40 Fuß graben müssen.

§. 258. **Prakt. Anmerkung.** Man bedient sich im gemeinen Leben, bei Finanzrechnungen u. d. gl. eines Verfahrens, welches mit der Art §. 249 das arithmetische Mittel zu finden Aehnlichkeit hat. Man sagt z. E. man müsse den Ertrag eines Gutes dadurch bestimmen, daß man den Durchschnitt (die **Fraktion**) machet. Man nimmt nämlich von 3, 6 oder mehr Jahren den jährigen Ertrag mit Ausschluß der gar zu schlechten auch wohl unerhört guten Jahre, Kriegsjahre u. d. gl., addirt sie und dividirt die Summe durch die Anzahl der Jahre. Es hat 1700, 1400, 1200 getragen. Die Summe ist 4300 und $1433\frac{1}{3}$ der Ertrag im Durchschnitt. Dies Verfahren ist hier der Natur der Sache gemäßer, weil so der gesammte Ertrag aller Jahre auf die einzelnen gleich vertheilt wird, und die Schätzung wird immer richtiger, jemehr einzelne Fälle man zum Grunde legt; denn unter wenigen kann dies, wenn man besonders etwas ausserordentliche mitnimmt zu grösserm Irrthum verführen.

Selbst in den praktischen Wissenschaften, wie z. B. in der Astronomie, sucht man so den mittlern Wehrt der Beobachtungen, und läßt die unzuverläslässigen und von einer Menge anderer zu sehr abweichenden weg z. E. bei den Beobachtungen des lezten Durchgangs der Venus durch die Sonne 1769

Bei Remissionen ist an manchen Orten die Vorschrift. Drei beeidete Taxatoren müssen den Schaden in jeder Feldart als Sommer-Winter- und Brachfeld besonders angeben. Bei jeder Feldart wird aus den 3 Angaben der Durchschnitt gemacht, und die Durchschnitte wieder mit der Anzahl der Feldarten dividirt. Man sieht zu, ob das Resultat den Grössen 1, $\frac{2}{3}$ oder $\frac{1}{2}$ am nächsten kommt, und erläßt im ersten Fall $\frac{3}{4}$, im zweiten $\frac{1}{2}$, im dritten $\frac{1}{4}$ von der Pachtsumme. Ist der Schaden unter $\frac{1}{2}$ so wird nichts nachgelassen. Billiger wäre nun schon so zu verfahren. Es sey $\frac{10}{12}$ Schaden gefunden.

Wenn der Schaden 12 so ist der Erlaß 9
wenn der Schaden 8 - - - - - 6

Durchschnitte 10 $7\frac{1}{2}$

Daher sollten bei $\frac{10}{12}$ Schaden $\frac{7\frac{1}{2}}{12}$ erlassen werden.

Doch wird hiebei vorausgesezt, daß der aus jeder Feldart zu erwartende Ertrag gleich sey; da aber dies selten zutrift, so giebt Unger in seinen Beiträgen eine für beide Partheien nuzbare Regel. Es sey der Nenner des Bruchs, worin man bei der Schätzung des Schadens das ganze theilt n und a, b, c . . die Zähler der Brüche die den Schaden in den verschiedenen Feldarten andeuten; A, B, C . . sey der Ertrag in Gelde, der von den bestellten Feldern zu erwarten war: so ist $\frac{Aa+Bb+Cc}{n}$ die Summe des Schadens. Weil nun A + B + C das Ganze des Ertrags anzeigt; so zeigt ein Bruch, worin der gefundene Ausdruck des Schadens der Zähler, das Ganze des Ertrags der Nenner ist, nämlich dieser $\frac{A.a+Bb+Cc}{n(A+B+C)}$ die Grösse des Schadens in Beziehung auf das hiesige Total. §. 51. Siehe mit mehrerm Unger 2 St. S. 89 folgg.

Beispiel. Es sind 3 Feldarten. Ein bestellter Morgen im Winterfelde W wird zu 6, im Sommerfelde

felde S zu 4, in der Brache P zu 2 Rthlr. zu erwartenden Ertrags gerechnet. Die Fraktion der Schaden-Taxen $\frac{10}{12}$ also $a = 10$; $\frac{7}{12}$; daher $b = 7$; $\frac{5}{12}$ folglich $c = 5$. In W waren bestellt 200 Morgen ist Ertrag. $1200 = A$; in S 160 giebt $640 = B$; in P 100 giebt $200 = C$. Daher erhält man

$$\frac{1200 \cdot 10 + 640 \cdot 7 + 200 \cdot 5}{12 \cdot (1200 + 640 + 200)} = \frac{437}{612}$$

Diesen Bruch hebt man nun auf §. 69. Es wird $\frac{5}{7} > \frac{2}{3}$ denn $\frac{2}{3} \cdot 7 = 4\frac{2}{3}$. Es fällt also der Schaden zwischen 1 und $\frac{2}{3}$; der Ersatz zwischen $\frac{1}{2}$ und $\frac{3}{4}$. Man muß nun aus $\frac{5}{7}$ einen Bruch machen dessen Nenner durch 3 theilbar ist, so erhält man $\frac{15}{21}$; $\frac{7}{21}$ machen das 3tel vom Ganzen. Nun muß man auch über $\frac{1}{2}$ bis $\frac{3}{4}$ 7 Theile suchen. Hier ist $u = \frac{3}{4}$; $a = \frac{1}{2}$; $n = 7 + 1 = 8$ in der arithm. Reihe. Also $\frac{u - a}{n - 1}$ §. 256 $= \frac{\frac{1}{4}}{7} = \frac{1}{28}$. Da nun $\frac{15}{21}$ nur $\frac{1}{21}$ mehr als $\frac{2}{3}$; so ist der Ersatz auch nur $\frac{1}{28}$ mehr als $\frac{1}{2}$ d. i. $\frac{15}{28} 1800 = 964_{7}$ rthl.; wenn die Pacht nur 1800 wäre Denn gewöhnlich ist sie geringer, als was der bestellte Morgen wirklich trägt. Ist aber die Pacht obiger Taxe gemäß, so ist $\frac{15}{28} 2040 = 1092\frac{6}{7}$ rthlr.

XI. Von geometrischen Proportionen.

§. 259. Weil die Lehre von den geometrischen Proportionen mehr als alle andere der allgemeinen Rechenkunst in der Folge auch auf stetige Grössen angewandt wird, so erinnere man sich bei derselben vorzüglich, daß sich dieselbe über alle Grössen überhaupt erstrecke. Dies erhellt auch schon daraus, daß man alle stetige Grössen sich aus aliquoten Theilen bestehend vorstellen kann, und bei jeder Linie, Fläche und Körper fragen kann, **wie vielmal** sie in einer andern ausgedehnten Grösse ihrer Art enthalten sey.

§. 260. Die Division giebt uns den Verhältnißnahmen bei der Untersuchung eines geometrischen Verhältnisses wie a:c. Es sey $\frac{c}{a} = m$ dieser Verhältnisnahme; so ist $c = ma$. Das Verhältniß a:c kann also auch so ausgedruckt werden a:ma. Ist nun a in c genau etliche mahl enthalten, so ist m eine ganze Zahl. Z. E. wenn eine Länge in der andern 3 mahl steckte. Ist aber nicht das ganze a, aber wohl ein aliquoter Theil von a oder $\frac{1}{r}a$ genau etliche mahl in c z.E. nmahl; so ist $c = n\frac{1}{r}a = \frac{n}{r}a$ und man kann statt a:c sezen $a:\frac{n}{r}a$ oder auch a:ma; wenn man annimmt, daß m auch jeden wirklichen Bruch bedeuten solle.

§. 261. Aus dem bisherigen erhellt, daß wenn a nicht genau etliche mahl in c enthalten ist, man sich immer a in eine Anzahl gleicher Theile eingetheilt vorstellen, und dann untersuchen könne, wie viel Theile davon auf c gehen. Hiebei könnten nun wohl Fälle vorkommen, wo es nie möglich wäre a so einzutheilen, daß eine Anzahl solcher gleichen Theile c genau ausmachten. Je grösser man r d. i. je kleiner man $\frac{1}{r}a$ nimmt; je geringer wird wohl freilich der Ueberschuß bleiben, der kein volles $\frac{1}{r}a$ ausmachet. Aber so wirds doch immer bleiben: n und r seyn so groß als sie wollen; so ist doch zwar $c > \frac{n}{r}a$, aber doch auch $c < \frac{n+1}{r}a$. Unter diesen Umständen sagt man besonders bei den stetigen Grössen, wo dies mehrmalen vorkommt, sie seyn **incommensurabel.** So ist z. E. der Kathete eines gleichschenklichten rechtwinklichten Dreiecks und die Hypotenuse wirklich incommensurabel. Ersterer ist in lezterer nicht etliche mal ganz enthalten, aber wenn man

man auch erstern in 10 Theile theilte, so ist die Hypotenuse grösser als 14 und kleiner als 14 + 1. Theilt man jenen in 100 Theile, so ist diese > 141 und kleiner als 142 u. s. w. Theilt man jenen in 1000 Theile, so ist diese > 1414 und kleiner als 1415. Indessen haben sie das bestimmte Verhältniß $1 : \sqrt{2}$ oder wenn a den Katheten, c die Hypotenuse bedeutet, so ist $a : c = a : \sqrt{2} . a$ also ist der Verhältnisnahme hier eine Irrationalzahl. Wenn wir nun setzen, daß m auch Irrationalzahlen bedeuten könne, so kann $a : ma$ der allgemeine Ausdruck für jedes Verhältniß seyn.

§. 262. Hat man nun bei der **Untersuchung** des Verhältnisses $a : c$ den Exponenten m von einer bestimmten Grösse gefunden, so daß statt $a : c$ der Ausdruck $a : ma$ gilt, und man findet bei dem Verhältniß $b : d$ eben denselben Verhältnißnahmen m so kann man statt $b : d$ auch $b : mb$ setzen. Da unter diesen **Umständen** die Verhältnisse gleich sind, so sind a, c, b, d in Proportion, und die allgemeine Form einer solchen geometrischen Proportion ist diese:

$a : ma = b : mb$. Wenn nämlich m eine ganze Zahl, so heißt dies: es sind im zweiten Glied eben so viele a als im vierten Gliede b enthalten sind. Ist m ein Bruch so heißt dies: so eine große Anzahl $\frac{f}{r}a$ im zweiten Gliede steckt, eine eben so grosse Anzahl $\frac{f}{r}b$ steckt im vierten. Ist aber auch der Verhältnisnahme irrational, so kann er doch bei beiden Verhältnissen gleich angenommen und eine Gleichheit der Verhältnisse (Proportion) behauptet werden, wenn sich folgendes darthun läßt. Man theile a in eine Anzahl gleicher Theile, wie man will, und b in eine eben so grosse Anzahl gleicher Theile, und man nehme die einzelnen Theile so klein wie man immer wolle, ja endlich kleiner als jede gegebene Grösse.

Kann nun dabei überzeugend erwiesen werden, daß bei jeder Annahme von gleichvielen Theilen, deren Anzahl man r nennet, immer sowohl $c > \frac{n}{r} a$ und $c < \frac{n+1}{r} a$ als auch zugleich $d > \frac{n}{r} b$ und $d < \frac{n+1}{r} b$ seyn werde; so ist offenbar, daß niemals eine größere oder kleinere Anzahl $\frac{1}{r}b$ in d enthalten seyn können, als die Anzahl der $\frac{1}{r}a$ die in c enthalten sind. Mithin müssen a, c, b, d eine Proportion geben.

Daher trift nun die Form $a : ma = b : mb$ für jede Proportion, wie auch der Verhältnißnahme beschaffen seyn mag, und was von dieser Form erwiesen wird, gilt für alle Proportionen.

Findet man bei der Untersuchung der Verhältnisse $a : c$ und $b : d$, daß $c = ma$ aber $d = nb$ sey; so ist $a : c$ nicht $= b : d$. Ist nun $m < n$; so sagt man a habe zu seinem nachfolgenden Gliede $c = ma$ ein grösseres Verhältniß als $b : d = nb$ oder $a : c > b : d$ und hinwiederum $b : d < a : c$.

Anmerk. Dies kann meiner Meinung nach für Anfänger genügen, um sich von dieser Lehre eine richtige Vorstellung zu machen. In ihrer völligen für den Kenner befriedigenden Allgemeinheit, findet man sie in Hrn. Karst. Mathem. I. Th. I. Abth. §. 155. ff. Ar. und 161 ff. Geom.

§. 263. **Die Produkte der beiden mittlern und beiden äussern Glieder einer Proportion sind gleich.** Denn jede Proportion hat die Form $a : ma = b : mb$. Aber $m . a . b = a . m . b$

Und wenn 4 Grössen a, c, d, f **gegeben sind, und man findet** $cd = af$; **so ist** $a : c = d : f$.

$d:f$. Denn weil $cd = af$; so ist $\frac{cd}{a} = f$ und $\frac{c}{a} = \frac{f}{d}$; folglich $a:c = d:f$. §. 116.

§. 264. **Das Produkt der beiden mittlern Glieder mit dem ersten dividirt, giebt das 4te Glied.** Weil man nun nach §. 244 die Glieder so ordnen kann, daß jedes das 4te wird, so lässet sich aus jeden 3 Gliedern einer Proportion immer das fehlende finden. Denn es ist $\frac{mab}{a} = mb$; $\frac{ma \cdot b}{mb} = a$; $\frac{ma \cdot b}{ma} = b$; $\frac{mb \cdot a}{b} = ma$. Ist also $a:c = b:d$ eine richtige Proportion, so ist

$$d = \frac{c \cdot b}{a};\ a = \frac{c \cdot b}{d};\ c = \frac{a \cdot d}{b};\ b = \frac{a \cdot d}{c}$$

§. 265. In einer stetigen Proportion ist das 2te und 3te Glied an sich eine und dieselbige Grösse. Wir können diese das **mittlere** und weil eine stetige Proportion also nur 3 wirklich verschiedene Glieder hat, das **zweite** Glied nennen.

Das Quadrat des mittlern Gliedes ist dem Produkt der beiden äußern gleich. Denn da die allgemeine Form der stetigen Proportion $a:ma = ma:m^2a$ also ihre 3 Glieder a, ma, m^2a sind, so ist $(ma)^2 = a \cdot m^2a = m^2a^2$.

Daher findet man das zweite oder mittlere Glied, wenn man aus dem Produkt der beiden äußern die Quadratwurzel ziehet. Denn $\sqrt{a \cdot m^2a} = \sqrt{m^2a^2} = ma =$ dem mittlern. Ferner ist das dritte dem Quadrat des mittlern dividirt durch das erste gleich. Denn $\frac{m^2a^2}{a} = m^2a =$ dem 3ten Gliede. Folglich weil auch das erste durch Versetzung zum 3ten werden kann, so läßt sich bei einer stetigen Proportion aus 2 Gliedern immer das fehlende 3te finden. Wenn a = 1 so sind die 3 Glieder $1:x:x^2$ d. i. die Einheit verhält sich zur Quadratwurzel wie diese zur Quadratzahl.

§. 266. Die geometrischen Proportionen, (in so fern man ihre Glieder als Größen überhaupt d. i. als unbestimmte Zahlen ansieht) lassen sich 1) durch die **Umkehrung**, 2) durch die **Versetzung** der mittlern Glieder, 3) durch übereinstimmiges **Addiren** und 4) **Subtrahiren** der Glieder; 5) durchs **Multipliciren** und **Dividiren** mit gleichen Grössen, entweder eines oder beider Verhältnisse oder auch der gleichnahmigen Glieder, 6) durch **Erhebung** aller Glieder **zu gleich hohen Potenzen**, oder 7) **Ausziehung gleichnahmiger Wurzeln** aus jedem Gliede so verändern, daß immer eine richtige Proportion wieder herauskommt. Beispiele in allgemeinen Ausdrücken und Ziffern machen den Verstand dieser Säze deutlich; und die Vergleichung mit der allgemeinen Form der Proportion zeigt die Zuläßigkeit einer jeden solchen Folgerung aus einer vorgegebenen Proportion. Man beweiset sie nämlich immer aus einem der beiden Säze Nro. I. **weil die Produkte der äussersten und mittlern Glieder der gefolgerten Proportion auch gleich sind** §. 173 Nro. II. **weil das erste Glied im zweiten so oft als das dritte im vierten enthalten ist**, auf welche Säze wir daher durch die Nummern nur verweisen werden:

die

die Hauptform ist $a:ma=b:mb$ Ex. $2:6=4:12$

1. Invertendo oder umgekehrt

$ma:a=mb:b$ - - - - - $6:2=12:4$

$mb:b=ma:a$ nach Nro. I. $12:4=6:2$

2. Versetzung, Permutando vel Vicissim.

$a:b=ma:mb$ nach Nro. I. - $2:4=6:12$

Nämlich man betrachtet die Glieder der Proportionen hier bloß als Zahlen, also als Grössen von einerlei Art.

3. Durch Addiren oder Componendo

$a:ma+a=b:mb+b$

d.i. $a:(m+1)a=b:(m+1)b$ nach No. II $2:8=4:16$

od. $a+ma:a=b+mb:b$ nach 1 u. No. I $8:2=16:4$

od. $a+ma:ma=b+mb:mb$ nach No. I $8:6=16:12$

od. $a+b:b=ma+mb:mb$ aus 2 und 1 $6:4=18:12$

4. Durchs Subtrahiren, subtrahendo v. differentiando

$a:a-ma=b:b-mb$ aus $6:2=12:4$ folgt

d.i. $a:(1-m)a=b:(1-m)b$ aus No. II. $6:4=12:8$

od. $a-ma:ma=b-mb:mb$ aus No. I. $4:2=8:4$

od. $a-b:b=ma-mb:mb$ aus No. I. $12:3=8:2$ giebt $4:8=1:2$

aus $2:6=4:12$ folgt nach diesen Regeln: $2:-4=4:-8$; $-4:6=-8:12$; $-2:4=-6:12$; welches richtige Proportionen sind, wie No. I. zeiget

5. Durchs Multipliciren und Dividiren

$ac:mac=b:mb$ - - - $6:18=4:12$

$ac:mac=bd:mbd$ - - $6:18=8:24$

$ac:mac=bc:mbc$ alles aus No. II. $6:18=12:36$

$\frac{a}{c}:\frac{ma}{c}=b:mb$ - - - $\frac{2}{2}:\frac{6}{2}=4:12$

$\frac{a}{c}:\frac{ma}{c}=\frac{b}{d}:\frac{mb}{d}$ - - - $\frac{2}{2}:\frac{6}{2}=\frac{4}{3}:\frac{12}{3}$

$\frac{a}{c} : \frac{ma}{c} = \frac{b}{c} : \frac{mb}{c}$ aus No. II. - $\frac{2}{2} : \frac{6}{2} = \frac{4}{2} : \frac{12}{2}$

Weil auch $a:b = a:b$; so ist $a:b = ma:mb$ und $a:b = \frac{a}{m} : \frac{b}{m}$. Das heißt **zwei Brüche von einerlei Nenner verhalten sich wie die Zähler.**

Ferner ist $\frac{a}{m} : \frac{a}{n} = \frac{1}{m} : \frac{1}{n}$ (per div.) $\frac{n}{mn} : \frac{m}{mn} = n:m$ d. i. **Brüche von einerlei Zählern verhalten sich umgekehrt wie ihre Nenner.**

6. Durch Erhebung **aller vier Glieder zu gleich** hohen Potenzen

$a^2 : m^2a^2 = b^2 : m^2b^2$ — $2^2 : 6^2 = 4^2 : 12^2$

$a^n : m^na^n = b^n : m^nb^n$ aus No. II. — $2^3 : 6^3 = 4^3 : 12^3$

nicht aber — u. s. w.

$a^2 : m^2a^2 = b : mb$ — $4 : 36$ nicht $= 4 : 12$

oder $a^2 : m^2a^2 = b^3 : m^3b^3$ — $4 : 36$ nicht $= 64 : 1728$

Denn m^2a^2b nicht $= a^2mb$

$m^2a^2b^3$ nicht $= a^2m^3b^3$

7. Durch Ausziehung **gleichnahmiger** Wurzeln **aus allen vier** Gliedern zugleich

$\sqrt{a} : \sqrt{ma} = \sqrt{b} : \sqrt{mb}$ — $81 : 9 = 225 : 25$

d. i. $a^{\frac{1}{2}} : m^{\frac{1}{2}}a^{\frac{1}{2}} = b^{\frac{1}{2}} : m^{\frac{1}{2}}b^{\frac{1}{2}}$ aus No. II. — $9 : 3 = 15 : 5$

$\sqrt[n]{a} : \sqrt[n]{ma} = \sqrt[n]{b} : \sqrt[n]{mb}$

d. i. $a^{\frac{1}{n}} : m^{\frac{1}{n}}a^{\frac{1}{n}} = b^{\frac{1}{n}} : m^{\frac{1}{n}}b^{\frac{1}{n}}$

§. 267. 3. Aus 5 erhellet allgemein, daß **ein Verhältniß durch einerlei Grösse multiplicirt oder dividirt, nicht verändert werde, oder denselben Verhältnißnahmen behalte.** So lassen sich nun öfters **Verhältnisse zwischen Irrationalgrössen** (§. 199. 200) **durch Verhältnisse zwischen Rationalgrössen ausdrücken.** Z. E.

$\sqrt[n]{a}$

$\sqrt{a^n b^r} : \sqrt[n]{c^n b^r} = a\sqrt[n]{b^r} : c\sqrt[n]{b^r}$ (§. 193) $= a : c$ und in Zahleu $\sqrt{18} : \sqrt{72} = \sqrt{9.2} : \sqrt{36.2} = 3\sqrt{2} : 6\sqrt{2} = 3 : 6 = 1 : 2$. Bei Zahlen kommt es hier auf die geschickte Zerfällung derselben in solche Faktoren an, woraus sich die Wurzeln wirklich ausziehen lassen. So findet man:

$\sqrt{18} : \sqrt{98} = 3 : 7$; $\sqrt[3]{96} : \sqrt[3]{324} = 2 : 3$; $\sqrt{(79^2 + 174^2)} : \sqrt{13} = 53 : 1$; $\sqrt{15463} : \sqrt{22743} = 27 : 47$; $\sqrt[3]{(368^2 - 361^2)} : \sqrt[3]{1512} = 3 : 2$. Das lezte Beispiel erklärt sich aus §. 139.4. Ueberhaupt aber kommt man mit den Tabellen der Faktoren leichter zum Zweck.

§. 268. **Wenn 2 Verhältnisse einem 3ten gleich sind, so sind sie unter sich gleich.** Denn wenn das dritte Verhältniß den Nahmen m hat; so muß auch das erste und zweite eben denselben Verhältnißnahmen haben, also müssen auch das erste und zweite gleiche Verhältnisse seyn.

$$\begin{array}{l} a : b = c : d \\ e : f = c : d \\ \hline a : b = e : f \end{array}$$

Dies nannten die Alten ex aequo simpliciter schließen.

§. 269. **Wenn man zwei Proportionen von ganz verschiedenen Verhältnißnahmen nach der Ordnung der Glieder in einander multiplicirt oder dividirt, so erhält man wieder richtige Proportionen.**

$$\begin{array}{ll} & a : ma = b : mb \\ & c : nc = g : ng \\ \hline \text{mult.} & ac : mnac = bg : mnbg \\ \text{div.} & \frac{a}{c} : \frac{m}{n} . \frac{a}{c} = \frac{b}{g} : \frac{m}{n} . \frac{b}{g} \end{array} \qquad \begin{array}{l} 7 : 14 = 5 : 10 \\ 3 : 9 = 4 : 12 \\ \hline 21 : 126 = 20 : 120 \\ \frac{7}{3} : \frac{14}{9} = \frac{5}{4} : \frac{10}{12} \end{array}$$

§. 270. Wenn folglich

I. $a:b = c:d$ oder II. $a:b = c:d$

$b:f = d:h$ $\quad f:b = h:d$

so ist $a:f = c:h$ $\quad a:f = c:h$

Denn I. $ab:bf = cd:dh$ §. 269. Daher $a:f = c:h$ §. 266. 5. In II. kann die zweite Proportion nach 266. 1 auch so gesezt werden $b:f = d:h$ daher es mit No. I. übereinkommt.

Dies nannten die Alten ordinatim ex aequo schließen.

§. 271. Wenn ferner

$a:b = c:d$ oder $a:b = c:d$

$b:f = g:c$ $\quad f:b = c:g$

so ist $a:f = g:d$ $\quad a:f = g:d$

Den Beweis führet man leicht wie im vorigen Paragraph aus §. 269, 266. 2. Uebrigens nannten die Alten dies perturbatim ex aequo geschlossen.

Sezt man $x:12 = 9:y$

$u:11 = 9:w$

und nimmt x und u alsdenn willkührlich, so bestimmen sich daraus y und w. Z. E. $x = 6$ giebt $y = 18$ und $u = 36$ giebt $w = 3$ nun ist $6:36 = 3:18$.

§. 272. I. **Wenn die Verhältnißnahmen beider Proportionen gleich sind, so erhält man eine richtige Proportion, wenn man die Glieder nach der Ordnung addirt oder von einander subtrahirt.**

Denn wenn $a:ma = b:mb$

$c:mc = d:md$

So ist add. $a+c:m(a+c) = b+d:m(b+d)$

subtr. $a-c:m(a-c) = b-d:m(b-d)$

welches richtige Proportionen sind, weil sie gleiche Verhältnißnahmen haben.

II.

II. Wenn aber die Verhältnißnahmen bey der Proportionen ungleich sind, so folgt auf die Art keine neue Proportion, es wären denn auch $a:c = b:d$ oder überhaupt 2 gleichnahmige Glieder der einen mit 2 gleichnahmigen Gliedern der andern in Proportion.

Denn es sey $a:ma = b:mb$

$c:nc = d:nd$

und $a:c = b:d$ so sey $\frac{c}{a} = p$

folglich $a:pa = b:pb$ d.i. $c = pa$ $d = pb$

Folglich ist

$$\begin{array}{l} a:ma = b:mb \\ \underline{pa:npa = pb:npb} \\ (1+p)a:(m+np)a = (1+p)b:(m+np)b \end{array}$$

Aber die Produkte der wittlern und äußern Glieder sind hier gleich. Und weil auch $(1+p)a:(1+p)b = (m+np)a:(m+np)b$ so erhellet es auch aus §. 266.5

Ex.

$$\begin{array}{ll} 5:10 = 7:14 & 5:10 = 7:14 \\ \underline{2:\ 4 = 3:\ 6} & \underline{2:\ 6 = 3:\ 9} \\ 7:14 = 10:20 & 7:16 \text{ nicht} = 10:23 \\ 3:\ 6 = 4:\ 8 & \text{weil sonst } 160 = 161 \text{ wäre} \end{array}$$

$$\begin{array}{l} 5:10 = 7:14 \\ \underline{15:45 = 21:63} \\ 20:55 = 28:77 \end{array}$$

§. 273. 3. Aus I folget, daß wenn

$$\begin{array}{l} a:b = c:d \\ e:f = c:d \\ g:h = c:d \\ \text{u. s. w.} \end{array}$$

so ist $a+e+g:b+f+h = c:d$

denn $a+e:b+f = 2c:2d = c:d$

da nun $g:h = c:d$

so ist $a+e+g:b+f+h = 2c:2d = c:d$

§. 274. Wenn $a:b=g:h$
$c:d=h:q$

So ist $ac:bd=g:q$

Denn es ist $ac:bd=gh:hq$ §. 268 $=g:q$ §. 266.

Eben so wenn $a:b=g:h$
$c:d=h:q$
$e:f=q:r$ etc.

So ist $ace:bdf=g:r$

Denn $ac:bd=g:q$
Nun ist $e:f=q:r$

Daher $ace:bdf=g:r$

Man sieht leicht wie sich diese Art zu schließen, auf noch mehrere gegebene Proportionen von dieser Form erstrecket, wo immer das vorhergehende Glied in der einen Columne dem nachfolgenden des darüber stehenden Verhältnisses gleich ist.

§. 275. Wenn man das Verhältniß einer Größe g zu einer andern q angeben soll, z. E. eines Dukaten zu einem Groschen, so kann man das entweder grade zu oder mit einmal thun, oder man giebt zuerst das Verhältniß von g zu einer Größe h, und dann das Verhältniß von h zu r an. Z. E. erst das Verhältniß des Dukatens zum Thaler und dann des Thalers zum Groschen. Nun ist Duk. : Thl. $= 11:4$
und Thl. : Gr. $= 24:1$

So war allgemein $g:h=a:b$
$h:q=c:d$

Man sagt alsdenn, das Verhältniß des Dukaten zum Groschen ist im **zusammengesezten** Verhältniß des Dukaten zum Thaler und des Thalers zum Groschen, oder es ist aus den Verhältnissen $11:4$ und $24:1$ zusammengesezt.

Man kann (oder muß vielmehr oft) noch mehrere Mittelverhältnisse annehmen; wie wenn man den Thl.

Thl. noch erst mit der Mark, und diese endlich mit dem Groschen verglichen hätte. So sieht man was es heiße, ein Verhältniß sey aus 3, 4 und mehrern zusammengesezt. Duk. : Thl. = 11:4
Thl. : Mark = 3:1
Mark : Gr. = 8;1 und im allgemeinen g:r im 274 Sph.

Wäre $g:h = a:b$ oder $g:h = a:b$
$h:q = c:b$ $h:q = a:b$
$q:r = a:b$

so sagt man g:q ist im **verdoppelten** Verhältnisse (duplicata) von a:b; g:r im **verdreifachten** (triplicata) von a:b u. s. w. Sonst auch im Decimalmasse

1 : 10 = 1 Skr. 1 Linie
1 : 10 = 1 Linie 1 Zoll
1 : 10 = 1 Zoll 1 Fuß
1 : 10 = 1 Fuß 1 Ruthe

Also der Scrupel zum Fuße in ratione quadruplicata von 1 : 10

Wie man durch das Multipliciren der unter einander stehenden Glieder aus den zusammengesezten Verhältnissen einfache bekomme, lehrt der 274 Sph. So ist nun Duk. : Gr. = 11.124 : 4.1 = 66:1. Eben daraus erhellet, warum das verdoppelte Verhältniß das **quadratische** das **verdreifachte** das **kubische** heißen könne. So ist in den Beispielen $g:q = a^2:b^2$; $g:r = a^3:b^3$ und Skr. : Ruthe $= 1:10^4$ Sezt man nun $a^2:b^2 = A:B$; $a^3:b^3 = C:D$; so wird man sagen können, es sey g:h in ratione subduplicata von $g:q = A:B$ d. i. $g:h = \sqrt{A}:\sqrt{B} = a:b$. Eben so g:h in ratione subtriplicata von $g:r = \sqrt[3]{C}:\sqrt[3]{D} = a:b$. Endlich ist Skr. : Linie in ratione quadruplicata von Skr. : Ruthe $\sqrt[4]{1}:\sqrt[4]{1000} = 1:10$

XII.

XII. Zusammenhang der praktischen Rechnungsregeln mit der bisherigen Theorie.

§. 276. Die Anwendung der in den 264.274 §. §. gezeigten Lehren, auf die Auflösung mancher, selbst auch im gemeinen Leben vorkommenden Aufgaben, heißt die **Regel Detri.** Sie kommt vor 1) wenn eine Größe mit der andern in gleichem Verhältnisse wächst und vermindert wird, z. E. Waaren und ihre Preise. Denn wenn zweimal soviel Waare gekauft wird, so muß man auch zweimal so viel geben, für die Hälfte der Waare giebt man auch nur halb so viel (Reg. Detri directa) 2) wenn eine Größe genau um so vielmal vermindert als die andere vermehret wird, z. E. die Zeit, in welcher eine Arbeit fertig wird und die Anzahl der Arbeiter, (Regula Detri inversa). Denn wenn ein und dasselbe Stück Arbeit von zweimal so viel Arbeitern gemacht wird, so braucht man nur die Hälfte der Zeit; wenn man noch einmal so viel Zeit mit der Arbeit zubringen kann, so braucht man nur halb so viel Arbeiter. Wenn daher gefragt wird, wie viel kosten 6 ℔ wenn 3 ℔ kosten 7 Thl., so verhalten sich die Zahlen der Thaler grade zu wie die Zahlen der Pfunde. Das gesuchte sey x; so ist 3 ℔ : 6 ℔ = 7 Thl. : x Thl. und $x = \frac{7.6}{3}$. Wenn aber gefragt wird: wie viel Zeit brauchen 6 Arbeiter zu einer Arbeit, womit 9 in 3 Tagen fertig werden; so sind die Zahlen der Arbeiter umgekehrt wie die Zahlen der Tage. Daher 6 Arb. : 9 Arb. = 3 Tag. : x und $x = \frac{3.9}{6}$.

Jede solche Frage besteht immer aus 2 Theilen, die man hier **Sätze** nennet, und zwar den Theil in welchem alles bekannte Grössen sind, den **bekannten,**

den

den aber, worin eine gesuchte Grösse vorkommt (die **Fragezahl**) nennt man den **Fragesaz**.

§. 277. Wenn 20 Arbeiter, die täglich 8 Stunden arbeiten, in 4 Wochen einen Damm von 300 Fuß lang fertig machen, in wie viel Wochen werden 16 Arbeiter, die täglich 12 Stunden an der Arbeit sind, mit einem Damm von 400 Fuß fertig. Man kann dies durch wiederholte Anwendung der einfachen Proportionsregel berechnen: aus beiden Sätzen nimmt man ein paar gleichnahmige Grössen, z. E. die Arbeiter und dann aus dem bekannten die der Fragezahl gleichnahmige Grösse, hier die Wochen, und schließt ohne noch auf die übrigen Stücke zu sehen

$$16 A. : 20 A. = 3 Woch. : w \text{ und es ist } w = \frac{20.4}{16} = 5.$$

Die Zahlen der Arbeiter sind umgekehrt gesezt, weil man schließet: je mehr Arbeiter je weniger Wochen. Allein es kommt auch auf die Größe der Arbeit mit an und man schließt, je größer die Arbeit je längere Zeit $300 F. : 400 Fuß = w : y$. Also $y = \frac{400.w}{300}$. Endlich weil sich die Wochenzahl **vermindert**, wenn täglich **mehr** Stunden gearbeitet wird; so ist

$$12 St. : 8 St. = y : x \text{ und } x = \frac{8.y}{12}.$$

Folglich $x = \frac{8.400.w}{12.300} = \frac{8.400.20.4}{12.300.16}$.

Wenn wir nun hier bemerken, welche von den Zahlen aus dem bekannten und welche aus dem Fragesaz genommen sind: so werden wir gewahr, daß wir diese Auflösung mit einem male finden konnten, wenn wir alle die Grössen des Fragesatzes, durch deren Verdoppelung, Verdreifachung u. s. w., wenn die übrigen Stücke unverändert bleiben, auch die gesuchte Zahl in eben dem Verhältnisse des doppelten, dreifachen u. s. w. **grösser** wird, zu Faktoren des

Zählers,

Zählers, diejenigen aber, durch deren Verdoppelung, Verdreifachung u. s. w. die Fragezahl um die Hälfte, das Drittel u. s. w. kleiner werden würde, zu Faktoren des Nenners machen. Die Zahlen des bekannten Sazes werden nun so geordnet, daß die mit der Fragezahl gleichnahmige Grösse in den Zähler, übrigens aber keine Zahl von gleichem Namen mit einer in dem Fragesaze mit ihr auf einer Seite des Strichs zu stehen komme. Wenn B auf den bekannten, F auf den Fragesaz deutet, und die Namen der Grössen beigesezt werden, so hat man

$$x\,\text{Woch.} = \frac{\overset{B}{4.\,\text{Woch.}} \times \overset{B}{20.\,\text{A.}} \times \overset{B}{8\,\text{St.}} \times \overset{F}{400\,\text{F.}}}{\overset{B}{300\,\text{F.}} \times \overset{F}{16\,\text{A.}} \times \overset{F}{12\,\text{St.}}}$$

§. 278. Dies ist dem wesentlichen nach, die so berühmte **Reesische Regel**, wenn wir nur mit **Rees** aus der horizontalen Stellung eine vertikale machen, die Posten des Zählers rechter Hand, und die Posten des Nenners linker Hand des Vertikalstrichs setzen, über leztern aber die Fragezahl schreiben, wie folget:

x W.	4 W.	oder	x W.	4 W.
300 F.	20 A.		16 A.	20 A.
16 A.	8 St.		300 F.	400 F.
12 St.	400 F.		12 St.	8 St.

Denn die übrige Behandlung des Exempels ist nun eben so, als wenn die Gestalt des Bruchs beibehalten wäre. Ich will die ganze Regel wiederholen.

Man nimmt den Fragesaz für sich. Die durch x ausgedruckte Fragezahl sezt man linker Hand eines Vertikalstrichs. Alsdenn erwägt

wäge man bei jeder Grösse in dem Fragesatze besonders, ob ihre Verdoppelung, Verdreifachung u.s.w. ceteris paribus machen würde, daß die Fragezahl doppelt, dreifach u. s. w. größer, oder um die Hälfte, den 3ten Theil kleiner werden müßte. Ist jenes, so sezt man sie der Fragezahl gegen über, rechter Hand des Strichs; ist dieses, schreibt man sie unter der Fragezahl linker Hand des Strichs. Darauf ordnet man die Zahlen des bekannten Satzes nach ihrem Nahmen so, daß nur nicht einerlei Nahmen auf derselben Seite des Strichs zu stehen kommen. Nachdem solchergestalt der Ansatz gemacht, so werden die Zahlen beider Reihen gegen einander aufgehoben (wie die Faktoren im Zähler und Nenner eines Bruchs). Wenn sich nichts mehr aufheben läßt, wird das Produkt der Zahlen in der Columne rechter Hand mit dem Produkt aus den Zahlen linker Hand dividirt, der Quotient ist die gesuchte Zahl. Weil die Zahlen rechter Hand blos in einander multiplicirt werden; so sagt man sie stehen in der **Multiplications-Columne**, und weil das Produkt aus den auf der linken Hand stehenden Zahlen der endliche Divisor wird; so stehen sie in der **Divisions-Columne**.

Sollten Brüche unter den Zahlen vorkommen, so werden sie dadurch weggeschaft, daß man den Zähler an seinem Orte läßt, den Nenner auf die gegenüberstehende Seite schreibt. Der Grund hiezu ist sichtbar.

Wir wollen zu obigem Exempel noch eins hinzufügen, und dann beide berechnen. Wenn der Scheffel Rocken 20 Gr. gilt, so wiegt ein 2 Gr. Brodt 6 ℔, wie viel muß ein 3 Gr. Brodt wiegen, wenn der Scheffel 1 Th. 8 Gr. gilt:

I.	x W.	4 W.
	16 A.	20 N.
	300 F.	400 F.
	12 St.	8 St.
	4	2
	6	
	3	10
	9	40

9)40|4$\frac{4}{9}$ W. = x

II.	x ℔	3 gr.
	1 thlr. 8 gr.	
	Kornpr.	6 ℔
	32 gr.	20 gr. Kornpr.
	2 gr.	10
	16	3
	8	5
	8	45

x = $\frac{45}{8}$ = 5$\frac{5}{8}$ ℔

Denn wenn der Kornpreis einerlei; so bekäme man noch einmal so viel Pf. für noch einmal so viel Groschen. Legt man aber gleiche Anzahl Gr. für Brodt an, so bekommt man bei doppeltem Kornpreis nur halb so viel Pf. für eben das Geld.

Rees hat seine Regel etwas anders vorgetragen. Die Meinige, denke ich, soll zu einerlei Zweck und noch sicherer führen. Ich habe wenigstens bemerkt, daß die Begriffe Ursache und Wirkung nicht so deutlich dem Anfänger gemacht werden können. Meine Vorstellung hebet die Schwierigkeit des Ansatzes sehr gut, indem sie die Aufmerksamkeit von einer Menge Objekte auf ein einziges lenket.

Anm. Uebrigens habe ich hier nach einer Bemerkung in der Vorrede zu Hr. Bussens Anleitung zum Gebrauch seines Rechenbuches statt des allgemeinen Wortes Vergrößerung, Verkleinerung, lieber Verdoppelung, Verdreifachung gesezt, um die Hälfte, um ein Drittheil kleiner, welches ich wegen §. 276 nicht so nöthig hielte, weil in gleichem Verhältniß Vergrössern auch das Verdoppeln einschließt, jedoch habe ich beim erläuternden Vortrage in den Klosterbergischen Rechenclassen seit dem Jahre 1773 immer es grade so gemacht, wie es die von ihm genannte Basedowsche Regel verlangt, ohne zu wissen, ob in Dessau eben so gelehrt werde oder nicht.

§. 279. Von der reesischen Regel ist denke ich **die Kettenregel** verschieden, deren sich die Kaufleute lange

lange vor Rees bedienten, wenn sie Münzen, Maaße und Gewichte nicht unmittelbar, sondern durch Zwischensäße verglichen; daher auch in den Wechselrechnungen. Sie kann kurz so gegeben werden: **Man fängt mit der Fragezahl an. Ihr gegenüber rechter Hand sezt man die Zahl worüber gefragt wird. Linker Hand sezt man von den gegebenen diejenige, welche mit der lezt genannten einerlei Namen, und ihr gegenüber diejenige, welche in der Aufgabe mit lezterer von einem Wehrte angegeben ist. Hierauf wieder zur Linken eine mit der lezt zur Rechten geschriebenen von einerlei Namen, und so weiter, bis zur Rechten eine Zahl kommt mit der gesuchten von einerlei Namen; das übrige wird nun wie bei der Reesischen Regel gemacht.** Z. E.

Man will 1000 Rthlr. in Friedr. d'or nach Holland übermachen: wie viel macht dies dort in Holl. Dukaten, wenn der Cours gegen Gold 135 pr. Cent (d. i. 135 Rthlr. pr. Gold sind 100 Rthlr. holl. Courant) und 1 Duk. = 5 Fl. 4 Stüver; 1 Fl. = 20 Stüver und $2\frac{1}{2}$ Fl. = 1 Rthlr. holl. Cour. ist?

x Duk.	1000 Thl. in Fr. d'or
135 thl. i. Frd'	100 thl. h. C.
2 thl. h. C.	5 fl. holl C.
1 fl. h. C.	20 Stüv. h. C
104 Stüb. h. C	1 Duk.
27	25
26	5
13	
351 x =	125000
x = $\frac{[illegible]1\,000}{351}$	= $356\frac{44}{351}$ Duk.

135 : 100 = 1000 thl. in Fr. d'or : v thl. h. C.
2 : 5 = v thl. h. C. : w fl. h. C.
1 : 20 = w fl. h. C. : y Stüv. h. C
104 : 1 = y Stüv. h. C. : x Duk.

135.2.1.104 : 100.5.20.1 = 1000 : x Duk

Dies giebt $x = \frac{1000 \cdot 100 \cdot 5 \cdot 20}{135 \cdot 2 \cdot 104}$

oder $x = 356\frac{44}{351}$

Die beigesezte Berechnung nach der gemeinen Art zeiget wie die Kettenregel aus §. 272. folget.

§. 280. Es können Beispiele vorkommen, bei welchen **beide** Regeln ihre Anwendung finden. Dergleichen ist folgendes: Man kann ein Hauswesen von 10 Personen mit 50 Rthlr. prß. Cour. für Brodt das Jahr herdurch erhalten, wenn der Berl. Schfl. 1 Rthl. kostet; wie viel Cassengeld wird man für 8 Personen gebrauchen, wenn der Himten 18 Ggr. kostet? Man weiß daß 3 Schfl. = 5 Himten; 14 Thl. Cassengeld = 15 Thl. Gold sind, und Courant 5 pr. cent schlechter als Gold ist.

Der Ansaz ist dieser:

x Thl. Casseng.	8 Pers.
10 Pers.	18 Gr. Cassengeld der Himten
24 Gr. Cour.	50 Thl. prß. Cour.
105 Thl. C.	100 Thl. Gold
15 Thl. Gold	14 Thl. Casseng.
3 Schfl.	5 Himten

Fac. 44 Thl. 10 Gr. 7 Pf. Cassengeld.

Der erste Theil ist nach der Reesischen Regel geordnet; dann das prß. Courant durch die Kettenregel auf Cassengeld gebracht. Nun war noch in Anschlag zubringen, daß einmal vom Scheffelpreis, das andere mal vom Himtenpreis die Rede war. Dadurch mußte die Ausgabe grösser werden in dem Verhältniß 5:3. Man sezt daher 5 in die Multiplications- und 3 in die Divisions-Columne. Eine Gehülfsregel die in ähnlichen Fällen zu nutzen ist. Doch hätte man auch 1 Himten gleich $\frac{3}{5}$ Schfl. nennen können, und weil der jährliche Aufwand doppelt so groß werden muß, wenn man nur halb so viel Getraide für eben den Preis erhält; so kamen $\frac{3}{5}$ Schfl. in die Divisions- und 1 Schfl. in die Multiplications-Columne.

Folgendes Beispiel läßt sich nach eben den Regeln berechnen. In Danzig macht eine Tonne Getraide 2000 ℔ und hält 30 Schfl. oder 20 Septiers.

Die

Die ganze Polnische Erndte schäzte man in Polens noch unzertheiltem Zustande auf eine Million Lasten oder 2 Millionen Tonnen. Polen war um $\frac{1}{10}$ grösser als Frankreich. Lezteres erndtete 45 Millionen Septiers. Der englische Getraidebau war 6 mal grösser oder die Cultur 6mal weiter getrieben als die französische, wie verhielt sich die polnische Cultur zur englischen, oder wie viel polnische Erndten würden auf eine englische gehen, wenn die Oberfläche gleich wäre?

x poln. Ernt	1 engl.
1 engl.	6 franz.
1 franz.	45 Mill. Sept.
20 S.	1 Tonne
2 T.	1 Last
1 Mill. Last	1 Poln. Ernte
10	11
4	9
	3
40	$\frac{297}{40} = 7\frac{17}{40}$

Die Verhältniß der Grösse Polens und Frankreichs 11:10 mußte hier so in den Ansatz kommen, daß die grössere Zahl in die Multiplicationscolumne kam. Denn je grösser das Land desto geringer ist seine Cultur gegen ein anderes von eben der Grösse, wenn es darum nicht mehr trägt; und desto mehr seiner Erndten gehen auf die Erndte des andern. Auf die Art wären $7\frac{17}{40}$ polnische Erndten = **einer** englischen d. i. Englands Getraidebau übertraf den polnischen $7\frac{17}{40}$mal.

Ausser **Reesens** eignem Werkchen kann man sich in **Willichs** Erläuterung der Reesischen Regel und in **Schmidts** Rechenkunst weiter Raths erholen. Lezterer unterscheidet die Reesische Regel nicht von der Kettenregel.

§. 281. Die sogenannte **Gesellschaftsrechnung** wovon die **Vermischungsrechnung** nur dem Objekt nach verschieden ist, gründet sich auf die allgemeine Aufgabe: ein Ganzes in Theile nach einem gegebenen Verhältniß einzutheilen. Es sey das Ganze a; die gesuchten Theile x, y, z das Verhältniß b:c:d;

so ist $b + c + d : a = b : x; = c : y; = d : z$ u. s. f. wovon der Grund leicht zu zeigen ist.

Kürze halber führe ich nur noch an, daß hiernach die Vertheilung des ganzen Gewinns oder Verlusts a zu machen, wenn mehrere Personen im Verhältniß der Grössen b, c, d Theil woran haben. Auch gehört die **Haverei** hieher, wo beim Sturm eines Theilhabers Waaren ausgeworfen sind und der Schaden nun vertheilt werden soll; imgleichen der Fall, wenn der Haupterbe die Quartam Falcidiam vorwegnimmt, wobei, wenn das Vermögen nicht hinreicht, die Legatarii verhältnißmäßig verlieren. Siehe **Polack** S. 28 und im 4ten und 5ten Kapitel.

Bey **Repartitionen** nennt man die Zahl den **Fuß**, welche anzeigt, in was für einem Verhältniß jeder Theilnehmende in Anschlag zu bringen. Sind hier verschiedene Rücksichten zu gebrauchen, so muß man die verschiedenen dadurch gefundenen Zahlen in einander multipliciren; die Produkte geben den **mittlern** Repartitionsfuß. Z. E. wenn eine Brandcollekte zu vertheilen wäre; so wäre zu untersuchen: den wie vielten Theil seines Vermögens hat jeder verunglückte verloren, und wie viel von seinem eignen will er zum Bau anwenden? Beider Zahlen Produkte geben hier die Grössen b, c, d, u. s. w. Siehe **Ungers** Beiträge XI. Abh. §. 37 ff.

Noch gehören hieher solche Aufgaben, wenn eine gewisse Menge von einer Materie, die aus verschiedenen Ingredienzen, deren Verhältniß man weiß, zusammengesezt ist, geschaft werden soll, die eigentliche Quantität jeder Ingredienzen zu finden. Z. E. Schießpulver, Recepte, u. a. m.

§. 282. Wenn zweierlei Materien von verschiedenem Wehrte oder Gehalte so untereinander gemenget werden sollen, daß ein mixtum von einem Mittelwehrte

wehrte herauskomme; so giebt die Algebra dazu eine allgemeine Regel, die man in der praktischen Rechenkunst aufgenommen hat, und **Alligationsregel** nennet. Es sey von einem Maaße der bessern Sache A der Wehrt = b; der Wehrt eines eben so grossen Maaßes der schlechtern Materie B sey p; der Wehrt eines solchen Maaßes des mixti soll m seyn. Das gesuchte Verhältniß worin man die Ingredienzen A und B zusammenmengen muß, ist x:y, das bessere zum schlechteren. Nun haben x Maaße von A den Wehrt bx; und y Maaße von B den Wehrt py. Jedes Maaß in der Summe x + y soll den Wehrt m haben. Das ganze mixtum hat also den Wehrt $m(x+y) = mx + my$. Folglich ist $bx + py = mx + my$ und $bx - mx = my - py$ d. i. $(b-m)x = (m-p)y$ oder $b - m : m - p = y : x$. Hieraus hat man folgende Regel gemacht: **Man schreibe den bessern und schlechtern Preis oder Gehalt unter einander, den mittlern zur linken. Zur Rechten setze man bey dem bessern den Unterschied des schlechtern vom mittlern, und bey dem schlechtern den Unterschied des bessern vom mittlern; so zeigen die Differenzen das Verhältniß, worin die gesuchten Materien zu nehmen.**

m	b	m — p wie x		13	15	3
	p	b — m wie y			10	2

Wein, zu 15 Thl. der Anker, soll mit Wein zu 10 Thl. so vermischt werden, daß ein Wein zu 13 Thl. der Anker entstehe oder 15 lötiges Silber soll mit 10 lötigem in dem Verhältniß legirt werden, daß das mixtum 13 lötig sey; wird wie das Exempel zeigt berechnet werden. Nämlich wenn 3 Theile vom bessern genommen werden, so müssen 2 Theile vom schlechtern hinzukommen. Wenn ein bestimmtes Quantum z. E. 40 mk. vom Gemische geschaft werden sollen, so sagt man 5:3=40:24. d. i. 24 Mark vom bessern und also 16 Mark vom schlechtern müssen legirt werden.

Wenn 35 Mark vom 15 lothigen vorräthig wären, wie viel müßte 10 löthiges hinzugesezt werden, um 13 löthiges zu bekommen; hiesse 3:2=35:23$\frac{1}{3}$, zehnlöthiges ist der Zusatz.

XIII. Von geometrischen Progressionen und Reihen, auch von den Logarithmen.

§. 283. Eine **geometrische Progression** ist eine Reihe Zahlen, in welcher die folgenden immer gleich vielmal grösser oder kleiner werden. Jede zwei auf einander folgenden Zahlen haben daher einerlei Verhältnißnahmen; jede 3 neben einanderstehende, und auch gleichweit von einanderstehenden machen eine stetige Proportion. Dies erhellet deutlich aus der allgemeinen Form.

Zeiger	1	2	3	4	5	6		n—1	n
Reihe	a	ma	m^2a	m^3a	m^4a	m^5a	..	$m^{n-2}a$	$m^{n-1}a$
	2	6	18	54	162	486			

Die arithm. Reihe 1, 2, 3, 4 .. zählet die Glieder der geom. Reihe auf, und heißt der Zeiger (Index)

§. 284. Z. 1. Weil nun a das erste Glied, m der Verhältnißnahme, so läßt sich lezterer finden, wenn man das zweite und erste Glied weis. Denn $\frac{ma}{a} = m$ und $\frac{6}{2} = 3$.

§. 285. Z. 2. **Alle Glieder nach der Ordnung** werden gefunden, wenn man mit dem Verhältnißnahmen jedes vorhergehende schon gefundene multipliciret.

§. 286. Z. 3. **Jedes Glied ausser der Ordnung** oder das nte Glied wird gefunden, wenn man den

den Verhältnißnahmen zu einer Potenz erhebt, deren Exponent um 1 kleiner als die Zahl des Gliedes im Zeiger, und diese Potenz mit a multiplicirt. Oder das allgemeine Glied (terminus generalis) einer solchen Reihe ist $m^{n-1}a$.

§. 287. Z. 4. Weiß man die Anzahl aller Glieder sey n, das erste Glied a, der Verhältnißnahme m, und nennt man nun **das lezte Glied** u; so ist $u = m^{u-1}a$ oder im speciellen Falle $u = 3^3 . 2 = 54$

§. 288. Z. 5. Ist m eine ganze Zahl oder uneigentlicher Bruch; so erhält man eine **aufsteigende Reihe**, deren folgende Glieder immer grösser werden; ist m ein eigentlicher Bruch, so erhält man eine **fallende** Reihe.

§. 289. Man darf nur zwischen jede 2 Glieder einer geom. Reihe wie §. 283 die **mittleren Proportionalgrössen** suchen und **einschieben**, so erhält man wieder eine geom. Progression

$$a \quad \sqrt{m a^2} \quad ma\sqrt{m^3 a^2} \quad m^2 a \quad \sqrt{m^5 a^2} \quad m^3 a \quad . \quad . \quad .$$

$$a \quad m^{\frac{1}{2}}.a \quad ma \quad m^{\frac{3}{2}}a \quad m^2 a \quad m^{\frac{5}{2}}a \quad m^3 a \quad . \quad . \quad .$$

wovon der Verhältnißnahme $m^{\frac{1}{2}} = \sqrt{m}$ ist. Auf diese Art kann man nun noch weiter **interpoliren.**

§. 290. Wenn man mit dem ersten Gliede oder a jedes Glied der Reihe dividirr, so erhält man jederzeit **eine Reihe deren erstes Glied 1, und die übrigen Potenzen des Verhältnißnahmen m sind. Denn die Hauptform verwandelt sich in diese 1,** $m, m^2, m^3, m^4, m^5 — m^{n-2}, m^{n-1}$.

§. 291. Die Entstehungsart einer jeden solchen geom. Reihe die mit 1 anfängt, und deren Verhältnißnahme nun das zweite Glied ist, kann man sich wie §. 285 vorstellen: Von 1 an wird jedes folgende Glied aus dem vorhergehenden so gemacht, daß das vorhergehende schon gefundene mit dem zweiten Gliede mul-

multiplicirt wird. Oder man kann alle Glieder der Reihe, durch wiederholte Anwendung (Zusammensetzung) des Verhältnisses des ersten und zweiten Gliedes, welches das **Grundverhältniß** heißt, aus der 1 finden. Man schließt nämlich beständig wie 1 zum 2ten Gliede, so das vorhergehende Glied der Reihe zum nachfolgenden. Dies Verfahren ist eben wie im Beispiel des 275 §., wo das Verhältniß 1:10 einmal gesezt aus 1 Skrupel 1 Linie, zweimal gesezt aus 1 Skrupel einen Zoll; 3mal gesezt aus ein Skrupel einen Fuß und viermal gesezt aus 1 Skrupel eine Ruthe, alles im Decimalmaaß, machet. Denn grade so ist es mit folgender sowol allgemeinen als in Zahlen ausgedrückten Vervielfachung des Grundverhältnisses bewandt. Ich will nun dies Verfahren in einer Tabelle allgemein und mit einem Beispiele vorstellen. In der ersten Proportion ist 1 selbst das vorhergehende Glied, und das Grundverhältniß 1:a

1	$1:a = 1:a$	$1:10 = 1 :10 = 10$
2	$1:a = a:a^2$	$1:10 = 10 :10^2 = 100$
3	$1:a = a^2:a^3$	$1:10 = 10^2:10^3 = 1000$
4	$1:a = a^3:a^4$	$1:10 = 10^3:10^4 = 10000$
5	$1:a = a^4:a^5$	$1:10 = 10^4:10^5 = 100000$
-	- - - - -	- - - - - - - - -
-	- - - - -	- - - - - - - - -
n−1	$1:a = a^{n-2}:a^{n-1}$	$1:10 = 10^{n-2}:10^{n-1}$ -
n	$1:a = a^{n-1}:a^n$	$1:10 = 10^{n-1}:10^n$ -

Man sieht nun wol, daß die Reihe der natürlichen Zahlen in der ersten Vertikalcolumne, aufzähle, wie oft das Grundverhältniß angewandt oder gesezt worden, um aus 1 jedes Glied der Reihe 1, a, a^2, a^3 u. s. w. zu machen. **In so fern heissen die Zahlen die Verhältnißzahlen oder Logarithmen der Glieder in der geometr. Progreßion.** So ist 4 der Logarithme von a^4 oder in dem speciellen Falle

von

von 10000 = 10^4; n ist der Logarithme von a^n. Eigentlich sollte man wie §. 275 sagen: **diese Zahlen 1.2.3 zeigen an aus wie vielen Grundverhältnissen 1:a; 1:10 die Verhältnisse $1:a^n$; $1:10^n$ zusammengesezt sind, und sind davon die Logarithmen.** Aber es ist hier um so mehr zulässig, sie die Logarithmen der Zahlen a^2; 10^2 = 100 u. d. gl. zu nennen, da jede Zahl selbst nichts anders als das Verhältniß einer gewissen Menge zur Einheit ist.

So sind also die natürlichen Zahlen oder die arithmetische Reihe 1, 2, 3, 4, 5 u. s. w. die Logarithmen der Zahlen in jeder geometrischen Reihe die mit 1 anfängt, das Grundverhältniß sey welches es wolle; so daß 1 immer der Logar. des zweiten Gliedes oder der **Grundzahl**, hier also überhaupt von a oder a^1, von 10 oder 10^1; 2 der Logarithme der zweiten Potenz der Grundzahl, hier von a^2 oder 10^2 = 100; 3 von a^3 oder 10^3 = 1000, überhaupt n von a^n oder 10^n ist.

§. 292. In einer geometr. Reihe also, die mit 1 anfängt, sind die Exponenten der Glieder nichts als Potenzen der Grundzahl (des Verhältnißnahmens §. 290) diese Exponenten zählen selbst es auf, das wie vielste Glied ein jedes nach dem ersten ist, und wie oft das Grundverhältniß gesezt worden, um jedes Glied aus dem ersten zu machen, und so können auch **diese Exponenten, weil sie einerley mit den correspondirenden Gliedern der arithm. Reihe 1, 2, 3 u. s. w. sind, ebenfalls die Logarithmen der Zahlen heissen, die sie ausdrücken**; und wenn man also weis was für eine Potenz der Grundzahl eine Zahl ist, so weiß man auch ihren Logarithmen, und umgekehrt.

§. 293. In so fern eben dieselben Logarithmen ganz **verschiedenen** Zahlen zugehören, nach dem man nämlich das Grundverhältniß, also auch die Grundzahl, deren Logarithme 1 ist, anders annimmt, kann es verschiedne **Logarithmensysteme** geben. In dem gemeinen oder **Briggischen** ist 1:10 das Grundverhältniß und 10 die Grundzahl.

§. 294. Eine geometrische Progreßion wie die im vor. §. kann auch in **niedersteigender** Ordnung dadurch fortgeführt werden, daß man mit dem zweiten Gliede a die 1, und das so entstandene wieder mit diesem a dividirt. Gleichergestalt kann man zwischen jede zwei Glieder hier so wie bey den geom. Reihen §. 289. überhaupt neue Glieder und immer wieder neue Glieder einschieben. Beides stellen folgende Reihen dar, welche sich aus §. 181. 182 und dem vor. §. erklären. Daß man nämlich $a = a^1$; $10 = 10^1$ gesezt, folgt aus §. 181.; und stimmt damit zu, daß der Grundzahl Exponent und Logarithme = 1 seyn muß. Daß $1 = a^0 = 10^0$ sey, lehrt ebenfalls §. 181. Daß $\frac{1}{a}$ durch a^{-1}; $\frac{1}{10}$ durch 10^{-1}; $\sqrt[2]{\frac{1}{10}}$ durch $10^{-\frac{1}{2}}$ u. s. w. ausgedrückt werden kann zeigt §. 182.

geometr.	Reihe		Logar.
a^2	10^2	100	2, 00
$a^{\frac{7}{4}}$	$10^{\frac{7}{4}}$	$\sqrt[4]{10^7}$	1, 75
$a^{\frac{3}{2}}$	$10^{\frac{3}{2}}$	$\sqrt{1000}$	1, 50
$a^{\frac{5}{4}}$,	$10^{\frac{5}{4}}$	$\sqrt[4]{10^5}$	1, 25
a^1	10^1	10	1, 00
$a^{\frac{3}{4}}$	$10^{\frac{3}{4}}$	$\sqrt[4]{10^3}$	0, 75
$a^{\frac{1}{2}}$	$10^{\frac{1}{2}}$	$\sqrt{10}$	0, 50
$a^{\frac{1}{4}}$	$10^{\frac{1}{4}}$	$\sqrt[4]{10}$	0, 25
a^0	10^0	1	0, 00
$a^{-\frac{1}{4}}$	$10^{-\frac{1}{4}}$	$\sqrt[4]{\frac{1}{10}}$	−0, 25
$a^{-\frac{1}{2}}$	$10^{-\frac{1}{2}}$	$\sqrt[2]{\frac{1}{10}}$	−0, 50
$a^{-\frac{3}{4}}$	$10^{-\frac{3}{4}}$	$\sqrt[4]{\frac{1}{1000}}$	−0, 75
a^{-1}	10^{-1}	$\frac{1}{10}$	−1, 00
- -	- -	- - -	- - -
- -	- -	- - -	- - -
- -	- -	- - -	- - -
a^{-2}	10^{-2}	$\frac{1}{100}$	−2, 00

Es sind ferner die Bruchexponenten der eingeschalteten Reihenglieder, auf Decimalbrüche gebracht als Logarithmen der durch sie bezeichneten Zahlen, oder deren Verhältnisse zur Einheit, gesezt, und dadurch der 292 §. ganz allgemein zum Grunde gelegt. Aber es ist hier auch nichts geschehen als wozu §. 275 berechtiget. Es war dort das Beispiel der Zusammensezung der Verhältnisse gegeben:

1 : 10 = 1 Skrupel : 1 Linie
1 : 10 = 1 Linie : 1 Zoll und 1 : 100 = Skr. : Zoll
1 : 10 = 1 Zoll : 1 Fuß 1 : 1000 = Skr. : Fuß
1 : 10 = 1 Fuß : 1 Ruthe

1 : 10000 = 1 Skr. : 1 Ruthe

Sezt man nun hier 10000 = a als Grundzahl; so war es Skr. : Zoll = 1 : 100 = 1 : $a^{\frac{1}{2}}$ = 1 : $\sqrt{10000}$, ratio subduplicata von 1 : a. Skr. : Lin. = 1 : $a^{\frac{1}{4}}$ = 1 : $\sqrt[4]{100000}$ (ratio subquadruplicata). Skr. : Fuß = 1 : $a^{\frac{3}{4}}$ = 1 : $\sqrt[4]{10^3}$ = 1 : 1000. Und die Bruchexponenten $\frac{1}{2}$, $\frac{1}{4}$, $\frac{3}{4}$ deuten nun offenbar darauf, daß man das Verhältniß 1 : 10000 in 4 Theile theilen, und von diesem Ganzen die Hälfte $\begin{matrix}1:10\\1:10\end{matrix}$; den vierten

ten Theil 1:10 endlich ¼ d. i. 1:10
1:10
1:10
1:10

nehmen müsse, um aus einem Skr. einen Zoll; aus einem Skrupel eine Linie; aus einem Skrupel 1 Fuß zu machen. Bei der Grundverhältniß 1:10 zeigt nun eben so $1:\sqrt{10} = 1:10^{\frac{1}{2}}$, daß 1:10 in 2 Theile $\left(\begin{matrix}1:10^{\frac{1}{2}}\\ 1:10^{\frac{1}{2}}\end{matrix}\right)$ $=$ 1:10 getheilt werden, und die Hälfte davon die Zahl $\sqrt{10}$ geben würde. Eben so zeigt $1:\sqrt[4]{10} = 1:10^{\frac{1}{4}}$ daß man 1:10 in die vierfache Verhältniß $1:10^{\frac{1}{4}}$ zerfällen und nur eine davon $\sqrt[4]{10}$ geben würde. So zeigen also die Exponenten bei $10^{\frac{1}{2}}$, $10^{\frac{1}{4}}$ allerdings an, wie vielmal das Grundverhältniß oder was für ein Theil des Grundverhältnisses angewandt werden müsse, um sie hervorzubringen; und so sind also $\frac{1}{2}$; $\frac{1}{4}$ die Verhältnißzahlen (Logarithmen) der durch $\sqrt{10}$, $\sqrt[4]{10}$ vorgestellten Zahlen. Man sieht daß diese Vorstellung ganz allgemein ist, da alle diese Bruchexponenten sich darauf beziehen, daß 10^{x} den Logar. 1 hat. Auf die Brüche $\frac{1}{a}$; $\frac{1}{a^2}$ trift dieses alles auch, nur daß die Exponenten und also die Logarithmen negativ seyn müssen.

§. 295. Aus allem diesen ist nun offenbar, daß in dem gemeinen Logarithmensystem blos 10 und die Potenzen von 10 **ganze Zahlen zu Logarithmen** haben können. Logarithmen für andere Zahlen unter 10 müssen **eigentliche**, für Zahlen über 10 **uneigentliche Brüche** seyn. Die Brüche als Zahlen haben negative ganze oder gebrochene Logarithmen. Da es indessen bei der Absicht, die man bei den Logarithmen hatte ganz darauf ankam, sie für diese zwi-

schen

schenliegendrn Zahlen zu finden; so muß hier noch gezeigt werden, wie das gemacht worden ist. Nur für die Zahlen, welche den interpolirten Wurzelgrössen $10^{\frac{1}{2}}$, $10^{\frac{3}{4}}$, überhaupt $10^{\frac{n}{m}}$ gleich sind, passen die Logarithmen $\frac{1}{2}$, $\frac{3}{4}$, überhaupt $\frac{n}{m}$. Dies werden aber lauter Irrationalzahlen (denn $10^{\frac{1}{2}}$, $10^{\frac{3}{2}}$, $10^{\frac{5}{2}}$, $10^{\frac{7}{2}}$ u. s. w. sind alle irrational). Indessen mußten **Brigg** und **Vlacq**, um ihren Zweck zu erreichen, den beschwerlichsten Weg einschlagen und wenn sie z. E. für die Primzahl 5 den Logarithmen suchten, so lange durch Ausziehung der Quadratwurzel aus den Produkten solcher Zahlen, zwischen welchen 5 liget, wo sie des Systems wegen mit $\sqrt{1 . 10}$ anfingen, sich der 5 zu nähern suchen, bis sie dieselbe so genau erhielten, daß der Unterschied von der wahren 5 kein 10 Milliontheilchen mehr betrug. Den Exponenten der Bruchpotenz von 10, welche diesem 5 **beinahe** gleich ist, drückten sie bis auf 10 Milliontheilchen genau aus. So hatten sie einen Decimalbruch, der den Logarithmen von 5 zum Gebrauch genau genug darstellt. Die Rechnung stand etwa so:

Wurzeln			Zahlen	Logarithm.
$\sqrt{10 . 1}$	$= \sqrt{10}$	$= 10^{\frac{1}{2}}$	$= A = 3{,}162277$	$\frac{1}{2} = 0{,}5$
$\sqrt{10^1 . A}$	$= \sqrt{10^{\frac{3}{2}}}$	$= 10^{\frac{3}{4}}$	$= B = 5{,}623413$	$\frac{3}{4} = 0{,}75$
$\sqrt{A . B}$	$= \sqrt{10^{\frac{5}{4}}}$	$= 10^{\frac{5}{8}}$	$= C = 4{,}216965$	$\frac{5}{8} = 0{,}625$
$\sqrt{B . C}$	$= \sqrt{10^{\frac{11}{8}}}$	$= 10^{\frac{11}{16}}$	$= D = 4{,}869675$	$\frac{11}{16} = 0{,}6875$

Nun liegt 5 nicht zwischen D und C; sondern zwischen D und B; also

$\sqrt{D . B}$	$= \sqrt{10^{\frac{23}{16}}}$	$= 10^{\frac{23}{32}}$	$= E = 5{,}232991$	$\frac{23}{32} = 0{,}71875$
$\sqrt{D . E}$	$= \sqrt{10^{\frac{45}{32}}}$	$= 10^{\frac{45}{64}}$	$= F = 5{,}048065$	$\frac{45}{64} = 0{,}703125$
$\sqrt{D . F}$	$= \sqrt{10^{\frac{89}{64}}}$	$= 10^{\frac{89}{128}}$	$= G = 4{,}958068$	$\frac{89}{128} = 0{,}6953125$

Sezt

Sezt man diese Operation fort; so kommt man bei der 22ten Ausziehung der Wurzel auf eine Zahl 5,000000 die bis in die 6te Decimalstelle von 5 nicht verschieden, und deren Logarithme 0,6989700 ist; sezt man die Arbeit bis zur 26ten Ausziehung der Wurzel fort, so kommt man auf eine Zahl 5,0000000 deren Logarithme bis zur 8ten Decimalstelle 0,69897000 ist und dies heißt also: es ist bis auf etwas unbedeutendes $5 = 10^{\frac{46896222}{67108864}} = 10^{0,69897000}$ zu sezen. Auf eben die Art sind von mehrern Primzahlen die Logarithmen gesucht, z. E. man hat gefunden, daß 3 beinahe $= 10^{0,4771213}$, mithin Log. $3 = 0,4771213$ sey. So wäre auch $\frac{1}{3} = \frac{1}{10^{0,4771213}} = 10^{-0,4771213}$ und log. $\frac{1}{3} = -0,4771213$. Nach diesem soll nun der Buchstabe l nichts anders als Logarithme bedeuten, z. E. lb, l15 soll heissen der Logar. von b, der Logarithme von 15.

§. 265. **Der Logarithme eines Produkts, ist die Summe der Logarithmen seiner Faktoren, und der Logarithme eines Quotieuten, ist der Unterschied zwischen den Logarithmen des Dividends und Divisors.**

Bew. 1. Alle Zahlen wofür man Logarithmen berechnet hat, sind nach §. 294. anzusehen als Potenzen von der 10, oder überhaupt von a mit ganzen oder gebrochenen Exponenten. Es mögen n und m solche Exponenten vorstellen. Der eine Factor sey a^n, so ist sein Logarithme n; der andere sey a^m, sein Logarithme ist m. Nun ist $a^n . a^m = a^{m+n}$ §. 179. Also ist $l\, a^n . a^m = l\, a^{m+n} = m + n =$ der Summe der Logarithmen der Faktoren.

2. Eben

2. Eben so ist $l \frac{a^n}{a^m} = l\, a^{n-m} = n - m =$ dem Unterschiede unter den Logarithmen des Dividends und Divisors.

Z. E. $l\, 100 \,.\, 1000 = l\, 10^2 \,.\, 10^3 = l\, 10^5 = 5$ und 5 ist die Summe $2 + 3$. Aber 2 war von $100 = 10^2$ und 3 von $1000 = 10^3$ der Logarithme. Ferner $l \frac{10000}{10} = l \frac{10^4}{10^1} = l\, 10^3 = 3 = 4 - 1$ dem Unterschiede der Logarithmen von 10000 und 10. Eben so ist wenn $a = 10$; $3 \cdot 5 = 10^{0,4771213} \cdot 10^{0,69897} = 10^{1,1760913}$ und log. $15 = 1,1760913$, ferner da $\frac{5}{3} = 10^{0,2218487}$; so ist $l \frac{5}{3} = 0,2218487$

Hieraus erhellt auch, weswegen in jedem System $l\,.\,1 = 0$ seyn muß. Denn es ist $1 = \frac{a}{a}$. Also $l\,.\,1 = l\,a - l\,a = 0$ welches mit der Bezeichnung $1 = a^0 = 10^0$ §. 181 übereinstimmt.

§. 297. Wenn man nun sezt: die Logarithmen von 1, 3 5, 7, 10 waren einmal berechnet; so ist $l\,2 = l \frac{10}{5} = l\,10 - l\,5$; $l\,4 = l\,2\,.\,2 = l\,2 + l\,2 = 2\,l\,2$; $l\,6 = l\,2\,.\,3 = l\,2 + l\,3$; $l\,8 = l\,2 + l\,4$; $l\,9 = 2\,l\,3$. Nun müßte $l\,11$ wieder besonders gesucht werden. Aber $l\,12 = l\,3 + l\,4$. Ferner mußte $l\,13$ besonders gesucht werden, $l\,14$, $l\,15$, $l\,16$ giebt die Addition; $l\,17$, $l\,19$ aber und zwischen 20 und 30 $l\,23$ und $l\,29$ werden besonders gesucht; so daß man überhaupt sieht, daß $l\,2$ ausgenommen, die Logarithmen der Primzahlen alle besonders zu suchen waren.

§. 298. Die auf diese Art gefundenen Logarithmen der Zahlen hat man nun so in Tabellen gebracht, daß sie ihren zugehörigen Zahlen gegenüber stehen. Man kann diese Tabellen in **grosse, mittlere** und **kleine** eintheilen. Die grossen in Fol. Format

mat, wovon mehr in der Geschichte der Trigonometrie vorkommt, geben die Logarithmen bis zu 10 Decimalstellen für 100000 und 101000 Zahlen wie die neuesten von **Vega**. Die kleinen Handtabellen geben nur 10000 Logarithmen bis auf 7 Decimalstellen. Die Ziffer in der Stelle der ganzen Zahlen heißt die **Kennziffer** oder **Charakteristik**. Die 7 Decimalstellen machen die **Mantisse** aus; die Kennziffer ist 0 von 1 bis 10; 1 von 10 bis 100; 2 von 100 bis 1000 nach §. 291. Eben darum ist sie in den Handtabellen mittlerer Grösse nach der Zahl 1000 weggelassen, weil da sich von selbst versteht, daß für die Zahlen zwischen 10^n und 10^{n+1} die Kennziffer n seyn muß. Daher geben die **Sherwinschen, Schulzischen** und **Vegaschen** Handtabellen, Mantissen von 7 Decimalstellen als Logarithmen von 101000 Zahlen zusammt deren Differenzen und ihren Zehntheilen. Da die kleinen **Vegaschen** sehr wohlfeil sind, sie kosten nur 1 thlr. 4 gr., so sind sie jedem zu empfehlen. Die ganz neuen **Calletschen** enthalten 108000 Logarithmen, und für die lezten Tausende 8 Decimalstellen.

§. 299. Bei so eingerichteten Tafeln kann man daher ohne weiteres ein Produkt (wenigstens wenn es (resp.) 1000, 101000, 108000 nicht übersteigt) durch bloßes Addiren der Logarithmen der Faktoren finden. Z. E. Man sucht 34 . 57. Man nimmt aus den Tafeln

$$l\,34 = 1{,}5314789$$
$$l\,57 = 1{,}7558748$$
$$l\,34 \cdot 57 = 3{,}2873537$$

Die gefundene logarithmische Zahl sucht man in den Tafeln auf, so ist das gegenüberstehende 1938 das Produkt. Weil die Logarithmen abgebrochene Zahlen

len sind und man, wenn in den grossen Tafeln die 8te Decimalziffer 5 und drüber war, zu der siebenten Stelle 1 hinzusezte, so kann etwa die lezte auch wol die vorlezte Ziffer nicht zutreffen; worauf man aber nicht achtet.

Eben so kann man einen Quotienten, (wenigstens wenn der Dividend unter (resp.) 10000, 101000, 108000 ist und wenn die Zahlen in einander aufgehen) durch bloßes Subtrahiren der Logarithmen mittelst der Tafeln finden. Z. E. Es ist 4606 zu dividiren mit 47; so ist

$$l\,4606 = 3{,}6633239$$
$$l\;47 = 1{,}6720979$$
$$l\,\frac{4606}{47} = 1{,}9912260 = l\,98.\ \text{nach den Tab.}$$

§. 300. **Der Logarithme einer Potenz irgend einer Zahl ist gleich dem Logarithmen der Wurzel mit dem Exponenten der Potenz multiplicirt, zu welcher die Zahl erhoben werden soll.** Wenn a die Grundzahl des Systems, so kann a^n jede andere Zahl vorstellen, deren Logarithme n ist. Nun ist $l\,(a^n)^m = l\,a^{nm}$; daher ist nm der Logarithme der mten Potenz von a^n. Z. E. es soll 3^7 gemacht werden. Weil für das Briggische System $3 = 10^{0,4771213}$; also $3^7 = (10^{0,4771213})^7 = 10^{3,3398491}$; so ist $l\,3^7 = 7\,l\,.\,3 = 3{,}3398491$, welches dem Logarithmen $3{,}3398488 = l\,2187$ in den Tafeln am nächsten kommt. Der Unterschied (S. §. 297) kommt daher, weil $l\,3 = 0{,}4771213$ in den Handtabellen gesezt ist, der in den grossen Tafeln 0,4771212 547 ist. So mußte der gefundene zu groß ausfallen, weil man eine schon zu grosse Zahl mit 7 multiplicirte.

§. 301. **Der Logarithme einer jeden Wurzelgrösse ist gleich dem Logarithmen der Zahl,**

P woraus

woraus die Wurzel gezogen werden soll, durch den Wurzelexponenten dividirt. Denn $l\sqrt[n]{a^m} = l\,a^{\frac{m}{n}} = \frac{m}{n}$. Nun war aber m der Logarithme von a^m, und n der Wurzelexponente. Z. E. $\sqrt[5]{7776}$. Nun ist wenn $a = 10$; $7776 = 10^{3,8907563}$ und $\sqrt[5]{10^{3,8907563}} = 10^{0,7781512}$ also $l.\sqrt[5]{7776} = \frac{l\,7776}{5} = 0,7781512 = l\,6$. Also ist 6 die Wurzel der 5ten Potenz von 7776.

§. 302. Hieraus folgen nun für die allgemeine Rechenkunst diese und dergleichen Gleichungen und Sätze. Es ist $l\,x^3 = 3\,l\,x$; $l\,x^n = n\,l\,x$; $l\,x^{n+r} = (n+r)\,l\,x = n\,l\,x + r\,l\,x$; $l\sqrt[4]{x^3} = \frac{3}{4}\,l\,x$; $l\sqrt[n]{x^m} = \frac{m\,l\,x}{n}$; $l\,xyz = l\,x + l\,y + l\,z$; $l\,\frac{x}{y} = l\,x - l\,y$; $l\,\frac{x}{y} = l\,x - 2\,l\,y$.

§. 303. So kann man jezt auch die unbekannte Grösse finden, wenn sie auch als ein Exponent in einer Gleichung vorkäme. Z. E. Wenn $a^x = b$; so ist $x\,l\,a = l\,b$ und $x = \frac{l\,b}{l\,a}$; $\sqrt[x-1]{a^n} = f$ giebt $a^{\frac{n}{x-1}} = f$; folglich $\frac{n}{x-1}\,l\,a = l\,f$ und $x\,l\,f - l\,f = n\,l\,a$ daher $x = \frac{n\,l\,a + l\,f}{l\,f}$ Z. E. $7^x = 2401$; also $x = \frac{3,3803922}{0,8450980} = 4$

§. 304.

§. 304. Allein die Mühe womit die Tafeln für 10000, 100000 bis 108000 Zahlen berechnet sind, würde sich nur schlecht belohnen, wenn man nicht mittelst ihrer für mehrere Zahlen, als ausdrücklich in ihnen vorkommen, die zugehörigen Logarithmen und für Logarithmen, die sie nicht genau enthalten, die zugehörigen Zahlen finden könnte. Damit man den ausgebreitetsten Nutzen vom Gebrauch der Tabellen habe, soll dies an folgenden Aufgaben gezeigt werden.

§. 304. A. **Wenn die einzelnen Zahlenausdrücke die in den kleinen und mittlern Tafeln aufgeführten natürl. Zahlen nicht übersteigen.** Diese Bedingung wird bei den folgenden Aufgaben 1, 2, 3 vorausgesezt.

1. **Den Logarithmen eines gemeinen uneigentlichen Bruchs** z. E. $l\,\frac{8719}{2027}$ **zu finden** Es ist

$$l.8719 = 3{,}9404667$$
$$l.2027 = 3{,}3047059$$
$$l.8719 - l\,2027 = 0{,}6357608 = l\,\tfrac{8719}{2027}$$ §. 54. 299

2. **Den Logarithmen eines eigentlichen Bruchs** z. B. $\frac{499}{1319}$ **zu finden.** Es ist

$$l\;499 = 2{,}6981005$$
$$l.1319 = 3{,}1202448$$

also $l\,499 - l\,1319 = -0{,}4221443$. Aus §. 34. 130. 295. 299. Auch ist $-0{,}4221443 + 1 = 0{,}5778556$. Also $-0{,}4221443 = 0{,}5778556 - 1 = l\,\frac{499}{1319}$ welches bei fortgesetzter Rechnung oft bequemer ist. Es läßt sich auch so ausdrücken $1{,}5578556 - 2$; $2{,}5778556 - 3$ u. s. w. Ehe wir Decimalausdrücke vornehmen merken wir die allgemeine Regel: Man sucht, wenn keine eigentlichen Brüche vorgegeben, die den vorgegebenen Ziffern, (als einer ganzen Zahl) zugehörige Mantisse unter den

Logarithmen, die zwischen der höchsten Potenz von 10 in den Tafeln und der nächst niedrigen fallen, und sezt am Ende eine Kennziffer, die um 1 kleiner ist, als die Anzahl der Stellen für die ganzen Zahlen in der vorgegebenen Zahlengrösse.

3. **Den Logarithmen eines Decimalbruchs, dessen Ziffern als ganze betrachtet die Zahlen der Tafeln nicht übersteigen, zu finden.**

a) Man soll des uneigentlichen Decimalbruchs 4,738 Logarithmen finden. Es ist die Mantisse von 4738 = 0,6755951, und weil nur eine Ziffer für ganze Zahlen, in 4,738; so ist auch 0,6755951 = l 4,738 (denn l 4,738 = $l \frac{4738}{1000}$ = 3,6755951 — 3).

b) Es soll des eigentlichen Bruchs 0,00581 Logarithme gefunden werden. Hier zieht man vom Log. der ganzen Zahl 581 nebst ihrer Kennziffer so viel Einheiten ab, als Decimalstellen in der Aufgabe sind. So ist l 0,00581 = 2,7641761 — 5 = 0,7641761 — 3 = $l \frac{581}{100000}$ auch = — 2,23582308, wenn man wirklich l 581 — l 100000 machet §. 89. vergl. §. 296.

B. **Wenn die vorgegebene Zahl (gleich viel, ob und wie fern sie eine ganze Zahl ist) mehr Ziffern enthält, als wofür die Logarithmen in den Tafeln gegeben sind.**

Man nimmt hierbei an, daß für Zahlen, die höchstens um eine Einheit verschieden sind, sich die Differenzen ihrer Logarithmen wie die Differenzen der Zahlen selbst verhalten; für Zahlen zwischen 1000 und 10000 trifft dies mit hinreichender Genauigkeit zu. So ist 2382—2381 : 2383 — 2382 = 1 : 1 und der Unterschied der Logarithmen 1824 : 1822. Also wird dies noch mehr für Zahlengrössen passen, die um keine ganze Einheit verschieden sind. Es sei also der Unterschied der beiden Zahlen, zwischen welchen die Zahl N liegt, deren Logarithmen man sucht $=1$; der Unterschied der Logarithmen dieser beiden Zahlen $=D$; der Unterschied der nächst kleinern Zahl n von N $= 0{,}abc\ldots$ in Decimalbrüchen (wo a Zehntel b Hundertel u. s. w. bedeuten); so giebt $1 : 0{,}abc = D : D.0{,}abc$ den Zusatz zu $l\,n$ und es ist $l\,N = l\,n + D.0{,}abc$. Hieraus folgt die ganz allgem. Auflösung.

4te Aufgabe. **Für jede Decimalzahl** (sie sey eine ganze vermischte oder gebrochene), **die nicht über 7 Ziffern hat, den zugehörigen Logarithmen zu finden.**

Aufl. Wenn man nur die kleinen Tafeln hat, so schneide man linker Hand jedesmal 4 Ziffern von der Zahl N ab u. nenne dies n; was rechter Hand übrig bleibt nenne man $0{,}abc\text{---}$; ziehe die 5 letzten Ziffern des l.tab.n von den 5 lezten des l.tab.(n+1) ab so ist die Differenz D. Nun verfahre man nach der Formel. Z. E. es wird $LN = l\,473{,}8425$ gesucht;

so setze man statt dessen 4738|425; so ist

pars mantissae $l(n+1)$	$=$	56867
p. M. l.n	$=$	55951
D	$=$	916
Nun ist die Mantisse von n	$=$	675595 1
$D.0{,}abc = 916.0{,}425$	$=$	389

Also die Mantisse des $l\,N = 6756340$

Da nun die vorgegebene Zahl nur 473 Ganze hat, so ist $l\,N = 2{,}6756340$. Dies trift auf alle Ausdrücke von 7 Ziffern. So ist $l\,4738{,}425 = 3{,}6756340$; $l\,473842{,}5 = 5{,}6756340$; $l\,4738425 = 6{,}6756340$ u. s. w

u. s. w. Aber $l.0,04738425 = l\frac{4738,425}{100000} = 3,6756340 - 5 = 2,6756340 - 4 = 0,6756340 - 2$ welches auch aus der Hauptregel folgt. Will man ihn negativ darstellen, so addire man einen von diesen Ausdrücken algebraisch und es wird $l.0,04738425 = lN = -1,3243659$. Denn weil $N < \frac{1}{10}$ und $N > \frac{1}{100}$ so hat es die Kennziffer -1, wie die ganzen und gemischten Zahlen zwischen 10 und 100 die Kennziffer $+1$ haben.

§. 306. **Aufg. Die ganze Zahl oder den zehntheiligen gemischten auch eigentlichen Bruch zu finden, welcher irgend einem Logarithmen zugehört, dessen Kennziffer nicht über 6 ist.**

Aufl. 1. Steht die Mantisse des vorgegebenen Logarithmen neben den Zahlen zwischen 1000 und 10000 genau in den Tafeln; so gehört er zu einer Zahl, die durch die dagegen stehenden Ziffern überhaupt bezeichnet werden kann. Z. B. vom Logar. 1,8741918 steht die Mantisse den Ziffern 7485 gegenüber. Aber es müssen von lezterer so viel Decimalstellen abgeschnitten oder Stellen rechter Hand angehängt werden, als die Kennziffer des vorgegebenen Logarithmen kleiner oder grösser als 3 ist. So ist $1,8741918 = l74,85$ und $6,8741918 = l7485000$

2) Steht aber die Mantisse nicht genau unter der oft berührten Klasse der Logarithmen; so hatte man §. 305 $LN = ln + D.0,abc$ daraus folgt

$$\frac{LN - ln}{D} = 0,abc.$$

Dies wird so angewandt. Es sey vorgegeben $2,5639462 = lN$

die

die 5 niedr. Ziffern der Mantisse von $lN =$ . . 39462
— — — — — von $l\,n = l\,3663 = 38369$

Also $LN - ln =$ 1093

die 5 nied. Ziff. der Mantisse v. $l(n+1) = l\,3664 = 39555$
— — — — — von $l\,n$ $= 38369$

Also D $= 1186$

Mithin ist $\frac{LN - ln}{D} = 0{,}abc = 0{,}922$ und LN $= l.3663922$ und weil die Kennziffer in $l.N$, 2; so ist $lN = l\,366{,}3922$. Eben so wird in den übrigen Fällen gerechnet und blos am Ende werden nach der Kennziffer des lN die Ziffern abgetheilt.

3. **Den zehntheiligen Bruch zu finden, für den ein negativer Logarithme gehört.**

Z. E. es sey vorgegeben $l.N = -3{,}6253124$
so addire man eine um 1 grössere Kennz. $+\ 4$

Algeb. Summe $0{,}3746875$

Hier findet man nach Nr. 2, $lN = l\,2{,}369661$. Wegen der hinzugesetzten 4 ist also $N = 0{,}0002369661$.

Anm. 1. Weil $-3{,}6253124 = 0 - 3{,}6253124 = l\,1 - l\,4220$; so findet man für einen negativen Log. immer einen Bruch, dessen Zähler 1, der Nenner aber die dem Logarithmen als positiv betrachtet zugehörige Zahl ist.

Anm. 2. Die Zusätze Nr. 2 und §. 305, 4 Aufl. kann man selbst wieder durch Logarithmen finden; denn $l.\frac{1093}{1186}$ wird wie 305.1 und $l.916 + l.0{,}425 = l\,389$ nach §. 299 gefunden. Folgendes ist eine sehr brauchbare Gehülfsregel, wenn man im Laufe der Rechnung einen grössern Logar. vom kleinern abziehen soll.

Man sezt die beiden Logarithmen unter einander und zieht (von der rechten Hand her) so lange ab als es angeht. Ist dann die Kennziffer zum weitern Abziehen zu klein; so vermehrt man sie (in Gedanken) um so viel Einheiten, daß die Kennziffer des Restes zwar 0, aber die Mantisse doch positiv wird. Das der obern Kennziffer zugesezte fügt man dem Rest rechter Hand mit dem Zeichen (—) bei.

Z. B. 3,7649205
Subtr. 4,9897438

0,7751767 — 2
pars mant. p. m. 1734 giebt 5,959
33
29 giebt 5,95904
4,0 - - - 5,959045.

Dies muß wegen — 2 mit 100 dividirt werden und 0,7751767 — 2 giebt den Decimalbruch 0,05959045.

§. 307. Handtabellen wie die Vegaschen u. a. m. lassen alle diese Aufgaben schneller finden. Wenige Beispiele genügen hier

1) Zu einer Zahl von 7 Ziffern den Logarithmen zu finden. Z. E. für obiges 4738425
Mantisse von 47384 = 6756317
die Proportionaltheile in der Spalte
rechter Hand = 18 für 2
und der zehnte Theil von 46
welches bei 5 stehet 4,6

0,6756340

Sind alle Ziffern in 4738425 ganze Zahlen, so wird die Kennziffer 5 vorangesetzt und so weiter.

Auch wird für den Log. eines eigentlichen Decimalbruchs z. E. *l*. 0,04738425 die Mantisse wie bei ganzen Zahlen gefunden. Sie wäre hier auch 0,6756340. Man muß aber 2 abziehen; weil die vorgegebene noch 100 mal kleiner ist, als wenn die 0,04 vier Einzer waren. Es ist also *l* 0,04738425 = 0,6756340 — 2 = — 1,3243659.

2) Für einen Logarithmen wie 5,8574937 die zugehörige Zahl zu finden.

S. 130 die nächst kleinere

	Mantisse	8574893 für	72026
Nun ist 4937 – 4893 = 34			
	In PP steht	31 für	5
Nun ist nach 34 – 31 = 3			
	wofern man sezt	30 für	5
	Also ist die Zahl =		720265 5
und weil die Kennziffer 5 ist N =			720265,5

Mehreres über die vortheilhafte Einrichtung und Benutzung ihrer Tabellen muß man in den Einleitungen der oben §. 298. genannten Verfasser selbst nachlesen.

§. 308. **Für noch mehr als 7, nämlich bis auf 11 Ziffern enthaltende Zahlen die Logarithmen zu finden** scheint mir, ausser dem Zerfällen in Faktoren, was doch nicht immer angeht, die beste Methode folgende zu seyn. Die vorgegebene Zahl z. B. 26349878948, dividirt man mit den 4 höchsten Ziffern, so erhält man 8 Ziffern zum Quotienten, wie hier 10003751, wofür sich wie vorhin der Logarithme finden läßt; hat man Vegasche und dergl. Tafeln, so ist dies immer eine Zahl über 100000. Nun ist die Mantisse von

l. 100037 =	0001607
wegen 5 aus PP	32
wegen 1	0,4
Log. 10003751 =	7,0001629
l 2634 =	3,4206158
	10,4207787 = *l*. 2634987894

Einen Logarithmen dessen Kennziffer bis 10 gienge z. E. 10,7398467 könnte man aus 2 andern, deren Kennziffer nicht über 6, zusammen setzen; die beiden für jede gefundene Zahlen mit einander multipliciren.

§. 309.

§. 309. **Die Ausziehung der Wurzeln von höhern Potenzen als die Dritte** läßt sich Annäherungsweise; wenn die Ziffern der Potenz nicht über 7, wenigstens nicht über 11 Stellen enthalten, nach §. 301, verbunden mit den lezten Methoden, leicht machen. Es wird z. B. $\sqrt[7]{6943582}$ und $\sqrt[17]{2634987894} = \sqrt[17]{A}$. Es ist Mantisse des verlangt,

$l.6943582 = 8415784$ wegen 69435
50 wegen 8
1,2 wegen 2

$l.6943582 = 6,8415835 \mid 0,9773691$
div. mit 7
$l.0,9773691$
$l.$pr.minor 9773669 giebt 94922
22
18 giebt 4
40 giebt 9

Also ist wegen Kennz. 0 $9492249 = \sqrt[7]{6943582}$

Und da im vorigen §. der Zahl unter $\sqrt[17]{A}$ Logarithmen 10,4207787 gegeben ist; so dividire man mit 17 nnd man die $l\sqrt[17]{A} = 0,6129870$

der pron. min. 6129851 giebt 41019
Diff. 19 —
11 — 1
80 — 75

also weil die Kennz. 0 $\sqrt[17]{A} =$ 4,101985

Anm. 1. Die Erhebung einer Zahl zu Potenzen ist beschränkter, als die Ausziehung der Wurzel. Wenn b^n verlangt wird, so ist §. 300 $n\,l\,b = l\,b^n$. Da man nur mit einiger Gewißheit, wenn nur 7 Stellen der Mantisse mitgetheilt sind, die zugehörigen Zahlen nur zu solchen Logarithmen finden kann, deren Kennziffer nicht über

über 6 ist; so muß $nlb < 7$ und $n < \frac{7}{lb}$ seyn. Z. B. $b = 2$ verstattet $n = 23$ $b = 9$ nur noch 7; $b = 11$ nur noch 6; $b = 99$ nur noch $n = 3$ u. s. w. Grössere auf eine Mantisse von 10 Ziffern gebrachte Tafeln verstatten in allen diesen Fällen, n um 3 grösser anzunehmen. Für höhere Potenzenzahlen geben die Logarithmen nur etwa 7 Ziffern der höchsten Ordnungen, die übrigen Stellen in Nullen.

Anm. 2. **Ueber die abgekürzte Multiplication und Division.** Vor Erfindung der Logarithmen, durch welche man das Multipliciren und Dividiren mit vielziffrigten Zahlen in ein viel kürzeres Addiren und Subtrahiren verwandelt, suchte man in solchen Fällen allerhand Abkürzungen besonders wenn es nicht auf die größte Genauigkeit ankam. Dazu gehört die Prostaphäresis, wovon unten in der Trigonometrie etwas vorkommt. Hier wollen wir der abgekürzten Multiplication (multiplicatio et divisio contracta) doch kürzlich gedenken, da man sich ihrer auch jezt noch wol zu bedienen pflegt, wenn vielziffrigte ganze Zahlen und Decimalbrüche vorkommen und man keine Logarithmentafeln zur Hand hat.

1. **Abgekürzte Multiplicationsregel.** Man multiplicire mit der höchsten Ziffer des Multiplicators zuerst (wie §. 99. III. Ex.) und bemerke in dem Produkte nach §. 99. die Einer rechter Hand mit dem Decimalzeichen. Nun multiplicire man mit den folgenden Ziffern des Multiplicator so lange alle Ziffern des Multiplicand, bis man auf die Hundertheile des Multiplicators kommt. Bei der Multiplication mit diesem läßt man zuerst die niedrigste Stelle im Multiplicand weg; wenn man mit den Tausendtheilen multiplicirt, noch eine, braucht also auch, wenn man die erste Ziffer im Multiplicand übergehet auch die Partialprodukte nicht weiter um eine Stelle nach der Rechten zu rücken.

Exempel I.

$1\frac{2}{7} = \frac{9}{7} = 1{,}28571428$

$2\frac{1}{7} = \frac{15}{7} \quad 2{,}14285714$

```
2,57142856
 128571428
  51428568
   257 428
   1028368
     64285
      8995
       128
        48
```

$\frac{9}{7} \cdot \frac{15}{7} = \frac{135}{49} = 2{,}755102008$

$\frac{135}{49} = 2{,}180201457$

Exempel II.

$\frac{2}{3} = 0{,}666666$

$\frac{1}{3} = 0{,}333333$

```
1,999998 |
  199999 | 8
   19999 | 98
    1999 | 998
     199 | 9998
      19 | 99998
```

$\frac{2}{9} = 0{,}2122217 \; 77778$

$\frac{2}{9} = 0{,}2222222 \; 22222$

Das zweite Exempel zeiget offenbar, daß wenn man auch in Fällen dieser Art alle Stellen des Multiplicands mitnimmt doch schon in der sechsten Decimalstelle die Unrichtigkeit angeht, man also im Fall man sich mit 5 oder im ersten Exempel mit 6 oder 7 richtigen Stellen nach der höchsten begnügen kann, man nichts dabei verlieret, wenn man die Multiplication abkürzet.

Man richtet also alles so ein, daß man nur so viel Stellen im Resultat richtig erhält, als man es zu seinen Absichten für nöthig erachtet. Aehnliche Betrachtungen geben

Die Regel der abgekürzten Division. Man läßt nämlich bei jeder folgenden Operation des Dividirens eine Stelle des Divisors weg und dividirt den Rest (woran man hier keine Null anhänget) mit dem so abgekürzten Divisor

Exempel $26\frac{26}{49} = 26,5306 \,|\, 3,5716$

$7\frac{3}{7} = 7,4285$

22,2855
4,2451
7428
3 8140
5311
742
5194
117
74
43
7
1

Hier hat man den Quotienten 3,571 richtig; die 6 ist schon zu groß. Auf solche Art konnte man vor Erfindung der Logarithmen die unten bei der Trigonometrie zu erklärenden bis au 5 oder 7 Stellen berechneten trigonometrischen Linien in einander multipliciren oder dividiren.

§. 310. Nachdem wir nun aus den geometrischen und arithmetischen Reihen die so unendlich vortheilhaften Logarithmen-Rechnung hergeleitet haben, so kommen wir noch einmal auf die ersten zurück, um sie noch weiter zu benutzen.

§. 311. **Die Reihen der 1ten 2ten 3ten u. s. w. Unterschiede einer geometrischen Reihe sind ebenfalls geometrische Progressionen von einerlei Verhältnißnahmen mit der ersten.** Dies sieht man am leichtesten aus folgender Darstellung

Hauptreihe	Ite Differenzreihe	IIte Differenzreihe
		$m.(m-1)a - (m-1)a$
a	$m a - a = (m-1)a$	$= (m-1)a$
ma	$m^2a - ma = m(m-1)a$	$m^2(m-1)a - m(m-1)a$
m^2a	$m^3a - m^2a = m^2(m-1)a$	$= m.(m-1)^2a$
m^3a	$m^4a - m^3a = m^3(m-1)a$	$m^3(m-1)a - m^2(m-1)a$
m^4a		$= m^2(m-1)^2a$

u. s. w. Natürlich wenn der Satz von der ersten Differenzreihe wahr ist, so kann sie wieder als Hauptreihe angesehen werden und so gilt er auch von der 3ten und allen folgenden. Die ersten, zweiten u. s. w. Glieder dieser Reihen machen wieder eine Progression, deren Verhältnißnahme aber $m-1$ ist.

§. 312.

§. 312. Das Produkt der beiden äußersten, und von den äußersten gleich weit abstehenden Glieder einer geometrischen Progression ist gleich groß. Denn $am^{n-1}a = m^{n-1}a^2$ und $ma.m^{n-2}a = m^{n-1}a^2$ u. s. f.

§. 313. Aufg. Die Summe aller Glieder einer geometrischen Progression zu finden.

Aufl. Diese Summe heisse S: so ist

$$S = a + ma + m^2a + m^3a \; - \; - \; + m^{n-2}a + m^{n-1}a$$

$$mS = ma + m^2a + m^3a \; - \; - \; - \; + m^{n-1}a + m^na$$

$$mS - S = m^na - a$$

$$(m-1)S = m^na - a$$

$$S = \frac{m^na - a}{m-1}$$

Weil nun $u = m^{n-1}a$ §. 192. 3; so ist $mu = m.m^{n-1}a = m^na$; folglich $S = \frac{mu - a}{m-1}$.

§. 314. Diese Regel ist hinreichend, die Summe sowol aufsteigender, als fallender Reihen dieser Art zu finden. Es sei z. E. $a = 1$; $u = 729$ $m = 3$ also die Reihen aufsteigend, so ist $S = \frac{3.729 - 1}{3-1} = \frac{2286}{2} = 2093$. Wäre im Gegentheil $a = 729$; $u = 1$ $m = \frac{1}{3}$, also die Reihe eine fallende; so ist $S = \frac{\frac{1}{3}.1 - 729}{\frac{1}{3} - 1} = -\frac{2186}{3} : -\frac{2}{3} = \frac{-2186}{-2} = +1093$. Indessen könnte man auch für die fallen-

fallende Reihe gleich setzen $S = \frac{a - mu}{1 - m} = \frac{a - m^n a}{1 - m}$.

Zur Uebung mag man hier die Anzahl aller Körner suchen, welche sich der Erfinder des Schachspiels zur Belohnung ausbat §. 117. Hier war $a = 1$; $u = 2^{63}$; $m = 2$. Daher $S = \frac{2 . 2^{63} - 1}{2 - 1} = 2^{64} - 1$ welches man nach dem angeführten Sph suchen auch 2^{64} aus Lamberts VIIter Tafel nehmen kann. Wenn nun nach Wallis 7680 Körner Waizen = 7680 Gran = 1 Pfund sind und 1 Berliner Scheffel 85 ℔ wieget; so bekommt man auch die Scheffel oder Wispel, und wenn man den Berliner Scheffel nach Kubikmaaß etwa 3059 rheinl. Kub. Zoll annimmt auch die Kub. Füße.

§. 315. Eben wie bei der arithmetischen Progression §. 256 hat man hier 5 Größen und zwei Fundamentalgleichungen $u = m^{n-1}a$ und $S = \frac{mu - a}{m - 1}$; also können auch hier 10 Aufgaben, aus drey gegebenen 2 unbekannte Grössen zu finden vorkommen.

Es ist nämlich I. $u = m^{n-1}a$ II. $S = \frac{mu - a}{m - 1}$

I in II substituirt giebt III $S = \frac{m^n a - a}{m - 1}$ Also IV $a = \frac{(m - 1)S}{m^n - 1}$ und V $n = \frac{l((m-1)S + a) - la}{lm}$ ferner aus II wird VI $u = \frac{(m-1)S + a}{m}$; und VII $a = mu - (m-1)S$: Aus I wird auch VIII $a = \frac{u}{m^n - 1}$ und IX

$m =$

$m = \sqrt[n-1]{\frac{u}{a}}$ Ferner giebt IX in II substituirt X S

$$= \frac{u\sqrt[n-1]{\frac{u}{a}} - a\sqrt[n-1]{a}}{\sqrt[n-1]{\frac{u}{a}} - a\sqrt[n-1]{a}}$$

IV in I substituirt giebt XI $u = \frac{m^{n-1}.(m-1)S}{m^n - 1}$ und XII $S = \frac{(m^n - 1)u}{m^{n-1}(m-1)}$ Aus VI wird XIII. $m = \frac{S-a}{S-u}$ aus I wird noch XIV $n = \frac{lm + lu - la}{lm}$

In XIV giebt XIII substituirt XV $n = \frac{l(S-a) + lu - l(S-u) - la}{l(S-a) - l(S-u)}$ Endlich giebt VII und VIII vergl. XVI $n = \frac{lmu - l(mu + S - mS)}{lm}$

Alle diese Ausdrücke, wozu man leicht die Ableitungssätze finden wird, lassen sich aus den bisherigen berechnen. Wenn aber S. n. a gegeben; so stellt XVII. u in der höhern Ordnung $u^{\frac{n}{n-1}} - S \,.\, u^{\frac{1}{n-1}} = -(S - a\sqrt[n-1]{a}$, welches aus X folget. Eben so steckt XVIII m in $m^n - \frac{S}{a}m = -\frac{S-a}{a}$ welches aus III fliesset. Wenn ferner S, u, n gegeben, so muß XIX. a aus X gesucht werden, welches ebenfalls auf die höhere Gleichung in XVII führt. So steckt auch

XX. m

XX. m in einer höhern Gleichung, die aus IV und VIII abgeleitet wird, nämlich $m^n - \frac{S}{S-u} m^{n-1} = -\frac{u}{S-u}$.

3. Aus $m = \frac{S-a}{S-u}$ folgt $S - u : S - a = 1 : m = a : ma$ das heißt: In jeder geometrisch. Progression ist der Unterschied der Summe vom lezten Gliede, zum Unterschied derselben vom ersten wie das erste Glied zum zweiten.

§. 316. Aufg. Die Summe einer unendlichen Reihe, deren Verhältnißnahme ein eigentlicher Bruch ist, zu finden.

Aufl. Es sey a das erste Glied, der eigentliche Bruch $\frac{b}{c}$ der Verhältnißnahme, so ist

$$S = a + \frac{ab}{c} + \frac{ab^2}{c^2} + \frac{ab^3}{c^3} + \frac{ab^4}{c^4} \quad \text{- - -} \quad \text{infin.}$$

$$\overline{\qquad\qquad\qquad\qquad\qquad\qquad\qquad\qquad} \times \frac{b}{c}$$

$$\frac{b}{c} S = \frac{ab}{c} + \frac{ab^2}{c^2} + \frac{ab^3}{a^3} + \frac{ab^4}{c^4} + \frac{ab^5}{c^5} \text{ u. s. w.}$$

$$S - \frac{b}{c} S = \left(1 - \frac{b}{c}\right) S = a$$

$$S = \frac{a}{1 - \frac{b}{c}} = \frac{ac}{c-b}$$

Wollte man dies aus der allgemeinen Regel §. 314. herleiten; so setze man $m = \frac{b}{c}$ einem eig. Bruch, und man erhält $S = \frac{a - m^n a}{1-m} = \frac{a}{1-m} (1 - m^n)$. So sieht man, wie die Reihe sich der Gränze $\frac{a}{1-m}$ immer mehr nähert, je grösser n d. i. je kleiner m^n wird, welches kleiner werden muß als jede angebliche Grösse §. 175.

§. 317. Wenn die Zeichen + und — abwechseln: so ist

$$S = a - \frac{ab}{c} + \frac{ab^2}{c^2} - \frac{ab^3}{c^3} \text{ - - infin.}$$

$$\frac{b}{c}S = \frac{ab}{c} - \frac{ab^2}{c^2} + \frac{ab^3}{c^3} - \frac{ab^4}{c^4} \text{ u. s. w.}$$

$$\left(1 + \frac{b}{c}\right)S = a \text{ und } S = \frac{ac}{c+b}$$

Anm. In §. 218 sollten a Thaler postfrei übersandt, das Porto also beigelegt werden. Von a beträgt es $\frac{a}{m}$ von $\frac{a}{m}$ wieder $\frac{a}{m^2}$ und davon wieder $\frac{a}{m^3}$ u. s. w. In dieser Reihe ist $\frac{a}{m}$ statt a, und $\frac{1}{m}$ statt m in

$$S = \frac{a - mu}{1 - m} \text{ d. i. } \frac{\frac{a}{m} - \frac{1}{m}u}{1 - \frac{1}{m}} = \frac{a-u}{m-1} \text{ oder } \frac{a}{m-1}$$

(weil u endlich unbedeutend wird), zu setzen.

§. 318. Wenn $S = \frac{1}{a} + \frac{1}{a^2} + \frac{1}{a^3} + \frac{1}{a^4}$ - - infin. so ist $\frac{1}{a}S = \frac{1}{a^2} + \frac{1}{a^3} + \frac{1}{a^4} +$ u. s. w.

$$S - \frac{1}{a}S = \left(1 - \frac{1}{a}\right)S = \frac{1}{a} \text{ d. i. } S = \frac{\frac{1}{a}}{1 - \frac{1}{a}} = \frac{1}{a-1}$$

Setzt man hier das a in §314 = meinem eigentlichen Bruch, so hat man $S = \frac{m}{1-m}(1 - m^n)$ welches, weil hier

u = m^n

$u = m^n$ ist, der Gränze $\frac{m}{1-m}$ immer näher kommt, je weiter man die Reihe fortsetzt. Wenn die Zeichen abwechseln, wäre $S = \frac{1}{a+1}$.

§. 319. Daher lassen sich die Zahlenreihen dieser Art leicht summiren z. E.

$2 + \frac{2}{3} + \frac{2}{9} + \frac{2}{27}$ - - in inf. $= \frac{2 \cdot 3}{3-1} = 3$ nach §. 316

Denn $a = 2$; $\frac{b}{c} = \frac{1}{3}$.

$1 - \frac{1}{2} + \frac{1}{4} - \frac{1}{8} + \frac{1}{16} - \frac{1}{32} - - - = \frac{1 \cdot 2}{2+1} = \frac{2}{3}$

Der Decimalbruch 9,99999 - - - in inf. $=$

$9 + \frac{9}{10} + \frac{9}{100} + \frac{9}{1000}$ u. s. w. $= \frac{9 \cdot 10}{10-1} = \frac{90}{9} = 10$;

$\frac{1}{2} + \frac{1}{4} + \frac{1}{8} + \frac{1}{16} + \frac{1}{32} - - - = \frac{1}{2-1} = 1$.

Bricht diese Reihe beim 5ten Gliede ab, so ist die Summe $\frac{\frac{1}{2}}{\frac{1}{2}}(1 - u) = 1 - \frac{1}{32}$; beim 20ten $1 - \frac{1}{1048576}$ u. s. w. Man vergleiche diese Reihen mit denenjenigen, welche durch die Division entstanden. §. 146.

XIV. Anwendung des bisherigen auf juristische und politische Rechenkunst.

§. 320. **Hauptaufgabe. Eine Größe a erhält von Jahr zu Jahr einen Zuwachs in dem Verhältniß r:q; so daß, nachdem dieser Zusatz zu der Stammgröße hinzugebracht worden, sie immer wieder aufs neue in eben dem Verhältnisse zunimmt. Was wird aus a nach n Jahren geworden seyn?**

Aufl. Dieser Fall tritt bei vielen Rechnungsfragen ein. Z. B. Wenn ein Capital a zu 4,5 Procent steht; so kommt im ersten Jahre $\frac{1}{25}a$, $\frac{1}{20}a$ u. s. w. überhaupt $\frac{q}{r}a$ hinzu; oder wenn man die gegenwärtige Volksmenge eines Landes $= a$ sezt, und die Bevölkerung im stetigen Wachsthum ist, so daß z. E. wie im Preuß. Staat $\frac{1}{28}a$ das Maaß der Fruchtbarkeit, $\frac{1}{36}a$ das Maaß der Sterblichkeit mithin $\frac{q}{r}a = \frac{1}{126}a$ der Zunahme der vorhandenen Bevölkerung ist; so frägt man, was wird nach n Jahren aus dem Capital oder der Volksmenge a geworden seyn. Es ist

Nach	die Stammgröße mit Zusaz	der kurze Ausdruck
1	$a + \frac{q}{r}a = 1 + \frac{q}{r}a =$	$\frac{r+q}{r}a$
2	$\frac{r+q}{r}a + \frac{q}{r}\cdot\frac{r+q}{r}a = \left(1 + \frac{q}{r}\right)\frac{r+q}{r}a =$	$\left(\frac{r+q}{r}\right)^2 a$
3	$\left(\frac{r+q}{r}\right)^2 a + \frac{q}{r}\left(\frac{r+q}{r}\right)^2 a =$	$\left(\frac{r+q}{r}\right)^3 a$
-	- - - - - - - - - - - - - -	- -
n Jahr	$\left(\frac{r+q}{r}\right)^{n-1} a + \frac{q}{r}\left(\frac{r+q}{r}\right)^n a =$	$\left(\frac{r+q}{r}\right)^n a$

Also ist die gesuchte Größe $S = \left(\frac{r+q}{r}\right)^n a$. Nun ist §. 299. 300

$$1.\ l\left(\frac{r+q}{r}\right)^n a = n\,l\frac{r+q}{r} + la = n(l(r+q) - lr) + la$$

1 Ex. Ein 6jähriger Pupill, hat ein Gut, von dem er bis zur Majorennität erhalten ward. Außerdem hat sein Vormund 24000 rthl. mit dem Beding in seiner Handlung, daß er die Zinsen, immer wieder zum Capital schlagen, und nach 18 Jahren ihm Capital nebst Zinsen auskehren soll. Der Zinsenfuß ist 4 pr. c.

$$a = 24000;\ n = 18;\ \frac{q}{r} = \frac{1}{25};\ \frac{q+r}{r} = \frac{26}{25} = 1{,}04$$

$$l\frac{q+r}{r} = l\,1{,}04 = 0{,}0170333$$
$$\times\, n = 0{,}3065994$$
$$la = l\,24000 = \underline{4{,}3802112}$$
$$n\,l\frac{q+r}{r} + la = \quad 4{,}6868106 = l\,48619$$

Also erhält der Pupill 48619 rthlr. auch nach den Rechten l 58 §. 1 et 4 de admin. et peric. tutor.

2. Ex. Wenn die Preußischen Staaten jetzt 8000000 Einwohner haben, und wie oben gesagt ist auf 126 Menschen jährlich 1 Person Zuwachs kömmt, wie groß kann, wenn alles im Beharrungsstand bleibt, nach 100 Jahren die Volksmenge seyn?

$$a = 800000;\quad r = 126;\quad r+q = 127;\quad n = 100$$

$$\begin{array}{rl}
l(r+q) = l\,127 = & 2{,}1038037 \\
lr = l\,126 = & 2{,}1003705 \\ \hline
l(r+q) - lr = & 0{,}0034332 \\ \hline
\times n = \times\, 100 & 0{,}3433200 \\
+ la = l\,8000000 = & 6{,}9030900 \\ \hline
l\frac{r+q}{q} + la = lS = & 7{,}2464100 \\
l.\,17636 \;-\;- & 4008 \\ \hline
 & 92 \\
3 \;-\;-\;-\;- & 74 \\ \hline
 & 180 \\
7 \;-\;-\;- & 172 \\ \hline
3 \;-\;- & 80
\end{array}$$

Also könnte nach 100 Jahren die Volksmenge seyn 17636373. In der Mitte des 19. Jahrhunderts könnte sie 1187198I seyn, welches noch nicht das Verhältniß ist, wie sie wirklich in den alten Staaten von 1700 bis 1750 zugenommen hat; nämlich von 1653200 auf 2736000 nach Süßmilch.

§. 321. Aus §. 320. I. folgt nun ferner

II. $n = \dfrac{lS - la}{l\,\frac{q+r}{r}}$. Z. B. in wie viel Jahren wird sich ein Capital oder die Volksmenge verdoppeln, wenn q und r gegeben sind. Es ist $S = 2a$; $l\,\frac{S}{a} = l2$. Also bei 5 pr.c. $\dfrac{l2}{l\,1{,}05} = \dfrac{0{,}3010300}{0{,}0211893} = 14{,}2$ J.; $\dfrac{l2}{l\,1{,}06} = \dfrac{0{,}3010300}{0{,}0253059} = 11{,}58$. bei 6 pr.c. Eben so: da $l\,\frac{104\frac{1}{2}}{100} = l\,1{,}045 = 0{,}0191163$; $l\,1{,}04 = 0{,}0170333$; $l\,1{,}03 = 0{,}0128372$

$l.\,1{,}02$

$l\,1{,}02 = 0{,}0107239$; so geben alle diese in 0, 3010300 dividirt, für $4\frac{1}{2}$ pr. c. $15\frac{3}{4}$, für 4 pr. c. $17\frac{2}{3}$ für 3 pr. c. $23\frac{1}{2}$ und für 2 pr. c. 28,4 als die Jahre der Verdoppelung. Uebrigens merke man die hier berechneten Logarithmen. Negativ gelten sie für $\frac{r}{q+r}$

III. $l\frac{q+r}{r} = \frac{lS - la}{n}$ z. B. zu wie viel pr. c. muß ein Capital benuzt werden, wennn es sich in 3 Jahren veedoppeln soll $\frac{l2}{3} = l\frac{q+r}{r} = 0{,}1003433 = l\,1{,}26$. Das heißt zu 26 pr. c. Eben so: Jakob kam mit 70 Personen nach Egypten. Beim Auszug nach 430 Jahren waren es incl. der 5jährigen Kinder 660000 I. M. 46, v. 27. II. M. 12, v. 37. 40. Man findet $l\frac{q+r}{r} = 1{,}0215$ und $\frac{q}{r} = \frac{215}{1000}$ beinahe $\frac{1}{46}$ welches eine mehr als doppelt so große Fruchtbarkeit als in der ersten Hälfte des 18ten Jahrhunderts und fast das 3fache der jetzigen in den Preuß. Staaten ist.

§. 322. Es ist IV. $la = lS - n\,l\left(\frac{q+r}{r}\right)$ und aus der Hauptgleichung $a = S : \left(\frac{q+r}{r}\right)^n = \left(\frac{r}{q+r}\right)^n S$. Dieser Fall ist von dem wichtigsten Gebrauch. Man will über ein Capital S, das erst nach n Jahren zahlbar ist, jezt einen Akkord treffen; wie groß muß a seyn? Man sieht wohl, daß der Käufer um desto weniger dafür geben kann, je weiter die Hebung noch hinausgesezt ist. Der fallende

Werth der Potenz des eigentlichen Bruchs $\left(\frac{r}{q+r}\right)^n$ giebt dies aufs richtigste, und $S-\left(\frac{r}{q+r}\right)^n S$ ist der Abzug von der nach n Jahren fälligen Summe, welchen der Käufer einbehält. Er heist auch der **Rabatt** oder das **Interusurium**, vom Käufer sagt man er **diskontirt** das Capital S. Vormals wurde bei der Discontorechnung meistentheils so contrahirt; wenn $\frac{q}{r}a$ die jährlichen Zinsen sind; so ist

$$a = \frac{S}{1+qr} = \frac{rS}{r+q} \text{ für 1 Jahr}$$

$$a = \frac{rS}{r+2q} \text{ für 2 Jahr}$$

$$a = \frac{rS}{r+nq} \text{ für n Jahre}$$

Bei wenigen Jahren oder gar nur Monathen entstand hiedurch kein beträchtlicher Schaden für den Käufer. Ein Aufsatz **Leibnitzens** in den Actis eruditorum von 1683 machte auf den beträchtlichen Verlust des Käufers oder Auszahlers aufmerksam und wies, daß $a=\left(\frac{r}{q+r}\right)^n S$ seyn müsse. Seitdem nennte man den hiernach bestimmten Rabatt $S-\left(\frac{r}{q+r}\right)^n S$ das **Leibnizische** oder das **zusammengesetzte Interusurium** und wenn der Rabatt aus $S-\frac{rS}{r+nq}=\frac{nqS}{r+nq}$ bestimmt wird; so heißt dies das einfache

auch

auch wohl das **Hofmannische Interusurium**; so erklärt sich auch was einfache und zusammengesezte **Diskonto-Rechnung** sagen will.

§. 323. Nun kommt es immer darauf an, ob der Käufer oder Auszahler durch Kontrakte u. d. gl. genöthiget ist, zu diskontiren oder ob es auf freien Akkord beruhet. Ist ersteres; so kann an sich doch der Verkäufer oder Empfänger jezt nicht mehr für ein nach n Jahren fälliges S verlangen als ein solches a, daß $\left(\frac{q+r}{r}\right)^n a = S$ nach n Jahren werde, wenn nicht ein widernatürliches Gesetz (das den Auszahler als Schuldner drücket) befiehlt, daß er $a = \frac{rS}{r+nq}$ machen soll. Denn schon bei 2 Jahren ist der Verlust des Auszahlers sichtbar. Es müßte nämlich $\frac{rS}{r+2q} = \frac{r^2}{(r+q)^2} S$ also auch $\frac{(r+q)^2.rS}{r+2q} = r \,.\, rS$ und $\frac{(r+q)^2}{r(r+2q)} = 1$ seyn. Es ist aber $\frac{r^2+2rq+q^2}{r^2+2rq} > 1$ Man sieht daß, je größer n wird, desto mehr wächst der Verlust auf Seiten des Auszahlers.

Ist hingegen ganz freier Akkord so muß der Verkäufer entweder den Handel aufgeben, oder es sich gefallen lassen, daß der Auszahler ihm nur das giebt wobei er nach den Umständen keinen Verlust leidet. Exempel werden alles deutlich zeigen.

1 Ex. Durch ein Testament ist verfügt daß **Müller** zu einem Handel den er anfangen will 8000 rthlr Vorschuß 6 Jahre lang ohne Zinsen aus der Masse erhalten, nach 6 Jahren aber weiter nichts als 8000 rthl. dem Haupterben auszahlen soll; Lezterer wünscht 5 Jahre früher die Auszahlung. Wenn

nun Müller dies Capital wenigstens zu 10 Procent im Handel nutzen kann; wie viel kann er dem Erben dafür ohne Schaden anbieten?

$$\text{Es ist } lS = l8000 = 3{,}9030900$$
$$l\frac{q+r}{r} = l\tfrac{11}{10} = l1{,}1 \quad = 0{,}0413927$$
$$\times (n = 5) \quad = 0{,}2069635$$
$$lS - n\,l\frac{q+r}{r} \quad = 3{,}6960265$$
$$l.\ \text{pr. min.} \quad \ldots 204 = l4967{,}3$$
$$61 \text{ giebt} 7$$

Also 4967,37 rthlr. kann er zahlen und der Rabatt ist 3032,63 rthl. Würde es billig und nicht des Testators Absicht zuwider seyn, wenn man ihn zwingen wollte $\frac{10\,.\,8000}{10+5} = 5333{,}33$ oder gar die Zinsen zu 5 pr. c. gerechnet $\frac{20\,.\,8000}{25} = 6400$ rthl. zu bezahlen, wo er im ersten Fall 365,97 im 2ten gar $1432\frac{1}{3}$ rthl. verlieren würde?

§. 334. Unzählige Fälle, wie die nach §. 320 u. ff. berechneten, zeigen die Richtigkeit und Brauchbarkeit der Regeln. Nur Misverstand, Unkunde der evidenten arithm. Wahrheit, und unrichtige Anwendung alter Gesetze *l.* 28 C. de usur. *l.* 26 §. 1. de condict. indebiti brachten den Angrif einiger Rechtsgelehrten auf **Leibnitzens** Interusurium hervor. In Rom wurden bekanntlich hohe Zinsen und noch dazu monathlich entrichtet. Tückisch ließ sie der Wucherer durch Berechnung des Zins vom Zins (anatocismus) anschwellen bis Haus und Hof und Freiheit verschuldet war. Dann brachte er den Schuldner um alles. Dies veranlaßte Gesetze, wodurch ανατοκισμος unbestimmt verboten ward. Eigentlich also was nach der Regel

Regel §. 320. gefunden wird. Doch konnte dies Gesez nicht allgemein gemeint seyn, da man Ausnahmen hat. S. beim Ex. 1. §. 320 u. m. Wie man ökonomischen und cameralischen Vortheil berechnen soll, kann und will doch kein Gesez vorschreiben Z. B. Wenn man einer Kommüne, die Besoldung, Baukosten u. s. w. nach einem jährlichen Etat zu bezahlen hat, die doppelte Pacht-Bedingungen anträgt: 1) 10 Jahre 1500, die folgenden 10 Jahre 2000 rthl.; nun bis zum 30ten 2500 rthl. und dann noch 3 Jahre 3000 rthl. 2) 1800 rthl. jährlich die ganze Pachtzeit durch; so kann sie doch nach §. 320 wohl prüfen, welcher Vorschlag der beste ist. Eben so kann mans dem Kaufmann nicht verdenken, wenn er bei mehrjährigem Kredit Zins auf Zins schon voraus auf die Waare schlägt. Am allerwenigsten traf der Einwurf das Leibnitzsche Interusurium, das so wie das Gesez das Beste des Schuldners suchte und die Wahrheit ans Licht brachte. Dagegen sind der Gegner Regeln entweder dem Schuldner offenbar nachtheilig, wie die **Hofmannsche** oder ganz widersinnig, wie die **Carpzovsche** Vorschrift nach welcher $a = \frac{r-n}{r} S$ werden soll. Im Ex. 1. §. 323. würde zu 5 pr. c. gerechnet; a darnach 6000 rthl. bezahlen; wenn $n = 20$ so bekommt der Gläubiger gar nichts und müßte noch zulegen, wenn $n > 20$ ist. Wider **Leibnitz** erklärte sich bei **Polack** Math. for. 1 Abth. K. 2. Abh. 6. §. 49. **Hofmann** s. **Polack** §. 116. mit sehr unhaltbaren Gründen. Mit bessern vertheidigen ihn **Kästner** progr. pro justitia calc. interus. Leibn. 1747 **Unger** Beitr. zur Math. for. S. 33. 38. **Willich** Bürgerm. in Götting, über die Reesische Regel Th. 2. Abschn. 5 Abs. 6. auch aus Rechtsgründen. **Florencourt** jurist. und pol. Rechenkunst K. 1. §. 22. u. m.

§. 325.

§. 325. Aufg. Wenn außer, daß die Zinsen, nach §. 320 zum Capital geschlagen werden noch festgesezt ist, daß jährlich eine bestimmte Summe b der jedesmal vorhandenen Masse zugelegt, oder auch davon abgenommen werden soll, den Zustand des Vermögens nach n Jahren, zu bestimmen.

Aufl.

Nach	Vermögenszustand.
1 Jahr	$\frac{q+r}{r}a \pm b$
2 Jahr	$\left(\frac{q+r}{r}\right)^2 a \pm \left(\frac{q+r}{r}\right) b \pm b$
3 Jahr	$\left(\frac{q+r}{r}\right)^3 a \pm \left(\frac{q+r}{r}\right)^2 b \pm \frac{q+r}{r} b \pm b$
- -	- - - - - - - - - - - - - -
n Jahr	$\left(\frac{q+r}{r}\right)^n a \pm \left(\frac{q+r}{r}\right)^{n-1} b \pm \left(\frac{q+r}{r}\right)^{n-2} b \ldots \pm \frac{q+r}{r} b \pm b = C$

C besteht aus 2 Stücken I. $\left(\frac{q+r}{r}\right)^n a$ und II. eine geometrische Reihe deren erstes Glied b; Verhältnißnahme $\frac{q+r}{r}$; Anzahl der Glieder n. Daher ist nach §. 256 IIIte Formel. $S = \frac{m^n a - a}{m - 1}$ hier

$$C = \left(\frac{q+r}{r}\right)^n a \pm \left(\frac{r}{q} \cdot \left(\frac{q+r}{r}\right)^n b - \frac{r}{q} \cdot b\right)$$

Sezt man b als jährl. gleichförmigen Zusaz, so ist

C =

$$C=\left(\frac{q+r}{r}\right)^n a+\left(\frac{q+r}{r}\right)^n.\frac{rb}{q}-\frac{rb}{q}$$
$$=\left(\frac{q+r}{r}\right)^n\left(a+\frac{rb}{q}\right)-\frac{rb}{q}$$

Sezt man b als einen bestimmten jährlichen Abzug so ist

$C=\frac{rb}{q}+\left(\frac{q+r}{r}\right)^n\left(a-\frac{rb}{q}\right)$. Wird das negative $\frac{rb}{q}>a$ oder $b>\frac{q}{r}a$ also der Abzug größer als die Zinsen; so wird das zweite Stück negativ und $C=\frac{rb}{q}-\left(\frac{q+r}{r}\right)^n\left(\frac{br}{q}-a\right)$.

Dieser lezte Fall ist die Regel für die bekannte Annuitäten-Rechnung.

§. 326. Wenn zwischen einer Privat- oder Staats-casse und ihren Gläubigern ein Vertrag errichtet wird, daß erstere lezteren ihr geliehenes Capital a nebst Zins auf Zins in n Jahren zu gleichen Theilen b abzahlen wolle; so heißt dies ein Jahrrenten- Zeitrenten- Annuitäten-Vertrag und eben b ist die stipulirte Annuität; a der Einsaz (mise); der Gläubiger heißt der Rentenirer. Man sieht leicht daß in der Aufg. des vorigen §. der lezte berührte Fall grade mit diesem Begrif der Annuität zutrift. Natürlich muß die Annuität $b>\frac{q}{r}a$ seyn, wenn das Capital mit Zinsen endlich ganz abgetragen werden soll. Wir erhalten nun I. des zweiten Theils Logarithmen $=nl\left(\frac{q+r}{r}\right)+l\left(\frac{br}{q}-a\right)$; die dazu gehö-

rige

rige Zahl d subtrahire man von $\frac{r}{q}b$; so ist $\frac{r}{q}b-d$ $=C$ der Zustand des Vermögens, wenn n Jahre herdurch b verzehrt worden. So kann man bei sich und andern bestimmen, wie nahe man dem Verarmen sey, wenn jährlich eine bestimmte Summe über die anfängl. Zinsen verzehrt wird. Es sey 4 pr. c. der Zinsfuß, so ist nach 20 Jahren bei 1200 rthl. Aufwand und einem anfänglichen Vermögen von 20000 rthl. $\frac{rb}{q}=25.1200=30000$; $l\left(\frac{rb}{q}-a\right)=l\,10000=4$; $20\,l\,1{,}04=0{,}3406666=l\,21911$. Nun ist $30000-21911=8089$ rthl. der Rest

§. 327. Der Rest C wenn $\frac{rb}{q}=\left(\frac{q+r}{r}\right)^n\left(\frac{rb}{q}-a\right)$ d. i. wenn

$l\frac{rb}{q}=n\,l\left(\frac{q+r}{r}\right)+l\left(\frac{rb}{q}-a\right)$ dann ist das Capital ganz verzehrt. Alsdenn ist

$$\text{II. } n=\frac{\frac{rb}{q}-l\left(\frac{rb}{q}-a\right)}{l\frac{q+r}{r}}$$

Ist Antwort auf die Frage wie viel Jahre kann ich eine Rente (b) 1200 rthl. von einem Capital (a) ziehen:

$$l.30000-l\,10000=l\,3=\frac{0{,}4771213}{l\,1{,}04=0{,}0170333}=28\text{ Jahr}$$

§. 328. Aus $\frac{rb}{q}=\left(\frac{q+r}{r}\right)^n\frac{rb}{q}-\left(\frac{q+r}{r}\right)^n a$

folgt

folgt auch $\left(\frac{q+r}{r}\right)^n a = \left(\frac{q+r}{r}\right)^n . \frac{rb}{q} - \frac{rb}{q}$, und III. $a = \frac{rb}{q} - \left(\frac{r}{q+r}\right)^n . \frac{rb}{q}$. Für $l\frac{rb}{q} + n\,l\,\frac{r}{q+r}$ wird die gehörige Zahl gesucht und von der Zahl $\frac{rb}{q}$ abgezogen; so hat man das Capital womit auf n Jahr bei Voraussezung vom Zinsenfuß $\frac{q}{r}$ eine Rente b gekauft werden kann, grade wie §. 323 Ex. 2 das dortige $S = b$. Z. B. $b = 1000$ $\frac{q}{r} = \frac{4}{100}$

$n = 24.\,l\frac{100}{104} = -0{,}4087992$ 25000
$l\,25000 = \underline{4{,}2799400}$ $\underline{9357{,}19}$
$3{,}9711408$ 15642,81 rthl.
l pr. m. = - - - 1366 = l 9357,1 sind dazu erforderl
42 giebt 9

§. 329. Endlich folgt aus 228 III. wiederum IV. $b = a : \left(\frac{r}{q} - \frac{r}{q} . \left(\frac{r}{q+r}\right)^n\right)$. Um also zu wissen wie groß die Annuität b werden kann, die man auf n Jahre für einen beliebten Zinsfuß $\frac{q}{r}$ auf den Einsaz a geben kann, so sucht man $l\frac{r}{q} + l\left(\frac{r}{q+r}\right)^n$ zieht sie von $\frac{r}{q}$ ab und mit dem Rest dividirt man die Mise a. Z. E. Zinsfuß $4\frac{1}{2}$ pr. c. oder $\frac{q}{r} = \frac{45}{1000}$ $n = 20$; $a = 5000$

l rq

$l\frac{r}{q} = l.22,22 = 1,3467441$ $\frac{r}{q} = \ldots 22,22$

$l\frac{r}{r+q}$ aus §. 321 $= -0,0191163$ $-\ 9,21339$

$\times (n=20) =\ 0,3823260$ $13,01661$

$0,9644181$

l pr. m. $=\ 152 = l\,9,2133$

29 giebt 9

Also $l.5000 = 3,6989700$

$= l\,13,0166 = 1,1144975$

$2,5844725$

l pr. m. $=\ 4669 = l.384,125$

56 giebt 5

Also kann man 384thl. 3gr. geben

Anm. Hiernach lassen sich alle Fragen bei den in England und dem vormaligen Frankreich so oft vorkommenden Staatsanleihen für Annuitäten auflösen die Mise nennt man auch Aktien und während der Jahre n kann sie verkauft und vererbet werden.

§. 330. Aber hauptsächlich ihrer Anwendbarkeit wegen, in so manchen Geschäften des menschlichen Lebens, wo eigentlich von keiner Jahrrente wörtlich die Rede ist, und wo man so of tim Finstern tappet, habe ich diese Regeln umständlicher auseinander gesezt. Ich will einige Fälle nahmhaft machen und wegen der Ausführung auf Sph. und Nummer verweisen.

1. Ein Kapital a ist gegen die jährliche Abnuzung eines Unterpfandes vorgeschossen; die Nuzung b, bei Grundstücken und Häusern die Pacht oder Miethe, sey größer als die landüblichen Zinsen. Nach n Jahren soll liquidirt werden. Geschieht völlig nach §. 326. I. Selbst das Beispiel gilt. Wer ein Gut, das 1200 rthl. angeschlagen ist, für 20000 rthl. zur Benuzung erhält, der ist bei 4 pr. c. nach 20 Jahren bis auf 8089 rthl. befriedigt. Der Anschlag könnte so hoch sey, daß man ein negati-

gatives Resultat erhielte. Dann wäre der Gläubiger Schuldner gewordent Nach §. 327. 11 findet man die Jahre, wie lange der Gläubiger das Gut nur nutzen darf. Unter vorigen Umständen 28 Jahr. Die Rechte nennen einen Contrakt dieser Art pactum antichreticum und auch verstatten sie dabei Leibnitzens Interusurien Rechnung; inconsequent genug!

2. C, der dem einzigen T die Summe S nach n Jahren ohne Zinsen zu bezahlen schuldig ist, stirbt, und im Testament steht, der Haupterbe solle dem T jetzt gleich S ohne Abzug auszahlen. Der ganze Nachlaß ist R. Behält der Erbe auch noch $\frac{1}{4}$ des Vermögens? Nach §.322.323. wird $\left(\frac{r}{r+q}\right)^n S$ gesucht. Ist dann $S - \left(\frac{r}{r+q}\right)^n S > \frac{3}{4}\left(R - \left(\frac{r}{r+q}\right)^n S\right)$; so ist der Ueberschuß des Haupterben, der wenigstens vom Ganzen den 4ten Theil (quartam Falcidiam) verlangen kann. Oder C ist dem T nach n Jahren S schuldig; unmittelbar vor Ausbruch seines Konkurses hat ers ihm ohne Abzug bezahlt. Die übrigen Gläubiger können wenigstens $S - \left(\frac{r}{q+r}\right)^n S$ zurückfordern.

3) Wenn a in §. 325 den jetzigen Waldbestand; b den jährlichen Holzschlag und $\frac{q}{r}$ anzeiget, um den wie vielten Theil des Ganzen der jährliche Zuwachs zu schätzen sey (der Forstmann schätzt ihn ja durch die Theilung in Schläge) so würde weil $b < \frac{q}{r} a$ seyn muß, die Gleichung

$C = \frac{rb}{q} + \left(\frac{q+r}{r}\right)^n \left(a - \frac{rb}{q}\right)$ den Waldbestand nach n Jahren oder Holzschlägen anzeigen. Ist $\frac{q}{r} a = b$ so bleibt alles in statu quo.

4) Sachen, die durch den Gebrauch abgenutzet werden, müssen, wenn sie verpachtet oder vermiethet werden, indem sie nach n Jahren nicht mehr brauchbar sind, binnen dieser Zeit durch die Miethe (als das hiesige b) Kapital und Zinsen eingebracht, und zugleich die jährigen Reparatur- und Unterhaltungs-Kosten, Abgaben, Aufsichtskosten u. s. w. abgeworfen haben. Vom Kapital kann man vorher noch abrechnen, was am Ende noch die alten Materialien etwa gelten mögten. Unter dieser Klasse werden selbst lebende Geschöpfe, z. E. Reit- und Postpferde begriffen. Das b wird aus §. 329 III. gefunden. Z. B. ein Haus ist für 10000 Rthl. gekauft, kann mit 120 Rthl. jährliche Reparatur-Kosten höchstens noch 100 Jahr in baulichem Stande erhalten werden; 80 Rthl. onera ruhen darauf, die Aufsicht kostet 10 Rthlr., Feuerkasse, Gassenreinigung, Schornsteinfegen, 20 Rthlr. Die alten Materialien mögten am Ende noch 600 rthlr werth seyn; $\frac{q}{r} = \frac{1}{25}$. Es wird $b = 9400 : (25 - 25 \cdot (\frac{25}{26})^{100})$. Es ist nun

$100\, l \frac{25}{26} = -1{,}7033339$
$l\, 25 = 1{,}3979400$
$ -0{,}3053939$

Nach §. 306. 3) add. 1,
giebt $0{,}6946061 - 1 =$
$l.\, 0{,}49501$

$25 - 0{,}495 = 24{,}505$

$\frac{9{,}400}{24{,}605} = 383{,}5 = b$

Nebenkosten 210

Summe 593,5

So-

Sonach müßte das Haus $593\frac{1}{2}$ Rthlr. tragen, wenn der Besitzer nur schadlos bleiben sollte.

So wird man finden, daß, wenn ein Bett 50 Rthl. kostet und 40 Jahr dauert, zwei Ueberzüge a 12 Rthl. nur 8 Jahr dauern, Wäsche jährlich 1 Rthl., ohne, was brauchbar nach 40 und 8 Jahren ist, zu rechnen, und 1 Rthl. monathl. Miethe bezahlt wird, $18\frac{1}{3}$ pr. C. Gewinnst sind; mithin auf 100 Betten 621 Rthl. gewonnen wird. Einer öffentlichen Pensionsanstalt ist also zu rathen, aus eignem Fonds die Betten zu halten.

5. **Buchhandel** gehört auch hieher. Die Kosten auf ein Buch a = 400 Rthl. 1500 Exempl. a 1 Rthl. 4 Gr. in 18 Jahren abgesetzt sind, 1750 Rthl. In §. 329 wird hier b = 34,2. Mit 18 multiplicirt, giebts nur 615,6. Also sind 1034,4 Rthl. gewonnen, und das Geld zu 5 p. C. genutzt.

6. **Einen Schuldposten, der in Terminen, jedoch ohne Zins abgetragen werden soll, an sich zu kaufen,** heißt ja weiter nichts, als sich eine so vieljährige oder so vielmalige Annuität oder Zeitrente kaufen. Z. B. ein großer Hof war einem Augsburg. Komtoir 300000 Fl. schuldig, in 12 halbjährigen Terminen zu bezahlen. Ein anderes kaufte es ihm ab. Die Handlungszinse rechneten sie 6 pr. C. Man rechnete nach §. 328 III. Nur $248849\frac{2}{3}$ Fl. konnten dafür gegeben werden. Nach Hofmann hätte der Käufer etwa $4150\frac{1}{3}$ Fl. mehr geben müssen. Dieser Fall ist wirklich vorgekommen, und die Kaufleute konnten ohne Hülfe sich nicht darüber vergleichen.

Aehnlichkeit hat damit der Fall: **Wenn N rthl. Schulden auf Güter haften,** die nur $a < N$ rthl. werth sind, so würde man am besten und billigsten verfahren, wenn man zwar die Gläubiger classificirte; aber nun N durch eine Annuität völlig aufbrächte.

Aber in den Gleichungen für die Annuität ist sowohl b als n unbekannt. Z. B. Die Schuld ist 90000 das Vermögen 70000 rthl.; so wird man doch am besten erst etwa b = 9000 setzen und nun nach §. 327 n suchen. Man findet über 9 Jahre; man nimmt einige mehr, und sucht b nach §. 329. Gesetzt bei 13 findet man 13 b etwas größer als 90000; so kann man es doch annehmen, und in 13 Jahren alle Gläubiger nach der Klassifikation auszahlen, oder auch jedem den jetzigen Werth nach §. 322. 323 herausgeben.

§. 331. Setzt man in §. 328. III. b = 1; so giebt $a = \frac{r}{q} - \frac{r}{q} . \left(\frac{r}{q+r}\right)^n = \frac{r}{q}\left(1 - \left(\frac{r}{q+r}\right)^n\right)$ für jeden Zinsfuß den Werth einer Rente von 1 auf n Jahre. Wenn q = 1; r = 20 d. i. für 5 pr. c. ist auf ein Jahr a = 0,952; für 2 Jahr a = 1,859. Darnach sind Tabellen z. B. von Florencourt a. O. bis auf 7 Decimalstellen berechnet, wovon unten Nr. 1 ein Auszug ist. Multiplicirt man den Einsatz wie 0,952 mit 10, 100, 1000, so bekommt man den Einsatz für 10, 100, 1000 Rente; und überhaupt wenn man die Zahl der Tafel k nennt; so giebt ak = b den Einsatz für jede begehrte Rente b und $\frac{a}{k} = b$ die Rente b auf jeden Einsatz a.

§. 332. Die **Leibrente** ist eine periodische Einnahme blos auf Lebenszeit des Rentenirers. Man schreibt ihm gewissermaßen eine bestimmte Anzahl Jahre zu; überschreitet er diese, so gewinnt er, stirbt er früher, so gewinnt bei dieser **einzelnen** Person die Kasse. Es sollen aber eigentlich weder die Kasse, noch die Gesellschaft gleich alter Personen als Gesellschaft (persona moralis)

ralis) gewinnen oder verlieren, sondern was einige von den letztern durch frühern Tod einbüßen den länger lebenden zu gute kommen. Die bekannten **Mortalitätstabellen**, woraus nach vieljährigen an mehrern Orten gesammelten Beobachtungen sich unter andern ergiebet, in welchem Verhältniß die Zahl der in jedem Alter Lebenden zu den nach 1,' 2...n Jahren davon übrig gebliebenen sey, bis endlich alle ausgestorben sind, führen auf eine Regel, dies mit möglichster Genauigkeit auszugleichen. Weil indessen leicht zu denken ist, daß die meisten, welche Leibrenten kaufen, sich sehr gesund fühlen müssen, da sie alle ihre Mitgenossen zu überleben hoffen; so müssen in der Sterblichkeitsordnung für bloß Rentenirer die Zahlen der Ueberbleibenden größer als in der allgemeinen Sterblichkeitsordnung ausfallen. Auch darüber hat man, besonders über die vielen (jetzt so unglücklichen) französischen Rentenirer Erfahrungen gesammelt. Und darnach ist die **Kerseboomsche** Tabelle (die VIIte bei **Florencourt** a. O.) wovon unter II ein Auszug ist, eingerichtet. Noch wird damit nicht ein außerordentlicher Fall auf einer Seite, besonders auf Seite der Kasse einen unerschwinglichen Schaden bringen, die Zahl von jedem Alter etwas beträchtlich vorausgesetzt.

§. 333. Um den Grund, wie man nach solchen Tabellen rechnet, deutlich zu zeigen, will ich ein specielles Beyspiel betrachten. Gesetzt die 26 Menschen von 86 Jahren nach der Tabelle, kaufen sich eine Leibrente von 1 Thaler die nach dem ersten Jahre fällig ist; so muß die Kasse nach 1 Jahr 21, nach 2 Jahr 16 und so fort 12, 8, 5, 3, 1 rthl. an die Ueberlebenden auszahlen. Der Werth davon muß ihr bei der ersten Errichtung des Kontrakts von den Mitgliedern bei gleichen Hofnungen auch zu gleichen Theilen bezahlt werden. Aber für die 21 rthl. kann sie nur nach §. 322. $\frac{r}{r+q}.21$; für die nach 2 Jahren erst fälligen 16 rthlr. nur $\left(\frac{r}{r+q}\right)^2$ 16 rthlr. u. s. w. erhalten. Nun sey A die Anzahl der von einem gewissen Alter zugleich Lebenden ^1A, ^2A, ^3A .. .. ^nA die Zahl der Ueberbliebenen nach 1, 2, 3 ... ... n Jahren, also auch die Zahl der nach 1, 2, 3 .. ... n Jahren zu bezahlenden Rententhaler, bis zu dem Jahre da für ^nA keine Zahl mehr in der Tabelle steht; so ist der We[illegible] eines Rententhalers zu Zeit des Einkaufs der A Personen

$$=R=\frac{1}{A}\left({}^1A.\frac{r}{r+q}+{}^2A\left(\frac{r}{r+q}\right)^2\ldots+{}^nA\left(\frac{r}{r+q}\right)^n\right)$$

Also in unserm Fall zu 5 pr. c. ist

$$R=\tfrac{1}{20}\left(21.\tfrac{20}{21}+16.\left(\tfrac{20}{21}\right)^2+12\left(\tfrac{20}{21}\right)^3+8.\left(\tfrac{20}{21}\right)^4 +5.\left(\tfrac{20}{21}\right)^5+3.\left(\tfrac{20}{21}\right)^6+1.\left(\tfrac{20}{21}\right)^7\right)$$

$l\frac{20}{21}=l\mu=$	$-0,0211893$	$4l\mu=$	$-0,0847572$
$l21$	$1,3222193$	$l8=$	$0,9030900$
$l.a$	$1,3010300$	$l.d=$	$0,8183328$
$2l\mu=$	$-0,0423786$	$5l\mu=$	$-0,1059465$
$l16=$	$1,2641200$	$l5=$	$0,6989700$
$lb=$	$1,1617414$	$le=$	$0,5930235$
$3l\mu=$	$-0,0635679$	$6l\mu=$	$-0,1271358$
$l.12=$	$1,0791812$	$l3=$	$0,4771213$
$lc=$	$1,0156133$	$lf=$	$0,3499855$
		$l1+7l\mu=$	$-0,1483251$
		$lg=$	$0,8516749-1$

la giebt 20
lc - - - 14,51247
lb - - - 10,36600
ld - - - 6,58162
le - - - 3,91763
lf - - - 2,23865
lg - - - 0,71068

58,32705

Div. mit 26 2,4335 = R

Wenn die Kasse nur auf 4 pr. c. rechnet, so würde R = 2,31904 für 86jährige zu stehen kommen.

§. 334. Wollte man für eine andere Zahl B 86jähriger, als in der Tafel steht, welche letztere A heißt, den Wehrt eines Rententhalers finden; so müssen doch die Zahlen der nach 1, 2, . . . n Jahren von B noch Lebenden durch das Verhältniß A:B bei Voraussetzung der Richtigkeit der Tafel bestimmt werden. Sezt man noch $\frac{r}{r+q} = \mu$ so folgt

$$A:B = {}^1A : {}^1B = {}^1A\mu : {}^1B\mu$$
$$A:B = {}^2A : {}^2B = {}^2A\mu^2 : {}^2B\mu^2$$
$$\cdot \quad \cdot \quad \cdot \quad \cdot$$
$$A:B = {}^nA : {}^nB = {}^nA\mu^n : {}^nB\mu^n$$

Also nach §. 273.

$$A:B = {}^1A\mu + {}^2A\mu^2 + \ldots {}^nA\mu^n : {}^1B\mu + {}^2B\mu^2 + \ldots {}^nB\mu^n$$

und nach §. 266.

$$1:1 = \frac{{}^1A\mu + {}^2A\mu^2 + \ldots {}^nA\mu^n}{A} : \frac{{}^1B\mu + {}^2B\mu^2 + \ldots {}^nB\mu^n}{B}$$

das Verhältniß der Gleichheit; so daß also der Wehrt des Rententhalers immer gleich groß seyn muß, es mögen mehr oder weniger Personen von gleichem Alter sich einkaufen.

§. 335. Es sey R für eine um ein Jahr jüngere Klasse zu suchen, so setze man nun deren Zahl $= A$; so ist das jetzige

$$R = \frac{1}{A}({}^{1}A\mu + {}^{2}A\mu^{2} + \ldots {}^{n}A\mu^{n})$$ für die vorigen gelte der Rententhaler Q so ist

$$Q = \frac{1}{{}^{1}A}({}^{2}A\mu + {}^{3}A\mu^{2} + \ldots {}^{n}A\mu^{n})$$

dies mult. mit ${}^{1}A$, addirt ${}^{1}A$ und alles multip. mit μ giebt ${}^{1}AQ\mu + {}^{1}A\mu = {}^{1}A\mu + {}^{2}A\mu^{2} + {}^{3}A\mu^{3} \ldots {}^{n}A\mu^{n}$ Ferner aus I. wird $A.R = {}^{1}A\mu + {}^{2}A\mu^{2} + {}^{3}A\mu^{3} + \ldots {}^{n}A\mu^{n}$ folglich $\frac{{}^{1}A\mu(Q+1)}{A} = R$ Kaufpr. des Rententhalers für die 1 Jahr jüngere Classe.

Z. B. Es ist aus §. 333. $Q = 2,24335$ für 86jährige. Also da nun ${}^{1}A$, A für die 85jährigen in der Tafel 26 und 33 ist, so wird $R = \frac{26}{33} \cdot \frac{20}{21} \times 3,24335 = 2,4336656$. Woraus dann für 84jährige $\frac{33}{40} \cdot \frac{20}{21} \cdot 3,4336656$ und so immer weiter der Kaufpreis der Leibrenten hergeleitet werden könnte. Hiernach findet man wirklich in **Florencourts** VIII. Taf. auf 5 pr. c. den Werth eines Leibrententhalers für 1 bis 90jährige Rentenirer bestimmt, und eben weil es eine äußerst langwierige Rechnung geben würde, wenn man in jedem Fall diesen Werth besonders suchen sollte, habe ich auch davon Taf. III. einen Auszug beigefügt. Wenn man mit den Potenzen von 10 den num. tab. multiplicirt, so bekommt man natürlich den Preis von 10, 100, 1000 Rententhalern. Jedes andern Einsatzes p Rente giebt, die Proportion $R : 1 = p : x$, wo man für R und p natürlich den Einsatz gleichalter Personen annehmen muß.

§. 336. Eine besondere Art Leibrenten sind die **Tontinen**. Ihre einfachste und gewöhnliche Einrichtung ist

ist diese. Man nimmt zwar von allem Alter Personen darin auf, aber theilt sie in Klassen, so daß alle zwischen 0 und 5, zwischen 5 und 10 Jahr u. s. w. in eine Klasse mit einander gehören. Nun zieht man nach der Sterblichkeitstabelle das mittlere Alter, z. E. $2\frac{1}{2}$, $7\frac{1}{2}$ u. s. w. Jahr von dem höchsten in der Tabelle für 10000 zugleich gebohrne bemerkte Alter (gemeinigl. von 96) ab, und berechnet nun erst den Wehrt einer Zeitrente dieses Unterschiedes. Z. B. ist die Klasse zwischen 40 und 45 Jahr, so wäre diese Ergänzung $53\frac{1}{2}$ bis 54. Ich glaube aber, daß man nur 40 abziehen muß, so daß 56 die Ergänzung wird. Nun gilt ein Rententhaler nach dem Zinsfuß von 4 p. C. auf 56 Jahr nach Taf. I. 22,220 Rthl. Nun ist das Unterscheidende der Tontine, daß die Mitglieder einer Klasse gleichsam von einander erben und die gesamte wie im Beispiel 56 Jahr lang auszuzahlende Rente unter die noch lebenden Mitglieder ausgetheilt wird. Gesetzt also, die gesammte Rente sollte für die letztgenannte Klasse 1000 Rthl., die Anzahl der Interessenten 100 seyn; so müßten sie 22220 Rthl. überhaupt und jeder 222,2 Rthl. Einsatz geben. Dafür genießen sie aber auch meistens schon mehr als 10 Rthl. im ersten Termin, weil von 100 Menschen wohl schon einer oder der andere im ersten Jahr sterben mögte. So wächst bei den Lebenden die Rente von Jahr zu Jahr, und der zuletzt Lebende hebt die ganze Rente von 1000 Rthl. Ein Italiäner, **Tonti**, hatte diese sehr anlockende Rentenart Ludwig XIV. 1663 zuerst vorgeschlagen; 1689 kam die erste Anstalt zu Stande. Die Aktie kostete 300 Livr. Eine Barbierer-Wittwe, die 96 Jahr alt wurde, bezog, als die einzig Uebrige von ihrer Klasse, zuletzt 73500 Livres.

Man hat mit Leibrenten und Tontinen gar manche Abänderungen gemacht, erstere z. B. an 2, 3 und mehr Personen mit der Bedingung verkauft, daß sie, so lange die letzte lebte, bezahlt werden, oder mit dem Tode der ersten aufhören, beide entweder gleich nach dem ersten Jahre, oder mehrere Jahre nachher zuerst bezahlt werden u. d. gl., welches **Florencourt** alles umständlich berechnen lehrt.

§. 337. Auch die Leibrentenrechnung läßt sich wie oben §.330 die Zeitrentenrechnung auf sehr viele Fälle im gemeinen Leben und auf juristische Erörterungen anwenden. Nur von jedem ein Beispiel:

1. **Hospitäler**, worin man sich mit einem Einsatz einkauft, der beim Tode des Interessenten in der Hospitalkasse bleibt und wofür er bei seinem Leben freie Wohnung, auch wohl andere Bedürfnisse frei, und auch Hebung an Geld genießet, sind eine wirkliche Leibrentenanstalt. Kommt man gleich zur Hebung, so darf man nur aus der Tabelle III. §. 335 den Wehrt eines Leibrenten-Thalers für das Alter des Hospitaliten und x in der zuletzt angegebenen Proportion suchen, und es mit dem Wehrte der Emolumente vergleichen. Wenn der Einkauf mehrere Jahre zuvor, ehe man zur Hebung kommt, geschieht, so muß nach §.320 gesucht werden, was alsdann das Einkaufskapital geworden ist und zu diesem p ist nunmehr nach §. 335 das x wie zuvor zu suchen.

2. Wenn der **Haupterbe mit** legatis annuis **beschwert ist**, so sind sie als Leibrenten anzusehen, die er abtragen muß. Um nicht an der quarta Falcidia zu leiden, so sucht er wieder nach §.335 den Wehrt eines Leibrententhaler aus dem Alter des Legatarien, und multiplicirt ihn mit der Anzahl der Thaler des legati annui. Ist das Produkt größer als $\frac{3}{4}$ der gesammten Masse, so muß gesetzlich das Legat so weit herabgesetzt werden, daß der Haupterbe das ihm Zukommende behält; z. E. wenn das gesammte Vermögen 12000 thl. ist, und der Legatarius soll 650 jährlich erhalten, so ist, wenn derselbe 26 Jahr alt,

15,040

15,040 der Wehrt eines Leibrententhalers. Mit 650 multiplicirt giebt 9776; in 9000 dividirt giebt 598,4. Bis dahin wäre das Legat herabzusetzen; und nur, daß doch das Kapital ihm und seiner Familie bleibt, und doch auch der Legatar früher sterben kann, kann den Erben bewegen, die Erbschaft anzutreten.

§. 338. Sehr wohlthätig für den Staat ist eine jetzt sehr bekannte Art von Leibrentensocietät, die **Wittwen-Versorgungsanstalt**. Die Theorie derselben führt auf eine zwar nicht schwere, aber besonders bei einem einzelnen **jungen** Ehepaare so weitläuftige Rechnung, daß ich höchstens Platz finde, die Methode, so wie bei den Leibrenten, für ein aus sehr alten Personen bestehendes Ehepaar, wo die Rechnung, wie begreiflich, bald abbricht, zu zeigen. Ich werde mich bemühen, des seel. **Karstens** Theorie davon, Lehrbegr. II. Th. §. 229. A. R. K. 1786. kurz und deutlich auseinander zu setzen.

Man sieht wohl, daß die Wittwen-Kasse immer um desto mehr Termine zu bezahlen hat, je früher durch des Mannes Tod die Ehe getrennt wird, und je länger die Wittwe dann noch lebt und umgekehrt. Sie muß daher den Einsatz und Beitrag nicht blos nach dem Alter der Frau, sondern auch nach der Anzahl Jahre, da nach dem Einkauf einer gewissen Menge Ehepaare von gleichem Verhältniß des Alters noch stehende Ehen von ihnen übrig seyn werden, und nach der Zahl derselben von Jahr zu Jahr, auch nach der Zahl der Wittwen, die von ihnen mit jedem Jahre entstehen werden, bestimmen. Man kann das alles aus den Mortalitätstabellen herleiten. **Florencourt** hat deren 4. Eine allgemeine für Menschen von beiden Geschlechtern und allen Constitutionen; für das männliche und für das weibliche Geschlecht insbesondere, wovon die letztere zeigt, daß vom weiblichen Geschlecht mehrere das 50ste Jahr, als vom männlichen erreichen

reichen, welches auf die Zahl der Wittwenpensionen Einfluß hat, endlich die oben schon genannte für Rentenirer beiderlei Geschlechts, worunter dann bis zum 90sten mehr alte Leute vorkommen, als in allen andern. Den Wittwen-Cassen rathe ich nun, die Data in Absicht der Frau aus der Rentenirer Mortalität herzunehmen, die Data in Absicht des Mannes aber aus der Tafel für die Männer. Wirklich werden nicht leicht sehr kränkliche Frauen eingekauft, dagegen, aller Vorsicht ungeachtet, Männer genug von zweideutiger Gesundheit sich einzudrängen pflegen.

§. 339. Zuerst also muß gezeigt werden, wie man aus Sterblichkeitstafeln für jede angenommene Menge von Ehepaaren, in jedem möglichen Verhältniß des Alters bestimmet, wie viel sie nach 1, 2, 3 ... n Jahren Wittwen und stehende Ehen geben werden, bis beide ganz verschwinden.

Es seyn also M Männer M Frauen; also auch M Ehepaare. Nun sey des Mannes Alter m Jahre, der Frau Alter p Jahre. Die Zahl der lebenden Männer, welche in der Tafel bei m steht, werde mit ^{o}m bezeichnet; für die Frauen sey der respektive num. tab. ^{o}p. Die num. tab. für n Jahre nach dem Einkauf heißen resp. ^{n}m, ^{n}p also werden nach n Jahren nur noch $\frac{^{n}m}{^{o}m} M = L$ Männer (weil nämlich offenbar $^{o}m : {^{n}m} = M :$ 4te Zahl) und $\frac{^{n}p}{^{o}p} M = \mathfrak{L}$ Frauen leben. Gestorben sind also nach n Jahren $\left(1 - \frac{^{n}m}{^{o}m}\right) M = G$ Männer und $\left(1 - \frac{^{n}p}{^{o}p}\right) M = \mathfrak{G}$ Frauen. Wären blos Männer in diesen n Jahren gestorben; so wäre die Anzahl der Wittwen $= G$ welches die Anzahl der Frauen ist, die mit den G verstorbenen

nen Männern verbunden waren. Aber diese G Frauen sind auch demselben Mortalitätsgesetze wie andere unterworfen. Nur die von ihnen nach n Jahren leben, sind Wittwen. Also $\frac{^np}{^op}G = \frac{^np}{^op}\left(1 - \frac{^nm}{^om}\right)M = \frac{^np}{^op}.M - \frac{^np}{^np}.\frac{^nm}{^om}.M =$ $\mathfrak{W} =$ der Wittwenzahl n Jahre nach Errichtung der Casse.

Alle Frauen die vom Stamme noch übrig sind exclus. die Wittwen; aber auch keine einzige mehr, leben in einer von daher noch bestehenden Ehe. Daher ist die Anzahl der stehenden Ehen oder $\mathfrak{E} = \mathfrak{L} - \mathfrak{W} =$ $\frac{^np}{^op}M - \left(\frac{^np}{^op}M - \frac{^np}{^op}.\frac{^nm}{^om}.M\right) = \frac{^np}{^op}.\frac{^nm}{^om}M.$ Hiernach wollen wir nun an dem Fall da 100 Paare, Männer von 86 und Frauen von 82 Jahren in eine Wittwenanstalt treten mit Bezug auf die Tafeln zeigen wie $\mathfrak{E}$ und $\mathfrak{W}$ ausfällt von Jahr zu Jahr nach der Errichtung

Für	Hier ist $^om=26$; $^op=59$.	J.	$\mathfrak{L}$	st. E. $\mathfrak{E}$	Witw $\mathfrak{L}-\mathfrak{E}$
	Es ist also	0	100	100	0
n = 1	$\mathfrak{L} = \frac{49}{59}.100 = 83$; $\mathfrak{E} = \frac{49.21}{59.26}.100 = 49.$ 21.0,065 = 66	1	83	66	17
	Also $\mathfrak{W} = 83 - 66 = 17$				
n = 2	$\mathfrak{L} = \frac{40}{59}.100 = 68$; $\mathfrak{E} = 40.19.0,065 = 42$	2	68	42	26
n = 3	$\mathfrak{L} = \frac{33}{59}.100 = 56$; $\mathfrak{E} = 33.12.0,065 = 25$	3	56	25	31
n = 4	$\mathfrak{L} = \frac{2600}{59} = 44$; $\mathfrak{E} = 26.\ 8.0,065 = 14$	4	44	14	30
n = 5	$\mathfrak{L} = \frac{2100}{59} = 35$ $\mathfrak{E} = 21.\ 5.0,065 = 7$	5	35	7	28
n = 6	$\mathfrak{L} = \frac{1600}{59} = 27$ $\mathfrak{E} = 16.\ 3.0,065 = 3$	6	27	3	24
n = 7	$\mathfrak{L} = \frac{1200}{59} = 20$ $\mathfrak{E} = 12.\ 2.0,065 = 1$	7	20	1	19
n = 8	$\mathfrak{L} = \frac{800}{59} = 14$ $\mathfrak{E} = 8.\ 1.0,065 = 1$	8	14	1	13
o = 9	$\mathfrak{L} = \frac{500}{59} = 8$ $\mathfrak{E} = 5.\ 0.0,065 = 0$	9	8	0	8
n = 10	$\mathfrak{L} = \frac{300}{59} = 5$ $\mathfrak{E} = 0$	10	5	0	5
n = 11	$\mathfrak{L} = \frac{100}{59} = 2$ $\mathfrak{E} = 0$	11	2	0	2
n = 12	$\mathfrak{L} = \frac{100}{59} = 1$ $\mathfrak{E} = 0$	12	1	0	1
n = 13	$\mathfrak{L} = 0$ $\mathfrak{E} = 0$				

§. 340. Von der eigentlichen Leibrente §. 332. unterscheidet eine **Witwenpension** sich dadurch, daß sie weder gleich am Ende des ersten Jahrs nach dem Einkauf, noch irgend am Ende eines bestimmten Jahres, sondern im ersten Termin, wenn über kurz oder lang der Ehemann vor der Frau mit Tode abgeht, das erste Mahl gegeben wird. Verglichen also mit der Natur einer Leibrente für die Frau ist offenbar, daß das Ehepaar die Rententhaler nicht erhält, die während der Ehe einkommen sollten, und also auch beim Einkauf sie nicht mitbezahlen, sondern ihren Wehrt vom Wehrt der eigentlichen Leibrente abziehen muß. Wenn man daher nur wüßte, wie viel der jetzige Wehrt einer Rente zu 1 Thaler, der in jedem Jahre der stehenden Ehe gehoben würde, betrüge, welcher Wehrt E heißen mag, so dürfte man ihn nur von dem nach §. 333 gesuchten Wehrt R einer Leibrente für die Frau abziehen; so ist $R - E = W =$ dem Wehrt eines Thalers Wittwen-Pension.

§. 341. Was nun bei der Leibrente die in jedem Jahr vom 1sten bis nten nach der Errichtung noch lebenden Personen sind; das sind in Rücksicht des hier imaginirten Rententhalers (man könnte ihn Eherente nennen) die vom Einkaufsjahre an bis n Jahre, wo alle Ehen getrennt sind, bestehenden Ehen. Und so sieht man leicht, daß alle die nach der Zahl der im 1ten, 2ten bis nten Jahr stehenden Ehen zu bezahlenden Rententhaler nach ihrem jetzigen Wehrt bei der Errichtung discontirt werden und die gefundene Totalsumme mit der Zahl der zusammengetretenen Ehepaare dividirt werden müsse. Im vorliegenden Fall ist nun bereits §. 339 gewiesen, wie die stehenden Ehen des 1sten, 2ten bis nten Jahrs gefunden werden. Man discontirt sie dadurch, daß man die fürs erste Jahr nach der Errichtung

tung

tung mit $\frac{r}{r+q} = \mu$ die fürs 2te Jahr mit $\left(\frac{r}{r+q}\right)^2 = \mu^2$ u. s. w. multiplicirt; und so $E = \frac{1}{M}(66.\mu + 42\mu^2 + 26\mu^3 + 15\mu^4 + 7\mu^5 + 3\mu^6 + 1.\mu^7 + \mu^8)$ findet

Setzt man nun hier $\mu = \frac{20}{21}$ wie §. 339; so darf man nur wie dort zu $l66$, $l42$ u. s. w. die dort bereits gefundenen $l\mu$, $2l\mu$ u. s. w. algebraisch addiren; so erhält man beistehende Partikularsummen, und die Hauptsumme 144,0412, welche mit M = 100 dividirt den Werth eines Eherententhalers für ein Ehepaar von resp. 86 und 82jährigem Alter = E = 1,440412 giebt.

Jahr nach der Errichtung.	
1	62,8476
2	38,0952
3	22,4697
4	11,5178
5	5,4847
6	2,7386
7	0,6107
8	0,2768
	144,0412

Ich habe hier die Tafel für Rentenirer sowohl in Rücksicht der Frauen als der Männer gebraucht, weil ich des Raums wegen die Specialtab. für das weibl. Geschlecht weglassen muß. Nach der Tafel ist nun ferner der Werth eines Leibrententhalers für die 82jährige Frau

= R = 3,072217

Davon die Eherente E = 1,440412 abgezog. giebt

d. Kaufpr. d. Wittwenpens. W = 1,631805 thl. für die 82 jähr. Frau des 86jährigen Mannes. Sie ist 163,1805 thl. für 100 und 489,5415 thl. für 300 thl. Pension. Wären die Frau 86 und der Mann 82 Jahr alt; so wäre der Kaufpreiß nur 2,237248 — 1,440412 = 0,796836 u. s. w.

§. 342.

§. 342. Wenn das Ehepaar so wie hier sein Alter, und das Verhältniß der Jahre beider Ehegatten zu einander angegeben ist, sich eine Eherente von 1 Thlr. auf die mittlere Dauer ihrer bestehenden Ehe mit 1,440412 Thlr. erkaufen könnte; so müßte es für 1,631805 sich eine solche Eherente von 1.132874 rthl. erkaufen können. Denn 1,440412 : 1 = 1,631805 : 1,132874. Wenn es also diese letztere Summe so lange als die Ehe besteht jährlich als Beitrag an die Kasse bezahlt; so ist dies ebn so viel als wenn es ein für allemal 1,631805 und mit einmahl als Einsatz bezahlte. Und so wäre hierdurch die Frage auch beantwortet, wie hoch muß der jährliche Beitrag gesetzt werden, wenn das Wittweninstitut keinen anfänglichen Einsatz, sondern nur nach Verlauf eines jeden Ehejahres Beiträge verlangt. Es ist immer der Kaufpreis der Wittwenrente dividirt mit dem Kaufpreis der Eherente eines und desselben Paars oder $B = \frac{W}{E}$. Wenn B den Beitrag bedeutet.

§. 343. In Absicht des Einsatzes oder Antrittsgeldes und des jährigen Beitrags kann man freilich sehr veränderte Bedingungen machen, die sich aber alle hierher zurückbringen lassen. Man darf nur immer rechnen, was der Casse das alles, was sie mit einem male oder nach gerade bekommt, im Augenblick des Eintritts wehrt ist. Dies muß dann dem nach unserer Regel gefundenen W gleich seyn. Nur noch einen Fall berühre ich, wenn die Kasse Antrittskapital und Beiträge sich bezahlen läßt; aber bei der Auflösung der Ehe wie die Berliner thut, das Antrittscapital dem übriggebliebenen Wittwer oder Wittwe, wieder ausbezahlt. Es sey das Antrittscapital = A; der jährige Beitrag b so hat die Wittwencasse davon

1) die

1) Die Zinsen des ersten Jahrs gewiß. Wenn $\frac{1}{r}$ der Zinsfuß, so sind sie alsdann $\frac{A}{r}$, jetzt $\frac{r}{r+q}\cdot\frac{A}{r} = \frac{A}{r+q}$.

2) Nach dem zweiten Jahr kommen wieder an Zinsen $\frac{A}{r}$ rthl. und dies, so lange die Ehe besteht. Alle diese $\frac{A}{r}$ müssen also, §. 341. die Eherenten, discontirt werden. Sie sind nämlich für die Klasse quaest. $\frac{1}{M}\frac{A}{r}\left(\frac{{}^{1}p.{}^{1}m}{{}^{0}p\,{}^{0}m}\left(\frac{r}{r+q}\right)^{2} + \ldots \frac{{}^{n}p.{}^{n}m}{{}^{0}p.{}^{0}m}\left(\frac{r}{r+q}\right)^{n}\right)$ $= \frac{A}{r+q}\left(\frac{{}^{1}p.{}^{1}m}{{}^{0}p.{}^{0}m}\;\frac{r}{r+q} + \ldots \frac{{}^{n}p.{}^{n}m}{{}^{0}p.{}^{0}m}\left(\frac{r}{r+q}\right)^{n}\right)\frac{1}{M}$

3) Der jährige Beitrag dauert auch nicht länger als die Ehe, und wird eben so discontirt. Er ist jetzt werth $b\left(\frac{{}^{1}p.{}^{1}m}{{}^{0}p.{}^{0}m}\mu + \ldots \frac{{}^{n}p.{}^{n}m}{{}^{0}p.{}^{0}m}\mu^{n}\right)\frac{1}{M}$. Nun heisse Q die Reihe womit $\frac{A}{r+q}$ und b multiplicirt sind; so muß $\frac{A}{r+q} + \frac{A}{r+q}\cdot Q + bQ = W$ seyn. Daraus folgt $bQ = W - \frac{A}{r+q}(1+Q) = W - \frac{A+AQ}{r+q}$. Nun war in unserm Beispiele $Q = 1{,}440412$ $W = 1{,}631805$; $r = 20$; $q = 1$; nun rechne man $A = 10$ so ist

$bQ = 1,631805 - \frac{24,40312}{21} = 0,4697040$. Daher

$b = \frac{0,4697040}{1,440412} = 0,32609$. Für 100 rthl. Rente müßte also das alte Paar 1000 rthlr. Antrittsgeld, und 32 rthlr. jährlichen Beitrag geben; aber der Mann stirbt auch schon nach den Tabellen wahrscheinlich binnen 2 Jahren und die Wittwe zieht dann 1 auch wohl 2 Jahre die Pension. Bei einem solchen Fall zahlet die Kasse die 1000 rthl. zurück, und hat mit Beiträgen und Zinsen nur erst etwa 168 rthlr. gewonnen, um $1\frac{1}{2}$ bis 2 Pensionen zu 100 rthlr. zu bezahlen.

Bei **Florencourt** findet man ein nach für das Ehepaar vortheilhaftern Sterblichkeitsgesetzen berechnetes Beispiel, nach welchem ein 60jähriger Mann für seine 50jährige Frau 100 rthlr. Antrittsgeld und 58 rthlr. Beitrag für eine Pension von 100 rthlr. erlegen müßte. Also genießet die Kasse 63 rthlr. jährlich von diesem Ehepaar. Nun kann man annehmen, daß für 300 rthlr. Pension 600 rthlr. Antrittsgeld erlegt würden, so müßte $\frac{3.63 - 30}{2} = 79$ rthl. 12 gr. der halbjährige Beitrag seyn. Ein Fall, wornach man ob eine solche Kasse bestehen könne, prüfen kann; wozu **Florencourt** eigentlich die Rechnung für ein Paar von resp. 43 und 35 Jahren vorschlägt, weil dies so ein Mittelverhältniß ist.

Ich bemerke nur noch, daß zwar sowohl bei der Leibrenten- als Wittwenpensionsrechnung, die Sache immer so vorgestellt ist, als wenn eine beträchtliche Anzahl Interessenten zugleich einträten, die dann auch mit dem nten Jahre aller oder der ältern Person des einen Geschlechts absterben. Dies hindert aber nicht, daß diese Rechnungen nicht auch zutreffen sollten, wenn man

sie

sie für eine einzelne Person oder ein einzelnes sich einkaufendes Paar in der Voraussetzung macht, daß sich mehrere zugleich einkaufen, sobald einmal die Casse im Beharrungsstand ist; wie man denn, die sich in einem Jahre von eben dem Alter einkaufen, immer als eine zugleich absterbende Gesellschaft ansehen kann.

I. Wie viel bezahlt man für eine Annuität von 1 Thaler auf

n J.	zu 4 pr. c.	zu 5 pr. c.	n J.	zu 4 pr. c.	zu 5 pr. c.	n J.	zu 4 pr. c.	zu 5 pr. c.
1	0,962	0,952	21	14,029	12,821	41	19,993	17,295
2	1,886	1,859	22	14,451	13,163	42	20,186	17,424
3	2,775	2,723	23	14,857	13,489	43	20,371	17,546
4	3,630	3,546	24	15,247	13,799	44	20,549	17,663
5	4,452	4,329	25	15,622	14,094	45	20,720	17,775
6	5,242	5,078	26	15,983	14,375	46	20,885	17,881
7	6,002	5,786	27	16,330	14,643	47	21,043	17,982
8	6,733	6,463	28	16,663	14,899	48	21,195	18,078
9	7,436	7,108	29	16,984	15,142	49	21,341	18,169
10	8,111	7,722	30	17,292	15,373	50	21,482	18,256
11	8,760	8,306	31	17,588	15,593	51	21,617	18,339
12	9,385	8,863	32	17,873	15,803	52	21,748	18,419
13	9,986	9,394	33	18,148	16,003	53	21,873	18,494
14	10,563	9,899	34	18,411	16,193	54	21,993	18,566
15	11,118	10,380	35	18,665	16,375	55	22,109	18,634
16	11,652	10,838	36	18,908	16,547	56	22,220	18,699
17	12,166	11,274	37	19,143	16,712	57	22,327	18,761
18	12,659	11,690	38	19,368	16,868	58	22,429	18,820
19	13,134	12,085	39	19,584	17,018	59	22,528	18,876
20	13,590	12,462	40	19,793	17,160	60	22,623	18,930

II. Sterblichkeitsordnung.

	Es leben								
Im Jahr	Menschen überh.		Rentenirer		Im Jahr	Menschen überhaupt		Rentenirer	
0	10000	29	10000	35	30	4418	29	5005	34
1	7417	38	7450	45	31	4357		4951	
2	6760	40	7008	47	32	4295		4897	
3	6459	41	6823	48	33	4232		4844	
4	6206	42	6618	48	34	4158		4792	
5	5986		6468		35	4093	26	4740	31
6	5808		6345		36	4026		4688	
7	5673		6243		37	3960		4637	
8	5579		6154		38	3893		4587	
9	5509		6073		39	3825		4538	
10	5451	41	6004	47	40	3756	23	4490	27
11	5400		5946		41	3688		4441	
12	5352		5897		42	3619		4392	
13	5306		5854		43	3549		4342	
14	5263		5815		44	3478		4[illegible]9	
15	5221	38	5778	43	45	3406	20	4239	24
16	5177		5740		46	3333		4186	
17	5132		5699		47	3260		4132	
18	5086		5655		48	3186		4077	
19	5038		5608		49	3111		4021	
20	4987	35	5558	40	50	3036	17	3964	20
21	4933		5506		51	2959		3905	
22	4879		5453		52	2881		3843	
23	4824		5399		53	2800		3777	
24	4768		5344		54	2716		3707	
25	4710	32	5288	37	55	2629		3631	17
26	4652		5231		56	2540		3550	
27	4595		5173		57	2448		3465	
28	4537		5116		58	2353		3377	
29	4478		5060		59	2256		3286	14
		M. D.		M. D.			M. D.		M. D.

Es

Es leben

Im Jahr	Menschen überh.		Rentenirer		Im Jahr	Menschen überhaupt		Rentenirer	
60	2157	12	3191	14	91	67		67	
61	2056		3092		92	58		58	
62	1953		2990		93	47		47	
63	1848		2885		94	39		39	
64	1740		2778		95	32	2,6	32	2,6
65	1634	10	2669	11	96	25		25	0,5
66	1530		2559		97	19		19	—
67	1429		2448		98	14		14	—
68	1331		2336		99	10		10	—
69	1235		2223		100	6	1,33	6	1,33
70	1141	8	2109	8	101	3	1,17	3	1,17
71	1049		1993		102	2	1	2	1,
72	959		1874		103	1	0,5	1	0,5
73	870		1749		104	0		0	
74	783		1617		105	0			
75	699	7	1479	5,8					
76	618		1337						
77	541		1198						
78	469		1064						
79	403		936						
80	345	6	812	4					
81	294		697						
82	250		590						
83	215		492						
84	186		404						
85	160	5,6	327	3,45					
86	137		261						
87	117		206						
88	101		159						
89	88		117						
90	77	4,5	80	4,5					
		M.D.		M.D.			M.D.		M.D.

III. Um eine Leibrente von 1 Thaler zu ziehen, muß man dafür erlegen zu 5 pr. c.

im J.		im J.		im J	
0	11,0827	31	14,6267	62	8,4132
1	14,6199	32	14,5274	63	8,1553
2	15,1349	33	14,4207	64	7,8929
3	15,5089	34	14,3060	65	7,6260
4	15,7502	35	14,1896	66	7,3515
5	15,923	36	14,0647	67	7,0691
6	16,0416	37	13,9304	68	6,7785
7	16,1185	38	13,7863	69	6,4792
8	16,1692	39	13,6319	70	6,1709
9	16,2041	40	13,466[illegible]	71	5,8565
10	16,2099	41	13,29[illegible]8	72	5,5399
11	16,194[illegible]	42	13,[illegible]164	73	5,2326
12	16,1453	43	12,9308	74	4,9427
13	16,0771	44	12,7387	75	4,6741
14	15,9945	45	12,5397	76	4,4290
15	15,901[illegible]	46	12,3334	77	4,1901
16	15,8070	47	12,1193	78	3,9536
17	15,7168	48	11,8970	79	3,7190
18	15,6310	49	11,6658	80	3,5013
19	15,5501	50	11,4252	81	3,2829
20	15,4745	51	11,1777	82	3,0722
21	15,4015	52	10,9260	83	2,8684
22	15,3286	53	10,6727	84	2,6678
23	15,2561	54	10,4180	85	2,4608
24	15,1837	55	10,1681	86	2,2372
25	15,1117	56	9,9302	87	1,9763
26	15,0402	57	9,6824	88	1,6885
27	14,9693	58	9,4315	89	1,4094
28	14,8929	56	9,1773	90	1,[illegible]643
29	14,8106	60	8,9331		
30	14,7220	61	8,6692		

Anm. In der Kerseboomschen Tabelle stehen vom 82ten Jahre an die Zahlen 590, 492, 404, 327, 261, 206, 159, 117, 80, 50, 28, 14, 6, 3, 1, darnach habe ich das Exempel §.333. der Kürze wegen berechnet. Hier habe ich aus gutem Grunde von 91 an die Zahlen der allgemeinen Sterblichkeitstafel beibehalten. Im Jahr bedeutet Es leben z. E. von 10000 zugleich gebohrnen 7417 Einjährige 8451 Zehnjährige. M. D. heißt mittl. Lebensdauer. Von Vierzigjährigen leben nach 23 Jahren nur etwa die Hälfte.

An-

Anhang zur Arithmetik.

Tafeln zur Vergleichung der Gewichte, Münzen und Metalle meistens nach Krusens H. Kontoristen und nach Hrn. G. R. Eytelweins Berichtigungen.

Das Gewicht, welches mit kleinen Verschiedenheiten in seiner Größe in Europas kultivirtesten Staaten bei allen Abwiegungen bisher zum Grunde lag und als Haupteinheit betrachtet werden kann, ist das **Pfund** (Livre). Größere Gewichte bestehen aus einer Menge von Pfunden, kleinere sind aliquote Theile vom Pfunde.

Bei allem was hier ferner angeführt wird, wird immer Rücksicht auf das Berliner Pfund Handelsgewicht genommen werden, welches als Einheit zum Grunde liegt, welches ich daher vorläufig noch mit den bekanntesten auf die kleinsten Theile gebrachten Gewichten vergleichen will. Im Berlinischen Handelsgewicht ist 1 Pfund = 2 Mark = 8.2 = 16 Unzen = 2.16 = 32 Loth = 4 . 32 = 128 Quentchen = 4.128 = 512 Pfennig = 2.512 = 1024 Heller = $128\frac{1}{4}$.1024 = 131328 Richtpfennige. Das Fleischergewicht in Berlin ist 1,1 des Handelsgewichts. Aufsteigend sind 110 Pf. = 5 Stein = 1 Centner; 3360 ℔ = 240 Liespf. = 12 Schifpf. = 1 Last. Man rechnet auch 1 Last zu 2 Tonnen und die Tonne zu 2000 ℔. Danziger Gewicht.

Das Hauptrichtgewicht oder das Köln. Mark- und Münzgewicht wird eben so eingetheilt; das Pf. hat aber nur 131072 Richtpfennig und ist überall in den deutschen Münzstädten üblich, so daß das Berlinische

nische Handelspfund gerade 1 Pfennig oder 256 Richtpfennige das ist $\frac{1}{512}$ schwerer ist. Auch wird sonst noch das Pfund in 7680 Gran, 8704 Eßchen und 9728 Aß eingetheilt.

Wir bemerken noch vom Cöllnischen Münz- oder Markgewicht folgendes in Absicht der Eintheilung, daß sie beim Silber bis zum Pfenniggewicht einerlei bleibet, nur dies noch in 15 Gran eingetheilt wird. Also das Pfund 7680 Gran ist.

Beim Münzwesen ist es üblich das Loth in 18 Grän einzutheilen, also ist das ℔ = 576 Grän.

Beim **Golde** bleibts bis zur Unze gleich. Aber es ist Unze Karat Grän

1 3 36

Also 1 Mark = 24 Karat und 1 ℔ 48 Karat der Karat $2730\frac{2}{3}$ Richtpfennige. Dukaten Aeßchen gehen 17 auf ein Pfenniggewicht, also 4352 auf die Mark.

Das Troygewicht wird bei Münzen in Holland und Frankreich nur von der Mark abwärts gerechnet.

1. In Holland 1 Mark = 8 Unzen = 160 Engels = 5120 As. Nun findet Hr. E. die holl. Unze Troygewicht = 8623,158 Richtpfennige. So wären 16 Unzen auf ein ℔ gerechnet, 1 ℔ = $137970\frac{1}{2}$ Richtpfennig.

2. In Frankreich 1 Marc = 8 Onces = 64 Gros = 192 Deniers = 4608 Grains. Durch eine Fraktion findet Hr. Eytelw. 1 Once = 8575,36 1 ℔ von 16 solchen Onces = 137205,76; die Berliner Handelsunze = 8208 Richtpfennige.

3. In England 1 Pound = 12 Ounces = 240 Penny Weigths = 5760 Grains Hr. Eytelwein setzt nach Graham die Ounce = 8711,4758. Also wäre 1 Pound = $104537\frac{3}{4}$ Richtpfennige.

Das

Das Apothekergewicht.

1 Pfund = 12 Unzen (℥) = 8.12 = 96 Drachmen (ʒ) = 3.96 = 288 Scrupel (℈) = 20.288 = 5760 Gran = 100224 Richtpfennige.

Vom Juwelengewicht bemerke ich nur daß die Unze Holländisch Troy = 150 Karat = 4.150 = 600 Grän beträgt; 1 Karat ist hier also beinahe $57\frac{1}{2}$ Richtpfennige.

Folgende Tabelle über die Pfunde in den mit den Preußischen Staaten im meisten Handelsverkehr stehenden Ländern und Städten ist größtentheils aus der Eytelweinschen Abhandlung entlehnt.

Namen	Richtpfennig	Asse H. Troyg.	Leipz. Gran
Berlin Handelsgewicht	131328	9747	
Apothekergewicht	100224	7438	
Amsterdam H. G.	138509	10280	8125
Troyg.	137970	10240	
Apotheker G.	103478	7680	
Augsburg Hand. Gew.	132527	9836	
Breslau Schlesien und Südpreußen Hand. G.	113583	8430	6665
Braunschweig		9716	7680
Bremen		10380	8100
Bourdeaux		10241	8085
Dännemark	139992	10390	
Danzig Hand. Gewicht	122098	9062	7165
Engeland			
Avoir du poids	127178	9439	
Troygew	104538	7759	
Frankfurth am Mayn		9733	7683
Frankreich			

Namen	Richtpf.	Assen	Leipz.
Frankreich		H. Trg.	Gran
Myriagramm*)	2805006,2	20818	
Altfranz. Troygew.	137206	10183	
Hamburg Hand. Gewicht	135815	10080	
Hannover Hand. Gewicht		10127	7995
Kölln Hand. und Münzg.	131072	9728	
Leipzig Hand. Gewicht	130910	9716	7680
Nürnberg Hand. Gew.	142821	10600	8385
Apotheker Gew.	wie	Berlin	
Münzgewicht	133982	9944	
Petersburg Hand. Gew.	114688	8512	6720
Prag		10703	8450
Riga		8712	6878
Schweden Hand. Gew.	119215	8848	
Apotheker Gew.	99921	7416	
Wien Handels Gewicht	156929	11647	
Apotheker Gewicht	117697	8736	
Münzgewicht.	157286	11674	

Ueber Münzen und deren Vergleichung.

Es giebt **gangbare** (wirklich cursirende) und **Rechnungs**-Münzen. Erstere sind wirklich in Münzmetall ausgeprägt. Die zweiten sind ein idealer Maasstab für alle Dinge von Wehrt, selbst der geprägten Münzen; dergleichen ist in England das Pfund Sterling in Frankreich der Livre. In Deutschland

*) Wird immer 10mal verkleinert stufenweise zu Kilo-Hekto-Dekagrammen, Grammen, Dezi- und Centigrammen gemacht.

land ists gewissermaaßen der Thaler, wiewohl es bekanntlich bey uns auch ausgeprägte Thaler giebt. Das Gewicht der geprägten Münzen wird nach dem Köllnischen Markgewicht bestimmt. Die Mark d. i. 16 Loth rein Silber und 24 Karat rein Gold heißt die **feine Mark**. Die Mark solchen Silbers oder Goldes mit dem schlechteres Metall zusammengeschmolzen oder **legirt** ist, heißt die **rauhe Mark**. Daher enthält 12löthiges Silber 19karattiges Gold, ersteres 4 Loth, das zweyte 5 Karat schlechteres Metall in der rauhen Mark. Das absolute Gewicht einer Münze heißt **Schrot**. Ihr Gehalt in Gold oder Silber heißt **Korn**. Der Münzfuß ist die gesetzliche Regel, wie viel von den Münzen, die zum Maaßstab angenommen sind auf die Mark fein oder die Mark rauh gerechnet werden. Auf diese Art gehen 1) **nach dem alten Reichsfuß** von 1566 8 Rthlr. auf die rauhe Mark ☽, und 9 auf die feine; 2) nach dem **zinnaischen Fuß** von 1667 auf die feine Mark $10\frac{1}{2}$ thl. und $15\frac{3}{4}$ fl. 3) Nach dem **Leipziger Fuß** von 1690 auf die feine Mark ☽ 12 thl. oder 18 fl. Der 18 Gulden Fuß besteht noch im Hannoverschen und Schwedisch-Pommern. 4) Nach dem **Graumannischen** auf die feine Mark 14 thl. oder 21 fl. (der 21 fl. Fuß.) Durchaus in den Preußischen Staaten seit 1764. 5) Nach dem **Conventions-Fuß** auf die Mark ☽ fein $13\frac{1}{3}$ thl. oder 20 fl. (20 **Fl. Fuß.**) In Oesterreich, Bayern, Sachsen und Braunschweig. 6) Nach dem **jetzigen Reichs-Fuß** auf die Mk. fein ☽ 16 thl. oder 24 fl. Im Schwäbischen und Fränkischen Kreise und mehreren Reichslanden.

Wenn eine Münzsorte in die andere umgesetzt werden soll, das heißt, so viel von der einen dem wah-

wahren innern Wehrt nach zurückgegeben werden soll, als man von der andern giebet; so muß natürlich der, welcher das bessere Geld hingiebet, eine **größere Zahl** Thaler ꝛc. in der schlechtern Sorte dafür zurückbekommen. Die Zahl Thaler, welche er mehr bekommt, heißt das **Aufgeld, Agio**; der, welcher das schlechtere ausgiebt, bekömmt eine geringere Zahl in Thalern ꝛc. des bessern; die Anzahl, welche ihm abgezogen werden, heißt der **Rabatt** oder **Disconto**. Rechnet man hier nach dem, was jeder für 100 thl. die er gegen eine andere Sorte verwechselt bekommt, so entstehen für den, der ein Agio bekommt Procente **aufs** 100; für den, der den Rabatt leidet, Procente **im** 100. Giebt man überhaupt die Procente an, so pflegt man immer sie aufs 100 zu bestimmen. Z. E. Preußische Friedr.d'or stehen zu 135 heißt für 100 thl. Hamb. Bo. muß man 135 thl. in Fr.d'or d. i. ein Agio von 35 Procent bezahlen.

I. Rechnungsmünzen.

Sie sind in der Tabelle nach Assen Holl. Troy in der ersten Columne in feinem Golde, in der andern in feinem Silber angegeben.

	Holl. Aß ☉	Troy ☽
Batavia		
Real 1 rthl. 7 gr. 8 pf. Conv. M.	33,64	481, 28
Dännemark		
Rthl. zu 6 Mark oder 16 ßl. und 1 rthl. 4 gr. 2 pf. Conventionsg.	29,925	428, 12
Deutschland		
1 thl. Hamburger Banco a 3 Mark oder 48 ßl.	35,54	508, 21

Deutsch-

	Holl. Aß ⊙	Troy ☽
Deutschland		
1 thl. Hamb. Cour a 3 Mk. od. 48 ßl.	29,10	429,18
1 thl. Hann. Cour. oder Cassengeld 18 fl. F. a 36 Mariengr. a 8 pf.	26,84	405,33
1 thl. Conventionsgeld a 24 gr. oder 36 Mgr. oder 90 Xer nach dem 20 fl. F.	25,50	364,80
*1 thl. Preußisch a 24 gr. a 12 pf. nach Graum. Fuß.	24,00	347,43
1 thl. Reichsgeld a 90 Xer a 4 pf. nach 24 fl. Fuß	21,00	304,00
England 1 ℔ Sterling = 20 Schill. = 24 pence	158,21	2306,83
Frankreich 1 Liv. = 20 Sous Tournois = 240 Deniers	6,43	92,87
Holland Lvl. zu 6 fl. oder 20 ßl. vl. Cassa	81,67	1200,38
Banco	86,50	1267,36
1 thl. zu 2½ fl. od. 50 Stüver Cassa	34,30	500,60
Banco	36,00	528,60

II. Wirklich geprägte Münzen.

Von den hier folgenden Münzen ist hin und wieder 1) das Schrot 2) das Korn nach Assen Holl. Troy angegeben

Goldmünzen.	Schrot	Korn
Batavia Rupie seit 1782 a 2 thl. 9 gr. 9 pf. ⊙		61,35
Braunschweig Karld'or a 5 thl. ⊙	138,00	125,00
Dännemark Speciesdukaten a 2 thl. 21 gr. 2 pf. ⊙		73,48
currenter Duk. a 2 thl. 7 gr. 2 pf. ⊙	65,00	58,61

Deutsch-

*) Der preußische Groschen enthält genau 1 Aß Holl. Troy in Golde; 100 thl. 2400 Aß u. s. w.

	Assen Holl. Troy	
	Schrot	Korn
Deutschland Rheinische Goldgulden a 2 thl. 3 gr. 2 pf.		54,45
England Guinee a 21 Schilling	174,50	159,97
Frankreich alte Münzen.		
Schild Louisd'or v. 1785 zu 24 Liv.		155,65?
5 thl. 19 gr. 4 pf. ☉	169,80	148,03?
Alte Schild Louisd'or von 1726 bis 85 a 6 thl. 4 gr. 7 pf.		157,87
Sogenannte alte Louisd'or wie sie in Deutschland cursiren von 1640 bis 1709 ausgeprägt zu 5 thl. 2 gr. 6 pf.		130,15?
(aber vergriffen)		
Republikanischer Franc d'or von 1793 a 7 thl. 14 gr. 7 pf.		193,99
Genua und **Venedig** Zechinen a 2 thl. 22 gr. 3 pf.		74,63
Holland. Dukaten zu 5 fl. 5 Stüver oder 2 thl. 18 gr.	72,60	71.30?
Ruyder zu 14 fl. current. oder 7 thl. 16 gr. 7 pf.		196,11
Neapel 6 Dukatenstücke zu 6 thl. 11 gr. 3 pf.		165,00
Pfalzbayern Carolinen zu 10 fl. (vergl. A. Schild Louisd)	202,66	158,00
Preußen Friedrichs Wilhelmsd'or zu 5 thl.	138,90	125,90
Rußland Imperialen zu 10 Rubel oder 10 thl. 1 gr. seit 1763.		251,00
Sachsen Augustd'or zu 5 thl.	137,50	124,10
Sardinien Carlino zu 25 Liv. oder 12 thl. 3 gr. 4 pf.		310,43

Spa-

	Assen Holl. Schrot	Troy. Korn
Spanien Pistolen zu 80 Real	141,00	129,30
b) Silbermünzen.		
Batavia Rupie seit 1782 a 4 thl. 14 gr. 11 pf. C. F.		1685,52
So stehts bei Busse. Ist denn die Silberrupie mehr als die Goldrupie, oder ists bloß Verwechselung?		
Dännemark Speciesthaler seit 1787 auch in Holstein zu 48 ßl. Species und 60 ßl. current		525,62
Krone zu 4 mk. Dän.	464,00	311,00
Deutschland Feine Harzgulden a 17 gr. 9 pf. Conv. M.		279,74
Conventionsfl. a 16 gr.		243,20
Reichsgulden zu 13 gr. 4 pf.		202,64
Thaler Species a 2 fl.	538,68	486,40
Conventionsthlr. zu 24 ggr.	437,76	364,80
England. Krone zu 5 ßl. oder 60 Pence, oder 240 Farthing Sterling	625,00	573,00
Frankreich Laubthaler zu 6 Livre		
alte von 1726 zu 1 thl. 12 gr. 1 pf.	613,70	562,50?
neue v. 1785 zu 1 thl. 11 gr. 10 pf.		558,72?
Republicaine seit 1793 zu 12 gr. 4 pf.		187,24
Holland Dukaton zu 1 thl. 17 gr. 10 pf.		645,8
Löwenthaler a 1 thl. 3 gr. 11 pf.		424,26
Gulden zu 20 Stüwer	219,50	200,00
Neapel Scudi zu 1 thl. 7 gr. 2 pf.		483,72
Ducati zu 1 th. 2 gr.		395,20
Päbstliche Scudi zu 10 Paoli oder 5 Lire oder 1 thl. 9 gr. 7 pf.		510,42
Portugal Crusade zu 480 Rees oder 18 gr.		273,60
Preußen Thaler seit 1750 a 24 ggr. Graum. F.	463,00	347,60

Ruß=

	Assen Holl. Troy. Schrot	Korn
Rußland Rubel zu 100 Kopecken alte	534,00	437,00
Spanien Piaster oder Stück von Achten zu 20 Real, zu 1 thl. 9 gr. 1 pf. C. F.	564,00	511,00
Türkische Piaster zu 40 Para oder 12 gr. 5 pf. C. F.		182,40

Anm. Die Hauptmünzmetalle sind eigentlich nur Gold und Silber. Des ersten Vorzug besteht darin, daß ein großer Wehrt leichter dadurch von einem Orte zum andern zu schaffen ist. Im Silber aber können kleinere Wehrte noch palpable dargestellt werden. Zwischen beiden schwebt der Wehrt aller übrigen Dinge als eine mittlere Proportionalgröße. Man lese hierüber Stewart Grundsätze der Münzwissens. Das Verhältniß des Goldes zum Silber schwankt unaufhörlich, wobei vieles auf die verhältnißmäßige Ausbeute der Bergwerke, mehreres auf Handelsconjunkturen und Verbrauch ankommt. Lange nahm man in Frankreich an, die Mark fein Gold sey nur $14\frac{5}{8}$ mal besser als die Mark fein Silber. Im Jahr 1785 setzte man plötzlich, so wie es schon lange in England üblich war, das Verhältniß $15\frac{1}{2}:1$ fest, und prägte darnach, aber nur die Goldmünzen um. Kurz darauf wurde Friedrichs des Einzigen Goldausfuhrverbot (welches wol nur den Kaufmann reizen sollte, möglichst mit innländischen Fabrikaten zu saldiren) aufgehoben und das Agio zu 5 pr c. in öffentlichen Cassen festgesetzt. So fanden Frankreich und England kein wolfeileres Gold als Fr. d'or und der Einländer selbst schickte eine Zeitlang dies für Waare erklärte Münzfabrikat mit halbirtem Profit dem Auslande zu.

Folgendes sind ungefähre Verhältnisse der Metallwerthe. Das Gold ist $15\frac{1}{2}$ mal besser als Silber; aber

☽ : ☿ = 25,5 : 1 ☽ : ♃ = 116 : 1 ☽ : ♄ = 600 : 1
☽ : ♀ = 88,5 : 1 ☽ : Zinc = 204 : 1 ☽ : ♂ = 885 : 1

Diese Vergleichung ist aus Hrn. Bussens Rechenbuch entlehnt. Man findet daraus beiläufig den Werth eines Pfundes des rohen Metalls. Denn da ein Pfund fein Silber 28 thl = 672 gr. preußisch giebt; so ist z. B. $\frac{672}{88,5} = 7$ gr. 7 pf. der Werth von einem Pfunde Kupfer.

Der

Der theoretischen Mathematik

Zweiter Theil.

Die geometrischen Wissenschaften.

Vorerinnerung.

§. 1.

Wenn man bey den Größen aus der Lage, Ordnung und Verbindung ihrer Theile und ihrer Grenzen (alles Dinge, worauf die arithmetische Betrachtung nicht leitete §. 2. Ar.) die Gleichheit und Ungleichheit, und überhaupt das Verhältniß derselben gegen einander herausbringet, so betrachtet man die Größen **geometrisch**, und die hieraus entspringende Wissenschaft heißt die **Geometrie**. Jede Größe also, deren Theile in einem Orte mit und neben einander verbunden erscheinen, ist ein Objekt dieser Wissenschaft, oder kann es werden. Z. E. grade und krumme Linien, in einer Ebene oder krummen Oberfläche liegende Figuren; Körper; aus der Lage gegen einander und der Figur entspringende Verhältnisse unter Linien, Flächen und Körpern u. m. Aus allen Linien kann man die grade und die Kreislinie besonders herausnehmen, und wenn man alsdenn sich bloß auf diejenigen Flächen und Körper; einschränket, deren Figur bloß durch die grade Linie und den Kreis bestimmt oder deren Entstehung und Eigenschaften bloß aus den Eigenschaften dieser beiden hergeleitet werden können; so beschäftigt man sich mit der **niedern Geometrie**, deren hauptsächlichste Wahrheiten in einen Zusammenhang gebracht die **Elementargeometrie** ausmachen; eine Benennung, welche durch des **Euklides Elemente** entstanden zu seyn scheint.

§. 2. Wie die Folge mit mehrern zeigt, setzt die niedere Geometrie bloß die Möglichkeit voraus, grade Linien zu ziehen und zu verlängern; auch noch um jeden Punkt jeden Kreis zu beschreiben. Eine Darstellung, wozu weiter nichts als diese einfachen Operationen erforderlich sind, zu deren Versinnlichung man denn im Kleinen nichts als Lineal und das bekannte Zirkelinstrument gebrauchen darf, heißet eine **geometrische Construction**, woraus man den Unterschied der **praktischen** Geometrie von der **theoretischen**, und der **mechanischen** Construktionen von den **blos** geometrischen erkennen wird. Alle gezeichneten Figuren, können indessen bei aller beobachteten Genauigkeit doch nichts als unvollkommene Bilder von Idealen werden, wie sie sich der reine Verstand gedenkt, und von diesen letzten gelten doch eigentlich nur die geometrischen Sätze und Auflösungen in aller Schärfe. So kann also nicht der **Augenschein** zum Beweise einer Behauptung in der Geometrie dienen, sondern alles muß aus der Natur und den Eigenschaften der vollkommenern Idee, welche der Seele vorschwebet, und die durch das äußere mit Zirkel und Lineal entworfne Bild nie ganz vollkommen ausgedruckt wird, hergeleitet werden. Demohngeachtet rühret doch allerdings ein großer Theil von der vorzüglichen Evidenz der geometrischen Schlüsse von dem sinnlichen Bilde her, das man beständig von dem Objekt, davon man etwas behauptet, vor Augen hat. Sonst setzt wohl **Moses Mendelsohn** den innern Grund dieses Vorzuges der Geometrie mit allem Rechte darin, daß man in ihr nicht so wie in andern

andern Wissenschaften nöthig hat, die Existenz des Subjekts zu beweisen. Z. E. ein gleichseitiges Dreieck hat 3 gleiche Winkel, und jeder ist $\frac{2}{3}$ eines rechten; heißt weiter nichts als: wenn ein vollkommen gleichseitiges Dreieck existirt; so hat es 3 gleiche Winkel u. s. w. Niemand wird hier verlangen, daß die Existenz einer solchen Figur erst bewiesen werde. Sie existirt im Verstande.

Der Elementar-Geometrie

Erster Theil.

Von Figuren in einerlei Ebene.

Erstes Hauptstück.

Ebene Geometrie.

I. Erste Begriffe der Geometrie.

§. 3. In so fern jeder Körper einen gewissen Raum einnimmt, kömmt ihm eine **Größe** zu. Denn wir beurtheilen und vergleichen die Größe der Körper blos nach dem mehrern oder mindern Raum, den sie zu erfüllen scheinen. Diesen Raum nennen wir auch des Körpers **Ausdehnung**. So ist jeder Körper ein **ausgedehntes Ding** (extensum). Man kann diese Ausdehnung eines jeden Körpers finden, ohne daß man seine übrigen Eigenschaften zu betrachten nöthig hätte. Z. E. die Form, worin Kugeln von Blei, Eisen und Wachs gegossen sind, kann dem, der auch übrigens nicht weis, aus welcher von diesen Materien sie bestehen, ihre Ausdehnung aufs genaueste angeben. Die Geometrie sieht eigentlich jederzeit auf nichts anders an den Körpern als auf ihre Ausdehnung, und blos diese, oder blos der Raum welchen der Körper ausfüllt, ist es, was man **in der Geometrie einen Körper** (corpus geometricum) nennet, woraus der Unterschied des **geometrischen** und **physischen** Körpers erhellt.

§. 4. Wenn man sich vorstellt, die Theile einer Größe hangen so mit einander zusammen, daß da, wo ein Theil aufhört, sogleich und ohne den mindesten Zwischenraum zu gedenken, der andere anfängt, so heißt man das eine **stetige** Größe (continuum). Daß es eine natürliche Vorstellung ist, wenn man in der Geometrie sich die Körper beständig als stetige Größen gedenket, erhellet z. E. daraus, daß man sagen kann: Eine Stange Gold so groß wie mein spanisch Rohr, ein Klumpen gediegen Silber, wie jenes Stück Fensterschwamm groß, wo niemand die Zwischenräumchen der letztern Materien wird abrechnen, noch von dem Unterschied des Gewichts etwas in Anregung bringen wollen.

Eines solchen Körpers Theile sind nun so mit einander verbunden, daß immer einer in Betracht des andern oben oder unten, oder neben demselben liegt. Daher kann man etwas bestimmter sagen, der **geometrische Körper** ist eine nach allen Seiten zu (quaquaversum) ausgedehnte Größe. Dies unterscheidet den geometrischen **Körper** von andern sonst gleichfalls **ausgedehnten Größen.**

§. 5. In dem Körper kann man sich Theile vorstellen, die von A nach B zu liegen. Man sagt dann: sie folgen nach der **Länge** des Körpers auf einander. Stellt man sich Theile vor, die von C nach D herüber sich erstrecken, oder die von C nach E oder E nach C übereinander

ander liegen, so sagt man im ersten Fall sie folgen nach der **Breite**, im andern nach der **Tiefe** und **Höhe** auf einander.

Gemeiniglich nennt man die gröste Ausdehnung an dem Körper Länge, im Gegensatz der Breite und bei dem Begrif der Höhe und Tiefe kommt die Entfernung über der Oberfläche der Erde und oft auch unser eigner Standpunkt gegen den Körper in Betrachtung.

§. 6. Irgendwo in dem Körper sey ein Ding G. (Man mag sich auch einen mikroskopischen Kugelwurm in einem flüssigen Körper vorstellen). Jezt ruht G noch, kann sich aber nach allen Seiten bewegen. Nur wenn es einmal angefangen nach einer Richtung fortzugehen, so ist die Bedingung, daß es innerhalb des Körpers seine Richtung nicht ändern, sich so lange es irgend möglich nicht ganz von dem Körper entfernen, auch nicht rückwärts gehen soll. Unter allen möglichen Richtungen gehe nun G nach GF fort. In F wird es nicht mehr in dem Körper, aber doch noch in der **Gränze**, in der **Oberfläche** desselben seyn. Daher nennt man die Gränzen der Körper, **Flächen**. Soll nun G in der Oberfläche bleiben, so kann es nicht mehr über noch unter sich, nur auf die Seiten z. E. von F nach A und B, oder nach C und D kann es gehen. Es fehlt daher der Fläche die Ausdehnung nach der Höhe oder Tiefe, sie hat nur noch Länge und Breite.

§. 7. Ferner geht nun G den Weg FD. In D ist es in der Gränze der Fläche oder in der Linie HI angelangt. Die Gränzen der Flächen sind also **Linien**. Nun bleibt ihm unter den angenommenen Gesetzen keine Bewegung, als in der Richtung HI übrig d. i. nach der Länge AB. Einer **Linie** fehlt daher Breite und Höhe; sie ist nur noch **eine Ausdehnung nach der Länge**.

§. 8. Nun geht G aus D nach H. Hier hat es die Gränze von HI erreicht. Man sagt es sey im Punkt H angelangt, und nennt die Gränzen der Linien **Punkte**. Soll G in dieser Gränze bleiben; so kann es nicht vor, nicht rückwärts oder seitwärts, nicht ober noch unterwärts gehen. Dem Punkt fehlt also Länge, Breite, Tiefe. Er hat gar keine Ausdehnung, ist die Gränze aller Ausdehnung.

Anmerk. Durch diese Betrachtung werden die in der Geometrie eingeführten Begriffe, indem man sieht, wie sie entstehen konnten, gerechtfertigt. Auch sieht man, daß Flächen und Linien, weil sie doch noch Ausdehnung haben, und der Punkt als die Gränze aller Ausdehnung in der Mathematik der ausgedehnten Größen d. i. in der Geometrie betrachtet werden müssen.

§. 9. Eine Linie, die doch eine Länge haben muß, kann nicht aus einer Menge von Punkten, wovon jeder einzelne keine Länge hat; eine Fläche die doch Breite haben muß, kann nicht aus einer Menge von Linien, wovon jede einzelne keine Breite hat und ein geometrischer Körper, der Höhe oder Tiefe haben muß, kann nicht aus einer Menge von Flächen die keine Höhe oder Tiefe haben, zusammengesetzt werden.

Anmerk. Bestünde etwa eine Linie aus einer ungraden Anzahl Punkte, so wäre sie nicht zu halbiren. Denn ein Punkt ist untheilbar. So ists auch bei Linien und Flächen. Man müßte erstere, nach ihrer Breite und Flächen, nach ihrer Dicke spalten können. Daß auf deutschen Universitäten, noch im letzten Viertel dieses Jahrhunderts Flächen aus Linien zusammengesetzt worden sind, läßt sich aus dem Darjesschen Lehrbuche S. 289 darthun, worüber der Verfasser desselben noch im Jahre 1783 in Frankfurth an der Oder mit vielem sogenannten applausu gelesen hat.

§. 10. Wenn man umgekehrt den Begrif eines Punkts voraussetzt, und indem man ihn als **beweglich** sich gedenket,

ket, den Weg, durch welchen er sich wirklich bewegt, eine Linie, die Strecke, wodurch sich eine Linie bewegt, eine Fläche und den Raum, wodurch sich eine Fläche bewegt, einen Körper nennet, so bringet man gleichfalls die oben genannten geometrischen Begriffe heraus.

§. 11. Weil der Punkt, der die Linie beschreibt, allenthalben auf seinem Wege still stehen konnte, oder weil es keinen auch noch so kleinen Theil einer Linie giebt, der nicht einen Anfangs- oder Endpunkt hätte; so kann man sich an jeder Stelle einer Linie einen Punkt, und eine jede Linie aus unendlich vielen unendlich kleinen Linien zusammengesetzt, gedenken. Mit gehöriger Veränderung des Ausdrucks läßt sich das ähnliche von Flächen und Körpern sagen.

§. 12. Aus der Vorstellung, daß ein sich bewegender Punkt A sich nach B immer nach einer Gegend zu bewegt, ohne rechts oder links abzuweichen, entspringt der Begrif der **graden Linie**, die von ihrem Anfange so weit sie sich auch erstrecken mag, immer einerlei Richtung hat.

Geht A in der **krummen Linie** ACB nach B, so geht es nach unzählig andern jeden Augenblick (oder continuirlich) veränderten Richtungen; wie, wer auf einer Ebene die Sonne von ihrem Aufgang bis zu ihrem Untergand zum point de vue seines Marsches machen wollte. In einer krummen linie ist also kein Theil, auch der kleinste nicht grade und eine grade Linie, zwischen zwei Punkten einer krummen, hat weiter nichts als ihren Anfangs- und Endpunkt mit der krummen Linie gemein.

§. 13. Die Geometrie macht nun folgende zwei Forderungen (postulata): das heißt sie verlangt, daß jedermann ohne besondere Anweisung:

I. **Von einem gegebenen Puncte A zu einem andern B eine grade Linie ziehen**; (3 F.)

II. **Jede grade Linie vorwärts nach C oder rückwärts nach D verlängern könne**

§. 14. Wenn man nämlich durch 2 Punkte eine grade Linie gelegt hat; so läßt sich keine andere mehr dadurch legen, die von der ersten in der **Lage** verschieden wäre. Und sollen die Punkte auch zugleich die Endpunkte seyn: so können auch keine der **Größe** nach verschiedene Linien durch die 2 Punkte gelegt werden.

§. 15. Die grade Linie ist der kürzeste Weg zwischen 2 Punkten. Z. E. ein schwerer Faden (eine Kette) an 2 Punkten aufgehangen: je kürzer man ihn faßt; je näher kommt seine Krümmung der graden Linie. So kurz als möglich gefaßt geht er in eine grade Linie über. Unter **Entfernung zweier Punkte von einander** versteht man nichts anders als die zwischen ihnen ziehbare grade Linie.

Anmerk. Der Begriff der graden Linie ist einfach. Er läßt sich also eigentlich nicht definiren. Man frage sich selbst, ob die §. 12 und 15 angeführten Sätze von der graden Linie für Erklärungen gelten können. Der Begriff: einerlei Richtung, kürzester Weg, ist eben so einfach als grade Linie. Wolf will dadurch die grade Linie von der krummen unterscheiden, daß in jener die Theile immer dem ganzen ähnlich sind. Der natürliche Begriff der Aehnlichkeit, wobei es auf Verhältniß und Lage der Theile gegen einander ankommt, scheint mir hier nicht gut angewandt.

§. 16. Wenn die Oberfläche eines geometrischen Körpers so beschaffen ist, daß die graden Linien, die man zwischen jeden zwei Punkten darin ziehen kann, ganz in der Oberfläche liegen; so heißt sie eine **ebene Fläche** (superficies plana) oder eine **Ebene** überhaupt (Planum). Eine **krumme Fläche** ist, von deren kleinstem Theil sich nicht behaupten läßt, daß er eben wäre.

Zu Anfangs nimmt man in der Geometrie an, daß alle Punkte und Linien in ebenen Flächen liegen, und davon

von heißt dieses erste Hauptstück der Geometrie die **Planimetrie** (Epipedometrie)

Da die Fläche des sogenannten **Lineals** mit einer solchen Ebene zusammen fällt, und die Schärfe desselben eine möglichst grade Linie seyn soll; so sieht man daraus, in wie fern das Lineal den Postulaten des 13ten §. ein Genüge thut, in so fern **Bilder** grader Linien in einer Fläche dargestellt werden sollen.

Pr. Anm. Ein Lineal zu prüfen, ziehe man an die Schärfe desselben eine grade Linie von dem Punkt A des Lineals nach dessen Punkt B mit der feinsten Reißfeder. Lag das Linial vorher unter der zu ziehenden Linie, so lege man es nun über derselben, so daß B in die Stelle von zu liegen kommt, und ziehe wieder eine Linie; beide müssen genau zusammen fallen. Ebenholz ist die beste Materie zum Lineal.

§. 17. Zwei **verschiedene** grade Linien können sich in nicht mehr als in einem Punkte schneiden wegen §. 14. Eine jede grade Linie sondert ferner die unbegränzte Ebene worin sie liegt, in zwey unbestimmte Theile ab. Wird nun auf beiden Seiten ein Punkt angenommen, so wird auch die dadurch gelegte grade Linie von jener ersten in 2 unbestimmte Stücke getheilt.

§. 18. Wenn man aus einem und demselben Punkt A zwei verschiedene Linien AB und AC ziehet, so nennet man die Abweichung der Richtungen dieser beiden Linien von einander, einen **Winkel**, dessen Größe also auf der Größe der Abweichung in der Richtung beruhet. Größere und kleinere Abweichung in der Richtung giebt größere und kleinere Winkel. Der Punkt A heißt die **Spitze**, AB und AC sind die **Schenkel** des Winkels. Der Winkel wird daher nicht größer oder kleiner, wenn man blos die Schenkel verlängert oder verkürzet, ohne ihre Richtung zu verändern. Sagt man, die **Neigung** der Schenkel bestimmt den Winkel, so wäre der Winkel desto kleiner, je mehr und desto größer, je **weniger** die Schenkel gegen einander geneigt sind.

§. 19. Verlängert man AC auf die andere Seite von A hinaus, so entsteht auf der andern Seite ebenfalls ein Winkel BAD. Er kann dem ersten gleich oder ungleich seyn. Ist das erste, oder weicht Ab von AC und AD gleich weit ab: so heißen die auf beiden Seiten liegenden Winkel, **rechte Winkel**, und die Linie Ab nennet man eine (auf DC) **senkrechte Linie**. Sind aber die beiden Winkel welche AB mit AC und AD macht, ungleich, so heißen sie **schiefe Winkel**. Der rechte Winkel wird durch den Buchstab R angezeigt.

Anmerk. An den beiden Schenkeln und an der Spitze des Winkels pflegt man Buchstaben zu schreiben, wenn man einen Winkel zeichnet, und nun, wenn man von dem Winkel redet, den Buchstaben an der Spitze zwischen den beiden übrigen auszusprechen. Wo es keine Vieldeutigkeit giebt, bezeichnet man den Winkel auch nur durch den Buchstaben an der Spitze, auch wohl durch kleine an der Spitze zwischen die Schenkel gesetzte Buchstaben.

§. 20. Wenn 2 ausgedehnte in einer Ebene liegende Grössen, eine so auf die andere gelegt werden, oder wenns Körper sind, einer so in den andern hineingeschoben werden kann, daß die Gränzen sowohl, als auch alles was dazwischen liegt, zusammenfällt, so heißt es von den erstern, sie **passen auf einander (decken sich)**; von Körpern: sie **passen in einander**. Beides druckt das lateinische congruunt aus.

Wenn man die grade Linie AB (5 F.) mit dem einen Endpunkt A auf den Endpunkt C der Linie CD legte, und nachdem man sie in einerlei Richtung gebracht hätte, auch B in C fiele, so würden AB und CD auf einander passen. Winkel würden auf einander passen, wenn man A (4 F.) und C (6 F.) zusammen fallen ließe, dann AB in die Richtung von CD brächte, und nun auch AC längs CB sich legte.

lezte. Die Spitze, Lage und Richtung, nicht Länge der Schenkel macht hier die Gränze.

§. 21. Hauptgrundsatz der Geometrie: Ausgedehnte Größen die auf und in einander passen, (quanta congruentia) **sind gleich groß. Z. E. Wenn die graden Linien und Winkel wie in §. 20. auf einander passen, so sind sie auch offenbar gleich groß.**

Anmerk. Dieser Grundsatz ist der Geometrie ganz eigenthümlich (principium domesticum) die oben §. 5. 24 des ersten Theils aufgestellten Grundsätze sind beiden Haupttheilen der Mathematik gemeinschaftlich. Auf sie, und vorzüglich auf diesen Grundsatz der Congruenz müssen so wie auf die Postulate §. 13. und unten §. 47 sich alle folgenden Lehrsätze und Aufgaben der Geometrie zurückführen lassen. Zwar kann man ihn nicht schlechthin umkehren. Denn da es Figuren und Körper giebt, die ohne zu congruiren, doch gleich groß sind (gleichen Raum einnehmen) so läßt sich nicht sagen: Ausgedehnte Größen die gleich groß sind, müssen auch auf und in einander passen. Dem ohngeachtet wird die Folge doch lehren, daß bei den Beweisen für die gleiche Größe incongruenter Figuren Sätze zum Grunde liegen, die man aus diesem Grundsatz abgeleitet hatte, und daß er sich also über das ganze ausbreitet. Indessen ist wenigstens folgender umgekehrte Satz wahr:

§. 22. Grade Linien und Winkel die gleich groß sind passen auch auf einander. Denn

1) Wenn CD=AB die AB nicht deckte, wenn man C auf A und CD mit AB in eine Richtung brächte; so müßte D entweder vor B zu oder über B hinausfallen, das ist, gegen die Voraussetzung CD > AB seyn.

2) Eben so müßte bei der Behandlung wie §. 20. CD zwischen die Schenkel von BAC oder über AB hinausfallen, wenn beide gleich groß angenommene Winkel nicht auch auf einander paßten: und so wären sie auch nicht gleich groß; wegen §. 5. Th. I. no. II. gegen die Voraussetzung.

§. 23. **Alle rechte Winkel wie ACB, DCG sind gleich groß.** Denn wären sie es nicht, so würden sie auch nicht auf einander passen; also, wenn man sie nach §. 20. aufeinander brächte, würde der Schenkel CD z. E. innerhalb ACB fallen. Zöge man nun CE; so wäre ACE = ACB §. 19; DCE = DCB. Aber DCB < ACB; daher DCB < ACE. Aber ACE < DCE; also DCB < DCE. Folglich wäre DCB kein rechter Winkel gegen die Voraussetzung. So auch wenn man annimmt, das CD über AC hinaus fiele.

§. 24. Wenn aus der Spitze C eines Winkels DCB (7 F.) noch eine Linie CE so gezogen wird, daß sie mit DC einen Winkel macht, so wird derselbe den Schenkel DC mit DCB gemeinschaftlich haben. Eben so macht CF einen Winkel FCE, der CE mit ECD gemein hat u. s. w. Diese Winkel könnten an einander hangende, stetige Winkel (anguli continui) heissen. Es entstehen folglich auf diese Art eben so viel dergleichen Winkel über der graden Linie AB als man Linien aus C gezogen hat und noch einer mehr. CA und CB sind Schenkel der beiden äußersten, welche sie für sich allein und mit keinem der anliegenden gemein haben, liegen folglich in einer graden Linie, oder sind die grade Linie selbst, wovon hier die Rede ist.

§. 25. **Alle stetige Winkel über einer graden Linie sind = 2R.**

Bew. Man kann sich immer im Punkt C eine Linie CR gedenken, welche auf AB senkrecht ist. Denn unter allen Lagen der CR gegen AB muß doch die auch vorkommen, wo RCA = RCB ist §. 19. Alsdenn ist BCR = ACR = R und folglich (DCB + ECD + ECR) + (RCF + FCA) = 2R. Aber ECR + RCF = ECF

ECF. Folglich $DCB + ECD + ECF + FCA = 2R$.

Fiele CR mit einem Schenkel der stetigen Winkel z. E. mit CE zusammen; so würde derselbe Beweis statt finden, nur um einen Satz kürzer werden.

Hätte man nur eine Linie z. E. CD gezogen; so wäre doch $DCB + DCA = 2R$. Zwei solche Winkel werden **Nebenwinkel** (angg. contigui, deinceps positi) genannt.

Sind die Winkel DCB und DCA von ungleicher Größe; so muß der eine z. E. $DCA > R$ seyn, wenn der andere z. E. $DCB < R$ ist. Den schiefen Winkel, der größer als ein rechter ist, nennet man einen **stumpfen**, den, welcher kleiner als ein rechter, einen **spitzen Winkel**.

§. 26. **Wenn die Summe der stetigen Winkel wie DCB, ECD, FCE und $ACF = 2R$; so liegen die äußern Schenkel wie CB, CA (§. 24.) in einer graden Linie.**

Bew. Wäre BCA keine grade Linie; so sey CG die Verlängerung von BC d. i. BCG eine grade Linie. Demnach müßte $2R + ACG = 2R + ACG = 2R$ seyn; welches sich widerspricht.

Anmerk. Dies ist ein Weg von einer Linie auszumachen, ob sie grade oder in einem Punkt C gebrochen ist.

§. 27. Aus dem bisherigen erhellet, wie es zu verstehen sey, wenn man sagt BCA (wo man sich C als die Spitze; CA, CB als die Schenkel eines Winkels vorstellet) sey 2 rechten gleich.

§. 28. Ein Winkel DCA (8 F.) der mit einem andern DCB zusammengenommen $= 2R$ ist; heißt des andern **Ergänzung** (Complementum) zu 2R. **Wenn** daher ein **Winkel** $DCB < R$ **gegeben ist, so findet** man durch **Verlängerung** ein **Schenkels des gegebenen, seine Ergänzung zu 2R, und wenn** zwei

Win-

Winkel gleich sind, so sind auch ihre **Ergänzungen zu 2 R gleich**. So ergänzen sich auch RCE und ECB wechselsweise zu 1 R. Und 2 Winkel die einen dritten zu R oder 2 R ergänzen, sind gleich groß.

§. 29. Es ist nun offenbar, daß man mag aus einem Punkt C (7 F.) so viel Linien ziehen als man will; so sind alle dadurch entstandene Winkel = 4 R.

Auch kann man sich vorstellen, daß CD sich um C (9 F.) drehet, bis es in die Lage CA kommt, dann aber noch weiter in die Lage CG übergeht; so wäre hier ein Winkel größer als 2 R entstanden denn in der Lage CA waren schon 2 R durchpassirt. Man stellt sich nämlich unter GCB einen Winkel nach oben zu in der Figur vor. Man nennt ihn einen **erhabenen** Winkel (convexum, gibbum). Der mit eben den Buchstaben bezeichnete nach unten liegende Winkel heißt in dieser Rücksicht so wie alle bisher betrachtete, ein **holer Winkel**. Er ergänzet die übrigen um C liegenden und den erhabenen der einerlei Schenkel mit ihm hat zu 4 R.*)

§. 30. Wenn eine grade Linie die andere in C schneidet; so sollen die an der Spitze C entgegengesetzte Winkel, wo immer am Schenkel des einen mit einem Schenkel des andern auf einer graden Linie liegt, **Scheitel** oder **Vertikalwinkel** heissen.

§. 31. **Scheitelwinkel** wie DCB, ACE **sind gleich groß.**

Bew. Sowohl ACE als DCB ist die Ergänzung von DCA zu 2 R. Also ist ACE = DCB §. 28.

Prak-

*) Wenn man die vorigen Sätze: die man alle beinahe Grundsätze (propositiones analogas axiomatum) nennen könnte sich deutlich dachte; so konnte man leicht bei Betrachtung einer Figur wie die 8te sehen, daß ACE sowohl als DCB den ACD zu 2 R ergänzte, also ACE = DCB war. Das schien merkwürdig. Man nannte diese Winkel mit dem Kunstwort Scheitelwinkel und behauptete nun den allgemeinen Satz.

Prakt. Anmerk. Ausmessung der graden Linien und Winkel.

§. 32. Die graden Linien können und müssen mit einem Maasstabe gemessen werden, der mit ihnen von einerlei Art, übrigens von willkührlicher Länge ist.

Die in der Feldmeßkunst und Mathematik gebräuchlichsten sind die Ruthe und der Fuß oder Schuh. Diese Maaße haben zwar überall einerlei Namen aber nicht allenthalben einerlei Grösse, nicht einmal gleiche Eintheilung und Verhältniß gegen das übliche Fußmaaß.

Hier kommt es hauptsächlich darauf an, wie die Ruthe und das Fußmaaß bei uns gebraucht und eingetheilt wird. Im ganzen Lande ist die rheinländische Ruthe und der 12te Theil derselben der rheinländische Fuß als Grundmaaß festgestellt. Aber der praktische Geometer ist selbst durch Königliche Verordnung dazu verpflichtet, eine solche Ruthe in 10 Theile, so daß $\frac{1}{10}$ rhl. Ruthe = 1 Feldmesser Fuß ist, einzutheilen. Dies ist der leichtern Decimal-Rechnung wegen für ihn sehr bequem. Denn auch den Fuß theilt er wieder in Zoll zu $\frac{1}{10}$ Fuß u. s. w. Auch bei andern wissenschaftlichen Geschäften (besonders wo nicht so weite Messungen als beim Feldmessen vorkommen) legt zwar der Mathematiker mit dem praktischen Handwerker einen rheinländischen Fuß zum Grunde. Aber ersterer theilt diesen Fuß in 10 Zoll, den Zoll in 10 Linien, wenn dagegen die Werkleute den Fuß in 12 Zoll, den Zoll in 12 Linien u. s. w. eintheilen. Beide pflegen nun z. E. so zu schreiben $3^{\circ}\ 6'\ 5''\ 7'''$ wo durch ($^{\circ}$) die Ruthen, ($'$) die Fuße, ($''$) die Zolle, ($'''$) die Linien bezeichnet werden. Im bürgerlichen Leben gilt also das Duodecimalmaaß. Der Feldmesser und wissenschaftliche Mathematiker haben beide eine, doch noch etwas verschiedene Art von Decimalmaaß. Man muß also wenn man sich einander verstehen will, eins auf das andere reduciren. Wobei die doppelte Rücksicht 1) auf Feldmesser und Werkleute 2) auf mathematische und handwerksmäßige Berechnung und Ausmessung hier hinreichend ist.

§. 33. I. Der hiesige Feldmesser legt mit Zimmermann und Maurer u. d. gl. Gewerken dieselbige rhein-

rheinländische Ruthe (sie ist beiläufig 5 militärische Schritte von Nr. 1 zu 2 Feldmesser-Fuß lang) als Einheit zum Grunde. Nun sollen m' m'' u. s. w. 1 Feldmesser Fuß, Zoll u. s. w. w', w'' u. s. w. Fuß, Zoll u. s. w. Werkmaaß bedeuten; so sind nach oben gesagtem

$\odot.10m' = 12w' = 1$ rhl. Ruthe
$100m'' = 144w'' = 1$ rhl. Ruthe
$1000m''' = 1728w''' = 1$ rhl. Ruthe
daher $m' = 1{,}2\ w'$; $w' = 0{,}833\ m'$
$m'' = 1{,}44\ w''$; $w'' = 0{,}6944\ m''$
$m''' = 1{,}728w'''$; $w''' = 0{,}5787\ m'''$

II. Der gelehrte Mathematiker nimmt dagegen so wie der Professionist den rheinländischen Fuß zur Einheit an. Beim ersten soll nun r'', r''', r^{IV}; beim letzten w'' w''' w^{IV} Zoll, Linien und Strupel heißen. so ist $\natural$. $10r'' = 12\ w'' = 1$ Fuß
$100r''' = 144\ w''' = 1$ Fuß
$1000r^{IV} = 1728w^{IV} = 1$ Fuß
und r''; $= 1{,}2\ w''$; $w'' = 0{,}833\ .r''$
r'''; $= 1{,}44\ w'''$; $w''' = 0{,}6944.r'''$
r^{IV}; $= 1{,}728w^{IV}$; $w^{IV} = 0{,}5787.r^{IV}$

Will nun der Feldmesser z. E. $8°7'4''$ Duodecimalmaaß auf sein Decimalmaaß bringen, so bleiben die Ruthen Aber $7'4'' = 88w''$ sind aus $\odot$ $88.0{,}6944m''$. Da nun
$l.88 = 1{,}9444827$
$l.0{,}6944 = 3{,}8416097 - 4$
$1{,}7860924$
Es sind also $88\ w'' = 61{,}11\ m''$ oder man erhält $8°\ 6'\ 1''\ 1'''$ Decimalmaaß

Es sind
$l.1{,}2 = 0{,}0791812$
$l.1{,}44 = 0{,}1583625$
$l.1{,}728 = 0{,}2375437$
$l.0{,}833 = 3{,}9208014 - 4$
$l.0{,}6943 = 3{,}8416097 - 4$
$l.0{,}5787 = 3{,}7624535 - 4$

Umgekehrt: wenn $16°\ 5'\ 6''\ 7'''$ Decimalmaaß in Duodecimalmaaß auszudrücken sind, so bleiben die Ruthen; aber $5'\ 6''\ 7''' = 567\ m''' = 567.\ 1{,}728\ w''$
nun ist $l.\ 567 = 2{,}7535831$
$l.\ 1{,}728 = 0{,}2375437$
$2{,}9911268$. Daher sind $567m''' = 980w''$

Da nun $\frac{980}{12} = 81''8''' = 6'9''8'''$ Duodecim. Maaß; so sind $16{,}567$ Ruthen Decimal Maaß $= 16°\ 6'\ 9''\ 8'''$ Duod.

Duodec. Maaß. Auf eben die Art macht man es, wenn man die im 2ten Fall mit r bezeichneten Maaße in die mit w bezeichneten verwandeln will, nur daß man die Reductionssätze aus Taf. h nennt.

§. 34. Hier habe ich nur noch etwas über die Größe und Eintheilung verschiedener vormals im Lande und sonst üblicher Ruthen zu sagen:

Anspacher	12 Fuß
Culmische alte	15
Culmische neue	15
Danziger	15
Dänische	10
Englische	$16\frac{1}{2}$
Französische Toise	6
Hallische alte	15
Hamburger	16
Leipziger	$15\frac{1}{8}$
Magdeburger	12
Olezkosche	15
Pommersche alte	16
Pom. Faden	7
Pr. Teichgräber R.	15
Schlesische	15
Schwedische	16

Die Fuße sind nun aus der bald folgenden Tabelle für die örtlichen Fußmaaße zu nehmen und darnach die Ruthen mit dem jetzt eingeführten rheinländischem Maaße zu vergleichen. Die auf alten Charten vorkommen, sind noch die soldinsche R. $= 14' 1''$ rhl. Küstr Cammerr. $= 15' 3''$ „ gr. Neumärksche $= 16'$

§. 35. Die Verschiedenheit des Fußmaaßes in den verschiedenen Ländern, macht es oft nothwendig, auch hierbei ein Maaß auf das andere zu reduciren. Dazu merke man hauptsächlich: Es wird der Pariser Fuß (Pied du Roi) zum Grunde gelegt, selbst noch bei dem neuen republicanischen Maas. Er besteht aus 148 Linien Duod. M. §. 32. Jede Linie noch in 10 Theile getheilt, giebt 1440. Diesen $\frac{1}{1440}$ Theil des Par. Fußes, nimt man als die Einheit an, und bestimmt für andere Fußmaaße, wie viel solcher kleinen Größen sie enthalten, z. E. für den Londner sind es 1350. So sind die Zahlen in folgender Tabelle zu verstehen, wo ich diejenigen Fußmaaße, die wegen gelehrter oder Handelsverhältnisse im preußischen am merkwürdigsten sind, aufgeführt habe.

Aachen	1285	Augsburg	1282,75
Amsterdam	1254,8	Berlin vorm.	1373
Anspach	1320	Bologna	1682,4
Antwerpen	1266		

Brandenburg		London	1351,3
Werkl Fuß	1391,3	Lübeck	1290
Feldm. Fuß	1669,56	Magdeburg	1247
Braunschweig	1265	Mecklenburg	1290
Bremen	1282	Nürnbreg	1346,75
Breslau	1276	Olezko	1219
Brüssel	1290	Paris Königl.	1440
Calenberg	1299	Metre	4434,4
Cleve	1310	Pommern	1263,7
Cöln	1220	Prag	1338
Culm alt	1277,2	Rheinländ.	1391,3
neu	1361,1	Riga	1215
Dännemark	1391,3	Röm. Palm.	990
Danzig	1271,75	Alt. Röm. Fuß	1306,8
Dresden	1255	Rostock	1282
Emden	1313	Schweden	1315,9
Halle	1279,5	Schweiz	1330
Hamburg	1270	Spanien	1253
Hannover	1290	Turin	1432
Holstein	1323	piedi diLiprando	2277
Königsberg	1364	Venedig	1540
Leiden	1391,3	Wien	1401,3
Leipzig	1251	Wittenberg	1255

Das Metre in Frankreich wird bei grössern Maaßen mit 10, 100, 1000 mahl bei kleinen $\frac{1}{10}$, $\frac{1}{100}$, $\frac{1}{1000}$ mahl gesetzt Alle diese Maaße haben eigne Nahmen.

Die Tabelle ist ein Auszug aus Krusens Hamb. Kontoristen I Th. VII Beilage, und besonders nach Herrn Eytelweins neuern Untersuchungen berichtiget.

§. 36. Weil nun z. E. Rheinl. F: Londner = 1391,3: 1351,6 so sind 13913 Londner Fuße = 13513 rheinländischen. Eben so 1290 Hamburger = 1270 Lübecker Fußen u. d. gl. Kurz man nimmt nur aus der Tabelle die Zahlen und setzt sie wechselsweise zu den beistehenden Namen. So sind

1401,3 Brandenb. = 1391,3 Wiener und man rechnet

x Brandb.	456 Wiener
1391,3 Wien.	1401,3 Brandb.

$$x = \frac{456 \cdot 1401{,}3}{1391{,}3} = 459{,}3 \text{ Brand.}$$

§. 37. Am bequemsten rechnet man aber hier mit Logarithmen. Wenn daher n eine gegebene Anzahl Fuße

Fuße in irgend einer Art von Maaß und p dieses Maaß anzeigt, so sey r die Art von Maaß, worauf man die gegebenen Fuße bringen will. Folglich ist $x.r = np$ und $x = \frac{np}{r}$ d. i. $lx = ln + l\frac{p}{r} = ln + lp - lr$, das heißt: zu dem Logarithmen der vorgegebenen Anzahl Fuße setze man den Logarithmen des Fußes aus den Tafeln, worin die vorgegebenen Fuße ausgedrückt sind. Von dieser Summe zieht man ab den Logarithmen des Fußmaaßes, worin man die vorgegebene Anzahl verwandeln will; so erhält man den Logarithmen der gesuchten Zahl.

Für die Reduktion des Pariser Maaßes aufs rheinländische wäre $p:r = 1440:1391{,}3$ d. i. $l\frac{p}{r} = l1440 - l1391{,}3 = 0{,}0149418$; welche Größe man also ein für allemal in diesem speciellen Falle gefunden hätte.

Exempel. Sturm im veritable Vauban p. 101, rechnet die Toise zu $\frac{1}{2}$ rheinl. Ruthe und macht daher die äußere Polygon seiner Festung 90 rheinl. Ruthen, die Vauban zu 180 Toisen bestimmt hat. Um wie viel ist dies kleiner, als Vauban haben will? Die Toise war 6 Par. Fuß.

$$ln = l180.6 = l1080 = 3{,}0334237$$

$$l\frac{p}{r} = l1440 - l1391{,}3 = 0{,}0149418$$

$$l1117 \text{ bis } 1118 = 3{,}0483655$$

Aber $\frac{1118}{12}$ F. $= 93°\ 2'$ beinahe. Also hat Sturm die äußere Polygon 3 Ruthen und 2 Fuß kleiner angenommen, als sie nach Vaubans Maxime seyn sollte.

§. 38. Wenn ein Verhältniß zwischen 2 Fußmaaßen gegeben, wovon nur das eine in der Tabelle steht, so kann man mittelst der zusammengesetzten Regel Detri oder der Kettenregel, das noch nicht aufgeführte Fußmaaß, nach der in der Tabelle zum Grunde gelegten Einheit, ausdrücken, und auch so gleich eine Anzahl Fuße des noch nicht verglichenen Maaßes mit jedem in der Tabelle verzeichneten vergleichen.

Z. E. Man wüßte, der Zellische Fuß verhält sich zum rheinländischen $= 48:51$ so sind 51 Zell. = 48 rheinl. wie viel Lübecker Fuß sind 150 Zellische?

p:r = 1440 : 1391,3
r:z = 51 : 48

p:z = 1440.51 : 1391,3.48 =

$$1440 : \frac{1391,3 \cdot 48}{51} = \frac{16 \cdot 1391,3}{17}$$

$$= 1309,4$$

Diese Zahl müßte neben Zelle in der Tafel gesetzt werden.

x Lüb.	150 Zell.
51 Zell.	48 rhl.
1290 rhl.	1391,3 Lüb.
17	16
43	5

$$x = \frac{1391,3 \cdot 80}{17 \cdot 43} = 152,2$$ Lüb. Fuß

§. 39. Ich will nur noch einige andere nützliche Vergleichungen von Längenmaaßen mittheilen.

I. Das Ellenmaaß nach Zehntel von Pariser Linien.

Amsterdam	3054	Leipzig	2505,3
Anspach	2760	London Yard	4053,92
Antwerpen	3078	Nürnberg	2924
Berlin	2960	Paris (Aune)	5266
Bielefeld	2593	Polen vorm.	2633
Brabanter	3065	Russische Arschine	3182,4
Braunschweig	2530	Schmiedeberg	2473
Breslau	2553	Schweden	2632
Dännemark	2782,6	Span. Vara	3698,6
Danzig	2543,5	Stettin	2885
Elbing	2505	Stralsund	2580
Emden	2972	Warschau	2591,7
Hamburg	2540	Wien	3444,2
Königsberg	2548		

II. Das in den Bergwerken übliche Lachtermaaß Die Lachter wird in Achtel, das Achtel in 10 Zoll, der Zoll in 10 Primen und die Prime in 10 Secunden eingetheilt.

Das Lachter ist in Pariser Fuß

Clausthaler	5,9222	Joachimsthal	6,0201
Dänisches	6,1923	Pfälzer	6,5460
Eislebensches	6,1910	Preußisches	6,2580
Freiberger	6,1055	Schemnitzer	6,2322
Idria	6,0260	Schwedisches	5,4830

III. Das Meilenmaaß soll von den bekanntesten nach der Anzahl, die davon auf einen Mittelgrad der Erde gehen und in rheinl. Fußen angegeben werden.

Dä-

	E.Gr.	rhl.F.		E.Gr.	rhl.F.
Dänische	14,77	24000	Holländ.	19,00	18664
Deutsche kleine	17,73	20000	Italiänische	60,00	5910
geograph.	15,00	23661	Ruß. Werste	104,30	3400
Englis.Landm.	69,12	5130	Schwedische	10,41	34052
Seemeile	60,00	5910	Spanische	26,25	13509
Franz. Lieues	25,00	14185	Stadiumgriech.	724,40	489
Landm.kleine	28,55	12420	Röm.	604,30	587
große	22,84	15525			

Bei Anfertigung der Charten pflegt man der bequemern Rechnung wegen im Preußischen 2000 rheinl. Ruthen auf die Meile zu rechnen.

§. 40. Grade Linien auf dem Felde auszustecken, bedient man sich der Stäbe, die man so setzet, daß sich dieselben einander in der verlangten Richtung decken. Sie, besonders die obern Theile stellen hier die Punkte vor, die bei einer graden Linie in einer Richtung fortliegen sollen. Sie müssen senkrecht angesetzt werden, und alsdann muß man nicht nahe an den Stab, sondern ein bis 2 Fuß hinter denselben sich stellen, und von beiden Seiten beobachten, ob sie wie eine an einander hangende Wand fortlaufen. Zum eigentlichen Ausmessen wird die Meßschnur, die Meßkette, oder auch Meßstäbe von ausgedörrtem Holz eine Ruthe lang und eingetheilt, 2 bis 2½ Zoll ins Gevierte dick, mit Firniß oder doch Oelfarbe überzogen, und an beiden Seiten mit Messing beschlagen, gebraucht. Man erhält mittelst ihrer eine grade und horizontale Linie mittelst der Sezwaage und genauem Visiren. Auch pflegt man sie auf kleine Unterlagen die auf und abgeschraubt werden können, horizontal zu richten. Auch vergleicht man damit die Richtung, welche eine gute Boussole angiebt. Dieser Gebrauch der Meßstäbe ist indessen nur nöthig, wenn bei weitläuftigen Messungen es auf die größte Genauigkeit ankommt. Kleinigkeiten mißt man oft nur mit Schritten aus. Die Schrittzähler gehören auch hieher.

§. 41. Vom Maasse der Winkel merken wir hier nur überhaupt; es muß selbst ein Winkel seyn. Man könnte hier zuerst darauf gerathen, den rechten Winkel zum Maaßstab anzunehmen. Spitze Winkel würden denn eigentliche, stumpfe uneigentliche Brüche seyn. Diese vielen Brüche werden vermieden, wenn man einen kleinen aliquoten Theil des rechten Winkels zur Einheit macht. Unter allen möglichen hat man sich veranlaßt gefunden, $\frac{1}{90}$ R hierzu zu bestimmen, ihn einen Grad, seinen 60sten Theil eine Minute, den 60sten Theil der Minute eine Sekunde u. s. w. zu benennen. Die Veranlassung dazu werden wir weiterhin angeben können, das Zeichen (°) bedeutet Grade (′) Minuten, (″) Sekunden u. s. f.

Alle stetigen Winkel über einer graden Linie sind = 2 R (§. 25) = 180°.

Alle um einen Punkt in einer Ebene herum liegende Winkel sind = 360° (§. 29.)

II. Von den ebenen Figuren überhaupt.

§. 42. Nimmt man auf den Schenkeln des Winkels ABC die Punkte F und G und zieht FG so entsteht ein in 3 Seitenlinien eingeschlossener Raum, oder eine dreiseitige Figur. Zieht man in beliebiger Richtung FH und vereinigt HG: so sind BG, BF, FH, HG Seitenlinien einer vierseitigen Figur. Auf ähnliche Art entstehen Figuren von mehrern Seiten, und überhaupt ist eine **Figur** ein auf allen Seiten begränzter Raum. Hier ist nur noch von **ebenen** und **gradlinigten** Figuren die Rede. §. 16.

Man sieht auch leicht, daß die Anzahl der Seiten und Winkel in dergleichen Figuren gleich seyn muß, daher die Benennungen **Dreieck**, **Viereck**, **Fünfeck** u. s. w.

§. 43. **Zwo grade Linien können keine Figur einschließen.** §. 14. 17.

Die einzelnen Winkel eines Dreiecks sind daher jeder für sich kleiner als 2 rechte. Im Viereck kann wohl ein Winkel größer als 2 R; d. i. ein erhabner Winkel seyn, mehrere aber nicht.

§. 44. Alle Seitenlinien einer Figur zusammen, machen den **Umfang** (perimeter) einer Figur aus.

Eine

Eine grade Linie KL durch einen Punkt K innerhalb der Gränzen einer Figur, schneidet den Umfang wenigstens in 2 Punkten, wenn man sie weit genug verlängert. Eben so muß eine Linie, die durch die Spitze eines Winkels und durch einen Punkt innerhalb einer Figur gezogen wird, durch eine Seite der Figur oder durch eines andern Winkels Spitze, im Dreieck aber immer durch die der Winkelspitze gegen über liegende Seite gehen. Man sehe in fig. 10. die Linie BM.

3. Wegen §. 15. **sind in jedem Dreieck** BFG **jede zwei Seitenlinien** wie BF, GF **zusammen genommen größer als die dritte** BG.

§. 45. I. Wenn eine grade Linie CA gegeben ist, so nehme man an, daß sie sich um einen ihrer Endpunkte C, der unverrückt bleibt, so lange herum bewegt, bis sie wieder in ihre erste Lage kömmt. Der ganze Flächenraum, über welchen die grade Linie fortgeführt ist, heißt **der Kreis** (circulus) und der Weg, durch welchen A gegangen, die **Kreislinie**, die **Peripherie** des Kreises, (manchmal nennt man auch diese Linie den **Kreis** oder Zirkel welches Misverstand giebt). Es müssen bei einer solchen Vorstellung von der Entstehung eines Kreises, alle Punkte in der Peripherie von dem Punkt C, der daher der **Mittelpunkt** heist, gleich weit abstehen. Die Kreislinie ist daher eine solche krumme Linie, welche einen Flächenraum so umschließt, daß alle Punkte in der Linie, von einem gewissen Punkte innerhalb der umschlossenen Ebene gleich weit entfernt sind.

II. Jede grade Linie vom Mittelpunkt bis an einen Punkt in der Peripherie gezogen, heißt der **Halbmesser** (radius) und alle Halbmesser eines Kreises sind gleich groß. Jedes Stück der Kreislinie wie AD heist ein **Bogen** (Arcus). Ein Stück der Kreisfläche, welches zwischen einem solchen Bogen AD und zwei Halbmessern wie CA, CD enthalten ist, wird ein **Ausschnitt** (sector) des Kreises genant.

Eine grade Linie von einem Punkt B in der Peripherie zum andern K gezogen, heißt eine **Sehne** (Chorda). Das Stück des Kreises zwischen der Sehne BK und den zugehörigen Bogen BGK oder BDAK heißt ein **Abschnitt** (segmentum) des Kreises.

Eine durch den Mittelpunkt gehende Sehne wie AH heißt der **Durchmesser** (diameter) des Kreises. Er ist also doppelt so groß als der Halbmesser.

Der Kreis, die Kreisausschnitte und Kreisabschnitte sind die ersten in der Geometrie vorkommenden Beispiele von **krumlinigten** und **vermischtlinigten** Figuren.

§. 46. III. **Forderung der Geometrie. Mit jedem Halbmesser um jeden Punkt einen Kreis zu beschreiben.**

So wie wir dies oben §. 45. I. annahmen, wird jeder die Möglichkeit zugestanden haben. Um den Kreis sinnlich darzustellen, hat man das bekannte Zirkelinstrument; die Praxis noch den Stangenzirkel, oder auch wol die über einen Pflock gehangene Leine oder Kette. Diese und die beiden §. 13. aufgestellten Forderungen, sind nun alles was die niedere Geometrie zu Auflösung ihrer Aufgaben voraussetzt, und alle gehen zuletzt darauf hinaus, grade und Kreislinien in gehöriger Länge und Richtung und mit gegebenen Halbmessern aus Punkten und um Mittelpunkte so zu ziehen, wie es der Zweck und die Umstände der Aufgabe verlangen und verstatten.*)

§. 47.

*) Ich sehe daher doch warlich nicht, wie Hr. Gilbert im Lehrbegriff der Geometrie S. 40 Eukliden und alle seine Nachfolger der Unvollständigkeit beschuldigen kann, wenn sie nur diese 3 Forderungen oder Voraussetzungen angeben. Was er da anführt, ist alles ganz offenbare Folge aus ihnen, oder gehört theils nicht an diese Stelle, theils durchaus nicht in die niedere Geometrie, wie das Verlängern jeder (krummen) Linie.

§. 47. Jeder Punkt H, dessen Entfernung vom Mittelpunkt grösser ist als der Halbmesser, liegt ausserhalb des Kreises, hingegen liegt jeder Punkt G, der um weniger als die Länge des Radius vom Mittelpunkt absteher, innerhalb der Kreisfläche. Eine gerade Linie die durch einen solchen Punkt G geführt wird, **muß** die Peripherie in 2 Punkten durchaus schneiden. Geht die Linie durch den Mittelpunkt selbst, so **kann** ein solcher Durchmesser auch **in nicht mehr als nur in 2 Punkten** die Peripherie schneiden. Es sey ausser A und F noch H ein Durchschnittspunkt, so müste CF = CH seyn gegen §. 5. I. Arithm.

§. 48. **Jeder Durchmesser AF theilet die Fläche sowohl, als die Peripherie des Kreises in zwei gleiche Theile.**

Bew. Man stelle sich vor, daß AF unverrückt bleibe aber das Stück ADF um AF gedrehet und auf AEF gelegt werde. Wenn alsdann der Winkel DCA = ECA ist, so werden ihre Schenkel nicht nur, sondern auch die Punkte D und E zusammenfallen. Dies wird von jedem Punkte zwischen DF und EF, zwischen DA und EA sich zeigen lassen, folglich der Halbkreiß FDA mit FEA das ist die Gränzen der beiden Halbkreise und alles davon eingeschlossene werden sich decken und gleich groß seyn.

§. 49. **Aufg. Aus einem gegebenen Punkt** C (13 F.) **auf einer gegebenen graden Linie ein Stück abzuschneiden, das so groß ist als die Linie** F. Denn hier ist C ein solcher Punkt, CA = F ein solcher Halbmesser als §. 46. nur forderte.

Eben so zeigt die Figur, **wie man zu einer gegebenen Linie** *CA* **ein Stück** *E* **addiren oder davon subtrahiren könne.** Denn wenn AD = E genommen und aus A ein Kreis beschrieben wird, so schneidet er die nach §. 13 verlängerte CA nur in 2 Punkten §. 47. und offenbar ist CA + AD = CA + E und CA — AB = CA — E u. s. w.

§. 50. **Wenn die Halbmesser zweier Kreise gleich sind: so sind die Kreise selbst und auch ihre Peripherien gleich groß.** Denn wenn man die Mittelpunkte an einander bringt, so fallen sie ganz mit Flächen und Gränzlinien zusammen. Alle Punkte in beiden Peripherien sind gleich weit von dem nun in eins gefallenen Mittelpunkt entfernt, also Kreise und Kreislinien gleich groß.

§. 51. Figuren **schneiden** einander, wenn der einen Figur Umfang theils innerhalb theils ausserhalb der andern Figur fällt.

Wenn nämlich ein Punkt G im Umfang irgend einer Figur GRLS (also auch des Kreises um B) innerhalb einer andern Figur (des andern Kreises um A) und ein anderer Punkt der ersten L ausserhalb der andern Figur liegt; so müßte G, wenn er den Umfang GRLS beschreiben soll, wenigstens zweimal durch den Umfang PRQS gehen, einmal wenn er von G durch R nach L geht, das zweitemal wenn er von L durch S nach G zurück kommt, d. i. Kreise und überhaupt Figuren müssen sich unter den angegebenen Umständen in 2 Punkten ihres Umfangs schneiden.

§. 52. **Kreise müssen einander schneiden, wenn der Abstand ihrer Mittelpunkte = AB ihre Halbmesser R und r sind, und nun nicht allein 1) AB < R + r sondern auch 2) r < AB + R oder R < AB + r ist.**

Bew. Es sey BG = R = BL und AP = r = AE. Weil nun 1) AB < BG + AP so ist AB — BG < AP oder AG < AP. So liegt also ein Punkt der Kreislinie um B innerhalb des Kreises um A. Weil aber

auch

auch 2) AP<AB+BL d. i. AL>AP; so liegt auch ein Punkt der Kreislinie um B nämlich der Punkt L ausserhalb des Kreises um A §. 51. Mithin müssen sich beide Kreise schneiden nach dem vor. §.

§. 53. Es kann allerdings zwei Kreise geben, auf welche die erste Bedingung des Satzes, aber nicht die zweite paßt, und die sich dann auch nicht schneiden. Uebrigens mögen die Durchschnittspunkte der beiden Kreise um B und A noch so nahe bei einander liegen, so wird doch nie die grade Linie durch die Mittelpunkte durch einen Durchschnittspunkt gehn. Es müßte alsdenn ASB selbst eine grade Linie, also AS+SB<AR+RB seyn, welches nicht möglich ist, da die Summe zweier gleichen Halbmesser immer gleich groß seyn muß.

§. 54. Eine Kreislinie **berühret** die andere, wenn beide zwar zusammenstossen, übrigens aber der eine Kreis entweder ganz ausserhalb oder ganz innerhalb des andern liegt. Die Berührung, sie geschehe nun von aussen oder von innen, kann daher **nur in einem Punkte** geschehen.

§. 55. **Aufgabe. Es sind 2 Punkte C, K gegeben, man soll um selbige zwei Kreise beschreiben, die sich einander berühren.**

Aufl. Allgemein darf man nur in der Richtung CK eine Linie ziehen, auf derselben irgendwo einen Punkt G annehmen, und mit den Halbmessern CG, KG Kreise beschreiben, die sich in G berühren werden; **von aussen**, wenn G zwischen C und K, **von innen** wenn G so genommen ist, daß C und K beide auf einer Seite von G zu liegen kommen.

Bew. Daß G ein beiden Kreislinien gemeinschaftlicher Punkt werden wird, ist offenbar, da er beider Halbmesser Endpunkt ist. Aber es wird auch jeder andere Punkt F der Kreislinie um C von der Kreislinie um K mehr oder weniger entfernt seyn als G.

Man

Man ziehe CF und KF. Nun ist 1) Bei der äußern Berührung $CF+FK>CG+GK$. Aber $CF=CG$; alsu $FK>GK$. Also liegt jeder Punkt des Kreises um C außer dem G so weit über die Kreislinie um K hinaus, daß letzterer ihn nicht mit ersterm gemein haben kann. 2) Bei der innern Berührung ist $KF<CK+CF$ oder $KF<CK+CG$, daher $KF<KG$ d.i. jeder Punkt in der Kreislinie um C ausgenommen G, liegt so weit hinter der Kreislinie um K zurück, daß letztere ihn nicht mit ersterer gemein haben kann also berühren sich die Kreise bloß in G.

§. 56. **Wenn sich die Kreise um C und K in einem Punkte G berühren; so muß die Linie durch des einen Mittelpunkt C und den Berührungspunkt G gezogen, auch des andern Mittelpunkt K treffen.**

Bew. Träfe sie ihn nicht, so sei M des zweiten Mittelpunkt, und man ziehe MG, und MC, und man erhält das Dreieck MGC; so werden die mit MG und CG um M und C beschriebenen Kreise nach §. 52 sich schneiden, nicht berühren gegen die Voraussetzung.

§. 57. **Concentrische Kreise** sind, die mit verschiedenen Halbmessern um einerlei Mittelpunkt beschrieben werden. Sie können sich offenbar weder berühren noch schneiden. **Eccentrische** haben verschiedene Mittelpunkte. Sich schneidende oder berührende Kreise sind also auch zugleich eccentrische. Aber nicht alle eccentrische Kreise sind auch schneidende, oder berührende.

III. Von congruenten Dreiecken und Parallellinien.

§. 58. **Aufg. Es ist ein Winkel FAG und zwei grade Linien D und E gegeben (16 F); man soll ein Dreieck machen, in welchem die beiden Linien den gegebenen Winkel einschließen.**

Aufl. Man nehme auf dem einen Schenkel $AB = D$ §. 49; auf dem andern $AC = E$ und ziehe BC

§. 13:

§. 13: so entsteht ein Dreieck (§. 42. und jene allgemeine Entstehungsart eines Dreiecks wird hier in einem bestimmten Falle gewiesen). In dem Dreieck liegen die Data so wie es die Aufgabe verlangt.*)

§. 59. Lehrsatz. **Wenn zwei Dreiecke einen gleichen Winkel haben** (B = E in der Fig.) **und die Seiten, welche den Winkel einschließen, sind gleich** (AB = DE; BC = EF) **so ist auch die dritte Seite in beiden Dreiecken gleich,** (AC = DF) **ferner die beiden übrigen den gleichen Seiten gegenüberliegenden Winkel sind gleich** (A = D; C = F) **und die Flächen beider Dreiecke sind congruent und gleich groß.**

Bew. Es läßt sich der Winkel E so auf den gleichen Winkel B legen, daß sie auf einander passen §. 20. 21. Wenn nun der Schenkel EF auf BC gelegt ist, so fällt auch der Punkt F mit C zusammen §. 21. Eben so wird auch D und A zusammen fallen. Folglich fallen die Gränzen der Linien AC und DF zusammen. Also ist 1) DC = DF §. 20. 21. 14. Da nun die Schenkel AC und DF; CB und FE der Winkel F und C zusammen fallen, so ist 2) der Winkel F welcher DE gegenüber liegt, gleich dem Winkel C welcher AB = DE gegenüber liegt. So ist auch Wink. A = Wink. D. Da nun alle Gränzen der ebenen Dreiecke ABC und DEF zusammen fallen d. i. da die Figuren auf einander passen, so sind 3) ihre Flächen gleich groß, §. 21.

§. 60.

*) Wenn diese Auflösung auch noch so oft wiederholt würde, so würde man offenbar immer wieder das nämliche Dreieck erhalten, den wesentlichen Eigenschaften nach; denn Verschiedenheit von Ort und Lage kommt hier nicht in Betrachtung. Also müssen wohl Dreiecke die zwischen zwei gleichen Seiten einen gleichen Winkel einschließen, auch in den übrigen Bestimmungen gleich und überhaupt gleich groß seyn. Aber die Geometrie soll nicht auf die Erwartung ähnlicher Fälle, auf Analogie, sondern auf Zusammenhang mit den ersten Grundsätzen beruhen. Daher muß man wie im folgenden §. beweisen.

§. 60. Wenn Fig. 16 D = E gewesen wäre; so wäre BAC ein Dreieck geworden, worin zwei Seiten gleich gewesen wären (AB = AC). Ein Dreieck worin 2 Seiten gleich sind, heißt ein **gleichschenklichtes** (aequicrurum, isosceles) die gleichen Seiten AB, AC heißen hier auch **Schenkel**, die dritte BC in so fern sie von verschiedener Größe seyn kann, **die Grundlinie**, sie liege sonst wo sie wolle. *

§. 61. **In jedem gleichschenklichten Dreieck ABC sind die Winkel an der Grundlinie gleich groß**, d. i. ABC = ACB.**)

Bew. Man verlängere AB und AC §. 13, nehme auf der Verlängerung FB = CE §. 49, ziehe FC und BE.

Nun ist AC = AB die Bed.
AF = AE 1 Th. §. 24. V.
A = A

I. △AFC = △AEB 1 Th. §. 5. I
W. F opp. AC = W. E opp. AB
FC = BE
BF = CE per constr.

II) BCF = CBE §. 59.

II BCF = CBE
Wink. CBF = W. BCE

ABC = ACB als die Ergänzung gleicher Winkel zu 2 R. §. 28 ***)

§. 62.

*) Auch hier, da der Winkel an der einen Seite der Grundlinie einer eben so großen Seite gegenüber steht als der andere kurz nichts da ist, weswegen der eine in der Größe von dem andern verschieden seyn sollte, so wird man dadurch veranlaßt den geometrischen Beweis für den Lehrsatz des 61 §phs zu suchen.

**) Da es nicht unmittelbar folget; so sieht man doch, wenn die Ergänzungswinkel von ABC und ACB gleich wären, die man nach §. 28 darstellen kann, also CBF = BCE wäre, so wäre der Satz erwiesen. Letztere Gleichheit aber würde nach §. 59 erhellen, wenn sie in 2 gleichen Dreiecken gleichliegend wären. Macht man auf den Verlängerungen BF = CE und zieht FC, BE so frägt sich ob FC = BE und F = E? Letzteres ist wahr, wenn die Dreiecke FCA und EBA, worin sie auch liegen gleich und FC, BE; F und E darin gleichliegend sind. Aber FCA = EBA wenn AC = AB; AF = AE; A = A; welches offenbar ist. Daher der synthet. Beweis.

***) §. 58. gab aus zwei Seiten und dem eingeschl. Winkel ein Dreieck. Sollte dies sich nicht aus andern 3 Stücken z. E. 3 Seiten auch machen lassen?

§. 62. **Wenn 3 Linien gegeben wåren, und man sollte ein Dreieck verzeichnen, wovon diese 3 Linien die Seiten ausmachten, so gienge dies nicht an, wenn nicht jede 2 grôßer als die 3te wåren.** §. 44. 15

§. 63. **Aufg. Wenn 3 Linien α, β, γ gegeben, wovon je 2 zusammen genommen grôßer als die 3te sind, ein Dreieck zu verzeichnen.**

Aufl. Auf eine unbestimmt gezogene Linie lege man EF $=\gamma$ und beschreibe aus den Endpunkten E und F mit α und β Kreise, die sich wenigstens in 2 Punkten hier in G und K schneiden §. 53. Zieht man nun EG, FG oder EK, FK so thun gewiß die Dreiecke EGF und EKF auf gleiche Weise der Aufgabe ein Genůge.

Wåre $\alpha = \beta$ so wůrde EGF gleichschenklicht. Ein solches Dreieck zu verzeichnen, braucht man also ein Datum weniger, nur 2 **verschiedene** Linien.

Wåre $\alpha = \beta = \gamma$ so entstůnde ein Dreieck, welches das **gleichseitige** (aequilaterum) genannt wird. Es zu verzeichnen, braucht **nur eine** Linie gegeben zu seyn.

Z. Und nun ist es klar, weswegen man die Dreiecke nach dem Verhåltniß ihrer Seiten in **ungleichseitige** (scalena) **gleichschenklichte**, und **gleichseitige** eintheilet. Es sind in letztern auch **alle Winkel gleich**. Denn jede Seite kann als die Grundlinie angesehen und alsdenn §. 61 darauf angewandt werden. Eben weil das gleichseitige Dreieck lauter gleiche Seiten und gleiche Winkel hat, heißt es ein regulåres Dreieck, ein Begriff, der sich noch weiter erstrecket *).

§. 64. **Wenn die 3 Seiten eines Dreiecks den 3 Seiten eines andern gleich sind** AB $=$ DE; AC $=$

*) Ob nicht die hier aufgelôsete Aufgabe auch eben so wie bei §. 58. einen Lehrsatz zur Folge håtte?

AC = DF; BC = EF so sind auch die gleichen Seiten gegenüberstehenden **Winkel** und die Flächen der Dreiecke, congruent und gleich.

Bew. Wenn man nur von einem Winkel, der zwischen 2 gleichen Seiten liegt, die Gleichheit erwiesen hätte, so wäre der Satz auf den im §. 59 zurückgeführt. Nun kann man sich aber DEF so an ABC gelegt vorstellen, daß D auf A, F auf C falle; das ganze Dreieck aber die Lage AGC bekomme **). Zieht man nun BG; so ist, weil ABG und BCG gleichschenklichte Dreiecke seyn müssen, ABG + GBC = AGB + BGC d. i. Wink. ABC = Wink. AGC = Wink. DEF. Daher folgt das übrige nach §. 59.

Man kann aus jeden zwei gleichliegenden Winkeln, also auch aus F und C den Beweis führen. Wenn nun DE auf AB gelegt, und CG gezogen wird, so ist ACG — GCB = AGC — CGB d. i. ACB = AGB = F u. s. w.

§. 65. Auch läßt sich nun zeigen, daß 2 Kreise, die sich schneiden, sich auch in nicht mehr als 2 Punkten schneiden können. (14 F.) Denn wäre r ein dritter Schneidungspunkt, so müßten sich die Dreiecke BAS und BAr, da Ar = BS, Br = BS seyn müßten, decken, welches unmöglich ist. Also bekommt man bei der Auflösung §. 63 auch nur zwei Dreiecke, die blos der Lage nach verschieden sind.

Daher geht nun auch die grade Linie zwischen den Mittelpunkten jeder sich schneidender 2 Kreise senkrecht mitten durch die Linie zwischen den Schneidungspunkten.

Denn

**) Diese Vorstellung scheint mir eben so ächt geometrisch als die Anwendung des Princips der Kongruenz überhaupt. Es ist eben so wenig ein Versuch, sondern blos eine Untersuchung was nach den Bedingungen erfolgen werde. Auch kann ich ein △ mit welchem seine 3 Seiten gegeben in jeder Lage zeichnen §. 63.

Denn es sind △ ASB = ARB nach §. 64. Also SAB = RAB; AG = AG also △ und W. SGA = △ und W. RGA; folglich ist AG senkrecht auf SR.

3. Vermöge des eben bewiesenen Satzes läßt sich nun ein **Dreieck** von einer Stelle an eine andere übertragen.

§. 66. **Einen gegebenen Winkel** NAK **an eine gegebene Linie** LM **so zu legen, daß die Spitze des Winkels an einen Punkt** D **auf der Linie fällt**, darf man nur auf den Schenkeln beliebig die Stücke AB, AC annehmen, die Linie BC ziehen, und nun das Dreieck ABC so in LM übertragen, daß A in F; AC = DF auf LM gelegt wird, über DF aber mit AB = DE und BC = EF ein Dreieck errichtet werde. Am kürzesten verfährt man, wenn man AB = AC annimt.

§. 67. Pr. Anm. Auf dem Felde mißt man AB=AC und BC mit der Schnur oder Kette, schlägt in D und F in der Entfernung DF = AC Pflöcke ein, worüber man eine Länge = AB + BC mit den Endpunkten hänget, diese Länge fasset man alsdann an der gehörigen Stelle in E und ziehet sie straff an, so erhält man W. D. Auf welche Weise man auch einen gegebenen Winkel messen, und alsdann abtragen kann.*)

§. 68. **Aufg. Einen gegebenen Winkel** BAG **(22 F.) in zwei gleiche Theile zu theilen.****)

Aufl. Man nehme auf den Schenkeln AB = AG; beschreibe aus B und G Kreise, welche sich in den Punkten C schneiden. Eine grade Linie durch A und C halbirt den Winkel BAG.

Bew.

*) Der Satz des 64 §phs und die Betrachtung der zugehörigen 20 Figur führet auf die Auflösung verschiedener nun folgender Aufgaben.

**) Da in der 20 Figur W. BAC = GAC so ist schon wirklich daselbst W. BAC durch AC in 2 gleiche Theile getheilt. Man darf nur bei einem jeden gegebenen Winkel BAG eben diese Konstruktion nachmachen.

Bew. Zieht man BC, GC; so sieht man, daß BC = GC. Da nun AB = AG und AC = AC so ist Dr. ABC = AGC und BAC = GAC §. 64. $= \frac{1}{2}$ BAG.

Bei der Auflösung kan man die Lage des Punktes C wählen, welche am bequemsten ist. Gemeiniglich nimt man BC so, daß BC' = AB wird, um nicht unnöthig das Instrument zu verrücken.

Es läßt sich also jeder Winkel in 2, 4, 8 überhaupt 2^n Theile theilen, das heist ein Winkel kleiner als jeder vorgegebene erhalten, aber nicht in 6, 12, 24 u. s. w. welches die Theilung in 3 Theile voraussetzt, eine Aufgabe, welche die niedere Geometrie nicht vermögend ist, allgemein aufzulösen.

§. 69. **Aufg. Eine gegebene Linie** BG **zu halbiren.**

Aufl. Man nehme die Endpunkte B und G zu Mittelpunkten und beschreibe mit gleichen Halbmessern BA, GA Kreise die sich über der Linie in A schneiden Mit eben dem Halbmesser, oder auch mit einem andern suche man noch einen Durchschnittspunkt C so wird die Linie AC die vorgegebene BG halbiren.

Bew Nach §. 64 und 68 ist W. BAC = W. CAG. Da nun AH gemeinschaftlich und BA = GA so ist Dr. BAH = GAH und BH = HG.

§. 70. **Aufg. Aus einem Punkte** H, **das auf einer graden Linie gegeben ist** (24 F.), **ein Perpendikel zu errichten.***)

Aufl. Man nimt HG = HB. Mit einem Halbmesser wie BA > HB schlägt man Bogen aus B und G. Die Linie HA durch den Durchschnittspunkt ist das Perpendikel. Denn aus §. 64 ist Dr. ABH = Dr. GAH und

*) In der 19 Figur ist, weil Dr. BCH = CHG wegen BH = GH die CH eine senkrechte Linie. Dies führt auf die Auflösung.

und weil BA = GA gemacht ist; so muß W. AHB = W. AHG seyn.

§. 71. Pr. Anmerk. Auf dem Felde gäbe man dem HG = HB etwa die Länge einer Ruthe. Nach dem man die Endpunkte der Kette in G und B befestiget, faßt man sie in der Mitte und ziehet sie straff an, so erhält man A.

§. 72. Folgende Sätze sind leichte Folgerungen entweder aus §. 64 oder §. 59.

1. Eine grade Linie CD, welche durch die Mitte D der Grundlinie eines gleichschenklichten Dreiecks ABC und durch die Spitze C gezogen wird, theilt den Winkel C und das ganze Dreieck in 2 gleiche Theile, und ist auf der Grundlinie senkrecht §. 64.

2. Eine aus der Mitte der Sehne an den Mittelpunkt C eines Kreises gezogne Linie ist auf der Sehne senkrecht, und halbirt den Winkel des Ausschnitts ACB. Zwei Sehnen, die nicht beide Durchmesser sind wie AB, EG können daher nicht wechselsweise einander halbiren. Sonst müste CDA = CDE seyn können.

3. Eine grade Linie, welche den Winkel an der Spitze eines gleichschenklichten Dreiecks halbirt, steht verlängert auf dessen Grundlinie senkrecht, halbirt sie und das ganze Dreieck §. 59.

4. Das ähnliche gilt beim Winkel des Ausschnitts und der zugehörigen Sehne.

5. Ein Perpendikel aus der Mitte der Grundlinie eines gleichschenklichten Dreiecks (im Kreise aus der Mitte einer Sehne) muß durch die Spitze des gegenüberliegenden Winkels (durch den Mittelpunkt) gehen. Denn diese Linie sey DF und gehe nicht durch C: so liesse sich doch DC ziehen und alsdann wäre nach 1. CDB = R = FDB welches nicht seyn kan.*)

*) Man könnte bei der Betrachtung des Dreiecks ABC (26 F.) auf den Gedanken gerathen, die Winkel ACG, BCL die entstehen, wenn man die Seite AC, BC verlängert mit den gegenüberste-

§. 73. Den Winkel, welcher entsteht, wenn eine Seite eines Dreiecks verlängert wird, wie ACG, nennt man den äussern Winkel, und solche Winkel im Dreieck wie BAC, ABC die mit jenem keine gemeinschaftliche Spitze haben, innere entgegengesetzte Winkel.

§. 74. **Der äussere Winkel an einem Dreieck ACG ist grösser als jedweder von den innern entgegengesezten BAC und ABC.** *)

Bew. Man halbire AC in F §. 69 ziehe BF über F weit genug hinaus, um FE = BF zu machen. Wenn nun CE gezogen, so ist Dr. AFB = EFC §. 59. Daher FCE = FAB = BAC. Da nun $FCE < ACG$ so ist auch $BAC < ACG$.

Eben so erhellet, daß $ABC < BCL$ d. i. $ABC < ACG$ sey, weil BCL = ACG §. 31.

§. 75. **In jedem Dreieck steht der grössere Winkel der grössern Seite gegenüber.** (27 F.)

Bew. Man weis, daß $AB > AC$; so ist ein Theil von AB, wie AD = AC. Daher ADC = ACD §. 61. Aber $ADC > ABC$ §. 74. Folglich $ACD > ABC$. Wie vielmehr $ACB > ABC$, da schon $ACB > ACD$ ist?

§. 76. **Umgekehrt; wenn man weis, daß ein Winkel ACB grösser als der andere ABC ist, so steht dem grössern**

stehenden im Dreieck zu vergleichen. Immer, wenn man denket, daß sie so verschoben würden, daß C auf B fiele, CG aber auf BC bliebe, wird man wohl finden, daß $ACG > ABC$ sey. Dies führt auf den folgenden Lehrsatz des 74 §phs.

*) Um dies zu beweisen darf man nur darthun, daß ein ganz in ACG liegender Winkel immer = BAC sey. Angenommen, daß ACE ein solcher sey, so müste, wenn es bewiesen werden soll, ein Dreieck, worin lezterer liegt mit einem Dreieck worin A liegt, aus hiervon nicht abhangenden Gründen gleich seyn. Halbirt man AC in F und zieht BF so ist A in FBA. Verlängert man BF bis FE = BF und zieht nun EC; so hat man das verlangte.

grössern Winkel auch die grössere Seite gegenüber oder AB > AC.

Bew. Es kann nicht AB = AC seyn; sonst wäre ACB = ABC §. 61 wider die Bed. Aber es kann auch nicht AB < AC seyn, Sonst müßte ACB<ABC seyn §. 75 wider die Bed. Es bleibt nur noch übrig, daß AB > AC sey.

§. 77. Z. **Wenn also in einem Dreieck zwei gleiche Winkel sind, so sind auch die den gleichen Winkeln gegenüberliegenden Seiten gleich** oder das Dreieck ist gleichschenklicht. Denn wären die Seiten ungleich, so können nach §. 75 auch die Winkel nicht gleich seyn.

§. 78. **Der Unterschied zweier Seiten AC, AB eines Dreiecks ist kleiner als die dritte CB.**

Denn es sey AC < AB und AD = AC so ist BDC > ACD also auch BDC > DCB §. 74; mithin DB < CB.

Z. Wenn AB — AC < CB; so ist AB < CB + AC oder CB + AC > AB d. i. **zwei Seiten eines Dreiecks sind zusammen grösser als die dritte.**

Anm. Wer also den Satz §. 15. nicht als Grundsatz also auch seine Folgen §. 44. 62 nicht ohne Beweis gelten lassen will; der hat ihn hier, und es steht in seiner Gewalt, den 15ten Satz und 44 Z. zu streichen und §. 62 hier erst folgen zu lassen.

§. 79. **Nimmt man in einem Dreieck ABC (28 F.) einen Punkt D und zieht AD, CD so ist** 1) W. ADC > ABC 2) AB + BC > AD + DC.

Bew. Man ziehe DE; so ist 1) ADC > DEC. §. 74 und DEC > ABC; also gewiß ADC > ABC 2) AB + BE > AD + DE §. 78 und DE + EC > DC; AB + BE + DE + EC > AD + DE + DC Also AB + BE + EC > AD + DC oder AB + BC > AD + DC.

§. 80. **Wenn in 2 Dreiecken AB = DE; AC = EF, aber der eingeschlossene Winkel BAC > DEF so ist auch BC > DF.**

Bew. Man lege die kleinere Seite AC auf EF und mache FEG = A ziehe FG und GD; so ist FGD < (GDE = EGD) daher FGD < GDF. Mithin DF < (GF = BC).

Z. Sind die beiden Seiten AB, AC der DC, EF gleich, die dritte ungleich, so steht der grössern der grössere Winkel gegenüber. Denn sonst müsten die Seiten die vorige Bestimmung erhalten, welches widerspricht.

§. 81. **Jede zwei Winkel in einem Dreieck sind zusammen genommen kleiner als 2 R.** (26 F.)

Bew. ACG + ACB = 2R. Aber ABC < ACG. Daher ABC + ACB < 2R und so bei jeden 2 Winkeln.

§. 82. Z. 1. Daher kann in einem Dreieck nicht mehr als einer von den 3 Winkeln ein rechter, noch weniger mehr als einer ein stumpfer Winkel seyn, die übrigen sind in beiden Fällen nothwendig spitz.

§. 83. Z. 2. Die beiden gleichen Winkel an der Grundlinie eines gleichschenklichten Dreiecks sind daher spitze; die 3 gleichen Winkel eines gleichseitigen sind alle 3 spitze Winkel.

§. 84. Z. 3. Auch kann aus einem Punkt ausserhalb einer graden Linie nicht mehr als ein Perpendikel auf die grade Linie gezogen werden.

§. 85. Man nennt daher auch ein Dreieck **spitzwinklicht**, wenn alle Winkel spitz sind, **rechtwinklicht** oder **stumpfwinklicht**, wenn **ein** Winkel recht oder stumpf ist. Im rechtwinklichten Dreieck nennt man die beiden den rechten Winkel einschliessenden Seiten **Katheten**, die dem rechten Winkel gegenüberstehende, **Hypotenuse**. Sie ist die größte nach §. 79.

§. 86. Die senkrechte ist die kürzeste von allen Linien, die aus einem Punkt A (31 F.) ausserhalb einer graden Linie

nie an dieselbe gezogen werden können §. 79. 81 und daher versteht man unter der Entfernung eines Punkts von einer graden Linie immer ein solches Perpendikel. Auf solche Art wird jedermann z. E. die Entfernung eines Orts von dem gradlinigten Ufer eines Canals angeben.

Wenn AB ein solches Perpendikel ist, und man nimt auf DF z. E. E und zieht AE so ist AE > AB §. 81.

§. 87. **Auch können nicht zwei Linien aus A auf einer Seite des Perpendikels gezogen werden die gleich groß wären.** Z. E. AC, AG im Dreiecke AGC, wo die erste einem spitzen, die andere einem stumpfen Winkel gegenübersteht. So giebt es auch **auf einer Seite des Loths durch A nur eine Linie die mit DF einen gegebenen Winkel z. B. AGB macht,** wo auf der andern diese Stelle wieder vorkomt, findet man wenn man BH = BG macht.

§. 88. **Es sey AC eine Linie, welche mit DF schiefe Winkel macht, so kann man nicht aus A 2 Linien an DF ziehen, die auf derselben Seite von AC lägen, grösser als AC und einander gleich wären.** Denn weil der nach AC zu liegende Winkel ein spitzer seyn muß §. 86. 74; so muß jede dem AC näher liegende Linie kleiner als jede entferntere seyn, obgleich beide grösser als AC sind. Eine zweite grössere Linie die der ersten gleich, und grösser als AC ist, kann nur auf der andern Seite von AC an DF gezogen werden.

Aber wol kann man auf der Seite des spitzen Winkels ACB zwei Linien an DF ziehen, die kleiner als AC und einander gleich sind. Es sey AG < AC so mache man BH = BG so wird AH = AG §. 59.

§. 89. **Keine grade Linie kann den Kreis den sie schneidet, in mehr als 2 Punkten schneiden.** Denn wenn 25 F. ausser A und B auch L ein Durchschnittspunkt seyn sollte; so müßte DC aus der Mitte der Sehne

AB doch ein Perpendikel und CL = CA seyn, wider §. 87.

Man kann daher auch nicht aus einem Punkte C ausserhalb AB mehr als 2 grade Linien an AB ziehen, die einander gleich wären. Denn sonst müßten alle die übrigen Punkte wie L auch Durchschnittspunkte der Linie AB mit einem Kreise seyn.

§. 90. Aufg. Aus einem Punkte A ausserhalb einer graden Linie BG ein Perpendikel auf die grade Linie zu fällen.

Aufl. Man nehme einen Punkt wie F auf der andern Seite von BG und beschreibe mit AF aus A einen Kreis der BG vermöge §. 89 nothwendig in 2 Punkten K und H schneiden muß, so daß AH = AK wird. Den Winkel HAK halbirt man §. 68. Die Theilungslinie AP steht auf BG senkrecht §. 72, 3.

Weis man, daß eine Linie wie AH schiefe Winkel mit BG macht, so kann man gleich mit dieser den Kreis beschreiben. Das Perpendikel fällt gewiß auf die Seite des spitzen Winkels wenn §. 82 wahr bleiben soll.

Pr. Anmerk. Auf dem Felde, wenn A nicht weit von BK, zieht man etwa die Kette durch H nach F und setzt in H einen Stab, man gehet mit der straffen Kette fort, bis derselbe Punkt welcher in H lag, in K auf BG lieget. Man misset die Entfernung von K nach H und bemerkt ihre Hälfte in P; so ist AP das Perpendikel.

§. 91. Aufg. Man soll ein Dreieck verzeichnen, worin die Seiten zwei gegebenen Linien wie A und B gleich seyn sollen, und worin ein gegebener Winkel einer von den Seiten gegenüber liegt. (33 F.)

Aufl. An eine unbestimt gezogene Linie GK lege man den Winkel CEK = D mache EC = A und beschreibe aus dem Mittelpunkt C mit B einen Kreis, welcher,

wenn

wenn B größer, als ein aus CGK gefälltes Perpendikel ist, die Linie GK in 2 Punkten schneiden wird. §. 89.

Ist nun 1) B<A (33 F. α) und der gegebene Winkel spitz, so fallen beide Durchschnittspunkte H und K an eine Seite von CE und beide Dreiecke CEH und CEK erfüllen die Bedingung der Aufgabe §. 88 welche auf solche Art unbestimt wäre.

2) Ist B<A und CEK stumpf, so fällt kein Durchschnittspunkt auf die Seite des stumpfen Winkels; also ist die Bedingung, daß der Winkel D im Dreiecke seyn solle, nicht zu erfüllen.

3) Ist aber B>A (33 F. β. γ) so fällt von beiden Durchschnittspunkten nur einer auf die Seite des in E angelegten Winkels §. 88 und es läßt sich nur ein einziges bestimtes Dreieck verzeichnen, welches die Bedingung erfüllte.

Soll also die Auflösung so genau bestimt als die bisherigen dieser Art seyn, so muß die **Aufgabe** so ausgedruckt werden:

Es sey ein Winkel und 2 Linien gegeben: ein Dreieck zu verzeichnen, worin 2 Seiten, die den Winkel nicht einschliessen, so groß als die gegebenen Linien sind, so daß die größte davon dem gegebenen Winkel gegenüber liegt.

Ist der Winkel spitz und B dem Loth aus C gleich; so würde der Kreis die Linie EK nicht mehr schneiden, sondern an der Stelle wo das Loth auftrift, einen Punkt mit ihr gemein haben; der Halbmesser giebt eine senkrechte Linie und das Dreieck wird ein rechtwinklichtes. Ist B noch kleiner als das Loth von C auf EK so ist wieder keine Auflösung möglich. Wäre endlich B = A so würde CK = CE; und das Dreieck gleichschenklich.

§. 92. **Wenn in zweien Dreiecken** ABC, DEF **die Winkel** B **und** E **gleich, und** AB = DE; AC

= DF; so daß die grössern Seiten AC und DF den gleichen Winkeln gegenüber liegen, so ist alles übrige in den Dreiecken und die Flächenräume selbst congruent und gleich. (34 F.)

Bew. Wegen §. 59 darf man nur beweisen, daß EF = BC. Legt man die Winkel B und E so auf einander, daß sie sich decken §. 20, so fällt auch A auf D §. 21. Wäre nun 1) BC < EF so würde C etwa in K fallen. Es wäre also nach §. 59 Dr. ABC = DEK folglich AC = DK = DF welches §. 88 widerspricht: Wäre 2) BC > EF so daß etwa C auf L fiele, so müste ebenfalls §. 88 zuwider DF = DL seyn. Daher kan nur das dritte stat finden, und es muß BC = EF seyn. Dann folgt aus §. 59, daß W. BAC = EDF; W. ACB = DFE, und die Dreiecke ABC und DEF auf einander passen.

§. 93. **Wenn zu einem rechtwinklichten Dreieck die Hypotenuse AB 35 Fig. und ein spitzer Winkel C gegeben, so kann man es verzeichnen.** Denn wenn man auf einem Schenkel des Winkels C das Stück CD = AB nimt, und aus D ein Perpendikel DE auf den andern Schenkel herabfällt; so wird dadurch nur ein Dreieck bestimt §. 84.

§. 94. Z. Zwei rechtwinklichte Dreiecke passen daher auf einander, wenn ausser dem rechten noch ein Winkel und die Hypotenuse gleich sind.

§. 95. **Zwei rechtwinklichte Dreiecke sind congruent, wenn in ihnen die Katheten AB, EF und die denselben gegenüber stehenden Winkel C und D gleich sind.** (36 F.)

Bew. Man lege sie so mit den gleichen Seiten an einander, daß A auf E und B auf F fällt, übrigens die Flächen aus einander fallen. Weil bei A und E rechte Winkel: so ist CD eine grade Linie §. 26 und da C = D so ist im Dreieck FDC, FC = DF. Mithin nach §. 93. Dr. CAB mit Dr. DEF congruent u. s. w.

§. 96.

§. 96. Eine grade Linie FE werde von einer andern AB unter einem beliebigen Winkel FHB durchschnitten. Man lege durch ein Punkt G des Schenkels FH eine Linie CD so, daß der Winkel DGH + BHG = 2R werde (§. 28) so kommen AB und CD auf keiner Seite zusammen, man mag sie so weit verlängern als man will. Denn weil AHG + GHB + DGH + CGH = 4R so ist auch AHG + CGH = 2R. Kämen also CD und AB zusammen; so müßte ein Dreieck entstehen, worin 2 Winkel zusammen genommen nicht kleiner als 2 rechte wären gegen §. 82.

§. 97. Grade Linien, die in einer Fläche liegen, die aber nirgends zusammenkommen, man mag sie so weit verlängern als man will, heissen **Parallellinien**.

Wenn 2 Linien AB, CD von einer 3ten FE durchschnitten werden, so nennt man die zwischen ihnen an FE liegenden Winkel wie DGH, GHB, **innere Winkel**. Ein Winkel wie FGD heist mit GHB verglichen, ein **äusserer Winkel** und GHB **der innere ihm entgegengesezte Winkel** wie im ähnlichen Fall §. 73. Solche Winkel wie CGH, GHB, welche auf beiden Seiten von FE zwischen CD, AB einer an CD der andere an AB liegen, heissen **Wechselwinkel**. Daß 2 Linien AB, CD parallel sind, soll nach diesem so angezeigt werden AB ‡ CD.

§. 98. **Grade Linien in einer Ebene sind parallel.**

I. **Wenn beide innere Winkel** DGH + GHB = 2R wegen §. 96.

II. **Wenn der äussere Winkel** FGD = GHB **dem innern entgegengesezten.** Denn FGD + DGH = 2R. Nun ist FGD = GHB. Daher GHB + DGH = 2R wie no. I.

III. **Wenn die Wechselwinkel gleich sind,** wie CGH = GHB. Denn da CGH = FGD (§. 30); so ist FGD = GHB wie no. II.

§. 99.

§. 99. **Aufg. Durch einen Punkt G ausserhalb einer graden Linie AB eine Linie mit ihr parallel zu ziehen.**

Aufl. Man nehme auf AB einen beliebigen Punkt H und lege durch G und H eine Linie FE. Man mache nach (§. 66) entweder FGD = GHB oder CGH = GHB oder DGF = 2R — GHD §. 28 und verlängere in jedem Falle die Schenkel GD oder GC auf beiden Seiten von G so weit man will.

§. 100. Pr. Anmerk. Verschiedene Methoden parallele Linien durch einen vorgeschriebenen Punkt G zu ziehen, lassen sich aus dieser Auflösung herleiten; wovon auf dem Felde hauptsächlich folgende brauchbar ist. Eines beliebigen Punkts B (38 F.) der gegebenen Linie Entfernung von G wird mit der Kette gemessen, und die Hälfte C bemerkt; CE wird einer beliebig gemessenen Linie DC gleich gemacht, so ist GE ‡ AB — Auf dem Papiere zieht man vermittelst eines rechtwinklichten Dreiecks, das auf der Linie mit der Hypotenuse aufgelegt, und an einem Lineal woran man einen Katheten fest andrückt bis zu dem Punkt G fortgeschoben wird, Parallelen besser als mit den eigentlichen Parallellinealen. — Auch die in Praxi übliche Reisschiene gründet sich darauf.

§. 101. **Grundsatz. Wenn zwei grade Linien AB, CD (39 F.) von einer dritten EF so durchschnitten werden, daß die innern Winkel auf einer Seite des Durchschnitts DGH + BHG < 2R sind: so müssen die Linien AB und CD, wenn man sie weit genug verlängert, auf der Seite von EF, wo die genanten Winkel liegen, zusammen kommen. (convergunt). Auf der andern Seite wo die Summe der innern Winkel nun grösser als 2 R ist, entfernen sich die Linien AB und CD immer mehr von einander. (divergunt)**

§. 102. Anm. Dies ist der so berühmte 11te oder 13te Grundsatz beim Euklides. Von jeher hat man ihm nicht dieselbe Evidenz wie den übrigen zugestehen wollen. So mancher hat sich ihn zu beweisen bestrebet S. Klü-

gels

gels Schrift: conat. praecipuorum theoriam parallelarum demonstrandi recensio Goett. §. 1763. Er ist wirklich so anstößig nicht, wenn er nicht unter den übrigen; sondern hier wo man schon mehrere Sätze kennt die in völliger Allgemeinheit ohne ihn nicht bestehen können, aufgestellt wird, wie es doch auch selbst von wahren Beich der Euklidischen Ordnung geschiehet. So zum Beispiel dachte man bei §. 87 31 F. nicht daran, daß es fehlen könnte, unter irgend einem Winkel BAC < R, Linien zu ziehen, die DF treffen und schneiden. Daher auch Hausen Geom. prop. 13 hierauf einen geometr. Beweis zu bauen gedachte, dessen petitionem principii Kästner 1 Ausg. Vorr. rüget. So habe ich §. 95. von rechtwinklichten Dreiecken einen Satz behauptet, der in seiner grösten Allgemeinheit alle Winkel an den Katheten also auch den kleinsten einschliesset. Andere wie Hr. H. R. Kästner und nach ihm Hr. Lorenz, lassen meinen unten §. 115 erst aufgestellten Satz (wogegen ich nichts einwenden kann) schon vor den Lehren des hiesigen 96ten u. f. §phen vorangehen, wobei ebenfalls die Summe zweier Winkel im Dreieck blos kleiner als 2 rechte vorausgesezt wird. Hr. Kästner dem alle neuere Versuche der berühmtesten Mathematiker z. B. Karstens und Hindenburgs bekant waren, hat in der 5ten Ausgabe seiner Anfangsgründe noch eben die sehr scharfsinnigen Betrachtungen, die er in der ersten über diesen Euklidischen Grundsatz mitgetheilt hatte, stehen lassen, den Satz selbst aber als Grundsatz aufgeführt, dagegen Hr. Lorenz der im Grunde nichts mehr als Kästner beigebracht hat, ihn als Lehrsatz mit Beweis aufgeführt hat. Der sel. Karsten hat ebenfalls in der lezten Ausgabe des 1. Theils seines Lehrbegriffs ihn nicht mehr Grundsatz genant, dagegen aber andere meines Bedünkens nicht einleuchtendere Grundsätze als der euklidische ist zum Grunde gelegt woraus er die Lehrsätze des hiesigen 83 und 84 §phs und dann den euklidischen als eine Folge ableitet. Freilich kann man §. 84 voraussetzen, so läßt sich darthun, DGK (39 F.) sey so klein als er wolle; so könnte man HL = GH machen, GL ziehen, LM = GL machen; so ist LMG = ½ HGL. Macht man ferner MN = GM und zieht GN; so erhält man MGN = ¼ HGL; und so wird endlich ein Winkel $\frac{HGL}{2^n}$ entstehen der wenn n groß genug genommen

nommen wird noch kleiner ist als DGK §. 68. so daß GD innerhalb eines Dreiecks wie HGN zu liegen kömt durch dessen Winkelspitze es geht; also verlängert AB schneiden muß. §. 44. Indessen bestimt mich zur Annahme des Satzes seine bestätigte Wahrheit die ich auch deutlich genug zu erkennen glaube. Auf die Länge von GH kann es nicht ankommen. Wenn nun HD + HGL < 2R und man zieht GK auf CD in K und GB auf GK senkrecht, nimmt auf GL und GB willkührlich GM = GN; fällt dann das Loth MO und nimt auf dessen Verlängerung Om = GM so hat man eine Parallele mit GB die von GL geschnitten wird. Dies kann man weiter fortsetzen, und ich sehe nicht weshalb es aufhören sollte sich so zu verhalten, ehe das Loth mit CD zusammenfällt, GK und folglich GH mögen so groß angenommen werden wie sie wollen. Doch sehe ich wol die Verschiedenheit dieser Schlüsse von der geometrischen Evidenz und will also dem Satze mit Euklides den Namen Grundsatz lassen.

§. 103. **Eine grade Linie welche eine der Parallelen AB schneidet, muß auch die andere CD schneiden.** (37 F.)

§. 104. **Durch einen Punkt G kan nur eine grade Linie CD mit AB parallel gezogen werden.**

§. 105. **Wenn zwei Linien CD, AB parallel sind, und man durchschneidet sie mit einer dritten Linie EF, so sind 1) die innern Winkel = 2R. 2) Der äussere dem innern gleich. 3) die Wechselswinkel gleich.**

I. Die innern Winkel DGH + BHG = 2R. Denn wären sie kleinet, so würden auf der Seite dieser Winkel AB und CD zusammen kommen §. 101. Wären sie grösser, so wäre doch die Summe der innern Winkel auf der andern Seite von EF kleiner als 2R.

II. Der äussere FGD = dem innern GHB. Denn nach I. ist DGH + GHB = 2R. Da nun DGH + FGD = 2R so ist FGD = GHB.

III. Die Wechselswinkel wie CGH = GHB. Denn CGH = FGD = GHB wegen n. II.

Z. 1. Daher, wenn eine Linie auf einer von zwei Parallelen senkrecht ist, so ist sie auch auf der andern senkrecht nach n. I. Zwei senkrechte Linien, auf einer der Parallelen, oder eine auf AB, die andere auf CD senkrecht sind es auf beiden und also parallel.

Z. 2. Lothe FE, IK auf den convergenten Linien AB, CD; IK, LM auf CD, GH sind gleichfalls convergent. Denn im ersten Fall ist NKF = BKI (nach der Seite wo AB, CD convergiren) spitz weil KID = R. Also PFK + NKF < 2R. Zieht man im 2ten Fall LI so bleiben x + y < 2R.

§. 106. **Wenn zwei Linien AB, CD mit einer dritten GH parallel sind (42 F.); so sind sie auch unter sich parallel.**

Bew. Es ist EKB = EMH weil AB ∦ GH; auch ist ELD = EMH weil CD ∦ GH; also ist auch EKB = ELD; mithin AB ∦ CD §. 98.

§. 107. **In einem Dreieck ABC (26 F.) ist 1) die Summe der beiden innern entgegengesezten Winkel BAC + ABC = ACG dem äussern Winkel. 2) Die Summe aller Winkel = 2R.**

Bew. Durch C ziehe man CE ∦ AB; so ist 1) ACE = BAC §. 105. n. III. und ECG = ABC n. II mithin ABC + BAC = ACE + ECG = ACG. 2) Da ferner ACG + BCA = 2R so ist ABC + BAC + BCA = 2R.

§. 108. Z. 1. Daher wenn man die Summe zweier Winkel eines Dreiecks weis, so ist der dritte leicht gefunden, und umgekehrt nach §. 28 und wenn zwei Winkel in zwei Dreiecken gleich sind, so ist es auch der dritte.

§. 109. Z. 2. Im gleichschenklichten Dreieck ist der äussere Winkel an der Spitze doppelt so groß, als ein Winkel an der Grundlinie, und ist ein Winkel des gleichsch. Dreiecks gegeben, so sind sie es alle.

§. 110. Z. 3. Ist das gleichschenklichte Dreieck auch zugleich ein rechtwinklichtes, so ist jeder Winkel an der Hypotenuse = $\frac{1}{2}$ R (oder 45°) und im gleichseitigen Dreieck ist jeder Winkel $\frac{2}{3}$ R (oder 60°); und in einem rechtwinklichten △, sind die beiden spitzen Winkel zusammengenommen = R. §. 41.

§. 111. **In iedem Vielecke sind die Winkel am Umfange des Vielecks, wenn die Anzahl derselben n ist, zusammen genommen 2nR — 4R = 2(n — 2)R.** Denn in jedem Vieleck, selbst wenn es mitunter erhabene Winkel hat, wird sich ein Punkt A angeben lassen, aus welchem an jede Winkelspitze Linien gezogen werden können, wodurch n Dreiecke entstehen müssen. Die Summe ihrer Winkel ist n. 2 R; davon gehen die um den Punkt A liegende 4R ab, weil sie nicht Umfangswinkel sind. Dies giebt die Summe 2nR — 4R d. i. giebt so viel rechte Winkel als Seiten weniger 4. Daher im Viereck 2. 4. R — 4R = 4R; Veck 10R — 4R = 6R. u. s. w.

§. 112. **Verlängert man die Seiten eines Vielecks so betragen jedesmal die äussern Winkel 4R.**

Bew. Es sind so viel Verlängerungen als Seiten. Jeder äussere nebst den innern anliegenden macht 2R. Also so vielmal 2R als Seiten macht 2nR. Davon gehen die innern Winkel am Umfange wieder ab. Es sind §. 111 2nR — 4R. Also bleibt für die äussern Winkel 2nR — (2nR — 4R) = 4R in allen Fällen.

§. 113. **Aufg. Aus dem Endpunkt B (44F.) einer graden Linie AB, ohne sie zu verlängern, ein Perpendikel aufzurichten.** *)

Aufg.

*) Man nehme an, BE sey senkrecht; so müste wenn EC gezogen würde, E + C = R seyn §. 110. Dies wird seyn, wenn BDC ein △ aequicr. wo n = 2C; und wenn auch BDE aequicr und w = 2E. Man mache also über ein beliebiges BC ein gleichschenklichtes △ u. s. w.

Aufl. Man nehme auf AB den Punkt C; über BC beschreibe man ein gleichschenklicht Dreieck BCD; auf der verlängerten CD nehme man DE = CD, ziehe EB; so hat man das Perpendikel. Denn es ist $n = 2x$; $w = 2y$ §. 110. Nun ist $n + w = 2R = 2(x + y)$. Also $x + y = EBC = R$.

§. 114. Pr. Anmerk. Auf dem Felde, würden in C und B die Endpunkte der Kette oder Schnur zu befestigen, dann die Kette in der Mitte, zu fassen und stark anzuziehen seyn, so erhielte man D. Man löset die Kette und ziehet sie nach CD in eine grade Linie aus: so erhält man E. Auf dem Papiere bedient man sich zur Ziehung der Perpendikel hauptsächlich des rechtwinklichten Dreiecks oder Winkelhakens, den man mit einer Seite genau an die vorgegebene Linie und mit der Spitze an den Punkt anlegt, und dann aus dem gegebenen Punkt an der andern Seite des Winkelhakens eine Linie hinzieht. — Des Werkzeugs Richtigkeit prüft man am besten, wenn man es an ein wohlgeprüftes Lineal anlegt, eine Linie längst der andern Seite des Winkelhakens zieht, und bei unverrückter Lage des Linials den Winkel überschlägt, und aus eben dem vorigen Punkte eine Linie an die andere Seite zieht, die mit der vorigen genau zutreffen muß. —

§. 115. Aufg. **Wenn eine grade Linie AB (45 F.) und zwei Winkel C und D, deren Summe < 2R gegeben sind, ein Dreieck zu verzeichnen, worin die beiden Winkel entweder an der gegebenen Seite anliegen, oder einer der Seite AB gegenüber stehet.**

Aufl. Man lege C an A und an B lege man entweder den Winkel D oder im 2ten Fall $2R - (C + D)$ (§. 28). Man verlängere ihre Schenkel so werden sie sich irgendwo in F schneiden. §. 101. Im zweiten Fall wird $F = D$ seyn. §. 108.

§. 116. **Zwei Dreiecke ABC, DEF (46 F.) sind congruent, in welchen eine Seite AB = DE und je zwei Winkel A = D und B = E oder A = D, C = F sind.** Im ersten Fall sind es die an der Seite liegenden, im zweiten ists ein anliegender und ein gegen über stehender Winkel.

Bew. Wenn 2 Winkel gleich sind; so ist auch der 3te dem 3ten gleich. §. 108. Darum kan man immer die Sache so ansehen, als lägen die beiden gleichen Winkel an der gleichen Seite. Man ziehe die Perpendikel AG, DH aus der Spitze eines anliegenden Winkels auf die entgegenstehenden Seiten BC, EF. Weil ABG = DEH, AB = DE und bei G und H rechte Winkel, so ist Dr. ABG = Dr. DEH und AG = DH. §. 94. Ausser diesen Katheten ist in den rechtwinklichten Dreiecken AGC und DHF der Winkel ACG = W. DFH entweder per constructionem oder wegen §. 28. Mithin ist Dr. AGC = Dr. DHF und AC = DF §. 95. Da nun auch nach der Bedingung AB = DE und BAC = EDF so ist vermöge §. 59. Dr. ABC = Dr. DEF und BC = EF.

§. 117. Anmerk. Von den sechs verschiedenen Fällen, wie von sechs Stücken eines Dreiecks 3 gegeben oder bekant seyn können, sind nun 5 untersucht, und gewiesen, wie sie zur Verzeichnung bestimter Dreiecke führen, oder wenn sie in 2 Dreiecken gleich sind, wie daraus ihre Congruenz folget. I. Wenn 3 Seiten gegeben oder gleich sind §. 63. 64. II. Wenn 2 Seiten und der eingeschlossene Winkel gegeben oder gleich sind. §. 58, 59. III. Wenn 2 Seiten und ein Winkel, der einer Seite gegenüber stehet, gegeben oder gleich sind. §. 91. 92. Hier fand man aber die Einschränkung, es müsse die grössere Seite seyn, welcher der Winkel gegen über stehe. IV. Wenn eine Seite und zwei Winkel an der Seite gegeben oder gleich sind. §. 115. 116. V. Wenn eine Seite und 2 Winkel, wovon einer der Seite gegen über steht, gegeben und gleich sind. Dies fiel wegen §. 108 mit IV zusammen. VI. Wenn 3 Winkel gegeben und gleich sind. Dieser Fall ist noch nicht betrachtet. Wenn wir aber Fig. 47 im Dreieck ABC Parallelen wie αβ mit der Grundlinie AB ziehen, so sind alle Winkel in den sehr ungleichen Dreiecken αβC und ABC gleich.

Drei

Drei Winkel bestimmen also kein Dreieck. — Daher muß unter den gegebenen oder bekanten Stücken, wenn daraus etwas zur Bestimmung eines Dreiecks oder zum Beweise der Congruenz zweier Dreiecke folgen soll, wenigstens eine Seite seyn.

§. 118. Pr. Anm. Diese 4 Sätze geben schon Gelegenheit, solche Entfernungen, an welche man den Maasstab nicht unmittelbar anlegen kan, dennoch blos vermittelst der Stabe und der Kette §. 40 zu bestimmen. Nur müssen die Endpunkte nicht sehr weit von der Stelle, wo sich der Feldmesser befindet, abstehen, und er muß eine Operationen auf einer ziemlich genauen Horizontfläche vornehmen.

1) Wenn man an beide Punkte A und B kommen, aber in der graden Linie zwischen ihnen nicht messen kan. Man nimt C zwar willkührlich aber an einer schicklichen Stelle. Die gemessenen graden Linien AC, BC verlängert man und macht Cb=CB; Ca=CA: so wird ba=BA seyn müssen. §. 30. 31. 59.

2) Wenn man nur zu einem Endpunkte B kommen kan. (48 F.) Man nimt C in der graden Linie BA, und D willkührlich an, mißt CD und BD und verlängert sie, macht DE = DC und DF = BD so ist wie vorhin EF = BC §. 59. Man trägt einen Stab in der Linie EF so weit fort, bis man in einem Punkt G auch in der graden Linie AD sich befindet. Weil nun EDG = ADC §. 31; DEF = DCB, DC = DE: so ist auch EG = CA und FG = AB. Zugleich ist auch die Entfernung AG = 2DC.

3) Wenn man zu keinem Endpunkte kommen kan. Die bequemste Auflösung ist noch wohl die folgende, sie wird aber wegen vieler zu messenden theils kleinen Linien keine große Genauigkeit geben. Man nehme (49 F.) C wo möglich an einer solchen Stelle, daß man in den Linien CA, CB noch ziemliche Weiten wie CE, CD abmessen kan. Leztere halbire man in F und G; mache GK und FH der FG gleich; so ist, wenn man AG und DK verlängert, bis sie sich in L; FB und EH bis sie sich in M schneiden, DL = AC und ME = BC aus §. 59. und 116. Es ist nämlich DGL = AGC; GD = GC; GK = FG und DGK = FGC; also GDL = ACG. Mithin △ GLD = △ GAC. Eben so läßt sich beweisen, daß △ EMF = △ BFC sey. Man mache also in

der Richtung CA, CN = DL in der Richtung CB die Linie CP = ME; so wird PN, welches man messen kan, der Entfernung AB gleich seyn.

IV. Von viereckten Figuren besonders Parallelogrammen.

§. 119. Wenn in einem Vierecke keine Seite mit einer andern parallel ist, so heißt es ein **Trapezoides** wie Fig. 50. Sind nur zwei einander gegen über stehende Seiten parallel, so ists ein **Trapezium** wie ADCB Fig. 51 und das Viereck heißt ein **Parallelogramm** wenn jede 2 entgegenstehenden Seiten parallel sind. Fig. 52. Es entsteht wenn man 2 Parallellinien mit zwei andern parallel durchschneidet.

Anm. Wegen der Folge unterscheide ich Trapez von Trapezoides, wenns gleich Euklides nicht gethan hat auch nicht nöthig hatte. Denn bei Viereck denkt man im Deutschen fast immer an das gleichseitige.

§. 120. Eine Linie, welche in einer Figur von einer Winkelspitze zur andern gezogen wird, heißt eine **Diagonallinie.**

§. 121. Z. 1. Jedes Viereck läßt sich durch eine solche Diagonallinie in zwei Dreiecke theilen, woraus auch folget, daß alle Winkel eines Vierecks zusammen genommen = 4R sind wie §. 111.

§. 122. Z. 2. Jedes Polygon läßt sich durch solche Diagonallinien in so viele Dreiecke zertheilen, als die Figur Seiten hat, weniger 2. Denn die erste Diagonallinie macht mit 2 Seiten 1 Dreieck, die zweite Diagonal, mit der ersten Diagonal und einer Seitenlinie das 2te, die dritte Diagonal mit der 2ten und einer Seiten Linie das 3te Dreieck u. s. w. bis zur letzten, durch deren Ziehung zwar 2 Dreiecke entstehen, wozu aber 3 Seitenlinien

Linien erfordert werden. Also entstehen 2 Dreiecke weniger als Seitenlinien da sind.

§. 123. **Wenn in einer vierseitigen Figur AC jede zwei einander entgegengesezte Seiten AB und DC, AD und BC parallel sind; so sind sie auch gleich groß, und wenn die gegen über liegenden Seiten gleich groß sind, so sind sie auch parallel.**

Bew. 1) Man ziehe die Diagonallinie BD. Da nun ABD = BDC; ADB = DBC und BD = BD so ist Dr. BAD = Dr. BCD §. 116. folglich AD = BC und AB = DC.

2) Wenn die Seiten gleich sind und man zieht die Diagonallinie, so sind in beiden Dreiecken die 3 Seiten gleich; daher die gleichliegenden Winkel. Nämlich ABD = BDC; also AD ‡ BC. Ferner ADB = DBC. Folglich AB ‡ DC nach §. 98.

§. 124. Z. 1. Durch die Diagonallinie wird daher ein solches Parallelogramm §. 119 in 2 gleiche Theile getheilet.

§. 125. Z. 2. Parallelen wie AB und DC zwischen Parallelen mithin auch Perpendikel d. i. die Entfernungen der Parallelen von einander sind allenthalben gleich groß.

§. 126. Z. 3. **Die gegen über stehenden Winkel in Parallelogrammen sind gleich groß, und Vierecke, wo die gegen über stehenden Winkel gleich sind; sind Parallelogramme** Denn m+n+x+y=4R. Aber m=n; x=y. Daher m+x=n+y=2R. Daher AD ‡ BC. Aber auch n+x=m+y=2R. Daher AB ‡ CD.

§. 127. Pr. Anmerk. Aus §. 125. läßt sich noch eine Methode Parallellinien auf dem Felde auszustecken, herleiten; wenn man auf einer gegebenen graden Linie nach §. 71. Perpendikel aufrichtet, und gleich groß macht.

§. 128. **Jede Linie EF durch die Mitte der Diagonallinie DB gezogen, theilt das Parallelogramm** in 2 gleiche Theile. Denn weil bei G Vertikalwinkel, GFB = GED, und GB = GD ist; so ist △ BGF = GDE und nach §. 24. V. Ar. ADB − GDE = DBC − BGF d. i. AEGB = DGFC. Also AEGB + BGF = DGFC + GDE oder AEFB = EFCD.

§. 129. **Zieht man in einem Trapez AC Fig. 51 mitten durch eine der nicht parallelen Seiten die EF ‡ mit der parallelen BC; so ist 2EF = BC + AD der Summe der parallelen.**

Bew. Zieht man noch GH ‡ CD durch E; so erhält man 2 EF = 2 GC und GC = HD. Wegen der Scheitelwinkel bei E und Wechselswinkel bei B und A, G und H ist △ GBE = △ AEH also GB = AH. Nun ist BC = GC + GB und AD = GC — GB. Also BC + AD = 2 GC = 2 EF.

Anm. Hierauf gründet sich die Bestimmung des mittlern Durchschnitts eines Dammes oder Mauer mit Böschungen; der untern und obern Grabenbreite u. d. gl. Denn es ist EF = $\frac{1}{2}$(BC + AD) in d. gl. Fällen.

§. 130. **Aufg. Wenn zwei Seiten und ein Winkel BCD gegeben, ein Parallelogramm zu beschreiben.** (52 F.)

Aufl. Man nimt auf den Schenkeln des Winkels die Seiten DC = E und CB = F und errichtet über BD ein Dreieck, so daß AD = BC = F der Seite BC und BA = DC = E der Seite DC gegen über komt, so ist nach §. 71. 89. die Figur ADCB ein Parallelogramm.

§. 131. Ein ungleichseitiges und schiefwinklichtes Parallelogramm heißt ein **Rhomboides**. Daher wird ein solches nach §. 130 beschrieben, wenn der gegebene Winkel ein schiefer und die Linien E und F von ungleicher Länge sind.

Ein gleichseitiges schiefwinklichtes Parallelogramm heißt ein **Rhombus**. Er wird nach dem vor. §. beschrieben wenn unter den Datis E = F wäre. Es braucht

also

also ausser dem Winkel nur eine Linie gegeben zu seyn.

Ein **Rechteck** ist ein ungleichseitiges rechtwinklichtes Parallelogramm. Es würde daher beschrieben, wenn BCD = R wäre. Es brauchten also nur die beiden Seiten E und F gegeben zu seyn. Den rechten Winkel zeichnet man nach der Auflösung des 113 §phs.

Ein **Quadrat** endlich ist ein gleichseitiges und rechtwinklichtes Parallelogramm. Es braucht also nur eine Seite E gegeben zu seyn. Denn man macht AB = E; errichtet in A den Perpendikel AD §. 113. macht AD = AB = E und verzeichnet mit AB = E über DB das gleichschenklichte Dreieck DCB, so ist ABCD ein Quadrat. Ein solches Quadrat ist auch eine reguläre Figur §. 63. 3. Gleiche Seiten geben gleiche Quadrate und gleiche Quadrate haben gleiche Seiten. Daher man nur die Seite desjenigen Quadrats suchen darf, was man verlanget.

Pr. Anm. Auf dem Felde würde doch am besten durch Errichtung zweier gleich großen Perpendikel an den Endpunkten der Grundlinie nach §. 114. das Quadrat auszustecken seyn.

§. 132. Daß zwei Parallelogramme sich einander decken, mithin gleich groß sind, wenn die beiden neben einander liegenden Seiten, und der eingeschlossene Winkel gleich, sieht man nun leicht aus den Sätzen des 59 und 116 §phs.

§. 133. Ist nur eine Seite und ein Winkel gleich, so lassen sie sich doch mit der gleichen Seite und dem Ergänzungswinkel an einander legen, folglich addiren; oder wenn man das kleinere aufs größere mit den sich deckenden Theilen legt, eins vom andern abziehen, so daß der Rest noch ein Pgr. bleibt, worin eine Seite und die Winkel der beiden vorgegebenen befindlich sind.

V. Nähere Betrachtung der Linien und Winkel in und an dem Kreise.

§. 134. Wenn die Spitze eines Winkels ACB im Mittelpunkt eines Kreises liegt, so heißt er ein **Winkel am Mittelpunkt** oder **Centriwinkel**. Ist die Spitze des Winkels BMN ein Punkt der Peripherie, so heißt er ein **Winkel an der Peripherie**. Man sagt von diesen Winkeln, daß sie auf demjenigen Bogen stehen, den ihre verlängerten Schenkel von der Peripherie abschneiden. Z. E. BMN steht auf BN.

§. 135. **Gleiche Winkel am Mittelpunkt wie ACB, FCH, EDF stehen in eben denselben oder gleichen Kreisen auf gleichen Bogen, wie AB, GH, EF und die von ihren Schenkeln und den Bogen eingeschlossenen Abschnitte sind gleich groß. Ungleiche Winkel am Mittelpunkt stehen aber auf ungleichen Bogen u. s. w.**

Bew. Wenn man C auf D legte, so deckten sich die gleichen Kreise; legte man nun CA auf DE, so paßten die Linien CA auf DE, ACB auf EDF und auch CB auf DF; daher paßten auch die Ausschnitte und Bogen auf einander. Wären aber die Winkel ungleich z. E. ACB < EDG so wird ACB nur ein Theil von EDG. Eben dergleichen gilt von den zugehörigen Ausschnitten und Bogen.

§. 136. Z. 1. Daher müssen auch umgekehrt die Winkel am Mittelpunkt, wenn sie auf gleich großen Bogen stehen, gleich groß seyn, weil sonst die Bedingung nicht stat fände.

§. 137. Z. 2. Zwei Durchmesser die sich senkrecht schneiden, theilen die Peripherie in 4 gleiche Bogen und den Kreis in 4 gleiche Flächen; welche beide 4te Theile **Quadranten** heissen. Der von einem spitzen Winkel abgeschnittene

schnittene Bogen würde kleiner, der von einem stumpfen grösser als ein Quadrant. Umgekehrt kan man von dem Bogen auf den Winkel schliessen.

§. 138. Z. 3. Eine grade Linie durch den Mittelpunkt mitten durch die Sehne eines Bogens gezogen halbirt auch den Bogen.

§. 139. **In eben denselben oder doch gleichen Kreisen schneiden gleiche Sehnen AB, EF gleiche Bogen ab und geben gleiche Centriwinkel, und wenn man weiß, daß die Bogen und Centriwinkel gleich sind; so sind auch die Sehnen der Bogen gleich.**

Bew. Folgt aus §. 64. und §. 135. und der umgekehrte Satz aus §. 136 und 59.

§. 140. **Gleiche Sehnen wie AB = GH sind gleich weit vom Mittelpunkte des Kreises entfernt und gleich entfernte Sehnen sind gleich groß.**

Bew. 1. Weil CGH = CAB und GL = $\frac{1}{2}$HG = $\frac{1}{2}$AB = AK so ist auch CL = CK.

2. CK = CL; CA = CH; $\frac{1}{2}$ACB = KCB = LCH §. 139. 135. Daher LH = KB §. 59. und GH = AB.

§. 141. **Aufg. Eine Sehne von gegebener Größe, die indessen doch kleiner als der Durchmesser, in einen Kreis zu legen.**

Aufl. Es sey H die gegebene Länge. Soll dieselbe aus E durch den Kreis gelegt werden, so schneide man mit dem Zirkelinstrument die Bogen Eh und EG ab, welchen diese Sehne zugehören wird.

§. 142. **Aufg. Durch 3 gegebene Punkte A, B, C die nicht in grader Linie liegen einen Kreis zu beschreiben.** (55 F. V. T.)

Auflösung und Beweis. Man sieht gleich, daß die graden Linien, welche A, B und B, C verbinden, Sehnen des gesuchten Kreises werden müssen. Man zieht also die Linien AB und BC. Weil nun die aus der Mitte der Sehnen errichteten Perpendikel durch den Mittelpunkt des zugehörigen Kreises gehen müssen; §. 72. 5. **so zieht man aus der Mitte der Sehnen die Perpendikel DF und EF.** Diese werden sich gewiß irgendwo schneiden §. 105. Z. 2. Ihr Durchschnittspunkt F muß aber der Mittelpunkt eines Kreises seyn, der durch A, B und C geht. Denn FCB, FBA sind wegen der gleichen Katheten in FEC, FEB und FDB, FAD gleichschenklichte Dreiecke. Daher FC = FB = FA. **Man darf also nur den Schneidungspunkt F zum Mittelpunkte annehmen, und etwa mit FA einen Kreis beschreiben, so muß er durch die gegebenen Punkte gehen.**

§. 143. Drei Punkte bestimmen also einen Kreis ganz genau nach seiner Lage nicht allein sondern auch nach seiner Größe. Zwei Punkte bestimmten die grade Linie nur der Lage nach.

§. 144. Eines schon gegebenen Kreises Mittelpunkt findet man durch vor. §. oder noch kürzer wenn man eine Sehne zieht, aus ihrer Mitte ein Loth errichtet und diese senkrechte Linie, welche in der Richtung des Durchmessers ist §. 72. 5. so weit sie im Kreise lieget, halbiret.

Auch sieht man leicht, wenn ein Abschnitt gegeben ist, wie man zu den 3 Bestimmungspunkten des Kreises komt wozu er gehört, um ihn zu beschreiben.*)

§. 145. **Der Winkel am Mittelpunkt ACB (56 F.) ist immer das Doppelte von dem an der Peripherie ADB, der mit ihm auf einerlei Bogen AB stehet.**

Bew.

*) In einem Kreise hatte man den Durchmesser DB den Halbm. CA und die Sehne AD vor Augen. Die Erinnerung an §. 109 zeigte, daß hier der Centriwinkel ACB = 2 ADC = zweimal der Peripherienwinkel der mit ACB auf einerlei Bogen AB steht. — Ob es in allen Fällen wahr ist?

Bew. Es giebt nämlich 3 Fälle wie die Figuren zeigen 1) wo der Mittelpunkt C **auf** einem Schenkel des Peripherienwinkels, 2) wo er **zwischen** beiden, 3) wo er **ausser** ihnen liegt.

I. Fall. Weil DCA (56 F. α) ein gleichschenkl. Dreieck, so ist ACB = 2 ADB oder ADB = $\frac{1}{2}$ ACB §. 109.

II. Fall. Man darf nur den Durchmesser DE ziehen, (56 F. β) so ist ACE = 2 ADE; BCE = 2 EDB, oder ADB = $\frac{1}{2}$ ACB. Folglich wieder ACB = 2 ADB wegen 1.

III. Fall. Man zieht wieder den Durchmesser DE: (56 F. γ) so ist ECB = 2 EDB und ECA = 2 EDA nach 1. Daher ECB — ECA = 2 (EDB — EDA) d. i. ACB = 2 ADB oder ADB = $\frac{1}{2}$ ACB.

§. 146. Z. In allen Fällen ist also der Peripherienwinkel die Hälfte des Centriwinkels auf eben dem Bogen, oder der Peripherienwinkel ist einem Centriwinkel gleich, der auf einem nur halb so grossen Bogen stehet als erster.

§. 147. Winkel wie ALB, AFB (57 F.) deren Spitzen in den zu den Abschnitten AHB, AFB gehörigen Bogen liegen, deren Schenkel aber durch die Durchschnittspunkte der zu den Abschnitten gehörigen Sehnen gehen, nennet man **Winkel im Abschnitte**. Alle Winkel in einem Abschnitte sind also Peripherienwinkel auf einerlei Bogen; und **die Winkel in einerlei Abschnitt, oder Peripherienwinkel auf einerlei Bogen sind gleich groß.** Dann jeder ist die Hälfte von einem und demselben Centriwinkel der auf eben dem Bogen steht. So ist E = $\frac{1}{2}$ ACB = GCB; F = GCB; D = GCB. Daher E = F = D. Eben so im Abschnitt ALHB ist, wenn GE ein auf AB senkrechter Durchmesser ist, sichtbar, daß G = ECB = dem Centriwinkel sey, der auf der Hälfte des Bogen ADEB steht. Auch L = ECB = H. Also G = L = H.

§. 148.

§. 148. **Jeder Winkel im Halbkreise oder jeder Winkel an der Peripherie, der auf der halben Kreislinie steht, ist ein rechter Winkel oder ADB $=$ R**

Bew. Man ziehe den Durchmesser DE; so ist ADE $= \frac{1}{2}$ ACE; EDB $= \frac{1}{2}$ ECB; nun ist ACE $+$ ECB $=$ 2 R also ADE $+$ EDB $=$ ADB $= \frac{1}{2}$(ACE$+$ECB) $=$ R.

Man sieht auch, weil CB $=$ DC $=$ CA, sich wie §. 113 darthun ließ, daß ADB $=$ R sey, und also die dortige Auflösung auch dadurch geschiehet, daß man ADC über AD gleichschenklicht macht und dann aus C einen Halbkreis beschreibt, so ist dann DB ein Loth in D auf AD.

§. 149. Es bedeute P die Kreisfläche, π die Peripherie. Nun sey

Winkel im Abschnitt;	so ist der Bogen worauf er steht	Bogen worauf der halbe Centriw. steht.
1) ADB	BEDA $> \frac{1}{2}$P	AHB $< \frac{1}{2}\pi$	$\frac{1}{2}$AHD $< \frac{1}{4}\pi$
2) AHB	BHGA $< \frac{1}{2}$P	ADEB $> \frac{1}{2}\pi$	$\frac{1}{2}$BCA $> \frac{1}{4}\pi$

also ist im ersten Fall ADB immer ein spitzer, im 2ten AHB immer ein stumpfer Winkel §. 137.

§. 150. **Die gegenüber stehenden Winkel ADB und AFB eines im Kreise beschriebenen Trapezoides ADBF ergänzen sich einander zu 2 rechten Winkeln.**

Bew. Man halbire den Winkel am Mittelpunkt ACB so ist die Theilungslinie GH ein Diameter. Nun ist AFB $=$ AGB $=$ HCB und ADB $=$ AHB $=$ BCG aber HCB ergänzet BCG zu 2 R. Also ist auch AFB die Ergänzung von ADB zu 2 R.

Z. Daher ist der äussere Winkel eines solchen Trapezoides immer dem innern entgegengesezten gleich.

§. 151. Wenn in einer viereckten Figur sich die gegenüberstehenden Winkel zu 2 R ergänzen, und man legt durch 3 Winkelpunkte A, F, B nach §. 142 einen Kreis, so muß derselbe auch durch den vierten Punkt D gehen. Denn

wenn

wenn er nicht durch D sondern durch d ober oder unterhalb D gienge und man zieht alsdenn Ad und Bd; so ist d die Ergänzung von ADB; aber d ist in einem Falle grösser, im andern kleiner als D §. 76. Also könnte ADB nicht die Ergänzung von AFB seyn, wider die Voraussetzung.

§. 152. Wenn man an dem Endpunkt A eines Halbmessers CA nach §. 113 ein Perpendikel nach F und G aufrichtet, so hat diese Linie nicht mehr als einen Punkt A mit dem Kreise gemein. Denn alle Punkte wie a und α sind weiter als der Halbmesser entfernt, weil Ca, Cα Hypotenusen, CA ein Kathete ist. Eine solche Linie nun welche so an den Kreis gezogen ist, daß sie nur ein einziges Punkt mit ihm gemein hat, alle ihre übrigen Punkte aber ausserhalb des Kreises liegen, heißt eine **Tangente**, so wie **Secante** jede den Kreis schneidende Linie ist, dergleichen eine jede andere durch C gezogene Linie wirklich ist, da das Loth auf selbige kleiner als der Halbmesser seyn muß.

Eine Tangente steht daher senkrecht auf einem an die Peripherie gezogenen Halbmesser, da wo der Halbmesser die Peripherie trift, und eine Linie die auf das Ende des Halbmessers senkrecht steht ist **eine Tangente des Kreises**

Und wenn **ein Punkt A in der Peripherie** gegeben ist, **durch welches man eine Tangente ziehen soll**, so darf man nur den Halbmesser CA ziehen, und aus A ein Perpendikel aufrichren.

§. 153. **Aufg. Aus einem außerhalb des Kreises gegebenen Punkt A Tangenten an den Kreis ziehen.***) (60 F.)

Auf=

*) Sollte AB eine solche Tangente seyn, so müßte CBA = R; folglich AC der Durchmesser eines Kreises seyn, auf welchem CBA als Peripherienwinkel stünde, welches man alles durch Hal=

Auflösung und Beweis. Ziehet AC; halbiret es in D. Mit dem Halbmesser DC beschreibt einen Kreis der den gegebenen in B und b schneidet; die Linien AB und Ab sind Tangenten. Denn CBA = R §. 148. also steht AB senkrecht auf CB dem Halbmesser des gegebenen Kreises, ist folglich eine Tangente des Kreises nach §. 152

Z. Aus dem Beweis erhellt auch daß △BAC = △bAC und auch die Winkel bei A wie auch die Bogen BD, bD; endlich **die Entfernungen der Berührungspunkte von A, AB, Ab gleich groß sind.***)

§. 154. **Der Winkel der Tangente BE mit einer durch den Berührungspunkt gezogenen Sehne BA** (einer Secante des Kreises §. 152) **oder der Winkel ABE ist** = $\frac{1}{2}$ ACB = AGB.

Bew. Man halbirt den Winkel am Mittelpunkt, so steht die Theilungslinie CH senkrecht auf BA. Da nun CBA + ABE = R und HCB + CBA = R; so ist ABE = HCB = $\frac{1}{2}$ ACB §. 107.

§. 155. Dies giebt eine andere Auflösung der Aufgabe §. 113. Wenn am Endpunkt B einer Linie FB ein Perpendikel zu errichten; so beschreibe man einen Bogen BA mit einem beliebigen Halbmesser aus einem Punkt C auf FB und ziehe die Sehne BA. Nun lege man an BA einen Winkel ABE = $\frac{1}{2}$ ACB; so ist BE eine senkrechte Linie aus dem vorigen.

§. 156. **Soll über eine gegebene Linie AB ein Kreisabschnitt gelegt werden, der einen gegebenen Winkel enthält,** so lege man nur an AB den gegebenen

Halbirung von AC in D und Ziehen eines Kreises mit dem Halbmesser DC erhält.

*) Wenn man in Fig. 61 die Spitze des Winkels an der Peripherie G sich dem B immer nähern lässet; so ist noch immer AGB = $\frac{1}{2}$ ACB. Wenn endlich G in B fällt, so fällt GA auf BA und GB wird eine Tangente des Kreises in B. Ist noch ABE = $\frac{1}{2}$ ACB = AGB?

benen Winkel ABE; errichte auf BE und aus der Mitte von AB die Lothlinien BF, HC so ist ihr Durchschnittspunkt C der Mittelpunkt eines Kreises worin der Winkel im Abschnitt BGA = ABE ist. § 154.

VI. Vom Maaß der Bogen und Winkel.

§. 157. **Die Winkel am Mittelpunkt ACB, ACD verhalten sich, wie die Bogen zwischen ihren Schenkeln.**

Bew. Wenn der Bogen AB = n AE und Bog. AD = mAE so ist AB : AD = n : m. Trägt man nun die Sehne des Bogens AE n mal auf die Peripherie, und zieht nach den Durchschnittspunkten Halbmesser, so sind alle am Mittelpunkte entstandene Winkel gleich und W. ACB = n ACE. Eben so fünde man Wink. ACD = m ACE. Daher ACB : ACD = n : m = AB : AD.

Haben die Bogen kein gemeinschaftlich Maaß, so wird doch eine fortgesezte Halbirung eines etwa angenommenen Maasses AE welches in AD genau aufgeht, immer $AB > n\frac{1}{2^r} AE$ und $AB < (n+1)\frac{1}{2^r} AE$ geben; wenn $AD = m\frac{1}{2^r} AE$ ist. Zieht man die Halbmesser, so wird, wenn $ACD = m\frac{1}{2^r} ABE$ ist, $ACB > n\frac{1}{2^r} ACE$ und zugleich $ACB < (n+1)\frac{1}{2^r} ACE$ seyn. Mithin ist nach §. 262 Arithm. ACB : ACD = AB : AD.

Z Auch die Ausschnitte verhalten sich wie die zugehörigen Bogen und Winkel am Mittelpunkt, so daß wenn P die Peripherie bedeutete und der Bogen $AB = \frac{1}{r} P$ wäre; so ist auch Ausschn. ACB $\frac{1}{r}$ der Kreisfläche π und wenn ein anderer Bogen $\frac{1}{q} P$ so ist auch sein zugehöriger Ausschnitt $\frac{1}{q}$ der Kreisfläche π d. i. $\frac{1}{r}\pi : \frac{1}{q}\pi = \frac{1}{r} : \frac{1}{q} = q : r$ z. E. $\frac{1}{r} = \frac{1}{5}$; $\frac{1}{q} = \frac{1}{3}$; so ist Ausschn. ACB : ACD = 3 : 5.

§. 158.

§. 158. **Wenn in verschiedenen Kreisen, deren Peripherien P und p, die Winkel am Mittelpunkte gleich groß sind (ACB = DEF); so haben ihre zugehörigen Bogen (AB und DF) einerlei Verhältniß zu ihren Peripherien.**

Bew. Man errichte die Perpendikel CG und EH so, sind die Bogen AG und DH Quadranten. §. 137. Also ist ACB : ACG = AB : $\frac{1}{4}$P und DEF : DEH = DF : $\frac{1}{4}$p. §. 157. Aber ACB : ACG = DEF : DEH weil ACB = DEF und ACG = R = DEH. Mithin AB : DF = $\frac{1}{4}$P : $\frac{1}{4}$p = P : p.

2) **Umgekehrt wenn die Bogen AB : DF = P : p so sind die zugehörigen Winkel am Mittelpunkte gleich.**

Bew. Man mache AG = $\frac{1}{4}$P und DH = $\frac{1}{4}$p. So ist ACG = DEH = R. §. 137. Mithin AB : DF = AG : DH oder AB : AG = DF : DH. Nun ist AB : AG = ACB : R und DF : DH = DEF : R. Daher ACB : R = DEF : R d. i. ACB = DEF.

§. 159. Stellt man sich nun vor, daß die Peripherie eines Kreises in eine Anzahl gleicher Theile z. E. in 360 getheilt wäre, und man zöge aus allen Theilungspunkten die Halbmesser an den Mittelpunkt, so würden auch die um den Mittelpunkt liegenden Winkel in eben so viel gleiche Theile getheilt seyn, und umgekehrt würden die Schenkel der gleichgetheilten Winkel um den Mittelpunkt gleiche Theile der Peripherie abschneiden. §. 157.

Man hat wirklich eine solche Theilung der Peripherie in 360 Theile angenommen und nennet den 360ten Theil derselben oder $\frac{1}{90}$ des Quadranten einen **Grad**. Eben denselben Namen bekomt auch der dadurch am Mittelpunkt bestimte $\frac{1}{90}$R; der $\frac{1}{60}$ Theil eines solchen Grades heist nun bei Bogen und Winkeln eine **Minute**, der $\frac{1}{60}$ einer Minute eine **Secunde**; eben so entstehen die Namen: Terzen, Quarten u. s. w.

§. 160.

§. 160. Wenn nun ein Kreis; er sey so klein oder so groß als er wolle, in 360 Theile eingetheilt wäre, so sieht man, daß er dazu dienen könne, die Anzahl Grade eines vorgegebenen Winkels zu bestimmen, wenn man alles so einrichten kan, daß die Spitze des Winkels der Mittelpunkt des Kreises sey, und die Schenkel desselben einen Theil der Peripherie abschneiden. Man schließet aus der Anzahl der Grade dieses Theils vom Kreise vermöge §. 157 auf die gleiche Anzahl Grade des Winkels, und vermöge §. 158 wird auch in ungleichen Kreisen eine gleiche Anzahl Grade der Peripherie von eben dem Winkel abgeschnitten werden. Freilich wird der Bogen an sich grösser, aber sein Verhältniß zur ganzen Peripherie, worauf es hier nur ankomt, doch dasselbe seyn.

Daher sind die Bogen nur in so fern das Maaß der Winkel, als man aus ihrer Verhältniß gegen P oder $\frac{1}{4}$P auf das Verhältniß der Winkel zu 4R oder zu R schließet: dem wiederspricht's nicht, daß Bogen und Winkel eigentlich ungleichartige Größen sind.

§. 161. Wenn die Sehne AB eines Bogens AB = AC = Halbm.; so ist B. AB = 60°. Denn nun ist ABC ein gleichs. △. Mithin W. BCA = $\frac{2}{3}$R = 60 §. 110. Daher auch Bog. AB = 60° §. 157. Man kan demnach durch blosses Herumtragen des Halbmessers in der Peripherie, selbige in 6 gleiche Theile theilen.

§. 162. Pr. Anmerk. Die auf das bisherige gegründete beiden Hauptwerkzeuge zum Winkelmessen sind 1) der **Transporteur**, womit man sie auf dem Papiere, 2) das **Astrolabium** oder Scheibeninstrument, womit man sie auf dem Felde mißt. Ersterer ist gemeiniglich ein in 180° eingetheilter Halbkreis von wenig Zollen im Durchmesser. Lezteres muß, wenn es wirklich, wie die Folge mit mehrerm zeigt, brauchbar seyn soll, ein ganzer in 360° eingetheilter Kreis von wenigstens 1 Fuß im Durchmesser seyn, mit einer Vorrichtung auch noch merklich kleinere Theile, als Grade anzugeben; wovon die überflüssigen Kreisabschnitte nach innen weggenomgenommen sind. Beide Instrumente sind gemeiniglich messingene Platten.

Die Eintheilung des Transporteurs und Astrolabiums in seine Grade, wird am besten mit dem Stangenzirkel S. Mayers pr. Geom. 1 Th. Fig. XLVI. auf solche Art gemacht, daß man zuerst den Halbmesser gebraucht, um 60 Grade zu bekommen §. 161, diese halbirt man, bis man 15 Grad erhält, welche alsdann blos durch Probiren in 3, undjedes $\frac{1}{3}$ in 5 Theile zu theilen, um die einzelnen Grade zu erhalten. Aber eben wegen dieser Unbequemlichkeit in 3 und 5 Theile zu theilen, hat man neuerlich den Kreis in 384 d. i. R in 96 Theile oder Grode einzutheilen angefangen. Denn so ist $\frac{1}{6}P = 64$ und $\frac{64}{2} = 32$; $\frac{32}{2} = 16$; $\frac{16}{2} = 8$; $\frac{8}{2} = 4$; $\frac{4}{2} = 2$; $\frac{2}{2} = 1$ Grad.

Am besten verfährt man dabei wenn man alles zuerst auf eine Probeplatte zeichnet und von dieser nachher auf die zum wirklichen Gebrauch bestimmte abträgt.

Wenn ein Transporteur so eingetheilt ist, so ist leicht zu sehen, wie man sich seiner zum messen, abtragen und theilen eines Winkels in eine Anzahl gleicher Theile bedienen kan. Sehr genau und zuverlässig ist dies Instrument nicht – und man muß darauf merken, wie durch die folgenden Lehren derselbe ganz entbehrlich werden wird. Er dient nurbei rohen Entwürfen.

Auf dem Astrolabium die kleinern Theile zu finden dient der sogenante Nonius oder richtiger Vernier. Seine Einrichtung und der Gebrauch des ganzen Werkzeugs beruhet kürzlich auf folgendes. Auf einer um den Mittelpunkt des Astrolabiums beweglichen Regel, sind Dioptern oder besser ein Fernrohr mit einem in Glas eingeschnittenen im Brennpunkt des Objektivglases befindlichen Kreuz angebracht. Des Fernrohrs Axe ist dem Strich EA parallel, der durch die Mitte der Regel geht, und der auf einer am Ende derselben befindl. Platte BD gezogen ist. Er heißt der Index und wird in der Figur 63 durch Aa angezeigt. Man hat in der Figur einen Theil des Randes in m (hier 11) Theile, den Nonius BD aber in m—1 (hier 10) Theile getheilt, obgleich beide EK und BD gleich viel Grade enthalten. So ist also m.EF = (m–1). GH;

GH; oder GH $= \frac{m}{m-1}$ EF. Hier also ist GH=1, 1.EF; GL = 2GH = 2, 2EF u. s. w. Wäre also EF = 1° so wäre GH = 1° 6′; GL = 2° 12′ und der Index zeigte auf 5° 30′. Beim Observiren bringt man den Index zuerst an den Punkt o des Randes und drehet das ganze horizontal gestellte Instrument um seine Axe, bis man das eine Objekt von dem Vertikalstrich des Kreuzes bedeckt siehet. Dann verwendet man die Regel sanft so lange, bis man das andere Objekt, dessen Winkel mit dem ersten man erforschen will, vom Kreuze bedeckt sieht. Wäre nun wie im Beispiel ein dem Rande concentrischer Bogen von 11° in 10 Theile getheilt und der Index steht wie in der Figur, so ist er näher bei 8 als bei 7 des Randes. Links trift 7 des Verniers mit einem Theilstrich des Randes, und man sieht daß nur 0,3 an 8 fehlen, mithin der Winkel $7\frac{7}{10}$ = 7° 42′ sey. Bei den Astrolabien theilen gemeiniglich die Künstler auf solche Art den dem Rande concentrischen Bogen von 31° in 30 Theile; dies heißt der Vernier. Mithin ist jede Eintheilung darauf um $\frac{1}{30}$° = 2 Minuten größer, als jede des Randes. Steht der Index nun nicht genau auf einem Grad des Randes, sondern etwas darüber hinaus, z. E. über 16° weg, so darf man nur (auf der Seite, wo der Theilstrich eines Grades dem Index näher ist) einen Strich des Vernier suchen, der mit einem andern Strich des Randes zutrift z. E. der 4te rechter Hand, worüber 10 steht. Denn 5.2′ = 10′. Der Winkel ist daher 16° 10′. Hätte man auf der andern Seite gesucht, und 50 gefunden so wäre der Winkel 17° — 10′ d. i. 16° 50′. Mehreres davon, wie auch von der Mikrometerschraube, der 96 Theilung mit der 90 Theilung verbunden, und von den verschiedenen Arten den Vernier anzubringen, der Prüfung des Instruments u. s. w. gehört in eine vollständige praktische Geometrie.

Man sehe indessen Mayers pr. Geom. 1 Th. S. 280 u. ff. Uebrigens sieht man leicht, daß man durch dergleichen Vernier auch von graden Linien sehr kleine Theile messen könne. Wären in der Figur stat Bogen grade Linien, oder Liniale, wo das bewegliche an der Gränzlinie GD verschoben werden könnte, und EF wäre 1 Linie oder $\frac{1}{10}$ Zoll, so erhielte man durch den Nonius Zehntheile von Linien oder Skrupel. Wären 13 Theile der festen Regel am Vernier in 12 Theile getheilt, so wäre jeder Theil des leztern GH = $\frac{13}{12}$ = $1\frac{1}{12}$ EF.

VII. Verwandlung jeder gradlinigten Figuren in einander und in ein Quadrat.

§. 163. Eine ebne Figur **verwandeln**, heißt eine andere finden, die mit ihr gleich groß ist, das heißt, gleichen Flächenraum einschließt, wenn gleich beide Figuren nicht auf einander passen. Z. E. Ein Rechteck in ein Quadrat zu verwandeln.

§. 164. Nimt man in einem Parallelogramm die eine Seite für die Grundlinie; so heist jede Entfernung eines Punkts der entgegengesezten Seite von der Grundlinie wie EF die **Höhe** des Parallelogramms, und wenn man eine Seite eines Dreiecks seine Grundlinie nennt, so ist das Perpendikel aus der Spitze des entgegengesezten Winkels auf diese Grundlinie wie AB, die **Höhe** des Dreiecks. Benennungen die sich aus dem Sprachgebrauch rechtfertigen lassen, hier nur den Vortrag verkürzen sollen.

§. 165. Haben Parallelogr. und Dreiecke gleiche Höhen und sind mit ihren Grundlinien auf eine gemeinschaftliche grade Linie CD gelegt, so liegen die der Grundlinie entgegengesezten Seiten der ersten und Winkelspitzen der leztern in einer Parallellinie mit CD §. 125. Es ist also einerlei, Triangel oder Parallelogramme **zwischen zwei Parallellinien** oder Dreiecke und Parallelogramme **von einerlei Höhe**.

§. 166. Anmerk. Parallelogramme oder Dreiecke von gleicher Grundlinie, kan man sich immer so vorstellen, als wenn sie mit den Grundlinien auf einander gelegt wäre. Was also von diesen Figuren, in so fern sie auf einer gemeinschaftlichen Grundlinie stehen, behauptet wird

wird, gilt von allen die nur gleiche Grundlinien haben. Daß Euklides jeden dieser beiden Fälle besonders beweiset, ist grade nicht verwerflich. Ob es aber nicht etwas übertriebenes ist, ihm auch hierin nachzuschreiben, mag ich nicht entscheiden.

§. 167. **Parallelogramme ABCD und ABEF (65 F.) von gleichen Grundlinien und Höhen sind gleich groß.** *)

Beweis. Weil in Fig. α DF = AB = CE und in Fig. β DC = FE und also DC — FC = FE — FC oder DF = CE und in Fig. γ DC = FE folglich DC + FC = FE + FC oder DF = CE so ist überall DF = CE; AD = CB; AF = BE. §. 123. Daher △DBA = CEB. Folglich

In Fig. α DFA + CAB = CEB + CAB
d. i. Parallelogr. ABCD = Parallelogr. ABEF
In Fig. β DFA + FCBA = CEB + FCBA
d. i. Parallelogr. ABCD = Parallelogr. ABEF
In Fig. γ DFA — CFG = CEB — CFG
d. i. Trap. DCGA = Trap. FGBE
Aber DCGA + AGB = FGBE + AGB
d. i. Parallelogr. ABCD = Parallelogr. ABEF

§. 168. Z. Jedes schiefwinklichte Pgr. läßt sich also schon in ein anderes von einem gegebenen Winkel, auch in ein rechtwinklichtes verwandeln, wenn leztere nur noch gleiche Grundlinie und Höhe mit dem gegebenen haben sollen.

§. 169. **Dreiecke ABC und ABD welche gleiche Grundlinien und Höhen haben, sind gleich**

 groß

*) Wenn man sie mit den gleichen Grundlinien auf einander legt; so müssen die entgegengesezten Seiten in einer graden Linie parallel mit der Grundlinie zu liegen kommen. Uebrigens sieht man daß bei allen 3 hier nur möglichen Fällen es blos darauf ankomt, zu zeigen, daß die Theile, welche nicht zusammen fallen, gleich sind Und das wird immer ausgemacht seyn, wenn nur △ DFA = CEB ist.

groß. Denn die Pgrr. FCBA und DEBA sind gleich groß, also auch die Dreiecke als deren Hälften.

§. 170. Z. Es ist auch Pgr. DBAE = 2ABC d. i. **jedes Parallelogramm ist doppelt so groß, als ein Dreick, das mit ihm gleiche Grundlinie und Höhe hat.**

§. 171. **Dreiecke von gleicher Grösse (Inhalt) die gleiche Grundlinie haben; sind auch von einerlei Höhe.**

Bew. Es seyn △ABC = △ABE (mit den gleichen Grundlinien schon auf einander gelegt) und CE die, Linie zwischen ihren obersten Spitzen, sey nicht ‡ mit AB; so muß entweder CF welche ABE in F trift, die Parallele mit AB seyn, und so müste wenn man BF ziehet △AFB = △ACB §. 169 = △AEB seyn wider §5. II. Ar.; oder Cf wäre die Parallele mit AB. Aber dann müste, wenn man AE bis an Cf verlängert und Bf zieht, △ABf = △ABC = △ABE seyn; ebenfalls gegen §. 5. II. Ar.

§ 172. **Ein Dreieck ABC ist einem Pgr. EDBF gleich, das mit ihm gleiche Höhe und die halbe Grundlinie hat.** (68 F.)

Bew. Es ist CDB = DEB = ½ EDBF. Aber CAD = CDB = ½ EDBF. Daher CAD + CDB = ABC = EDBF.

§. 173. Z. Man kan also auch leicht ein Pgr. EDBF in ein Dreieck ABC von gleicher Höhe und worin ein bestimter Winkel an der Grundlinie liegen soll, verwandeln, und umgekehrt.

§. 174. **Wenn man durch einen Punkt** G (69 F.) **auf der Diagonallinie eines Parallelogramms ABCD Parallelen mit AD und AB durch das Parallelogramm zieht; so sind die beiden unter den 4 Parallelogrammen, durch welche die Diagonale nicht geht, gleich groß.** d. i. FDEG = GIBH.

Bew.

Bew. Das Dreieck ADC ist dem Dreieck ABC gleich und congruent (§. 128). So auch △ECG = GCH und △FGA = AGI. §. 105. 116 Also DCA — ECG — FGA = ABC — GCH — AGI d. i. FDEG = GIBH.

§. 175. Anm. 1. Es läßt sich leicht zeigen, daß so wie in der vierseitigen Figur, ABGD, die selbst ein Rhomboides ist, die durch die Konstruktion um die Diagonallinie wenn G ausser der Mitte von GA liegt, entstandenen Parallelogrammen ebenfalls Rhomboiden sind; so werden wenn die erste Figur ein Rhombus ist, Rhombi, wenn sie ein Rechteck ist, Rechtecke; ist sie endlich ein Quadrat, Quadrate um diese Diagonale entstehen. Im leztern Fall sind die Parallelogrammen, worin die Diagonale nicht liegt, gleiche Rechtecke, deren beide Seiten die Seiten der Quadrate sind.

Wird daher eine grade Linie AB (70 F.) in irgend einem Punkt C getheilt, so besteht ihr Quadrat aus den Quadraten beider Theile AC^2 und CB^2 und zwei Rechtecken deren Seiten AC, CB sind.

Anm. 2. Man erinnere sich der Binomialformel $a^2 + 2ab + b^2 = (a+b)^2$ und vergleiche sie mit hiesigem $AC^2 + 2BD + CB^2 = (AC+CB)^2$ so hat man eine Probe wie Euklides manche Lehren des Kalculs aus blosser Betrachtung der geom. Konstruktion heraus brachte. Uebrigens scheint es, als sollte es strenger geometrisch seyn, wenn man hier ACq, CBq stat AC^2, CB^2 schreibt. Wozu aber die doppelte Bezeichnung?

Aus dem Lehrsatz 174 lassen sich eine Menge Probleme auflösen.

§. 176. Aufg. **Ein gegebenes Parallelogramm FDEG in ein anderes zu verwandeln, (69 F.) welches eine gegebene oder angenommene Seite QR haben soll.**

Aufl. Man verlängere DE und nehme auf der Verlängerung EC = QR, ziehe CG so weit aus, bis die verlängerte DF in A geschnitten wird. Mit DC und DA verzeichne man das Pgr. ABCD (130 §.) und verlängere EG, bis sie AB in I und FG, bis sie CB in H schneidet,

 so

so ist (§. 174) Pgr. FDEG = GIBH und weil auch EGHC ein Parallelogramm, so ist EC = QR = GH = IB.

§. 177. Aufg. **Eingegebenes Parallelogramm FOPG in ein anderes zu verwandeln, das einen gegebenen Winkel STV und eine gegebene Seite QR haben soll.**

Aufl. Nach §. 168. verwandelt man FOPG in FDEG welches den gegebenen Winkel enthält, verfährt man nun weiter nach der Auflösung des vor. Spհs mit QR, so erhält man GIBH = FDEG = FOPG und in GIBH ist nun der begehrte Winkel und Seite.

§. 178. Z. Ist STV = R so erhält man ein Rechteck, welches die begehrte Seite QR hat, und also **läßt sich jedes Parallelogramm in ein Rechteck von einer begehrten Seite verwandeln.**

§. 179. Aufg. **Ein Dreieck KLG in ein Parallelogramm zu verwandeln, worin ein Winkel STV an einer Seite = QR liegt.**

Aufl. Man verwandelt nach §. 172. Z. KLG in FDEG. Aus FDEG macht man nach §. 177. 176 ein Parallelogramm GIBH, welches die begehrten Stücke enthält.

§. 180. Z. 1. **Jedes Dreieck läßt sich daher auch leicht in ein Rechteck verwandeln von einer bestimten Seite.** Denn es konte auch STV = R seyn.

§. 181. Z. 2. Weil sich jede vielseitige Figur durch Diagonalen in Dreiecke zerfällen läßt, so läßt sich auch jedes Vieleck auf ähnliche Bedingungen in ein Parallelogramm oder Rechteck verwandeln. Denn man macht aus den einzelnen Dreiecken dergleichen Parallelogr. oder Rechtecke und schiebt sie auch hier mit den gleichen Seiten gehörig an einander §. 132. so erhält man ein Parallelogramm oder Rechteck von den begehrten Bedingungen.

§. 182.

§. 182. **Ein gegebenes Parallelogramm FOPG in ein Dreieck zu verwandeln, in welchem ein gegebener Winkel STV an einer gegebenen Seite WX lieget.**

Aufl. Man verwandele FOPG in FDEG, so daß DFG = STV (nach §. 167. 168) FDEG verwandele man in das Pgr. GIBH, worin IB = EC = $\frac{1}{2}$ WX: und GIB = DFG = STV nach §. 177. Man verdoppele die Grundlinie IB und ziehe GN, so ist IN = WX; GIB = STV und das Dreieck GNI = GIBH = FDEG = FOPG.

§. 183. Aufg. **Ein Trapez (51 F.) in ein Rechteck zu verwandeln.**

Aufl. Man verzeichne ein Rechteck, dessen Höhe die Entfernung der beiden parallelen Seiten des Trapezium, die Grundlinie die mittlere Breite EF §. 129. Denn da GEB = AHE; so ist offenbar BCDA = GCDH = einem Rechteck wie das beschriebene.

§. 184. Aufg. **Ein Trapezoides ABCD ist durch EF getheilt. Man soll durch ein auf AB bestimmtes Punkt eine grade Linie GH so durch die Figur ABCD ziehen, daß AGHD = EFCD; mithin GBCH = ABFE werde. Z. E. wenn ABFE, dem Besitzer des Hauses in X; EFCD dem Bewohner des Gehöftes in Y zugehörte.**

Aufl. Wenn man die Linie GD zieht, so wird △AGD entweder grösser oder kleiner als EFCD. Ist wie gewöhnlich lezteres; so dürfte man nur zu dem Dreiecke, dessen Seite GD und Winkel GDH schon in der Figur liegt, die Seite DH suchen, um durch deren Auftragung die Gränzlinie GH zu bekommen, welche den nöthigen Zusatz zu AGD abschneidet. Man ziehe also EC.

An $\frac{1}{2}$ EC = IK errichte man ein Loth aus I und trage auf selbiges die Höhen von EFC und EDC bis L. An das Rechteck aus IK und IL (welches dem Trapez EFCD nach §. 180 gleich ist) obere verlängerte Seite lege man MN = $\frac{1}{2}$ GD. Man ziehe NK, bis es die verlängerte IL in O trift, so ist IO die eine Seite eines Rechtecks mit welcher und OP = $\frac{1}{2}$ GD man ein Rechteck KP = EFCD erhält §. 174 f. f. Man trage aus O auf OI die OQ =

 AR

AR = der Höhe des △ GD und ziehe QS; so ist das Rechteck QP=AGD und IS=EFCD—AGD. Nun lege man an Q den Winkel GDH; so giebt dessen bis an IK ausgezogener Schenkel QT die Seite eines Dreiecks mit dem Winkel GDH und Grundlinie GD (wie man leicht siehet, wenn man QV = 2QS = GD macht und VT zieht) und man darf nur DH = QT auf DC legen und GH ziehen; so ist GADH = EFCD und GHCB = EFBA.

3. Wäre schon AGD>EFCD; so schneidet man nach eben gewiesener Methode von AGD das EFCD ab, nachdem beide in Rechtecke von einer Grundlinie = $\frac{1}{2}$GD verwandelt worden, und zieht nun in dem Rest unter dem Winkel ADG eine Linie wie zuvor QT; welche man von D nach W aufträgt; so ist WGA = EFCD.

§. 185. Man sieht nun wol, daß es keinen wesentlichen Unterschied macht wenn die Aufgabe so verändert würde, daß von einem Trapez $\frac{1}{n}$ tel abgeschnitten, oder es in Theile eingetheilt werden sollte, die sich wie die Zahlen n, m, p verhielten. Immer würde man doch, wenn Theilungspunkte G vorher bestimt waren, von einem Dreiecke wie AGD ausgehen, das Ganze oder die Reste auf Rechtecke mit der Grundlinie $\frac{1}{2}$GD bringen davon $\frac{1}{n}$ oder wenn $n+m+p\ldots=M$; $\frac{n}{M}$, $\frac{m}{M}$, $\frac{p}{M}$ um AGD vermindern und den wie §. 184 behandelten Rest dem AGD zulegen müssen.

Ich enthalte mich weiter etwas hinzuzusetzen, als blos anzuführen, daß eine solche Behandlung auch bei vielseitigen Figuren anwendbar sey. Z. B. Fig 94 VIII Tafel versuchte man zuerst wie weit das △ ABC reichte und legte nachher von CAD zu u. s. w. Unten bei der Berechnung der Flächenfiguren wird eine leichtere Ausübung dieser Lehren bei der Feldertheilung für den praktischen Geometer gezeigt werden.*)

§. 186.

*) Pythagoras als Erfinder des folgenden berühmten Satzes, (der von ihm und seines deshalb gebrachten Opfers wegen Theorema Pythagoricum hecatombe dignum auch Magister Matheseos heißt mag zuerst die Zahlen 4 und 3 durch eingetheilte grade Linien ausgedrückt unter einem rechten Winkel zusammen

§. 186. **Lehrsatz** Das Quadrat auf der Hypotenuse AB ist so groß als die beiden Quadrate auf den Katheten BC und AC zusammen genommen.

Beweis. Man errichte nach §. 131 die Quadrate auf den Seiten des rechtwinklichten △ ABC. Aus der Spitze des rechten Winkels ist das Loth CL auf die Hypotenuse und also auchdurch L auf DE gefällt. Man ziehe die Linien FC, LE; FA, CE. Nun ist

CBF = R = ABE
ABF = R + CBA = CBE
AB = BE und BF = BC
Daher △ ABF = △ CBE (§. 59)
ABF = CBF (§. 169) = $\frac{1}{2}$ GCBF
CBE = LBE (ebend.) = $\frac{1}{2}$ LMEB
Folglich $\frac{1}{2}$ GCBF = $\frac{1}{2}$ LMEB
oder GCBF = LMEB

Da nun eben so erhellet, daß Dr.KAB = Dr.CDA, mithin □KACH = ALMD sey; so ist $AB^2 = CB^2 + AC^2$.

§. 187.

mengesezt und gefunden haben daß die Hypotenuse genau 5 machte. Nun ist $5^2 = 4^2 + 3^2$ d. i. das Quadrat auf der Hypotenuse so groß als die Quadrate auf den Katheten zusammen. In mehrern Fällen von ihm auf die Probe gestellt, traf es, wenn die Wurzel der Summen der Quadrate rational war, genau, war sie irrational, doch bis auf nicht zu bemerkende Unterschiede ein. Der Erfinder suchte nun einen allgemeinen Geometr. Beweis. Die Quadrate wurden wie in der 72ten Figur errichtet. Könnte man AB^2 so in 2 Theile theilen, daß man von jedem Theil für sich bewiese, er sey einem von den Quadraten auf BC und AC gleich; so wäre der Satz erwiesen. Das Perpendikel aus der Spitze des rechten Winkels durch AB^2 zu ziehen, wodurch es in 2 Rechtecke getheilt wird, war bei der Figur ein sehr natürlicher Versuch Ist wol R. $LE = CB^2$. Dann müste auch LEB = CFB und CEB = AFB seyn. Lezteres ist wenn §. 59, 64, 92 oder 116 darauf trift. Man untersuchts nach §. 59 und findet CB = FB; BE = AB und endlich CBE = ABF = R + CBA. Nun folgt der synthetische Beweis.

§. 187. Z. Weil $AB^2 = CB^2 + AC^2$ so ist $AB^2 - AC^2 = CB^2$ d. i. d. i. das Quadrat auf einer Kathete ist die Differenz des Quadr. auf der Hypoten. weniger dem Quadr. auf der andern Kathete.

§. 188 Umgekehrt. **Wenn im △ ABC, $BC^2 = AB^2 + AC^2$ ist: so steht der Seite BC ein rechter Winkel gegenüber.**

Bew. Man setze AD = AC in A senkrecht auf BA so ist aus vor. §. $AD^2 + AB^2 = BD^2$; also BD = BC, §. 131. Mithin △ ABD = ABC und W. BAC = BAD = R §. 64. 19.

§. 189. Pr Anmerk. Wie hiernach auf dem Felde ein rechter Winkel abzustecken; indem man 4 Ruthen auf der Linie nimt; alsdann aber eine 8 Ruthen lange Kette oder Schnur so fasset, daß 3" auf der Seite, wo das Loth hinkommen soll zu liegen kommen und nun straff anziehet; davon leuchtet nun der Grund deutlich ein.

§. 190. Aufg. **Ein gegebenes Rechteck LBEM in ein Quadrat zu verwandeln.**

Aufl. Man verlängere die kürzere Seite BL nach A und nehme BA = BE = der längern Seite von LBEM. Ueber BA beschreibe man einen Halbkreis. Man ziehe LC senkrecht an die Peripherie; so ist die Sehne CB die Seite des gesuchten Quadrats.

Bew. Wenn man ED = BA macht; DA und AC zieht, so ist offenbar weil ACB = R §. 148 wie im Beweise zu §. 186 LMEB = CB^2.

§. 191. Aufg. **Zwei oder mehrere Quadrate in eine Summe zu bringen.**

Aufl. Es seyn A, B, C, D die Seiten der gegebenen Quadrate. Man lege an den rechten Winkel EFL, FI = A; FH = B, lege die Distanz HI von F nach K und C von F nach G, trage dann die Hypotenuse GK von F nach L und mache FM = D; so ist LM die Seite des Quadrats, welches die Summe der gegebenen ist.

Der Beweis folgt unmittelbar aus §. 186.

§. 192.

§. 192. **Aufg. Ein kleineres Quadrat von einem grössern abzuziehen.**

Aufl. Es sey D die Seite des kleinern, B des grössern, und ACE = R, so verzeichne man mit diesen 3 Datis nach §. 91 ein Dreieck ACE, worin die grössere Seite B = AE dem W. R gegen über steht, und AC = D, so wird $CE^2 = AE^2 - AC^2 = B^2 - D^2$ nach §. 187.

§. 193. **Aufg. Eine jede gradlinigte Figur in ein Quadrat zu verwandeln.**

Aufl. Man kan sie in Dreiecke zerfällen §. 122 jedes Dreieck in ein Rechteck §. 179. 180. jedes Rechteck in ein Quadrat §. 190 verwandeln; die Quadrate aber nach §. 191 in eine Summe bringen. Noch bequemer wäre es in manchem Falle, die ganze Figur in Trapezien, etwa wie Fig. 127 zeigt, zu zerschneiden, und die daraus nach §. 183 gemachten Rechtecke in zulezt zu summirende Quadrate zu verwandeln.

§. 194. Hiedurch ist also die Auflösung der Aufgabe, die in der Ueberschrift, dieses Abschnitts aufgegeben war, die Quadratur jeder gradlinigten Figur, durch die leichte Auflösung des 190 §phs vollendet. Diese Auflösung war hier möglich weil einige Lehren vom Kreise, welche man sonst auf die von der Verwandlung der Figuren erst folgen läßt, bei mir vorangehen. Ueber diese Abweichung von der Ordnung berühmter geom. Schriftsteller eigentlich nicht des Euklides (S. El. L. II. pr. 14) rechtfertige ich mich indessen eigentlich dadurch, daß jene Lehren vom Kreise ganz auf dem Grundsatz §. 21. und der Theorie der Parallellinien beruhen, und also mir schienen, nicht unrecht an die Stelle zu gehören, wo ich sie hingebracht habe, so daß nun der eben geschlossene und folgende Abschnitt die Theorien enthält, wobei auch Vergleichung solcher Figuren die sich nicht decken, vorkommt; worauf man alsdann zur Aehnlichkeit und Proportion übergeht.

VIII. Von Figuren die in und um den Kreis beschrieben sind.

§. 195. **Im Kreise ist die grössere Sehne** AB **nicht so weit vom Mittelpunkt entfernt, als die kleinere** DE d. i. CK < CF. (77 F.) **Und wenn** CF > CK

d. i

d. i. diese **Entfernungen ungleich sind**, so ist die entferntere Sehne kleiner als die nähere d. i. DE < AB.

Bew. I. $CA^2 = CD^2$ und $AK^2 > DF^2$ nach der Voraussetzung. Also $CA^2 - AK^2 < CD^2 - DF^2$ §. 24. VI. Ar. folglich $CK^2 < CF^2$ (§. 181) also auch CK < CF.

II. Wenn CF > CK so ist $CF^2 > CK^2$ daher $CA^2 - CF^2 < CA^2 - CK^2$ oder $DF^2 < AK^2$ d. i. DF < AK oder DE < AB.

Dieser Satz dienet zur Ergänzung des 140 Sphs.

§. 196. **Eine Figur ist in den Kreis und der Kreis um eine Figur beschrieben**, wenn der Kreis durch die Spitzen aller Winkel der Figur geht. **Eine Figur ist um den Kreis und der Kreis in die Figur beschrieben**, wenn die Figur mit allen ihren Seiten den Kreis berühret.

§. 197. **Aufg. Ein Dreieck** ABC (80 F.) **ist gegeben man soll um selbiges einen Kreis beschreiben.**

Aufl. Wie §. 142. Die 3 Winkelspitzen sind hier die 3 Punkte, die nicht in einer graden Linie liegen. Ist das △ rechtwinklicht (78 F.); so darf man nur aus der Mitte der Hypotenuse einen Kreis beschreiben, so muß er auch druch die Spitze A des rechten Winkels gehen. Denn gienge er ober oder unterhalb A durch a; so müsten wegen §. 148 bei a rechte Winkel = BAC seyn. Es ist aber nach §. 76 einer grösser der andere kleiner als BAC.

Anmerk. Dies ist als Lehrsaz ausgedruckt der umgekehrte Satz von §. 148.

§. 198. **Aufg. In ein gegebenes Dreieck** ABC (79 F.) **einen Kreis zu beschreiben.***)

Aufl.

*) Wäre FED ein solcher Kreis, so müsten bei E, D, F die Halbmesser aus K senkrecht auf die Dreiecks-Seiten stehen, selbst gleich seyn, und weil KC, KB, die grössern Seiten-Linien in den ihnen zur Seite liegenden Dreiecken sind; so müssen sie wegen 92 gleich seyn. Solche gleiche Dreiecke giebt die Auflösung.

Aufl. Man halbire die Winkel C und B. Die Theilungslinien müssen sich nach §. 191. in irgend einem Punkte K schneiden. Man fälle die Lothe KE, KD oder KF und beschreibe mit einem derselben wie KD einen Kreis, so berühren ihn die Seiten des Dreiecks.

Bew. Es ist KCD = KCE, bei D und E rechte Winkel und KC gemeinschaftlich; also KD = KE §. 110 Eben so sieht man, daß KF = KD = KE sey, also der Kreis durch D, F und E gehet, und wegen der rechten Winkel bei diesen Punkten von BA, CB, BA berührt wird.

§. 199, **Aufg. Um und in einen Kreis ein Dreieck zu legen, in welchem zwei Winkel bestimt sind.**

Aufl. 1. Die vorgeschriebenen Winkel seyn C und B; so ziehe man die Halbmesser KD, KE so, daß EKD = 2R — C und eben so FKD = 2R — B sey und errichte nun senkrechte Linien auf KE, KD, KF; so machen die Tangenten, wo sie sich schneiden, die Winkel C, B weil wegen der rechten Winkel bei E, D, F die gegenüberstehenden Winkel bei K und C, K und B sich zu 2R ergänzen.

Aufl. 2. Man zieht eine Tangente ED (80 F.) und legt an CE den einen y und an CD den andern gegebenen Winkel x, so daß die zweiten Schenkel CB, CA Sehnen werden. Durch ihre Endpunkte zieht man AB so sind nach §. 156 A, B die vorgeschriebenen Winkel des in den Kreis gelegten △ ABC.

§. 200. Anmerk. Diese Aufgaben sind bei viereckten Figuren nicht mehr so allgemein aufzulösen. Nur um ein Viereck, dessen gegenüberstehende Winkel sich zu 2 R ergänzen, kan ein Kreis beschrieben, und nur ein solches kan in einen Kreis beschrieben werden nach §. 150. 151. Ein Quadrat im Kreise zu beschreiben, durchschneidet man ihn mit 2 senkrecht auf einander stehenden Durchmessern und zieht die Sehne DB u. s. w. Um den Kreis be-

beschreibt man es durch die Tangenten an A, D, B, E. Um das Quadrat beschreibt man einen Kreis indem man CB die halbe Diagonal und in das Quadrat, indem man die halbe Seite CB=EF zum Halbm. und den Mittelpunkt des □ auch zum Mittelpunkt des Kreises macht; das innere Quadrat ist die Hälfte des Aeussern. Dies sieht man alles aus der Figur. Uebrigens gehört das reguläre Viereck oder Quadrat, so wie das gleichseitige oder reguläre Dreieck unter der jezt folgenden allgemeinen Regel für die regulären Vielecke oder Polygone.

§. 201. **Aufg. Ein Polygon (d. i. ein Vieleck welches lauter gleiche Seiten und gleiche Winkel am Umfange hat) von n Seiten in einen gegebenen Kreis zu beschreiben.**

Aufl. Könte man den Winkel am Mittelpunkt in eine beliebige Anzahl gleicher Theile theilen, so liesse sich ein reguläres Polygon von einer beliebigen Anzahl Seiten in jedem Kreise beschreiben. Man lege einen Durchmesser durch den Kreis und schneide ihn mit einem andern senkrecht; zieht man die Durchschnittspunkte zusammen, so sind dies gleiche Seiten und auch die Winkel sind alle =R(**reg. Veireck**). Halbirt man die Quadranten aufs neue §. 138 und ziehet die Sehnen zu dergleichen Bogen EF, GB so entsteht das **Achteck** im Kreise, dessen Seiten alle gleich groß 135. 139. Auch die Umfangswinkel HEG=EGB u. s. w. Denn sie sind Winkel in gleichen Abschnitten. So kan man durch Halbirungen ein XVI **Eck**, XXXII **Eck** u. s. w. beschreiben.

Man bekomt ferner ein reguläres **Sechseck**, wenn man den Halbmesser; so oft es angeht, im Kreise herum trägt, und die Sehnen zieht §. 161. Durch Halbirung der Bogen komt nun wieder ein **Zwölfeck**, XXIV **Eck** u. s. w. Ein **reguläres Dreieck** im Kreise wird beschrieben, wenn man den Kreis in 6 Theile theilt, aber den ersten und 3ten, diesen und den 5ten und wieder den 5ten und ersten Theilpunkt durch Sehnen verbindet. Von allen die-

diesen kan man, daß sie regulär sind, wie beim Vier und Achteck beweisen.

Anm. Weiter unten und besonders in der Trigonometrie werden wir mit Hülfe der allgem. Rechenk. mehreres von den Polygonen und kürzer als bisher in der Planimetrie geschehen kan, beibringen.

Pr. Anm. Wie man sich in Praxi auf dem Papier des Transporteurs bedienen könne, um die Seiten eines Polygons von einer begehrten Seitenzahl zu finden, siehet man leicht. Eben so; wenn der Ingenieur auf dem Felde ein Polygon zur regulären Festung ausstecken sollte, so würde er sich mit dem Winkelmesser im Mittelpunkt stellen, von 0 Graden zu $\frac{360}{n}$ Graden u. s. w. die Regel herumführen, die Richtungslinien auf dem Felde ziehen, und in gehöriger Länge ausstecken; die zusammengezogenen Endpunkte geben die Seiten.

§. 202. Ein im Kreise beschriebenes Polygon ist seinem Inhalt nach kleiner als der Kreis. Auch sein Umfang ist kleiner als die Peripherie §. 15. Auch sind die Polygonseiten vom Mittelpunkt gleich weit entfernt. §. 140 Ferner die Seite desjenigen, welches mehr Seiten hat, ist kleiner als die Seite dessen, welches weniger Seiten hat, §. 135. und jene sind weiter vom Mittelpunkt entfernt. §. 195.

§. 203. Wenn man vom Mittelpunkt Halbmesser nach allen Winkelpunkten des Polygons von n Seiten zieht; so wird es dadurch in n congruente gleichschenklichte Dreiecke getheilt. Jeder Halbmesser halbirt daher den **Polygonwinkel** (so heist ein Winkel am Umfang des Polygons) z. E. EGB (82 F.); und der Polygonwinkel ist so groß als das doppelte des Winkels an der Grundlinie der gleichschenklichten Dreiecke, worin man das Polygon theilt.

§. 204. Wenn n die Anzahl der Seiten eines regulären Polygons ist, so ist jeder Polygonwinkel $= \frac{2nR - 4R}{n}$

§. 111 $= 2R - \frac{4R}{n}$ d. i. kleiner als 2 R.

§. 205. In einem jeden Polygon giebt es einen Punkt C, der von allen Winkelspitzen gleich weit entfernt ist. Denn wenn man zwei auf einander folgende Polygonwinkel wie AHE, HEG halbirt, so schneiden sich die Theilungslinien HC, EC gewiß; weil CHE + CEH < 2R §. 101 und HCE ist gleichschenklicht oder HC = CE. Ferner ist CEG = HEC = CHE und EG = HE. Daher muß auch wenn man CG zieht, diese Linie = CE = HC seyn §. 59. So wäre auch CB = CG u. s. w.

§. 296. Der Punkt C liegt in jeder graden Linie die einen Polygonwinkel halbirt, und ist auch von allen Polygonseiten gleich weit entfernt. Daher man ihn **des Polygons Mittelpunkt** nennet.

§. 207. **Um ein gegebenes Polygon einen Kreis zu beschreiben** darf man nur seinen Mittelpunkt C suchen (dadurch daß man 2 Polygonwinkel halbirt —) und mit dessen Entfernung von einer Winkelspitze, aus C einen Kreis ziehen.

§. 208. Der Winkel ECG am Mittelpunkt des Polygons, welchen zwei nach den Endpunkten einer Seite gezogene Linien einschließen, heißt der **Centriwinkel**. Er ist immer $\frac{4R}{n}$ wenn n die Seitenzahl ist. Da nun der

Polygonwinkel $2R - \frac{4R}{n}$, so erganzen sich Centriwinkel und Polygonwinkel zu 2R. Daraus läßt sich leicht eine Tabelle für die Winkel anfertigen, wenn man sie zum öftern Gebrauch, wie in der Fortifikation gleich bei der Hand haben will.

§. 209. **Aufg. Auf einer gegebenen graden Linie DF ein Polygon von einer begehrten Anzahl Seiten zu verzeichnen.**

Aufl. Wenn man voraussezt, daß man einen jeden Winkel zeichnen könne, der in Theilen des rechten Winkels

kels gegeben ist, so ist die allgemeine Auflösung diese. Man setze in D und F Winkel $= R - \frac{2R}{n}$ oder die halben Polygonwinkel, ihre Schenkel DC, FC schneiden sich in C dem Mittelpunkt eines Kreises, in dessen Umfang sich nun DF nmal herumlegen lässet. Denn die Summe der beiden Winkel an D und F ist dem Polygonwinkel gleich, und DCF ihre Ergänzung zu 2R ist daher der Centriwinkel.

Beim Sechseck wird DCF ein gleichseitiges Dreieck.

§. 210. **Aufg. Um einen gegebenen Kreis ein Polygon von einer gegebenen Anzahl Seiten zu verzeichnen.**

Aufl. Der Kreis wird in die begehrte Anzahl Theile getheilt, und an die Theilungspunkte Tangenten gezogen §. 152. und so weit verlängert, bis sie sich schneiden. Die Durchschnittspunkte sind die Winkelspitzen und die zwischenliegenden Theile der Tangenten sind die Polygonseiten, die man suchte. Z. E. das Quadrat, Achteck, Sechseck.

Bew. Man ziehe die Sehnen EA = AB: so ist ECA = ACB und weil CEA = CAE §. 202 CEG = CAG = R, so ist AEG = EAG und AEG + EAG < 2R; daher schneiden sich EG und AG und es ist EG = GA 2) Weil diese Schlüsse für jedes andere Viereck CAFB gelten, und die Winkel um C alle gleich sind: so sind auch die Polygonwinkel bei G und F u. s. w. gleich. Denn es sind der bei C gleichen Winkel Ergänzungen zu 2R §. 111. 3) Da leicht bewiesen werden kan, daß EG = GA = AF = FB = BH u. s. f. so ist GA + AF = FB + BH d. i. GF = FH und überhaupt alle Seiten des Polygons sind gleich.

§. 211. Eines um den Kreis beschriebenen Polygons Inhalt ist grösser als die Kreisfläche, und sein Umfang größer als die Peripherie; da alle Punkte in den gebrochenen Linien AFB noch entfernter von der graden Linie AB sind, als die Punkte im Bogen AB §. 15.

§. 212. CG steht senkrecht auf EA, weil sie ECA halbirt. Es wird kleiner bei einem umschriebenen Polygon von mehrern Seiten. Denn alsdenn ist der Bogen EA kleiner. Mithin auch ECA und ACG. Daher auch AG und CG.

§. 213. **In jedes Polygon einen Kreis zu beschreiben** darf man nur aus der Mitte zweier nebenliegenden Polygonseiten Perpendikel errichten, die sich im Mittelpunkt schneiden, mit einem solchen als Halbmesser beschreibt man einen Kreis, der wie man leicht sieht, das verlangte leistet.

§. 214. **Jedes reguläre Polygon ist einem Dreiecke gleich, dessen Grundlinie dem Umfang des Polygons, und dessen Höhe dem aus dem Mittelpunkt auf die Polygonseite gefällten Perpendikel gleich ist.** (84 F.)

Bew. Wenn man in der Figur die Seite AB des Polygons verlängerte, und diese Seite n — 1 mal bis K auftrüge (wenn das Polygon n Seiten hat) so ist AK dem Umfange gleich, und Dr. ACK hat die benanten Eigenschaften. Zieht man nach den Theilungspunkten E, F, G, H aus C Linien, so erhält man n — 1 Dreiecke jedes = ABC §. 169. Nun ist das Polygon = n ABC. Aber ACK = ABC + (n — 1) ABC = n ABC. Folgl. das Polygon = ACK.

IX. Proportionen grader Linien.

§. 215. **Dreiecke ABC, DEF von gleicher Höhe verhalten sich wie ihre Grundlinien.** (85 F.)

Bew. Wenn die Grundlinien BC, CF ein gemeinschaftlich Maas z. E. BG haben, so kan man BG genau etliche Mahl auf BC und CF auftragen. Nun sei BG in

BC

BC, n mal, in CF, m mal enthalten, und es ist BC : CF = n : m. Aus den Spitzen A und E ziehe man nach den Theilungspunkten der Grundlinien die graden Linien AG, AH, EI, EK; so wird dadurch ABC in n, und ECF in m gleiche Dreiecke getheilet §. 169. Daher ist ABC = n AGB und ECF = m ECI = m AGB und ABC : ECF = n AGB : m AGB = n : m = BC : CF. §. 266, 5. und 268.

Wenn in den Dreiecken ECF, NFQ die Linien FQ und CF kein gemeinschaftlich Maas haben, so kan man sich doch die eine z. E. CF in eine Anzahl gleicher Theile eingetheilt vorstellen. Man lege FQ auf CF so daß CP = FQ werde, so ist, wenn auch hier keine Congruenz stat findet, immer Dr. CEP = FNQ und es wird immer EP zwischen der nten und (n + 1)ten **Theilungslinie** fallen, wenn PK zwischen dem nten und (n + 1)ten **Theilungspunkt** fällt. Man versteht nämlich unter n die Anzahl der Theilungspunkte, welche von C nach P hin zu liegen kommen, man mag das Maas, womit man CF ausmisset, so klein nehmen als man will. Und dies Maas kan man durch fortgesezte Halbirungen eines zu allererst angenommenen Maaßstabes wie CI, der in CF aufgeht, kleiner bekommen, als jede angebliche Größe. Eine so kleine Größe sey Cr; so ist CP > n Cr und CP < (n + 1) Cr; zugleich (CEP = FNQ) > n CEr und CEP < (n + 1) CEr. Mithin nach §. 262 Ar. CP (= FQ) : CF = CEP (= FNQ) : ECF.

§. 216. **Gleich hohe Parallelogrammen verhalten sich auch wie ihre Grundlinien**, weil sich ihre Hälften d. i. ein Paar Dreiecke von eben der Höhe, auf eben den Grundlinien so verhalten.

§. 217. Man sieht offenbar, daß, man mag die Theilungen z. B. die Halbirungen von CI so weit treiben wie man will, immer nicht mehr und nicht weniger Linien wie Er zwischen EC und EP fallen würden als Punkte wie r zwischen C und P fallen, und daß noch eine Er gezogen über EP hinausfallen und das Dreieck um etwas zu groß machen würde, eben so wie noch eine auf der Grundlinie zugelegte Linie wie Cr die Grundlinie desselben um etwas verhältnißmäßiges zu groß machen würde.

§. 218. **Dreiecke ABC, DEF. (86 F.) die gleiche Grundlinien haben, verhalten sich wie ihre Höhen.** Denn wenn man die Höhen CG, FH senkrecht in C und F aufrichtet, und BG und EH ziehet; so ist GBC = ABC und HEF = DEF; mithin weil GBC und HEF angesehen werden können, als hätten sie die gleichen Höhen BC und EF, und stünden auf den Grundlinien CG, FH; so ist GBC : HEF = GC : HF §. 215; daher auch ABC : DEF = GC : HF d. i. wie ihre Höhen; ein Satz, der eben so von Parallelogrammen erwiesen wird.

§. 219. **Wenn Parallelogramme wie Fig 69. gleich groß sind, und bei G gleiche Winkel haben; so sind die um den gleichen Winkel liegenden Linien, in der Ordnung proportionirt, daß die in den graden Linien z. E. HF liegenden Stücke GH, FG die beiden Glieder der ersten EG, GI die beiden Glieder der zweiten Verhältniß ausmachen; und umgekehrt, wenn diese Proportion stat findet, so sind die Parallelogramme gleich.**

Bew. 1. Es ist Pgr. EF = HI. Nun ist Pgr. HI : GA = GH : FG und EF : GA = EG : GI §. 216 folglich GH : FG = EG : GI.

Bew. II. Es ist GH : FG = EG : GI; Nun ist auch EG : GI = Pgr. EF : GA und GH : FG = Pgr. HI : GA Folglich Pgr. EF : GA = Pgr. HI : GA also Pgr. EF = HI.

Z. Auch gleiche Dreiecke mit einem gleichen Winkel, als Hälften von dergl. Parallelogrammen geben ganz ähnliche Sätze.

§. 220.

§. 220. Sind vier grade Linien GH, FG, GE, GI in Proportion oder GH:FG=GE:GI; so ist immer das Rechteck aus den beiden äussern dem Rechteck aus den beiden mittlern gleich und umgekehrt. Denn wenn man mit GH, GI; FG, GE Rechtecke beschreibet und mit dem rechten Winkel an einander legt, so sieht man wol daß dies nur ein besonderer Fall von 219 ist. (vergl. 70 F.) So wie es nur vom eben angeführten ein besonderer Fall ist, daß wenn GH:FG=FG:GI das Rechteck aus GH, GI dem Quadrat auf FG gleich ist und umgekehrt. Da nun solche Proportionen nach §. 263 Arithm. die gleichen Produkte GH × GI = FG . GE und FG^2 = GH . GI geben, so werden diese Produkte vors erste so verstanden werden Rechteck aus GH, GI Quadrat auf FG. vergl. §. 190.

§. 221. **Wenn durch ein Dreieck ABC eine Linie mit einer Seitenlinie parallel gezogen wird, welche die beiden übrigen Seiten in D und E schneidet, so sind die abgeschnittenen Stücke dieser Seitenlinien in Proportion, d. i. AD:DB = AE:EC.** (87 F.)

Bew. Wenn man DC und BE ziehet, so ist §. 215 ADE : DEB = AD : DB und ADE : EDC = AE : EC. Aber DEB = EDC §. 169. Daher ADE : DEB = ADE : EDC; folglich auch AD : DB = AE : EC.

§. 222. Durch die Verwechselung ist auch AD:AE = DB:EC. Ferner (addendo §. 266, 3 Ar.) AD+DB: AD = AE+EC:AC oder AB:AD = AC:AE oder AB:AC = AD:AE = DB:EC.

§. 223. **In den nach § 221 entstandenen △△ ADE, ABC sind auch die Seiten wie AB, AD mit den parallelen Seiten BC, DE in Proportion.**

Bew. Man ziehe EH ∦ AB so ist BC : AC = HB:AE. §. 222. Aber HB=DE; also BC:DE

 = AC

= AC : AE = AB : AD d. i. AB : AD = BC : DE.

§. 224. **Wenn die Seitenlinien eines Dreiecks ABC in D und E so getheilt werden, daß AD: DB = AE: EC; so ist die durch D und E gezogene Linie DE der dritten Seitenlinie BC parallel.**

Bew. Es ist AD : DB = AE : EC. Aber AD : DB = ADE : DBE; AE : EC = ADE : DEC; also ADE : DEB = ADE : DEC und △ DBE = DEC, die auf einer Grundlinie sind. Also BC ∓ DE §. 165.

§. 225. **Wenn man in einem Dreieck ABE einen Winkel wie AEB halbiret, so theilet die Theilungslinie ED die gegenüber liegende Seite AB in solche Stücke AD, DB, welche mit den anliegenden Seiten AE, EB des Dreiecks in Proportion sind.** (88 F.)

Bew. Man darf nur AE verlängern, EC = EB machen, und CB ziehen, so ist hier eben der Fall wie §. 221; wenn anders nur DE ∓ CB ist. Es ist aber AEB = 2 ECB (§. 209). Daher AED = ½ AEB = ECB. Folglich DE ∓ CB. §. 98. II. Mithin AD:DB = AE : EC oder EB.

Umgekehrt. Wenn in der Figur AD : DB = AE : EB so halbirt DE den Winkel. Denn wenn man auf der verlängerten AE auch hier EC = EB macht, so ist AD: DB = AE : EC. Mithin DE ∓ BC §. 224 und AED = ACB §. 105 DEB = EBC. Aber EBC = ACB §. 61. Folglich AED = DEB.

§. 226. **Eines Trapezoides ABCD (89 F.) Seiten werden in E, F, G, H halbirt und die nebenliegenden Theilpunkte durch EF, FG, GH, HE verbunden, so wird die Figur EFGH ein Parallelogramm.**

Bew.

Bew. Zieht man die Diagonalen AC, DB; so ist weil DH : HA = DG : DC; AC ‡ HG und eben so AC ‡ EF §. 224. Mithin HG ‡ EF §. 106. Eben so wird bewiesen, daß HE ‡ GF wegen der gemeinschaftlichen Parallele DB.

§. 227. Auch erhellet von dem Trapezoid, welches keinen einwärtsgehenden Winkel hat, daß es doppelt so groß als das Pgr. EFGH sey. Denn zieht man LK so sieht man leicht daß LKH = LKM = DKH = AHL mithin △ DAM = 2 Pgr. HM sey. Eben so wird es von den übrigen 3 △ und 3 Pgr. bewiesen. Daher wenn man wie gezeigt worden, ein Pgr. im Trapezoid beschreibt und eine Seite doppelt nimt, so ist der Trapezoid in ein Parallelogramm verwandelt. — Das Theorem §. 226 habe ich seiner Fruchtbarkeit wegen aufgenommen.

§. 228. Aufg. **Eine gegebene Linie DE (90 F.) in eine Anzahl Theile zu theilen, deren Verhältniß gegen einander gegeben ist.**

Aufl. Die Linien A, B, C sollen die gegebenen Verhältnisse anzeigen. Man lege an DE unter einem beliebigen Winkel eine Linie DK, auf welche man A, B, C aufträgt. Man ziehe den lezten Theilpunkt H mit E zusammen und durch die übrigen mit HE Parallelen, so ist DI : IL : LE = DF : FG : GH.

Bew. DI : DF = IL : FG §. 221. also DL : IL DG : FG oder DL : DG = IL : FG = LE : GH = DI : DF u. s. w. bei mehrern Verhältnißtheilen.

§. 229. Z. Sollte DE in eine Anzahl gleicher Theile getheilt werden, so müssen auf DK, dessen Länge unbestimt ist §. 228. nur so viel willkührlich angenommene gleiche Theile aufgetragen werden.

§. 230. Aufg. **Zu 3 gegebenen Linien A, B, C (91 F.) die 4te Proportionallinie zu suchen.**

Aufl. Dies kan auf mehr als eine Art geschehen. Hier nur die Raum sparendste. Auf die Schenkel eines beliebigen Winkels EDF, lege man wechselsweise DE = A; DF = B; dann wiederum DG = C; zieht man nun EF und mit selbiger GH ‡; so ist §. 222 DE(A) : DF(B) = DG(C) : DH; welches, leztere also die 4te Proportionallinie zu A, B, C ist.

Es thut auch nichts, wenn etwa DG = C über E hinausfiele. Es müssen nur immer die Endpunkte E und F der beiden ersten auf die verschiedenen Schenkel gelegten Linien zuerst zusammengezogen und durch G eine Parallele damit gezogen werden.

§. 231. Wäre B = C so fünde man auf solche Art zu 2 gegebenen Linien, die 3te Proportionallinie §. 265. Ar. und wenn daher zu A, B die dritte D gefunden, so könte man wieder zu B und D die dritte E; und zu D und E die dritte F u. s. f. suchen. Man erhielte auf solche Art Linien A, B, D, E, F u. s. w. die in einer geometrischen Reihe fortgiengen.

Denn weil nun: A : B = A : B
A : B = B : D
A : B = D : E
A : B = E : F u. s. w.

so ist hier der Fall wie §. 275 Ar. A : D ist im verdoppelten Verhältniß von A : B (A : D = 2(A : B) wie man dies lieber ausdrückt) A : E im verdreifachten; A : F im vervierfachten Verhältniß von A : B die Eigenschaft einer geometr. Reihe wie in dem Beispiel §. 294 Ar. Daher wenn A = 1 gesezt wird, so könte man A, 2A, 3A oder 1, 2, 3, 4 als die Logarithmen der Linien B, D, E, F ansehen.

§. 232. Wir haben gesehen, und eben noch an einem sehr einleuchtenden Beispiel gezeigt, daß die Proportionsregeln auf Linien, die doch ausgedehnte Größen sind, sich eben so wie auf Zahlen anwenden lassen.

sen. Daher kan man nun auch die allgemeinen Zeichen §. 118 und 206 Nr. gebrauchen, um jede Linien dadurch anzudeuten. Wären 3 Linien a, b, c gegeben, so wird die 4te dazu gesuchte noch unbekante Proportionallinie wie §. 206 Nr. durch x angezeigt, und weil $a:b = c:x$ so ist $x = \frac{bc}{a}$. Sezt man bestimte Zahlen stat a, b und c z. E. 3′, 8′, 9′, so ist $x = \frac{8 \cdot 9}{3} = 24'$ das heißt zu 3′, 8′, 9′ ist eine Linie von 24′ die 4te Porportionalgrösse durch Rechnung gefunden, und im Gegentheil kan man auch sagen $\frac{bc}{a} = x$ wird gefunden, wennman zu a, b, c im Beispiel zu 3′, 8′, 9′ die 4te Proportionallinie nach §. 230 sucht. Wäre $b = 1$; so ist $\frac{c}{a} = x$ oder eine Linie c durch eine andere a dividiren, heist zu a, 1 und c die 4te Proportionallinie suchen. Ferner wenn $a = 1$ so ist $bc = x$, oder eine Linie b mit der andern multiplicirt, heist zu 1, b, c die 4te Proporiionallinie suchen. Hieraus erklärt sich leicht, daß man eine so ausgedrückte Grösse $\frac{abc}{ef} = x$, wo die Buchstaben Linien vorstellen, die man als Zahlen in Verhältniß gegen eine zum Grunde liegende Einheit sich gedenkt, nicht nur wenn die Zahlen bestimt werden, berechnen, das heist x als eine Zahl darstellen; sondern auch geometrisch konstruiren könne. Es sey nämlich $\frac{ab}{e} = g$ durch eine Konstruktion §. 230 gefunden; so ist nun noch $x = \frac{gc}{f} =$ der 4ten Proportionallinie zu f, g und c. Durch einen Umweg hätte man

man $\frac{ab}{e} = g$; denn aus $\frac{c}{f}$ zu f, 1, c die 4te h finden, nun x = gh setzen und zu 1, g, h die 4te x suchen können, welches auf einerlei Resultat geführt haben würde. Die Einheit kan hier jedes Längenmaaß 1 Ruthe 1 Fuß, 1 Zoll 1 Linie u. s. w. oder 1 Toise, 1 Metre, jedes willkührliche Maas seyn, nur muß man das einmal angenommene während der Auflösung einer vorgegebenen Aufgabe natürlich nicht verändern.

§. 233. Pr. Anm. Die nächst vorhergehenden Sätze, dienen zwei Instrumente für die Ausübung zu erklären.

1. Der verjüngte Maasstab (92 F.) Er wird auf folgende Art verfertigt. Man nimt auf einer Linie wie a 4 eine Anzahl gleicher Theile, gewöhnlich 5 oder 10, die Grösse der Theile ist zwar willkührlich, doch ists nicht ungerathen, dazu 1 Zoll oder ½ Zoll des rheinländischen Decimal oder Duodecimalfusses zu nehmen, auch wenn man mehrere auf die Platten trägt, sie in der Verhältniß 1, 2, 4 zu machen. Den äußersten Theil wie a o theilt man wieder (am besten durchs Probiren) in zehn kleinere wie 10, 12 u. s. f. (Kam es nicht auf eine bestimte Grösse von a o an, so hätte man besser von a nach o die zehn kleinen Theile willkührlich aufgetragen). Um diese noch wieder in 10 Theile zu theilen, richtet man auf a 4 aus a ein Perpendikel auf, worauf man den mit beliebiger Eröfnung des Zirkels 10 so kleine Theile nimt, daß das Linial nicht zu breit wird; alsdann zieht man durch die lezt genanten Theilpunkte mit a 4 Parallelen und schreibt von a an, die Zahlen 1 bis 10 an das Perpendikel. Alsdenn zieht man 10 auf dem Perpendikel und 9 auf a o zusammen und durch 8, 7, 6, 5 u. s. w. auf a o Parallelen mit 10—9 am besten durchs übertragen der Theile auf a o nach 10 n; die lezte Parallele o m schneidet das Dreieck o m n a b, worin m n = o 1 ist; mithin o r : o n = r s : m n = 1 : 10, ferner o p : o n = p q : m n = 2 : 10 u. s. w. so daß $rs = \frac{1}{10}$ mn, $pq = \frac{2}{10}$ m u. s. w. ist; woraus nun leicht zu sehen, daß man sich hiedurch einen tausendtheiligten Maasstab (wie er auch heißt) verschaffen kan. Die grösten Theile bedeuten auf dem Papier gemeiniglich Ruthen, die mittlern Fusse und die kleinern Zolle. Doch können dieselben auch

ein

ein grösseres oder kleineres Maas auszudrücken gebraucht werden.

Will man von dem verjüngten Maasstabe eine Linie z. E. von 3° 4′ 5″ aufs Papier tragen, so sezt man die eine Zirkelspitze auf dem Perpendikel aus 3 in y als den 5ten Punkt; nun eröfnet man den Zirkel so weit bis er mit der andern Spitze in der aus 4 auf a o gezogenen Parallele den 5ten Punkt erreicht.

Will man eine auf dem Papier vorgegebene Linie auf dem Maasstab messen, so faßt man sie im Handzirkel und legt ihn an 4a an, so sieht man bald, ob wenn die eine Zirkelspitze in 3, 2 u. s. w. angesezt wird die andere zwischen o a fällt. Nun geht man mit der ersten so lange rechts fort, bis die zweite auf einer der Parallelen mit a 4 einen Durchschnittspunkt in dem Viereck a o n 10 trift.

Will man mittelst des Maasstabes eine vorgegebene Linie nach einem gewissen Verhältniß theilen §. 228, das in Zahlen z. E. 5:4:7 gegeben ist; so mißt man die Linie auf dem Maasstab. Man fünde im Beispiel etwa 475. Nun schließt nach §. 281 Nr. 16 : 5 = 475 : 148½ beinahe und 16 : 4 = 475 : 119. Man nimt diese Grössen vom Maasstabe und schneidet sie nach der Ordnung von der vorgegebenen Linie ab; so bleibet ein Rest für den Verhältnißtheil 7 nämlich 207½ und es ist 148,5 : 119 : 207,5 = 5 : 4 : 7 hinreichend genau. Sind die vorgeschriebenen Verhältnißzahlen irrational z. E. √17 : √23; so sucht man mittelst der Tafeln die Wurzeln durch Annäherung bis auf die 3te Ziffer und verfährt nun hiermit wie vorher mit den ganzen Zahlen. Leichter noch läßt sich eine Länge auf dem Papier mittelst des Maasstabes in n gleiche Theile theilen. Denn man darf sie nur auf den Maasstab tragen, die gefundene Zahl mit n dividiren u. s. w. vom Maasstab n mal auf die Linie abtragen.

§. 234. II. Der Proportionalzirkel (93 F.) besteht aus 2 um ein Gewinde in C beweglichen Linialen, deren innere Seiten jeden beliebigen Winkel einschliessen, wenn das Instrument gehörig eröfnet wird. Aus C werden nun auf der Fläche der beiden Liniale verschiedentlich grade Linien gezogen. Wir bemerken hier nur die Diagonallinien CA und CF welche gewöhnlich in 100 gleiche Theile getheilt und die arithmetischen Linien des Proportionalzirkels genant werden. Sollte man nun mittelst

telst seiner eine gegebene Linie in eine Anzahl gleicher z. E. 7 Theile theilen, so fasset man die Linie mit dem Handzirkel, sezet die eine Spitze in einem Punkt der arithmetischen Linie, bei welchem eine durch 7 theilbare Zahl z. E. 70 steht, und eröfnet ihn so weit bis die andere Spitze auf dem andern Linial auch auf 70 trift. Nun wird die Weite zwischen 10 und 10 = $\frac{1}{7}$ die Weite zwischen 20 und 20 = $\frac{2}{7}$ u. s. f. der zu theilenden Linie seyn. Sollte die Linie in einem Verhältnisse z. E. 14:29 getheilt werden, so addire man 14+29 d. i. 43 und eröfne das Instrument so weit, bis die Weite zwischen den Punkten 43 der gegebenen Länge gleich ist. Nun fasse man die parallelen Weiten 14 und 29 und trage sie auf die gegebene Linie. Man sieht leicht, daß man auch hier n. 43 nehmen kan aber alsdann auch n. 4; n. 29 vom Instrument abtragen müsse. Die 4te Proportionallinie zu a, b und c z. E. zu 57, 83 und 37 findet man indem man das Instrument so weit öfnet, bis man die 3te 37 lange Linie oder c zwischen die Punkte 57 der beiden Schenkel einpassen kan; so ist die Weite zwischen den beiden 83 offenbar die 4te Proportionalgrösse. Der Beweis dieser Methoden liegt im §. 223. wie jeder leicht siehet.

Dies kan hier genug seyn, um einen Begrif von einem Instrument zu geben, das zwar dem Scharfsinn des Erfinders Ehre macht, worauf man auch noch viel mehreres anfgetragen hat was nach einerlei Verhältnissen sich richtet, dergleichen die mit Plana und Polygona bezeichneten Linien in der Figur sind, dessen Nutzen aber und noch vielmehr dessen Richtigkeit in der That so groß nicht ist, wie er wol manchmal ausgepriesen worden. Schon alle die gleichen Aufgaben die man mit dem verjüngten Maasstabe auflösen kan, fallen mit lezterem sicherer aus, weil, wenn auch die Eintheilungen gleich genau wären, doch der Proportionalzirkel ein Gewinde hat, dessen Festigkeit und genauen Centrirung nicht allemal zu trauen ist. Siehe übrigens Leup. Theat Mach. Geom. Cap XVI. Auch Galiläus als Erfinder hat 1612, Scheffelt 1708 einen Unterricht davon bekant gemacht. Von lezterm ist noch 1781 eine neue Auflage durch Hrn. Scheubel, der doch wie natürlich nicht viel davon hält, besorgt worden.

X.

X. Von der Aehnlichkeit der Dreiecke.

§. 235. Gradlinigte Figuren ABCDE, abcde (94 F.) sind **ähnliche Figuren**, wenn 1) die Winkel A, B, C u. s. w. den Winkeln a, b, c u. s. f. nach der Ordnung gleich sind und 2) die Seiten, wie AB, BC; ab, bc; BC, CD; bc, cd, welche die gleichen Winkel in beiden Figuren einschliessen, ebenfalls in eben der Ordnung Proportionen AB : BC = ab : bc; BC : CD = bc : cd machen. Solche Seiten heissen **gleichliegende, gleichnahmige** (latera homologa). Sie liegen auch zwischen gleichen Winkeln, und auch die Winkel, welche von einem solchen sich gleich verhaltenden Paar Seiten eingeschlossen werden, heissen in so fern **gleichliegende Winkel**. Die Diagonallinien, welche man in solchen Figuren durch die Spitzen gleichliegender Winkel zieht, heissen auch **gleichliegende Diagonalen**. Das Zeichen der Aehnlichkeit ist. ∽

§. 236. Z. 1. Auf einander passende Figuren sind auch zugleich ähnliche Figuren, und zwei Figuren, die einer dritten ähnlich sind, sind es auch unter sich.

§. 237. Z. 2. Eben so sind reguläre Polygone von gleichvielen Seiten ähnliche Figuren. Denn jeder Winkel ist $= 2R - \frac{4R}{n}$ §. 204 und da die Seiten alle gleich groß sind, so geben jede zwei in dem einen, mit jeden zwei gleichliegenden in dem andern verglichen, gleiche Verhältnisse.

§. 238. I. **Wenn in zwei Dreiecken ABC, DEF zwei Winkel gleich sind, z. E. B = E, C = F so sind die Dreiecke ähnliche Figuren.** (95 F.)

Bew. Es ist auch 1) A = D §. 108. Man lege E auf B. Man mache BG = EF; BH = ED und ziehe HG, so ist (§. 59) Dr. BHG = Dr. DEF und W. HGB

HGB = F = C; mithin HG ‡ AC §. 98. II. Folglich ist 2) BH : BG = BA : BC = DE : EF und weil auch HG = DF §. 59; so ist ferner BH : HG = BA : AC §. 223 = DE : DF und BG : HG = BC : AC = EF : DF. Also sind beide Stücke erwiesen, die §. 235 zur Aehnlichkeit verlanget

II. **Wenn die Seiten eines Dreiecks ABC den Seiten eines andern DEF in eben der Ordnung proportional sind, so daß BC : AC = EF : DF; AC : BA = DF : DE; BA : BC = DE : EF ist, so sind die gleichliegenden Winkel auch gleich groß, und die Dreiecke sind ähnlich.**

Bew. Man mache auf BC als der mit EF gleich liegenden Seite BG = EF und ziehe GH ‡ AC. Nun ist Dr. BGH ∽ Dr. BCA vermöge I. Aber BA : BC = ED : EF und BA : BC = BH : BG. Folglich ED : EF = BH : BG. Nun ist BG = EF. Folglich BH = ED. Ferner ist vorausgesezt BC : AC = EF : DF und es ist auch BC : AC = BG : GH. Daher EF : DF = BG : GH. Folglich auch DF = GH. Daher ist DEF = B; DFE = BGH = C; mithin EDF = A und Dr. DEF ∽ ABC.

III. **Dreiecke ABC, DEF, worin zwei Seiten AB, BC und DE, EF in Proportion, und die von diesen Seiten eingeschlossenen Winkel B und E gleich sind, sind ähnliche Dreiecke.**

Bew. Man schneide auf BA das Stück BH = DE und auf BC das Stück BG = EF ab, und ziehe GH; so ist auch GH = DF; BHG = EDF; BGH = EFD §. 59. Da nun BA : BC = ED : EF so ist auch BA : BC = BH : BG mithin HG ‡ AC und BHG = EDF = A; BGH = EFD = C; folglich Dr. DFE ∽ Dr. BAC nach I.

IV. **Dreiecke sind ähnlich, wenn sie einen gleichen Winkel B = E haben, und die Seiten BA, AC und DE, DF, welche den gleichen Winkel**

nicht

nicht einschliessen, in Proportion sind, dafern die dem Winkel gegenüber liegenden Seiten AC, DF größer als die anliegenden BA, DE sind.

Bew. Man nehme auf BA das Stück BH = ED und ziehe HG ∦ AC; so ist BHG = A und weil B gemeinschaftlich, Dr. BAC ∽ BHG und BA : AC = BH : HG. Da nun BA : AC = ED : DF; so ist BH : HG = ED : DF und HG = DF. Also ist △ BHG = DEF und D = BHG §. 92. Da nun auch E = B so ist Dr. DEF ∽ ABC.

XI. Von den Proportionen beim Kreise.

§. 239. **Wenn in einem rechtwinklichten Dreieck ABC aus der Spitze des rechten Winkels auf die Hypotenuse ein Perpendikel BD gefällt wird: so wird dadurch ABC in 2 Dreiecke ABD und BDC eingetheilt, die unter sich und dem ganzen ähnlich sind.** (96 F.)

Bew. Es ist Dr. DAB ∽ ABC weil W. ABC = R = ADB und der Winkel bei A beiden gemein ist. Eben so ist Dr. BCD ∽ Dr. ABC weil Winkel ABC = R = BDC und C ein gemeinschaftlicher Winkel. Daher ist auch Dr. DAB ∽ BCD. §. 236.

§. 240. Z. **Es ist folglich BD im rechtwinklichten Dreiecke die mittlere Proportionallinie zwischen AD und DC oder den Theilen der Hypotenuse.** Denn da in den ähnl. Dreiecken ABD = BCD; ABD = C; BAD = DBC; so ist AD : DB = DB : DC.

§. 241. **Wenn im Kreise auf den Durchmesser AC aus D ein Perpendikel BD an die Peripherie gezogen wird, so ist ebenfalls BD die mittlere Proportionallinie zwischen den Theilen des Diameters.** Denn zieht man AB und BC so ist alles wie in §. 240. Ferner weil AD : AB = AB : AC (weil ADB ∽ ABC)

∽ABC) und DC:BC = BC:AC (weil BDC ∽ ABC); so sind auch in jedem rechtwinklichten Dreieck die Katheten mittlere Proportionalen zwischen der Hypotenuse und den anliegenden von BD abgeschnittene Stücken und im Halbkreise die Sehnen AB und BC mittlere Proportionalen zwischen dem ganzen Durchmesser, und den ihnen zunächst liegenden Stücken desselben.

§. 242. **Wenn zwei grade nicht parallele Linien durch einen Kreis gezogen werden, so daß sie einander irgendwo in einem Punkte A (innerhalb oder ausserhalb des Kreises) durchschneiden, so geben die beiden Theile auf der einen Linie von A bis zu den beiden Durchschnittspunkten mit dem Kreise die beiden mittlern, und eben diese beiden Theile auf der andern Linie geben die beiden äussern Glieder einer geometrischen Proportion, das heißt: es ist** AB:AD = AE:AC. (97 F.)

Bew. Man ziehe die Sehnen BE, DC; so ist in beiden Figuren Dr. ADC ∽ Dr. ABE. Denn W. E = C §. 147 und die Winkel bei A sind gleich. Folglich AB:AD = AE:AC.

§. 243. Wenn in Fig. 97 α eine der Sekanten; z. B. BC ein Durchmesser des Kreises, die andere darauf senkrecht wäre; so ergäbe sich §. 251 auch aus den Gründen des vor. §phs und wäre eigentlich nur ein besonderer Fall des leztern ganz allgemeinen Lehrsatzes.*)

§. 244. **Wenn aus einem Punkte A eine Sekante AC (98 F.) durch den Kreis und eine Tangente**

*) Stellt man sich in Fig. 97 β vor daß die Linie AE sich um A als einen Mittelpunkt so bewegt, daß der Winkel A grösser wird; so kämen sich die Punkte D und E immer näher und fielen endlich zusammen. Alsdann ist AD = AE eine Tangente; und aus der Proportion §. 242. wurde diese AB:AD = AD:AC. Dies führt zur Aufsuchung eines geometr. Beweises für den Satz des 244 §.

gente AD an den Kreis gezogen wird; so ist die Tangente bis an den Berührungspunkt, oder AD, die mittlere Proportionale zwischen der ganzen Sekante AC und dem Theil AB ausser dem Kreise.

Bew. Man ziehe BD; und DC; so ist in den Dreiecken BAD und CAD, ADB = ACD §. 154; A = A, mithin ABD = ADC. Folglich AB : AD = AD : AC.

§. 245. **Aufg. Zwischen 2 gegebenen Linien a und b die mittlere Proportionallinie zu finden.**

Aufl. I. Man addirt a und b §. 49. Es sey AC ihre Summe. (96 F.) Aus der Mitte K §. 69 beschreibe man mit dem Halbmesser AK einen Kreis, und ziehe den Perpendikel DB; so ist DB nach §. 241 die mittlere Proportionallinie zwischen AD = a und DC = b.

Aufl. II. Auf die grössere AC = b; lege man die kleinere AD = a, und beschreibe über AC einen Halbkreis; errichte DB lothrecht und ziehe AB, als die mittlere Proportionale zwischen AD und AC §. 241.

Aufl. III. Auf AC = b nimt man BC = b − a (98 F.); beschreibt über BC beliebig einen Kreis, und zieht aus A an selbigen eine Tangente; so ist AD nach §. 244 die gesuchte mittl. Proportionale zwischen AB = a und AC = b

§. 246. Wenn AD = a; DC = b (98 F.) §. 245 Aufl. 1; so ist, wenn man DB = y sezt, a : y = y : b und $y^2 = ab$ oder $y = \sqrt{ab}$; das heist, wenn die Linien in Zahlen ausgedrückt würden, so wäre die Quadratwurzel aus dem Produkt dieser Zahlen die mittlere Proportionallinie in Zahlen ausgedrukt; und hinwiederum der Ausdruck $\sqrt{ab}$ bedeutet, wenn unter a und b Linien verstanden werden, die mittlere Proportionallinie zwischen a und b, welche durch eine geometrische Construktion wie im 245. §. gefunden werden kan, wo $\sqrt{ab} = y = DB$ nach der ersten Auflösung ist.

§. 247. Aufg. Es ist eine bestimte Linie BC und eine andere mit ihr konvergirende unbegränzte DE gegeben. Man soll einen Kreis so ziehen, daß er durch die Endpunkte B und C geht und DE berührt.

Aufl. Man verlängere DE, CB, bis sie sich in A schneiden. Die mittlere Proportionale zwischen AC, AB (nach §. 245 gefunden) trägt man von A nach F und legt durch C, B, F §. 142 einen Kreis, welcher DE in F berührt.

Bew. Zieht man aus A eine Tangente AG an den Kreis §. 153; so ist sie eine mittlere Proportionale zwischen AB und AC §. 244. Also AG = AF, und wenn K des Kreises Mittelpunkt AGK = R. Noch ist AK = AK; KG = KF (per constr.) folgl. AFK = AGK = R und F ein Berührungspunkt §. 152.

§. 248. Z. Dies ist als Lehrsatz ausgedruckt der 36 S. 3 B. des Euklides. Es folgt daraus daß um den Punkt AD zu finden, wo der gröste Winkel liegt, den aus B und C an AD gezogene Linien einschliessen können, man nur diese mittlere Proportionale AF auftragen dürfe. Denn BFC = BHC > BDC; eben so BFC > BEC §. 74. Eine Regel wornach der Zeichner, um am besten eine Parthie nach ih: Breite BC zu übersehen, seinen Standpunkt zu wählen hätte. — So ist es eine zur Perspektiv gehörige Aufgabe.*)

§. 249. Wenn ein Trapezoides im Kreise beschrieben ist (100 F.); so ist das Rechteck aus den Diagonalen

*) Wenn man ein Rechteck im Kreise, so wie Fig. 96, betrachtet, sieht man wol, daß §. 186 hier auch, weil Diag. AC = BF; AB = FC; AF = BC so ausgedruckt werden könne: AC . BF = AB . FC + AF . BC. Dies veranlaßt die Frage, ob der folgende Satz §. 248 nicht allgemein wahr seyn mögte.

nalen der Summe der Rechtecke aus den entgegengesezten Seiten gleich oder $AC.DB = AB.DC + AD.BC$. *)

Bew. Man mache $DAE = CAB$ §.66; so ist $\triangle DAE \sim CAB$. Denn $ADB = ACB$ §. 147. Mithin $DE : AD = BC : AC$ und $DE.AC = AD.BC$. Aber es ist auch $DAE + EAC = DAC = CAB + EAC = EAB$. Also ist auch $\triangle EAB \sim \triangle DAC$; denn W. $ABD =$ W. ACD. Folglich $BE : AB = DC : AC$ d.i. $BE.AC = AB.DC$. Nun ist also $DE.AC + BE.AC = DE + BE) AC = DB.AC = AD.BC + AB.DC$

Anmerk. Dieser Lehrsatz heißt das Theorema Ptolomaicum von seinem Erfinder Ptolemäus. Er ist allgemeiner als der Pythagorische, ~~den er als~~ einen speciellen Fall unter sich begreift; wenn nämlich das im Kreis beschriebene Viereck ein Rechteck, die Diagonalen Durchmesser sind.

XII. Von ähnlichen Figuren überhaupt.

§. 250. Aehnlich liegende Dreiecke in ähnlichen Figuren, das ist solche, die von gleichliegenden Seiten und Diagonallinien formirt werden, sind ähnliche Dreiecke.

Bew. Man betrachte zuerst ein Paar Dreiecke wie ABC, abc, (94 F.) worin zwei Seiten auch Seiten der Figur und

*) Es müste wenn man BD in dem gehörigen Punkte E theilte $DE.AC = AD.BC$ und $BE.AC = AB.DC$; aber dann auch $DE : AD = BC : AC$ und $BE : AB = DC : AC$ seyn, welches wahr wäre, wenn 1) $\triangle AED \sim \triangle ACB$; 2) $\triangle AEB \sim ACD$ werden könte, so daß gleiche Winkel den proportionirten Seiten gegenüber lägen. Nun ist im ersten Paar $ADB =$ W. ACB. Machte man $DAE = CAB$; so wäre die erste Proportion richtig. Da beim 2ten Paar W. $ABD = ACD$; so frägt sichs nur noch ob $EAB = DAC$ sey. Aber es ist $DAE + EAC = DAC = CAB + EAC = EAB$.

zwar ähnlich liegende sind, so ist B = b und AB : ab = BC : bc; mithin Dr. ABC ∽ abc nach §. 238. III.

Die übrig bleibenden Figuren ACDE, acde sind nun noch ähnliche Figuren. Denn BCA = bca. Also BCD — BCA = bcd — bca; d. i. 1) ACD = acd. Ferner ist AC : BC = ac : bc und BC : CD = bc : cd. Dies giebt nach §. 270 A. R. 2) AC : CD = ac : cd oder AC : ac = CD : cd. Diese beiden Sätze geben wie vorhin Dr. ACD ∽ acd. Eben so kan man auf alle Dreiecke in der Figur fortschließen.

§. 251. Z. 1. Es war AC : ac = CD : cd und so verhalten sich überhaupt die ähnlich liegenden Diagonallinien in ähnlichen Figuren, wie die ähnlich liegenden Seiten.

§. 252. Z. 2. Ueberhaupt jede in den ähnlichen Figuren ähnlich liegende Linien wie MN, mn verhalten sich wie die homologen Seiten oder Diagonalen. Denn zieht man em, EM, am, AM, so erhält man amne ∽ AMNE und findet bald, daß mn : MN = ne : NE = ae : AE = da : DA sey.

§. 253. **Die ganzen Peripherien ähnlicher Figuren verhalten sich, wie die ähnlich liegenden Seiten oder Diagonalen.**

Bew. Man hat AB : ab = AB : ab = AC : ac
BC : bc = AB : ab = AC : ac
CD : cd = AB : ab = AC : ac

Daher AB + BC + CD : ab + bc + cd = AB : ab = AC : ac

So könte man das Verhältniß jeder folgenden gleichliegenden Seiten z. E. DE : de = AB : ab = AC : ac hinzusetzen, und man sieht deutlich, daß zulezt die beiden ersten Glieder der Proportion Summen von Linien werden würden, die den ganzen Peripherien gleich wären.

§. 254. **Aufg. Einer gegebenen gradlinigten Figur ABCDE eine andere abcde, wozu nur eine Seite ab gegeben ist, ähnlich zu verzeichnen.**

Aufl.

Aufl. Man ziehe in ABCDE die Diagonalen AC, AD ziehe ab, und mache die Winkel cab = CAB und α) cba = CBA §.66 und ziehe ac; so ist I. △ abc ∽ △ ABC §.238 I.; und β) ab:bc = AB:BC. An ac mache man W. dca = DCA, cad = CAD und ziehe ad; so ist II. △ cda ∽ CDA; woraus nun folgt W. bca + acd = BCA + ACD oder γ) bcd = BCD und da aus I. bc:ca = BC:CA und aus II. ca:cd = CA:CD so ist δ) bc:cd = BC:CD §.270 Ar. Ferner macht man W. ade = ADE; dae = DAE; so ist III. △ ade ∽ ADE folglich W. cda + ade = CDA + ADE oder ε) cde = CDE und weil aus II cd:da = CD:DA und aus III da:de = DA:DE; so ist ζ) cd:de = CD:DE. Endlich ist W. bac + cde + dae = BAC + CDE + DAE oder η) bae = BAE ϑ) dea = DEA und κ) de:ea = DE:EA. Die mit den griech. Buchstaben bezeichneten Sätze enthalten alles zur Aehnlichkeit nach §.235 erforderliche, und die Schlüsse lassen sich auf die vielseitigsten Figuren eben so fortsetzen.

Z. 1. Figuren also, die man in einerlei Ordnung in lauter ähnliche Dreiecke zerfällen kan, sind ähnliche Figuren.

Z. 2. Auch wenn man in einer Figur, wie Fig. 105, einen Punkt O annimt, und aus selbigem an alle Winkelpunkte Linien wie OA, OB, OC u. s. w. zieht, so kan man auf einer gegebenen Linie ab, △ Oab ∽ OAB machen, und so in einerlei Ordnung die ähnlichen Dreiecke Obc, Ocd um den Punkt O herum legen, wodurch ebenfalls eine ähnliche Figur entsteht. Meine Weitläuftigkeit über diese sonst leichten Sätze entschuldigt es, daß sie bei der Geodäsie durchaus zum Grunde liegen und ich sie also mit einem Mahle ganz deutlich machen wollte.

XIII. Anwendung des bisherigen auf das Feldmessen.

§. 255. Vorher müssen noch zwei Instrumente bekant gemacht werden, welche ausser dem oben angeführten Astrolabium beim Feldmessen am meisten im Gebrauch sind.

A. **Der Meßtisch.** Er besteht aus einem viereckten, etwa $1\frac{1}{2}$ bis 2 Fuß breiten Tischblatte, worüber Papier gezogen werden kan. Dieses Tischblatt ist auf einem bequemen dreifüßigen Gestelle über einer sogenannten Nuß oder Kugelzapfen beweglich. Ihm wird durch eine cylindrische mit einem Glasdeckel versehene mit Spiritus bis auf etwas weniges gefüllte Wasserwage die horizontale Stellung gegeben, und es ist vortheilhaft, wenn auch noch zur genauen Richtung eine Schrauben-Vorrichtung zur sanften Bewegung in die Runde, wie auch eine andere zur Feststellung der Platte angebracht ist. Man sehe **Mayer** a. a. O. S. 386. Denn nur wenn er recht fest steht, kan man auf demselben mit Nutzen und Sicherheit, das Dioptern Linial oder ein Linial worauf ein Fernrohr mit einem feinen Kreuze im Brennpunkte bevestigt ist, gebrauchen.

Giebt man nämlich dem Meßtisch eine solche Stellung, daß der Punkt c (101 F.) auf demselben in der Vertikallinie über einem Punkt C am Boden, den man gegen andere entfernte bestimmen will, sich befindet, (welches am besten mittelst einer Gabel von Holze geschiehet, deren eine Spitze über die Mensel auf c gebracht wird, wenn aus der andern Spitze unter der Mensel ein Loth in C herabhängt), visirt hiernächst durch die Dioptern (oder das Fernrohr) erst noch A, und zieht auf dem Papier an dem Linial eine Linie in dieser Richtung, verwendet alsdenn das Linial um den mit einer eingeschlagenen Nadel bemerkten Punkt c bis man B durch die Dioptern scharf siehet, und zieht wiederum eine Linie durch c nach B zu; so hat man eben den Winkel sofort auf dem Papier, welchen die Objekte A und B in einer durch C gehenden Horizontalfläche, mit welcher des Meßtisches Fläche parallel ist, auf dem Felde machen. Begreiflich ist es eben so gut, als wenn man den Winkel in der Horizontalfläche selbst genommen hätte; noch offenbarer wird es in der Lehre von der Lage der Flächen gegen einander.

B. **Die Boussole.** Man schliesset eine Magnetnadel von etwa 5 Zoll Länge in ein rundes meßingenes Gehäuse mit einem

nem Glasdeckel ein. Dies Gehäuse wird am besten auf einer viereckten Platte bevestiget, welche mit dem Diopternlinial aus einem Stücke ist. Die Magnetnadel spielet frei über einem Stift, worauf sie mit dem Hütgen aufliegt, und der Nordpol geht in eine subtile Spitze aus. Diese Spitze zeiget auf einem rings um eingetheilten Rande, ganze und halbe Grade von 0 bis 360°. Das Diopternlinial muß mit der Linie durch 0° und 180° des Randes perallel seyn.

Die Magnetnadel hat bekantermassen eine Richtung zwischen Süden und Norden, wovon sie zwar an verschiedenen Orten mehr oder weniger (in Nord-Deutschland etwa $17\frac{1}{2}$ Grade westlich) abweicht; man kan aber doch annehmen, daß ihre Richtung bei solchen Entfernungen der Standpunkte von einander, als beim gewöhnlichen Feldmessen in nicht zu weit ausgebreiteten Landstrichen, und in nicht sehr verschiedenen Zeitpunkten vorkommen, sich ziemlich gleich bleibt. Richtet man nun das Diopternlinial auf einen Gegenstand, und bemerket die Anzahl Grade z. E. 40° 15′ worauf die Spitze der zur Ruhe gekommenen Nadel zeiget, und wendet man nun die ganze Boussole herum, bis man durch die Dioptern einen zweiten Gegenstand erblicket, bei welchem die Nadel auf 81° 45′ einspielet, so ist der Winkel, welchen die durch die Objekte und den Standpunkt gezogenen Linien einschliessen $81°45' - 40°15' = 41°30'$. Denn weil die Richtung der Nadel unveränderlich ist, so ist der Winkel, welchen beide Objekte mit einander machen, dem Unterschiede desjenigen Winkels gleich, den sie mit der Richtung der Magnetnadel machen.

Anmerk. Die Boussole, welche wie man leicht sieht, die Winkel nicht sehr genau auch nicht so ganz sicher geben kan, ist nur in einigen besondern Fällen brauchbar auch nicht so ganz sicher (wiewol sie in andern, wie beim Markscheiden unentbehrlich ist). So lange man auch noch kein anderes Mittel hat, oder anzuwenden verstehet, als nur den gemeinen Transporteur, die mit einem auch noch so genauen Astrolabium gemessenen Winkel aufs Papier zu tragen; so ist auch kein Vortheil dabei, mit dem Astrolabium zu messen. Dies wird indessen die Trigonometrie lehren. Hier werde ich hauptsächlich vom Meßtisch, der gewis wenn er gut eingerichtet ist, zu kleinen Messungen ein sehr schätzbares Werkzeug ist, reden. Man bemerke das ihm ganz eigenthümliche, daß sich bei der Operation selbst die zu vermessende Figur unmittelbar auf dem Meßtische entwirft. Auch wo und wie man nun, nachdem die Lehren von der Aehnlichkeit zu Hülfe kommen, mit blossen Stäben und Kette, noch etwas weiter reichen kan, soll beigebracht werden

§. 256. **Das Messen der Entfernungen in der Horizontalfläche.**

A. **Wenn man noch zu beiden Endpunkten kommen kan.**

1) **Mit Stäben und der Kette.** Zu dem was oben §. 117 Pr. Anm. davon gesagt, komt nun hinzu, daß man nicht nöthig hat, die ganzen Linien AC, BC, (47 F.) sondern nur recht genau einen aliquoten Theil z. E. $\frac{1}{3}$ bis α und β zurück zu tragen, oder auch nachdem es das Terrain erlaubt, auf AC, BC selbst zu nehmen. Nach §. 238. III. ist in beiden Fällen Cα: CA = αβ: AB.

2) Auf den Meßtisch wird nach §. 255. A. der Winkel C (101 F.) gebracht, dann werden auf dessen Schenkel im verjüngten Maaße die gemessenen Linien AC und BC aufgetragen, so giebt ebenfalls nach §. 238 III. ab im verjüngten Maaße die Ruthen, Schuhe und Zolle an, welche AB in großem Maaße zukommen.

Anm. Vermittelst des Astrolabium oder Boussole, kan man den Winkel C in Graden u. s. f. und mit der Kette AC, BC messen, um alsdenn mit Hülfe des Transporteurs ein ähnliches Dreieck zu verzeichnen u. s. w.

B. **Wenn man nur zu einem Endpunkte hinkommen kan.** Z. E. wenn die Breite eines Wassers gemessen werden soll.

1) Bei Stäben und Kette lässet sich auch hier, durch bloßes zurücktragen proportionaler Theile die Aufgabe auflösen.

2) Den Meßtisch bringet man gehörig über den Punkt C (102 F.) und zieht nach den Gegenständen B und A die Linien cβ, cα. Man nimt die Ruthen, Fuße und Zolle, welche die Kette von CA angegeben, in verjüngtem Maaße auf cα. Gesezt dies wäre ca: so trägt man den Meßtisch nach A und bringet den Punkt a über A; sucht vermittelst der an ac angelegten Regel, ac genau in die Richtung von AC zu bringen, sucht alsdenn die Richtung AB auf dem Meßtisch und zieht aδ welches cβ irgendwo in b schneiden wird. Alsdenn zeigt die Zahl, welche auf dem Maasstabe für ab gefunden wird, wie groß im wahren Maaße AB seyn muß. Der Grund ist, weil nach §. 238 I. △ABC ∽ abc, mithin ac: ab = AC: AB.

Anm. In wie fern Astrolabium und Boussole dienen können, diese Aufgabe aufzulösen, sieht man leicht.

C. **Wenn man an beide Endpunkte nicht hinkommen kan.** (103 F.) 1) Mit Stäben und der Kette scheint folgendes Verfahren noch das bequemste. In einem willkührlich gewählten Punkte C sezt man einen Stab, und auch in der verlängerten

gerten Richtung AC in D und BC in E. Ferner in F in der Richtung BD; endlich in G setzt man einen Stab, so, daß er sowol in der Richtung AE als auch in der verlängerten FC sich befinde. Nachdem man nun ED, EC, DC, wie auch DF, CF und EG, CG gemessen, so trägt man im verjüngten Maaße ED auf ein Papier, und mit EC, CD; DF, CF; EG, CG in eben dem Maaße verzeichnet man die Dreiecke ECD, CDF, CEG, welche nach §. 238 II denen auf dem Felde ähnlich sind. Verlängert man nun DF, DC, EC, EG, so erhält man Durchschnitte in A und B, und die Dreiecke ACG, BCF sind aus §. 238 I, ferner das Dreieck ACB aus §. 238 III denen auf dem Felde ähnlich S. auch B. no. 2. Mithin wird das, was man für AB im verjüngten Maaße findet, die Zahl der wirklichen Ruthen, Fusse und Zolle für AB angeben

2) Den Meßtisch bringt man über E (104 F.), und zieht die Visirlinien Eα, Eβ, Eδ. Man trägt die gemessene ED in verjüngtem Maasse von e nach d. Man bringt den Punkt d des Meßtisches über D, und die Linie de mittelst des Visirens genau in die Richtung DE, alsdenn merkt man die Punkte an, wo die Linien auf dem Meßtische eα und eβ von der Schärfe des durch d nach A und B gerichteten Diopternlinials geschnitten werden. Die Entfernung dieser beiden Durchschnitte ab hat in verjüngtem Maasse eben so viel Ruthen, Fusse und Zolle als die Entfernung AB auf dem Felde in grossem Maasse hält. Es ist AED = aed; ADE = ade; BDE = bde; BED = bed, durch die Operation selbst. Daher AE : ae = DE : de; BE : be = DE : de; wegen △ ADE ∽ ade und △ BDE ∽ bde. Mithin AE : BE = ae : be. Nun ist auch W. AEB = aeb also nach §. 238 III △ ABE ∽ abe; mithin AB : ab = AE : ae = DE : de und AB : DE = ab : de d. h. wenn de die Weite DE nach dem verjüngten Maasstab ausdrückt, so wird auch ab die Weite auf dem Felde AB in eben den Zahlen ausdrücken, worin sie das grosse Maaß geben würde.

Was eben die Boussole hier für Vortheile gewähren sollte, sehe ich nicht, noch weniger das Astrolabium ohne Trigonometrie.

Anmerk. 1) Man muß die Standlinien, wie zulezt ED nicht zu klein nehmen, damit man nicht zu stumpfe und zu spitze Winkel bekomme, wodurch die Durchschnitte bei a und b zweifelhaft werden.

2) Da in der 101 und 104ten Fig. die Linien ab mit denen auf dem Felde parallel, so darf man nur durch c oder d auf dem Meßtische Parallelen mit ab ziehen,

und

und mittelst des Diopternlinials in ihren Verlängerungen auf dem Felde Stäbe ausstellen; wenn man durch C und D Parallelen mit AB ziehen will.

3) Das Messen der Weiten aus einem Standpunkte, erspart zwar das Tragen des Meßtisches von einer Stelle zur andern bei B. 2 und C. 2 und verhindert die daraus entstehenden Fehler. Es erfordert aber das Messen mehrerer Linien, und hat andere praktische Unbequemlichkeiten. Man kan es beim Clemm §. 851 und Kästner 36 S. 1 und 2 Anm. auch aus Mayers praktischer Geometrie, der besten bisherigen Anweisung für Feldmesser, erlernen.

Anm. Da man bei Höhenmessungen mit Stäben und der Kette nichts anfangen; der Meßtisch schwerlich und die Boussole gar nicht dazu gebraucht werden kan; sondern wenn irgend etwas richtiges geleistet werden soll, ein genauer Winkelmesser und trigonometrische Rechnung erfodert wird: so verschieben wir dies bis zur Anwendung der Trigonometrie auf die praktische Geometrie.

§. 257. **Das Vermessen gradlinigter Figuren und Entwerfen derselben nach den gemessenen Stücken.**

A. **Wenn man in die Figur hinein kommen kan.** 1) Mit bloßen Stäben und der Kette. (94 F.) Man sezt Stäbe in A, B, C, D und E und mißt mit der Kette die Linien des Umfangs AB, BC u. s. f. aber auch die Diagonallinien AC, AD welche lezten man so wählt, daß man in den Dreiecken zu spitze und zu stumpfe Winkel möglichst vermeide. Man trägt die eine Linie AB im verjüngten Maaße ab aufs Papier, und verzeichnet darüber mit dem in eben dem Maaße genommenen Linien BC, AC d. i. mit ab, ac das Dreieck abc, woran man ACD, ADE nach der Ordnung anlegt, so ist die kleine Figur der großen auf dem Felde ähnlich §. 254. Man könte auch, besonders wenn die Diagonalen sehr lang werden sollten, innerhalb der Figur einen Punkt schicklich annehmen, außer den Seiten noch die Linien nach den Winkelpunkten zu messen, und die so gemessenen Dreiecke nach der Ordnung, wie sie um die gemeinschaftliche Spitze liegen, verjüngt auf das Papier tragen.

2) Vermittelst des Meßtisches wird die lezte Methode auf folgende Weise in Ausübung gebracht. (105 F.) Mann nimt innerhalb der Figur einen Punkt O an, misset OA, OB u. s. w. bringet den Meßtisch über O und zieht mittelst des Diopternlinials die Richtungslinien Oα, Oβ u. s. f.

s. f. nach den Winkelpunkten der Figur. Man trägt auf diese Schenkel die gemessenen Linien in verjüngtem Maaße auf, und zieht die nächsten Punkte a, b; b, c u. s. w. zusammen: so sieht man leicht, daß die Figur abcdef auf dem Meßtische der Figur ABCDEF auf dem Felde ähnlich seyn müsse. 238 III 249 Z. 2.

Hieraus läßt sich auch eine bei Feldertheilungen und Grenzberichtigungen, sehr nützliche Methode ableiten, auf der Charte befindliche Stücke aufs Feld abzutragen sobald man nur von zwei Punkte d und c auf der Charte gewis ist, daß sie mit C und D auf dem Felde zusammen gehören. Dann darf man nur Od, Oc u. s. w. zu Richtungslinien annehmen und OD, OC u. s. w. im Grossen von eben so viel Ruthen machen als jene im verjüngten Maasstabe der Charte sind; endlich DC, CB u. s. w. abstecken.

§. 258. B. **Wenn man in die Figur nicht hinein kommen kan, oder überhaupt eine gradlinigte Figur aus ihrem Umfange zu messen.**

1) Mit Stäben und der Kette. (106 F.) Man mißt um die Figur herum nach der Ordnung alle Seiten, und nach §. 167. alle Winkel weniger drei, oder auch alle Winkel weniger einen und alle Seiten weniger zwei. Man sieht, daß man im Nothfall wie bei B auch nur Ergänzungswinkel zu messen braucht. So mißt man um einen Wald, einen Morast u. d. gl. rings herum. Trägt man nun die Figur im verjüngten Maaße aufs Papier, so muß sie der auf dem Felde ähnlich seyn.

2) Mit dem Meßtisch läßt sich die Aufgabe auf mehr als eine Art auflösen.

α) Man bringt den Meßtisch mit a über A (107 F.), zieht längst der Regel aε nach E und aβ nach B und macht ab im verjüngten Maaße wie AB. In der 2ten Station bringt man b über B, bringt ba in die Richtung BA und nachdem bγ in der Richtung BC gezogen, BC gemessen, und bc gehörig auf das Papier getragen, so geht man in den Standpunkt C, wo man eben so verfährt u. s. f. bei mehrern. Wenn man bei dem vorlezten Winkelpunkte D aus d eine Linie nach der Richtung DE gezogen; so wird dieselbe aε in einem Punkte e schneiden, und wofern keine Fehler begangen sind, so ist abcde ∽ ABCDE; da die Winkel nach der Ordnung gleich und die Seiten proportionirlich aufgetragen sind.

Anm.

Anm. 1. Um zeitig einen eingeschlichenen Irrthum zu bemerken, und ihn möglichst zu verbessern, ist es rathsam bei den Stationen wie C und D das Diopterlinial durch ca, db, da zu legen und zu probiren, ob es auch auf die zugehörigen Punkte A und B hinzielen wird, wobei freilich vorausgesezt wird, daß man sie allenthalben sehen kann, welches bei Messung eines Waldes aus dem Umfange nicht angeht. — Ferner wenn man bei dem vorlezten Winkelpunkt die Linie DE wirklich missot, und di gehörig aufträgt; so muß, wenn richtig gemessen worden di und de sich decken, oder wenn man den Meßtisch mit i über E bringt, so muß das durch i nach A gerichtete Diopternlinial durch den Punkt a auf dem Risse gehen, und die Figur muß auf solche Art gehörig schliessen. Je weniger eine und die andere Probe zutrift, je gröber ist der begangene Fehler. Mehreres z. E. wie die Station wo der Fehler begangen, zu entdecken, und wie darnach der Riß zu corrigiren, lehrt die eigentliche praktische Geometrie.

Anmerk. 2. Dieser Methode bedient man sich auch, wenn zwischen 2 Punkten eine grade Linie abgesteckt werden soll, und man wegen Hindernisse nicht von einem Punkt zum andern hinsehen kan, z. E. wenn eine Allee durch einen Wald zu führen ist. Man bringt den Meßtisch auf A (106 F.) und trägt die Richtung und das verjüngte Maaß von AB; ferner in B den Winkel ABC und die Linie BC; endlich in C deu Winkel BCd und die Linie Cd gehörig auf. Man zieht nun d und A zusammen, so erhält man den Winkel, welchen Ad mit AB oder dC macht. Bringt man nun den Meßtisch über A, so darf man nur erst die correspondirende Linie in die Richtung AB und darauf bei unverrücktem Stande des Tisches die Diopteren in die Richtung AD bringen, und nun Stäbe in dieser Richtung einsetzen u. s. w.

β) Wenn man alle Winkelpunkte einer Figur aus einem Standpunkte A übersehen kan, so läßt sich die Figur auf folgende Art zu Papier bringen: Auf den über A (108 F.) gestellten Meßtisch bringe man die Winkel BAC, CAD DAE, messe die Seiten AB, BC, CD, DE und nachdem man ab im verjüngten Maaße von gehöriger Größe genommen; so nehme man auch bc, cd, de nach eben dem Maaße, und verzeichne nach der Ordnung die Dreiecke abc, acd, ade nach §. 91. Die ungefähre Betrachtung der Figur, wenn man

man beim Messen in die Winkelpunkte BCD kömt, wird schon zeigen, ob z. E. ABC ein stumpfer oder spitzer Winkel sey, und ob also der Durchschnitt in c oder g gelten solle.

γ) Wenn innerhalb der Figur ein oder mehrere Gegenstände sich befinden, die man aus allen Winkelpunkten sehen kan; so veranlasset dies eine sehr vortheilhafte Methode, Figuren aus ihrem Umfange zu entwerfen, wobei man nur eine einzige Seitenlinie messen darf. Man ziehe auf dem Meßtisch nach einem solchen Punkte M (109 F.) die Linie aμ und aβ nach B. Die gemessene AB im verjüngten Maasse ab trägt man auf aβ. Man bringt die Mensul mit b über B, und zieht die Richtungslinien bμ nach M und bγ nach C: so schneidet bμ die Linie aμ in m und m stellet auf dem Risse den Punkt M vor, weil Dr. amb ∽ AMB. Nun bringt man den Meßtisch in die Station C und verrückt ihn so lange bis γb in der Richtung CB genau zu liegen komt. Man richte das Diopternlinial durch m nach M, so wird bγ in c durchschnitten werden, und wegen Dr. cbm ∽ CBM giebt bc im verjüngten Maasse die Größe von BC. Bringt man eben so den Meßtisch nach D, so wird sich eben so der zugehörige Punkt d auf dem Meßtisch bestimmen, und wenn kein Fehler vorgegangen, die durch d nach A gerichtete Regel durch den Punkt a auf dem Meßtisch gehen.

Visirt man nach mehrern Punkten wie z. E. auch nach N, so müssen die Richtungslinien auf M und N genommen, wenn kein Fehler vorgegangen, in jeder Station z. E. bei C durch einerlei Punkt c gehen; daher man, wenn sich mehr Durchschnitte geben, entweder das Mittel nehmen, oder in der nächst vorhergehenden Station den Fehler aufsuchen kan. Sonst dienen mehrere Punkte auch dazu, daß man sich um so viel weniger darum zu bekümmern hat, wenn in irgend einer Station auch ein und das andere Objekt bedeckt wäre. Auch ausserhalb der Figur lassen sich solche Punkte annehmen.

Die Methode ist sehr brauchbar, Städte und Dörfer selbst, oder ihre Feldmarken nach Richtungslinien auf Thürme u. d. gl. aus ihrem Umfange zu entwerfen.

Anmerk. Man sieht leicht, daß man bei allen diesen Messungsmethoden die Winkel auf dem Felde nur den Graden nach messen und dann zu Hause auftragen konnte. Besonders bei dem Messen aus dem Umfang bedie-

bedienen sich die Feldmesser auch sehr gerne hiezu der Boussole. Und wenigstens in so fern sie beim Auftragen, das aber immer zu der Tagszeit geschehen soll, in welcher an einem vergangenen Tage gemessen ist, die Winkel so genau giebt, wie man sie bemerkt und eingetragen hat, ist sie ohne Trigonometrie noch besser dazu geschickt als das Astrolabium. Beim Auftragen selbst macht man sich den Vortheil erst alle aufgezeichnete Winkel um einen Punkt aufzutragen und alsdann nur durch Parallelen §. 100 an den gehörigen Punkt zu bringen. Hr. Riedel hat eine umständliche Abhandlung vom Gebrauch der Magnetnadel in der prakt. Geometrie 1795 herausgegeben.

C. Die Methode eine Menge merkwürdiger Punkte in einer Fläche: oder auch der Winkelpunkte aus einer willkührlich angenommenen Standlinie zu Papier zu bringen, oder aus einer Standlinie aufzunehmen besteht, wenn der Meßtisch gebraucht wird, in einer wiederholten Anwendung der oben §. 256 C 2 beschriebenen Methode, Entfernungen zu deren beiden Endpunkten man nicht kommen kan oder will, zu messen. Man sezt nämlich den Meßtisch über A (110 F.) und zieht die Richtungslinien Aγ, Aδ u. s. f. nach C, D, E u. s. w. misset AB, trägt ab als die verjüngte AB auf dem Meßtisch, geht in die Station B, legt das Linial an ba und rücket den Meßtisch, bis man A durch den Vertikalfaden bedeckt sieht und zieht aus b nach eben den Punkten Linien. Wo sie die vorigen schneiden, wird die Lage der zugehörigen Punkte auf dem Meßtisch bestimt, und es ist acdeßfgh ∽ ACDEßFGH. Denn es ist z. E. cd ∦ CD; de ∦ DE. Folglich W. cde = W. CDE und CD : DE = cd : de. Dergleichen läßt sich ringsum von allen Winkeln und Seitenlinien der Figuren beweisen.

Anmerk. 1. Dies ist eine der vorzüglichsten Methoden, und sie dienet dazu, ganze Fluren und Landschaften aufzunehmen. Denn wenn die Flur weitläuftig ist, so nimt man sie theilweise nach verschiedenen Standlinien auf, deren Verbindung und Lage gegen einander nur genau zu bestimmen ist. Indessen je weitläuftiger die Operation, und je entfernter die Objekte von einander sind; desto weniger tauglich bleibt der Meßtisch zu einem solchen Geschäfte, und man muß ein tüchtiges Astrolabium und die Trigonometrie zu Hülfe rufen.

Anmerk.

Anmerk. 2. Wenn man z. B. auf dem Diopternlinial eine kleine Magnetnadel in einer schmalen Büchse angebracht hat, auf deren Boden mit der Schärfe des Linials eine parallele Linie gezogen ist, und man ziehet auf dem Meßtisch, wenn die Nadel in dieser Linie einspielet, an dem Rande des Diopternlinials eine grade Linie (mit Tusche); so hat man für alle folgende Operationen die Richtungslinie der Magnetnadel. Es läßt sich leicht zeigen, daß wenn man nun in dem folgenden Standpunkte den Meßtisch so lange drehet, bis die an die gezeichnete Linie gebrachte Magnetnadel wiederum einspielet, man das Zurückvisiren entbehren könne, indem nun doch alle auf dem Meßtisch gezogene Linien den vorigen parallel sind. Dies dient sehr zur Abkürzung der beiden lezten Operationen, besonders wenn man immer mehrere Punkte aus bereits verzeichneten bestimmen, und Standlinie an Standlinie ketten will. Wenigstens giebt es eine große Hülfe, wo das Zurückvisiren durchaus nicht angeht, welches man indessen wo es angeht, nicht ganz unterlassen und sich nicht allein auf die wankende Magnetnadel verlassen muß.

D. Bisher ist immer angenommen, daß die zu messenden Figuren gradlinigt sind. In der Natur ist dies nun wol sehr selten so. Aber geringe Abweichungen von der graden Linie achtet man wenig, und bemerket sie höchstens nur an den graden Linien die man als Grenzlinien annimt, so wie sie daran hinlaufen, nach dem Augenmaaß. (111 F.) Sind sie bedeutender, z. B. sehr krumme sich herum ziehende Wege, sich schlängelnde Bäche und Ströme, so ist das Hauptverfahren dieses: Man stecket neben der krummen so viel als möglich eine grade Linie AB, die man die Axe nennt. Auf derselben misset man mit der Kette fort, aber von Stelle zu Stelle, wie in P, Q, S, besonders wo die Curve der Axe nahe komt, oder sich am meisten von ihr entfernt, oder aus der convexen Lage in die hole übergeht, mißt man die Lothe PM, QR, ST, welche Ordinaten, so wie die zugehörigen Theile der Axe Abscissen heissen. Wenn man nun mittelst des verjüngten Maasstabes diese Abscissen und Ordinaten auf den Riß trägt, so kan man nun durch die äussersten Punkte der leztern einer der grossen um so mehr ähnliche kleine Curve verzeichnen, jemehr Abscissen und Ordinaten man bestimt hat. Wenn es auf die gröste Genauigkeit nicht ankomt, so werden die Ordinaten nicht grade immer mit Meßstäben, sondern oft nur mit Schritten (man muß sich geübt haben, mit 5 Schritten eine rheinl. Ruthe abzuschreiten) gemessen, welches besonders in dem obbemerkten Fall geschieht, wenn die Grenzlinien nur wenig gekrümt sind. Es ist leicht zu sehen, daß man den ganzen Umfang einer krumlinigten Figur, eines Sees, Teichs u. d. gl. auf eine ähnliche Art bestimt; wenn man sie so nahe als möglich mit einer gradlinigten Figur von wenigen Seiten umschließt, an dieser Figur mit der Kette alle Linien und die nöthigen Winkel nach den vorigen Methoden ausmißt; dabei aber an jeder merkwürdigen Stelle die Ordinaten, wie vorher gesagt ist, bestimmet. Man sieht sogar, daß sich dies Verfahren auf gradlinigte Figuren von vielen Seiten anwenden, selbst in der Figur sich diejenige annehmen lasse, worauf man die krumlinigte oder vielseitige beziehen will. Ist indessen der Rand solcher Figuren nicht allenthalben zugänglich, so muß man nur die Hauptpunkte aus der Grundlinie von Dreiecken, zu deren Spitzen man sie annimt, und das übrige nach dem Augenmaas bestimmen.

§ 258. **Aufg. Man hat 3 Oerter A, B, C (112 F.) bereits in Grund gelegt, oder auf der Charte bestimt; man will einen 4ten Ort D, aus welchem man in der Natur A, B, C sehen kan, ohne andere Data zu haben, als daß man in D die Winkel ADC, ADB mit dem Instrumente mißt, d. i. auf der Mensul die unbestimten Richtungslinien DA, DB, DC zieht, seine richtige Lage auf dem Riß geben.**

Aufl. Etwa auf einem besondern Blatte beschreibt man ein △ abc=αβγ auf der Charte, und ähnlich dem △ ABC auf dem Felde. An der Distanzlinie ab, als der näheren bei d, welches dem D in der Natur entsprechen soll, lege man aus b W. abc = ADB = der Summe der an D gefundenen. Man errichte aus b und f, als der Mitte von ab, Lothe, die sich in einem Punkte k schneiden müssen, §. 105 Z. 2. Mit dem Halbm. kb beschreibe man einen Kreis, der, weil kb = ka durch die Punkte a, b gehen und be berühren muß §. 72. 87. 152. An den Halbmesser ka lege man einen Winkel akl = 2ADC, dem doppelten des auf dem Felde gemessenen ADC. Endlich ziehe man durch c und l eine grade Linie, bis sie den Kreis auf der andern Seite von ab in d schneidet; so ist adl oder adc = ADC §. 145. 146 und adb=ADB §. 152. Alsdenn hat der Punkt d auf dem

dem Papier eben die Lage gegen a, b, c, welche D auf dem Felde gegen A, B, C hat, und man darf nun nur das △αβδ in der Charte = △abd machen; so hat man das dem D gleichliegende in der Charte.

Bew. Weil schon an sich abc dem ABC in der Natur gemäß ist, nun aber auch die Winkel adb = ADB, adc = ADC; adb — adc = ADB — ADC oder cdb = CDB sind; so liegt alles wie in der Natur. Zöge man stat cld die Linie cmn, so wäre offenbar anc < (adc = ADC) und bnc > (bdc = BDC) gegen die Bedingung.

Diese Auflösung ist von vielem Gebrauch, selbst bei Grundlegung ganzer Landschaften; besonders, wenn man was hier aus den ersten Gründen der Geometrie verzeichnet wird, genau berechnen und alsdann blos vom Maasstabe in den Riß tragen könnte. Dies soll die Trigonometrie lehren. Auf der andern Seite könte es auch dienen, von Zeit zu Zeit, gleichsam spielend, wenn man erst einige Punkte einer Landschaft, z. E. in der Nachbarschaft einer Stadt die Lage von 3 Thürmen, genau weiß, gelegentlich immer mehrere einzuzeichnen, welches doch immer mehr Sicherheit als das Aufnehmen nach dem sogenannten coup d'oeil gewähren würde. Am vortheilhaftesten zeigt es sich, wenn man merkliche Punkte, die in der Ferne nicht gesehen werden können, Wendungen von Strömen, Thälern, Wäldern, Untiefen auf dem Wasser u. d. gl., genau auf dem Riß haben wollte. Dazu würde dann das Branderſche Instrument, welches auch Mayer II Th. S. 252 beschreibt, seiner Simplicität wegen sehr diensam seyn. Ein paar viereckte Stangen (113 F.) sind mit einem Gewinde verbunden; an den Stangen lassen sich Hülsen, die unten eine subtile Spitze haben, horizontal verschieben. Dergleichen Spitze ist auch unten am Gewinde angebracht. Wenn nun die 3 Richtungslinien DA, DB, DC auf dem Meßtisch gezeichnet sind, so werden die Hülsen mit den Spitzen so gestellt, daß sie auf diesen Richtungslinien das verjüngte △ abc so auftragen, daß es gegen d die gehörige Lage bekömt.

Fällt b auf ac, d. i. liegen die bekanten Oerter a, b, c in grader Linie, so ist die Konstruktion die nämliche; liegt D mit zwei Punkten in einer graden Linie, z. E. auf der Seite von A; so hat man ac, den observirten Winkel CDA und den Ergänzungswinkel von cab, und also aus §. 115 u. 116 die Bestimmung von D. Sollte der Kreis auch durch c

 gehen

gehen, so müste man auf der Charte ein anderes c wählen; man kan dies voraus wissen, wenn ADB+ACB=180° ist. §.150. Daß D nicht mit C auf einer Seite von AB zu liegen komme, kan man, wenn man das Terrain kennt, wol vermeiden. —

XIV. Vergleichung des Umfangs der Polygone mit der Kreisperipherie.

§. 259. **Die Peripherien regulärer Polygone von gleicher Seitenanzahl, verhalten sich wie die Halbmesser oder Durchmesser, der um die Polygone beschriebenen Kreise.** (114 F.)

Bew. Weil in den Dreiecken CEF, cef die Winkel gleich sind §. 208. 209. so ist △CEF ∽ cef oder EF : ef = CE : ce; folglich nEF : n. ef = CE : ce = 2CE : 2ce d. i. die ganzen Peripherien wie die Halbmesser oder Durchmesser.

§. 260. Z. Da die Perpendikel CB, cb die Halbmesser der in die Polygone beschriebenen Kreise sind, und CE : ce = CB : cb so ist auch nEF : nef = CB : cb das ist, es verhalten sich die Peripherien, wie die Halbmesser der in den Polygonen beschriebenen Kreise.

Da es offenbar ist, daß, wenn man in zwei ungleichen Kreisen n Winkel von ungl. Grösse (115 F.) aber nach der Ordnung von gleich viel Graden, deren Summe 360° ist, um den Mittelpunkt leget, man dadurch in der Peripherie die Punkte erhält, welche, wenn sie mit Sehnen verbunden oder an sie Tangenten gezogen werden, ähnliche irreguläre äussere und innere Vielecke von n Seiten geben werden §. 249. Z. 2.; so zeigt auch die Betrachtung der Figur, daß die Perimeter dieser Vielecke sich wie Durch- und Halbmesser der zugehörigen Kreise verhalten müssen.

§. 261. **Der Unterschied zwischen dem halben Bogen $\frac{1}{2}$AID = $\frac{1}{2}a$ und seiner Sehne AI = c ist kleiner**

kleiner als die Hälfte des Unterschiedes zwischen dem ganzen Bogen AID $= \alpha$ und seiner zugehörigen Sehne AD $=$ c. Also $\frac{1}{2}\alpha - c < \frac{1}{2}(\alpha - C)$. (114 F.)

Bew. AH < AI §. 85 d. i. $\frac{1}{2}C < c$. Folglich $\frac{1}{2}\alpha - c < \frac{1}{2}\alpha - \frac{1}{2}C$ d. i. $\frac{1}{2}\alpha - c < \frac{1}{2}(\alpha - C)$.

Z. 1. Da auch AD < 2 AI §. 44 d. i. $C < 2c$; so ist $\alpha - 2c : \alpha < \alpha - C : \alpha$ §. 262. Ar. also $\frac{1}{2}\alpha - c : \frac{1}{2}\alpha < \alpha - C : \alpha$ d. i. der Unterschied des halben Bogens von seiner Sehne ist ein kleinerer Theil des halben Bogens, als der Unterschied des ganzen Bogens von seiner Sehne vom ganzen Bogen ist.

Z. 2. Eben so muß 3) $2c : \alpha > C : \alpha$ oder $c : \frac{1}{2}\alpha > C : \alpha$ seyn d. i. des halben Bogens Sehne muß ein grösserer Theil vom halben Bogen seyn, als des ganzen Bogens Sehne vom ganzen Bogen ist.

§. 262. Wäre nun AD die Seite eines regulären Polygons, so wäre AI die Seite eines solchen von noch einmahl so viel Seiten, und es folgt, daß der Unterschied von AI + ID vom Bogen AID nicht die Hälfte des Unterschiedes zwischen AD und AID beträgt. Und überhaupt: der Umfang eines Polygons von 2n Seiten ist nicht halb so verschieden vom Umkreise des umschriebenen Kreises, als der Umfang eines Polygons von n Seiten.

§. 263. Wenn xy eine so kleine Länge ist, als sich nur noch angeben läßt; so kan man immer ein Polygon in dem Kreise beschrieben gedenken, dessen Umfang um noch weniger als um diese Länge von der Peripherie verschieden ist. Denn gesezt es wäre AD die Seite eines regulären Dreiecks; der Unterschied u; so ist des Sechsecks Unterschied $< \frac{1}{2}u$; mithin wird des Zwölfecks Unterschied $< \frac{1}{4}u$, und so werden die folgenden Unterschiede geringer als $\frac{1}{8}u$, $\frac{1}{16}u$, $\frac{1}{32}u$ u.s.f. seyn, wo unter diesen Brüchen man gewiß auf $\frac{1}{n}u < xy$ kommen muß, also muß um so mehr $\frac{1}{n}\alpha - k < xy$ seyn, wenn k die kleine zu $\frac{1}{n}\alpha$

 gehö-

gehörige Sehne ist. Da auch nach Z. 2. die Sehne bei der Halbirung immer ein grösseres Verhältniß zu ihrem Bogen (als Einheit betrachtet) bekomt, so muß auch die nte Sehne sich immer mehr dem Bogen nähern. Aber daß die Abnahme des Unterschieds zwischen $\frac{1}{n}\alpha$ und der nten c nicht bei irgend einer nahmhaften Gränze stehen bleibe, sondem $k : \frac{1}{n}\alpha$ der Verhältniß 1 : 1 so nahe gebracht werden könne, daß sich zulezt keine Verschiedenheit davon ehr angeben läßt, davon überzeuget selbst die Figur. In derselben ist $FH : AH = AH : HI$ oder $\frac{AH}{FH} = \frac{HI}{AH}$. Wenn nun $AID <$ Halbkr. so ist $AH < FH$, mithin $HI < AH$, wo IH die Höhe des Bogens heissen kan. Wenn hier nun AD immer mit sich selbst parallel nach I sinket, bis sie in I zur Tangente wird, und also HI bis Null abnimt; so wird AD und mit ihr die Quotienten $\frac{HI}{AH} = \frac{AH}{FH}$ so klein als man will, folglich die Höhe des Bogens gegen die halbe Sehne eine eben so unbedeutende Kleinigkeit, als diese gegen den Durchmesser. Die nte Sehne k kan also nun auch dem Bogen $\frac{1}{n}\alpha$ so nahe gebracht werden, daß zwischen ihnen das Verhältniß 1 : 1 ohne Besorgniß, um etwas nur irgend bedeutendes zu irren, angenommen werden kan. Da die Höhe H'I ganz unbedeutend ist, so sind die übrigen Entfernungen des gleichförmig holgekrümten Bogens von der Sehne noch unbedeutender und Bogen und Sehne können als congruent angesehen werden. Das will nun sagen: es läßt sich ein Polygon gedenken, dessen aus einer unendlichen Menge solcher unendlich kleinen Seiten bestehender Perimeter um eine unendliche Kleinigkeit von der Peripherie des Kreises, worin es beschrieben ist, verschieden ist, d. i. dessen Peripherie der Peripherie des Kreises gleichgeschäzt werden kan. Dies drückt man auch so aus: Man kan sich den Kreis als ein reguläres Vieleck vorstellen, dessen Seiten sich im

Kreise verlieren; den Kreis kan man sich als ein **Unendlicheck** gedenken.

§. 264. Der Umfang eines solchen Polygons von unendlich vielen unendlich kleinen Seiten oder eines solchen Polygons, dessen Seiten sich im Umfang des Kreises verlieren, muß sich doch noch so wie jedes reg. Polygon wie der Halbmesser des Kreises verhalten, worin es beschrieben ist, oder worin es sich verliert: d. i. **die Peripherien der Kreise verhalten sich wie die Halbmesser, oder Durchmesser.**

§. 265. **Alle Kreise sind sich einander ähnlich.** Denn man kan jeden ansehen, als ein reguläres Polygon von eben so viel Seiten, als jeder andere hat §. 235 nemlich alle haben unendlich viel Seiten.

Anmerk. Wer schärfere Demonstrationen dieser Sätze, oder ihre umständliche Entwickelung verlanget, lese entweder den Archimedes selbst in seiner Schrift κυκλου μετρησις oder unter den Neuern Hrn. H. Karstens Th. 1 Abth. 1 §. 191 ff. der Geom. und Kästners Geom. 41 Saz.

§. 266. Es sey nun AB (116 F.) ein so kleiner oder ein unendlich kleiner Bogen in welchem sich die Sehne verliert, so ist ACB als ein gleichschenklicht Dreieck anzusehen, daher $BAC = R - \frac{1}{2} ACB$. Aber wenn AB unendlich klein, so ist auch ACB oder $\frac{1}{2} ACB = ACK$ unendlich klein; mithin ist $BAC = R$ zu schätzen. Zieht man an A die Tangente AB, so hätte leztere einen unendlich kleinen Bogen mit dem Kreise gemein; und für einen solchen unendlich kleinen Theil des Umkreises fielen Sehne Bogen und Tangente in eins zusammen.

Anm. Unendlichklein oder groß heißt immer: Grösser oder kleiner als jede noch angebliche Grösse.

§. 267. **Gebrochene Linien** wie ABCDE und abcde (117 F.) heissen **ähnlich**, wenn die Winkel, welche die Theile derselben, nach der Ordnung machen gleich, und die Schenkel der Winkel in Proportion sind. Ein Begrif der sich selbst rechtfertigt.

§. 268. **Kreisbogen die ihren Peripherien proportional, d. i. gleiche Theile von dem Ganzen sind, wozu sie gehören, sind ähnlich. Eben so sind die Ausschnitte und Abschnitte, welche von solchen ähnlichen Bogen begränzt werden, ähnliche Figuren.**

Wenn nämlich die Bogen EF, ef (114 F.) zu ihren zugehörigen Peripherien gleiche Verhältnisse haben, so kan man beide als Stücke vom Umfange ähnlicher Polygone von unendlich viel Seiten ansehen, wie wir uns den Kreis vorgestellet haben §. 261. Sie müsten davon gleich viele Seiten enthalten, und man könte sich diese Bogen daher als ähnliche gebrochene Linien vorstellen. Ferner wenn P, p die Peripherien sind, wozu diese Bogen gehören, so sey B. ELF $= \frac{1}{n}$ P so wird B. elf $= \frac{1}{n}$ p seyn. Mithin ELF : elf = P : p = EC : ec §. 264. Weil auch ELF, elf gleiche Grade enthalten, so ist W. ECF = W. ecf. Mithin das Dreieck ECF ∽ ecf. Also auch ELF : elf = EF : ef. Die Lage der Bogen ELF, elf gegen die Sehnen EF, ef oder gegen die Halbmesser EC, ec läßt sich nicht anders als aus dem Winkel beurtheilen, welchen die Tangenten in den Punkten F, f oder E, e mit den Sehnen oder Halbmessern machen. Mit leztern sind es immer rechte Winkel. Mithin CFK = cfk = R. Hingegen ist EFK $= \frac{1}{2}$ECF und efk $= \frac{1}{2}$ecf §. 154 d. i. EFK = efk. Dies zeiget genugsam, wie der Begrif gradlinigter ähnlicher Figuren §. 235 sich auch auf die Abschnitte und Ausschnitte erstrecke, deren eine Seite ein Bogen ist. Siehe mit mehrerm **Karstens** Geom. §. 197 — 201.

§. 269. **Aufg. Es sind 2 abgesonderte Kreise um C und c gegeben. (118 F.) Auf der Verbindungslinie Cc der Mittelpunkte den Punkt M anzugeben, von der Beschaffenheit, daß alle grade Linien, durch denselben so gezogen werden, daß sie beide**

Kreise schneiden, ähnliche Abschnitte, Ausschnitte, Bogen und Sehnen zu beiden Seiten von Cc abschneiden.

Aufl. Man ziehe willkührlich in einem Kreise den Halbmesser CA oder ca, mache ca oder CA auf der andern Seite von Cc damit ‡ und ziehe Aa; welche auf Cc den gesuchten Punkt M giebt.

Bew. Zieht man CB, cb; so ist CAB = cab und weil die so benanten Triangel gleichschenklicht auch die Centriwinkel bei C und c gleich sind, so sind Ausschnitte, Abschnitte, Bogen und Sehnen ähnlich. Aber weil auch 2R — ABC = CBM = cbM und weil die Scheitelwinkel bei M gleich sind; so ist auch Mbc ∽ MBC. Zieht man also durch M jede andere grade Linie, welche durch β, α und γ, δ geht; so sind noch die Scheitelwinkel bei M gleich, und MC : Mc = Cγ : cβ; woraus dann wieder folgt, daß MCγ ∽ Mcβ und δCγ = βcα mithin auch hier die Winkel auf $\alpha\beta$ und $\gamma\delta$ gleich sind und so in allen übrigen Fällen; auch sieht man daß MD : Md = DC : dc sey u. m.

XV. Verhältniß der Flächen gradlinigter Figuren und Berechnung derselben.

§. 270. **Zwei Dreiecke oder zwei Parallelogramme verhalten sich, ihrem Flächenraum nach, gegen einander wie die Produkte aus ihren Grundlinien und Höhen.**

Bew. Es seyen die Dreiecke ACB, EDF; (119 F.) des ersten Höhe AG (weil CL ‡ AB) des zweiten Höhe HE; man mache AK = HE und ziehe KB; so ist Dr. ACB : Dr. BKA = GA : EH §. 215. Aber es ist auch Dr. BKA : Dr. EDF = AB : DF; §. 217. Mithin ist Dr. ACB : Dr. EDF = GA . AB : EH . DF §. 261 Arithm.

Da der Parallelogrammen LB, DM Hälften, die Dreiecke CAB, EDF, welche mit den Parallelogrammen gleiche Grundlinien und Höhen haben, sich wie die Producte AG . AB und EH . DF verhalten, so ist auch LB : DM = GA . AB : EH . DF. Wenn die Höhen A und a, die Grundlinien B und b genant werden: so sind die Dreiecke und Parallelogramme wie A . B : a . b.

Aus §. 275 A. R. erhellet, warum man auch sagen könne, Dreiecke und Parallelogramme wären im zusammengesezten Verhältnisse ihrer Grundlinien und Höhen.

§. 271. **Wenn eines Quadrats** *Q* **Seite** *L*, **und eines andern Quadrats** *q* **Seite** *l* **wäre, so wäre** $Q : q = L^2 : l^2$.

§. 272. **Wenn in zwei Dreiecken oder Parallelogrammen die Höhen A und a die Grundlinien B und b sind, und es ist A : a = B : b so ist A . B : a . b = $A^2 : a^2 = B^2 : b^2$ oder die genanten Figuren sind im quadratischen (verdoppelten §. 275 Ar.) Verhältniß ihrer Grundlinien oder Höhen.** Denn es ist A : a = A : a und A : a = B : b; also $A^2 : a^2$ = A . B : a . b.

§. 273. Ist in den Dreiecken und Parallelogrammen A : a = b : B d. i. sind die Grundlinien und Höhen in umgekehrtem Verhältniß; so ist A . B = a . b; folglich sind die Flächenräume solcher Figuren gleich groß. Und wenn die Flächenräume dieser Figuren gleich groß sind; so muß A . B = a . b mithin A : a = b : B seyn. Vergl. §. 219.

§. 274. Sezt man a = b und die Figur ist ein Quadrat, die Figur aber, welcher die Höhe A und die Grundlinie B zukomt, ist ein Rechteck, so sey noch A . B

= a . b

$=a.b=a.a$ so ist auch noch $A:a=a:B$ d.i. die Seite des Quadrats ist die mittlere Proportionallinie zwischen der Höhe und Grundlinie eines gleich großen Rechtecks. Man kan daher ein Rechteck leicht in ein Quadrat verwandeln, wenn man nach §. 245 die mittlere Proportionallinie zwischen den beiden Seiten des Rechtecks sucht; eine Aufgabe deren Auflösung eigentlich bereits §. 190 unmittelbar aus dem pythagor. Lehrsatz hergeleitet ist. Ist a die mittlere Proportionallinie zwischen 2 Seiten A und B eines Rechtecks, also $A:a=a:B$; so muß a die Seite eines mit dem Rechteck gleich grossen Quadrats seyn, denn es folgt aus der Proportion daß $a^2=A.B$ sey.

§. 275. **Aehnliche Dreiecke ABC, abc (120 F.) verhalten sich wie die Quadrate jeder zwo gleichliegenden Seiten.**

Bew. Es seyn die Höhen der Dreiecke AG und ag so ist ABG ∽ abg und $AG:ag=AB:ab=BC:bc=AC:ac$. Nun ist $\triangle ABC:abc=AG.BC:ag.bc=BC^2:bc^2=AB^2:ab^2=AC^2:ac^2$.

§. 276. **Alle ähnliche gradlinigte Figuren verhalten sich wie die Quadrate ihrer gleichliegenden Seiten oder Diagonallinien.** (94 F.)

Bew. Wenn man die Figuren wie §. 249 in ähnlichliegende Dreiecke eintheilt, so ist jedes Paar solcher Dreiecke $=AB^2:ab^2=AC^2:ac^2$ u. s. f. Folglich die Summe aller Dreiecke in der einen Figur zur Summe aller Dreiecke in der andern wie $AB^2:ab^2=AC^2:ac^2$ u. s. f. d. i. die ganzen Figuren verhalten sich wie diese Quadrate.

Z. In der Figur 98 β verhalten sich $DB:GF=2:1$. Beschreibet man also unter dem Winkel $DMC=HEF$ mit DB, AC ein Pgr. $=\pi$; so ist π ∽ HGFE und $\pi:HGFE=DB^2:GF^2=4:1$. Daher ist $\pi=4.HGFE$ oder weil $HGFE=\frac{1}{2}DCBA$. $\pi=2DCBA$

das

das heißt: das Parallelogramm aus den Diagonalen unter ihrem Winkel ist doppelt so groß als der Trapezoides.

§. 277. **Reguläre Vielecke von gleicher Seitenzahl als ähnliche Figuren §. 250 verhalten sich daher nicht nur wie die Quadrate ihrer Seiten;** sondern, da sich die Seiten wie die Halbmesser der eingeschriebenen oder umschriebenen Kreise verhalten, wie man leicht sieht, **so verhalten sich die Flächen regulärer Polygone wie die Quadrate der genanten Halbmesser.**

§. 278. **Wenn auf jeder Seite eines rechtwinklichten △ABC (121 F.) ähnliche Figuren von n Seiten stehen; so ist P welche auf der Hypotenuse steht, der Summe der beiden Q + R auf den Katheten gleich.**

Bew. Es ist $Q:R = BC^2:AC^2$

und daher $Q:Q+R = BC^2:BC^2+AC^2$ §. 266 Ar.

Es ist ferner $P:Q = AB^2:BC^2$.

Daher ist $P:Q+R = AB^2:BC^2+AC^2$ §. 270 Ar.

Es ist aber $AB^2 = BC^2 + AC^2$ §. 186.

Also auch $P = Q + R$.

§. 279. Weil der Maasstab oder eigentlich die Einheit gleichartig mit der auszumessenden Grösse seyn muß; so sind auch die Einheiten welche bei der Ausmessung und Berechnung der Flächen zum Grunde liegen, selbst Flächenräume. Man hat Quadrate von einer bekanten Grösse dazu am bequemsten gefunden. Ein Quadrat dessen Seite eine Ruthe beträgt, oder die **Quadratruthe**, dessen Seite einen Fuß, einen Zoll, eine Linie beträgt, der **Quadratfuß, Quadratzoll, Quadratlinie** sind solche Maasse. Der einfachste Fall ist, wenn sich solche Maasse genau etlichemal auf die Figur auftragen lassen, z. E. in dem Rechteck DB (122 F.) lassen sich 7 Quadrate DE an die Grundlinie und 3 Reihen von 7 solchen Quadraten über einander legen, das heißt DF enthält 3.7 DE oder 21 DE. Wenn man mit der Länge DF die Grundlinie DC und Höhe DA mäße, und die gefundenen Zahlen in einander multiplicirte; so fünde man auf einmal die Zahl 3.7 = 21, welche die Anzahl der Quadrate DE die in DB enthalten sind, anzeigt. Dieses Messen der Längen DC, AD mit der Seite des Quadrats kan also stat des beschwerlichern Auftragens der Flächen dienen. Wir müssen nun das Verfahren allgemeiumachen.

§. 280. **Aufg. Den Flächeninhalt eines Parallelogramms P zu finden.**

Aufl. Man messe mit einem Längenmaaß z. E. einer Decimalruthe, welche noch bis auf zureichlich kleine Theile eingetheilt ist, die Grundlinie AB (123 F.) und die Höhe CE des Parallelogramms P. Das Produkt beider gefundenen Zahlen zeigt an, wie viel Quadratruthen und Decimaltheile von Quadratruthen die Figur enthalte.

Z. E. Es sey AB = 35,16; CE = 17,29 so hält das Parallelogr. 35,16 . 17,29 oder 607,9164 Quadratruthen.

Bew. Wenn das Quadrat Q welches zum Maasstab dienet, 1 Ruthe lang ist, so ist Q : P = 1 . 1. : AB . CE = 1 : AB . CE §. 270. Daher ist Q in P so oft enthalten, wie 1 in derjenigen Zahl, welche das Produkt der gemessenen Grundlinie AB in die Höhe CE ausdrückt.

§. 281. Der Inhalt eines Quadrats wird also gefunden, wenn man die Seite desselben mißt, und die gefundene Länge mit sich selbst multiplicirt.

§. 282. **Wenn die Höhe eines Rechtecks a die Grundlinie b ist; so kan nun sein Inhalt v und das Rechteck selbst durch das algebraische Produkt ab = v angezeigt werden.** Wenn a und b Linien sind, so ist ab die 4te Proportionallinie zu 1, a, b §. 233 und wie sich diese zur Einheit verhält, so der

Inhalt

Inhalt des Rechtecks zum Maasstab z. E. zu einem Quadratfuß.

§. 283. Daher ist $a = \frac{v}{b}$ und $b = \frac{v}{a}$ d. i. aus dem Inhalt und der Höhe oder Breite eines Rechtecks, läßt sich die Grundlinie oder Länge finden u. s. f. Z. E. ein Strich Land in Gestalt eines Rechtecks 16 Morgen groß, und 20 Ruthen breit, soll unter 12 vertheilt werden. Der Morgen Landes ist 180 Quadratruthen. Jeder bekomt ein Stück $\frac{180.16}{20.12} = 12°$ breit und 20 Ruthen lang.

§. 284. Eben so zeigt $a^2 = v$ den Inhalt eines Quadrats an, dessen Seite a, und weil $a = \sqrt{a^2} = \sqrt{v}$, so findet man aus dem Inhalt eines Quadrats seine Seite durch Ausziehung der Quadratwurzel.

§. 285. Anm. Wenn man eines Rechtecks Inhalt g und seinen Umfang 2m also auch den halben Umfang m weis so kan man nach der allgemeinen Auflösung §. 229 A. R. weil hier m die Summe, der Höhe a und Grundlinie b des Rechtecks; g das Produkt aus diesen beiden Grössen ist, beide aus der dortigen Formel $x = \frac{1}{2} m \pm \frac{\sqrt{m^2 - 4g}}{2}$ finden. Es sey $a + b = m = 20$; $g = 96$ □ruthen so ist $10 \pm \frac{\sqrt{(400 - 4.96)}}{2} = 10 \pm \frac{\sqrt{16}}{2} = 10 \pm 2 = x$ und so ist wenn b am grösten $b = 12$ und $a = 8$ u. s. w.

§. 286. Pr. Anmerk. Eine geometrische oder Decimal Quadratruthe hält 100 Quadratfuß, weil ihre Seite 10 Fuß im Längenmaaß ist. Eben so hält der Quadratfuß 100 Quadratzoll; also die Q. Ruthe 10000 Quadratzoll; ein Quadratzoll ist 100 Quadratlinien u. s. w.

Daher sind z. E. 237930465 Quadratlinien = 2379304,65 Qu. Z. oder 2379304 Q. Z. 65 Q. L. Ferner

ner weil 2379304 Q. Z. = 23793,04 Q. F. = 23793 Q. F. 84 Q. Z., und eben so 23793 Q. F. = 237,93 Q. R. = 237 Q. R. 93 Q. F.; so ist 237930465 Q. L. = $237^{\circ}\ 93'\ 84''\ 65'''$ das heist, man kan sich jedesmal eine Zahl welche Quadratmaaß anzeiget, und durch den kleinsten Namen ausgedruckt ist, in Classen von 2 Stellen von der Rechten zur Linken eingetheilt vorstellen, wo jede Classe linker Hand einen höhern Namen bekommt, bis man auf Quadratruthen komt, da man nicht weiter eintheilt. Die Zeichen kan man eben so wie beim Längenmaas ohne Zweideutigkeit gebrauchen.

Ferner: wenn man einen Ausdruck (wie im Ex. §. 280) 607,9164 Q. R. vor sich hat, so kan man ihn lesen $607^{\circ}\,91'\,64''$. Denn 607,9164 Q. R. = $607\frac{9164}{10000}$ Q. R. = 607 Q. R. 9164 Q. Z. = $607^{\circ}\ 91'\ 64''$. Und weil 17,674 Q. R. = 17,6740 Q. R. so sind 17,674 Q. R. = $17^{\circ}\ 67'\ 40''$ Quadratmaaß.

§. 287. Im Duodecimalmaaß hält die Quadratruthe 144 Q. F. der Q. F. 144 Q. Z. u. s. w. Daher, wenn die Größe der Ruthe einerlei bei beider Art Maaß ist, so sind, wenn m Decimal und w Duodecimalmaaß anzeiget

$100\,m' = 144\,w' = 1$ Quadratruthe.

Daher $m' = 1{,}44\,w'$ und $w' = 0{,}6944\,m'$

$10000\,m'' = 20736\,w'' = 1$ Quadratruthe.

Daher $m'' = 2{,}0736\,w''$ und $w'' = 0{,}4822\,m''$ u. s. w.

Ist aber das Fußmaaß einerlei, so sind

$100\,r'' = 144\,w'' = 1$ Quadratfuß.

Daher $r'' = 1{,}44\,w''$ und $w'' = 0{,}6944\,r''$

$10000\,r''' = 20736\,w''' = 1$ Quadratfuß.

Daher $r''' = 2{,}0736\,w'''$ und $w''' = 0{,}4822\,r'''$.

§. 288. Dieser Formuln kan man sich auf folgende Art bedienen, um eine Art Maasses auf das andere zu bringen. Das Decimalmaas stellet schon alles im kleinsten Namen ausgedruckt vor, wenn man das (,) wegläßt. Z. E. 607,9164 Dec. Q. Ruthen = 6079164 Q. Zoll. Aber wenn eine Zahl aus Duod. M. auf Dec. M. gebracht werden soll; so bringt man sie erst auf den kleinsten Namen. In beiden Fällen multiplicirt man mit dem so gefundenen die Zahl, welche bei eben diesem Namen in dem andern Maaß steht, worauf man das gegebene bringen will; so hat man die

die Zahl, welche in diesem andern Maas die vorgegebene unter demselben Namen wie bei dem gegebenen vorstellt. Um die Quadrat Ruthen, Fusse, Zolle u. s. w. abgesondert darzustellen verfährt man, wenn das Resultat Decimalmaas ist nach §. 286; ists Duod. Maaß; so muß man mit 144 dividiren, so weit es nöthig ist. Z. E. 607,9164 Dec. Q. R. auf Duodecimalmaaß zu bringen. Weil die Ruthen gleich sind, so braucht man sie nicht zu reduciren; also nur 9164 Dec. Q. Z. Dies giebt 9164. 2,0736 w'' = 19002,4744 Duodec. Q. Z. Die ganzen mit 144 dividirt, giebt 131 Q. F. 138 Q. Z. Duodecimalmaaß oder 607,9164 Dec. Q. R. = 607° 131' 138,4'' Duodec. Quadratmaaß, weil 0,4744 beinahe 0,5 ist. Auch mit Logarithmen kann man hier wie beim Längenmaaß §. 33. l. verfahren. Zu den dortigen kommen hier noch l. 2,0736 = 0,1367250; l0,4822 = 3,6832272 — 4.

§. 289. **Die Quadratfuße verschiedener Orte verhalten sich wie die Quadratzahlen der oben §. 35 für die Verhältnisse der Längenmaaße angegebenen Zahlen.** Z. E. der Pariser Quadratfuß: Londner Qu. Fuß = $144^2 : 135^2$. Daher ist 144^2 Londner Quadratfuß = 135^2 Pariser Quadratfuß. Wollte man nun z. E. wissen: wie viel Pariser Quadratfuße sind 7415 Londner, so ist der Ansaz nach §. 279 Arithm.

x Par. Qu. Fuß	7415 Londn. Qu. Fuß
144^2 Londn. Q. F.	135^2 Par. Q. Fuß
x =	$\frac{135^2 . 7415}{144^2}$

oder wenn in der Formel §. 37 p überhaupt die Zahl der Tafel für den Ort, wovon man die Zahl der Quadratfusse weis (hier London, also 135^2), r diese Zahl für den Ort, für welchen man sie sucht, andeutet (hier Paris, also 144^2); so war $x = \frac{np}{r}$ und lx = ln + lp — lr. Also fällt die Rechnung mit Logarithmen so aus:

$l\,135 = 2,1303338$	$l\,144 = 2,1583625$
$\times 2$	$\times 2$
$l\,135^2 = 4,2606676$	$l\,144^2 = 4,3167250$
$l\,7415 = 3,8701112$
$8,1307788$
$l\,144^2 = 4,3167750$

Log. der ges. Z. 3,8140538 also; sind 7415 Londn. Q. F. 6517 Pariser Q. Fußen gleich.

§. 290. Jezt bedient man sich im Preussischen reglementsmässig bei Ausrechnung des Inhalts der Flächenräume des magdeburgischen oder sogenannten kleinen Morgens von 180 rheinl. □ Ruthen. Die Hufe ist 30 solcher Morgen. Zur Vergleichung der Flächenmaasse anderer Länder und im preussischen vormals üblicher dient folgende Tabelle:

Morgen Landes	nach jedem Landesmaaß wie §.34. 35	Morgen Landes	rhl. Q. R.
Anspacher	360 □ R.	Groß Churmärkisch	400
Braunschweiger	120	Cüstrins. Kammer Morgen	484,5
Calenberger	120	Culmischer alter	395
Danziger	300	neuer	407,5
Engl Acre	160	Neumark. grosser	533,3
Franz. grosser mittl. kl. Arpent	100	Olezkoischer	367,7
Ruthe a 22′, 20′, 18′.		Ostfries. Diemath	400
Hamburger M.	600	Pommerscher	440
Mecklenb. Acker	100	Schlesischer	394,6
Nürnberger	200	Soldinscher	491
Rheinländischer	120		
Sächsischer	150		

Die hier in rheinl. □ R. ausgedruckten preussisch., neumärkischen, schlesischen Morgen halten nach den jezt oder doch vormals landüblichen Ruthen und Fußmaaß alle 300 □ Ruthen und 30 solche Morgen gehen auf die Hufe.

In Pommern ist gleichfalls die hergebrachte Landhufe 30 Morgen zu 300 Land Qu. Ruthen. Doch kommen noch von Alters her Rechnungen von Häger-Hufen a 60, Tripelh. a 45, Priesterh. a 20 Haken-Hufen a 15 dergl. Morgen vor.

Das oben angeführte Metre der Neufranken steigt und fällt auch beim Quadratmaaß nicht nach 100, sondern nach 10.

Man sieht leicht wie man aus den andern §. 39 angegebenen Ellen, Lachter und Meilenmaaß, Quadrat-Ellen, Quadratmeilen machen und diese wieder in Morgen, Hufen u.s.w. ausdrücken müsse. So enthält die Feldmesser Quadratmeile 4000000 □ Ruthen div. mit 180 giebt $22222\frac{2}{9}$ Morgen, und div. mit 30 giebt $740\frac{20}{27}$ Hufen.

§. 291. Aufgabe. **Ein gewisses Feldmaaß A hält an einem Orte M dortige Qu. Ruthen, die Längenruthe hält eben daselbst N Fusse und der landübliche Fuß verhält sich zum Pariser wie p : 14400. An einem andern Orte sind diese Grössen a, m, n, Π nach eben der Ordnung. Man will das Verhälniß A : a bestimmen.**

Aufl. Am ersten Orte ist die Ruthe $\frac{Np}{1440}$ Q. F., □ ruthen $= \frac{N^2 p^2}{1440^2}$ □ F. also $A = \frac{MN^2 p^2}{1440^2}$ P. □ F. Am andern Orte ist also $a = \frac{m n^2 \Pi^2}{1440^2}$ P. Q. Fuß. Also $A : a = MN^2 p^2 : m n^2 \Pi^2$ oder $A = \frac{MN^2 p^2 . a}{m n^2 \Pi^2}$ d. i. $l.A = lM + 2lN + 2lp + la - (lm + 2ln - 2l\Pi)$ Man sieht wie hiernach mittelst der Tabellen leicht eine Menge Aufgaben über Vergleichung von zweierlei Orts Feldmaassen aufgelöset werden können. Z. B. Wie verhält sich der brandenb. Morgen oder A zum engl. Acre (a). Es ist $a = \frac{160 . 16,5^2 . 13513^2}{180 . 12^2 . 13913^2} A$

$$
\begin{aligned}
l.160 &= 2,2041200\\
2.l.16,5 &= 2,4349678\\
2l\,13513 &= 8,2615036\\
\hline
&\ \ 12,9005914\\
l180 &= 2,2552725\\
2l.12 &= 2,1583625\\
2l\,13913 &= 8,2868416\\
\hline
\text{subtr.} &\ \ 12,7004766\\
&\ \ 12,9005914\\
\hline
&\ \ 0,2001148
\end{aligned}
$$

Dazu

Dazu gehört 1,5853; daß also ein Acre über $1\frac{1}{2}$ hiesige Morgen oder 1,58 . 180 = 285 rhl. □Ruthen beträgt.

§. 292. **Aufg. Den Flächeninhalt eines Dreiecks zu finden.**

Aufl. Man messe die Grundlinie BC (120 F.) und die Höhe AG. Es sey BC = b; AG = h. Weil nun ABC halb so groß als ein Parallelogramm von gleicher Grundlinie und Höhe, so ist der Inhalt $= a = \frac{hb}{2} = \frac{h}{2} . b = h . \frac{b}{2}$.

Wenn a und h bekant, so ist $b = \frac{2a}{h}$ und wenn a und b bekant, so ist $\frac{2a}{b} = h$.

§. 293. **Aufg. Den Flächeninhalt eines Trapeziums ABCD zu finden.**

Aufl. Man messe die parallelen Seiten BC = m (124 F.) und AD = n, ingleichen ihre Entfernung BE = h; so ist der Inhalt von ABCD $= a = h . \frac{m+n}{2} = \frac{1}{2}h(m+n)$. Der Beweis steht §. 183. Denn $\frac{1}{2}(m+n)$ ist die mittlere Breite des Trapez.

§. 294. **Aufg. Eines jeden Trapezoides Flächeninhalt zu finden.**

Aufl. 1. Man mißt die Diagonallinie AC = m (125 F.) und die Höhen der dadurch entstandenen Dreiecke ABC und ACD; nämlich BE = h, DF = k; so ist $\frac{1}{2}h . m = \frac{1}{2}km = \frac{1}{2}m . (h+k)$ der Inhalt des Trapezoides.

Aufl. 2. Man halbire 2 nebenliegende Seiten in G und H, ziehe GH und fälle auf GH aus der Mitte einer dritten Seitenlinie BC das Loth KL so ist 2KL . GH der Inhalt des Trapezoids. Der Beweis liegt in §. 227. Oder man zieht durch B eine Parallele mit AC, zieht das Loth DP; so ist $\frac{DP.AC}{2}$ der Inhalt des Trapezoids. Dies folgt aus §. 276 Zus. Denn DP ist die Höhe; AC die Grundlinie des dort beschriebenen ⊓.

§. 295. **Aufg. Den Flächeninhalt jeder gradlinigten Figur zu finden.**

Aufl. 1. Man zerfälle sie durch Diagonalen in so viel Dreiecke als möglich ist, und addire die nach §. 292 berechneten Flächen der Dreiecke.

2. Man zerfälle sie in so viele Trapezoiden als man kan, berechne sie nach §. 294 so wie die etwa übrig bleibenden Dreiecke nach §. 292. und sammle sie in eine Summe, welches eigentlich kein anderes Verfahren als das vorige ist, wenn man jeder zwei Dreiecke Höhen auf eine gemeinschaftliche Grundlinie fället.

3. Am vortheilhaftesten verfährt man wenn man nahe an der Figur etwa mit der graden Linie durch die beiden von einander entferntesten Winkelpunkte der Figur (127 F.) eine Parallele ausserhalb der Figur ziehet, auf leztere aus allen Winkelpunkten senkrechte Linien durch die Figur fället, die solchergestalt entstandenen Trapeze wie CcDd, DdeE u. s. w. nach §. 293 und die Dreiecke an den Enden nach 292 berechnet und summirt.

§. 296. Pr. Anmerk. 1. Wie hier zulezt gezeigt ist, verfährt auch der praktische Feldmesser am besten, wenn er seinen aufgetragenen Grundriß ausrechnen will. Die Zahlen die nach dem verjüngten Maasse auf dem Papier gefunden worden, sind eben dieselben, welche das wahre Maaß auf dem Felde geben würde. Also wird hiedurch der wahre Inhalt gefunden. Man erspart bei no. 3 das mißliche Ziehen vieler Perpendikel; sobald hier nur einer gehörig gezogen wie Cc, so lassen sich die übrigen nach §. 81 leicht ziehen. Krummlinigte Figuren berechnet man am leichtesten, wenn

wenn man eine nebenbei gezogene grade Linie in eine grosse Menge nicht zu grosser gleicher Theile z. E. in Ruthen des Maasstabes theilt, aus den Theilpunkten Lothe durch die Figur zieht, so giebt $\frac{1}{2}(X+Y) + A + B + C --- + Q$ die Figur KLMN in Quadratruthen. Denn es ist $KLMN = \frac{X+A}{2}.1 + \frac{A+B}{2}.1 + \frac{B+C}{2}. - + \frac{Q+Y}{2}.1 = \frac{X+A+A+B^{2}+B+C..+Y}{2} = \frac{X+Y}{2} + A + B + C ... + Q$. Nun wird nur noch LPK und MON besonders berechnet und hinzugesezt.

§. 297. Diese Lehren sind auch von vielem Gebrauch, wenn Figuren nach verschiedenen Bestimmungen getheilt werden sollen Wenn z. B. vom Trapezoid ABCD ein aliquoter Theil oder sonst ein bestimtes Stück m abgeschnitten werden soll, so daß die Theilungslinie durch den Punkt G auf AB geht. Es sey ABCD = A bekant (die Figur ist nämlich in Grund gelegt); so ziehe man GD = b und ein Loth aus A auf GD und berechne AGD nach §. 292. Es sei AGD = n und m — n = a dem Inhalt eines △ dessen Grundlinie b; welches noch fehlet, um m zu vollenden. Man suche nach §. 292 $\frac{2a}{b} = h$, welche Linie man in D auf GD senkrecht sezet §. 113. Es sey DK = h; so wird ein Loth auf DK in K errichtet, DC in H schneiden und es ist $GDH = \frac{hb}{2} = a$ §. 169 und also ist $n + a = m$ wie verlangt wurde. Z. B. Vom Trapezoides sollen unter den übrigen Bedingungen des 184 §phs 220 Q. R. abgeschnitten werden. Man findet GD = 22° Längenmaas △GAD = 66° so ist 220 — 66 = 154[]°. Aber $\frac{2.154}{22} = 14$ Ruthen = DK. Man sieht leicht, daß ein ähnliches Verfahren in mehrern Fällen stat findet, wenn nicht eben Punkte vorgeschrieben, wodurch die Theilungslinie gehen soll, oder wenn die Figur in gleiche Theile oder nach einem gewissen Verhältnisse getheilt werden, und alle Theilhaber zur Abfuhr oder zu anderm Behuf an einer bestimten Linie AB (128 F.) grän-

 zen

zen müssen. Wenn auch die Figur mehr als vier Seiten hat wie eben Fig 128, so kan man eben so, wenn der Inhalt, das davon abzuschneidende Stück und Theilpunkte wie G, g u. s. w. gegeben oder gewählt worden, theilweise so viel Dreiecke abschneiden, bis man das vorgeschriebene Stück heraus hat, da man zulezt immer eben wie vorhin das Ergänzungsdreieck gdh finden kan.

§. 298. Wenn die Hypotenuse eines rechtwiklichten Dreiecks h und die beiden Katheten a und b sind; so ist $h = \sqrt{a^2 + b^2}$ und $a = \sqrt{h^2 - b^2}$ oder $b = \sqrt{h^2 - b^2}$. Man kan daher wenn zwei dieser Größen in Zahlen gegeben, die dritte durch Rechnung finden.

Wenn $a = b = 1$ so ist $h = \sqrt{2}$ eine Irrationalzahl und a oder b und h sind incommensurable Linien.

§. 299. **Aufg. Wenn die Polygonseite AB (84 F.) eines regulären Vielecks von n Seiten und der Halbmesser CA des umschriebenen Kreises gegeben, den Flächeninhalt des Polygons zu finden.**

Aufl. Es ist CD die Höhe des dem Polygon gleichen Dreiecks §. 214. Aber $CD = \sqrt{CA^2 - AD^2} = \sqrt{(CA^2 - \frac{1}{4}AB^2)}$ §. 298. Mithin ist nach §. 292 $\frac{1}{2}n \cdot AB \cdot \sqrt{(CA^2 - \frac{1}{4}AB^2)}$ = dem Flächeninhalt des Polygons; in welcher Formel alles bekante oder gegebene Größen sind. $CA = \varrho$; $AB = b$ giebt das Polygon $= \frac{1}{2}n \cdot b \cdot \sqrt{(\varrho^2 - \frac{1}{4}b^2)} = \frac{1}{4}n \cdot b \cdot \sqrt{(4\varrho^2 - b^2)}$.

XVI. Die Kreismessung.

§. 300. **Der Kreis ist einem Dreiecke gleich, dessen Höhe dem Halbmesser des Kreises gleich ist, und dessen Grundlinie so groß ist, als des Kreises Umfang.**

Bew.

Bew. Im Kreise läßt sich ein Polygon gedenken, das um weniger als sich angeben läßt, vom Kreise unterschieden ist, und dessen unendlich kleine Seiten sich in der Peripherie verlieren. Dieses Polygon kan dem Kreise gleich gesezt werden. §. 263—266. Die Höhe des diesem Polygon gleichen Dreiecks würde $\sqrt{(CA^2 - \frac{1}{4}AB^2)}$ seyn §. 299. Aber AB, also auch $\frac{1}{4}AB^2$ verschwindet hier. Also wäre die Höhe $= \sqrt{CA^2} = CA =$ dem Halbmesser, und da sich die Seiten in der Peripherie verlieren §. 263, so ist der Umfang desselben der Kreisperipherie gleich.

Anm. Ausführlicher findet man diese Vorstellungsart vorgetragen von Hrn. Kästner Anm. zu der §. 265 angef. Stelle.

§. 301. Es ist bereits §. 193 gezeigt, wie man durch eine geometrische Konstruktion eine jede gradlinigte Figur in ein Quadrat verwandeln d. i. **geometrisch quadriren** könne. Eine zweite Art den lezten Schritt hiebei zu thun, steht §. 274. Könte man also das §. 300 beschriebene Dreieck für jeden Kreis finden, so liesse sich auch der Kreis **geometrisch quadriren**, und man sieht, daß es hier nur darauf ankäme, da des Dreiecks Höhe bekant, eine grade Linie anzugeben, welche der Peripherie eines vorgegebenen Kreises gleich wäre. Dies nennt man die Kreislinie rektificiren, und sieht man wie von dieser **Rektification** die **Zirkelquadratur** abhänget.

Da auch in dem vorherigen gewiesen, wie man den Inhalt jeder gradlinigten Figur in Quadratmaaß **berechnen** könne; §. 279 ff. so läßt sich aus den solchergestalt gefundenen Zahlen für den Inhalt der Figur die Quadratwurzel ausziehen, welche in Zahlen die Seite des Quadrats angiebt, das mit der vorgegebenen Figur einerlei Inhalt hat; das ist jede gradlinigte Figur läßt sich **arithmetisch quadriren**: aber auch der Kreis, wenn man nur eine Zahl finden kan, welche die grade Linie ausdruckt, die seinem Umfange gleich ist, oder wodurch seine Peripherie arithmetisch rektificirt wird.

§. 302. **Wenn die Zahl π bekant wäre, welche die Peripherie eines Kreises ausdrückte, dessen Durchmesser $= 1$; so könte man die Peripherie P und den Inhalt a jedes andern Kreises finden, dessen Halbmesser r oder Durchmesser $2r = d$ gegeben ist.**

Bew. I. Da sich die Peripherien verschiedener Kreise wie die Durchmesser verhalten §. 264 so ist $1 : \pi = 2r : P$. Folglich ist $P = 2r\pi$.

II. Die Höhe des dem Kreise gleichen Dreiecks §. 300 ist der Halbmesser, hier r; die Grundlinie ist gleich der Peripherie, hier $2r\pi$. Also ist der Inhalt $= \frac{1}{2} r . 2r\pi = r^2 \pi = a$.

Weil immer $d = 2r$ so ist auch $P = d\pi$ und $d^2 = 4r^2$ oder $r^2 = \frac{d^2}{4}$ das ist, $a = \frac{d^2}{4} \pi$.

§. 303. Da sich die Hälften wie die Ganzen verhalten, so dürfte man nur das Verhältnis des Halbmessers zum Halbkreise suchen, wenn jener $= 1$ gesezt wird. Einen möglichen Weg dazu wollen wir nun zeigen, wodurch man sich dem Wehrt von π so sehr nähern kan wie man will.

§. 304. **Aufg. Aus der gegebenen Seite eines Vielecks im Kreise und dem Halbmesser, die Seite eines Vielecks zu finden, welches die doppelte Seitenzahl hat;** der Halbmesser wird 1 gesezt.

Aufl. Die gegebene Seite sey $AB = a$. (129 F.) Man ziehe $CD = 1$ durch die Mitte von AB, und ziehe AD; so ist $AD = x =$ der Seite des Vielecks welche man sucht. Aber $AD = \sqrt{DE^2 + AE^2}$. Nun ist $AE = \frac{1}{2} AB = \frac{1}{2} a$; $AE^2 = \frac{1}{4} a^2$; und $DE^2 = (1 - CE)^2 = 1 - 2CE + CE^2$.

Aber

Aber $CE = \sqrt{CA^2 - \frac{1}{4}AB^2} = \sqrt{1 - \frac{1}{4}a^2}$. Also $DE^2 = 1 - 2\sqrt{(1 - \frac{1}{4}a^2)} + 1 - \frac{1}{4}a^2 = 2 - \frac{1}{4}a^2 - 2\sqrt{1 - \frac{1}{4}a^2}$. Folglich $AD = \sqrt{2 - 2\sqrt{(1 - \frac{1}{4}a^2)}}$ oder $= \sqrt{2(1 - \sqrt{(1 - \frac{1}{4}a^2)})}$.

Sezt man nun AB wäre die Seite eines Sechsecks d. i. $a = 1$ so ist AD die Seite des Zwölfecks $= \sqrt{(2 - 2\sqrt{\frac{3}{4}})} = \sqrt{(2 - \sqrt{3})}$. Nun ist $\sqrt{3} = 1,73205080756887928$. Daher ist $\sqrt{2 - \sqrt{3}} = 0,51763809$ = der Seite des Zwölfecks, wenn der Halbmesser = 1. Der halbe Umfang = 3,10582854. Wollte man nun hieraus die Seite des XXIVecks suchen; so ist, wenn die Polygonseite, welche man schon hat, den Namen behält, jezt $\frac{1}{2}a = 0,258819045$; hieraus findet man $\frac{1}{4}a^2$, und endlich die gesuchte Größe = 0,26105, welches mit 12 multiplicirt, den halben Umfang des XXIVecks = 3,1326 giebt. So kan man fortfahren, die Seite des 48ecks, 96ecks u. s. f. zu suchen. Der halbe Umfang wird immer näher mit dem halben Umfang des Kreises übereinkommen, dessen Halbmesser 1 ist.

§. 305. So beschwerlich nun auch diese Methode ist; so haben doch bereits **Fr. Vieta, Adr. Romanus** und endlich **Ludolph von Ceulen aus Hildesheim** auf eine nicht viel von der angegebenen verschiedene Art herausgebracht, daß wenn man den Halbmesser = 1 sezt, die halbe Peripherie, oder wenn man den Durchmesser = 1 sezt, die ganze Peripherie größer sey als die Zahlen, worüber ich unten ein Sternchen nach ihren Namen gesezt habe und kleiner als wenn man in der lezten Stelle zur Rechten bis auf 32 Stellen nach 3 die Zahl um 1 vermehrte. Bis auf diese 32 Stellen nach 3 steht die Zahl in Ludolvi a Ceulen de circulo et adscriptis libro e vernaculo lat. vers. a Willebr. Snellio Lugd. Bat. 1619 Lib. III. p. 92. Zetem 2. Er soll sie aber bis auf 35 Stellen wirklich gefunden haben. **Sharp** hat sie bis auf 74, **Machin** bis auf 100 und **Lagny** bis auf 127 Decimalstellen erweitert. Man hat daher

Vieta* A.R.* Ludolph*
1 : π = 1 : 3,141592 653589 793238 462643 383279 50288
Sharp
4 197169 399375 105820 974944 592307 816406 28
Machin*
6208 998628 034825 342117 0679
8 Lagny*
82 148086 513272 306647 093844 6|
46095 505822 317253 594081 284802

Man sehe über diese Rechnungen und ihre Urheber Kästners geom. Abh. Th. II n. 20 und Anfangsgr. 43 S. Anm. woher die lezten Zahlen hinter dem Strich die noch ein Ungenanter hinzugerechnet haben soll, genommen sind. Es wären dann 156 Decimalstellen. Auch soll die 7 worüber 8 steht verdruckt seyn und 8 heissen.

Machin und Lagny haben durch Kunstgriffe, welche theils aus der Rechnung des Unendlichen geschöpft sind, ihre Zahlen viel bequemer als Ludolph gefunden. Indessen gereicht es der Ludolphischen zur vollkommenen Bestätigung, daß man auf ganz andern Wegen doch eben dieselben Zahlen gefunden hat.

Dieser Zahlen kan man sich nun bedienen, um den Umfang oder Inhalt des Kreises nach den Regeln des 302 §. zu berechnen. Man nimt gewöhnlich nur so viele als nöthig ist, um die Absicht zu erreichen, die Peripherie so genau zu bekommen, daß man unter jedesmaligen Umständen um keinen bedeutenden Theil des Maasstabes die Wahrheit verfehlet. Daß sie dazu überflüssig hinreiche, läßt sich aus folgendem erkennen. Die gröste bis auf Herscheln nur irgend genau bekante Kreislinie war wol die Bahn Saturns um die Sonne, wenn er sich immer in der grösten Entfernung von ihr erhielte. Diese gröste Entfernung ist 255976 Erdhalbmesser; aber wenn ein Halbmesser der Erde volle 860 deutsche Meilen und die Meile zu vollen 24000 rheinl. Fuß gerechnet wird, so ist $\frac{1}{1000}$ Fuß = $\frac{1}{20640000000}$ eines Erdhalbmessers > $\frac{1}{100000000000}$ eines Erdhalbmessers. Nimt man nun die vorgegebene Kreislinie zu berechnen nur etwa 20 Decimalstellen, so hat weil der Multiplicator aus 6 Ziffern besteht die lezte um etwas zu kleine Zahl in π (hier die 6) unmittelbar

bar nur auf die 6te Stelle des Produkts von der rechten Seite, vielleicht noch auf die 7te, schwerlich mehr auf die 8te Stelle Einfluß. Nun giebt die Rechnung den Umkreis 1608344,892210601827|41607392 Erdhalbmesser. Bis an die zwölfte Decimalstelle und also noch vielmehr bis an die eilfte haben wir also P hier genau so daß uns kein $\frac{1}{1000}$ Fuß ja sogar kein $\frac{1}{10000}$ Fuß d. i. nicht $\frac{1}{10}$ eines Skrupels mehr fehlet. In den gewöhnlichen Rechnungen brauchen wir viel weniger um schon Fusse, Zolle, Linien und Skrupel zu finden. Für lezte kan doch ein Künstler bei seinen Arbeiten nicht mehr gut seyn, viel weniger der Tischler oder Zimmermann. —

Ein Wasserrad hat 8 Fuß im Halbmesser, wie groß ist sein Umfang zu $P = 2r\pi = 2.8.3,14 = 5024$ Linien. Wozu würde hier mehr Genauigkeit helfen? Ein kreisförmiges Amphitheater hat 2000 Fuß im Durchmesser, wie viel Raum hält es? $a = \frac{d^2}{4}\pi = \frac{2000^2}{4}$. $3,141592 = 1000000 . 3,141592 = 3141592$ Fuß. Braucht man doch auch wol nicht genauer zu wissen.

§. 306. So lange es nur auf Verhältnisse ankomt; nimt man $1 : \pi =$ Durchm: Umkr. bei jedem andern Kreise. Aber wenn man die Theile der Peripherie, als eine Menge von Graden, Minuten und Secunden in Längenmaaß darstellet; so nimt man hier (wie auch unten bei den trigonometrischen Grössen geschieht) den Halbmesser zur Einheit an. Und in so fern sagt man $180°$ sind 3,141592 Halbm. lang $360° = 6,283 \ldots \frac{1}{2}\pi = 90° = 1,570796$; $\frac{1}{4}\pi = 45° = 0,785398 \ldots$ u. s. w. Hierauf gründen sich die von **Lambert** bis auf 27 Decimalstellen berechneten Grade, Minuten, Sekunden. Siehe Taf. XXIII in den Zusätzen.

§. 307. **Verschiedener Kreise als ähnlicher Figuren Umkreise P und p verhalten sich wie ihre Durchmesser D und d und Halbmesser R und r; Ihre Inhalte $A : a = D^2 : d^2 = R^2 : r^2$.**

Bew.

Bew. I. Es ist $P:p = D\pi:d\pi = D:d = 2R\pi:2r\pi = R:r.$

II. $A:a = D^2.\frac{1}{4}\pi:d^2.\frac{1}{4}\pi = D^2:d^2 = 4R^2:4r^2 = R^2:r^2.$

§. 308. Da $\frac{1}{4}\pi$; immer ein Faktor ist, wenn man aus dem Durchmesser des Kreises Inhalt sucht; so ist eine allgemeine Regel die Kreisfläche zu finden $a = 0,7854.d^2 = 1.a$ woraus denn folgt $a:d^2 = 0,785398:1 = 785:1000$ beinahe; als ein oft vorkommendes Verhältniß zwischen der Kreisfläche und dem Quadrat des Durchmessers.

§ 309. **Aufg. Aus dem gegebenen Umkreis p eines Kreises, seinen Durch- und Halbmesser d und r wie auch seinen Inhalt a zu finden.**

Aufl. Es ist $d\pi = p$ §. 302 folglich 1) $d = \frac{p}{\pi} = p.\frac{1}{\pi}$ oder $r = \frac{1}{2}p.\frac{1}{\pi}$. Nun hat man berechnet (S. Lamb. Taf. 24); $\frac{1}{\pi} = 0,318309886183$ u. s. w. Also ist immer $d = p.0,31831$ beinahe, und $r = 0,15915.p$. Ferner $a = d^2.\frac{1}{4}\pi$ (§. 302) $= \frac{p^2}{\pi^2}.\frac{1}{4}\pi = \frac{p^2}{4\pi}$. Demnach $a = p^2.\frac{1}{4\pi} = p^2.\frac{0,318309}{4} = p^2.0,0795774715459 47$. Z. B. Ein kreisrundes Bassin hat 1000 Fuß im Umfange; so ist sein Durchmesser 318,3098 Fuß; seine Fläche beträgt 79577 Q. Fuß.

§. 310. **Aufg. Aus dem gegebenen Inhalt a eines Kreises dessen Durch- und Halbmesser d und r, wie auch seinen Umkreis p zu finden.**

Aufl. Aus $a = d^2.\frac{1}{4}\pi$ folgt $d = 2\sqrt{a.\frac{1}{\pi}} = 2\sqrt{a}.\sqrt{0,31830988}$. Also $d = 2\sqrt{a}.0,564$
$= 1,128$

$= 1{,}128 . \sqrt{a}$; und $r = 0{,}564 . \sqrt{a}$. Da auch $p = d\pi$; so ist $p = 2\pi\sqrt{a} . \frac{1}{\pi} = 2\sqrt{a} . \frac{\pi^2}{\pi} = 2 \sqrt{a} . \sqrt{\pi}$; also $p = 2\sqrt{a} . 1{,}772453 = 3{,}544906 . \sqrt{a}$.

Man hat also hier lauter Wehrte von d, r, a und p wo nur p, p^2, $\sqrt{a}$ mit beständigen Grössen zu multipliciren sind. Z. B. Bei einer Röhrenleitung sollen die Röhren einen Wasserstrahl von $1\frac{1}{2} = 1{,}5$ Quadratfuß schütten. $\sqrt{a} = \sqrt{1{,}5}$ ist 1,22. Also $d = 1{,}128 . 1{,}22 = 1{,}376$ Fuß bis auf Skrupel. Der Kastanienbaum dei cento cavalli auf dem Aetna soll 120 Fuß im Umkreise haben. Seine Durchschnittsfläche ist also $120^2 . 0{,}0796 = 1146\frac{1}{4}$ Qu. Fuß.

§. 311. Wenn n die Anzahl Grade eines Winkels oder Bogens ist, so giebt vermöge §. 306 $\frac{n^\circ}{180^\circ} \pi . r$, wie viel für jeden Halbmesser r in einem bekannten Längenmaaß ausgedruckt, der Kreisbogen nach eben dem Maaß beträgt $\frac{n'}{180.60} r.\pi$; $\frac{n''}{180.60^2} r\pi$ giebt dies für Minuten und Sekunden. Die oben angeführten Tafeln dienen dazu dergleichen Größen schnell zu bestimmen z. B. 49° 27′ 8″. Dafür giebt die Tafel

49° =	0,855211
20′ =	5817
7′ =	2036
8″	38
49° 27′ 8″ =	0,863102

Wäre des Kreises Halbmesser 25′; so ist dieser Bogen für solchen Kreis 21,57755 Fuß

Umgekehrt findet man einen jeden in Theilen des Halbmessers gegebenen Bogen a in Sekunden, wenn man ihn mit 206264 multiplicirt. Denn es ist: $3{,}141529 : a = 180 . 60^2 : x$ und $\frac{648000}{3{,}141529} = 206264$.

§. 312.

§. 312. **Aufg. Den Inhalt eines Ausschnitts zu berechnen, wenn der Halbmesser und der Bogen des Ausschnitts in Graden gegeben.**

Aufl. Da sich die Ausschnitte zur ganzen Kreisfläche verhalten, wie die Bogen derselbeu zur ganzen Peripherie, so sey n die Anzahl Grade. Daher $360^\circ : n^\circ = r^2\pi : ($Inhalt des Ausschnitts $= \frac{n}{360} \cdot r^2\pi)$.

Es ist aber $\frac{n}{360} r^2\pi = \frac{n}{180} r\pi \cdot \frac{1}{2}r$: wo der erste Faktor nach §. 311 den Bogen des Ausschnitts im Längenmaas giebt, der als Grundlinie eines dem Ausschnitte gleichen Dreiecks nun noch mit der halben Höhe hier $\frac{1}{2}r$ zu multipliciren ist.

§. 313. **Aufg. Einen Abschnitt AEB zu berechnen, wenn blos der Raum zwischen der Sehne AB und dem Bogen ADB gegeben ist.** (129 F.)

Aufl. Man zieht aus der Mitte von AB das Loth ED so ist $\frac{AD^2}{ED} = DK =$ dem Durchmesser. So hat man K und kan den Kreis beschreiben, den Winkel am Mittelpunkt messen, nach §. 312 den Ausschnitt berechnen, und $\frac{1}{2}AB\sqrt{(r^2 - \frac{1}{4}AB^2)} = \triangle$ ACB davon abziehen, so ist der Rest der Inh. des Abschnitts.

§. 314. **Den Inhalt W des Ringes** zwischen zweien concentrischen Kreisen wo des größern Halbmesser R, des kleinern r ist, giebt $W = (R + r).(R - r).\pi = (R^2 - r^2)\pi$. Denn der Ring ist die Fläche des größern $R^2\pi$ um die Fläche des kleinern $r^2\pi$ vermindert, und $R^2\pi - r^2\pi = (R^2 - r^2)\pi$. **Der Ausschnitt aus dem Ringe** ist dann auch

$\frac{n}{360}$

$\frac{n}{360}(R^2 - r^2)\pi$ wenn n die Anzahl Grade der beiden Bogen ist, die den Ausschnitt begränzen. Die Konstruktion nach §. 192 giebt eines Kreises Halbmesser der so groß als der Ring ist. Aber wenn R nicht viel verschieden von r ist, rechnet man lieber nach $W = (R + r)(R - r)\pi$.

§. 315. I. Wenn der Halbmesser gegeben ist, so findet man die Seite eines gleich grossen Quadrats, oder vielmehr dessen Verhältniß zum Durchmesser aus der Gleichung $\frac{d^2}{4}\pi = a^2$ daher ist $d\frac{\sqrt{\pi}}{2} = a$ und $\frac{2}{\sqrt{\pi}} = \frac{d}{a} = \frac{2}{1,772453}$ woraus durch das §. 69 Ar. gewiesene Verfahren **Lambert** Taf. 22 die annähernden Brüche gefunden hat.

II. Eben so ist $d^2\frac{\pi}{4} : d^2 = \frac{\pi}{4} : 1 = \pi : 4$ d. i. der Inhalt des Kreises verhält sich zum Quadrat des Durchmessers $= 3,14159 : 4$ Siehe ebend. Zeile 2.

III. Ein Quadrat auf dem in eine grade Linie ausgedehnten Quadranten ist $\left(\frac{2r\pi}{4}\right)^2 = \frac{1}{4}r^2\pi^2$. Der Inhalt des zugehörigen Kreises $r^2\pi$. Ein solches Quadrat : Kreise $= \frac{1}{4}\pi : 1 = \pi : 4$. Also mit II verglichen $\frac{1}{4}r^2\pi^2 : r^2\pi : (2r)^2$ d. i. die Kreisfläche ist die mittlere Proportionalgrösse zwischen dem Quadrat des Durchmessers und dem Quadrat des Quadranten im Längenmaaß. Endlich weil das Quadrat im Kreise $= \frac{1}{2}d^2$ §. 200 so verhält sich lezteres zum Kreise wie $2 : \pi$.

IV. Eine jede gradlinigte Figur wird in einen Kreis verwandelt, indem man $r = 0{,}564\,a$ macht wie §. 310, und ein Kreis in eine Figur, wovon eine Dimension gegeben z. B. vom △ die Grundlinie aus $h = \frac{2r^2\pi}{b}$ u. s. w.

§. 31. Für die Ausübung braucht man nach alle diesem wol die Rektification und Quadratur des Kreises nicht genauer, als sie durch das * §. 205 erhalten wird. Indessen wäre es doch für die Theorie immer noch schätzbar, wenn diese Aufgabe entweder durch eine geometrische Konstruktion, oder durch das Verhältniß von ein Paar, besonders rationaler Zahlen aufgelöset würde. Wenn ein Paar irrationale Zahlen (wie $1:\sqrt{10}$) diese Verhältniß genau ausdrückten; so hätte die Praxis auch gar nichts gewonnen. Indessen hat man noch nicht deutlich erwiesen, daß dies Verhältniß nothwendig irrational seyn müsse. Sturms Beweis Math. enucl. L. 1 §. 2 prop. 23 ist noch Zweifeln unterworfen. Sollten die Zahlen welche ein solches Verhältniß ausdrücken, rational seyn, so hat Lambert Mathem. Beiträge. Th. 2 Abh. V erwiesen, daß sie größer als 3245215400329 45: 1019514486099146 seyn müssen, folglich viel beschwerlicher mit ihnen zu rechnen seyn würde, als fast in allen Fällen mit den Ludolphischen.

Um zu zeigen, wie nützlich die §. 69 Ar. gelehrte Annäherungsbrüche wodurch er dies gefunden, gebraucht werden können, will ich den Anfang der Rechnung hersetzen

Verhältniß 1 : π od. Bruch $\frac{1}{\pi} = \frac{10000000000}{31415926535}$

31415926535		1	0
10000000000	3	0	1
1415926535	7	1	3
88514255	15	2	22
83212710	1	106	333
301545	292	113	355
161570	1	33102	103993

u. s. w.

bis zu den vorher angeführten grossen Zahlen, welche zu finden jedoch gleich anfangs mehr Stellen von π genommen werden müssen.

So auch §. 315 ist a : d = 2 : 1,77245385. Also

		a :	d	a^2 :	d^2
200000000		1	0	.	.
177245385	1	0	1	.	.
22754615	7	1	1	.	.
17963080	1	7	8	49 :	64
4791535	3	8	9	64 :	81
358·475	1	31	35	961 :	1225
1203060	2	39	44	1521 :	1936
1182355	1	109	123	u. s. w.	
20705	56	148	167		
	u. s. w.				

das Verhältniß der Seite des dem Kreise gleichen Quadrats zum Durchmesser in annähernden Brüchen.

§. 317. In so fern die Ludolphische Zahl, als eine Näherung erwiesen ist: so ist sie der Probierstein aller Zahlen von welchen man etwa behaupten mögte, daß sie das Verhältniß des Durchmessers zum Umkreise genau ausdrückten. Wenn ich $\frac{3}{7}$ = 0,4285714 setze, so ist der Decimalbruch zwar nicht genau $\frac{3}{7}$; aber wenn man von einem andern Bruch z. E. $\frac{6}{13}$ behauptete, er wäre = $\frac{3}{7}$ so müste $\frac{6}{13}$ in einen Decimalbruch verwandelt, eben die Zahlen geben; wofern er abweicht, ist $\frac{6}{13}$ nicht = $\frac{3}{7}$. Auf eben die Art, wenn jemand behaupten wollte; das Verhältniß 7 : 22 sey völlig genau; so müsten weil sich die Peripherien wie ihre Durchmesser verhalten, die 4te Proportionalgrösse zu 7, 22, 1 die Peripherie für den Durchmesser 1 geben. Also müste π = 3,142 . . . seyn, welches dem widerspricht, daß nach Ludolphs Rechnung zwar $\pi > 3{,}141$ aber auch schlechterdings $\pi < 3{,}142$ seyn muß. Dies Verhältniß 7 : 22 hat übrigens bereits Archimedes, der es aus der Vergl. eines 96 Ecks mit dem Kreise fand, als etwas zu groß angegeben. Nun folgt noch erst nach Lambert a. O. 306 : 333, welches viel genauer aber etwas zu klein ist. Noch genauer, aber etwas zu groß ist das vom Metius $\frac{355}{113}$ = 3,1415929. Diese Verhältnisse besonders das vom Metius (Adrian Metius machte es als Erfindung seines sonst ganz unbekanten Vaters bekant) werden indessen häufig gebraucht, wenn man nicht eine übergroße Genauigkeit suchet. Die Verhältnisse welche die gemeinen Quadraturenerfinder anzugeben pflegen, sind mehrentheils lange so genau nicht. So ist z. E. nun schon 3mal in diesem Jahrhundert, nemlich von Leistnern,

Merkeln und Bischof vorgegeben worden, daß 1225:961 genau das Verhältniß des Quadrats auf dem Diameter zum Inhalt des Kreises sey. Da nun nach §. 315 $1 : \frac{\pi}{4} = 1225:961$ seyn soll, so wäre $1225:4.961 = 1225:3844 = 1 : \pi$ und $\pi = \frac{3844}{1225} = 3{,}138$ welches schon in der zweiten Decimalstelle fehlt, und um so viel mehr unrichtig ist da es die Peripherie kleiner als das Ludolphische angiebt, welches selbst zu klein ist.

§. 318. Auch vorgegebene Konstruktionen lassen sich an dem Lud. Verhältniß prüfen: z. E. folgende: Man beschreibe im Kreise das reguläre Dreieck AKB. (129 F.) Durch K und den Mittelpunkt C ziehe man einen Durchmesser KD. Er steht senkrecht auf AB in E. Man mache EF = DE; so soll, wenn man KF zieht, 4 KF der Peripherie gleich seyn. Nun läßt sich leicht zeigen, wenn DK = Durchmesser = 1 so ist DE = FE = $\frac{1}{4}$ und $KF = \sqrt{\frac{9}{16} + \frac{1}{16}} = \sqrt{\frac{10}{16}} = \frac{1}{4}\sqrt{10}$. Also $KD:4KF = 1 ; \sqrt{10} = 1 : 3{,}1622$, welches die Peripherie viel zu groß giebt. Eben dieses unrichtige Verhältniß war es worüber sich im 16ten Jahrhundert Jos. Scaliger mit Ludolph und Adr. Rom. stritt. Eine viel sinnreichere und genauere Verhältniß giebt **Euler**. In der 130 Figur verlängert man den Durchm. AB und BE wird = CB. Die Sehne des Quadranten DB halbirt man in F. Es wird ein Loth aus E nämlich EG = BF errichtet, AG gezogen wie auch die Bogen FH und HI aus B und A beschrieben, dann CK = IG gemacht und AK gezogen, so ist AK der rektificirte Bogen des Quadranten. Die Probe wird nun so angestellt: Es ist $AE = \frac{3}{2}$ (weil der Durchmesser = 1 gesezt werden kan); $BD = \frac{\sqrt{2}}{2}$; $\frac{1}{2}BD = BH = BF = \frac{\sqrt{2}}{4} = EG$; $AG = \sqrt{\frac{9}{4} + \frac{2}{16}} = \frac{\sqrt{38}}{4}$. Nun ist $AH = \sqrt{AB^2 - BH^2} = \sqrt{1 - \frac{2}{16}} = \frac{\sqrt{14}}{4} = AI$. Folglich $GI = \frac{\sqrt{38} - \sqrt{14}}{4}$. Da nun CK = GI (perconstr.) so ist $AK = \sqrt{\left(\frac{1}{4} + \frac{38 - 2\sqrt{(38.14)} + 14}{16}\right)}$

=

$$= \frac{\sqrt{(56 - 2\sqrt{38.14})}}{4} = \frac{\sqrt{(4.14 - 2\sqrt{2.19.2.7})}}{4} =$$

$\frac{\sqrt{4.14 - 4\sqrt{133}}}{4}$ d. i. $AK = \frac{1}{2}\sqrt{14 - \sqrt{133}}$ und $4AK = \pi = 2\sqrt{14 - \sqrt{133}}$. In Zahlen gäbe dies also doch auch ein Irrationalverhältniß. Nun ist $\sqrt{133} = 11,5325626$; von 14 subtr. 2,4674374. Die Wurzel davon doppelt ist $2 . 1,570808 = 3,141616$ fehlt um 1 in der 4ten Stelle.

In Krafts Geom. sublim. findet man ausser den angeführten eine Menge solcher, theils sehr sinnreicher Construktionen geprüft; deren Erfinder theils gewähnet haben, die Quadratur heraus gebracht zu haben, theils aber auch nur sie als Annäherungen bekant gemacht haben.

§. 319. a) Kreise als ähnliche Figuren müssen also auch unter dem allgemeinen Satz §. 278 enthalten seyn. Man sieht es auch so: Zweier Kreise Durchmesser heissen D und d. Also ist ihre Summe $D^2 . \frac{1}{4}\pi + d^2 \frac{1}{4}\pi = \frac{1}{4}\pi(D^2 + d^2)$ = einem dritten Kreise, dessen Durchmesser $\delta = \sqrt{D^2 + d^2}$. In Fig. 121 sey $BC = D$; $AC = d$; $AB = \delta$; so ist ein Kreis also auch ein Halbkreis auf δ gleich der Summe der Kreise oder Halbkreise auf D und d.

§. 319. b) Centriwinkel in verschiedenen Kreisen wie ACB in Fig. 56 γ und EDF Fig. 54. 2. sind im graden Verhältniß ihrer zugehörigen Bogen und umgekehrten der Halbmesser r und ϱ der Kreise an deren Mittelpunkt sie stehen oder ACB : $EDF = \frac{AB}{r} : \frac{DF}{\varrho}$.

Bew. Es seyn p und P die respektiven Peripherien um C und D; so ist: $ACB : 4R = B.AB : p$ §. 158

$4R : EDF = P : B.EF$

Daher $ACB : EDF = AB . P : EF . p = AB . \varrho : EF . r$

 weil

weil $P:p = \varrho : r$ §. 264 oder $ACB : EDF = \frac{AB \cdot \varrho}{r \cdot \varrho} : \frac{EF \cdot r}{r \cdot \varrho} = \frac{AB}{r} : \frac{EF}{\varrho}$.

3. Die Bogen müssen hier als in Längenmaaß ausgedruckt verstanden werden wie §. 311. Eben so sind die Bogen in verschiedenen Kreisen nach ihrer absoluten Grösse so vielmal grösser oder kleiner als die zugehörigen Winkel grösser oder kleiner sind; aber umgekehrt so vielmal kleiner oder grösser als die Kreise grösser oder kleiner sind, wovon sie einen Theil ausmachen.

§. 320. **Wenn man über der Hypotenuse AB (131 F.) eines rechtwinklichten gleichschenklichten Dreiecks ACB einen Halbkreis ADB und mit einem Katheten AC = r einen Quadranten AEBC beschreibet: so ist der zwischen der halben Kreisperipherie und dem Quadranten eingeschlossene Raum ADBE = Dr. ABC.**

Bew. Der Kreis um C ist $r^2\pi$; sein Quadrant $\frac{1}{4}r^2\pi$. Nun ist $AB^2 = 2r^2$. Daher Halbkr. auf $AB = \frac{2r^2\pi}{4 \cdot 2} = \frac{1}{4}r^2\pi$. Also Quadrant und Halbkreis gleich; und es ist das was übrig bleibt, wenn der gleiche Abschnitt AEB beiderseits abgeht d. i. △ ABC = der krumlinigten Figur AEBD.

Der Erfinder dieses Satzes war **Hippokrates von Chius** und man nennt den Raum ADBE seiner Gestalt wegen das **Möndchen des Hippokrates** (lunulam Hippocratis). Da hier ein zwischen Kreisbogen, die jedoch zu verschiedenen Kreisen gehören, eingeschlossener Raum, einer gradlinigten Figur gleich gefunden wird: so kan es seyn, daß Hippokrates sich beim ersten Anblick geschmei-

chelt

chelt hat, auf die Spur der Zirkelquadratur gekommen zu seyn. Indessen kan der Trugschluß, mittelst welchem er sie hieraus hat herleiten wollen, wie Clavius Geom. Pr. App. ad lib. VII. berichtet, ihn selbst so wenig als irgend einen nur mittelmäßigen Geometer lange geblendet haben. S. Kraftii Geom. sublim. §. 116.

XVII. Anhang.

Ueber geometrische und algebraische Analysis zur Erfindung der Beweise und der Auflösungen von Aufgaben.

§. 321. Ich habe durchaus bemerkt, daß die Schwierigkeiten, welche denkende Köpfe beim ersten algebraischen und geometrischen Studiren fanden, nicht sowol das Begreifen des mündlichen oder schriftlichen (gewöhnlich synthetischen) Vortrags dieser Wissenschaft betraf, als vielmehr den Umstand, daß sie nicht deutlich genug einsahen, wie man doch wol nach der Reihe auf alle die Lehrsätze und Aufgaben gerathen, und wenn man auch einmal darauf gerieth, wie man unter so manchen vorhergehenden Sätzen grade auf denjenigen gefallen seyn mögte, womit sich der Beweis des Theorems oder der Auflösung anhebet, wie man es z. B. beim pythag. Lehrsatze gleich wuste, daß der Beweis grade mit dem Satze ABF=R=ABG §. 186 angefangen werden müsse. (72 F.). Ich weis wol, daß alles hieher gehörige ein Objekt der Logik ist. Aber der Geschäftsmann, der die theoretische Mathematik als Hülfswissenschaft erlernet, der Feldmesser, Baumeister, Bergmann, für welche sie allerdings mehr oder minder Fundamentalwissenschaft ist, haben nicht immer Gelegenheit eine Logik zu erlernen, die ihnen bei der Mathematik brauchbar ist. Wirklich beziehet der spekulative Philosoph seinen logischen Vortrag mehr auf Metaphysik und was dem angehöret, als auf die ihm weniger bedeutende Mathematik. Da wir nun schon mit Auflösung der Gleichungen und mit den Sätzen der Planimetrie so bekant sind, daß Beziehungen darauf verständlich seyn werden, so darf ich hoffen, durch eine kurze Darstellung des Ganges, welchen der Verstand bei der Erfindung der Sätze und ihrer Beweise, der Aufgaben und ihrer Auflösung zu nehmen pflegt, dem Bedürfniß des angehenden Mathematikers ohne Voraussetzung einer gelehrten Logik zu Hülfe zu kommen.

§. 322. Alle Wege, wodurch der Verstand zu neuen Lehrsätzen und Aufgaben gelanget, lassen sich zwar nicht genau angeben. Ich unterscheide indessen hauptsächlich den synthetischen Weg, wodurch man gleich alles auf einmal, den Lehrsatz mit seinem Beweise, die Aufgabe mit der Auflösung erhält, und den problematischen, wo selbst der Lehrsatz so gut als die Aufgabe zuerst eine Frage ist. Indessen behaupte ich nicht, daß die von mir in der Folge bei den verschiedenen Erfindungswegen als Beispiel angeführten Sätze grade die hier angegebene Veranlassung gehabt hätten. Es ist genug, wenn sie eine solche nur haben konten.

I. Es ist nicht zu leugnen, daß sehr viele, (aber doch wol nicht die meisten) Wahrheiten der Geometrie, auf dem synthetischen Wege gefunden worden. Indem man einen bekanten Satz zum Grunde legt und auch nur aufs Gerathewohl Schlüsse daraus zieht, kan man durch einen glücklichen Einfall auf einen Schlußsatz gerathen, den man für merkwürdig, erheblich und brauchbar für die Wissenschaft hält. So hebt man ihn aus, weiset ihm seine Stelle unter den schon vorhandenen an, und der Weg die Reihe von Schlüssen, worauf und wodurch man ihn gefunden, folget nun als Beweis darauf Bei der ersten Entstehung der Wissenschaft, wo der Lehrsätze noch wenige waren, mag dies öfter der Fall gewesen seyn. Man vergleiche die Anmerk.* vor §. 30. Die Zusätze, besonders, wenn sie nur auf einer oder ein paar Schlußfolgen beruhen, sind wol meistens so gefunden. Man sieht wol, daß man auf eine Konstruktion als Auflösung einer Aufgabe auf ähnliche Art gerathen konte, ohne sich ausdrücklich die Auflösung dieser Aufgabe vorgenommen zu haben. Auch komt es dann darauf an, ob sie interessant genug ist, um in völliger Form eingetragen zu werden; indem man nun im Vortrage das, was im Raisonnement zur bloßen Konstruktion dienet, die Auflösung von dem absondert, was den wissenschaftlichen Grund der leztern, den Beweis ausmacht. Z. B. §. 152 die sich aus der Betrachtung, daß ein Loth aus dem Endpunkte eines

eines Halbmessers errichtet, nur diesen Endpunkt allein mit dem Kreise gemein habe, von selbst ergebende Auflösung der Aufgabe: **An einen gegebenen Punkt des Umkreises eine Tangente zu ziehen.** Eben so zog man etwa von 3 nicht in grader Linie liegenden Punkten je zwei zusammen und konte nun leicht durch Erinnerung an den Satz §. 72. 2 auf die Auflösung und den Beweis der Aufgabe §. 142 gerathen. Es ist indessen nicht zu leugnen, daß wenn man nicht schon eine vielleicht noch eingewickelte Idee (idea implicita) oder einige dunkle Ahndung von dem zu findenden Satze hat, man bei diesem synthetischen Anreihen von Schlüssen aufs Blinde hingehen, und oft sein Netz vergebens auswerfen werde.

§. 323. II. Es haben daher einige der folgenden Gedankengänge, wenn sie auch nicht so methodisch scheinen, vielleicht der Wissenschaft eine eben so reiche, vielleicht noch reichere Ausbeute gegeben, als das bloße synthetische Nachdenken.

§. 324. 1) Manchmal giebt der Augenschein bei einer (vielleicht zu anderm Behuf) gezeincheten Figur Anlaß, einen Lehrsatz für beweisbar und eine Aufgabe für auflösbar zu halten. Aber selbst wenn die Messung bei einer vorliegenden Figur zuträfe; so beruhigt sich der Geometer damit nicht. „Der Augenschein kan trügen," ist eine Maxime, die nirgend so genau als in der Geometrie beobachtet werden muß; so sehr sie auch von den Quadraturenjägern als Titular-Geometern verabsäumet wird. Der wirkliche Geometer versucht das was ihm so vorkomt aus der Natur der Sache so darzuthun, daß der Satz auch zutreffen muß, wohin kein Augenschein reicht, wenn etwa die Winkelspitzen der Figur in der Sonne, dem Uranus und einem seiner Trabanten lägen. Zwar ist der Lehrling der Geometrie meistens ganz geneigt, Behauptungen wie §. 61 daß in einem gleichschenkl. Dreieck die Winkel an der Grundlinie gleich seyn müssen, ohne Beweis anzunehmen, und man hat, wenn man ihn auszufragen versteht, öfter die meiste Mühe damit, ihn zu überzeugen, daß ein solcher Satz wie dieser kein Grundsatz sey, und ihn zum besten der strengern Methode für den ihm überflüssig scheinenden Beweis zu interessiren. Auch auf den Satz §. 74 konte der Augenschein leiten.

§. 325. 2) Der Gedanke, ob das was in einem speciellen Falle wahr ist, nicht noch viel allgemeiner behauptet werden könne, hat sehr viele Lehrsätze und der umgekehrte hauptsächlich Zusätze (wie oben auf synthetische Art) erzeuget. Daß man so auf die Sätze des 145 §. den pythagorischen und ptolomäischen Lehrsatz §. 1⁎6. 248 gekommen seyn könne, habe ich in den Noten gezeiget.

§. 326 3) Die Analogie, so wenig sie in der Mathematik als Beweis gebraucht werden muß; so häufig kan sie z. B. bei einer Konstruktion, n ch welcher man sich berechtigt halten darf, durch Beobachtung der wesentlichen Umstände eines bekanten Falls auch auf einerlei oder ähnliche Resultate zu kommen, dazu dienen, Lehrsätze und Aufgaben zur wissenschaftlichen Erörterung auf die Bahn zu bringen. Wenn Gleichheit zweier Seiten und des Zwischenwinkels zur Kongruenz zweier Dreiecke genügen §. 59 sollte es nicht auch ein nicht zwischenliegender seyn dürfen? §. 92 zeigt, wie ferne? Auch nicht 2 Winkel und eine zwischenliegende Seite? nicht jede 2 Winkel; §. 116 zeigt es. Und da es scheint, daß überhaupt nur 3 Stücke erforderlich; sollten dann nicht auch 3 gleiche Seiten zur Kongruenz hinreichend seyn? §. 64. Also auch wol 3 Winkel? Fällt weg §. 217; ein Beispiel woraus erhellet, daß die Analogie keine Beweisquelle für die Mathematik ist. Wie die Analogie auf Aufgaben leitet; davon giebt §. 68 ff. und §. 190 Beispiele, wo ich im leztern Fall bei ganz ähnlicher Konstruktion wie beim Lehrsatz §. 18 auch ein mit dem vorgegebenen Recktangel gleiches Quadrat erwarten durfte.

§. 327. 4) Wo sich alle Fälle nach der Kombinationsregel abzählen lassen, giebt eben dies mit einem Mahle mehrere Sätze an, die bewiesen werden sollen z. B. dienen die 4 Aufgaben aus 3 gegebenen Stücken ſı Dreieck zu verzeichnen; vielleicht auch die eben angeführten von der Congıuenz der Dreiecke; die diesen entsprechenden Aehnlichkeitstheoreme §. 238; auch die 4 Aufgaben §. 197—199, in und um ein Dreieck einen Kreis, in und um einen Kreis ein Dreieck zu beschreiben.

§. 328. 5) Eine ergiebige Fundgrube von Lehrsätzen und Aufgaben ist das bekante, in mancher Rücksicht (und mit Recht wenn man es zu weit ausdehnet) bestrittene Gesez der Stetigkeit (lex continui). Wenn sich ein Punkt in einer graden oder in einer Kreislinie beweget; so muß es, um von einer Stelle zur andern zu kommen, durch jeden Zwischenpunkt gehen. Eben so eine grade Linie, die sich wie der Halbmesser oder Durchmesser um einen

nen Punkt, oder mit sich selbst parallel beweget, muß ihren Weg so gemacht haben, daß zwischen ihrer ersten und lezten Lage gar keine gedacht werden kan, durch welche sie nicht gegangen wäre; eben so wenn eine Grösse z. B. eine Linie über alle Grenzen hinaus wächst, oder unter jede angebliche Grösse abnimt; so muß sie ebenfalls alle Zwischenzustände durchgehen. Diese immer unmittelbar auf einander ohne Unterbrechung entstehenden Veränderungen geschehen nach dem Gesetze der Stetigkeit. In dem zulezt beschriebenen Falle pflegt man dann wol stillschweigend vorauszusetzen, daß Sätze, welche aus der Natur der Sache für die noch bestimbare, durch Zahlen oder durch ihr Verhältniß zu einer bestimten Quantität als Einheit ausgedrückte Grösse, heraus gebracht sind (z. B. das Verhältniß des Peripherienwinkel zum Centriwinkel) auch noch in ihrer Maasse (mutatis mutandis) gelten, wenn die Grösse oder ein Theil derselben verschwindet oder mit einer andern zusammenfällt. Z. B. §. 154 Anm. * geht die Spitze des Peripherienwinkels AGB durch alle mögliche Lagen von G bis sie in B fällt; GB ist als Schenkel eines Winkels eine unbegrenzte Linie. Unmittelbar vorher, da noch der Theil von GB, welcher als Sehne im Kreise liegt, eine angebliche Grösse war, blieb noch AGB = $\frac{1}{2}$ACB. Aber nun verschwindet das was Sehne von ihr war, der unbegrenzte Theil, der über den Kreis hinaus liegt, wird zur Tangente in B; GA so weit es Sehne ist, fällt mit der Sehne BA zusammen, worauf vorher der Winkel stand. Sollte nun mit einem Mahle aufhören, was noch unmittelbar vorher wahr war, da doch GBE nur noch wenig von der Lage einer Tangente verschieden war sollte jezt nicht mehr ABE = $\frac{1}{2}$ACB seyn? Die Präsumtion ist dafür, würde der Rechtsgelehrte sagen. Aber dem Geometer ist dies nicht genug. Das Gesez der Stetigkeit hat nicht das Recht eines Axioms. Aber es ladet allerdings ein, nach einem förmlichen Beweis zu forschen, und giebt in der Geometrie fast moralische Gewisheit, daß man ihn finden könne.

Auf eine ganz ähnliche Art als in diesem mit Fleiß genau entwickelten Beispiel konte man im 247 §ph sich ein allmähliges Drehen der Linie ADE und A vorstellen, wo die Durchschnittspunkte D und E immer näher zusammen kommen endlich in eins fallen und AE = AD eine Tangente wird. Da hier fast kein Zweifel mehr denkbar ist; so konte man fast nur als einen besondern Fall für bewiesen annehmen, daß die zweite und dritte Proportionallinie nun eine und dieselbe d. i. eine mittlere Proportionale geworden. Wirklich hat Karsten in Mathesi theoretica von 1760 auch weiter keinen Beweis für nöthig gehalten; indessen habe ich ihn hier so wie K. in spätern Lehrbüchern und andere noch besonders §. 147 erwiesen.

Von Aufgaben führe ich nur die des 151 §phs an. Denn auch war es sichtbar, daß wenn man eine Sekante des Kreises sich um A drehen lies, sie in den Zustand einer Tangente kommen und sich selbige bestimmen lassen müsse.

§. 329. Hiebei kan ich nicht unbemerkt lassen, daß bei jeder Aufgabe eigentlich von selbst die vorläufige Frage (qu. prealable) sich andringt, ob sie zulässig d. i. ihre Beantwortung möglich ist. Wenn die Bedingungen offenbar ausgemachten Wahrheiten widersprechen, wie §. 63 und 91 bemerkt worden, so fällt die Auflösung natürlich weg. In unzähligen Fällen giebt die Vorstellung, welche man sich vom Gesetze der Stetigkeit in der Geometrie macht, die Möglichkeit oder Unmöglichkeit einer geforderten Auflösung oder behaupteten Eigenschaft sogleich an, wiewol man meistens nur stillschweigend die Untersuchung darüber anstellt, wie bei der zulezt im vor. §ph angef. Aufgabe. Eben so wird man sogleich die Zulässigkeit der Aufgabe §. 198 ich mögte sagen fühlen. Man sieht allerdings sofort, daß ein Punkt aber auch nur ein einziges im Dreieck liegt, das gleich weit von seinen 3 Seiten entfernt ist. Schwerer ist eine andere vorläufige Frage ob die Data hinreichend sind. Bei vielfältiger Uebung wird die Analogie, sonst aber die Probe es zeigen. Wissenschaftlich findet man dies in Lamberts **Organon** in dem Cap. von den Aufgaben untersucht.

§. 330. Veranlassung sich Fragen vorzulegen, und die mathematische Gewisheit von diesem oder jenem Satze gewissermaassen zu wünschen, giebt auch das Bedürfniß um etwa eine praktische Wissenschaft darauf zu bauen oder ihre Operationen zu erleichtern. So brachte der Gebrauch den man davon in der Astronomie zu machen dachte die Aufgaben auf die Bahn, die der ebnen und sphärischen Trigonometrie zum Grunde liegen. Allein so sehr der Mathematiker dieser oder jener Auflösung dieses oder jenen Satzes zu seinem Zwecke bedarf; so wird er sich doch nicht ermächtigen, ihn als ein Postulat der reinen Vernunft wie manche neuern nicht sehr mathematische Philosophen, blos weil er ein subjektives Be-

dürfnis

dürfnis ist anzunehmen, es würde ihm auch bei der Anwendung nichts helfen. Er muß Beweis und Auflösung auf eine oder die andere Art, wovon wir nun noch zu reden haben, ohne Anmassung aufsuchen.

§. 331. Bei dem synthetischen Wege §. 322 brauchte es weiter keiner Anweisung den fehlenden Beweis des Satzes und die bewiesene Auflösung der Aufgabe zu finden. Da alte und neuere Mathematiker sich zu diesem Geschäfte einer doppelten Analysis von jeher bedient haben; so geht schon hieraus hervor, daß die 5 oder 6 lezten oder sonst noch andere Veranlassungen häufiger als die reine Synthesis neue Sätze zur Proposition gebracht haben. Wir werden nun erst die Regeln der geometrischen Analysis kurz vortragen.

§. 242. Ein Lehrsatz wird noch unbewiesen aufgestellt, er und sein Beweis ist problematisch so sind dies die Regeln.

1) Man nimt an, der in einer Figur so gut als möglich oder auch nur beiläufig vorgezeichnete Satz sey wahr.

2) Sieht man nun seinen Grund nicht gleich auf den ersten Blick; so forscht man nach, was aus dem Satz folge, oder was mit ihm zugleich wahr seyn, oder was vorausgesezt werden müsse, wenn der Satz wahr seyn soll.

3) Sieht man auch das nicht gleich aus den Bedingungen des Satzes deutlich ein, so sieht man sich nun zugleich in der Figur um, ob wo nicht der behauptete Satz grade zu, doch nun der vorausgesezte oder doch irgend ein in der Behauptung vorkommender Winkel, Linie, Fläche oder Verhältniß mit einer andern dergleichen Grösse in der Figur verglichen werden könne, um vielleicht, was von selbigem gilt. auf das vorgegebene anwenden zu können.

4) Hiebei geräth man nun manchmal ganz natürlich auf die Ziehung der sogenannten Gehülfslinien, wie ich besonders bei §. 186 und 248 in den vorbereitenden Noten gezeigt habe. Auf sie beruhet manchmal alles, und da sie nicht so vor den Augen da liegen, wie die sogleich nach den Bedingungen des Satzes gezeichneten Stücke; so sind sie blos Früchte einer reinen Verstandsidee und in so fern das Werk des eigentlichen Erfindungsvermögens. Daher muß man sie nicht wie es Anfänger wohl zu machen pflegen, die gleich jede zwei Punkte mit graden Linien vereinigen, aufs bloße Gerathewol, sondern nur aus Gründen ziehen.

5) Fin-

5) Findet man bei alle dem nicht daß die nun hieraus aufs neue gezogene Folgerung oder Voraussetzung ganz evident sey, so verfährt man mit ihr und so immer weiter eben so als mit dem aufgegebenen Satz selbst.

6) Komt man denn endlich durch dieses fortgesezte Verfahren auf einen ausgemacht wahren Satz; so stellt man ihn an die Spitze und indem man die ganze Reihe der Schlüsse umkehret; so hat man den synthetischen Beweis wie im gewöhnlichen Vortrage der Geometrie.

§. 333. Es sey, um die Sache noch von einer andern Seite kurz darzustellen, die Reihe der Sätze woraus der synthetische Beweis besteht, M. B. K. L. E. Nämlich E ist der Satz wofür der Beweis gesucht wird. Ausser den zu ihm gehörigen Vordersätzen weis man auch noch andere A. C. D. N. P. Q und noch hundert andere. Es würde ein wahres Herumtappen seyn, wenn man von seinem ganzen Vorrath bald diesen bald jenen probirte (wie es Anfänger wol zu machen pflegen) um den vorgegebenen daraus abzuleiten. Der vorgeschlagene Weg aber war dieser: wenn E wahr seyn soll, so muß L, wenn L wahr seyn soll, so muß K, wenn K, so B, wenn B, so M wahr seyn; aber M ist gewis wahr; denn er ist beim Euklides oder in einem andern Lehrbuch bewiesen. Nun folgt umgekehrt M ist B, B ist K, K ist L, L ist E; also weil M wahr ist, ist es auch E und E kan der Reihe ausgemachter Wahrheiten beigefügt werden, wenn nämlich sich alle diese Sätze wirklich umkehren lassen, das heist sie noch wahr bleiben, wenn das Prädikat zum Subjekt und dies zum Prädikat oder wie es in der Geometrie fast immer der Fall ist, die Aussage zur Bedingung und diese wieder zur Aussage gemacht wird. Z. E. wenn 2 Seiten im Dreieck gleich sind; so sind auch die gegenüberliegenden Winkel gleich und wenn 2 Winkel gleich sind; so sind auch die gegenüberstehenden Seiten gleich. Gemeiniglich wird zwar dergleichen Umkehren stat finden, da in der Geometrie fast von jedem Satze im System sorgfältig bewiesen wird, daß er auch umgekehrt wahr bleibe. Indessen muß man doch die Prüfung nicht unterlassen, und sollte der Satz nicht umgekehrt werden können; so muß man den Beweis des vorhabenden, noch auf andern Wegen versuchen, weil ja genug Fälle sind, daß ein Satz auf verschiedene Art bewiesen werden kan. Komt man aber auf einen offenbar falschen Satz durch das beschriebene Verfahren;

fahren; so ist auch der vorgegebene selbst falsch, da aus falschen Vordersätzen bei richtiger Umkehrung nichts wahres folgen kan.

§. 334. Bei apagogischen Beweisen, komt man dadurch, daß man das Gegentheil des vorgegebenen Satzes für wahr annimt wie §. 332 no. 1 entweder auf einen offenbar falschen sich selbst oder andern anerkanten Wahrheiten widersprechenden Satz und so ist das Gegentheil, der vorgegebene Satz wahr wie §. 26. 53. Dies ist die eigentliche deductio ad absurdum. Oder man komt doch auf einen Satz der die Bedingung, unter welcher man den vorgegebenen behauptet hat, umstößt (quod est contra hypothesin) und so ist wiederum der vorgegebene wahr §. 79. 105. 151.

Gemeiniglich wird besonders der umgekehrte Satz apagogisch bewiesen; kan aber auch oft direkte bewiesen werden. Dem Anfänger kommen apagogische Beweise meistentheils schwerer vor, weil bei ihnen etwas angenommen wird, dem wie es natürlich ist der Augenschein in der Figur widerspricht.

Noch bemerke ich hiebei, daß wenn der apagogische Beweis leicht zu führen ist, welches für den der einmal damit bekant, fast immer der Fall ist, man Kürze wegen die umgekehrten Sätze nicht erst aufzustellen pflegt. Thut es jemand; nun so ist es gut, doch nicht so ein Verdienst um immer dabei den Euklides und alle andere eines Mangels der Gründlichkeit zu beschuldigen.

§ 335. Beispiele der geometr. Analysis bei Lehrsätzen geben die Noten zu §. 61. 74. 167 186. 248, die man mit den Regeln des 332 §phs vergleichen kan. Ich gebe hier noch folgende Beispiele, woran sie sich sehr deutlich bewähren.

Lehrsatz. Ein Kreis um C wird von einem andern der durch C geht, in A und E geschnitten. Eine grade Linie von einem Durchschnittspunkt A durch beide Kreise gezogen, schneidet den zweiten in D (132 F.) und den ersten in B; die grade Linie von D nach dem zweiten Sektionspunkt E ist der DB zwischen den Kreislinien gleich.

Analysis. Es sey DE = DB. (1. Regel §. 332). Zieht man BE so muß auch DBE = DEB seyn (2. Reg.) §. 61. Nun steht ABE auf dem Bogen AE des 1. Kreises, ist gleich mit jedem darauf stehenden Winkel, auch mit dem, welcher entsteht, wenn man AF durch C und EF zieht oder

oder es muß AFE=DBE seyn §.147. Wenn man noch GE zieht so ist △ FCE gleichsch. §.46. Also muß auch DEB = CEF seyn. (3. und 4. R.) Alsdann müste auch FCE = BDE §. 108 (5. R.); aber auch ACE = ADE seyn §. 28. Leztesres ist für sich offenbar wahr, weil es Peripherienwinkel auf einerlei Bogen des zweiten Kreises sind. Nun verfahre man nach der 6ten Regel, fange mit dem ausgemachten Satz an, und kehre die vorigen um; so entsteht ein

synthetischer Beweis. Man ziehe den Durchmesser AF durch C, und des 1. Kreises Halbmesser CE; so ist ACE = ADE §. 147. Also FCE = BDE §. 28. Zieht man nun FE und BE; so ist auch AFE oder CFE = DBE. Da also in den beiden △△ FCE und BDE, C = D; F = B ist, so muß auch der 3te Winkel CEF = DEB seyn und weil △ FCE gleichsch. also CFE = CEF; so ist auch DBE = DEB. Folglich ist DE = DB.

Anm. Auf den Satz selbst kan wol leicht der Augenschein, indem man Linien aus den Durchschnittspunkten solcher Kreise zog, geführt haben §. 324.

Zusatz. Wenn der Durchmesser des 2ten Kreises immer kleiner genommen wird, so fallen A und E endlich zusammen. Des zweiten Durchmesser ist $\frac{1}{2}$AF und beide Kreise berühren sich von innen. Wird noch wol, da nun B'D'E eine grade Linie ist D'E=D'B' seyn? §. 328. Es ist EC = CF; aber die Gleichheit ist auch überall, wenn sich überall ED':D'B'=EC:CF' verhält, dann muß aber CD' ‡ F'B', also ED'C=EB'F' seyn, welches richtig ist da beide rechte Winkel sind nach §. 148. Hierauf führte das Ges. der Stat. §. 328.

§. 336. Lehrsatz. Die Kreise um K und L schneiden sich in AB. (133 F.) Aus der Mitte der Linie AB zwischen diesen Punkten sey ein 3ter Kreis beschrieben. Man ziehe beliebig eine Linie AE welche die Peripherien in C, D und E trift. An B ziehe man eine Tangente an dem 3ten Kreis welche die beiden ersten in F und G trift, so ist CD:DE = BG:BF.

Analysis. Die Proportion CD : DE = BG : BF giebt auch (permutando) CD : BG = DE : BF. Da man nun weis, daß dergleichen Proportionen aus ähnlichen Dreiecken erfolgen, so sieht man sich darnach um. Man sieht, daß wenn man BD, BC, AF, AG zieht, Dreiecke entstehen, worin CD, BG, DE, BF liegen. Wäre nun obige Proportion richtig, so müsten auch, da bei B und D rechte Winkel, CD:BG = BD:BA und DE:BF = BD:BA

seyn.

seyn. Aber dann müste 1) △ BDC ∽ GBA und CD und BD; BG und BA darin gleichliegend seyn. Also muß ausser dem rechten Winkel DCB = BGA seyn. Aber dies ist wahr, weil CGBA ein Trapezoides im Kreise ist. 2) Muß auch △ DEB ∽ BAF und DE mit BF und DB mit BA homolog seyn, also muß DBE = BAF; E = F seyn. Lezteres ist offenbar, weil sie auf einerlei Bogen stehen, also ist auch der dritte Winkel dem dritten gleich. Daraus folgt der

Synthetische Beweis. Man ziehe die Linien BD, BC; so ist §. 148 BDC = R = ABF per constr. und E = F §. 147. Folglich △ BED ∽ △ AFB und DE : BF = DB : BA. Eben so ist BDC = R = ABG und DCB = BGA §. 150 Z. Mithin ist △ DBC ∽ BGA und CD : BG = DB : BA folglich ist CD : BG = DE : BF §. 268 Ar. und CD : DE = BG : BF §. 266 2. Ar.

§. 337. Bei den Aufgaben sucht man die Auflösung auf eine ganz ähnliche Art

1. Man zeichnet sich eine Figur worin das Gesuchte vorgestellt wird am besten mit einiger Genauigkeit, indessen darf es doch nur nach dem Augenmaasse geschehen. Da inzwischen ein solcher Entwurf für den Anfänger ein nicht unwichtiges Hülfsmittel ist, so bemerke ich, daß man manchmal durch Verwechselung des Gesuchten mit dem Gegebenen eine Figur sich verschaffen kan, die in einem andern speciellen Fall wirklich die verlangte Beschaffenheit ganz richtig ausdrückt. Z. B. Bei §. 153 beschriebe man den vorgegebenen Kreis noch einmal, zöge an einem beliebigen Punkt des Umkreises B nach §. 152 eine Tangente so weit aus, bis sie den verlängerten Durchmesser in A schnitte; so wäre hier wirklich aus diesem A eine Tangente an den Kreis gezogen.

2) Nach einem auf eine oder die andere Art entworfenen Bilde sezt man nun voraus: das verlangte sey wirklich dadurch schon geschehen.

3. Giebt aber der Anblick nicht so die Methode an wie es zu machen ist. Z. E. wie die Tangente aus jedem andern Punkt an einen jeden Kreis zu ziehen sey, so forscht man nach was denn eigentlich nach dem Begrif der Tangente die Figur jedesmal für Eigenschaften haben müsse, wenn in ihr das verlangte erfüllt sey. Nämlich B muß so liegen, daß der dahin gezogene Halbmesser ung die grade Linie aus A einen rechten Winkel einschliessen.

4. Man

4. Man frägt weiter, ob und wie man dies mit dem Gegebenen bewerkstelligen könne. Man vereinigt C mit A und sieht bald daß ½AC zum Halbmesser genommen einen Kreis geben würde, der den vorgegebenen in 2 Punkten B und b schnitte. Zieht man AB, Ab; CB, Cb so machen sie rechte Winkel die auf dem Durchmesser des zulezt beschriebenen Kreises stehen §. 148 und AB, Ab stehen senkrecht auf dem Halbmesser des gegebenen, sind also Tangenten.

5. So hätte man also die Auflösung der Aufgabe und ihren Beweis so zusammen, wie er im 153 §. steht. Denn man sieht ja, daß man es in jedem besondern Fall in seiner Gewalt habe, mit der Hälfte von AC einen Kreis zu beschreiben und jederzeit komt in B ein rechter Winkel zu liegen und AB wird eine Tangente. Es kommt also darauf an, bei jedem einzelnen Schritte sich zu fragen, ob man schon das Mittel (Requisitum) P habe, wodurch das gesuchte Q bewürkt werden kan. Dann frägt man weiter ob die Data oder was mit ihnen zugleich gegeben, durch einfache geometrische Aufgaben es möglich machen mittelst der Postulate der Geometrie, das Gesuchte darzustellen, wo nicht so muß aus P ein neues Repuisit O hergeleitet werden u. s. w. bis man so weit komt, daß eine Verzeichnung auf vorbeschriebene Art möglich ist.

§. 338. Als Beispiele kan man hier §. 113. 198 nachsehen. Doch wollen wir hier noch einige beibringen.

Man fand bald, daß sich die Regel aus gewissen gegebenen Stücken am Dreieck die übrigen noch fehlenden und das ganze Dreieck zu finden, weiter als die Abzählung §. 327 erstreckte. Dergleichen brachte folgende und mehr dergl. Fragen hervor.

Aufg. Es sey eine Seite BC (134 F.), der Winkel gegenüber BAC und die Summe (nicht die absolute Grösse selbst) der ihn einschliessenden Seiten BA + AC = FG gegeben, das △ ABC zu finden.

Analysis. Gesezt in Fig. 1. die nach Reg. 1. beiläufig verzeichnet ist; sey △ BAC das gesuchte; so wäre wenn auf dem verlängerten BA, AD = AC genommen und DC gezogen würde, BD = BA + AC = FG und △ ADC gleichschenklich; mithin D = ½ BAC §. 109. Es sind nun aus den gegebenen Stücken für das △ BDC die Seiten BC, BD = BA + AC = FG und BDC = ½ BAC gegeben; daraus folgt.

Auflö-

Auflösung oder Konstruktion. Man halbire BAC §. 68 und lege $\frac{1}{2}$BAC an BD=FG (134. 2 Fig.) und schneide mit BC den 2ten Schenkel in C oder C' (§. 91. 1). Man lege nun auch $\frac{1}{2}$BAC an CD und C'D, und ziehe CA und C'A'; so sind beide BAC und BA'C' das was man sucht

Bew. Im △ BAC ist BC per contr. Weil nun D = ACD = A'C'D; so ist DA = AC; DA'=AC' also BA+AC = FG = BA' + A'C' und weil D = $\frac{1}{2}$BAC so ist auch BAC = BA'C' in den Dreiecken dem gegebenen Winkel BAC gleich.

§. 339. Aufg. Eine gr. Linie BC (135 F.) ein Winkel an ihr W und der Unterschied der beiden übrigen Seiten FG ist gegeben; das Dreieck zu finden.

Anal. Gesezt es sey BAC das gesuchte △ und AC die grössere von beiden Seiten; so muß man auf AC, AD = AB nehmen können, und es muß dann DC = FG seyn. Auch ist C = W. Daher die Konstruktion. An BC lege man C = W und mache CD = FG; ziehe dann BD und mache DBA = ADB = dem in D mit BDC nun auch bekanten äussern Winkel. Nun lasse man sich die Schenkel der beiden zulezt genanten Winkel in A schneiden, so ist BAC das gesuchte Dreieck.

Bew. Denn darin ist C = W und die gegebene BC; und weil AB = AD §. 80 so ist AC — AD = FG.

§. 340. Aufg. Es ist ein Kreis um C (136 F.) und 2 Punkte A, B in selbigem gegeben. Man soll einen andern Kreis finden, der durch A und B geht und die Peripherie des ersten halbirt.

Anal. 1) Es sey das verlangte geschehen und 2) D, E die gesuchten Punkte; so muß auch 3) ED ein Durchmesser des vorgegebenen Kreises seyn. Zieht man nun 4) und 5) durch AC eine grade Linie bis an den zweiten Kreis in F; so müste CF die 4te Proportionale zu AC, CE, CD oder weil CE = CD; AC:CD:CF eine stetige Proportion seyn. Hieraus folgt die Konstruktion. Man ziehe einen Halbmesser CE und mache AC:CE = CE:CF §. 231 oder weil CG = CE seyn muß, so errichte man nachdem AC gezogen, CG senkrecht an den gegebenen Kreis, ziehe AG und auf AG ein Loth, bis es die verlängerte AC in F schneidet so ist auch AC:CG:CF. Durch die Punkte A, B und das jezt gefundene F beschreibe man einen Kreis §. 142, so wird lezterer durch A und B gehen und den gegebenen in D und E halbiren.

Bew. Es ist vermöge der Konstr. AC:CG = CG:CF. Da nun im ersten Kreise CG = CE = CD seyn müssen, weil es immer Halbmesser des gegebenen sind, wenn CE, CD an die Durchschnittspunkte gezogen sind; so ist auch AC:CE = CD:CF. Aber diese Proportion gilt nur von zwei ungebrochenen sich in dem Kreise schneidenden Linien also müssen die Punkte E, C, D in einer graden Linie liegen und ED = 2CE muß ein Durchmesser seyn, mithin ist der Kreis um C halbirt.

§. 341. Wenn man sich nach diesen Regeln in der geomet. Analysis dadurch übet, daß man bei jedem vorkommenden Lehrsatz oder Aufgabe in geometr. Büchern ehe man der Verfasser Beweise und Auflösungen lieset, sie auf diesem Wege selbst zu finden sucht, so wird man es bald zu einer Fertigkeit darin bringen, ohne welche keiner ein eigentlicher Geometer ist. Denn sonst könnte man ja in der Geometrie keine Fertigkeit, als durch unwissenschaftliches Auswendiglernen der Beweise erhalten. Freilich je mehr Sätze man weis, je besser, schneller und kürzer geht es mit der Analysis von statten. So waren Euklids Elemente für seine Zeitgenossen nicht allein, sondern auch für die wiederauflebende Wissenschaft eine reiche Erfindungsquelle. Euklides wollte aber besonders für die Aufgaben noch mehreres leisten, und schrieb seine Data. Er will dadurch in vielen Fällen der Analysis gleichsam auf dem halben Wege entgegen kommen, indem er die Sache so vorstellt, daß was aus gewissen gegebenen Stücken von selbst folgt, selbst als ein Datum angesehen werden kan. Wenn mir A gegeben ist, und ich weis einmal aus den Zwischensätzen β, γ, daß mit A sich C bewerkstelligen läßt also mit A, C so gut als selbst gegeben ist, ich suche aber E aus welchem ich durch ε, δ bis auf C zurückkomme, so erspare ich mir die Rückschlüsse auf γ, β weil ich nun schon weis, daß C, mithin auch E durch A bewerkstelligt wird. Liesse sich alles mögliche, was als Datum bei geometr. Aufgaben vorkommen kan, in allen möglichen und zulässigen Verbindungen abzählen, und was daraus sogleich folgt angeben, und ins Gedächtniß fassen oder schnell nachsehen; so würde man in jedem Fall sehr bald den Mittelsaz C finden und nun nur überlegen ob man ihn zu E braucht. So aber kan ich mir doch kaum die Sache anders vorstellen, als daß man durch diese Data einen besonders für die Aufgaben nützlichen Zusatz zu den Ele-

men-

menten erhalten habe, den man so wie diese erlernen muß.

Anm. Uebrigens ist diese Analysis nicht blos auf einzelne Aufgaben und Lehrsätze anwendbar; sondern auch ganze Theorien z. B. die aus 10 Aufgaben und einer Menge Lehnsätzen bestehende von Vieta wieder hergestellte Abhandlung des Apollonius περὶ ἐπαφῶν mag so entstanden seyn; auch ist es sehr unterrichtend, wenn ganze Wissenschaften wenigstens die einzelnen Theorien oder Abschnitte darin analytisch behandelt werden, wovon die ersten Capitel der Röhlschen Astronomie eine trefliche Probe geben

§. 342. Das hier abgehandelte ist an sich nichts anders, als die bei den Alten so berühmte platonische Analysis, welche Pl. nur seine liebsten Schüler soll gelehrt haben. Heutiges Tages findet wenigstens bei den Mathematikern keine solche disciplina arcani mehr statt; sie wünschen nichts so sehr als durch Mittheilung ihre Kenntnisse allgemeiner zu machen und sie durch Deutlichkeit dem gemeinen Menschenverstande näher zu bringen. Der wahre Mathematiker wird sich nun nicht wie eine neuere Schule der spekulativen Philosophie etwas darauf zu gute thun, daß seine Grundwissenschaft oder Wissenschaftslehre endlich unmittheilbar werden würde. Noch muß ich des Mißverstandes wegen bemerken, daß eben diese Herren Synthesis zu nennen scheinen, was seit Plato Analysis hieß und umgekehrt. Uebrigens ist es gewis, daß heutiges Tages der Lehrling dann wirklich zu schnell zur algebraischen Analysis geführt wird, wenn man ihn die geometrische nicht hat genugsam kennen lernen und üben lassen. Diese algebr. Analysis, ihren Unterschied von der geometrischen und ihre Anwendung auf die Geometrie will ich nun noch kürzlich zeigen.

§. 343. Die algebraische Analysis ist darin von der geometrischen wesentlich verschieden, daß man bei lezterer bis ans Ende die Figur nicht aus den Augen läßt, die algebraische im Gegentheil, nachdem sie diejenigen Grössen in der Figur, welche die Aufgabe zu suchen vorleget, oder die unbekanten, mit den Zeichen x, y benent, und ihre Verbindung mit den bekanten nach geometr. Lehren so weit eruirt hat, daß sich eine auf Rechnungsoperationen hinzielende Gleichung darstellen läßt, sofort die Figur ganz aus den Gedanken läßt, und nun nur blos nach den Lehren der Algebra §. 208 A. R. die unbekante Grösse in Ziffern oder allgem. Zahlzeichen, nach einer zum Grunde liegenden oder demnächst in besondern Fällen zu bestimmenden Einheit heraus bringt.

Zwar ist leztere leichter, auch wohl sicherer, auch in ihren Resultaten genauer als die geometrische, da Zeichnungen, besonders etwas verwickelte, um viel mehreres fehlen können, als Rechnungen, denen man jeden Grad der Genauigkeit geben kan. Aber die geometr. Anal. übt mehr den Verstand, und ist selbst bei Erfindung der algebr. Gleichungen nützlich. Nun noch einige Beispiele von beiden bei einerlei Aufgabe.

§ 344. **Aufg. Durch den gegebenen Kreis um C (137 F.) aus einem gegebenen Punkt A eine Linie so zu ziehen, daß der Theil davon im Kreise eine gegebene Grösse FG hat.**

Geom. Anal. Gesezt in der Figur sey BL = FG; so muß CD nach ihrer Mitte D gezogen, die Entfernung von C seyn und alle Sehnen so groß als FG im gegeb. Kreise müssen eben die Entfernung z. E. CK haben, und ein Kreis mit dem Halbmesser CK gezogen muß alle die Sehnen die so groß als FG sind berühren. Dies giebt die

Auflösung und Bew. Man lege HG=FG an einer beliebigen Stelle in den Kreis §. 141, fälle das Loth CK, beschreibe damit um C einen concentrischen Kreis mit erstern und ziehe an leztern Tangenten §. 153 so muß BL = EH = FG seyn

Algebraische Analysis Man kan hier sehr leicht auf verschiedene Wege gerathen. Hätte man AL=AD+DL; so könte man aus dem Mittelpunkt A den Punkt L durch den Halbmesser AL finden. Es sey AC=a, BL=FG=b; CL = r; AD = x so ist AL = $\frac{1}{2}b + x$; CD = $\sqrt{r^2 - \frac{1}{4}b^2}$ Daher $x = \frac{1}{2}b \pm \sqrt{a^2 - r^2 + \frac{1}{4}b^2}$.

Wäre der Analyst aber darauf gefallen, daß ein concentrischer Kreis die Aufgabe auflöse (wie oben gezeigt ist); so sahe er auch gleich, daß CD = $\sqrt{r^2 - \frac{1}{4}b^2}$) ihm den Halbmesser zu einem solchen Kreise gab z. E. wenn r = b = 3" so ist CD = 2,43.

§. 345. **Aufg. Die Hypotenuse AB (138 F.) und der Inhalt eines rechtwinklichten Dreiecks** (das ist eine ihm gleiche gradlinigte Figur oder Quadrat §. 193) **ist gegeben; das Dreieck zu finden.**

Geom. Anal. Gesezt ABC sey das Gesuchte und ihm gleich sey Q (entweder gegeben oder nach §. 193 gemacht);

so

so müste ein Rechteck auf KB = $\frac{1}{2}$ AB, worin man Q nach §. 176 verwandelt hatte, gleiche Höhe mit ACB haben §. 172 und C also in DE ∓ AB liegen. Hieraus folgt die Konstruktion. Aus der Mitte von AB oder aus K beschreibe man einen Halbkreis über AB. Nach §. 176 suche man die 2te Seite eines mit Q gleichen Rechtecks, errichte sie senkrecht aus K in D; ziehe durch D mit AB eine Parallele welche die Kreislinie in C und e schneidet. Die beiden kongruenten △△ BCA und AeB und keine andern über AB erfüllen die Bedingung.

Bew Denn darin ist die gegebene AB und sie sind = KDEB §. 172 = Q §. 176, welches verlangt wurde.

Dies ist durch die geom. Analysis der Alten gefunden. Folgendes ist die

Algebraische Analysis. Man sieht freilich aus geometrischen Gründen da sie auf Geometrie angewandt wird, daß wenn mit AK ein Halbkreis beschrieben wird, jeder Punkt in der Peripherie ein rechtwinklichtes △ über AB giebt. Aber wenn das dem hier verlangten rechtwinkl. Dreieck gleiche Quadrat die Seite a hat, so ist, wenn die Hypotenuse b und die noch unbekante Höhe des Dreiecks x ist, $a^2 = \frac{1}{2} b . x$. (Dies i die Gleichung! also weg die Figur! §. 343) Folglich ist $x = \frac{2a^2}{b}$. Wenn b und a in Zahlen gegeben z. B. a = 10; b = 25; so ist $x = \frac{200}{25} = 8$; welches man (a. b und x nach einerlei Maasstab genommen) aus K bis D senkrecht aufträgt, und durch D die Parallele wie vorhin zieht. Dies ist doch keine Auflösung nach Art der alten Analysis durch blosse Betrachtung der Figur, wie ein neueres Elementarbuch der Mathematik behauptet. Euklides hat so nicht analysirt. Man kan freilich noch grössere Umwege bei der Algebr. Analysis machen. Z. B.

Man kan eben so leicht darauf verfallen, den Inhalt des Dreiecks aus den beiden unbekanten Katheten des rechtw. Dreiecks x und y zu suchen. So wäre 1) $\frac{xy}{2} = a^2$

Nun ist auch

2, $x^2 + y^2 = b^2$. Da nun auch $2xy = 4a^2$; so ist
$b^2 + 4a^2 = x^2 + 2xy + y^2$ und
$b^2 - 4a^2 = x^2 - 2xy + y^2$. Mithin ist
$x + y = \sqrt{(b^2 + 4a^2)}$ und $x - y = \sqrt{(b^2 - 4a^2)}$

 Also

Also wenn man summirt und halbirt; so ist

$$x = \frac{\sqrt{(b^2+4a)} + \sqrt{(b^2-4a^2)}}{2} \text{ und}$$

$$y = \frac{\sqrt{(b^2+4a^2)} - \sqrt{(b^2-4a^2)}}{2}.$$

Diese Formeln muß man berechnen. Denn weil man rechnen nicht construiren wollte, brauchte man die algebraische Analysis. Die geometr. Konstruktionen aus algebr. Gleichungen dienennur die Uebereinstimmung der beiden verschwisterten. Wissenschaften zu zeigen. S. Schwab zu Euklids Data §. 27 und Kästners Anal. endl. Gr. § 307. III

Diese Auflösung giebt eben das vorher bemerkte Lehrbuch und nennt sie die Auflösung einer Aufgabe nach Art der neuern Analysis ohne Figur blos durch algebraische Gleichungen. Meiner Meinung nach sind die Fundamentalgleichungen 1) und 2) so wie immer aus einer Figur, sollte der Analyste sich auch nur die Figur denken, hergeleitet. Der Anfänger thut wohl, sie sich zu entwerfen. Diese meine Ideen finde ich, wo ichs eigentlich nicht suchte, in einem noch viel ausgebreitetern Sinne, durch die Betrachtung, womit unser allgemein verehrter Kästner die 3te Ausgabe seiner Analysis des Unendlichen beschliest, bestätiget.

§. 346. Aufg. Alle 3 Seiten eines Dreiecks ABC (139 F.) sind gegeben; man soll die durchs Loth AD aus einer Winkelspitze A auf der entgegenstehenden Seite BC abgeschnittenen Stücke BD, DC finden. (Blos aus der Vergleichung der Seiten, sonst dürfte man nur das Loth fällen).

Geom. Anal. Gesezt BD, DC seyn diese Stücke, beschreibet man nun mit AC einen Kreis und zieht AE so ist BC : BA + AE(= AC) = BF (= BA − AC) : BG. Aber BC—BG = GC; $\frac{1}{2}$GC = DC und BG + CD = BG + GD = BD.

Konstr. Man mache BE = BA + AC und mit EA = AC beschreibe man einen Kreis. Mit BC schneide man diesen Kreis aus B und ziehe BC, halbire dann GC in D; so sind GD, DC die gesuchten Segmente. Der Beweis ist für sich deutlich.

Sezt man BC = a, BA = b, AC = c, so ist $BG = \frac{(b+c)(b-c)}{a}$. Also $BC - BG = a - \frac{(b+c)(b-c)}{a} = GC$; $\frac{1}{2}GC = CD = \frac{1}{2}a - \frac{(b+c)(b-c)}{2a}$ und BD = BG + GD =

(b+c)

$$\frac{(b+c)(b-c)}{a} + \tfrac{1}{2}a - \frac{(b+c)(b-c)}{2a} = \tfrac{1}{2}a + \frac{(b+c)(b-c)}{2a}.$$

Eben dies giebt die gewöhnliche

Algebr. Analysis. Man sezt BD = x; so ist DC = a — x und $AD^2 = b^2 - x^2 = c^2 - (a-x)^2 = c^2 - a^2 + 2ax - x^2$. Daher $\frac{a^2+b^2-c^2}{2a} = x = \tfrac{1}{2}a + \frac{b^2-c^2}{2a}$ d. i. $x = \tfrac{1}{2}a + \frac{(b+c)(b-c)}{2a}$ und $DC = \tfrac{1}{2}a - \frac{(b+c)(b-c)}{2a}$. Der 2te Theil ist die 4te Prop. zur doppelten Grundlinie, der Summe und Differenz beider übrigen Seiten und wird nach §. 230 gefunden. Dergleichen Konstruktionen lassen sich wenns nöthig ist aus fast allen algebraischen Auflösuugen ableiten; und so kan man oft, wenn die algebraische Analysis auf eine Auflösung führt, nun noch den geometrischen Beweis suchen.

Man sieht hieraus daß die geometr. Analysis hier doch wirklich eben so schnell zum Zweck führte, aber die algebraische giebt auch in Fällen, wo die Konstruktion bei der grösten Behutsamkeit des Zeichners doch für sehr bedeutende Fehler nicht sicherte, die gesuchten Stücke so genau, wie man sie nur verlanget. So sey die Sonne in B, der Mond in A, die Erde in C und BC = a = 25842; BA = b = 25800; AC = c = 75 Erdhalbmesser, und es ist DC d. i. a · x = 42,96505638 Erdhalbmesser. Man hat also bis auf Hundertmilliontheilchen eines Erdhalbmessers d. i. bis auf $\frac{860 . 23661}{100000000}$ Fuß, das will sagen, bis auf einen Decimalzoll eines rheinl. Fußes auf der Entfernung vom Mittelpunkt der Erde die Stelle gefunden, wo unter diesen Umständen das Loth aus dem Mittelp. des Mondes die grade Linie schneidet, die von der Erde Mittelpunkt zum Mittelpunkt der Sonne gedacht wird; und kan noch weiter rechnen. Wie weit bleibt hier die Zeichnung zurück. Und das ist eigentlich der Vortheil der algebr. Rechnung BD ist 25799,03494312 Erdh. wäre c > b d. i. AC > AB so ist BD < $\tfrac{1}{2}$a und wäre AC = AB; so ist BD = DC = $\tfrac{1}{2}$a wie beim gleichschenklichten Dreieck schon aus §. 72. 3. ersichtlich ist. Der Fall selbst kommt bei trigonometrischen Rechnungen wieder vor. Ein sehr ähnlicher Fall ist folgender:

§. 347. Aufg. Die durchs Loth formirten Stücke der Grundlinie BD, DC und die Summe der beiden übrigen Seiten BA + AC = BE sind gegeben. Man soll das Dreieck verzeichnen.

Geom. Anal. Gesezt es wäre BAC das gesuchte Dreieck; so könte man mit AC einen Kreis beschreiben und wenn man AB verlängerte; so wäre BE = BA + AC. Also BE (= BA + AC) : BC = BG (= BC — 2DC) : BF. Dies giebt die

Konstruktion. Auf eine unbegrenzte Linie BM (140 F.) trage man BD, DC, mache DG = DC, errichte aus D das Loth DL. Aus einem Punkt a desselben beschreibe man einen Kreis mit aC; mit BE, schneide man ihn in e und ziehe Be, das auch in f den Kreis schneiden wird, mit $\frac{1}{2}$ef schneide man aus C das Loth in A, ziehe AC und BA; so ist BAC das begehrte Dreieck.

Bew. Es ist darin BD + DC auf der Grundlinie BC. Be ist = BE = BA + AC. Nun ist Be : BC = BG : Bf. Aber auch im lezten Kreise ist AC + AB = BE und BE : BC = BG : BF. Also BF = Bf. Mithin BE (= BA + AC) : BC (= BD + DC) = BG (= BC — 2 DC) : BF wie erforderlich war.

Algebr. Analysis. Es sey BD = a; DC = b; BA + AC = c. Man sucht AB = x, so ist AC = c — x. Also wegen der rechten Winkel bei D ist $x^2 - a^2 = AD^2 = c^2 - 2cx + x^2 - b^2$. Mithin $2cx = c^2 + a^2 - b^2$ und $x = \frac{c^2 + a^2 - b^2}{2c}$ $= \frac{1}{2}c + \frac{(a+b)(a-b)}{2c}$ eine ganz ähnliche Formel welche auch auf die vorige Konstruktion leitet.

§. 348. Aufg. Es sey der Umfang (perimeter) p und der Inhalt a eines rechtwinklichten Dreiecks gegeben; man soll die Grösse jeder einzelnen Seite finden. (141 F.)

Aufl. Es sey BC = x; BA = y; so ist $AC = p - x - y = p - (x + y)$. Also $x^2 = y^2 + (p - (x + y))^2 = 2y^2 + p^2 - 2px - 2py + 2xy + x^2$; oder $2y^2 = 2px + 2py - 2xy - p^2$ d. i. $y^2 = px + py - xy - \frac{p^2}{2}$. Da nun aus der Figur $\frac{1}{2}AB \cdot AC = \frac{1}{2}y\,(p - x - y) = a = \frac{1}{2}py - \frac{1}{2}xy - \frac{1}{2}y^2$, und also $2a = py - xy - y^2$; so ist $y^2 = py - xy - 2a = px + py - xy - \frac{p^2}{2}$

Mithin $px - \frac{p^2}{2} = - 2a$. Also $x = \frac{p^2}{2p} - \frac{2a}{p} = \frac{1}{2}p - \frac{2a}{p}$

Den

Den Werth für x (nachdem er im speciellen Fall in Zahlen berechnet) setzt man in die Gleichung $y^2 = py - xy - 2a$, oder $y^2 + (x-p)y = -2a$, oder da $p > x$, also $x - p$ negativ, ist $y^2 - (p-x)y = -2a$. Also $y = \frac{p-x}{2} \pm \sqrt{\left(\frac{(p-x)^2}{4} - 2a\right)}$. Dies ist blos algebraische Analysis, zwar aus der Figur abgeleitet (also nicht ohne Figur oder Gedanken daran); aber man setzte bald die Figur auf die Seite, und rechnete blos.

Ex. p sey 30. Der Inhalt $30 = a$ giebt die Hypotenuse $15 - \frac{60}{30} = 13$ und $y = \frac{30-13}{2} \pm \sqrt{\left(\frac{17^2}{4} - 60\right)} = \frac{17}{2} \pm \sqrt{\frac{49}{4}} = 8\frac{1}{2} + 3\frac{1}{2} = 12$ und $8\frac{1}{2} - 3\frac{1}{2} = 5$; so daß der doppelte Werth beide Katheten giebt.

§. 349. Aufg. **Wenn (142 F.) der Halbmesser gegeben, die Seite des regulären Zehnecks im Kreise zu finden.**

Aufl. Wenn $AB = x =$ der ges. Polygonseite wäre; so müste $BCA = \frac{4R}{10} = \frac{2}{5}R$ seyn §. 204., Man nehme auf der verlängerten AB die Linie $BD = BC = r$ so ist $ABC = BAC = \frac{(2R - \frac{2}{5}R)}{2} = \frac{4}{5}R$. Daher ist $DCA = \frac{4}{5}R$. Also $\triangle ACB \backsim ADC$ folglich $DA : AC = AC : AB$ oder $r + x : r = r : x$. Also $x^2 + rx = r^2$. Dies giebt §. 231. A. R. $x = -\frac{1}{2}r \pm \sqrt{(r^2 + \frac{1}{4}r^2)} = -\frac{1}{2}r \pm \sqrt{\frac{5}{4}r^2} = r(\frac{1}{2}\sqrt{5} - \frac{1}{2})$.

Z. 1. Wenn $r = 1$; so ist $x = \frac{1}{2}\sqrt{5} - \frac{1}{2} = 0{,}6180340$, welche Zahl mit jedem andern Halbmesser multiplicirt, immer die Seite des zugehörigen Zehnecks giebt.

Z. 2. Es sey $CF = \frac{1}{2}CE = \frac{1}{2}r$ und $CG = r$ auf CF senkrecht; so ist $FG = \sqrt{\frac{5}{4}r^2}$. Wenn also $FH = FG$; so ist $CH = FH - CF = \sqrt{\frac{5}{4}r^2} - \frac{1}{2}r =$ der Seite des Dekagons $= AB$.

Z. 3. Für die Fünfecks-Seite hat man ähnliche Regeln abgeleitet. Allein dies ist hier um so weniger nöthig auszuführen, da die Trigonometrie, was auf Rechnung ankomt, bald viel vollständiger lehren wird. Die Konstruktion des Pentagons erhält man übrigens geom. genau, wenn man die Sehne des doppelten Zehnecksbogens zieht, und die Seiten der Polygone von 20, 40 u. s. w. Seiten durch Halbirung sucht.

§. 350. Die Proportion im vor. §ph $r + x : r = r : x$ giebt auch subtrahendo $x : r = r - x : x$ oder $r : x = x : r - x$. Daher, weil $r = BC = CA$ und $x = CH$ ist; so hat man $CA : CH = CH : HA$. Wenn aber eine grade Linie CA so getheilt ward, daß das grössere Stück die mittlere Proportionale zwischen der ganzen CA und dem kleinern HA abgab, so nanten dies die Alten eine Linie media et extrema ratione oder auch nach stetiger Proportion schneiden. Diese Aufgabe wäre also hier zugleich mit aufgelöset, wenn man sich die ganze Linie als Halbmesser eines Kreises und die med. prop. als die Zehnecks Seite gedenket oder geometr. konstruiret, wie §. 349. Z. 2. Auch ist diese Konstruktion von der Euklidischen, Lib. II prop. 11, nicht eigentlich verschieden. Wenn $GC = CH$ (142 F.) die vorgegebene Linie ist; so errichtet Euklides $CF = \frac{1}{2}GC$ ($= \frac{1}{2}CA$) senkrecht in C, zieht FG, beschreibt mit FC aus F einen Kreis, und schneidet GK auf GC ab. Wer sieht nicht daß hier $CH = GH$ auf $CA = GC$ genommen ist? Denn man könte nun den Beweis für die Euklidische Konstruktion suchen. Es ist nämlich $GL : GC = GC : GK = GL - GC : GC - GK$ §. 266. 4. A. R. Da nun $GM = GK$; $GL - GC = GL - KL = GM$, und $GC - GK = GC - GM = CM$; so ist, $GC : GM = GM : CM$. Hieraus liesse sich nun wieder für das Zehneck, nachdem die Winkel nach §. 349 bestimt waren aus der Proportion $AC : AB = AD : AC$, oder $AC : AB = AB + AC : AC$, $AC - AB : AB = AB : AC$ herleiten; wornach nun des Dekagons Seite erhalten wird, wenn man den Halbmesser nach stetiger Proportion schneidet. Eben so leicht sieht man, daß wenn man nun ein Dreieck, welches 2 Winkel, wie ACB im Zehneck, hat, in einen Kreis legt, nach §. 199 alsdenn der Winkel ACB auf einem Bogen stehen werde, dessen Seite die Fünfecksseite ist, indem der zugehörige Winkel am Mittelpunkt doppelt so groß als der Zehneckswinkel seyn wird. Wenn man mit der Seite des regulären Dreiecks einen Bogen des Kreises, und von leztern wieder einen Bogen mit der Fünfecksseite abschneidet, den Rest, der von ersterm dann übrig bleibt, halbirt; so ist die Sehne dieser Hälfte die Seite des Funfzehnecks. S. Eukl. IV B. 16 S. den des $\triangle$ ecks Seite schneidet $\frac{1}{3} = \frac{5}{15}$ ab; die Fünfecksseite nimt $\frac{1}{5} = \frac{}{15}$ des Kreises weg, so bleiben von $\frac{5}{15}$ noch $\frac{2}{15}$ übrig, deren Hälfte $\frac{1}{15}$ ist. Dies nannten nun im 15ten Jahrhundert die Alten nach den Arabern die Kardaga finden. Doch selten

ten wird die Zeichnung die Genauigkeit der Rechnung geben.

§. 351. Mit dem Schnitt media et extrema ratione muß man die bei den Alten auch berühmte Theiluug einer Linie, welche sie media et extrema ratione proportionalem, auch die harmonische Sektion, nanten, nicht verwechseln. Letztere besteht in der

Aufgabe. Eine gegebene AB (144 F.) so zu theilen, daß die ganze AB sich zu dem einen äussersten Stück CB so verhalte, wie das andere äusserste Stück AD zu dem mittlern. Beide Verhältnisse sollen wie das gegebne X:Y seyn.

Aufl. Unter einem beliebigen Winkel legt man die grössere von den beiden Linien X = AF an AB; legt darauf AE = Y, zieht BF und ED ‡ EF durch D über AB hinaus, bis DG = DE ist; zieht dann GF, welches AB in C schneidet; so ist AB : AD = BC : DC und AB ist harmonisch geschnitten.

Bew. Weil DE ‡ BF, so ist AB : AD = AF : AE = X:Y. Aber es ist auch △ DGC ∽ BCF; weil die Scheitel- und Wechselswinkel gleich sind. Also ist auch BC : DC = BF : DG (= DE) = AF : AE = X : Y. Also AB : AD = BC : DC.

§. 352. Aufg. Von einem Trapezium (§. 89) ABCD (= a^2) (145 F.) ein Stück ABFE von gegebenem Flächeninhalt (b^2) so abzuschneiden, daß die Theilungslinie EF mit den parallelen Seiten AB, DC gleichfalls parallel wird.

Aufl. Es komt nur darauf an, die Höhe x des Trapeziums ABFE = b^2 zu finden, da alsdann die senkrechte Linie EF auf KL, der Aufgabe ein Genüge leisten würde. Man nimt an, das abzuschneidende Trapezium = b^2 liege an der kürzern Parallelseite von ABCD = a^2. Verlängert man die übrigen Seiten DA, CB, bis sie sich in G schneiden; so sey AB = d; DC = c, und es wird, wenn man GH senkrecht auf CD zieht, AB davon in K, und die gesuchte EF in L geschnitten. Nun sey KH = h; GK = z; so ist das Dreieck AGB = $\frac{1}{2}$dz. Es sey EF = u; so ist $a^2 + \frac{1}{2}dz : b^2 + \frac{1}{2}dz = c^2 : u^2$. Ferner wenn GL = w; so ist $z + h : c = w : u$ und $u = \frac{cw}{z+h}$. Mithin $a + \frac{1}{2}dz : b^2 + \frac{1}{2}dz$

$= c^2 : \frac{c^2w^2}{(z+h)^2} = 1 : \frac{w^2}{(z+h)^2}$, oder $w = \pm (z+h) \sqrt{\frac{b^2 + \frac{1}{2}dz}{a^2 + \frac{1}{2}dz}}$

und $KL = x = \pm (z+h) \sqrt{\frac{b^2 + \frac{1}{2}dz}{a^2 + \frac{1}{2}dz}} - z$. Hier ist nur

noch

noch z zu bestimmen. Es ist aber $c:d = h+z:z$; daher $cz - dz = dh$ und $z = \frac{dh}{c-d}$. Z. B. Es sey $AB = d = 40$; $DC = c = 80$; $h = 60$, also $a^2 = 3600$, $b^2 = 1500$; so ist $z = \frac{2400}{40} = 60$. Also $x = KL = 120\sqrt{\frac{1500 + 20.60}{3600 + 20.60}} - 60$ oder $KL = 120\sqrt{\frac{9}{16}} - 60 = 90 - 60 = 30$. Für irrationale oder sonst nicht so bequeme Zahlen bedient man sich am besten der Logarithmen. Denn es ist $lz = ld + l.h - l(c-d)$ und $lw = l(z+h) + \frac{1}{2}l(b^2 + \frac{1}{2}dz) - l(a^2 + \frac{1}{2}dz)$; da denn von der zu lw gehörigen Zahl nur noch z abzuziehen ist.

Z. 1. Wäre ein an $c > d$ liegendes Stück $DEFC = m^2$ abzuschneiden; so wäre doch $ABCD = DEFC - ABFE$ oder $a^2 - m^2 = b^2$, welches man also nach der Seite $AB = d$ zu wegnähme, so würde der Rest $= m^2 = DEFC$.

Z. 2. In der Formel $x = \pm(z+h)\sqrt{\frac{b^2 + \frac{1}{2}dz}{a^2 + \frac{1}{2}dz}} - z$ bedeutet der negative Werth, daß oberhalb K über G hinaus, d. i. auf der negativen Seite, ein dergl. Trapez liegen könne, wo der gesuchte Punkt auf HG vom Anfangspunkt K um $-(KG(z) + GL(w))$ entfernt seyn würde.

§. 353. Pr. Anm. Dieses ist die allgemeinste Auflösung der Aufgabe, ein Feld nach irgend einem vorgegebenen Verhältniß zu theilen. Z. B. Von dem in Grund gelegten Felde AP (146 F.) soll ein vorgeschriebenes Stück parallel mit dem grösten Querdurchschnitt DI abgeschnitten werden. Man messe und berechne den Inhalt des Ganzen, nachdem man AP nach §. 173 durch Parallellinien mit DI, die senkrecht auf einer äussern ag stehen, in die Räume I, II, III u. s. w. eingetheilt hat, folgendermassen.

Es ist

$ML = 160°l < al = 13;\ ab = 66:\ lb = 53$
$BS = 231 < ac = 170;\ bc = 104$
$CR = 247 < ak = 188;\ ck = 18$
$NK = 255 < ad = 335;\ kd = 147$
$DI = 395 < ah = 4\ 2;\ dh = 147$
$OH = 333 < ae = 508;\ he = 26$
$EQ = 299 < ag = 586;\ eg = 78$

Nun sey das abzuschneidende Stück 311 Morgen = 55980 Q. R. so ist von A nach P, I — IV 39945, fehlen noch 16035. Diese müssen von V noch abgenommen werden. Mithin ist hier

Also Dr. I = 210
Trap. II = 10361
I + II = 105 1
Tr. III = 24856
I bis III = 35427
Tr. IV = 4518
I — IV = 39945
Tr. V = 47775
I — V = 87710
Tr. VI = 53508
I vI = 141218
Tr. VII = 8216
I — VII = 149434
Dr. VIII = 11661
Inh. der Fig. = 161095
= 894 M. 175 R.

$NK = d = 255;\ DI = c = 395;\ Kd = h = 147;\ V = a^2 = 47775;$
$b^2 = 26036$

Nun ist $l\,d = 2{,}4065402$
$l\,h = 2{,}\ 673173$
$4{,}5738575$
$l(c-d) = 2{,}1461280$
$l\,z = 2{,}4277295$
oder $z = 267{,}75$
und $z + h = 414{,}75$
$\frac{1}{2}d \cdot z = 34138$

$l(z+h) = 2{,}6177864$
$\frac{1}{2}l(b^2 + \frac{1}{2}dz) = 2{,}\ 502350$
$4{,}96802\ 4$
$\frac{1}{2}l(a^2 + \frac{1}{2}dz) = 2{,}4566737$
$l\,w = 2{,}5113477$
$w = 324{,}60$
$w - y = 46{,}85$

So groß KW genommen wird und w ‡ YDI schneidet die 311 Morgen ab.

§. 354. Aufg. Die homologe Seite ab (81. 82 F.) einer jeden Flächen Figur zu finden, die einer andern ähnlich seyn und dieselbe nmal enthalten soll, wo n eine ganze Zahl und einen Bruch bedeuten kan.

Aufl. Die homologe Seite (beim Kreise der Durchmesser, Halbmesser, Sehne) der gesuchten Figur sey AB so ist $ab = AB \cdot \sqrt{n}$.

Bew. Aehnliche Figuren verhalten sich wie $AB^2 : ab^2$. Soll nun diejenige, deren Seite ab man sucht, nmal diejenige enthalten, deren dem ab homologe Seite = AB ist, so ist $AB^2 : ab^2 = 1 : n$. Mithin $n \cdot AB^2 = ab^2$ und $ab = AB\sqrt{n}$.

Soll also die Figur, deren Seite man sucht 2, 3, 4 mal oder $\frac{1}{2}, \frac{1}{3}, \frac{1}{4}$ mal der vorgegebenen betragen, so ist wenn $AB = a$; $ab = x$ gesezt wird; x resp. = $a\sqrt{2}$, $a\sqrt{3}$, $a\sqrt{4}$
$a : \sqrt{2}$,

$\frac{a}{\sqrt{2}}, \frac{a}{\sqrt{3}}, \frac{a}{\sqrt{4}}$ oder bei der Verjüngung $\frac{a\sqrt{2}}{2}, \frac{a\sqrt{3}}{3}, \frac{a\sqrt{4}}{4}\left(= \frac{1}{2}a\right)$.

§. 355. Pr. Anm. Hierin liegt der Grund vom Vergrössern und Verjüngen der Figuren oder Grundrisse. Soll ein Grundriß nmal grösser oder kleiner als ein vorgelegter nach dem Flächeninhalte werden, so mißt man eine Seite z. E. AB = a auf dem verjüngten Maasstabe. Sie sey z. E. 50 Ruthen. Gesezt sie geben in Theilen des Maasstabes 564; So macht man

Im Fall der Vergrösserung		Im Fall der Verjüngung	
Für n=2	$x=564.\sqrt{2}=564.1,414=797\frac{1}{2}$	Für $n=\frac{1}{2}$	$x=\frac{564 . 1,414}{2} = 398,75$
n=3	$x=564.\sqrt{3}=564.1,732=976,8$	$n=\frac{1}{3}$	$x=\frac{564 . 1,732}{3} = 325.6$
n=4 etc.	$x=564.\sqrt{4}= 2.564 = 1128$ u. s. w.	$n=\frac{1}{4}$	$x=\frac{564 . \sqrt{4}}{4} = 282$

Die gefundenen vom verjüngten Maasstab genommenen Grössen theile man nun in 50 Theile; so hat man eine Ruthe zum neuen Maasstabe; wornach man nun alles übrige abtragen kan. Man kan auch gleich vom verj. Maas die Länge der neuen Ruthe abnehmen z. B. für $n=\frac{1}{2}$ ist $\frac{1}{50}x=7,97=8$ beinahe auf dem verj. Maasst.; welches man also als Ruthe auftragen kan.

§. 356. Pr. Anm. Die praktischen Hülfsmittel zur Verhältnißmässigen Vergrösserung und Verkleinerung der Figuren können hier nur kurz angezeiget werden.

1. Daß man sich des verjüngten Maasstabes dazu bedienen könne, ist an sich klar. Besonders wenn an einem solchen Maasstabe wie so leicht geschehen kan von dem Künstler Eintheilungen angebracht sind die ein bestimtes Verhältniß z. B. 4, 2, 1 gegeneinander haben. Denn so braucht man, wenn etwa der Flächeninhalt der abzutragenden Figur 4mal kleiner seyn soll nur jede Seite und Diagonallinie des vorliegenden Grundrisses auf einem der grössern Maaße zu messen

messen, in der verjüngten Figur aber nur eben die Zahl von dem nächst kleinern Maasstabe abzutragen.

II. Hat man im vorigen §ph sich für die kleine Figur einen Maasstab von eben so viel (z. B. von 50) Ruthen verschaft als bei der grossen Figur waren (oder umgekehrt) so kan man den ganzen neuen Maasstab zwischen die Zirkelspitzen fassen und zwischen die Punkte 50, 100, 200 eines (richtigen) Proportionalzirkels, den man alsdann unverrükt so stehen lässet, spannen. Nun kan man die Zahl, welche man für eine Linie der grossen Figur nach ihrem Maasstabe findet, gehörig von dem zur bestimten Verkleinerung gestellten Proportionalzirkel nehmen, und so die homologen in eben der Ordnung in den verjüngten Grundriß eintragen. Ist eine Doppellinie (unter dem Namen Plana, les Plans) aus dem Instrument, deren Theile sich wie die Quadratwurzeln von 1, 2, 3 u. s. w. verhalten, so ist die Operation noch leichter u. s. w. Aber man muß sich recht von der Güte seines Instruments überzeugt haben.

III. Der Reduktionszirkel (Byrgische Prop. Zirkel) beruhet auf noch einfacherm Grunde. Eine Hülse läßt sich an 2 eingetheilten an beiden Seiten mit Spitzen versehenen (metallenen) Stangen so verschieben, daß die beiden Enden jedes Verhältniß gegen einander bekommen, mithin also, wenn die beiden Endspitzen auf einer Seite eine Linie AB fassen, und man alsdenn das Instrument fest schraubt, die entgegenstehenden die Linie AB$\sqrt{n}$ in dem Sinne des vorigen §ph zwischen sich halten, und also AB, nmal vergrössert oder verjüngt aufgetragen werden kann u. s. w. Das Instrument ist noch fehlsamer als no. II.

IV. Noch weniger ist zu genauen geometr. Reduktionen der Storchschnabel zu empfehlen. Weil er aber doch viel gebraucht wird, wo man nur scheinbare Aehnlichkeit sucht, muß ich meinem Plan gemäß doch wol die Gründe worauf dies Instrument gebaut ist, und die Methode wie man sich seiner bedient, kürzlich berühren. Es besteht aus 4 Linialen ab, de, ef, bc, (147 F) welche in gleichen Distanzen durchbohrt sind. Am Endpunkte c von bc sey eine Bleiplatte oder ein Stift, womit dieser Punkt auf dem Papier festgestellt werden kan, um welchen als um einen Mittelpunkt jedoch bc beweglich ist.

ist. In b sind die beiden Endpunkte von cb und ab um eine gemeinschaftliche Axe gleichfalls beweglich. Sind nun die beiden übrigen Liniale so verbunden, wie die Figur zeigt; so daß dbfe einen Rhombus macht, und man sezt in a einen stumpfen Stift, in e eine Bleifeder ein, und führt den Stift bei a an dem Umriß einer Figur herum; so wird die Bleifeder auf einem unter e gelegten Papier die Figur verkleinert darstellen, so daß jede Seitenlinie halb so groß mithin ihr Flächeninhalt ¼ so groß, als im Original ist. Sezt man den Stift in e, die Bleifeder in a, so wird der unter e liegende Riß in eben der Proportion vergrössert. Macht man e zum festen Punkt, und sezt den Stift in c die Bleifeder in a; so wird der Riß gleich groß. Man kan die Vergrösserung und Verkleinerung auch nach andern Verhältnissen einrichten, wenn man den Durchschnittspunkt näher an e und d näher an b bringt; nur muß auch de = bf; fe = db bleiben, welches, wie man wol sieht, leicht zu erhalten ist, wenn nur die Löcher in gleichen Entfernungen gebohrt sind.

V. Bekant ist noch die Methode durch gleiche oder in dem Verhältniß $\sqrt{n}:1$ ihrer Seiten eingetheilte Quadrate das Original und das Kopirblatt gleichsam wie mit einem Netze zu überlegen, welches alsdenn noch eher den leztern Namen verdient, wenn man sich stat der Bleilinien subtiler Kreuzfäden dazu bedient. Man trägt nun in den Quadraten der Kopie dasjenige was in den gleichnamigen oder gleichzahligen des Originals befindlich ist, entweder blos nach einem geübten Augenmaas, oder man nimt die merkwürdigsten Punkte nach ihrer Entfernung von der untern Grenzlinie und den darauf linker Hand stehenden Lothen, oder man läßt das Netz gar weg, legt aber nach den zum Original und zur Kopie gehörigen Maasstäben eingetheilte Liniale auf den Riß, woran man eben so verhältnißmäßig eingetheilte rechtwinklichte hölzerne Dreiecke verschiebet. Die Operation beruht auf eben den Principien, wie §. 258, indem man auf dem festliegenden Linial die Abscissen auf dem beweglichen die Ordinaten nimt.

VI. Ueber das bloße Kopiren mit einer feinen Kopirnadel, mit dem dreiarmigen Zirkel, durch die Glasscheibe durch mit Oel getränktes oder geschwärztes Papier läßt sich weiter nichts wissenschaftliches sagen.

Der

Der Elementar-Geometrie
Ersten Theils
Zweites Hauptstück.
Die ebene Trigonometrie.

§. 1.
Einleitung.

Wenn von einem Dreiecke 3 Stücke, worunter eine Seite seyn muß, gemessen sind; so läßt sich freilich überhaupt betrachtet, dasselbe jederzeit, wenn man anders die Winkel genau genug darstellen kan, nach einem verjüngten Maaße in Grund legen, und die nicht unmittelbar gemessenen Stücke bestimmen sich nun von selbst; so daß die nicht unmittelbar gemessenen Winkel eben so groß wie in der Natur werden, den Linien aber eben die Zahl im großen Maaße zukomt, welche ihre, von dem Papier genommene Länge auf dem verjüngten Maasstabe angiebt. Allein ausser in dem Fall, wenn die Winkel auf dem Meßtisch sich durch die Operation wie von selbst verzeichnen, hat man keine weit reichende Mittel Winkel von allen Graden aufzutragen. Auch der Meßtisch gilt nur für Operationen die nicht ins Weite gehen. Besonders aber wenn in einem Dreieck eine Linie oder ein Winkel gegen die übrigen sehr klein ist; so wird die Verzeichnung, in einem hohen Grade trüglich. Z. E. mag ein Dreieck dienen, dessen Grundlinie eine Sehne ne oder auch der Halbmesser und Durchmesser eines grösten Kreises der Erdkugel ist, dessen andere beiden Seiten aber in den Mittelpunkt der Sonne, oder nur des Mondes zusammen laufen sollen. Es ist fast unmöglich, auch bei dem kleinsten angenommenen Maasstabe es zu verzeichnen oder doch so zu zeichuen, daß man wegen des Durchschnittspunktes der an einander streifenden meist parallelen Distanzlinien nur eine erträgliche Gewisheit hätte. Eine Wissenschaft zu ersinnen, wodurch man, wenn die 3 erforderlichen Stücke eines Dreiecks mit möglichster Genauigkeit (bis auf Minuten, ja wol gar Sekunden) gemessen, gegeben oder sonst gefunden wären, die übrigen auch ohne Zeichnung durch eine sichere Rechnung eben so genau bestimmen könte; wäre für die Mathematik ein grosser Gewinst. Sie ist erfunden und heißt **Trigonometrie** und zwar **ebne**, in so fern sie nur mit Figuren, die in einer Ebene liegen oder gedacht werden, sich beschäftiget.

§. 2. Anm. Die Astronomen hat ihr Bedürfniß zuerst auf die Gründe der Trigonometrie geleitet. Bei Ptolomäus, Almagest 1 Buch 7 Kap. findet man die erste Spur. (Freilich Behufs der Dreiecke auf einer Kugelfläche). Als sie nur erst weit genug ausgearbeitet war, sahe man bald ihren Nutzen bei andern Anwendungen der Mathematik selbst beim Feldmessen, wobei im Grossen ohne sie nichts richtiges geleistet werden kan.

§. 3. Um jedes Dreieck ABD (148 F.) läßt sich ein Kreis beschreiben §. 197. Seine Seiten sind alsdenn Sehnen des Kreises, und also Sehnen der Bogen, worauf die Winkel des Dreiecks (hier die Peripherien Winkel des Kreises) stehen. Nun hat jeder Bogen seine zugehörige Sehne, und beide ihren zugehörigen Peripherienwinkel und Centriwinkel, der das doppelte des Peripherienwinkels ist.

Diese

Diese Bogen und also auch die Sehnen haben zum Halbmesser des jedesmal umschriebenen Kreises immer einerlei Verhältniß. Nennt man also den Halbmesser 1, das heißt: nimt man ihn zur Einheit an; so kan jede Sehne als eine Zahl zwischen 1 und 2 gedacht werden. Denn der Durchmesser = 2 ist die gröste Sehne für den Bogen und Winkel von 180°; die Sehne von 60° = 1; von 90° = $\sqrt{2}$ = 1,414.. Wäre der Halbmesser 10. 100... 10000 Millionen; so lägen diese Zahlen zwischen 10 und 20; 100 und 200; 10000 und 20000 Millionen. Die Dreiecks Seiten sind also wirklich die Sehnen von Winkeln die doppelt so groß als die im Dreieck gegenüberstehenden sind, wenn man sie auf den Halbmesser des umschriebenen Kreises beziehet.

§. 4. Lehrsatz. **Die Seiten eines Dreiecks ABD verhalten sich wie die Sehnen oder wie die halben Sehnen (also auch die für sie aus dem Halbm. 1 gefundenen Zahlen) und, wenn man diese halben Sehnen Sinus nennt, wie die Sinus der gegenüberstehenden Winkel.**

Bew. Aus den Winkeln des △ ABD ziehe man AC, BC, DC; darauf nehme man verhältnißmäßige Theile aC, bC, dC und ziehe abd; so ist der Halbmesser CD oder Cd; $BD:AD = \frac{BD}{CD}:\frac{AD}{CD} = \frac{bc}{Cd}:\frac{ad}{Cd} = \frac{\frac{1}{2}BD}{CD}:\frac{\frac{1}{2}AD}{CD} = \frac{\frac{1}{2}bd}{Cd}:\frac{\frac{1}{2}ad}{Cd} = \frac{1}{2}BD:\frac{1}{2}AD = \frac{1}{2}bd:\frac{1}{2}ad$ d. i. $= BG:HD = bg:hd$.

Z. Eine solche halbe Sehne wie BG, hat man wirklich den Sinus von BAD = ½BCD = BCG genannt. Hätte man also für Sehne oder Sinus der Winkel A,B,D ein für allemal die Zahlen gefunden, welche ihr Verhältniß gegen den Halbmesser des zugehörigen Kreises (als 1) angeben; z. E. n, m, p, und wären sie in einer Tabelle mit den Graden, Minuten u. s. w. der Winkel einander gegenüber gesetzt; so könte, wenn man von 2 Seiten BD, AD und 2 Winkeln eines Dreiecks 3 Stücke wüste, immer das 4te durch Rechnung gefunden werden. Denn es wäre z. B. $\frac{m.AD}{n} = BD : \frac{m.AD}{BD} = m$, wo man die Zahl m dem zugehörigen Winkel in der Tafel gegenüber fünde.

§. 5. Jede gradlinigte Figur ist aus △△ zusammengesezt. Hiernächst bestimmen sich Bogen und Winkel, Sehnen und Sinus, wechselseitig. Für jede Zahl gehört ferner ein Logarithme. Also könte man auch für die Sehnen- und Sinus-Zahlen die Logarithmen nach §. 304. A. R. suchen und sich deren zur Verkürzung der Rechnung bedienen. Dies giebt eine Uebersicht wie weit die Trigonometrie reicht, obgleich der Nahme nur von Dreiecken hergenommen ist.

§. 6. Eigentlich geschieht durch dieses Aufsuchen der Zahlen für die Sinus weiter nichts, als daß man sich zur Abkürzung der Rechnung ein für allemal Zahlen berechnet, die in allen Fällen gelten (numeros constantes), um dadurch nun alles unbekante zu berechnen. Dergleichen waren bei der Kreisrechnung 3,14159; 0,785398; u. m. §. 304 bis 315 Geom. So ist also die Trigonometrie eine weitere Anwendung der Zahlenrechenkunst auf Geometrie.

§. 7. Anm. Die Alten fingen erst an, sich die Sehnen zu berechnen. Später nahm man stat der ganzen Sehnen die halben oder Sinus S. Ptolem. a. O. Peurbach de chordis et sinubus und Regiomontans compositio tabularum sinuum 1541 fol. Nachmals hat man noch mehr Linien im und am Kreise, die sich ebenfalls wie die Halbmesser verhalten betrachtet. Man sieht also im Ganzen, wie und zu was für Absichten das nun folgende System aufgeführt ist.

I. Be-

I. Begriffe von den trigonometrischen Linien.

§ 8. I. Mit beliebiger Oefnung des Zirkels, beschreibe man um die Spitze C (149 F.) eines spitzen Winkels ACB oder eines stumpfen ACb einen Kreis. Ein Bogen desselben AB oder Ab liegt nun zwischen den Schenkeln des Winkels ACB oder ACb. Eine aus B oder b, wo der eine Schenkel CB oder Cb vom Bogen geschnitten wird, auf die **Richtung** des andern Schenkels AC, hier des Durchmessers AK senkrecht gezogene Linie BD oder bd heist der **Sinus** des Bogens AB oder Ab, und des Winkels ACB oder ACb.

Anm. Auch ohne den Kreis würde eine Linie aus B und b auf angegebene Art gezogen, der Sinus des Winkels ACB, ACb heissen. Man bezieht die Linien aber am besten gleich auf Kreisbogen mit, da sich Bogen und Winkel einander bestimmen.

II. Errichtet man aus C den Halbmesser CF senkrecht; so ist BCF des Winkels ACB, bCF des Winkels ACb **Unterschied** von R. Daher sind die Perpendikularen BE, bE die Sinus dieser Unterschiede. Man sieht daß BE = CD; bE = dC sey. Diese Entfernungen der Punkte D und d, wo der Sinus die Richtung des andern Schenkels AC schneidet, von der Spitze des Winkels oder dem Mittelpunkt C heist nun der Sinus des Unterschiedes des Winkels ACB oder ACb von R, kürzer: in Beziehung auf den ersten Winkel und Bogen der **Cosinus** von ACB, ACb oder von den Bogen AB, Ab.

III. Man ziehe an den Endpunkten der auf einander senkrechten Halbmesser CA, CF Berührungslinien des Kreises. Verlängert man nun die Schenkel CB, Cb: so werden sie die an A dem Punkt, wo der Kreis den zweiten Schenkel AC schneidet, gezogene

Berührungslinie in G und g schneiden. Die abgeschnittenen Stücke AG, Ag (hier nun keine unbestimte Linien mehr) heissen **Tangenten** von ACB, ACb oder ihren Bogen; die an F gezogene Berührungslinie wird von CB in H und von Cb in h geschnitten. Es wären also FH und Fh Tangenten der Unterschiede beider Winkel von R oder beider Bogen von einem Quadranten. Sie heissen daher in Beziehung auf ACB, ACb oder AB und Ab die **Cotangenten**.

IV. Die nun hierdurch auch bestimten Stücke der verlängerten Linien CB und Cb, nämlich: CG, Cg und CH, Ch erhalten auch eine auf ähnliche Art geformte Benennung. Die beiden ersten heissen **Sekanten**; die leztern **Cosekanten**.

V. Die Entfernung der Punkte D und d von dem Endpunkte A, an welchem die Berührungslinie, worauf die Tangenten liegen, gezogen worden, das ist die Linien DA, dA heissen die **Quersinus** (sinus versus, sagitta der Alten) der Winkel ACB, ACb, oder der Bogen AB, Ab. Der Quersinus FE des Unterschiedes des vorgegebenen Bogens oder Winkels von R oder dem Quadranten heißt der **Cosinus versus** oder **Quercosinus** von ACB u. s. w.

§. 9. Anm. So viel sieht man nun überhaupt schon, daß nicht nur der Sinus sondern alle diese Linien, welche die trigonometrischen heissen, sich verändern, wenn ein anderer Winkel oder Bogen angenommen wird, und umgekehrt, das ist: die trigon. Linien und die Winkel und Bogen sind Grössen von der Art, daß wechselsweise, wenn man die eine wüste, man damit auch die andere wissen würde; welches aber noch genauer zu entwickeln ist.

§. 10. Wenn man, wie es nach §. 121. 122 Ar. zuläßig ist, die trigonometrischen Linien, welche über dem Durchmesser AK nach F hinaus, und auf der

Seite

Seite des Durchmessers FL nach A hinausliegen, positiv, die eine entgegengesezte Lage haben, negativ nennet; überhaupt, wenn man die Lage dieser Linien, so wie sie sich bei dem spitzen Winkel darstellen, für die positive, die entgegengesezte für die negative annimt; so läßt sich das behaupten, was folgende Tabelle kurz zu übersehen giebt. Der Winkel oder Bogen heisse α, der Halbmesser r. Das Zeichen ∞ bedeutet unendlich d. i, was grösser ist als jede noch angebliche Grösse; max. heist unter allen möglichen Wehrten der gröste; min. unter allen der kleinste.

Nennt man BC den beweglichen, CA den festliegenden Schenkel des Winkels oder Halbmesser des Kreises und läßt sich BC um C nachdem man ihn zuerst auf CA gelegt hat allmählich um den Mittelpunkt C drehen und von CA entfernen, so werden sich alle Sätze der Tabelle aus den eben angenommenen Voraussetzungen und den §. 8 gegebenen Begriffen der trigonometrischen Linien rechtfertigen lassen.

Wehrte von α	$\alpha = 0$	α wächst von 0 bis 90	$\alpha = 90^{\circ}$	α wächst von 90 bis 180°	$\alpha = 180^{\circ}$
Sinus	0	wächst	r max.	nimt ab; ist positiv	0
Cosinus	rmax.	nimt ab	0	wächst; ist negativ	—rmax.neg.
Tangente	0	wächst über alle Gränzē.	∞	nimt ab; ist negativ	0
Cotang.	∞	nimt ab	0	wächst; ist negativ	∞
Sekante	r min.	wächst über alle Gränzē.	∞	nimt ab; ist negativ	r min.
Cosekante	∞	nimt ab	r min.	wird > r, ist positiv	∞
Quersinus	0	wächst	r	wird > r, ist positiv	2 r max.
Quercosin	r	nimt ab	0 min.	wächst positiv	r max.

lauter positive Wehrte

§. 11. Uebrigens sieht man, daß die Wehrte der trigonometrischen Linien den Quercosinus ausgenommen (wovon unten), wenn sie bis auf 0 herunter gesunken, oder bis ∞ gestiegen, zwar wieder endlich werden, aber die entgegengesezte Lage bekommen. Haben sie im Gegentheil nur ein maximum oder minimum erreicht, so neh-

nehmen sie nachmals zwar ab oder zu, bleiben aber noch positiv oder negativ, wie sie vorher waren.

§. 12. Nun kan man sich auch vorstellen, daß selbst der Winkel oder Bogen α, wenn sich der bewegliche Halbmesser unterhalb CB dreht d. i. eine der vorigen entgegengesezte Lage bekomt, negativ wird. Alsdenn sollte nach eben der Analogie, wenn man linker Hand noch eine Columne beifügen wollte, der Sinus negativ wachsen, der Cosinus abnehmen, aber positiv bleiben; die Tangente negativ wachsen, die Cotangente negativ abnehmen, die Sekante positiv wachsen, die Cosekante negativ abnehmen, der Quersinus negativ wachsen. Da in der Figur der Winkel ACβ einen solchen negativen Winkel vorstellt; so lassen sich von ihm alle diese Säze auch an der Figur zeigen. Bei der Sekante muß hier ihre Lage gegen FL nicht gegen AK betrachtet werden; und gegen FL ist es dieselbige. Vom Quersinus denke ich müste sein Werth für ACB $=$ o als ein minimum angesehen werden, da er alsdenn positiv der Analogie nach wachsen muß.

§. 13. Die Untersuchung der Veränderungen der trigonometrischen Linien für die Fälle, wenn $\alpha > 180^\circ$ ist, weil doch die Dreiecke, worauf alles zurückgeführt wird, keine erhabene oder einwärtsgehende Winkel haben können, hier noch nicht so nöthig. Sie folgt indessen aus §. 11. Denn so wird für 180 bis 270 Grad, aus dem Sinus der aus dem positiven o geworden war, etwas negatives bis $-$r; aus dem cos 180 $= -$r ein abnehmender negativer Cosinus bis o; aus der Tangente, die negativ bis o gesunken war, eine positive Tangente bis ∞; aus der Sekante die auf dem negativen Wege ein kleinstes r min. geworden war, eine negativ wachsende Grösse bis $-\infty$.

§. 14. **Zu solchen Winkeln und Bogen, die einander zu 180° ergänzen, gehören, wenn man** den

den einzigen Quersinus ausnimt, einerlei trigonometrische Linien der absoluten Grösse nach.

Bew. Wenn Bb auf CF senkrecht (149 F.), so ist BCF = bCF = 90° − bCK = 90° − ACB; daher bCK = ACB = α. Mithin, ist ACb = 180 − bCK = 180 − ACB = 180 − α, d. i. die Winkel ACB und ACb ergänzen einander zu 180°. Weil nun Dr. BCD = Dr. bCd §. 94 Pl. so ist BD = bd; CD = Cd d. i. Sinus und Cosinus sind gleich. Aber der Quersinus von ACb ist um den doppelten Cosinus grösser als AD. Weil Dr. ACG = Dr. ACg indem ACg = bCK = ACG so ist AG = Ag, CG = Cg d. i. die Tangenten und Sekanten gleich, und weil Dr. FCH = FCh §. 116 Pl.; so sind FH = Fh; CH = Ch d. i. Cotangenten und Cosekanten gleich. Auch haben beide den gleichen Quercosinus FE. Nur sind wegen des vor. §. der Cosinus, die Tangente, Sekante und Cotangente des stumpfen Winkels negativ.

§. 15. **Alle trigonometrische Linien (150 F.) von einerlei Namen, die zu einerlei Winkel oder Bogen gehören verhalten sich wie die Halbmesser der Kreise, in welchen man sie ziehet.**

Bew. Aus der Aehnlichkeit der Dreiecke, die man hier leicht sieht, folgt, wenn AC = R; aC = r heißt;
Cb : CB = r : R = bd : BD d. i. wie die Sinus.
Ca : CA = r : R = ag : AG, d. i. wie die Tangenten.
Cb : CB = r : R = Cd : CD, d. i. wie die Cosinus.
Cf : CF = r : R = fh : FH, d. i. wie die Cotangenten.
Ca : CA = r : R = Cg : CG, wie die Sekanten.
Cf : CF = r : R = Ch : CH wie die Cosekanten.

Endlich

Ca : CA = Cb : CB = Cd : CD. Folglich
Ca : CA = r : R = Ca − Cd : CA − CD = da : DA
wie die Quersinus.

 Man

Man sieht aus dem vor. §. daß der für jeden spitzen Winkel geltende Beweis auch für jeden stumpfen, der seine Ergänzung zu 180° ist, zutreffen müsse.

§. 16. Da ferner aus dem Beweise des vor. §phs r:R = bd:BD = ag:AG; so ist bd:ag = BD:AG; aus welcher Betrachtung erhellet, wie man den Beweis führen müsse, daß trigonometrische Linien von verschiedenen Namen, die zu einerlei Winkel gehören, einerlei Verhältniß gegen einander behalten, wenn gleich der Halbmesser sich verändert.

§. 17. Aus §. 15 folgt, daß $\sin ACB = \frac{BD}{CA} = \frac{bd}{ca}$; $\text{tang}\ ACB = \frac{AG}{CA} = \frac{ag}{ca}$ sey u. s. w. d. i. daß den trigonometrischen Linien die zu einerlei Bogen oder Winkel gehören immer einerlei Verhältniß gegen den Halbmesser zukomt, oder daß sie immer gleich viel Theile von jedem Halbmesser, worauf man sie beziehet, enthalten. Wenn man daher den Halbmesser zum Maasstab annimt, so kann man immer fragen, wie vielmal die trigonom. Linien diesen Maasstab oder aliquote Theile desselben enthalten. Setzen wir also den Halbmesser = 1 und den Bogen oder Winkel = α: so sollen nun $\sin\alpha$, $\cos\alpha$, $\text{tang}\,\alpha$, $\cot\alpha$, $\sec\alpha$, $\cos\alpha$, $\sin\text{vers}\,\alpha$, $\cos\text{vers}\,\alpha$ zur Abkürzung die trigonometrischen Linien bedeuten, welche für den Winkel oder Bogen α gehören, wenn der Halbmesser = 1 ist.

Hierbei bemerke man nun auch ein für allemal, daß, weil $\sin\alpha$, $\text{tang}\,\alpha$ u. d. gl. bestimte Zahlengrössen bedeuten $\sin\alpha^2$, $\sec\alpha^2$ nun nicht etwa den Sinus vom Quadrat des Bogens α, sondern das Quadrat derjenigen Zahlengrösse bedeutet, welche in Vergleichung mit einem Halbmesser = 1 für den Sinus des Bogens oder Winkels α gefun-

gefunden ist. Dies vorausgesezt, wird es nicht nöthig seyn $(\sin\alpha)^2$; $(\cos\alpha)^2$ zu schreiben.

§ 18. **Aufg. Aus dem gegebenen Sinus eines Winkels ACB (149 F.) oder Bogens AB $= \alpha$, die übrigen trigonometrischen Linien zu finden, wenn der Halbmesser $= 1$ ist.**

Aufl. In der Figur ist nun $AC = 1$; $BD = \sin\alpha$; $CD = \cos\alpha$; $AG = \tan\alpha$; $FH = \cot\alpha$; $CG = \sec\alpha$; $CH = \operatorname{cosec}\alpha$; $AD = \sin\operatorname{vers}\alpha$; $FE = \cos\operatorname{vers}\alpha$, und wenn der stumpfe Winkel $ACb = 180 - \alpha$: so ist $Ad = \sin\operatorname{vers}(180-\alpha)$.

Weil nun BCD ein rechtwinklichtes Dreieck; so ist 1) $\cos\alpha = \sqrt{(1-\sin\alpha^2)}$; überhaupt ist 2) $\sin\alpha^2 + \cos\alpha^2 = 1$; Daher auch 3) $\sin\alpha = \sqrt{1-\cos\alpha^2}$.

Weil ferner $CD:DB = CA:AG$ d. i. $\cos\alpha : \sin\alpha = 1 : \tan\alpha$; so ist 4) $\tan\alpha = \frac{\sin\alpha}{\cos\alpha}$, woraus auch 5) $\cos\alpha = \frac{\sin\alpha}{\tan\alpha}$ folget. Aus dem $\cos\alpha$ hat man auch 6) $\sin\operatorname{vers}\alpha = 1 - \cos\alpha$, und für den stumpfen Winkel 7) $\sin\operatorname{vers}(180-\alpha) = 1 + \cos\alpha$. Auch ist 8) $\cos\operatorname{vers}\alpha = 1 - \sin\alpha$.

Da auch Dr. ACG ∽ Dr. CFH; so hat man aus der Tangente die Cotangente. Denn es ist $\tan\alpha : 1 = 1 : \cot\alpha$; folglich 9) $\cot\alpha = \frac{1}{\tan\alpha}$ und da $\tan\alpha = \frac{\sin\alpha}{\cos\alpha}$ nach 4); so ist durch Substitution 10) $\cot\alpha = \frac{\cos\alpha}{\sin\alpha}$. Auch ist 11) $1 = \cot\alpha \tan\alpha$ oder das Rechteck aus der Tangente und Cotangente dem Quadrate des Radius gleich und 12) $\tan\alpha = \frac{1}{\cot\alpha}$.

Weil

Weil ferner ACG ein rechtwinklichtes Dreieck; so ist 13) $\sec\alpha = \sqrt{1+\tan\alpha^2}$, und eben so: weil CHF ein rechtwinklichtes Dreieck ist, so hat man 14) $\operatorname{cosec}\alpha = \sqrt{(1+\cot\alpha^2)}$. Aber weil auch CAG ∽ CDB; so ist $\cos\alpha : 1 = 1 : \sec\alpha$ d. i. 15) $\sec\alpha = \frac{1}{\cos\alpha}$; woraus auch 16) $1 = \cos\alpha . \sec\alpha$ und 17) $\cos\alpha = \frac{1}{\sec\alpha}$ folget. Eben so, weil CHF ∽ CDB; so ist $\sin\alpha : 1 = 1 : \operatorname{cosec}\alpha$ d. i. 18) $\operatorname{cosec}\alpha = \frac{1}{\sin\alpha}$ und 19) $1 = \sin\alpha . \operatorname{cosec}\alpha$ wie auch 20) $\sin\alpha = \frac{1}{\operatorname{cosec}\alpha}$.

Anm. Die 8 Gleichungen 1.4.6.7.8.9.13.14 sind an sich hinreichend die Behauptung, daß aus dem Sinus und Halbmesser sich alle übrigen trigonom. Linien herleiten lassen zu beweisen; die übrigen Nummern sind aber für die Folge ebenfalls bemerkenswehrt.

§. 19. Z. 1. Wenn der Cosinus negativ wird, wie dieses bei dem stumpfen Winkel stat findet; so werden auch wenn man unter α den stumpfen Winkel versteht, $\tan\alpha = \frac{\sin\alpha}{-\cos\alpha}$, und so auch $\cot\alpha = \frac{-\cos\alpha}{\sin\alpha} = \frac{1}{-\tan\alpha}$ $\sec\alpha = \frac{1}{-\cos\alpha}$ aber nicht die Cosecante $= \frac{1}{\sin\alpha}$ negativ, wie oben §. 10 schon aus der Betrachtung der Figur erhellte. Selbst ist dann $\sin \operatorname{vers} \alpha = 1 - (-\cos\alpha) = 1 + \cos\alpha$; so daß überhaupt betrachtet, diese Formeln auch für den stumpfen Winkel anwendbar sind. Für den negativen Winkel folgt aus $-\sin\alpha$; $\frac{-\sin\alpha}{\cos\alpha}$;

$\cos\alpha$

$\frac{\cos\alpha}{-\sin\alpha}$; $\frac{1}{-\sin\alpha}$ daß Tangente, Cotangente und Cosecante des negativen Winkels negativ sind.

Auch die übrigen Sätze des 10 §phs lassen sich nun blos aus dem Calcul ohne Figur ableiten. Es entsteht die Tabelle

	$\alpha = 0$ $\sin\alpha = 0$	$\alpha = 90°$ $\sin\alpha = 1\,(r)$	$\alpha = 180°$ $\sin\alpha = 0$	$\alpha = 270°$ $\sin\alpha = -1$
$\cos\alpha =$	$\pm\sqrt{(1-\sin\alpha^2)} = 1(r)$	$\pm\sqrt{(1-1)} = 0$	$\pm\sqrt{(1-1)} = -1$	$\pm\sqrt{(1-1)} = -0$
$\tan\alpha =$	$\frac{\sin\alpha}{\cos\alpha} = \frac{0}{1} = 0$	$\frac{1}{0} = +\infty$	$\frac{0}{-1} = -0$	$\frac{-1}{-0} = +\infty$
$\cot\alpha =$	$\frac{\cos\alpha}{\sin\alpha} = \frac{1}{0} = \infty$	$\frac{0}{1} = -0$	$\frac{-1}{0} = -\infty$	$\frac{-0}{-1} = +0$
$\sec\alpha =$	$\frac{1}{\cos\alpha} = \frac{1}{1} = 1(r)$	$\frac{1}{0} = +\infty$	$\frac{1}{-1} = -1$	$\frac{1}{-0} = -\infty$
$\mathrm{cosec}\,\alpha =$	$\frac{1}{\sin\alpha} = \frac{1}{0} = \infty$	$\frac{1}{1} = +1$	$\frac{1}{0} = +\infty$	$\frac{1}{-1} = -1$

Bei der Tabelle bemerke ich, daß weil der Quotient desto grösser wird, je kleiner der Divisor, er unendlich groß werden müsse, wenn der Divisor unter jede angebliche Grösse sinkt, daher sezt man $\frac{1}{0} =$ Die Ausdrücke $+0$, $+\infty$, -0, $-\infty$ zeigen an, ob die Wehrte aus dem positiven oder negativen Zustande in 0 und ∞ übergegangen sind. Nun sieht man auch, wenn man §. 10 bis §. 13 vergleicht, was sie beim Durchgang durch jeden folgenden Quadranten seyn müsten.

§. 21. Z. 2. Es sey ein anderer Halbmesser $= r$; so hat man, wenn S den Sinus des Winkels α für diesen Halbmesser bedeutet; $1 : r = \sin\alpha : S$. §. 17. Daher ist der Sinus für den Halbmesser r oder $S = r\sin\alpha$. Daraus folgt, daß wenn man den Sinus und aus ihm nach §. 18 die Wehrte aller übrigen trigonometrischen Linien gefun=

gefunden hätte, man sie auch für jeden andern Halbmesser brauchen könne wenn, man sie nur mit diesem andern Halbmesser multiplicirt.

§. 22. Für den Halbmesser 1 ist der Sinus des rechten Winkels = 1; für jeden andern Halbmesser r ist dieser Sinus = r. §. 10. Grösser kan der Sinus nicht werden: daher nennt man ihn in dem Fall den **ganzen Sinus** (sinus totus). Auch weil für alle übrigen Winkel wenigstens alsdenn, wenn der Halbmesser = 1 ist, die Sinus eigentliche Brüche sind. **Auch ist noch die Tangente von 45° = 1 wenn der Halbmesser 1.** Denn wenn ACG = α = 45°; so ist im rechtwinklichten Dreieck ACG auch AGC = 45°; mithin AG = AC d. i. tang α = 1. Also sind auch die Tangenten für weniger als 45° eigentliche Brüche; über 45° gehen sie die Wehrte aller uneigentlichen Brüche und ganzen Zahlen bis ins unendliche durch §. 10.

Anm. Es wird hier ein für allemal bemerket, daß wenn fernerhin in den allgem. trigonometrischen Sätzen nur eins der Wörter Winkel oder Bogen gebraucht wird, auch das andere mit zu verstehen ist.

II. Trigonometrische Sätze, nebst deren Anwendung auf die Berechnung der Tafeln.

§. 23. I. **Der Sinus eines Winkels ist die halbe Sehne, des doppelten Winkels.**

Bew. Es sey ACB (151 F.) der einfache Winkel, BD sein Sinus. Man verlängere BD nach E so ist BD = $\frac{1}{2}$BE und BE ist die Sehne des Winkels BCE = 2ACB. Also ist

II. **Die Sehne eines Winkels wie BCE der doppelte Sinus seiner Hälfte oder des Winkels $\frac{1}{2}$BCE = ACB in der Figur.**

§. 24.

§. 24. **Der Sinus von 30° ist $\frac{1}{2} = 0,5$.** Denn die Sehne von 60° = 1; weil sie die Seite eines im Kreise, dessen Halbmesser = 1, beschriebenen Sechsecks ist. Da ferner die Sehne von 90° = $\sqrt{1+1} = \sqrt{2}$ = 1,4142136 ist; so ist sin 45° = 0,7070305 und da nach §. 349 Pl. die Zehnecksseite d. i. die Sehne von 36° wenn 1 der Radius = 0,6180340 ist; so haben wir sin 18° = 0,3090170. Für den Halbmesser 10000000 ist daher nach §. 21 sin 30° = 5000000; sin 45° = 7070305; sin 18° = 3090170. Da wir nun noch aus §. 304 Pl. über dem aus der halben Seite des Zwölfecks sin 15° = 0,2588190; aus der gefund. Seite des 24Ecks sin 7° 30 = 0,130525, jedoch nicht mehr ganz richtig haben, weil nicht scharf genug gerechnet worden, so übersieht man blos so viel, daß man mit zu Hülfenehmung der Formel $b = \sqrt{2 - \sqrt{1 - \frac{1}{4}a^2}}$ §. 304 Pl. wo a die gefundene Seite eines Polygons von n Seiten oder die Sehne bedeutet, immer die Seite eines Polygons von 2n Seiten und durchs Halbiren den Sinus des halben Centriwinkels finden konnte. So führt uns sin 18° auf sin 9°; sin 4° 30′; sin 2° 15; und sin 45° auf sin 22° 30; sin 11° 15 u. s. w.

Wie man nun zu etwas vollständigerm hierin gekommen, soll nun genauer erörtert werden. Der folgende Lehrsatz ist zwar schon §. 4 der Einleitung vorgekommen, wird aber hier wiederholt, um ihn als den der Trigonometrie ganz zum Grunde liegenden Lehrsatz nun auch bei einem stumpfwinklichten Dreieck zu zeigen.

§. 25. **Die Seiten eines Dreiecks ABD (152 F.) verhalten sich wie die Sinus der gegenüber stehenden Winkel.**

Bew. Um das Dreieck ABD beschreibe man einen Kreis §. 197 Pl. Nun ist AD : DB = $\frac{1}{2}$AD : $\frac{1}{2}$DB. Da nun AD die Sehne von ACD; so ist $\frac{1}{2}$AD = sin $\frac{1}{2}$ACD: und weil $\frac{1}{2}$ACD = ABD; so ist $\frac{1}{2}$AD = sin ABD. Eben

so

so findet man $\frac{1}{2}DB = \sin BAD$. Daher ist $AD:DB = \sin ABD : \sin BAD$. Es ist gleichfalls $\frac{1}{2}AB = \sin ACE$, wenn ACE ein Winkel am Mittelpunkt, der auf dem halben Bogen AEB stehet, also $ACE = ADB$ ist. Mithin ist $\frac{1}{2}AB = \sin ADB$. Folglich auch $AD:AB = \frac{1}{2}AD:\frac{1}{2}AB = \sin ABD : \sin ADB$.

Anm. Der Satz sagt eigentlich: Die Seiten eines Dreiecks verhalten sich wie ihre Hälften und diese Hälften sind, (wenn der Halbmesser des um das Dreieck zu beschreibenden Kreises zum Maasstab oder zum Sinus eines rechten Winkels genommen wird) die Sinus der gegenüber stehenden Winkel. Also —

§. 26. Aufg. Wenn von den 3 Stücken: der Grundlinie AB (153 F.), der Seite AC und dem Sinus des halben Winkels an der Spitze ACB eines gleichschenklichten Dreiecks ABC 2 Stücke gegeben sind, das 3te zu finden.

Aufl. Es sey $AB = b$; $AC = a$; $ACB = \alpha$; man ziehe CD auf b senkrecht: so ist $DB = \frac{1}{2}b = AD$; folglich $a:\frac{1}{2}b = \sin ADC : \sin \frac{1}{2}\alpha$, oder da $ADC = R$; $a:\frac{1}{2}b = 1:\sin\frac{1}{2}\alpha$. §. 22. Folglich ist I. $\sin\frac{1}{2}\alpha = \frac{b}{2a}$ II. $b = 2a\sin\frac{1}{2}\alpha$, III. $a = \frac{b}{2\sin\frac{1}{2}\alpha}$.

§. 27. Es ist $\sin B = \cos\frac{1}{2}\alpha$ §. 8. II. Daher ist $\cos\frac{1}{2}\alpha : \sin\alpha = a:b$ und $b = \frac{a\sin\alpha}{\cos\frac{1}{2}\alpha}$.

§. 28. Aufg. Wenn der Sinus und Cosinus des halben Winkels gegeben ist, den Sinus des ganzen Winkels zu finden.

Aufl. Nach §. 26 ist $2a\sin\frac{1}{2}\alpha = b = \frac{a\sin\alpha}{\cos\frac{1}{2}\alpha}$

Daher $\sin\alpha = 2\sin\frac{1}{2}\alpha\cos\frac{1}{2}\alpha$.

§. 29. 3. Daher wenn $\frac{1}{2}\alpha = \beta$; so ist $\alpha = 2\beta$; folglich $\sin 2\beta = 2 \sin \beta . \cos \beta$. d. i. der Sinus des doppelten Winkels ist das doppelte Produkt aus dem Sinus in den Cosinus des einfachen.

§. 30. Aufg. Aus dem gegebenen Cosinus des ganzen Winkels, den Sinus und Cosinus seiner Hälfte zu finden.

Aufl. Wenn dieselbe Figur und dieselben Benennungen wie im vorigen beibehalten werden; so ist Dr. AFB ∽ CDB. Denn bei F und D sind rechte Winkel, und B ist gemeinschaftlich. Daher FB : AB = BD : CB. Nun ist BD : CB = $\sin \frac{1}{2}\alpha : 1$, wenn der Halbmesser = 1 gesezt wird. Ferner ist FB : AB = CB — CF : 2BD. Aber wenn CA = CB = 1 als dem zu ACB = α gehörigen Halbmesser gesezt werden; so ist CB — BF : 2BD = $1 - \cos \alpha : 2 \sin \frac{1}{2}\alpha = \sin \frac{1}{2}\alpha : 1$.

Folglich ist $(\sin \frac{1}{2}\alpha)^2 = \frac{1 - \cos \alpha}{2}$ und

I. $\sin \frac{1}{2}\alpha = \sqrt{\frac{1 - \cos \alpha}{2}}$. Aber es ist nach §. 18. 1)

$\cos \frac{1}{2}\alpha = \sqrt{(1 - \sin \frac{1}{2}\alpha^2)}$. Folglich ist

$$\cos \frac{1}{2}\alpha = \sqrt{1 - \frac{1 - \cos \alpha}{2}}$$

$$= \sqrt{\frac{2 - 1 + \cos \alpha}{2}}; \text{ daher}$$

II. $\cos \frac{1}{2}\alpha = \sqrt{\frac{1 + \cos \alpha}{2}}$.

3. Aus I. folgt $\sin \alpha = \sqrt{\frac{1 - \cos 2\alpha}{2}}$.

Aus $\sin \frac{1}{2}\alpha^2 = \frac{1 - \cos \alpha}{2}$ folgt auch $2(\sin \frac{1}{2}\alpha)^2$

 = 1

$=1-\cos\alpha$; und $\cos\alpha = 1-(2\sin\frac{1}{2}\alpha)^2$. Endlich aus II. ist $\cos\alpha = \sqrt{\frac{1+\cos 2\alpha}{2}}$ auch $\cos\frac{1}{2}\alpha^2 = \frac{1+\cos\alpha}{2}$.

§. 31. Außer sin tot $=1$; tang $45° = 1$ §. 22 und sin $30° = \frac{1}{2}$ §. 24 lassen sich für keine andere trigonometrische Linien rationale Ausdrücke finden. Man hat daher den Weg wählen müssen, diese irrationalen Größen durch Annäherung so genau als es zum Behuf der bei den trigon. Rechnungen beabsichteten Genauigkeit z. B. bis auf 10 oder 10000 Milliontheilchen des Halbmessers erforderlich seyn kan, zu bestimmen. Dazu sind nun an sich die im vorigen Sphen gezeigten Formeln allerdings brauchbar, woraus man die Sinus und Cosinus für eine Minute, um daraus wie die Folge zeigen wird, alle übrigen zusammen zu setzen, auf folgende Art herleiten könte.

Der Sinus und Cosinus des rechten Winkels giebt den Sinus und Cosinus seiner Hälfte oder von $45° = \sqrt{\frac{1}{2}}$. Denn sin $90° = 1$ §. 22; cos $90° = 0$ §. 10. Daher wenn $\alpha = 90°$; so ist nach §. 30; $\sin\frac{1}{2}\alpha = \sqrt{\frac{1-\cos 90°}{2}}$

$= \sqrt{\frac{1-0}{2}} = \sqrt{\frac{1}{2}} = \sin 45°$; daher auch $\cos 45°$ $= \sqrt{\frac{1}{2}}$ §. 8. II. Es ist also

$\cos\frac{1}{2}R = \sqrt{\frac{1}{2}} = \frac{1}{2}\sqrt{2}$ §. 191. A. R. $= 0{,}7071067811865475$

Ferner ist nun

$$\cos\frac{1}{4}R = \sqrt{\frac{1+\cos\frac{1}{2}R}{2}} = 0{,}9238795325112867$$

Wenn man so fortfähret; so findet man endlich

$\cos\frac{1}{1024}R = 0{,}99999882345170109$

$\cos\frac{1}{2048}R = 0{,}9999997058628822\,19$

$\cos\frac{1}{4096}R = 0{,}9999999264657178\,51$

$\cos\frac{1}{8192}R = 0{,}9999999816164292\,9380$

Hier=

Hieraus findet man mittelst der Regel $\sin\frac{1}{2}\alpha = \sqrt{\frac{1-\cos\alpha}{2}}$ die Sinus der 3 lezten Winkel. Es ist nämlich

$\sin\frac{1}{2048}R = 0{,}000766990322$

$\sin\frac{1}{4096}R = 0{,}0003834951875$

$\sin\frac{1}{8192}R = 0{,}0001917475973$

§. 32. Der Unterschied eines Kreisbogens α von seinem zugehörigen Sinus ist nicht so groß, als der Unterschied der Sehne des doppelt so großen Bogens 2α von dem Sinus von 2α. Oder $\alpha - \sin\alpha < chord\, 2\alpha - \sin 2\alpha$. **In der Figur 151** Bog. AB — BD < BE — BH.

Bew. Es war $\tan\alpha = \frac{\sin\alpha}{\cos\alpha}$ §. 18. 4) und $\sin 2\alpha = 2\sin\alpha . \cos\alpha$ §. 29 oder $\cos\alpha = \frac{\sin 2\alpha}{2\sin\alpha}$; daher $\tan\alpha = \frac{2\sin\alpha^2}{\sin 2\alpha}$. Dies giebt $\tan\alpha - \sin\alpha = \frac{2\sin\alpha^2 - \sin 2\alpha \sin\alpha}{\sin 2\alpha}$ $= (2\sin\alpha - \sin 2\alpha) \times \frac{\sin\alpha}{\sin 2\alpha} = (chord\, 2\alpha - \sin 2\alpha)$ $\times \frac{\sin\alpha}{\sin 2\alpha}$. Der zweite Faktor ist für $\alpha < 45°$ ein eigentlicher Bruch. Daher $\tan\alpha - \sin\alpha < chord\, 2\alpha - \sin 2\alpha$.

Es ist aber $\alpha < \tan\alpha$ §. 211 Pl.

Daher ist $\alpha - \sin\alpha < \tan\alpha - \sin\alpha$

Also noch vielmehr $\alpha - \sin\alpha < chord 2\alpha - \sin 2\alpha$

Sezt man nun nun $\alpha = \frac{1}{8192}Q$, wo Q einen Quadranten vorstellet: so ist, weil $chord\, 2\alpha = 2\sin\alpha$ §. 23. II; $chord\, 2\alpha = 2\sin\frac{1}{8192}Q$ und $\sin 2\alpha = \sin\frac{1}{4096}Q$. Mithin $chord 2\alpha - \sin 2\alpha = 0{,}00000000000071$. Sezt man $\beta = \frac{1}{4096}Q$ so ist $chord\, 2\beta - \sin 2\beta = 0{,}000000000000053$. Beide Unterschiede betragen noch kein völliges hunderttausend Milliontheilchen des Halbmessers.

messers. Der Unterschied $\alpha - \sin\alpha$ oder der Bogen $\frac{1}{8192}Q$ und $\frac{1}{4096}Q$ von ihren Sinus ist noch geringer, und so muß auch ein dazwischen liegender Bogen z. E. $\frac{1}{5400}Q = 1$ Minute von seinem Sinus auch nun kein völliges Hunderttausendmilliontheilchen des Halbmessers verschieden seyn. Daher ist erstlich der oben für $\sin\frac{1}{8192}Q$ gefundene Wehrt bis auf die 10te Decimalstelle auch der Wehrt des Bogens, und zweitens verhalten sich so kleine Bogen, wie diese Zahlen. Man kan daher die für den zwischenliegenden Bogen $\frac{1}{5400}R = 1'$ und zugleich für seinen Sinus gehörige Zahl durch die Proportions-Regel bis auf die 10te Decimalstelle finden. Es ist aber $\frac{1}{8192} : \frac{1}{5400} = 0{,}0001917476 : 0{,}0002908881$. Folglich ist Arc. $1' = \sin 1' = 0{,}0002908881$; da dann $\cos 1' = \sqrt{1 - \sin 1'^2}$ §. 18. 1) auch so fort gefunden wird.

§. 33. Ich habe diese Schlüsse aus der genauesten Theorie abzuleiten gesucht, und besonders war es nöthig, sich möglichst von dem lezten Satze zu überzeugen, daß so kleine Bogen von ihren Sinus um keine solche Theile mehr verschieden sind als in den bis auf 7 oder 10 Ziffern berechneten Tabellen vorkommen. Legt man aber dies zum Grunde; so findet man, nachdem man die Ludolphische Zahl hat; viel leichter den Arc $1' = \sin 1'$ dadurch, daß man die Zahl π, welche den Halbkreis d. i. $180 \times 60 = 10800'$ im Längen Maaß für den Halbmesser $= 1$ ausdrücket, mit lezter Zahl dividirt. So erhält man unmittelbar $0{,}0002908881 = \sin 1'$ und $\cos 1' = 1 - 2(\sin\frac{1}{2}\alpha)^2$. Denn nun ist $\sin\frac{1}{2}\alpha = 0{,}00014544405$, welches eine bequemere Rechnung und den $\cos 1' = 0{,}9999999576920 64$ giebt.

§. 34. Man sieht nun deutlich, daß die Bogen von 0 bis $60'' = 1$ Minute in noch kleinern Theilen von ihren Sinus verschieden seyn müssen. Findet man

also

also $\frac{0,0002908881}{60} = 0,0000048481$; so hat man den Bogen und Sinus von einer Secunde und diese Zahl mit 2, 3, 4 . . . 59 multiplicirt giebt die Sinus für jede Anzahl Secunden und den Wehrt der Bogen selbst bis zu einer Minute.

Daß man nun aus $\sin 2\alpha = 2 \sin\alpha . \cos\alpha$ §. 29. den Sinus und Cosinus von 2 Minuten u. s. w. von 4, 8, 16.. Minuten berechnen könne ist offenbar; aber nicht für $2+1$, $4+1$, $4+3$ Minuten u. d. gl. Also ist noch erforderlich

§. 35. Aufg. Aus dem Sinus und mit ihm §. 18. gegebenen Cosinus zweier Winkel, $ACB = \alpha$ und $BCD = \beta$ I. den Sinus und Cosinus ihrer Summe und II. ihres Unterschiedes (in den Figuren DF und CF) zu finden.

Aufl. I. Es sey BE (154 F.) auf AC; DG auf BC senkrecht; so ist wenn $AC = CB = 1$, $BE = \sin\alpha$; $CE = \cos\alpha$; $DG = \sin\beta$; $CG = \cos\beta$. Wenn nun auch DF senkrecht auf AC; so ist $DF = \sin(\alpha+\beta)$, und $FC = \cos(\alpha+\beta)$. Man ziehe noch GH senkrecht auf AC, und GK senkrecht auf DF: so ist 1. $\sin(\alpha+\beta) = DF = DK + KF = DK + GH$. Nun ist $CB:CG = BE:GH$ oder $1 : \cos\beta = \sin\alpha : GH$ d. i. $GH = \sin\alpha . \cos\beta$. Ferner, weil Dr. LCF ∽ GKL ∽ DGK §. 239 Pl. so ist auch DGK ∽ BCE. Daher ist $CB:CE = DG:DK$ oder $1 : \cos\alpha = \sin\beta : DK$ d. i. $DK = \cos\alpha . \sin\beta$. Folglich $\sin(\alpha+\beta) = \sin\alpha . \cos\beta + \cos\alpha . \sin\beta$. 2. Es ist $\cos(\alpha+\beta) = CH - HF = CH - GK$. Da nun $CB:CG = CE:CH$ oder $1 : \cos\beta = \cos\alpha : CH$; so ist $CH = \cos\alpha . \cos\beta$. Auch ist $BC:BE = DG:GK$ oder $1 : \sin\alpha = \sin\beta : GK$; also ist $GK = \sin\alpha . \sin\beta$. Daher $\cos(\alpha+\beta) = \cos\alpha . \cos\beta - \sin\alpha . \sin\beta$.

II. In der 155 Fig. sind gleichfalls die senkrechten Linien BE $= \sin\alpha$; CE $= \cos\alpha$; DG $= \sin\beta$; CG $= \cos\beta$. Also ist auch 1. DF $= \sin(\alpha - \beta) =$ KF $-$ KD $=$ GH $-$ KD. Da nun CB $(=1)$: CG $(= \cos\beta)$ $=$ BE $(= \sin\alpha)$: GH; so ist GH $= \sin\alpha . \cos\beta$ und weil auch hier GKD ∽ LCF ∽ BCE; so ist CB $(=1)$: CE $(= \cos\alpha) =$ DG $(= \sin\beta)$: KD d. i. KD $= \cos\alpha . \sin\beta$. Folglich ist $\sin(\alpha - \beta) = \sin\alpha . \cos\beta - \cos\alpha . \sin\beta$. 2. $\cos(\alpha - \beta) =$ CF $=$ CH $+$ HF $=$ CH $+$ KG. Aber $1 : \cos\beta = \cos\alpha :$ (CH $= \cos\alpha . \cos\beta$), und $1 : \sin\alpha = \sin\beta :$ (KG $= \sin\alpha . \sin\beta$). Folglich $\cos(\alpha - \beta) = \cos\alpha . \cos\beta + \sin\alpha . \sin\beta$.

§. 36. Z. Sezt man $\alpha = \beta$; so folgt hieraus $\sin 2\alpha = 2\sin\alpha . \cos\alpha$ wie oben §. 29; $\cos 2\alpha = \cos\alpha^2 - \sin\alpha^2$; $\sin(\alpha - \alpha) = \sin 0° = 0$, wie sich von selbst versteht; $\cos(\alpha - \alpha) = \cos 0° = \cos\alpha^2 + \sin\alpha^2 = 1$, wie auch schon vorher gezeigt ist.

§. 37. Da §. 32, 33 gezeiget ist, wie man $\sin 1'$ und $\cos 1'$ gefunden habe; so ist nun zu übersehen, daß die Formeln des 35 oder 36 §phs $\sin 2' = \sin(1' + 1')$; und so auch $\cos 2''$; ferner der 35 §. $\sin 3' = \sin(2 + 1)'$ und $\cos 3'$, kurz die Sinus und Cosinus aller Winkel von Minute zu Minute bis zu 45° geben werden; da alsdenn alle mit einander wegen §. 8. II. und §. 13. 14 gefunden sind. Sobald $\sin(\alpha + \beta)$ gefunden; hat man auch $\sqrt{(1 - \sin(\alpha + \beta)^2)} = \cos(\alpha + \beta)$. Aber diese beschwerliche Arbeit ließ sich durch folgende Betrachtung um $\frac{1}{3}$ verkürzen:

Es war $\sin(\alpha + \beta) = \sin\alpha . \cos\beta + \cos\alpha . \sin\beta$
$\sin(\alpha - \beta) = \sin\alpha . \cos\beta - \cos\alpha . \sin\beta$
Daher $\sin(\alpha + \beta) + \sin(\alpha - \beta) = 2\sin\alpha . \cos\beta$.

Ferner war $\cos(\alpha - \beta) = \cos\alpha . \cos\beta + \sin\alpha . \sin\beta$
und $\cos(\alpha + \beta) = \cos\alpha . \cos\beta - \sin\alpha . \sin\beta$
Daher $\cos(\alpha - \beta) - \cos(\alpha + \beta) = 2\sin\alpha . \sin\beta$

Nun ist nach §. 24 wenn $\alpha = 30°$; $\sin\alpha = \frac{1}{2}$

Folg-

Folglich $\sin(30^\circ + \beta) + \sin(30^\circ - \beta) = \cos\beta$
und $\cos(30^\circ - \beta) - \cos(30^\circ + \beta) = \sin\beta$
Daher ist $\sin(30^\circ + \beta) = \cos\beta - \sin(30^\circ - \beta)$
und $\cos(30^\circ + \beta) = \cos(30^\circ - \beta) - \sin\beta$
Wenn man solchergestalt alle Sinus und Cosinus von 1' bis 30° gefunden hat; so ist z. E. wenn $\beta = 1'$ gesezt wird $\sin(30^\circ + 1') = \cos 1' - \sin 29^\circ 59'$ und $\cos(30^\circ + 1') = \cos 29^\circ 59' - \sin 1'$ und so weiter bis 45°, so daß man das fehlende durch eine bloße Subtraktion finden kan.

Die übrigen trigonometrischen Linien für jeden Winkel und Bogen ergeben sich nun aus den im 18 Sph gefundenen Ausdrücken; $\operatorname{tang}\alpha = \frac{\sin\alpha}{\cos\alpha}$; $\cot\alpha = \frac{\cos\alpha}{\sin\alpha} = \frac{1}{\operatorname{tg}\alpha}$; $\sec\alpha = \frac{1}{\cos\alpha}$; $\operatorname{cosec}\alpha = \frac{1}{\sin\alpha}$; $\sin v.\alpha = 1 - \cos\alpha$; $\cos v.\alpha = 1 - \sin\alpha$.

Anm. In den zulezt gefundenen Formeln liegt auch die Regel, welche man vor der Erfindung der Logarithmen Prostaphäresis nante. Denn da z. E. $\sin\alpha \sin\beta = \frac{1}{2}(\cos(\alpha - \beta) - \cos(\alpha + \beta))$ so verwandelt sich die Multiplication vielziffrigter Zahlen in bloße Addition oder Subtraktion und Halbirung.

§. 38. Aber bei den Tafeln, welche den Canon der Sinus und übrigen trigonometrischen Linien ausmachen, hat man nicht den Halbmesser 1; sondern wie unten die Geschichte der Trigonom. umständlicher erzählen wird, ihn bald zu 6, bald zu 10, bald zu 10000 Millionen, ja sogar zu 1000 Billionen angenommen. So stehen denn auch die trigonometrischen Linien in solchen T. als ganze Zahlen z. B.

$\sin 1' = 290888206865$; $\sin 18^\circ = 309016994374947$ in Trig Brit.
$= 2908882$ — — — $= 3090169944$ Brigg.
$= 2909$ — — — — $= 3090170$ — — in Handtabellen.

 Blos

Blos in **Schulzens** Tafeln sind diese Grössen auf den Halbmesser 1 bezogen, also alle Sinus eigentl. 10 theilige Brüche §. 22 u. s. w. Man findet bei ihm auch noch Cosinus, Tangenten, Cotangenten, Secanten und Cosecanten. **Sherwin** hat noch Quersinus. Die neuern **Calletschen** und **Vegaschen** enthalten die trigonometr. Linien gar nicht, sondern nur ihre Logarithmen. Alle kleinere Tabellen haben die Zahlen bis auf 7 Decimalstellen aus den grössern genommen, daher ist die 7te manchmal um 1 grösser, wenn die achte Ziffer in den grössern >5 war. Solche grössere sind Pitisci thesaurus, Rhaetici Opus Palatinum; Trigonometr. Britannica, in welcher leztern stat Minuten $\frac{1}{100}$ Grad berechnet sind.

§. 39. Aus dem gesagten folgt nun, daß Verwirrung zu vermeiden, man sichere Regeln haben müsse eins auf das andere zu bringen. Wenn nun nach §. 17 fest steht, daß $\sin\alpha$, $\mathrm{tg}\,\alpha$ u. s. w. diese Grössen bedeuten, wenn der Radius 1 ist, und nun $\sin\mathrm{tab}\,\alpha$, $\mathrm{tg}\,\mathrm{tab}\,\alpha$ eine solche Linie in irgend einer Tafel, die auf einen andern Halbmesser berechnet ist, bedeutet, welcher Rechnungshalbmesser zum Unterschied von jedem andern r, mit ϱ angedeutet werden soll; so folgt, daß nicht nur I nach §. 24 $\varrho\sin\alpha = \sin\mathrm{tab}\,\alpha$; $\varrho\,\mathrm{tg}\,\alpha = \mathrm{tg}\,\mathrm{tab}\,\alpha$; sondern auch hinwiederum $\frac{\sin\mathrm{tab}\,\alpha}{\varrho} = \sin\alpha$; $\frac{\cos\mathrm{tab}\,\alpha}{\varrho} = \cos\alpha$; $\frac{\sec\mathrm{tab}\,\alpha}{\varrho} = \sec\alpha$ sey; weswegen also bei den Schulzischen Tafeln das Zeichen der Einheit um 7 Stellen nach der rechten gerückt werden muß, um die Zahlen der gemeinen oder Sherwinschen zu erhalten; so wie es in diesen um eben so viel nach der Linken zu versetzen ist um die Schulzischen Zahlen zu erhalten §. 101 Ar. Hieraus folgt nun

II.

II. daß 1) $\frac{\varrho \sin \alpha}{\cos \alpha} = \text{tg tab}\,\alpha$ seyn müsse. Daher ist auch (nach I) $\varrho \frac{\sin \text{tab}\,\alpha}{\varrho} : \frac{\cos \text{tab}\,\alpha}{\varrho} = \frac{\varrho \sin \text{tab}\,\alpha}{\cos \text{tab}\,\alpha} = \text{tg tab}\,\alpha$. Denn $\frac{\sin \text{tab}\,\alpha}{\cos \text{tab}\,\alpha} = \frac{\sin \alpha}{\cos \alpha} = \text{tang}\,\alpha$ pro radio 1; weil, der Halbmesser mag seyn wie groß er will, das Verhältniß gleichnahmiger trig. Linien immer dasselbe bleibt, also die beiden Brüche hier gleich seyn müssen. Eben so ist

2) $\frac{\varrho \cos \alpha}{\sin \alpha} = \frac{\varrho \cos \text{tab}\,\alpha}{\sin \text{tab}\,\alpha} = \text{cot tab}\,\alpha$ und $\frac{\cos \text{tab}\,\alpha}{\sin \text{tab}\,\alpha} = \cot \alpha$ pro radio 1; $\frac{\varrho}{\text{tang}\,\alpha} = \frac{\varrho}{\frac{\text{tang tab}\,\alpha}{\varrho}} = \frac{\varrho^2}{\text{tang tab}\,\alpha} = \text{cot tab}\,\alpha$ Aber $\frac{\varrho}{\text{tang tab}\,\alpha} = \cot \alpha$ pro radio 1.

3) $\frac{\varrho}{\cos \alpha} = \frac{\varrho}{\frac{\cos \text{tab}\,\alpha}{\varrho}} = \frac{\varrho^2}{\cos \text{tab}\,\alpha} = \text{sec tab}\,\alpha$ und $\frac{\varrho}{\cos \text{tab}\,\alpha} = \sec \alpha$ pro radio 1.

4) $\frac{\varrho}{\sin \alpha} = \frac{\varrho^2}{\sin \text{tab}\,\alpha} = \text{cosec tab}\,\alpha$ und $\frac{\varrho}{\sin \text{tab}\,\alpha} = \text{cosec}\,\alpha$ pro radio 1.

5) Ist nach §. 30 $\sin \text{v}.\,\alpha = 1 - \cos \alpha = 2(\sin \tfrac{1}{2}\alpha)^2$ daher $2\varrho \sin \tfrac{1}{2}\alpha^2 = 2\varrho \frac{\sin \text{tab}\,\tfrac{1}{2}\alpha}{\varrho} \cdot \frac{\sin \text{tab}\,\tfrac{1}{2}\alpha}{\varrho} = \frac{(2 \sin \text{tab}\,\tfrac{1}{2}\alpha)^2}{\varrho} = \sin \text{v. tab}\,\alpha$. Aber $\frac{2(\sin \text{tab}\,\tfrac{1}{2}\alpha)^2}{\varrho\varrho} = \sin \text{v}.\,\alpha$ pr. rad. 1

Durch diese Entwickelung hoffe ich allen Anstoß, den man hier wol manchmal nimt, zu entfernen. Wollte man nun

nun bei Tafeln, die keine cosec enthalten, cosec tab 18 haben, so machte man $\frac{1000000000000000}{3090170} = 32360680$; $\frac{10000000}{3090170}$ würde 3,2360680 = cosec 18° für den Halbmesser 1 geben und so in allen Fällen.

§. 40. Da aber das Multipliciren und Dividiren desto beschwerlicher wurde je genauer und in jemehr Ziffern man die trig. Linien berechnete; so wurden, wie die Geschichte der Trigonometrie lehret, hier wie in der Arithmetik logarithmische Abkürzungen gefunden. Der Erfinder **Neper** hatte sie wol zuerst nur für die Trigonometrie (besonders für die himlische) bestimt. Sie wurde aber von seinem Freund **Brigg** nicht nur der Reihe der natürlichen Zahlen mit angepasset, sondern es haben auch die sogenanten logarithmi vulgares wieder gedient, um die Logarithmen für die Trigon. Linien zu finden. Denn dazu fand sich, nachdem Brigg und Vlacq die log. numm. natt. von 1 bis 101000 in 10 Dec. stellen erst heraus hatten, der Weg fast von selbst. Man verfuhr dabei so ziemlich nach den Regeln §. 305. 307 A. R. Man legte den Halbmesser 10000000000, dessen Logarith. 10 ist, zum Grunde. Nun wollte man z. B. Log. sin 18° = l 3090169944 haben, so ist nach dem Magn. Can. Log. die Diff.

von der nächst kl. Mantisse von 30901	140542
nun ist 140542 × 0,69944 = ...	98301
Mant. l 30901 =	4899725340
l 3090169944 = l sin 18° =	9.4899825641

wie bei Vlacq und in Vegas grossen Tabellen; in den Handtabellen sind die 3 lezten Ziffern weggelassen. Suchte man auf solche Art l sin 1'; so hat man damit auch l. cos 89° 59' und wenn man so bis l sin 89° 59' fortfuhr, so hatte man alle Logarithmen der Sinus und Cosinus gefunden; der übrigen trig. Linien Logarithmen finden sich aus den Formeln des vorigen §. viel leichter als grade zu aus den Zahlen selbst. Denn so ist l tang tab $\alpha = 10 + l$ sin tab α — l cos. tb. α und da $\varrho\varrho$ = tg. tab α. cot. tab α so ist l cot. tab α = 20 — l tang. tab α. Aehnliches Verfahren würde, wenn man sie berechnen wollte, die Logarithmen der Sekanten, Cosekanten und Quersinus geben.

§. 41. Nach dem vorigen §. bemerken wir nun, daß alle trigonom. Logarithmen auf $\varrho = 10000000000$ Bezug haben. Sie sind nur bald bis auf mehrere, bald bis auf wenigere Decimalstellen mitgetheilt. In den Handtabellen bis auf 7. Sie sind also freilich für die nebenstehenden Zahlen zu groß. Um aber davon im trigonometrischen Gebrauch keine Fehler zu besorgen, darf man nur bedenken, daß man ja mit den Logarithmen allein rechnen könne, wenn gar nichts weiter als die Anzahl der Grade und Minuten gegen über stünde, wie dies wirklich in den neuern Tafeln der Fall ist. Uebrigens darf man, wenn es die Beschaffenheit der Sache erfordert, auch nur den Logarithmen der Tafel um 10 vermindern, damit er den trigonometrischen Linien für den Halbmesser = 1 eigentlich zugehöre.

Anmerk. Der Logarithme des sin 0° ist nicht eigentlich 0, wie in den ältern Tafeln stehet. Da sin 0° = 0 so müßte der Logarithme = — ∞ seyn. Der Sinus dessen Wehrt $\frac{1}{10000000000}$ von ϱ würde = 1 seyn und den Logarithmen 0 haben, noch kleinere würden negative Logarithmen haben.

§. 42. In den gemeinen Tafeln stehen auf einer Seite, welche wir die **linke** nennen wollen, die Sinus, Tangenten und Sekanten, nebst den Logarithmen der beiden ersten von 1′ bis 45°. Gegen die lezte Seite auf der rechten Hand fangen die genanten Größen für die Winkel über 45° an, und gehen in der Ordnung auf der rechten Seite bis 90° fort, daß man von unten herauf zählen, und die Blätter zurückschlagen muß. Weil die Sinus Tangenten u. s. w. eines Winkels eigentlich die

Cosinus,

Cosinus, Cotangenten seines Ergänzungswinkels zu 90° sind; so hat dies den Vortheil, daß, wenn man auf einer Seite die ersten Linien hat, so stehen auf der gegen überliegenden die andern nebst ihren Logarithmen.

In den **Schulzischen** (auch **Calletschen**) Tabellen ist im Ganzen eben die Einrichtung, nur daß bei **Schulze** bis 4 Grad alles von 10 zu 10 Sekunden berechnet, allenthalben aber bis dahin die Ganzen, so wie über 4 Grad $\frac{1}{6}$ Diff. angegeben sind. Den 3ten Theil unterwärts füllen die Sekanten und Cosekanten und die hier noch nicht bekanten hyperbolischen (eigentlich Neperschen mit 100 Million dividirten) Logarithmen der Sinus, Tangenten und Cosinus. **Callet** giebt die Logarithmen der 5 ersten Grade von Sekunde zu Sekunde, von den folgenden Graden hat er sie von 10 zu 10 Sekunden berechnet.

Die neuesten Handtabellen des Hrn. v. **Vega**, von 1793, enthalten freilich nur die **Logarithmen** der Sin., Cos., Tang. und Cotangenten, und ich vermisse ungern die trigonometr. Linien selbst. Aber übrigens sind sie mit solcher Sorgfalt und Scharfsinn zu genauen Resultaten eingerichtet, dabei wie schon gesagt, so wolfeil, daß ihre allgem. Einführung zu wünschen ist. Von 0 bis 1 Minute ist bis auf Zehntel von Sekunden in einer besondern Tabelle, dann von 0 bis 6° von 10 zu 10 Sekunden (es versteht sich dies auch von den Ergänzungen zu R), endlich von 6° an für jede Minute gerechnet, allenthalben aber sind die Differenzen für 1 Sekunde beigefügt; bis 1° 19′ ist noch die Sekundenzahl jedes Winkels daneben bemerkt.

Will man eines stumpfen Winkels z. E. 118° Sinus, Tangente u. s. w. aus den Tafeln nehmen; so ziehe man ihn von 180° ab, und nehme die dem Ergänzungswinkel z. E. 62° in den Tafeln zukommenden Größen; jedoch unter den Einschränkungen die §. 14. angiebt.

§. 43.

§. 43. Erfordern es die Umstände, für solche Winkel, welche außer Graden und Minuten auch noch Sekunden enthalten, die trigonometrischen Linien oder ihre Logarithmen anzugeben, und umgekehrt dergleichen Winkel aus Zahlen, die nicht genau in den Tafeln stehen, zu finden; so kan man, wie leicht zu sehen, eine ähnliche Voraussetzung wie §. 305. 306 A. R. annehmen: **daß sich die Unterschiede der Winkel (in Sekunden) verhalten, wie die Unterschiede der zugehörigen trigonometrischen Linien und Logarithmen.**

Diese Voraussetzung ist zwar bei sehr kleinen und 90° nahen Winkeln nicht so ganz richtig, aber wenn die Winkel über 6 und unter 84°; so kan sie nur in der lezten Ziffer um wenige Einheiten fehlen. Eben die grössern Fehler in jenen beiden Extremen zu vermeiden, hat Hr. Major von **Vega** die sinreiche Einrichtung gemacht, deren Gebrauch in der Einleitung zu seinem Handbuch S. XXIX ff. so deutlich angegeben ist, daß ich den, der sich dieses Buchs bedienen will, darauf mit Recht verweisen kan. Hier folgen nur noch die aus jener Voraussetzung in gewöhnlichen Fällen sehr begreiflichen Regeln, wenn α den Winkel in Graden und Minuten, n die noch in Betracht kommenden Sekunden, und D die Differenz der beiden Logarithmen der Tafel bedeutet, zwischen welchen der gesuchte liegen muß.

I. Den Logarithmen zu finden, welcher einer trigonometr. Linie gehört, die sich auf einen Bogen oder Winkel, woran noch n Sekunden hangen, beziehet.

Aufl. Es ist Log. $\left\{\begin{matrix}\sin\\ \text{tang}\end{matrix}\right\} (\alpha + n) = \log.\sin\,\alpha \pm \frac{n}{60} D$
$\left\{\begin{matrix}\text{cos}\\ \text{cot}\end{matrix}\right\}$

Bew. Eigentlich gilt die Auflösung für die alten gemeinen Tabellen; die Subtraktion des nächst kleinern

vom

vom nächst grössern Log. giebt D und nach der Voraussetzung $60 : n = D : \frac{n}{60} D$. Es muß addirt werden bei den Sinus und Tangenten, weil sie mit den Winkeln wachsen; subtrahirt werden bei den Cosinus und Cotangenten, weil sie bei wachsenden Winkeln abnehmen. Noch bemerken wir: bei den Sinus, den Tangenten unter 45°, den Cosinus und Cotangenten über 45° giebt die Regel den Logarithmen ein wenig zu klein, bei den Tangenten über 45° und den Cotangenten unter 45 ein wenig zu groß. Man sieht leicht daß bei Hr. Vegas Einrichtung der ganze Zusatz oder Abzug nD ist, wenn man seine beigesetzte D für eine Sekunde braucht z. B.

$l \cot 37° 17' 41''$ wird gesucht;

so ist $l\alpha = l \cot 37° 17' =$ mant. pr. maj. 1184235

$l(\alpha + 1) = l \cot 37° 18' =$ pars mant. pr. min. . . . 1614

D 2621

$\frac{n}{60} D = \frac{41 . 2621}{60} =$ - - - - - - 1791

$l \cot 37° 17' 41' =$ 10,1182444

$10{,}1184235 - 41 . 43{,}68 =$ 10,1182444

nach Vega.

II. Den Bogen oder Winkel bis auf Sekunden zu bestimmen der einem vorgegebenen Logarithmen zukömt.

Aufl. Es sey der vorgegebene Logarithme aus dem man bis auf Sekunden schliessen will z. E. $l \sin(\alpha + n)$; $l \operatorname{tg}(\alpha + n)$ u. s. w. und der zwischen zweien in der Tabelle stehenden grössern und kleinern lieget, überhaupt M; so hat man

$$\pm n = \frac{\left[M - \log \begin{Bmatrix} \sin \\ \operatorname{tang} \\ \cos \\ \cot \end{Bmatrix} \alpha \right] 60}{D}.$$

Das Zeichen ± bedeutet, daß beim Sinus und Tangente das gefundene n zu den Graden und Minuten, welche

α ausdrückt, addirt, beim Cosinus und der Cotangente aber aus vorher angeführtem Grunde abgezogen wird.

Beweis. Es war in I. Log. $l\sin(\alpha + n) = M = l\sin\alpha \pm \frac{n}{60}D$. Daher ist $\frac{(M - l\sin\alpha)60}{D} = \pm n$; und so in allen 4 Fällen.

Beispiel. Es sey $M = l\sin(\alpha + n) = 9{,}8537024$ vorgegeben, so ist

$$\begin{array}{rr} \text{pars mant. maj.} & 7381 \\ \text{min.} & 6142 \\ \hline D = & 1239 \\ M - l\sin\alpha = & 882 \end{array}$$

Also erhält man $n = \frac{882 \cdot 60}{1239} = 42{,}7$. Also gehört der Logarithm. für $45^\circ\ 33'\ 42{,}7''$. Bei Vegas Tabellen macht man nur den letzten Abzug und $\frac{882}{20{,}65}$ giebt auch $42{,}7 = n$. Auch hierbei ist zu bemerken, daß n für den Sinus, Tangente und Cotangente beide leztern unter 45° ein wenig zu groß für den Cosinus Tangente und Cotangente beide leztern über 45° ein wenig zu klein wird. Mithin werden die Winkel aus Sinus, Tangente **unter** und Cot. **über** 45° auch den Cosinus bestimt um ein geringes zu groß, die Winkel aber aus der Cotangente **unter** und der Tangente **über** 45° bestimt, um ein geringes zu klein. Endlich sieht man daß, wenn die Logarithmen bis auf 10 Sekunden in den Tafeln gefunden sind, stat 60 in den Formeln 10 gesezt werden müsse. Käme man im Lauf der Rechnung auf einen Ausdruck für den Logarithmen einer trig. Grösse die auf den Radius 1 bezogen ist, von der Gestalt wie §. 306 A. R. Anm. am Ende $0{,}7751767 - 2$; so erhält man einen Log. tab, wenn man stat dessen sezt $8{,}7751767$, indem man nämlich $10 = l\varrho$ addirt.

III. Noch einige brauchbare trigonometrische Formeln.

§. 44. Verschiedene im vorigen Abschnitt gefundene trigonometrische Formeln sind so fruchtbar, daß sich sogleich noch mehrere sehr brauchbare Sätze daraus hätten herleiten lasseu. Ich habe dies aber mit Fleiß unterlassen, um die Aufmerksamkeit auf das Problem, auf was für einem Wege man die für die Wissenschaft so unschäzbaren Tabellen durch Rechnung gefunden habe, oder doch habe finden können, nicht zu zerstreuen. Denn mir schien es für jeden Wißbegierigen zu interessant, die Möglichkeit davon einzusehen, als daß ich mich hättr entschliessen können, ihm blos die Tabellen auf guten Glauben in die Hände zu geben und, wie es sonst recht wol angeht, den Gebrauch derselben, also gleichsam eines Instruments dessen Zusammensetzung er nicht kante, zu zeigen. Unter die prägnantesten Formeln gehören die 4 Sätze des 37 §phs.

1. $\sin(\alpha+\beta) = \sin\alpha \cos\beta + \cos\alpha \sin\beta$
2. $\cos(\alpha+\beta) = \cos\alpha \cos\beta - \sin\alpha \sin\beta$
3. $\sin(\alpha-\beta) = \sin\alpha \cos\beta - \cos\alpha \sin\beta$
4. $\cos(\alpha-\beta) = \cos\alpha \cos\beta + \sin\alpha \sin\beta$

Aus diesen welche wir die Haupt= oder Cardinalformeln nennen werden, sollen nun 1) die **Tangenten und Cotangenten der Summe und Diff.** zweier Winkel α und β hergeleitet werden. Es ist

$$\tang(\alpha+\beta) = \frac{\sin(\alpha+\beta)}{\cos(\alpha+\beta)} = \frac{\sin\alpha \cos\beta + \cos\alpha \sin\beta}{\cos\alpha \cos\beta - \sin\alpha \sin\beta}$$

$$\tang(\alpha-\beta) = \frac{\sin(\alpha-\beta)}{\cos(\alpha-\beta)} = \frac{\sin\alpha \cos\beta - \cos\alpha \sin\beta}{\cos\alpha \cos\beta + \sin\alpha \sin\beta}$$

Man dividire beider lezten Brüche Zähler und Nenner mit $\cos\alpha \cos\beta$; so hat man:

I.

I. $\dfrac{\dfrac{\sin\alpha}{\cos\alpha}+\dfrac{\sin\beta}{\cos\beta}}{1-\dfrac{\sin\alpha}{\cos\alpha}\cdot\dfrac{\sin\beta}{\cos\beta}} = 5)\ \text{tang}(\alpha+\beta) = \dfrac{\text{taug}\alpha+\text{tang}\beta}{1-\text{tang}\alpha\,\text{tang}\beta}$

Es ist aber $\dfrac{1}{\text{tang}(\alpha+\beta)} = 6)\cot(\alpha+\beta) = \dfrac{1-\text{tang}\alpha\,\text{tang}\beta}{\text{tang}\alpha+\text{tang}\beta}$

II. $\dfrac{\dfrac{\sin\alpha}{\cos\alpha}-\dfrac{\sin\beta}{\cos\beta}}{1+\dfrac{\sin\alpha}{\cos\alpha}\cdot\dfrac{\sin\beta}{\cos\beta}} = 7)\ \text{tang}(\alpha-\beta) = \dfrac{\text{tang}\alpha-\text{tang}\beta}{1+\text{tang}\alpha\,\text{tang}\beta}$

dies in 1 dividirt giebt 8) $\cot(\alpha-\beta) = \dfrac{1+\text{tang}\alpha\,\text{tang}\beta}{\text{tang}\alpha+\text{tang}\beta}$

Setzt man $\beta=\alpha$: so ist 9) $\text{tang}\,2\alpha = \dfrac{2\,\text{tang}\alpha}{1-\text{tang}\alpha^2}$ und

10) $\cot 2\alpha = \dfrac{1-\text{tang}\alpha^2}{2\,\text{tang}\alpha}$. Setzt man $\alpha = 45^\circ$ so ist

$\text{tang}\alpha = 1$ §. 22. Also 11) $\text{tang}(45\pm\beta) = \dfrac{1\pm\text{tang}\beta}{1\mp\text{tang}\beta} =$

$\dfrac{\cos\beta\pm\cos\beta\ \text{tang}\beta}{\cos\beta\mp\cos\beta\ \text{tang}\beta} =$ 12) $\dfrac{\cos\beta\pm\sin\beta}{\cos\beta\mp\sin\beta}$. Alles aus §. 18.

§. 45. Weil 13) $1 = \sin\alpha^2+\cos\alpha^2$ (§. 18. 2) und 14) $\cos 2\alpha = \cos\alpha^2-\sin\alpha^2$ §. 36 $= 1-2\sin\alpha^2 = 2\cos\alpha^2-1$ so ist 15) $1+\cos 2\alpha = 2(\cos\alpha)^2$ und 16) $1-\cos 2\alpha = 2\sin\alpha^2$; mithin durch die Division 17) $\text{tang}\,\alpha^2 = \dfrac{1-\cos 2\alpha}{1+\cos 2\alpha}$. Ferner ist

18) $\cos 2\alpha-\cos 2\beta = 2(\sin\alpha^2-\cos\beta^2) =$
$2(\cos\alpha+\cos\beta)(\cos\alpha-\cos\beta)$ auch ist
19) $\cos 2\alpha-\cos 2\beta = 2(\sin\beta+\sin\alpha)\,(\sin\beta-\sin\alpha)$ weil $1-\cos 2\beta = 2\cos\beta^2$ also $(1-\cos 2\beta)-(1-\cos 2\alpha) = \cos 2\alpha-\cos 2\beta = 2\sin\beta^2-2\sin\alpha^2$.

Ist §. 46.

§. 46. So wie die Hauptformel 1 zu 3 addirt und 2 von 4 subtrahirt im 37 §. gaben

20) $\sin(\alpha+\beta)+\sin(\alpha-\beta)=2\sin\alpha.\ \cos\beta$

21) $\cos(\alpha-\beta)-\cos(\alpha+\beta)=2\sin\alpha.\ \sin\beta$

so erhält man auch

22) $\sin(\alpha+\beta)-\sin(\alpha-\beta)=2\cos\alpha.\ \sin\beta$

23) $\cos(\alpha+\beta)+\cos(\alpha-\beta)=2\cos\alpha.\ \cos\beta$

Sezt man nun $\alpha+\beta=\phi$ und $\alpha-\beta=\psi$ so ist $\alpha=\frac{\phi+\psi}{2}$ und $\beta=\frac{\phi-\psi}{2}$. Daraus folgen nun

1. **Summen und Differenzen zweier Sinus und Cosinus aus sin und cos der halben Summen und halben Differenzen der Winkel.**

25) $\sin\phi+\sin\psi=2\sin\frac{1}{2}(\phi+\psi).\ \cos\frac{1}{2}(\phi-\psi)$ aus 20

26) $\sin\phi-\sin\psi=2\cos\frac{1}{2}(\phi+\psi).\ \sin\frac{1}{2}(\phi-\psi)$ aus 22

27) $\cos\phi+\cos\psi=2\cos\frac{1}{2}(\phi+\psi).\ \cos\frac{1}{2}(\phi-\psi)$ aus 23

28) $\cos\psi-\cos\phi=2\sin\frac{1}{2}(\phi+\psi).\ \sin\frac{1}{2}(\phi-\psi)$ aus 21

Daraus folgen:

2. **Formeln für die Tang. und Cot. der halben Summen und Differenzen aus Summen und Differenzen der Sinus und Cos. der ganzen Winkel**

29) $$\frac{\sin\phi+\sin\psi}{\cos\phi+\cos\psi}=\operatorname{tg}\frac{1}{2}(\phi+\psi)$$

30) $$\frac{\sin\phi-\sin\psi}{\cos\phi+\cos\psi}=\operatorname{tg}\frac{1}{2}(\phi-\psi)$$

31) $$\frac{\sin\phi-\sin\psi}{\cos\phi-\cos\psi}=\cot\frac{1}{2}(\phi+\psi)$$

32) $$\frac{\sin\phi+\sin\psi}{\cos\psi-\cos\phi}=\cot\frac{1}{2}(\phi-\psi)$$

33) $$\frac{\sin\phi+\sin\psi}{\sin\phi-\sin\psi}=\frac{\operatorname{tang}\frac{1}{2}(\phi+\psi)}{\operatorname{tang}\frac{1}{2}(\phi-\psi)}$$

34) $$\frac{\cos\psi-\cos\phi}{\cos\phi+\cos\psi}=\frac{\operatorname{tang}\frac{1}{2}(\phi+\psi)}{\cot\frac{1}{2}(\phi-\psi)}$$

Wenn

Wenn man sich erinnert, daß $\frac{\sin}{\cos}$ die Tangente, $\frac{\cos}{\sin}$ und $\frac{1}{\text{tang}}$ die Cotangente giebt §.18, so sind die Schlüsse durch die Division von no. 25 durch no. 27; no. 26 durch 27 und so weiter leicht gemacht.

3. **Um Summen und Differenzen der Tangenten zweier Winkel aus dem Sinus der Summe und Differenz und Sinus und Cosinus der einzelnen zu bestimmen;** setze man wiederum $\alpha + \beta$ und $\alpha - \beta$ stat des eben eingeführten ϕ und ψ in den Formeln 29 bis 32 da denn auch $\frac{1}{2}(\phi + \psi) = \alpha$; $\frac{1}{2}(\phi - \psi) = \beta$ wird. Stat $\cos\psi \pm \cos\phi$ jezt $\cos(\alpha - \beta) \pm \cos(\alpha + \beta)$ setze man die Wehrte aus 21 und 23. So erhält man

35) $\text{tg}\,\alpha + \text{tg}\,\beta = \frac{\sin(\alpha+\beta)}{\cos\alpha.\cos\beta}$ durch Addition von 29 u. 30

36) $\text{tg}\,\alpha - \text{tg}\,\beta = \frac{\sin(\alpha-\beta)}{\cos\alpha.\cos\beta}$ durch Subtr. (30 von 29)

37) $\cot\alpha + \cot\beta = \frac{\sin(\alpha+\beta)}{\sin\alpha.\sin\beta}$ durch Add. von 31 u. 32

38) $\cot\beta - \cot\beta = \frac{\sin\alpha-\beta)}{\sin\alpha.\sin\beta}$ 32 von 31 subtrahirt

39) $\frac{\text{tg}\,\alpha + \text{tg}\,\beta}{\text{tg}\,\alpha - \text{tg}\,\beta} = \frac{\sin(\alpha+\beta)}{\sin(\alpha-\beta)}$ durch Div. von 35 mit 36

40) $\frac{\cot\alpha + \cot\beta}{\cot\beta - \cot\alpha} = \frac{\sin(\alpha+\beta)}{\sin(\alpha-\beta)}$ durch Div. 37 mit 38

41) $\frac{\text{tg}\,\alpha + \text{tg}\,\beta}{\cot\alpha + \cot\beta} = \text{tg}\,\alpha.\ \text{tg}\,\beta$ aus 35 mit 37

42) $\frac{\text{tg}\,\alpha - \text{tg}\,\beta}{\cot\beta - \cot\alpha} = \text{tg}\,\alpha.\ \text{tg}\,\beta$ aus 36 mit 38

Endlich folgt noch aus der 2ten und 4ten Hauptformel im 44 § durch deren Division, wenn man auch sowol mit $\sin\alpha . \cos\beta$ als auch mit $\sin\beta . \cos\alpha$ Zähler und Nenner dividirt

$$43)\ \frac{\cos(\alpha+\beta)}{\cos(\alpha-\beta)} = \frac{\cot\alpha - tg\beta}{\cot\alpha + tg\beta} = \frac{\cot\beta - tg\alpha}{\cot\beta + tg\alpha}$$

§. 47. Wenn man in den Formeln des 30 §phs stat $\frac{1}{2}\alpha$ annähme $\frac{90^\circ - \alpha}{2}$; so wäre $\cos(90^\circ - \alpha) = \sin\alpha$. Also

44) $\sin(45 - \frac{1}{2}\alpha) = \sqrt{\frac{1 - \sin\alpha}{2}}$ und 45) $\cos(45 - \frac{1}{2}\alpha) = \sqrt{\frac{1 + \sin\alpha}{2}}$. Sezt man in 29 $\psi = 0$ so hat man 46) $tg\,\frac{1}{2}\phi = \frac{\sin\phi}{1 + \cos\phi}$ und 47) $\cot\frac{1}{2}\phi = \frac{1 + \cos\phi}{\sin\phi}$ Noch ist $\frac{\sin\alpha}{\cos\alpha} + \frac{\cos\alpha}{\sin\alpha} = \frac{1}{\sin\alpha . \cos\alpha}$ Also 48) $\frac{2}{\sin 2\alpha} = tg\alpha + \cot\alpha$. Mit diesen trigonometrischen Formeln mag es hier genug seyn, obgleich man noch viel mehrere ableiten kan, welches aber dem Geübten nun so schwer nicht mehr vorkommen wird.

IV. Berechnung der Dreiecke.

§. 48. I Aufg. **In einem Dreiecke ABC (156 F.) ist eine Seite AB und zwei Winkel z. E. A und C gegeben, man soll das übrige durch Rechnung finden.** (§. 115 Pl. lehrte die Zeichnung).

Aufl. Es ist 1) der dritte Winkel $B = 180^\circ - (A + C)$.

Es

Es ist 2) $\sin tab\, C : \sin tab\, A = AB : BC$. Daher auch
$l \sin tab\, A + l\, AB - l \sin tab\, C = l\, BC$
Es ist 3) $\sin C : \sin B = AB : AC$ und
$l \sin tab\, B + l\, AB - l \sin tab\, C = l\, AC$.

Ex. Die Oerter A und B sind 3 Meilen von einander entfernt. Ferner sey $A = 85°$; $C = 37°$ so ist 1) $B = 58°$. Nun ist

2)		3)	
$l \sin t.\, 85°$	$= 9{,}9983442$	$l \sin t.\, 58°$	$= 9{,}9284205$
$l\, 3$	$= 0{,}4771212$	$l\, 3$	$= 0{,}4771212$
	$10{,}4754654$		$10{,}4055417$
$l \sin t.\, 37°$	$= 9{,}7794630$	$l \sin t.\, 37°$	$= 9{,}7794630$
$l\, BC$	$= 0{,}6960024$	$l\, AC$	$= 0{,}6260787$

Nun ist, wenn man die Mantisse von $l\, BC$ unter der höchsten Charakteristik der Tabelle nachsucht, der Unterschied der nächst kleinern von der nächst größern in den Tafeln 874, der nächst kleinern vom gegebenen 831; Folglich $874 : 831 = 1 : 0{,}94$ Daher ist $l\, BC = l\, 4{,}96594$; mithin $BC = 4{,}96594$ Meilen und man hat BC bis auf Hunderttausendtheile einer Meile genau. Eben so findet man $AC = 4{,}22744$ Meilen. Nach **Vega** fände man für $l\, BC = 0{,}6960024$

pars mant. pr. min.	59980	giebt	49659
der Unterschied	— — 44	—	5
	Ist also	BC =	4,96595

§. 49. Z. 1. Auch beim rechtwinklichten Dreieck, wenn eine Seite und ausser dem rechten noch ein Winkel gegeben, läßt sich auf die angeführte Art rechnen. Ist nämlich die Hypotenuse BC (157 F.) gegeben; so ist auch

$$\varrho : \sin tab\, C = BC : AB \text{ und } AB = \frac{BC \sin tab\, C}{\varrho}$$

$$\varrho : \cos tab\, C = BC : AC \text{ und } AC = \frac{BC \sin tab\, B}{\varrho}$$

Aber es ist auch

sec tab C : ϱ = BC : AC
sec tab B : ϱ = BC : AB wie man deutlich sieht, wenn man aus B mit AB einen Kreis beschreibt.
Ist ein Kathete AC gegeben; so ist zwar
1) sin t. B : sin t. C = CA : AB und 2) sin t. B : ϱ = CA : BC
Aber auch 3) ϱ : tang tab C = AC : AB und
4) ϱ : sec tab C = AC : BC
Auch wenn beide Katheten oder die Hypotenuse und ein Kathete oder alle 3 Seiten gegeben, so kan man hier auch alles übrige finden. Denn wenn AB = c; AC = b; BC = a ist: so hat man
5) b : c = ϱ : tg tab C; c : b = ϱ : tg tab B; ϱ : sect. C = b : a oder sin tab C : ϱ = c : a
6) a : b = ϱ : sin B u. s. w.
7) Eben so, a : c = ϱ : sin C u. s. w.
Wollte man nun mit Logarithmen rechnen, und hätte die Sekanten-Logarithmen nicht in seinen Tabellen; so könte man, da sec tab C = $\frac{\varrho^2}{\text{cos t. C}}$ ist §. 39 II. 3)

ϱ : $\frac{\varrho^2}{\text{cos tab C}}$ = CA : BC d. i. cos tab C : ϱ = CA : BC

setzen. Aber cos tab C = sin tab B da B = 90° — C; daher man auf 2) wieder zurückkomt.

Ex. Es sey in B ein Planet, Mond oder die Sonne; also wenn CA den Erdhalbmesser bedeutet, im Horizont; so heist ABC die Horizontalparallaxe des Weltkörpers. Sie ist 8,5 Sekunden bei der Sonne; 57′ 24″ beim Monde gefunden. Aus 4 oder 2 folgt

l sin tab 57′ 20″ = 8,2221132 = l. 3440″.
l num. 3444 — l 3444 = 5047
8,2226179
von $l\varrho$ = 10 abgezogen giebt 1,7773821

Nun

Nun ist lCA = l1 = 0
Also 1,7773821 = l59893
Diff. p. m. 60 —
58 — 8
2,0 3

Mittl. Entf. des ☽ = 59,89383

Dies sind Erdhalbmesser; mit 859,5 multiplicirt erhält man mittelst Logar. 51478,96 deutsche Meilen. Die Berechnung ist nach den §. 42, 43 empfohlnen Vegaschen Regeln gemacht.

$l.\varrho = l.$ rad. tab. = 10,
l8 sec 5 Dec = 5,6149938

Log. des mittl. ☉ Abst. = 4,3850062
p. mant. p. min. — 49982 giebt 2426
Diff. — — 80
P. P. — — 72 — — 4
d — — 8,0 — — 4 etc.

Mittl. Abstand der Sonne = 24254,44.. Erdhalbmesser also in deutschen Meilen 20857014,3. Denn nach Vega ist der erste Unterschied 3, giebt 0; der zweite 21 giebt 1, der dritte 0,84 giebt 4 der 4te 0,06 giebt 3.

§. 50. Z. 2. Für das gleichschenklichte Dreieck giebt §. 26 verbunden mit §. 39 wenn eine Seite und ein Winkel gegeben ist, alles übrige; mittelst der Logarithmen. Denn es ist, wenn d die Grundlinie, α den Winkel an der Spitze bedeutet 1) jeder Winkel an der Grundlinie $90° - \frac{1}{2}\alpha$; also ist, wenn man die log. tab brauchen will, 2) $\sin tab \frac{1}{2}\alpha = \frac{\varrho b}{2a}$; 3) $b = \frac{2a \sin t. \frac{1}{2}\alpha}{\varrho}$

4) $a = \frac{\varrho b}{2 \sin tb. \frac{1}{2}\alpha}$. Wenn auch β der Winkel an der Grundlinie und eine Seite gegeben wäre; so hätte

man doch gleich $\frac{1}{2}\alpha = 90° - \beta$ und den Fall auf den vorgelegten zurückgebracht.

§. 51. Zur Probe, wie sich die trigonometrischen Ausdrücke abändern lassen führe ich an: In der 156 Figur setze man AB = a; BC = b, und bemerke, daß $\sin C = \sin(A+B)$ ist §. 109 Pl. und §. 14. Daher ist

$$BC = b = \frac{a \sin A}{\sin(A+B)} = \frac{a \sin A}{\sin A . \cos B + \cos A . \sin B}$$

§. 44. 1) $= \frac{a \sin A}{(\operatorname{tg} A + \operatorname{tg} B)(\cos A . \cos B)}$ §. 46. 35) $=$

$$\frac{a \operatorname{tg} A}{(\operatorname{tg} A + \operatorname{tg} B) \cos B} = \frac{a \operatorname{tg} A . \sec B}{\operatorname{tg} A + \operatorname{tg} B} = \frac{a \operatorname{tg} A \sqrt{1 + (\operatorname{tg} A)^2}}{\operatorname{tg} A + \operatorname{tg} B}$$

§. 18. 9) 15) 13).

§. 52. Pr. Anm. Ungeachtet die Trigonometrie eben zeiget wie man das Auftragen und Messen der Winkel auf dem Papier ganz entbehrlich machen könne; so giebt sie doch allerlei Methoden zu Winkelbehandlungen an, die wenigstens genauer sind als was der Transporteur leisten kann. Dazu dient nun

I. das rechtwinklichte Dreieck.

1) Einen Winkel ACB zu messen nimt man von einem (verjüngten) Maasstab CB = 1000, fället das Loth BA (158 F.) und mißt es auf eben dem Maasstab; sucht in den Sinustabellen diejenige Zahl deren 3 erste Ziffern mit der welche der Maasstab angiebt, übereinkommen, so steht der Winkel ACB in Graden und Minuten gegenüber z. B. 694 giebt den Winkel zwischen 43° 57 und 44° 1 Minute. Diese Ungewisheit ist bei kleinern Winkeln 4 bis 5 Minuten, bei solchen die nahe bei 90° geht sie bis zu 1 Grad. Also bei grossen Winkeln messe man lieber AC, als den Cosinus; so schwankt, wenn man 948 als Sinus findet, die Bestimmung zwischen 71°27′ und 71°37′ der damit correspondirende Cosinus nur zwischen 3 bis 4 Minuten.

2) Einen vorgeschriebenen Winkel zu zeichnen, trägt man auf den Schenkel CA den Cosinus von ACB für den 10theiligten Maasstab aus den Tabellen von C nach A, errichtet das Loth AB als Sinus in eben dem Maas, und zieht den andern Schenkel CB.

3) Das

3) Das ähnliche letsten die Wehrte der Tangenten. Begreiflich wenn man AC = 1000 sezt, aus A ein Loth AB errichtet, und aus den 3 ersten Tangenten-Zahlen den Winkel bestimt. Da hier bei grossen Winkeln noch grössere Ungewisheit eintritt; so muß man um so vielmehr die Cotangente messen. Wie man mittelst der Tangente oder Cotangente einen vorgeschriebenen Winkel aufträgt sieht man nun leicht.

Immer wird hier das richtige Ziehen der Perpendikel vorausgesezt; alsdann wäre doch noch immer mehr Richtigkeit als beim Messen und Zeichnen mittelst des Transporteurs. Aber ich finde diese mit Instrumenten errichteten Lothe immer unsicher.

§. 53. Trüge man einen tausendtheiligen Maasstab (etwa mit einem Vernier versehen, und so genau als möglich getheilt auf die Seiten AD, DC eines aus 4 Linialen zusammengesezten Quadrats (53 F.), versähe BA mit feststehenden Diopteen oder einem Perspektiver, und liesse sich um B ein Diopternlinial oder Persp. herumbewegen; so sieht man wol, daß und wie mir zu Hülfenehmung der Tafeln diese Vorrichtung zum Winkelmesser gebraucht werden könne, indem auf AD die Tangenten- auf CD die Cotangenten-Zahlen den Winkel bis auf 4 Minuten bestimmen werden. Im 16 Jahrhundert ist dies von G. Purbach fast so wie hier eingerichtete Instrument, und auch noch später zum Feldmessen sehr gebraucht worden. Siehe Clavii Geom. practica 1607 Lib. III. Man stelle sich den Rahmen eines Meßtisches so eingetheilt vor; so hat man Astrolabium und Meßtisch beisammen; und wenn die Seiten in 10000 Theile getheilt wären, die Winkel durch Proportionaltheile gewis bis ½ Minute.

§. 54. II. Das gleichschenklichte Dreieck dienet mittelst des verjüngten Maasstabes.

1) Zum Winkelmessen auf dem Papier. Auf beiden Schenkeln (153 F.) CB = CA = 1000 Theile vom Maasstab genommen, die Distanz AB gemessen, was ihre Hälfte auf dem Maasstab giebt, unter den 3 höchsten Ziffern der Sinuswehrte aufgesucht, und das doppelte der nebenstehenden Grade und Minuten giebt den zu messenden Winkel bis auf wenige Minuten genau. Ist er über 60°, d. i. ist AB > AC; so schlägt man einen Kreisbogen, schneidet darauf GA = CA ab, und

addirt was AG nach der Vorschrift giebt zu 60°. Ist AB > 2 Sechsecksbogen; so addirt man was AG giebt zu 120°.

2) Um den Winkel von einer gegebenen Anzahl Grade und Minuten aufzutragen, nimt man CA = 1000; schlägt damit einen Bogen von unbestimter Länge, verdoppelt die 4 ersten Zahlen vom Sinus der Hälfte des vorgeschriebenen Winkels, läßt etwa die lezte Ziffer weg, oder wenn sie über 5, vermehrt man die 3te um eins, legt das übrige vom Maasstab genommene als Sehne AB in den Kreisbogen; so ist BCA der begehrte Winkel bis auf 4 bis 5 Minuten genau. Diese Operationen sind zuverlässiger, als mit dem folgenden Instrument welches darauf gegründet ist.

§. 55. Um einen gradlinigten Transporteur zu verfertigen, nimt man auf AC (159 F.) eine Länge zu 1000 Theilen. Auf dem Loth AB nimt man gleiche Theile z. B. 5. Alsdann nimt man aus den Sinustabellen z. E. 2 sin $2\frac{1}{2}°$ = chord. 5° wie §. 54, und trägt es von A nach 5; 2 sin 5° = ch. 10° trägt man von B nach 10; 2 sin $7\frac{1}{2}$ = chord 15° von A nach 15 u. s. w. wechselsweise von 5 zu 5° bis 60°; zieht dann die Parallelen durch die Theilpunkte auf AB und die Transversalen B 5; 5. 10; 10.15 u. s. w. und schreibt von B nach 5 die Zahlen 1, 2, 3, 4; von 5 bis 10 die Zahlen 6, 7, 8, 9 an die Durchschnittspunkte u. s. w; so kan man vom Instrument unmittelbar die Sehnen von Grad zu Grad abnehmen oder sie darauf messen. Sollte es indessen genauer als der gemeine Transporteur seyn; so müste man von Grad zu Grad d. i. nach der Ordnung 2 sin 30′ = chord 1°; 2 sin 1°30 bis 2 sin 30° = chord 60° auftragen und AB etwa in 6 Theile theilen, so würde man Sehnen von 10 zu 10 Minuten darauf nehmen können, und der Umstand, daß die Sehnen zwischen 60 Minuten nicht eigentlich in eben dem Verhältniß als die Bogen wachsen, gäbe mindere Unrichtigkeit. Ueber 60° sind die Unterschiede der Sehnen in 1000theilen des Maasstabes nicht merklich daher es unnöthig wäre sie aufzutragen. Man machts wie §. 54 damit. Der Proportionalzirkel hat nur ganze Grade auf seinen Sinus und Chordenlinien. Er würde also bei der rich-

richtigsten Anfertigung doch noch weniger als der gemeine Transporteur leisten.

§. 56. 1. II. Aufg. **Wenn zwei Seiten AB, AC und ein Winkel B (156 F), der nicht zwischen den Seiten liegt, gegeben ist, die fehlenden Stücke des Dreiecks zu finden.** (§. 91. 1 Hauptst. lehrte die Zeichnung)

Aufl. Wenn die Seite welche dem Winkel gegenüber liegen soll, oder AC < AB vorgegeben wäre, so müste doch AC nicht $< \frac{AB \sin tab\, B}{\varrho} = AD$ seyn. Dies wäre also gewissermassen immer vorläufig zu untersuchen; denn sonst ist die Konstruktion unmöglich. Findet man $AC = \frac{AB \sin tab\, B}{\varrho}$ so ist C = R. Ist beides nicht, so schließt man AC:AB = sinB:sinC. Es kan aber nun noch der solchergestalt gefundene Sinus einem stumpfen oder spitzen Winkel zugehören §. 14. Ist B ein rechter oder stumpfer Winkel; so muß schon C spitz seyn §. 82. Pl.; auch wenn B spitz, aber AC > AB ist, muß C spitz seyn §. 78. Pl. Nur wenn im lezten Fall AC < AB bleibt es zweifelhaft und kan also ein spitz- oder stumpfwinklichtes Dreieck von verschiedener Grösse entstehen wiewol, man doch mehrentheils in vorkommenden praktischen Fällen aus andern Umständen, oft schon durchs Augenmaaß, überhauptweis, ob C stumpf oder spitz ist.

Ist nun ausser B noch ein Winkel wie C gefunden, so wird das übrige nach §. 48 gesucht.

2. **Algeb. Aufl.** In der Gleichung $\frac{AB}{AC} \cdot \sin B = \sin C$ setze man $\frac{AB}{AC} = n$ so ist $\cos C = \sqrt{(1 - n^2 \sin B^2)}$ des 3ten Winkels A Sinus ist $= \sin(180° - (B + C))$, daher $\sin A = \sin(B + C)$ (§. 14) $= \sin B . \cos C + \cos B . \sin C$. §. 44. 1. Daher $\sin A = \sin B . \sqrt{(1 - n^2 \sin B^2)} + n \sin B . \cos B$.

cos B. Mit A und B hat man nun auch C und aus §. 48. $BC = \frac{\sin A}{\sin B} AC.$]

§. 56. 2. III. Aufg. Aus zwei Seiten AB, BC (161 F.) und dem zwischenliegenden Winkel B die fehlenden Stücke des Dreiecks zu finden. §. 59. 1 Hauptst.

Aufl. 1. Die Summe der beiden übrigen Winkel ist 180°—B; also $\frac{180° - B}{2}$ die halbe Summe gegeben. Wüste man auch ihre halbe Differenz, so liessen sich beide Winkel bestimmen §. 220 A. R.; der grössere würde der grössern gegebenen Seite BC gegenüberliegen. Wird BC nach D verlängert, so ist ABD = BAC + ACB = 180° — B §. 28 Pl.; und wenn BE = BA genommen wird; so ist BAE = AEB = $\frac{180° - B}{2}$ §. 109 Pl. = der halben Summe. Da nun BAE + EAC = dem grössern Winkel = semis. + semid; so ist EAC = semidiff. Wenn man nun durch C eine Parallele mit EA zieht; so ist ECF = AEB = semisummae; ACF = EAC = semidiff. Man mache nun BD = BE; so ist B der Mittelpunkt eines Kreises, der durch D, A und E geht; mithin, wenn DA gezogen und verlängert worden, bis es CF in F schneidet; ist DFC = DAE = R. Folglich ist 1 : tang ECF = CF : DF, und 1 : tang ACF = CF : AF. Folglich ist DF : AF = tang ECF : tang ACF. Weil nun DF : AF = DC : EC = AB + BC : BC — AB, so ist AB + BC : BC — AB = tang ECF : tang ACF = tang tab ECF : tang tab ACF §. 38. 39. Da nun die drei ersten Glieder hier bekant sind, so läßt sich tang ACF d. i. die Tangente der halben Differenz beider fehlenden Winkel, mithin die Winkel selbst finden. Denn wenn man die halbe Differenz zur halben Summe addirt, so hat man den grössern; subtrahirt man sie, den klei-

kleinern Winkel. Die noch fehlende Seite sucht man nun nach §. 48.

Ex. Es sey AB=75°; BC=125°; B=58°; so ist $\frac{180-58}{2}$=61=semisummae=ECF. Also

log tang tab 61° =	10,2562480
log(125−75)R.=l50R.=	1,6989700
	11,9552180
log(125+75)=l.200R.=	2,3010300
l tang ACF	9,6541880
p. mant. pr. m.=	0004 giebt tg 24°16′
M−l. tg 24° 16	1876
div. mit D1″ =	56,18 giebt $33\frac{2}{5}$″

Also ist die halbe Differenz 24° 16′ $33\frac{2}{5}$″. Zu 61 addirt giebt den grössern Winkel 85° 16′ $33\frac{2}{5}$. Abgezogen von 61 giebt den kleinern 36° 43′ $26\frac{3}{5}$″.

Dies ist der gewöhnliche Beweis einer sehr sinnreichen Auflösung. Folgender ist viel kürzer: Es ist BC:BA=sin A:sin C §. 25 also BC+BA:BC−BA=sin A+sin C:sin A−sin C. Aber nach der 33 Formel im 46 § ist sin A+sin C:sin A−sin C=tang $\frac{1}{2}$(A+C):tg $\frac{1}{2}$(A−C) also auch BC+BA:BC−BA=tg $\frac{1}{2}$(A+C):tg $\frac{1}{2}$(A−C) wie vorhin. Also ist, den Satz § 220 A. R. vorausgesezt, das Problem aufgelöst.

Aufl. 2. Man nenne die Winkel entweder mit den Buchstaben an der Spitze oder mit den homonymen griechischen, die gegenüberliegenden Seiten mit solchen lateinischen; also hier ABC=B=β; AB=c; BC=a als Data; C=γ: A=α; AC=b als Gesuchte (Quaesita). Man fälle AD; so ist c. sinβ=AD: c. cosβ=BD; mithin ist CD=a−c cosβ. Nun ist auch CD:AD=1:tangγ. Also tgγ=$\frac{AD}{CD}$=

c sin β

$\frac{c \sin\beta}{a - c \cos\beta}$ also $\frac{a - c.\cos\beta}{c \sin\beta} = \cot\gamma$ §. 18. (12) $= \frac{a}{c \sin\beta}$ $- \cot\beta$ §. 18. 10). Hier kan man nun, um des gesuchten Winkels C $= \gamma$ Cotangente zu erhalten den ersten Theil $= \frac{\varrho . a}{c . \sin tab\beta}$ (um ihn durch die Log. tab zu berechnen) setzen, und dann (weil beides Zahlen aus dem Halbmesser 1 ausgedruckt sind) die $\cot\beta$ der Schulzischen Tabellen davon abziehen.

Ex. Es sey wie in Aufl. 1. AB $=$ c $=$ 75 Ruthen BC $=$ a $=$ 125 R. B $= \beta = 58°$ so ist die Rechnung diese

$l\varrho + l125 = 12{,}0969100$
$l75 = 1{,}8750613$
$l \sin tab\, 58° = 9{,}9284205$
$l.75 + l\sin t 58° = 11{,}8034818$
$l \frac{\varrho . a}{c \sin t . \beta} = 0{,}2934282$

p.m. l. pr. min. 4068 giebt 19652

D. 1 = 214
1) P. P pr. m. = 199 — — — 9
D 2 = 15,0
2) P. P pr. m. = 13,3 — — 6
D 3 = 1,70
3) P. P pr. m. = 1,55 — — 7
D 4 = 0,150 — — — 7 +

Also ist hier $\frac{\varrho a}{c \sin tab \beta} = \frac{a}{c \sin \beta} =$ 1,9652868 —
Nun ist nach Schulzens Tabellen 0,6248694 $= \cot 58°$

Mithin $\cot\gamma = 1{,}3404274$
cot pr. min. $= 1{,}3399753$ giebt $36° 44'$
Diff. 4421

Nun steht bei S. $\frac{1}{6}$D für 1 Minute = 1355,8 d. i. die Differenz

ferenz zwischen 10 Sekunden also nach Vegas bequemerer Art 135,58. Nun giebt $\frac{4421}{135,58} = 32,6''$, die, weil kleineren Cotangenten größere Winkel zukommen (S. Fig. 149) abgezogen werden müssen. Man hat also $\gamma = 36°$ $43'$ $27,4''$ nur um $\frac{4}{5}$ Sek. von Aufl. 1 verschieden. Ohne die trigonom. Linien selbst bei seinen Tabellen zu haben konte man wieder so nicht rechnen.

Da nun eine Seite und 2 Winkel bekant sind; so liesse sich auch hier das übrige aus §. 48 finden. Allein es ist nützlich, und der algebr. Analysis angemessener, hier auch die Regel anzuführen, wie man aus den Seiten c, a und dem Zwischenwinkel β unmittelbar die dritte Seite AC $=$ b finden könne. Es ist $AC^2 = AD^2 + DC^2$ also $b^2 = c^2 . \sin\beta^2 + (a - c\cos\beta)^2 = c^2(\sin\beta^2 + \cos\beta^2)$ $+ a^2 - 2ac . \cos\beta = c^2 + a^2 - 2ca\cos\beta$ §. 18 2). Also 1) $b = \sqrt{c^2 + a^2 - 2ca\cos\beta}$. Diese Formel ist der Folge wegen sehr nöthig. Sonst ist auch, da man nun mit β und γ auch α hat, 2) $b = c . \cos\alpha + a\cos\gamma$; welches man offenbar sieht, wenn man das Loth BF fället.

Es ist nämlich $180 - (\beta + \gamma) = 85°$ $16'$ $32,6'' = \alpha$ also aus den Sinustafeln $\cos\alpha = 0,0825183 - 48,3 . 32,6$ $= 0,0824608$ also $c . \cos\alpha = 6,18456$. Eben so $a\cos\gamma$ $= 0,8015233 : \frac{1000}{8} = 100,1904$. Also $b = 106°$ $3'$ $7''$ $5'''$ Decimalmaaß. Gewis kürzer als durch Logarithmen.

§. 57. 3. Ist $\beta = R$ so ist $\cos R = 0$ §. 10 mithin $b = \sqrt{a^2 + c^2}$, dem pythag. Lehrsatz gemäß. Ist β ein stumpfer Winkel, so ist $\cos\beta$ negativ §. 10; mithin $b = \sqrt{(a^2 + c^2 + 2ac\cos\beta)}$ der Natur der Sache nach.

§. 58.

§. 58. IV. **Aufg. Wenn die 3 Seiten eines Dreiecks gegeben sind, die fehlenden Winkel zu finden.**

I. **Geometr. Anal.** Wüßte man außer den 3 bekanten Seiten die Segmente BD, DC (129 F.) welche durch das Loth auf der größten BC entstehen; so liessen sich trigonometrisch die Winkel B, C A finden. Aber diese Segmente sind schon §. 346 Pl. aus $\frac{(BA+BC)(BA-AC)}{BC}$ $=BG$ und $BC-BG=GC$; ferner $\frac{1}{2}GC=GD$; endlich $BG+GD=BD$ gefunden. Nun ist $\sin BAD=\frac{BD}{BA}$; mithin $90^\circ-BAD=B$ und $\frac{AC}{BA}\sin B=\sin C$; endlich $BAC=180^\circ-(B+C)$.

II. **Algebr. Aufl.** Die drei Seiten seyen $BC=a$; $AB=c$; $AC=b$, so daß $a>c$ und $c>b$ sey. Da nur ein Winkel zu suchen; so sey es derjenige, welcher der kleinsten b gegen über liegt, nämlich $ABC=\beta$, welches also ein spitzer Winkel seyn muß. Nun war $b^2=c^2+a^2-2ca\cos\beta$ §. 55 am Ende. Daher ist

1) $\cos\beta=\frac{a^2+c^2-b^2}{2ca}$.

Aus dieser allgemeinen Auflösung lassen sich die andern üblichen herleiten. Es ist nun auch

$$\cos\beta=\frac{a}{2c}+\frac{(c+b)(c-b)}{2ac}=\frac{\frac{1}{2}a+\frac{(c+b)(c-b)}{2a}}{c}$$

mithin 2) $c:1=\frac{1}{2}a+\frac{(c+b)(c-b)}{2a}:\cos\beta$.

Das will nun sagen: man suche zu der doppelten größten Seite, zu der Summe der übrigen beiden, und zu ihrem Unterschiede die 4te Proportionalgrösse, und addire zu der so gefundenen Grösse die Hälfte der größten Linie.

Die

Die 4te Proportionalgrösse zu der mittlern Linie c, der 1, und der eben gefundenen Quantität ist der Cosinus des Winkels, der der kleinsten Seite gegenübersteht. Die zuerst beschriebene vierte Proportionalgrösse findet man wenn a, c, b vielziffrigte Zahlen sind leichter durch Logarithmen. Uebrigens wissen wir schon aus §. 346 1 Hauptst. daß die Uebersetzung der geometr. Bezeichnung in die algebraische bei dieser Aufgabe lehre, daß die geometr. Analysis hier eben so schnell zum Ziel führt als die algebraische. Nur den Umweg, erst BAD zu suchen, vermied man hier, indem man das 3te Glied, welches das dortige BD ist, als $\frac{AD}{c}$, sogleich $=\cos\beta$ sezt.

Die Rechnung würde nun so geführt. Es sey a = 78,93; c = 54,12; b = 27,46; so ist

$l(c+b) = l81{,}76 = 1{,}9125409$

$l(c-b) = l26{,}48 = 1{,}4229186$

$l(c+b)(c-b) = 3{,}3354589$

$l2a = l157{,}86 = 2{,}1982721$

$1{,}1371868$

p. m. pr. min. = 1641 giebt 13,714
227 — 7

$l53{,}1797 = 1{,}7257459$ 13,7147

$lc = l54{,}12$ $1{,}7333578$ $\frac{1}{2}$a 39,465

$0{,}9923881 - 1$ 53,1797

p. m. pr. min. 3856 giebt 98262
25
22 5
3,0 7

Der Log. an sich giebt 9,826 aber 0,9826257 weg.

Nun ist bei Schulz zu 0,9826257
cos pr. min. 0,9826127 giebt $10^\circ 42'$
D. 130
div. mit D $1'' = 9$ — — $14''$

$\beta = 10^\circ 41' 46''$

Addirt man 10 zu dem gefundenen eigentlich negativen Logarithmen so erhält man 9,9923881 den Log. tab, welchem ebenfalls der Winkel von $10^\circ 41' 46''$ zukomt.

Haben a, b und c nicht mehr als 3 Ziffern, so ist es kürzer mit Hülfe der Quadrattafeln $\frac{a^2 + c^2 - b^2}{2ac}$ zu suchen. Z. B. $a = 79$; $c = 54$; $b = 28$ giebt

$$\begin{array}{l} 6241 \\ 2916 \\ \hline a^2 + c^2 = 9157 \\ - b^2 = 784 \\ \hline 8373 \end{array} \qquad \frac{8373}{2.79.54} = \frac{8373}{8532} = 0{,}9813642 = \cos\beta$$

pr. min. 0,9813486 giebt $11^\circ 5'$

$\frac{156}{9{,}32}$ giebt $16''$

Also $11^\circ 5' - 16'' = \beta = 11^\circ 4' 44''$

Wiewol man auch Logarithmen gebrauchen könte. Uebrigens zeigt die Rechnung aus lezterer Formel auch ob bei B ein stumpfer Winkel. Sind $a:c:b = 3:2:4$ so ist $\cos\beta = \frac{9+4-16}{2.3.2} = -\frac{1}{4} = -0{,}25$. Also $\cos(180 - 14^\circ 29') = \cos 165^\circ 31'$

Will man lieber aus dem Sinus den Winkel haben; so findet man dazu die Formeln folgendermassen. Weil $\frac{a^2 + c^2 - b^2}{2ac} = \cos\beta$; so ist $1 - \cos\beta = 1 -$

$a^2 +$

$$\frac{a^2+c^2-b^2}{2ac} = \frac{2ac-a^2-c^2+b^2}{2ac} = \frac{b^2(a-c)^2}{2ac} = \frac{(b+a-c)(b+c-a)}{2ac}.$$

Hieraus läßt sich nun auf zwiefache Art ein Sinus bestimmen, woraus der Winkel β geschlossen wird.

Es ist $\frac{1-\cos\beta}{2} = (\sin\frac{1}{2}\beta)^2$ §. 30.

Daher $(\sin\frac{1}{2}\beta)^2 = \frac{(b+a-c)\ (b+c-a)}{4ac}$

Folglich 3) $\sin\frac{1}{2}\beta = \sqrt{\frac{(b+a-c)(b+c-a)}{4ac}}$

Daher ist $\frac{l(b+a-c)+l(b+c-a)-(l4+la+lc)}{2}$ $= l\sin\frac{1}{2}\beta$. Folglich läßt sich $\frac{1}{2}\beta$ oder β auf diesem Wege finden.

Da übrigens auch $1-\cos\beta = \sin \text{verf.}\, \beta = \frac{(b+a-c)(b+c-a)}{2ac}$ so könte man auch auf diese Art 4) aus dem Quersinus den Winkel β bestimmen. Bei Sherwin findet man sin verf. berechnet. Es wäre dann $l(b+a-c)+l(b+c-a)-(l2+la+lc) = l\sin \text{v.}\beta$.

5) Ferner ist $1+\cos\beta = 1+\frac{a^2+c^2-b^2}{2ac} = \frac{(a+c)^2-b^2}{2ac} = \frac{(a+c+b)(a+c-b)}{2ac}$. Da nun $(1+\cos\beta)(1-\cos\beta) = 1-\cos\beta^2 = \sin\beta^2$; so ist

$$\sin\beta = \frac{\sqrt{(a+c+b)(a+c-b)(a+b-c)(b+c-a)}}{2ac}$$

Die Rechnung würde nun bei dem oben gegebenen Beispiel so ausfallen:

Für no. 3.

$l(a+b-c) = l\,52,45 = 1,7197455$

$l(b+c-a) = l\,2,83 = 0,4517864$

$l(a+b-c) + l(b+c-a) = 2,1715319 + 4$

$l\,4 = 0,6020600$

$l\,a = l\,78,93 = 1,8972421$

$l\,c = l\,54,12 = 1,7333578$

$l\,4ac = 4,2326599$

1,9388720 − 4

halbirt 0,9694360 − 2

Addirt man 10

So ist Log. tab = 8,9694360

p. mant. pr. min = 3750 giebt 5° 20′ 50″

D. = 610

div. mit D 1″ = 224,9 — 2,7″

Also $\frac{1}{2}\beta$ = 5° 20′ 52,7″

Und $B = \beta$ = 10° 41′ 45,4″

welches nur um 0,6″ vom obigen abweicht; weil dort wirklich etwas geringes zu wenig abgezogen war.

Für no. 4. Aus 3 haben wir

$l(a+a-c) + l.(b+c-a) = 2,1715319$

Nun ist $l.2ac = l4ac = 4,2326599$ wie oben gef.

$-\,l\,2 = 0,3010300$

$l\,2ac = 3,9316299$

0,2399020 − 2

Addirt 10 ist 8,2399020 = l tab sin v. β

Bei Sherwin ist der nächst kleinere Log. sin vers. β = 8,2388797; und sin v. β = 0,0173332 giebt 10° 41′ 46″

Hat man die Quersinus nicht mit ihren Logarithmen berechnet zur Hand; so dürfte man nur zu 0,2399020 — 2 den zugehörigen Wehrt in tabb logg. vulgg. aufsuchen. Nach A. R. 306. 307 §. findet man sie 0,0173741 = sin vers.

sin v. β. Da nun sin v. $\beta = 1 - \cos\beta$; so ist $\cos\beta = 1 - 0{,}0173741 = 0{,}9826259$ wie beim Ex. zur 2 Aufl. bis auf was ganz unbedeutendes. So wäre nun wol wenig gewonnen. Endlich:

Für no. 5. ist dies die Rechnung. Man sucht erst

$a+b+c=A=$	160,69	160,69	160,69
Abgez.	$2b = 55{,}28$	$2c = 108{,}24$	$2a = 157{,}86$
	105,41	52,45	2,83

Den $a+b+c-2b = a+c-b$; $a+b+c-2c = a+b-c$ etc.

Oben bei n. 3 war

$$
\begin{array}{rl}
l\,52{,}45 + l\,2{,}83 = & 2{,}1715319 \\
\text{Dazu } l\,160{,}69 = & 2{,}2059889 \\
l\,105{,}41 = & 2{,}0228818 \\
\hline
& 6{,}4004026 \\
\text{halb.} & 3{,}2002013 \\
\text{Nach no. 4 } l.\,2ac = & 3{,}9316299 \\
\hline
\end{array}
$$

Weil $-1+10=9$;

so ist log tab sinβ $= 9{,}2685714$

p. mant. pr. min. 0647 gehört zu sin $10^\circ 41'$

Diff. = 5067

div. durch D 1" = 111,54 giebt noch 45,4"

Also $\beta = B = 10^\circ\ 41'\ 45{,}4''$ wie bei no. 3.

Nun kan man freilich, wenn man durch eine der bisherigen Methoden zu 3 bekanten Seiten einen Winkel β gefunden, den 2ten α aus $\sin\alpha = \frac{a \sin\beta}{b}$ bestimmen. Aber wenn man nach n. 5 operirt; so ists besser das Verfahren zu wiederholen.

Denn der Log. des Zählers 3,2002013 bleibt. Da b u. c den W. α umschliessen,

so ist $= 0,3010300 = l2 +$
$1,7333578 = lc +$
$1,4415380 = lb$
und $l2bc = 3,4759258$ subtr. giebt
$9,7242755$ weil $-1+10=9$
p. m. pr. min. 2097 giebt $32°\,0'$
$D = 658$
div. mit $D\ 1'' = 33,69 - 19,5''$
Mithin ist $\alpha = 32°\,0'\,19,5''$

Da man den 3ten W. durch den Ausdruck $180-(\beta+\alpha)$ am leichtesten erhält; so würde dies hier $137°\,17'\,55,1''$ geben. Dies kan nicht seyn, weil γ der Seite c und α der Seite a gegenübersteht, aber $a > c$ ist. Also kan nicht $\alpha < \gamma$ seyn. Vielmehr, da a die gröste Seite ist; so muß α ein stumpfer Winkel $= 180° - 32°\,0'\,19,5'' = 147°\,59'\,40,5''$; mithin $\gamma = 21°\,18'\,34,1''$ seyn.

§. 59. 3. Beim gleichschenklichten Dreieck sind durch die 3 Seiten, weil des Winkels an der Spitze $\sin \frac{1}{2}\alpha = \frac{b}{2a}$ nach §. 26 und die übrigen gleich, und $90° - \frac{1}{2}\alpha$ sind, alles gegeben, so wie auch beim rechtwinklichten, wie aus §. 49 erhellet: wie denn auch alle Fälle die bei ungleichseitigen vorkommen können eben so vollständig als in der Planimetrie in Absicht der Verzeichnung geschehen, aufgelöset sind. Die Abzählung ist hier die nämliche wie dort. Man vergleiche §. 117 der Planimetrie.

Aber obgleich hier alle Combinationen für 3 Data in sofern es einzelne Seiten und Winkel sind, erschöpft sind, so haben wir doch bereits §. 338. 339. 347. Beispiele gegeben, wie ein Dreieck aus 3 gegebenen Stücken,

warun=

worunter die Summe, der Unterschied zweier Seiten, oder auch die Segmente einer Seite waren, sich **verzeichnen** liesse. Unter Hr. **Schwabs** 30 geom. Aufgaben bei Eukl. Data gehört die Hälfte zu dergleichen Bestimmungen eines **Dreiecks**. Drei davon sind in den eben genanten §phen geometr. aufgelöset. Man kan sie und die übrigen auch trigonometrisch behandeln. Wenn man auf die Figur sieht, und nur noch merkt, daß m und n (164 §.) die durchs Loth h entstandene Abschnitte auf einer Seite sind; so lassen sich die verschiednen Data der 15 Aufgaben zur **Berechnung** eines Dreiecks kurz so vorstellen

	1	2	3	4	5	6	7	8
I.	a	a	a	*m	*h	m : n	*m—n	m—n
II.	*b+c	*b—c	b—c	*n	*m : n	b+c	b+c	b—c
III.	A	C	* B—C	A	A	A	A	A

	9	10	11	12	13	14	15
I.	a	m : n	m—n	m—n	m	a	a
II.	h	b—c	h	b—c	b+c	*g	b+c
III.	B—C	A	A	B—C	n	B—C	h

durch die ** sind verschiedene Surrogate der Seiten und Winkel bemerkt. Es sind 9.

Hiernach kan man sich nun üben, entweder die Verzeichnung oder die algebraische Berechnung ohne oder mit Zuziehung der trigon. quantit. constantium zu suchen. Z. E. die Aufg. 1 §. 338 Pl. läßt sich, wenn man sich durch die dortige Analysis leiten läßt, so auf die trigon. Verfahrungsart bringen.

Aufg. **Wenn eine Seite BC = a; der gegenüberstehende Winkel A und die Summe BA + AC = c + b = q (134 §.) der beiden übrigen Seiten gegeben sind; die Grössen der Seiten c und b für sich und die Winkel B und C zu finden.**

Aufl. 1. Wäre △ ABC das gesuchte, man verlängerte BA bis AD = AC; so ist BD = q; ADC = ACD = $\frac{1}{2}$A §. 109. Pl. Also a : q = sin $\frac{1}{2}$A : BCD (= β).

 Aber

Aber $\beta - \frac{1}{2}A = BCA = C$ und $B = 180° - (A + C)$. Mithin $\sin A : \sin B = a : b$ und $C = q - b$.

2. Man hat $b + c = q$, die Summe; man suche $b - c$ den Unterschied der beiden übrigen Seiten. Es ist $\cos\frac{1}{2}A^2 = \frac{1 + \cos A}{2}$ §. 30 $= \frac{(q+a)(q-a)}{4bc}$ §. 58. 5 u.

$$\sin\frac{1}{2}A^2 = \frac{1 - \cos A}{2} = \frac{(a+z)(a-z)}{4bc}.$$

Daher lezteres durch ersteres dividirt, folget, daß $\mathrm{tg}\frac{1}{2}A^2 = \frac{a^2 - z^2}{q^2 - a^2}$ und $(q^2 - a^2)\,\mathrm{tg}\frac{1}{2}A^2 = a^2 - z^2$ folglich $z = \sqrt{(a^2 - (q^2 - a^2)\mathrm{tg}\frac{1}{2}A^2)}$. Nun ist $q + \frac{1}{2}z$ die grössere, $q - \frac{1}{2}z$ die kleinere von den zu bestimmenden Seiten b und c. Hat man also die 3 Seiten zu dem Winkel, so findet man aus §. 58 leicht die übrigen Winkel.

Aufg. Die Data sind wie no. 2 in der Tabelle man soll das übrige finden. (135 Fig.)

Aufl. Es sey in der Figur $DC = b - c$; $BC = a$ der Winkel C der gegebene. Also giebt die 3te Hauptaufgabe auf mehr als eine Art im Dreiecke BDC die Seite $BD = d$ und den Winkel BDC. Nun ist $ADB = 180° - BDC$ und wenn ABC das gesuchte Dreieck werden soll, so muß $ABD = ADB$ seyn, damit $AC - AB = BC - BD = DC$ bleibe. Daher ist 1) $AB = AD = c = \frac{BD}{2\sin\frac{1}{2}A}$. Es ist aber 2) $A = 180° - 2ADB$. und 3) B oder $ABC = 180° - (C + A)$.

§. 60. So dienen überhaupt die trigonometrischen Lehren bei etwas verwickelten Zeichnungen, wo kleine auf einander gehäufte Versehen das Resultat am Ende sehr unrichtig machen können, durch Rechnung es dahin zu bringen, daß man der intermediären Zeichnungen nicht bedarf, und also desto eher Genauigkeit erwarten darf. Doch

Doch wird auch oft die Rechnung sehr weitläuftig und beschwerlich. Z. B. Im 340 § wollte man den Halbmesser des Kreises, der des vorgegebenen Peripherie halbiren soll, durch Rechnung finden. Es ist AB $=$ a (136 F.); AC $=$ b; CB $=$ c gegeben. Man kan also nach §. 58 den Winkel BAC $= \alpha$ berechnen. Ferner ist CG $=$ r gegeben; also auch CF $= \frac{r^2}{b}$ und AF $= b + \frac{r^2}{b} = m$. Aus a, m und dem Zwischenwinkel α berechnet man nach §. 56 den Winkel ABF $= \beta$ und BF $=$ d. Aus BH $= \frac{1}{2}$ a und BK $= \frac{1}{2}$ d und β die Linie HK; HKB $= \gamma$ und BHK $= \delta$; so ist LKH $= \nu = 90° - \gamma$ und LHK $= 90° - \delta = \mu$. Aus den lezten beiden Winkeln und HK findet man LK; aus diesem BK und LKB $= 90°$ findet man endlich den Halbmesser LB. Ist nun die ganze Rechnung richtig geführt, so darf man nur aus A und B einen Durchschnitt in L machen, welches der Mittelpunkt des gesuchten Kreises ist, den man nun mit dem Halbmesser LB ziehet.

Ich bin mit Fleiß diesen umständlichen Weg gegangen um zu zeigen, wie man durch aufmerksame Verfolgung der Zusammensetzung der Figur doch endlich zu seinem Zweck komt. Sonst konte man hier, sobald das △ ABF berechnet war nach folgender Aufgabe verfahren.

§. 61. **Aufg. Den Halbmesser eines Kreises auszurechnen, der sich um ein gegebenes Dreieck ABD, (152 F.) beschreiben läßt.**

1. **Aufl.** Wenn ein Winkel z. E. A bekant ist. Man macht $r = \frac{\frac{1}{2} a}{\sin A}$. Denn DAB $=$ DCa. Aber $r : \frac{1}{2} a (= Da) = 1 : \sin A$. u. s. w.

2 **Aufl.** Wenn blos die Seiten a, b, d bekant sind. Alsdann macht man

$$r = \frac{abd}{\sqrt{(a+b+d)\,(a+b-d)\,(a+d-b)\,(b+d-a)}}$$

Denn man sezt aus §.58. 5) den Wehrt von sin A hinein. Der Halbmesser wird hier für jeden Winkel auch durch den Kalkül gleich, wie es die Natur der Sache erfordert.

Beispiel. $la = 1{,}8972421$ im Ex. §. 58, 5
$ld = 1{,}7333578$ d heist dort c
$lb = l27{,}46 = 1{,}4415380$

5,0721379
Log. des Nenners 3,2002013 wie a. O.
1,8719366 giebt $74{,}46 = r$

Für das gleichschencklichte Dreieck ist, weil $a = b$; also $\sin A = \frac{\sqrt{(2a+d)\,(2a-d)}}{2a}$ ist, der Halbmesser

$$r = \frac{a^2}{\sqrt{(2a+d)\,(2a-d)}};$$

für das gleichseitige $= \frac{a^2}{\sqrt{3a^2}} = \frac{a}{\sqrt{3}}$. Man sieht leicht wie man trigonometrisch hiedurch alle Vorfälle die §.142 143 Plan. angedeutet sind, behandeln müsse.

Z. 1. Der Halbmesser eines nach §. 198. in ein △ ABC, (79 F.) (dessen griechisch bezeichnete Winkel also α, β, γ; die opponirten Seiten a, b, c sind) beschriebenen Kreises ist $r = \frac{c \sin\frac{1}{2}\beta \, \sin\frac{1}{2}\gamma}{\cos\frac{1}{2}\alpha}$. Denn da BKC $= 180° - \frac{1}{2}(\beta + \gamma)$, so ist $\sin BKC = \sin\frac{1}{2}(\beta + \gamma)$ §. 14.. Mithin $KC = \frac{a \, . \sin\frac{1}{2}\beta}{\sin\frac{1}{2}(\beta+\gamma)} = \frac{a . \sin\frac{1}{2}\beta}{\cos\frac{1}{2}\alpha}$; weil $\alpha = 180 - (\beta+\gamma)$; $\frac{1}{2}\alpha = 90 - \frac{1}{2}(\beta+\gamma)$ und $\frac{1}{2}\alpha + \frac{1}{2}(\beta+\gamma) = 90$ daher $\sin\frac{1}{2}(\beta+\gamma) = \cos\frac{1}{2}\alpha$. Da nun $KE = r = KC \sin\frac{1}{2}\gamma$; so ist $r = \frac{a \sin\frac{1}{2}\beta \, \sin\frac{1}{2}\gamma}{\cos\frac{1}{2}\alpha}$ = dem Produkt einer Seite in die

Si=

Sinus der Hälfte der anliegenden Winkel, dividirt durch den Cosinus der Hälfte des opponirten Winkels.

Z. 2. Die Aufgabe §. 198 Pl. löset sich nun leicht trigonometrisch ohne Winkeltheilung so auf: Man nimt $CD = KC . \cos\frac{1}{2}\gamma = \frac{a \sin\frac{1}{2}\beta \cos\frac{1}{2}\gamma}{\cos\frac{1}{2}\alpha}$ auf CB, verzeichnet über CD mit KC und r in Z. 1 das rechtwinkl. △DCK und beschreibet den Berührungskreis mit dem gefundenen $r = KD$ aus K.

Z. 3. Trig. Auflösung der Aufgabe des 199 §. Pl. Mit x und y (80 F.) ist auch $z = 180 - (y + x)$ gegeben. Nun ist, wenn $x = 180° - (y + z)$, der zugehörige Centriwinkel $360° - 2(y + z) = \alpha$. Eben so der Centriwinkel zu $y = 360 - 2(x + z) = \beta$ daher $CA = 2r \sin\frac{1}{2}\alpha$ und $CB = 2r \sin\frac{1}{2}\beta$ §. 126.

V. Trigonometrische Berechnung des Inhalts gradlinigter Figuren.

§. 62. Die Regeln zur Berechnung des Flächeninhalts müssen hier so eingerichtet seyn, daß wenn die Figur gezeichnet ist, durchaus kein Perpendikel gefällt werden darf, wie §. 280. 292 bis 295 der Planimetrie erfordert wurde; ja daß es nicht einmal schlechthin nothwendig ist, Behufs der Rechnung die Figur zu zeichnen.

§ 63. Aufg. **Den Flächen-Inhalt F eines gegebenen Dreiecks ABC (162 F.) zu berechnen.**

Aufl. 1. Wenn ein Winkel β und die beiden ihn einschliessenden Seiten a, c §. 56 gegeben, oder, wie man bei den IV. Haupt-Aufgaben immer in seiner Gewalt hat, berechnet sind, so ist der Flächeninhalt des Dreiecks $F = \frac{1}{2} a c \sin\beta$.

Bew. Die Höhe über a ist $AD = c \sin\beta$ §. 56. Aufl. 3. Mithin ist nach §. 292. $F = \frac{1}{2} a . c \sin\beta$

Aufl. 2

Aufl. 2. Wenn blos die 3 Seiten a, b, c wie §. 58 gemessen oder gegeben sind; so findet man

$F = \frac{1}{4}\sqrt{(a+b+c)(a+b-c)(a+c-b)(b+c-a)}$

Denn in $\frac{1}{2} a c \sin\beta$ den §. 58 no. 5 gefundenen Wehrt von $\sin\beta$ hineingesezt, giebt diesen Ausdruck. Ist $(a+b+c = S$ so ist $F = \frac{1}{4}\sqrt{S\,S - 2a)(S - 2c)(S - 2b)}$ wie man leicht sieht vergl. §.

Z. B. Im Ex. a. O. für no. 5 ist

	3,2002013 der Log. der Wurzelgr.
p. m. pr. min. =	1936 giebt 15856
II. Ex. a = 54	77 — 2
c = 49	22,0 8
b = 45	80 3
I. Fakt. = 148 = S	Also $F = \frac{1585,6283}{4}$
2a = 98	
II. F. = 40	= 396,4071
2c = 98	d. i. F = 396 Q. R. 40□′ 71□″
III. F. = 50	
2b = 90	Also $\frac{\sqrt{148 \cdot 58 \cdot 50 \cdot 40}}{4} = \frac{\sqrt{8584000}}{2} = 1465$ □R = F
IV. F = 58	

3. Das gleichschenkl. △ ist $\frac{1}{4} c \sqrt{(2a+c)(2a-c)}$; das gleichseitige $\frac{1}{4} a^2 \sqrt{3} \frac{1}{2} = a^2 \sin\beta$

§. 64. Die lezte Regel ist äusserst merkwürdig. Lernte der Landmann in den gemeinen Rechenschulen wenigstens das Ausziehen der Quadratwurzel; so dürfte er mit einer Schnur (oder auch nur mit Schritten 5 auf die rheinl. Ruthe §. 33 Pl.) nur alle Seiten und nöthige Diagonalen seines Feldes ausmessen, und die ganze Reihe der so wie in der 2ten Aufl. §. 63 ausgerechneten Dreiecke addiren; so erhielte er immer auch ohne kunstverständige Hülfe eine ziemlich richtige Idee von der Grösse seines Feldes. Daß er auch nur verstehen darf aus 3 gemessenen

nen Seiten nach einem verkleinerten Maasstab jedes Dreieck aufzutragen §. 63 Pl. um von seinem Felde einen beiläufigen Grundriß zn machen versteht sich von selbst. Hier haben wir aber **die Feldmeßkunst in einer Nuß** für den Oekonomen. Wie die Auflösung bei richtigen Datisganz dem Ideal des vor. §phs gemäß sey, fällt ins Auge und auch alles was aus ihr folget.

§. 65. In der Fundamentalgleichung $F = \frac{1}{2}ac \sin\beta$ läßt sich nun nach der Art wie z. B. §. 256 A. R. jede einzelne als die unbekante und die übrigen 3 als gegeben annehmen; so erhält man ausser der untersuchten noch 3 in vielen Fällen nüzliche Auflösungen: Es ist nämlich 1) $\frac{2F}{a} = c \sin\beta = AD =$ der Höhe eines Dreiecks dessen Inhalt, Grundlinie oder anliegende Seite nebst eingeschlossenem Winkel man weis; eigentlich ein doppelter Ausdruck für einerlei Grösse. Eine oder die andere senkrecht aus dem Punkt B errichtet (wie das h §. 297 Pl.) giebt, wenn durch ihren Endpuntt eine Parallele mit a gezogen wird den sogenanten **geometrischen Ort** für eine unendliche Menge Dreiecke von der Grösse F und der Grundlinie a, schneidet aber auch wenn der zweite Schenkel des Winkels β der Lage nach gezeichnet ist (in Fig. 17 im Punkte H) die zweite Seite c ab. Doch ist dies gewisser Maassen ein Umweg. Denn es ist 2) $c = \frac{2F}{a \sin\beta} = \frac{2F}{a} : \frac{1}{\operatorname{cosec}\beta}$ §. 18 (20) $= \frac{2F}{a} \cdot \operatorname{cosec}\beta$

Pr. Anm. Dies auf die Aufgabe von der Feldertheilung angewandt, lehre dabei alles Errichten von Perpendikular- und Parallellinien, wobei so leicht etwas gefehlt wird, vermeiden. Denn war nun in dem Beispiel §. 1-4 und 297 Pl. AG, AD, GAD, ADC (71 F.) gemessen; so ließ sich GD, ADG und ADC — ADG = GDC durch trig. Rechnung finden. Es sey GDC = β = 52° 13′ 38,5″; des noch zuzulegenden Dreiecks Inhalt F = 154

$= 154$ Q. R.; und GD $= a = 22°$; so ist $\frac{2 \cdot 154}{22 \cdot 0{,}7904477}$ $= 17{,}7$ Ruthen, welche nun ohne weiteres auf DC in H abgeschnitten werden. Noch etwas leichter rechnet man, wenn man die Zahlen selbst braucht mit der Cosekante, weil dann nur multiplicirt zu werden braucht. Will man mit Tafellogarithmen unmittelbar rechnen; so sezt man nach §. 39. $\sin\beta = \frac{\sin tab\beta}{\varrho}$; also ist $c = \frac{2\varrho F}{a \sin tab\beta}$ hier also $\frac{2\varrho \cdot 154}{22 \cdot \sin tab\beta} = \frac{14 \cdot \varrho}{\sin tab\beta}$ Wollte man dies nicht; so darf man nur vom Log. tab $\sin\beta$ die 10 abziehen.

3) $a = \frac{2F}{c \sin\beta} = \frac{2F}{c} \cdot \operatorname{cosec}\beta$ §. 18. 18) völlig wie vorhin. Endlich

4) $\sin\beta = \frac{2F}{ac}$. Diese Aufgabe bedeutet: wenn man des Dreiecks Inhalt und 2 Seiten weis, den zwischen leztern liegenden Winkel zu finden. Ob sie zulässig sey giebt gleich die Betrachtung der Formel. 2F kan nicht grösser als ac seyn, denn $\sin\beta$ muß ein eigentlicher Bruch oder $= 1$ seyn, da das Dreieck rechtwinklicht seyn würde. Eben so bei $\operatorname{cosec}\beta = \frac{ac}{2F}$; weil die Cosekante nicht kleiner werden kan, als der Halbmesser; so kan ac nicht kleiner als 2F seyn.

Die Formel für den $\sin\beta$ aus §. 58 no. 5 in diese Gleichung gesezt würde nur identische Säze $c = c$; $a = a$; $\sin\beta = \sin\beta$ wie Ich = Ich geben, und daher in der Mathematik wenigstens zur Auflösung von Aufgaben unbrauchbar seyn.

§. 66. Aufg. Den Inhalt eines Parallelogramms ABCD (165 F.) dessen 2 verschiedene Seiten und der Zwischenwinkel gegeben ist, auszurechnen.

Aufl. Weil das Parallelogramm aus 2 gleichen Dreiecken besteht, so ist $F = ac \sin\beta$, wenn β der von a und

und c eingeschlossene Winkel ist und alle Auflösungen des vorigen §. bleiben die nämlichen, nur daß stat 2F gesezt wird F, wie man leicht sieht, auch daß, wenn man die 2te Aufl. §. 63 hier anwenden will,
$F = \frac{1}{2}\sqrt{(a+b+c) \cdot (a+b-c)(a+c-b)(b+c-a)}$ sey; b bedeutet hier die Diagonale BD.

Z. **In einem Parallelogramm ist die Summe der Quadrate beider sich kreuzenden Diagonalen das doppelte der Summe der Quadrate beider Seiten $AC^2 + BD^2 = 2(a^2 + c^2)$ und der Unterschied der Quadrate aus den Diagonalen das vierfache Produkt beider Seiten in den Cosinus des spizen Winkels;** $AC^2 - BD^2 = 4ac \cos\beta$.

Bew. $BD^2 = a^2 + c^2 - 2ac \cos\beta$ §. 56. Aufl. 3.
$AC^2 = a^2 + c^2 + 2ac \cos\beta$ ebend. Also

$AC^2 + BD^2 = 2(a^2 + c^2)$ und
$AC^2 - BD^2 = 4ac \cos\beta$

§. 67. 1. Aufg. **Eines Trapeziums Inhalt zu berechnen, wenn beide Grundlinien m und n und eine Seitenlinie AB = c nebst dem Winkel β (124 F) welchen leztere mit einer der erstern einschließt, gegeben ist;** nach den Beding. §. 62.

Aufl. Es ist der Inhalt $\frac{1}{2}(m+n)c \sin\beta = F$ denn $c \sin\beta$ giebt das h §. 293 und $\frac{1}{2}(m+n)$ ist die mittlere Breite §. 183. 129.

Z. Wenn man von den 5 Grössen m, n, c, β, F, vier weis; so muß sich freilich die 5te finden lassen; $\frac{2F}{m+n} = c \sin\beta = h$ giebt einen doppelten Ausdruck für Höhe oder Entfernung der beiden Parallellinien.

Ferner ist $c = \frac{2F}{(m+n)\sin\beta}$; $m = \frac{2F}{c \sin\beta} - n$ und $n = \frac{2F}{c \sin\beta} - m$. Endl. $\sin\beta = \frac{2F}{mc + nc}$. Aber wir wollen uns dabei nicht aufhalten; nur bemerken

daß

daß die zweite Seitenlinie nicht mit unter den Datis ist, weil sie durch das übrige zugleich gegeben ist. Denn ABC 180—β; BD und ABD wird aus c, a und β; mithin auch DBC und aus diesem h und BD die Seite DC und der Winkel C gefunden. Wichtiger ist folgende.

§. 68. **Aufg. Von einem Trapez ist eine Grundlinie DC — μ oder , wo μ > , der Winkel DCB $=\beta$, ADC $=\alpha$ (145 F.) der Flächeninhalt = F gegeben, man soll dieses Trapezs Seitenlinie AC = c und überhaupt alle fehlenden Theile durch Rechnung finden.**

Aufl. Vorläufig bemerke; ich daß hier 1) stat der zweiten Parallele EF = , der zweite Winkel an der ersten α gegeben ist, überhaupt aber dies wieder die Aufgabe des 352 §. der Pl. ist die hier trigonometrisch behandelt werden soll. Man denke sich CF und DE bis zum Durchschnittspunkt G verlängert, so ist auch $= 180° - (\beta + \alpha)$ bekant. Also ist, sin : sin $\beta = \mu$: DG. Es sey DG $=$ b. μ sin $\alpha =$ T dem Inhalt des $\triangle$ DGC. Mithin ist T — F = E = dem Flächeninhalt von EGF. Aber EGF $\backsim$ DGC. Mithin ist $\triangle$ EGF $= \frac{E}{T}$ $\triangle$ DCG. Man setze $\frac{E}{T} =$ n im 354 §., da denn hier n ein eigentlicher Bruch ist; so ist GE = b$\sqrt{n}$. 2) Ist , oder die kleinere Seite gegeben; so daß $\alpha + \beta > 180°$ so weiß man aus $180 - \alpha = \gamma$ und $180 - \beta = \delta$ auch $180 - (\gamma + \delta) =$. Es ist also hier auch sin : sin $\gamma =$: AG (= b); und $\frac{1}{2}$ b sin $\gamma =$ T und T + F = E = dem Flächeninhalt von GEF. Also ist wieder $\frac{E}{T}$ ABG = EGF. Sezt man $\frac{E}{T} =$ n so ist n > 1 und EG = b. $\sqrt{n}$. Nach §. 354.

Im

Im ersten Fall trägt man, wenn man die Aufgabe verzeichnen will, auf: $b - b\sqrt{n} = b(1 - \sqrt{n}) = DE$; im zweiten Fall $b(\sqrt{n} - 1)$ oder $b\sqrt{n} - b$.

Ex. Im Beispiel §. 353 Pl. blieben von dem Trapez V (146 F.) noch 16035 Q. R. $= F$ abzuschneiden; also ist dies der 2te Fall. Es sey bei N der nach Fig. 145 sobenannte Winkel $\alpha = 111° 16'$ bei K sey $\beta = 128° 42'$; so ist $\gamma = 68° 44'$ und $\delta = 51° 18'$. Folglich ist $\eta = 59° 58'$. Mithin, wenn $NK = v = 255$ Ruthen; so ist

$$b = \frac{255 \cdot \sin 68° 44'}{\sin 59° 58'}.$$

Nun ist $l.\,255 = 2{,}4065402$
$l.\sin 68° 44' = 9{,}9693704$
$l\,v.\sin.\gamma = 12{,}3759106$
$l \sin 59° 58' = 9{,}9373847$
$l.\,b = 2{,}4385259$
$l.\,b\,v \sin\gamma = 14{,}8144365$
$-\,l\,2\varrho = 10{,}3010300$
$l\,T = 4{,}5134065$

Also $b = 274{,}489$
und $T = 32614$ □R.
$F = 16035$ —
$E = T + F = 48649$ —

$l\,E = 4{,}6870739$
$-\,l\,T = 4{,}5134065$
$0{,}1746674$
$\frac{1}{2}\,l\,\frac{E}{T} = 0{,}0873337 = l\sqrt{n}$. Also $b\sqrt{n} = 337{,}787$
$+\,l\,b = 2{,}4385259$ $\quad b = 274{,}489$
$2{,}5208596$ $\quad b\sqrt{n} - b = KX = 63{,}298$ R.

welche man nun, ohne daß es nöthig ist, IK und DN wirklich zu verlängern bis sie sich schneiden, von K nach X aufträgt.

§. 68. b. **Aufg. Eine irreguläre vierseitige Figur oder Trapezoide ABCD auszurechnen.**

Aufl. 1. Kennt man die Winkel $BCA = \alpha$; $DCA = \beta$ (125 Fig.), so sey $BC = b$, $DC = c$ die Diag. $AC = a$; so ist $F = \frac{1}{2}a(b \sin\alpha + c \sin\beta)$ vermöge §. 63.

Aufl. 2. Weis man den Winkel γ, welchen die beiden sich kreuzenden Diagonalen $AC = a$ und $BD = d$

mit einander machen, so ist $\frac{1}{2}$a.d.sinγ der Flächeninhalt des Trapezoids.

Bew. Ein Parallelogramm, welches jedesmal entsteht, wenn man die Seitenlinien halbirt und diese Mittelpunkte vereiniget, ist die Hälfte des Trapezoids. Dieses Parallelogr. Seitenlinien sind die Hälften der Diagonalen und seine Winkel den Winkeln gleich, welche die leztern mit einander machen; also ist das Parallelogr. aus den Diagonalen unter diesem Winkel viermal so groß als jenes, mithin doppelt so groß als der Trapezoides.

Z. Man weis, daß sich jede Figuren in Dreiecke, Dreiecke und Trapezia, auch Trapezoiden eintheilen lassen; man kan sie also auf eine oder die andere Art theilweise ausrechnen und am Ende die Summe ziehen.

Auch läßt sich ein ganzes Feld so ausmessen, daß man auf einer nach seiner Länge gezogenen Linie die Abscissen und nach beiden Seiten die Ordinaten mißt, wo im Umfange Winkel vorkommen, wodurch man lauter Trapezia erhält, die sich denn wie im vor. Sph ausrechnen lassen, oder man theilt die Figur in lauter Trapezoiden und mißt blos die Diagonalen und die Winkel wo sie sich durchkreuzen. Man sieht, daß sich hiernach die Figur auch auftragen läßt.

VI. Anwendung der Trigonometrie auf das Feldmessen.

§. 69. Aus der gesamten Abhandlung der ebenen Trigonometrie erhellet genugsam, daß man bei gradlinigten Figuren ohne alle Zeichnung jede Seite oder andere Linie von bekanter Lage in denselben, so wie auch jede Winkel aus den gehörigen gegebenen oder gemessenen Stücken so genau als man will, berechnen könne. Die Rechnung wird freilich der Wahrheit mehr oder minder gemäß seyn, nach dem Grade der Genauigkeit, der bei der Messung der erforderlichen datorum latorum hat beobachtet werden können. Will und muß man ja die Figur verzeichnen; so darf man nur alle Dreiecke, woraus dieselbe bestehet, mit den 3 berechneten Seiten construiren; und man ist des Auftragens der Winkel und des so unzuverläßigen Transporteurs ganz überhoben.

Aber überhaupt leistet die trigonometrische Rechnung nur dann ihre Dienste, wenn man mit einem genauen Astrolabium die erforderlichen Winkel bis auf 1 wenigstens 2 Minuten gemessen hat. §. 162. 1 Hauptst.

I. Messen der Entfernungen.

A. Pr. Anm. zu §. 256. B. 2. Es sey die Standlinie AC (102 F. und die Winkel BAC, ACB gemessen, so kan man die Entfernung AB nach §. 48 berechnen.

B. Ebendaselbst C 1) sey die Standlinie ED, (103 F.) und mit dem Astrolabium bei E die Winkel AED, BED, und bei dem Endpunkt D, BDE, ADE gemessen, man soll AB berechnen. Nun ist im Dreieck BDE, die Linie DE und die Winkel BED, BDE bekant, und so findet man nach § 48 die Seite BE. Eben so im Dreieck ADE aus DE, AED, ADE die Seite AE. Da nun im Dreieck ABE ausser den Seiten AE, EB auch noch der Zwischenwinkel AEB = AED — BED bekant ist: so findet man aus §. 56. 2 die 3te Seite AB, welches die gesuchte Entfernung ist.

C. Will man die Figur wirklich auftragen, so kan dies auf verschiedene Weise geschehen. Jede zeit wird die Standlinie ED im verjüngten Maasse gezeichnet. Alsdenn werden entweder 1) die Winkel am besten vermittelst des tausendtheiligten Maasstabes wie §. 54 2) gewiesen ist, an E und D angelegt, da denn die in A und B sich schneidenden Schenkel die Distanz AB geben werden; oder 2) nachdem durch die lit. B gezeigte Berechnungsart die Linien BD, EB, EA, AB gefunden, so werden die Dreicke DEB, AEB im verjüngten Maasse verzeichnet. 3) Noch besser ist folgendes Verfahren: Man berechne (104 F.) AE, BD und stelle sich vor, daß aus A und B auf die Richtung der Standlinie Perpendikel AH, BK gefället wären. Nun kan man diese Perpendikel, so wol als auch die Stücke EH, DK berechnen. Denn AEH und BDK sind rechtwinklichte Dreiecke, worin 2 Winkel und eine Seite bekant.

kant sind. Ist der gemessene Winkel EDB spitz: so berechne man nach §. 49 die Katheten. Ist der gemessene Winkel wie AED stumpf, so ist doch AEH seine Ergänzung zu 180° und man kan daher eben so verfahren. Alsdenn trägt man die gefundenen Längen DK, EH auf die Standlinie, oder ihre Verlängerung aus D und E auf, und errichtet mittelst eines genauen Winkelmaasses oder geometrisch die Perpendikel HA, KB, und giebt ihnen die gefundenen Längen, so hat man auch die Distanz AB auf dem Papier, oder, um ganz das Errichten der Perpendikel zu entbehren, ist es noch besser, mit den 3 gefundenen Seiten über DK und HE die Dreiecke zu construiren, das heißt: einen Durchschnitt in B und A zu machen und das Rechteck ABKH zu vollenden.

Ich kan mich nicht enthalten, hier ein für allemal zu bemerken, daß ich wünschte, man möge alle Verzeichnungen blos auf den Zirkel und verjüngten Maasstab zurückführen. Alle übrigen Instrumente sind das Winkelmaaß was die Operation damit betrift, nicht ausgenommen, mehr oder minder fehlsam, und der Zeichner hat dann nur nöthig auf die Prüfung der Richtigkeit seiner Maaßstäbe, deren er sich mehrere halten muß, alle Aufmerksamkeit zu verwenden. Ich glaube auch, daß der Künstler die Genauigkeit bei keinen Eintheilungen mehr in seiner Gewalt hat, als bei den gradlinigten. Muß man durchaus nach einem andern Maaßstabe als nach solchen, die man eingetheilt besitzet, zeichnen; so rathe ich lieber durch genaue Rechnungen jede aufzutragende Linie auf einen richtig eingetheilten Maaßstab zurückzuführen. Die am richtigsten eingetheilte Maasstäbe habe ich in Stockholmer Reiszeugen gefunden.

Das Branderſche System von 11 Maasstäben, wovon der 11te grade 10mal so groß als der erste und die 9 übrigen in fortgehender geometrischen Proportion zwischen dem ersten und eilften sind; ist für den Feldmesser sehr brauchbar. Man sehe Branders Beschreibung eines Systems von Maasstäben.

II. Höhenmessungen. Diese haben wir oben ganz dem Astrolabium und der Trigonometrie vorbehalten.

A. Wenn man auf einer Horizontfläche von einem Standpunkt C an den Fuß der Höhe AB (166 F.) hinmessen kan; so bringe man das vertikal gestellte Astrolabium

labium über C, so, daß ein Loth aus c auf C falle, messe den Erhöhungswinkel Acb, und auf der Horizontfläche die Linie CB, welche = cb seyn wird. Im rechtwinklichten Dreieck Abc ist nun nach §. 49. 3)

$Ab = \frac{BC \tan tab\ Acb}{\varrho}$ oder $l\,Ab = l\,BC + l\,tg\,tab\ Acb - 10$. Zu dem gefundenen Ab addirt man noch Cc = Bb die Höhe des Instruments.

Wenn AB die Höhe eines Thurms und A seine Spitze, so mögte wohl, wenn CB nicht sonderlich lang ist, nöthig seyn, zu BC noch erst die halbe Thurmdicke hinzuzusetzen.

B. Wenn man auf der Horizontfläche nicht ganz nach B hinmessen kan; so stelle man in der Vertikalfläche Acb einen Stab Ee, messe den Erhebungswinkel Acb, wobei man zugleich an dem Stabe den Punkt e bemerkt, auf welchen der Mittelpunkt des horizontalgestellten Fernrohrs co trift. Alsdenn messe man die Standlinie CD, welche mit AB in einer Ebene liegen muß; bringe hierauf den Winkelmesser gehörig über D, und stelle das Stativ so, daß das Objekt e wieder vom Mittel des horizontalen Fernrohrs bedeckt werde. Nun messe man den Erhebungswinkel Adb. Setzt man nun $CD = cd = a$; $Acb = \alpha$; $Adb = \beta$; so ist $cAd = \alpha - \beta$.

Daher $\sin(\alpha - \beta) : \sin\beta = a : Ac$ Nun ist
$1 : \sin\alpha = Ac : Ab$. Daher ist

$$Ab = \frac{a \sin\alpha \sin\beta}{\sin(\alpha-\beta)} = a\ \frac{\sin t.\alpha}{\varrho} \cdot \frac{\sin t.\beta}{\varrho} : \frac{\sin t.(\alpha-\beta)}{\varrho} =$$

$$\frac{a \sin tab\,\alpha\ \sin tab\,\beta}{\varrho \sin tab\,(\alpha-\beta)}$$ und $l.\,Ab = la + l \sin t.\alpha + l \sin t.\beta - l \sin t.(\alpha-\beta) - l\varrho$. Z. E. Es sei $DC = 662'$; $\alpha = 58°\ 4'$; $\beta = 32°\ 20'$; so ist $\alpha - \beta = 25°\ 44$

l 662 = 2,8208580	Es ist also Ab = 692,066 Fuß
l sin 58° 4' = 9,9287358	oder Ab + bB = AB = 696 Fuß
l sin 32° 20 = 9,7282271	beinahe, da das Instrument
l. Zähl. = 22,4778209	etwa $3\frac{1}{2}$ bis 4 Fuß hoch ist
l. Nenner = 19,6376731	
l Ab = 2,8401478	

Zu der gefundenen Grösse Ab setze man nämlich die Höhe Cc oder Dd des Instruments die dem Bb gleich angenommen wird.

Man kan nun freilich mancherlei Fälle annehmen, wo die auf den Fuß der zu messenden Höhe hingehende Linie CB oder DC sich gleichförmig senket oder hebet. Die 167te Figur stellet dergleichen vor. Allenthalben kan man denn CB oder CD, und da doch immer das eine Sehrohr am Instrument in eine horizontale Lage gebracht werden kan, 1) im ersten Fall die ACb; bCB messen, da sich wegen der rechten Winkel bei b; AB+bB und AB—bB finden lassen. 2 Im 2ten Fall mißt man auch noch die Winkel ADβ und ADB; so ist z. B. bei der abhängigen Lage von DB, ACB=ACb+bCB=α; ADC = DB und CD, mithin ACD, also auch AC zu finden. Da in den rechtwinklichten Dreiecken A und B leicht zu finden sind; so kan man im △ACB auch AB finden u. s. w. Aber schwerlich wird man grade auf die Höhe zu so gleichförmig steigende oder fallende Linien nehmen können. Daher will ich

C. für alle übrigen Fälle, wo man nicht in derselben Ebene mit AB eine horizontale Standlinie messen kan, eine allgemeine Methode anführen.

Es sey AB (168 F.) die Höhe, welche man suchet; so wähle man eine grade Linie CD in einiger Entfernung von B in jeder beliebigen Lage gegen AB zur Standlinie 1) Ist sie, welches am bequemsten, horizontal, so misset man in C den Erhebungswinkel ACB=α in der Vertikalfläche und BCd=β im Horizont, darauf messe man Cd=a und in d den Horizontalwinkel CdB = γ. Man braucht hiezu B nicht sehen zu können. Hat das Instrument eine Kippregel d. i. eine Einrichtung das Sehrohr auch in der Vertikalfläche um eine Axe zu bewegen, so kan man das Sehrohr beim horiz. Stande des Instrum. erst gegen die Thurm- od. Bergspitze richten und alsdann an AB herunter in den horizontalen Stand bringen. Nun ist CBd=180° —(β+γ)=δ; folglich sin δ : sin γ = a : CB und 1 : tang α = CB : AB. Daher ist AB =

$$\frac{a \sin\gamma \operatorname{tang}\alpha}{\sin\delta} = a\frac{\sin t.\gamma.\ \operatorname{tang} t.\alpha}{\varrho \sin t.\delta}$$ also l. AB = l a + l. sin t. γ + l. tang t. α − l ϱ. sin tab δ

2) Ist CD nicht horizontal; so muß man in C den Winkel DCd=kDC messen, und es läßt sich stat CD der Kathete Cd finden. Stellt man in D das Instrument nur horizontal: so hat mau doch den Horizontalwinkel kDb=CdB.

3) Wenn

3) Wenn man die Horizontalwinkel vermittelst des Instruments, (das etwa nicht mit einer Kippregei versehen wäre) nicht bequem messen kan; so neige man das Instrument so, daß man ausser α bei C den Winkel $ACD = \eta$ und bei D den Winkel $ADC = \vartheta$ messen könne. Alsdenn ist $CAD = \varkappa = 180^\circ - (\eta + \vartheta)$. Mithin $\sin\varkappa : \sin\vartheta = a : AC$ und $1 : \sin\alpha = AC : AB$. Folglich

$$AB = \frac{a \sin\alpha \sin\vartheta}{\sin\varkappa} \text{ oder } l\,AB = l\,a + l\,\sin t.\,\alpha + l\,\sin t.\,\vartheta - l\,\sin t.\,\varkappa.$$

Wenn besonders die Höhe eines Berges über einen gewissen Horizont bestimt werden soll, wird man mehrentheils in den Umständen Anlaß finden, eine der lezten Methoden anzuwenden. Bei Bergmessungen giebt indessen, wenn die Standlinie weit entfernt genommen werden muß die Krümmung der Erdfläche den Berg zu niedrig, die Stralenbrechung zu hoch an; wovon im Anhang.

Punkte in der Luft z. E. der höchste Punkt im Bogen des Nordlichts; die Höhe einer Feuerkugel, oder andern Meteors, selbst des Mondes und der nähern Planeten, wenn die Standlinie groß genug ist, können auch mit Hülfe der Trigonometrie bestimt werden. Um ein leichtes Beispiel zu geben, setze ich, daß eine solche Erscheinung E an 2 Orten B und A, die unter einem Meridian liegen, in der Mittagsfläche selbst zu gleicher Zeit beobachtet worden. Die gemessenen Erhebungswinkel seyn EAF, EBH. Die Entfernung der Oerter auf der Erde gäbe den Bogen AB im Längenmaaß, mithin auch in Graden, daß das Dr. BCA, weil der Halbmesser AC = 860 d. Meilen bekant, dadurch bestimt würde. Nun ist auch m und $BAE = R - m + EAF$, ferner n und $EBA = R - n + EBH$ bekant. Folglich läßt sich im Dreieck EBA nun auch die Seite EB weil die Sehne AB aus dem Bogen AB oder Winkel ACB bekant ist, berechnen. Nun hat man in EBC den Winkel dieses Namens, und die daran liegenden Seiten. Dies giebt aus §. 56 die dritte Seite EC, und EG—CG oder EC—BC ist die Höhe des Punkts E über der Oberfläche.

Ex. Auf den Observatorien in Berlin und Greifswalde, die bis auf $\frac{1}{4}^\circ$ unter einem Meridian liegen, (welches hier aus der Acht gelassen werden kan) ist ein Meteor z. E. eine Feuerkugel im Meridian nach Norden und Süden unter der Elevation von 40 und 45° beobachtet. Also EBH = α = 40°; EAF = β = 45°. Der Bogen BGA = 1° 34′ (Röhls Astron. II Th am Ende) = W. BCA = k also $\frac{1}{2}$k = 47′ und m = n = 89° 13′. Daher ist chord BA = e = 2r. sin $\frac{1}{2}$k = 1720. sin $\frac{1}{2}$k = 23,5 Meile. Nun ist EAB = 90° + 45° — 89° 13′ = 45° 47 = η; EBA = 90° + 40° — 89° 13 = 40° 47′ = ϑ daher E = 93° 26′. Folglich sin E : sin η = e : BE. Es ist Log. sin 45° 47 = 9,8553421

l 23,5 = 1,3710679

11,2264100

l. sin 93° 26′ = 9,9992274

l BE = 1,2271826 also

BE = 16,872 M.

l. (BC — BE) = 2,9258945

l t. $\frac{1}{2}$(BEC — BCE) = 10,4297711 = l tg 69° 36 30

13,3556656

l (BC + BE) = 2,9429352

10,4127304

Also ist nach §. 56. S. 207. 2) 24340 giebt 68° 51′ 47″

EC = BE. cos BEC + BC. cos BCE 2964 BEC = 139° 28 17

= 16,872 0,749 + 860. 0,9999 BCE = 44′ 43″

= 872,57

Und EG = 12,57 deutsche Meilen war die Feuerkugel über die Erdfläche erhaben.

§. 70. III. **Das Vermessen gradlinigter Figuren.** Da hier das Astrolabium, besonders bei dem Messen aus einer Standlinie, wenn die Grenzpunkte oder überhaupt die merkwürdigen Punkte eines grössern Landstrichs bestimt werden sollen, am besten zu gebrauchen ist; so wollen wir das Verfahren dabei noch in etwas erläutern.

1. Kömt es auf die **Wahl der Standlinie** an. Man muß aus ihren beiden Endpunkten die Oerter alle sehen können, die man zu beiden Seiten in den Riß bringen will. Auch muß die Standlinie schon eine ansehnliche Länge haben. Ersteres veranlaßt gemeiniglich, daß die Endpunkte auf ziemlichen Höhen seyn müssen. Beydes macht die unmittelbare Messung der Standlinie beschwerlich. Man kann sie daher selbst aus einer kleinern auf einer horizontalen Fläche

Fläche liegenden Standlinie bestimmen, nur so genau wie möglich.

Wollte man blos die Lage der Punkte gegen die Standlinie wissen, so brauchte man sie gar nicht zu messen. Daraus erhellt, daß man wenigstens erst alle Winkel aufnehmen, und nachher erst die Standlinie messen könne. — Die kleinere Standlinie wird, wenns angeht, am allerbesten auf dem Eise eines Sees gemessen.

2. Wenn nun z. E. zuerst über dem Endpunkte M der Standlinie MN das Instrument gehörig gestellt ist, so richte man das bewegliche Sehrohr auf o, und das Instrument so, daß man den Punkt N auf dem Faden des beweglichen Sehrohrs erblicket. Gesetzt nun, es seyn nach der Ordnung a, b, c, d, e u. s. w. auf dem Rande die Grade fortgezählt; so richte man das Sehrohr in eben der Ordnung auf die Punkte A, B, C, D, E, F u. s. w. und bemerke die Grade und die Punkte, bei welchen sie vorgekommen, sorgfältig in einem Journal. Nachdem man den halben Rand durchgegangen, werden die Zahlen 180° übertreffen. Wann nun auch auf der 2ten Hälfte alle Punkte bemerkt sind: so bringe man das Instrument über N. Wenn man auch da, wie vorher, das Sehrohr auf o stellet, und auf M richtet, so werden nun die Grade nach der Ordnung d, e, f, g u. s. w fortgezählet werden, und man muß es also auch in dieser Ordnung herum führen u. s. w. Nun wird das Journal bei der Visirlinie ND z. E. 18° und bei der Visirlinie MD 250° 16′ angeben. Man will aber eigentlich den Winkel NMD messen. Nun ist NMD=360—250°16′=109°44′. Aber DNM ist wirklich 18°. Ueberhaupt wenn bei einer Visirlinie ein Winkel steht, der kleiner, als 180°, so macht sie mit der Standlinie wirklich den Winkel, steht aber eine Zahl >180° dabei; so muß man stat ihrer die Ergänzung zu 360° nehmen. Auf solche Art bekömt man bei jedem Dreiecke Data genug, um die Lagen der Punkte A, B, C, D, E, F u. s. w. zu bestimmen. Sie in den Riß zu bringen, darf man nur bedenken, daß in jedem Dreieck DMN die Standlinie MN und die Winkel bei M, und N bekant sind. Man berechne nun nach §. 69 C eine Linie wie MD und aus dieser als Hypotenuse angesehen die Katheten Mδ und Dδ und construire über Mδ das rechtwinklichte Dreieck

MDδ u. s. w. so wird alles wie Abscissen und Ordinaten der Standlinie die zuerst im verjüngten Maasse aufgetragen ist, gezeichnet.

§. 71. Aufg. Drei Punkte A, B, C (112 F.) auf dem Felde sind schon in der Charte eingetragen. Man soll eine vierte D, nachdem man die Winkel ADC, CDB auf dem Felde gemessen gehörig nachtragen.

(dies ist die Aufgabe wovon bereits §. 258 Pl. die geometr. Auflösung gegeben ist).

Aufl. 1. Es sey $ADC = \alpha$, $CDB = \beta$; $ab = b$, so ist $ADB = \alpha + \beta = \gamma$; und bei der geom. Construktion muß $akb = 2\gamma$ und $\triangle$ akb gleichschenklich werden, also ist dessen Seite oder der hiesige Halbmesser $= \frac{b}{2 \sin \gamma}$. also ist die kürzeste Auflösung: man mache $\frac{b}{2 \sin \gamma} =$ dem Halbmesser des Kreises $= r$ womit man über der gegebenen $ab = b$ den Durchschnitt in k macht und mit r aus k den Kreis beschreibt. Was die Sehne al betrift, so ist $akl = 2\alpha$; also ist $al = 2r . \sin \alpha$; da man nun wie §. 258 durch cl die Linie zieht, die im Kreise den Punkt d für D gehörig bestimt. Uebrigens sieht man, daß wenn $\gamma > 90°$; der Sinus der Ergänzung zu 180° zu nehmen sey.

Aufl. 2. Es sey $cad = x$; so ist $cbd = 360° - acb - adb - x$. Das bekante $360° - acb - adb = m$ gesezt ist $cbd = m - x$. Nun ist im $\triangle cbd$, $\sin \beta : \sin(m - x) = d : dc$, und im $\triangle cad$ $\sin \alpha : \sin x = \delta : dc$

$$\text{also } \frac{d.\sin(m-x)}{\sin \beta} = \frac{\delta.\sin x}{\sin \alpha} \text{ oder } \frac{\delta.\sin \beta}{d.\sin \alpha} = \frac{\sin.(m-x)}{\sin x}$$

$$\text{Nun ist nach §.44.3. } \frac{\sin(m-x)}{\sin x} = \frac{\sin m.\cos x - \sin x.\cos m}{\sin x}$$

$$= \sin m . \cot x - \cos m$$

$$\text{Daher } \cos m + \frac{\delta \sin \beta}{d \sin \alpha} = \sin m . \cot x$$

$$\text{oder } \cot x = \cot m + \frac{\delta \sin \beta}{d \sin \alpha . \sin m}$$

Will man nun hiernach rechnen; so sucht man den lezten Theil durch die Logarithmen der Tafel. Denn es ist

$$\frac{\delta \sin \beta}{d \sin \alpha . \sin m} = \frac{\delta \sin t. \beta . \varrho}{d \sin tab \alpha . \sin tab m}$$

Die

Die dafür gefundene Zahl sezt man zu cot m aus den schulzischen Tafeln hinzu; wird der Wehrt auch negativ, so darf man doch nur zu dem Winkel der seiner absoluten Grösse zukomt, 90° hinzusetzen; so hat man cad =x; also im Dreiecke cad die Seite δ und 2 Winkel, und man kan nun acd mithin acb — acd = dcb bestimmen. Nun ist auch im △ dcb ausser d auch dcb und cdb bekant; daher man jezt alle Winkel und Seiten berechnen kan.

Ich kan aber doch nicht anders als dem Praktiker die erste Auflösung empfehlen, besonders wenn er wie folget verfährt. Es sei ab=400; $\alpha=22^\circ$; $\beta=40^\circ$; so ist $\gamma=62$ und $r=\frac{ab}{2\sin\gamma}=\frac{200}{0,883}=226$; damit wird über ab eines gleichsch. Dreiecks Spitze k gesucht. Da nun al $=2.226.\sin 22^\circ=169,3$ so sucht man über ka mit 169,3 =al und 226=kl=r den Punkt l, zieht cl unbestimt, und macht mit kd=226 den Durchschnitt in d.

§. 2. Ich glaube nun dem praktischen Feldmesser so viel Aufschluß gegeben zu haben, daß er mit Nutzen alles was in den eigends für sein Geschäfte geschriebenen Werken enthalten ist, studiren und beurtheilen kan. Wenn ganze weitläuftige Länder, viele Meilen lange grade Linien, Grade des Meridians zur Bestimmung der Grösse der Erdkugel u. d. gl. gemessen werden sollen, so muß freilich bei den optischen und astron. Wissenschaften oftmals Hülfe gesucht werden. Doch wenn 10 Meilen auf der Charte mehr nicht als 3 Zoll betragen, so kan noch alles wie auf einer ebnen Fläche liegend angesehen werden, ohne daß die Krümmung der Erde in Betracht kommen dürfte. Siehe unten sphär. Trig. §. 30. An sich wird bei einer solchen Landvermessung auf die Art verfahren, daß man durch geschickte Triangelverbindungen die Hauptpunkte fest leget, und alsdenn die Zwischenparthien mit den gewöhnlichen Meßinstrumenten ausarbeitet; wo denn freilich etlicher Hauptorte Länge und Breite astronomisch bestimmet werden muß. Aber auch dazu findet man in Mayers pr. Geometrie §. 345 ff. eine deutliche Anleitung. Wenn so lange Linien wie bei Bestimung eines Grades im Meridian (d.i. in einer graden Linie von Süden nach Norden) gemessen werden sollen; so wird es fast nothwendig durch Triangel, deren Spitzen man auf Höhen nimt, sie zu bestimmen. Z.B. Man kan aus △ACD, AD, CD (171 F., wenn man bei C und A die Winkel weis; eben so aus C, E, CD die Linie ED;

aus

aus E, F und ED die Linie DF aus DFG, FGD und DF die Linie DG und FG, aus GFK, GKF und FG die Linie GK bestimmen. Weis man nun BAD (die Abweichung der AD vom Meridian), so hat man Ad; aus GDH der Abw. des DG, hat man DH = dg; endlich aus der Abweichung KGb und KG hat man Gb = gB; also Ad + dg + gB die Länge des Bogens der Erdkugel AB. Ist sie 20 Meilen und man trägt sie einen Pariser Fuß lang auf, so kan man nur um $\frac{1}{8}$ einer Pariser Linie auf dem Papier wegen Krümmung der Erde d. i. um 0,11 einer deutschen Meile fehlen. Wenn man bei Messungen ganzer Länder alles dadurch zu erreichen denkt, daß man Schaaren von Feldmessern ausschickt, die jeder mit Meßtisch und Boussole oder auch wol Astrolabium ihre kleine Parthie ausarbeiten, woraus denn ein ganzes zusammengeflickt werden soll; so wird des Landesherren Zweck verfehlt, und man erhält mit grossen Kosten zwar Charten, die aber weiter keinen Vorzug vor den gemeinen haben, als daß sie theurer sind.

VII. Berechnung der Linien im Kreise, der Theile desselben, und der Polygone.

§. 73. **Aufg.** Wenn CB = r dem Halbmesser ECB = α dem Centriwinkel EB = b, der Sehne des Kreises gesezt wird (151 F.), eins aus den beiden übrigen, wie auch aus diesen 3 Stücken Ausschnitt und Abschnitt des Kreises zu finden.

Aufl. Da BCE ein gleichsch. Dreieck; so ist nach §. 26.

1) die Sehne $b = 2r \sin \frac{1}{2}\alpha = \frac{2r \sin tab \frac{1}{2}\alpha}{\varrho}$.

2) Der Halbm. $r = \frac{b}{2 \sin \frac{1}{2}\alpha} = \frac{\varrho b}{2 \sin tab \frac{1}{2}\alpha}$.

3) $\sin \frac{1}{2}\alpha = \frac{b}{2r}$ und $\sin tab \frac{1}{2}\alpha = \frac{\varrho b}{2r}$

sin α

$\sin \alpha = 2 \cos \frac{1}{2} \alpha = \frac{2 \cos t. \frac{1}{2} \alpha \, . \, \sin t. \frac{1}{2} \alpha}{\varrho \varrho}$ §. 28.

Muß aber noch mit ϱ multiplicirt werden, wenn es sin tab α seyn soll §. 39. Also $\sin t. \alpha = \frac{2 \cos t. \frac{1}{2} \alpha \sin t. \frac{1}{2} \alpha}{\varrho}$

4) Der Ausschnitt $S = \frac{1}{2} r^2 \alpha$, wo aber α den zum Ausschnitt gehörigen Bogen BAE in Decimaltheilen des Halbmessers bedeutet. Nun ist in $\frac{1}{2} r \, . \, r\alpha$ der Bogen $r\alpha$, was §. 312 Pl. $\frac{nr}{180} \pi$ hies. Wie man es findet lehrt dort der 311 und 306 §.

5) Der Abschnitt 𝔖 ist der Unterschied zwischen S und dem Dreieck CBE = T. Es ist aber wenn CD = h, der Höhe von T gesezt wird, $T = \frac{1}{2} hb$. Nun ist $h = r \cos \frac{1}{2} \alpha$ (auch $h = \frac{1}{2} b \cot \frac{1}{2} \alpha$). Mithin ist $T = \frac{1}{2} r \cos \frac{1}{2} \alpha$. $2 r \sin \frac{1}{2} \alpha$ oder $T = \frac{1}{2} r^2 . \sin \alpha$. Folglich ist $𝔖 = S - T = \frac{1}{2} r^2 (\alpha - \sin \alpha)$.

Ex. 1. Für den Ausschnitt sey r = 4 Fuß; $\alpha = 56° 45' 22''$. So sind

56° = 0,977384.. $\frac{1}{2} r^2 = 8$. Also S = 7,924632 □ F.
45′ = 0,013089..
22″ = 0,000106..

0,990579 = α nach Schulz S. 266 ff.

2. Für den Abschnitt bleibt $\alpha = 0{,}990579$
$\sin \alpha = 0{,}836344$

$\frac{1}{2} r^2 (\alpha - \sin \alpha) = 0{,}154235 \cdot 8$

Der Abschnitt 𝔖 = 1,233880 Q. Fuß.

§. 74. Aufg. Aus der Höhe AD = H des Abschnitts 𝔖 und dem Halbm. r dessen Inhalt zu finden,

Aufl. Es ist r : H = 1 : sin vers. $\frac{1}{2} \alpha$. Nun ist $\sin vers \frac{1}{2} \alpha = 1 - \cos \frac{1}{2} \alpha = 2 \sin \frac{1}{4} \alpha^2$ §. 30. 8. Mithin

$\sqrt{\frac{H}{2r}}$

$\sqrt{\frac{H}{2r}} = \sin\frac{1}{4}\alpha$. Daraus hat man α und $\sin\alpha$. Mithin $\frac{1}{2}r^2(\alpha - \sin\alpha) = S$.

§. 75. Aufg. Die Aufgaben §. 201. 209. 210 und 213 der Planimetrie trigonometrisch aufzulösen.

Aufl. 1) Jedes Polygon von n Seiten in einen Kreis von einen bekanten Halbmesser zu beschreiben §. 201. Pl. ist offenbar, weil der nte Theil seiner Fläche ein gleichschenklichtes Dreieck wie CBE und dessen Grundlinie BE = b hier die Polygonseite ist, durch no. 1 §. 73 vollkommen aufgelöset. Denn $\alpha = \frac{180°}{n}$

Also ist die Polygonseite $b = 2r\sin\frac{180°}{u} = \frac{2r\sin tab \frac{1}{2}\alpha}{\varrho}$ Behufs der Logarithmenrechnung. Dadurch erhält die Auflösung dieser Aufgabe die gröste Vollständigkeit und praktisch die möglichste Genauigkeit. Es sey n = 7; so ist $\frac{1}{2}\alpha = \frac{180}{7} = 25°\,42'\,51''$. Wenn nun r = 75°; so hat man $b = \frac{150 . \sin tab\, 25°\,42'\,51''}{\varrho}$. Nun ist

$l. 150 = 2,1760913$
$l. \sin\frac{1}{2}\alpha = 0,6373713$
$1,8134626$

Also die VIIEcks Seite 65,0823 R. p. m. pr. min. = 4609
Diff. 19

Anm. Sind der Seiten viele z. B. ein Neunzehneck oder Dreiundzwanzigeck u. d. gl. zu verzeichnen; sucht man durch Rechnung die Sehne für den 3, 4 . . fachen Centriwinkel und hilft sich damit beim Auftragen um nicht beim Herumtragen der vielen kleinen Sehnen das fehlsame zu häufen.

2) Auf

2) **Auf einer gegebenen Polygonseite b ein Polygon von n Seiten zu errichten** muß man $r = \frac{b}{2\sin\frac{1}{2}\alpha} = \frac{1}{2}b.\mathrm{cosec}\frac{1}{2}\alpha = \frac{b}{2\cos\frac{1}{2}\Phi}$ (wo Φ der Polygonwinkel ist), suchen. Z. E. Es soll nach Vauban die Seite des äussern Polygons 180 Toisen seyn und die Vestung soll 13 Bollwerke haben, den Halbmesser zu finden. $\frac{180}{13} = 13^\circ 50' 46'' = \frac{1}{2}\alpha$ giebt $45.\mathrm{cosec}\frac{1}{2}\alpha = 188$ Ruthen alt franz. Maaß, (2 Toisen auf die Ruthe) zum Halbmesser, womit man über EB das $\triangle$ aequicr. ECB und aus C einen Kreis beschreibt, worin sich nun EB = 180 Toisen 13mal herumtragen läßt.

3) **Um einen gegebenen Kreis ein Polygon von n Seiten zu beschreiben**, sucht man zuerst EB = b $= 2r\sin\frac{1}{2}\alpha$, zieht alsdenn CB und CE über E und B hinaus, suchet $CF = r.\sec\frac{1}{2}\alpha = \frac{r}{\cos\frac{1}{2}\alpha} = \frac{\varrho.r}{\cos tb\frac{1}{2}\alpha}$ welches man auf die verlängerte CB und CE aufträgt und CG an den Kreis zieht, welches nun $2r\,\mathrm{tang}\frac{1}{2}\alpha$ seyn muß. Wenn man dies nmal fortsezt; so wird das äussere Polygon entstehen.

4) Ist L die gegebene Seite eines äussern Polygons, so ist $r = \frac{L}{2\,\mathrm{tang}\frac{1}{2}\alpha} = \frac{1}{2}L\cot\frac{1}{2}\alpha =$ dem Halbmesser des in dem Polygon zu beschreibenden Kreises, dessen Mittelpunkt C durch Errichtung eines gleichsch. Dreiecks mit den Seiten $r\sec\frac{1}{2}\alpha$ gefunden wird. **Man kan nun mit $\frac{L}{2\,\mathrm{tang}\frac{1}{2}\alpha}$ einen Kreis beschreiben der alle Seiten des äussern Polygons berühren muß.** Oder man macht $GA = r\,\mathrm{tang}\frac{1}{2}\alpha$ und beschreibt den Kreis mit dem Halbmesser CA.

§. 76.

§. 76. Je grösser n d. i. die Anzahl der Polygonseiten genommen wird, je näher komt des äussern und innern Polygons Umfang der Peripherie. Aber um desto kleiner wird auch $\frac{180}{n} = \frac{1}{2}\alpha$. Berechnet man nun aus $r = 1$; $n \sin \frac{1}{2}\alpha$ für des innere und $n \tang \frac{1}{2}\alpha$ für des äussern Polygons halben Umfang; und nimt zwischen beiden das arithmetische Mittel, so wird dies der halben Peripherie für den Halbmesser 1 das ist der Zahl π immer so viel näher kommen je grösser n genommen würde. So wenn man aus der Trigon. Brittannica den Wehrt von $\sin \frac{1}{100}{}^{0}$, welches hier als $\sin \frac{1}{2}\alpha$ anzusehen und weil die Tangenten nicht so weit ausgeführt sind, den Wehrt von $\frac{\sin \frac{1}{2}\alpha}{\cos \frac{1}{2}\alpha} = \tang \frac{1}{2}\alpha$ beide mit $18000 = n$ multipliciren wollte; so würde allerdings eine Zahl, die mit π in 6 bis 7 der höchsten Ziffern übereinträfe, heraus kommen. Wenn man aber §. 32. 33. damit vergleichet, so sieht man wol, daß hierdurch nichts gewonnen wird, da dieser Wehrte Zusammenhang mit der Ludolphischen Zahl schon dort erwiesen ist; das will sagen: es ist im Grunde kein anderer Weg der Annäherung als §. 304 Pl., nur nachdem man die Tafeln hat, schneller.

§. 77. **Aufg. Den Inhalt P eines Polygons von n Seiten zu berechnen, wenn r der Halbmesser des Kreises ist, in welchem oder um welchen das Polygon beschrieben ist.**

Aufl. 1. Mit n ist $\frac{360^{\circ}}{n} = \alpha$, also aus §. 73. 5 $\triangle T = \frac{1}{2} r^2 \sin \alpha$, welches der nte Theil des gegebenen Polygons ist. Daher ist $P = n . T = \frac{1}{2} n r^2 \sin \alpha = \frac{n r^2 . \sin tab\ \alpha}{2 . \varrho}$.

2. Bei

2. Bei dem umschriebenen Polygon ist das Dreieck welches den nten Theil ausmacht $= \frac{FG.AC}{2} = \frac{1}{2} r.2rtg.\frac{1}{2}\alpha = r^2.tang\frac{1}{2}\alpha$. Also $P = nr^2 tg\frac{1}{2}\alpha$, oder wenn die Polygonseite L gegeben §. 45. 4 so ist $\frac{1}{2} L.cot\frac{1}{2}\alpha$. $\frac{1}{2} nL = \frac{1}{4} nL^2 cot\frac{1}{2}\alpha = P$.

§. 78. Für den Radius 1 ist $\frac{1}{2} n \sin\alpha$ der Inhalt, wenn P, n Seiten hat. Hätte man also P für Polygone in dieser Voraussetzung berechnet; so dürfte man nur jedesmal mit r^2, wenn ein anderer Halbmesser vorkäme, darin multipliciren. Denn sin 20° aus der Trig. Brit. genommen, ist 3,078181289931021 der Inhalt eines XVIII Ecks für den Halbmesser = 1, und für r = 10 ist P = 307,818 . . .

§. 79. **Das Verhältniß eines Polygons P von n Seiten und dem Centriwinkel α zu einem andern Π von N Seiten und dem Centriwinkel A ist $P:\Pi = n \sin\alpha : N \sin A$ bei einerlei Halbmesser des um dasselbe beschriebenen Kreises; Aberles ist $P:\Pi = n tg\frac{1}{2}\alpha : N tg\frac{1}{2}A$ bei einerlei Halbmesser des in demselben beschriebenen Kreises.**

Es sey n = 4, N = 12; so ist $\alpha = 90°$; A = 30 $\sin\alpha = 1$ und $\sin A = \frac{1}{2}$; also $P:\Pi = 4 : \frac{1}{2} 12 = 2:3$. **Das Viereck ist $\frac{2}{3}$ des Zwölfecks.** Dagegen verhält sich das umschriebene Zwölfeck zum Viereck wie 3,2148:4 ist also mehr als $\frac{3}{4}$ davon.

§. 80. **Wenn Π doppelt so viel Seiten hat als P; so ist N = 2n; 2A = α.** Mithin ist $P:\Pi = n \sin 2A : 2n \sin A = \sin 2A : 2 \sin A$. Aber $\sin 2A = 2 \sin A.\cos A$. Folglich $P:\Pi = \cos A ; 1$ d. h. Polygone in einerlei Kreise beschrieben, verhalten sich, wenn das zweite noch einmal so viel Seiten hat, immer wie der Cosinus des Centriwinkels des ersten zur Einheit. Daher **ist das Dreieck die Hälfte des Sechsecks.** Denn A = 60; $\cos A = \sin 30 = \frac{1}{2}$.

Unter einerlei Bedingungen wird bei den umschriebenen Polygonen $\frac{1}{2}A = \frac{1}{4}\alpha$ d. i. $A = \frac{1}{2}\alpha$. Daher $P:\pi = \text{tg}\,A : 2\,\text{tg}\,\frac{1}{2}A$. Es ist aber §. 47. n. 46. $\text{tg}\,\frac{1}{2}A = \frac{\sin A}{1+\cos A}$ Also $P:\Pi = \frac{\sin A}{\cos A} : \frac{2\sin A}{1+\cos A} = 1 + \cos A : 2\cos A = (\sec A + 1) : 2$. Also das umschriebene Dreieck zum Sechseck wie 3,0307720 : 2; so daß lezteres wiederum mehr als die Hälfte des ersten ist, mithin die Annäherung an den Kreis von innen und aussen nicht gleichen Schritt hält.

VIII. Vergleichung des Inhalts ebner Figuren von einerlei Umfang (Problema isoperimetricum).

§. 81. **Unter allen Parallelogrammen, die gleiche Grundlinie und Höhe haben, mithin von gleichem Inhalt sind, hat das Rechteck AC (172* F.) den kleinsten Umfang.** Man nehme auf BE, BA′ = BA, auf CF, CD′ = CD, so ist 2AB + 2BC = 2A′B + 2BC; aber AC ist ansehnlich grösser als A′C. Dies sind isoperimetrische Figuren von sehr verschiedenem Inhalt.

§. 82. **Ein Rechteck ist bei einerlei Umfang desto grösser je weniger die Seiten von einander verschieden sind; mithin ist das Quadrat unter allen isoperimetrischen Rechtecken vom grösten Inhalt.**

Bew. Es seyn des Rechtecks Q Seiten $a + b = f + g$ den beiden Seiten des Rechtecks R; also sind Q und R isoperimetrisch. Ist nun $f > a$; so ist, weil $b - g = f - a$ auch $b > g$. Man setze $\frac{1}{2}(a+b) = S = \frac{1}{2}(f+g)$ und die halben Differenzen $\frac{1}{2}(a-b) = e$ und $\frac{1}{2}(f-g) = k$; so ist §. 210 A. R.

$a = S + e$ und $f = S + k$; Ferner

$b = S - e$ und $g = S - k$ Folglich

$ab = S^2 - e^2 = Q$ und $fg = S^2 - k^2 = R$.

Ist

Ist nun e der halbe (also auch der ganze) Unterschied zwischen a und b kleiner als k der halbe (also auch der ganze) Unterschied zwischen f und g, so ist auch $e^2 < k^2$; mithin §. 5 Nr. $S^2 - e^2 > S^2 - k^2$ oder $ab > fg$; oder $Q > R$ Ist $a = b$ also $\frac{1}{2}(a-b) = e = 0$ so ist $Q > R$ wenn $\frac{1}{2}(f-g) = k$ auch noch so wenig betragen sollte.

§. 83. **Mehrere isoperimetrische Dreiecke sind bei einerlei Grundlinie um desto grösser, je weniger die beiden übrigen Seiten von einander verschieden sind, mithin hat das gleichschenklichte unter allen den grösten Inhalt.**

Bew. Multiplicirt man in §. 58. 2 die Wehrte von $1 - \cos\beta = \frac{b^2 - (a-c)^2}{2ac}$ und daselbst aus 5) $1 + \cos\alpha = \frac{(a+c)^2 - b^2}{2ac}$ so erhält man $\sin\beta = \frac{\sqrt{b^2 - (a-c)^2 . (a+c)^2 - b^2}}{2ac}$ und des Dreiecks, welches auf der Grundlinie b stehet, Flächeninhalt $F = \frac{1}{2} ac \sin\beta = \frac{1}{4}\sqrt{(b^2 - (a-c)^2).((a+c)^2 - b^2)}$.

Es kömt nun darauf an, ob und wie das Produkt unter dem Wurzelzeichen grösser und endlich am grösten werden kan, und muß. Der Faktor $(a+c)^2 - b^2$ bleibt sich immer gleich, weil b feststeht, und die Summe $a+c$ auch unveränderlich angenommen wird (wegen der Isoperimetrie). Aber der Faktor $b^2 - (a-c)^2$ kan und muß grösser werden, wenn das abzuziehende $(a-c)^2$ also $a-c$ kleiner wird. Dies geschieht 1) je mehr sich a und c der Gleichheit nähern. Wird $a = c$ also 2) das Dreieck gleichschenklicht, so wird $(a-c)^2 = 0$ und es wird gar nichts abgezogen. Dann ist $F = \frac{1}{4}\sqrt{b^2(4a^2 - b^2)}$ ein Grösstes.

§. 84. **Das Produkt dreier Grössen a, b, c, deren Summe a+b+c immer gleich bleiben soll, ist am grösten, wenn alle 3 gleich groß sind** z. B. $3+4+5=12$; $3.4.5=60$. Es ist aber $4.4.4=64$. und kan nicht grösser werden.

Bew. a sey die kleinste von den Dreien, dann $b > a$ und $c > b$, so daß $a+d=b$ und $a+e=c$ ist; mithin muß $e > d$ seyn. Nun wird $abc = a(a+d)(a+e) = a^3 + a^2(d+e) + ade$. Sind aber alle gleich, d. i. jeder Faktor $\frac{1}{3}(a+b+c) = \frac{1}{3}(a+a+d+a+e) = a + \frac{1}{3}(d+e)$; so ist $(a+\frac{1}{3}(d+e))^3 =$
$a^3 + a^2(d+e) + \frac{1}{3}a(d+e)^2 + \frac{1}{27}(d+e)^3$. Man vergleiche $a^3 + a^2(d+e) + aed$; so wird lezteres kleiner seyn, wenn

$aed < \frac{1}{3}a(d+e)^2 + \frac{1}{27}(d+e)^3$ oder gar schon
$aed < \frac{1}{3}a(d+e)^2$ d. i.
$aed. < \frac{1}{3}ad^2 + \frac{2}{3}ade + \frac{1}{3}ae^2$ und
$aed < \frac{1}{3}ad^2 + ae(\frac{2}{3}d + \frac{1}{3}e)$ ist

Da nun aber $e > d$ so ist $\frac{2}{3}d + \frac{1}{3}e > d$.

Also ist $aed < ae(\frac{2}{3}d + \frac{1}{3}e)$ und um so mehr
$aed < \frac{1}{3}ad^2 + ae(\frac{2}{3}d + \frac{1}{3}e)$ welches $= \frac{1}{3}a(d+e)^2$
war. Um so mehr ist
$aed < \frac{1}{3}a(d+e)^2 + \frac{1}{27}(d+e)^3$.

Mithin ist gewis $\left(\frac{a+b+c}{3}\right)^3 > abc$, wenn die Grössen a, b, c, deren Summe $a+b+c$ immer gleich bleibt, von einander verschieden sind.

§. 85. **Das gleichseitige Dreieck hat unter allen Dreiecken von gleichem Umfange den grösten Flächeninhalt.**

Bew. Wenn a, b, c die Seiten eines Dreiecks sind; so ist, wenn $a+b+c=s$, des Δ Inhalt $= \frac{1}{4}\sqrt{s(s-2a)(s-2b)(s-2c)}$. §. 63. Die Summe s bleibt einerlei, also auch $2(a+b+c)=2s$, also auch $s-2a+s-2b+s-2c$ oder $3s-2(a+b+c)=s$. Da aber der erste Faktor unter dem Wurzelzeichen ganz unveränderlich

derlich ist, die Summe der 3 übrigen aber auch sich immer gleich bleibet, so kan das ganze Produkt nur dann am grösten werden §. 84, wenn $s-2a=s-2b=s-2c$ d. i. weil auch hier s unveränderlich; wenn $2a=2b=2c$ oder $a=b=c$ folglich das Dreieck gleichseitig ist.

§. 86. **Wenn** $FCG=\alpha$ (172 F.) und $FCE=\beta$ **ungleiche Winkel bedeuten, und** $\alpha>\beta$ ist; so ist $\frac{tg\,\alpha}{tg\,\beta}>\frac{\alpha}{\beta}$

Bew. Aus der Figur ist offenbar, daß

1) $\triangle ECB > \text{sect } ECG$

2) $\triangle ACE < \text{sect. } FCE$

Folglich ist $\frac{\triangle ECB}{\triangle ACE}>\frac{\text{sect } ECG}{\text{sect } FCE}$ weil doch wol §. 24. V. VI. Ar. ein grösserer Dividend mit einem kleinern Divisor dividirt einen grössern Quotienten (oder Bruch) geben muß als ein kleinerer Dividend mit einem grössern Divisor dividirt. Addirt man beiderseits I, so ist noch $\frac{\triangle ECB+\triangle ACE}{\triangle ACE}>\frac{\text{sect } ECG+\text{sect } FCE}{\text{sect } FCE}$ d. i. $\frac{\triangle ACB}{\triangle ACE}>\frac{\text{sect. } FCG}{\text{sect. } FCE}$. Nun sey $FCG=\alpha$; $FCE=\beta$ So ist für $AC=1$; $AB=\text{tang}\,\alpha$; $EA=\text{tang}\,\beta$. Es ist aber $\frac{\alpha}{\beta}=\frac{\text{sect. } FCG}{\text{sect. } FCE}$ §. 157. 3. Pl. und $\frac{AB}{EA}=\frac{tg\,\alpha}{tg\,\beta}$ $=\frac{\triangle ACB}{\triangle ACE}$ §. 215 Pl. Nun war $\frac{\triangle ACB}{\triangle ACE}>\frac{\text{sect. } FCG}{\text{sect. } FCE}$.

Also auch $\frac{\text{tang}\,\alpha}{\text{tang}\,\beta}>\frac{\alpha}{\beta}$.

§. 87. **Ein reguläres Polygon** Π, **welches mehr, nämlich** $n+m$ **Seiten hat, als ein anderes** P **von** n **Seiten, ist immer grösser als lezteres, wenn beide auch einerlei Umfang haben.**

Bew. Die Seite des ersten heisse λ; die Seite des zweiten L, so ist $nL = (n+m)\lambda$. Des ersten Centriwinkel sey $\beta = \frac{360^\circ}{n+m}$, des zweiten $\alpha = \frac{360^\circ}{n}$ so folgt $n:n+m = \lambda:L$, und $n\alpha = (n+m)\beta = 360^\circ$ giebt $n:n+m = \beta:\alpha$ also $L:\lambda = \alpha:\beta$. Das Polygon $P = \frac{1}{4}nL^2.\cot\frac{1}{2}\alpha = \frac{1}{4}nL.\frac{L}{\tan\frac{1}{2}\alpha}$ §. 77. 2; das Polygon $\Pi = \frac{1}{4}(n+m)\lambda^2.\cot\frac{1}{2}\beta = \frac{1}{4}(n+m)\lambda.\frac{\lambda}{\tan\frac{1}{2}\beta}$ Nun ist aber $\frac{\tan\frac{1}{2}\alpha}{\tan\frac{1}{2}\beta} > \frac{\frac{1}{2}\alpha}{\frac{1}{2}\beta}$ Auch $\frac{\tan\frac{1}{2}\alpha}{\tan\frac{1}{2}\beta} > \frac{L}{\lambda}$. Folglich wird $\frac{\lambda}{\tan\frac{1}{2}\beta} > \frac{L}{\tan\frac{1}{2}\alpha}$, wenn man beides mit λ multiplicirt und mit $\text{tg}\frac{1}{2}\alpha$ dividirt. Da nun beide ersten Faktoren $\frac{1}{4}nL = \frac{1}{4}(n+m)\lambda$ sind, aber der zweite Faktor von Π grösser als der 2te von P ist, so muß $\Pi > P$ seyn.

§. 88. **Es heissen H, B, P; h, b, p die Hypotenusen und gleichnahmigen Katheten zweier ähnlichen rechtwinklichten Dreiecke; so ist $(H+h)^2 = (B+b)^2 + (P+p)^2$.**

Bew. Wenn $B = nb$ ist; so muß auch $P = np$ und $H = nh$ seyn. Aber dann ist $H^2 = B^2 + P^2 = n^2b^2 + n^2p^2$. Da nun auch $h^2 = b^2 + p^2$ ist; so ist $H = nh = n\sqrt{(b^2+p^2)}$; und auch $h = \sqrt{(b^2+p^2)}$. Es ist also $H.h = n(b^2+p^2)$; $(H+h)^2 = H^2 + 2Hh + h^2 = H^2 + 2nb^2 + 2np^2 + h^2$. Da nun $2.nb.b = 2Bb$ und $2.np.p = 2Pp$; so ist $(H+h)^2 = B^2 + P^2 + 2Bb + 2Pp + b^2 + p^2 = (B+b)^2 + (P+p)^2$.

§. 89. **Aufg. Auf 2 gegebenen Grundlinien CB = a und BE = b (173 F.) zwei ähnliche gleichschenklichte Dreiecke zu errichten, wenn zugleich die Summe s = MN der 4 Seitenlinien der 2 Dreiecke gegeben ist.**

Aufl. Man theile s in dem Verhältnisse a:b; die gefundenen Grössen $\frac{as}{a+b}$ und $\frac{bs}{a+b}$ halbire man, und be-

schreibe

schreibe mit der Hälfte des ersten Theils über a und mit der Hälfte des zweiten Theils über b gleichschenklichte Dreiecke.

§. 90. **Die Summe des Inhalts der beiden ähnlichen nach §. 89 verzeichneten gleichschenklichten Dreiecke FBC, GBE (173 F.) ist grösser als die Summe des Inhalts jeder andern auf eben den Grundlinien errichteten unähnlichen Dreiecke ABC, DBE, die beide zusammengenommen einen eben so grossen Umfang haben, als die beiden ähnlichen.**

Bew. Man verzeichne die △△ACB, DBE, so daß die Grundlinien BC, BE oder a, b in grader Linie liegen, und setze AK und DH auf BC und BE aus ihrer Mitte senkrecht. Wenn nun FBC, GBE die beiden ähnlichen Dreiecke auf eben den Grundlinien sind; so geht AK durch F und DH durch G und das aus der Spitze (z. E. D) desjenigen der beiden unähnlichen Dreiecke (z. E. BDE) dessen Seitenlinie DB grösser ist, als die Seitenlinie des mit ihm auf einer Grundlinie stehenden ähnlichen BGE, gezogene Loth verlängere man nach L, mache HL = HD und ziehe LB; so ist HBL = HBD; aber weil G > D; so ist DBH > GBH §. 76 Pl. also HBL > GBH; HBL > KBF (= GBH); und wenn man LB nach M verlängert; so wird KBM (= HBL) > KBF; mithin KBM > KBA; folglich ABL < 2R. Zieht man daher LA, so muß es von BC nach K zu geschnitten werden. Man setze AB = c; BD = e; FB = n; BG = m; BL = p; AL = q; so ist c + e = n + m = c + p, und c + p > q; also n + m > q und I. $(n+m)^2 > q^2$. Nun ist, wenn FK = H und GH = h gesezt wird, $(n+m)^2 = (H+h)^2 + \frac{1}{4}(a+b)^2$ und wenn AK = f, HL = F; KN = r; HN = t ist, so ist $q^2 = (f+F)^2 + (r+t)^2$ 88 §. oder, wenn DH = d ist; so hat man $q^2 = (f+d)^2 + \frac{1}{4}(a+b)^2$. Folglich ist II. $(H+h)^2 > (f+d)^2$ wegen I. und $H+h > f+d$; mithin

hin H—f>d—h. Weil nun a>b; so ist $\frac{1}{2}$aH—$\frac{1}{2}$af > $\frac{1}{2}$b.d—$\frac{1}{2}$b.h, oder △FBC—△ABC> △DBE —△GBE; also die Figur ABFC> GEDB folglich △ ABC+ABFC+△GBE> △ABC+GEDB+△ GBE d.i. FBC+GBE> ABC+DBE.

Man sieht, daß dieser Beweis in eben der Art stat finden würde, wenn das über CB errichtete unähnliche Dreieck über F hinausreichte; auch wenn a = b wäre.

Anm. So allgemein, wie hier, hat Karsten §. 489 bis 491 der Geom. in seinem Lehrbegrif die leztern Sätze vorgetragen. Beim Clavius Geom. Pract. Cap. 7 der vermuthlich dem Pappus in collect. mathem. gefolget ist, ist der Satz auf den Fall beschränkt, wenn zwar 2(AB+DB) = 2(CF+BG) aber auch AC = AB = DB = DE ist. Ich bin Karstens Vortrag im Ganzen gefolgt; jedoch habe ich hin und wieder die Sätze theils mehr auseinander gesezt, theils wie §. 89 der Deutlichkeit unbeschadet, kürzer zu fassen gesucht.

§. 91. Gradlinigte Figuren schliessen bei einerlei Seitenzahl und einerlei Umfang den meisten Flächenraum ein, wenn sie regulär sind.

Bew. Vom gleichseitigen Dreieck ist es nur erst §. 85 erwiesen. Soll sonst eine vielseitige Figur wie ABCDE (174 F.) unter allen isoperimetrischen die geräumigste seyn, so läßt sich beweisen 1) Sie muß gleichseitig seyn. Denn wäre sie es nicht, z. B. AE ≷ AB; so könte man doch über EB mit $\frac{1}{2}$(AE+AB) ein gleichschenklichtes Dreieck etwa EBF > ABE setzen §. 89 und so wäre EFBCD > EABCD bei gleicher Seitenzahl und Umfang gegen die Voraussetzung. Dies gilt bei jedem Paar Seiten. 2) Ein solches Maximum muß auch gleichwinklicht seyn. Eben ist erwiesen daß EA = AB = BC = DC seyn müste. Sollte nun Winkel A nicht = W. C seyn, so wäre △EAB nicht ∽ △BCD. Dann könte man aber mit der Summe der Linien EA+AB, BC+

CD

CD über den nämlichen Grundlinien EB, BD ein paar ähnliche Dreiecke z. B. EFB ∽ BGD errichten §. 89 welche zusammengenommen grösser wären als EAB + BCD §. 90 und so wäre nun wieder EFBGD > EABCD gegen die Voraussetzung. Eben so folgt es für die sämtlichen Umfangswinkel in der Ordnung A = C = E = B = D bei ungrader Winkelzahl. Ist leztere grade; so kan man eben den Beweis in folgender Ordnung A = C = E dann A = D = F = B führen. Blos für das Viereck folgt auf diese Art nur, daß die entgegengesezten Winkel gleich sind. Aber aus 1 folgt, daß doch auch hier das gröste Tetragon **gleichseitig** seyn muß. Es sey also jede Seite = a. Der eingeschlossene Winkel sey α, so muß der Inhalt $a^2 \sin \alpha$ §. 66 seyn. Es ist aber immer noch $a^2 \sin \alpha < a^2$ wenn nicht $\sin \alpha = \sin tot$ ist, das ist, alle Winkel rechte d. i. gleiche Winkel sind. Also ist auch das reguläre Viereck unter allen am grösten, da $a^2 \sin \alpha$ ein grösser als a^2 werden kan.

§. 92. **Ein Kreis hat einen grössern Flächeninhalt als jede gradlinigte Figur, die mit ihm einerlei Umfang hat.**

Bew. ABCDEF (175 F. a) sey ein Polygon P von so viel Seiten als man will, die Anzahl heisse N; und um K (175 F. b) sey ein Kreis C beschrieben; beider Umfang sey Π. Um den Kreis läßt sich ein Polygon 𝔓 auch von N Seiten beschreiben §. 210, so ist 𝔓 > C. Aus dem Mittelpunkt des Kreises ziehe man Kd nach einer Winkelspitze des umschriebenen 𝔓 und ein Loth KL an den nächsten Berührungspunkt L. Aus des Polygons P Mittelpunkt G 206 §. zieht man eben so GD nach einer Winkelspitze D und ein Loth GH auf die nebenliegende Seite DC. Nun ist $dc > \frac{1}{n}\Pi$ also $dc > DC$ und auch $\frac{1}{2}dc > \frac{1}{2}DC$ d. i. $dL > DH$. Aber es ist K = G, als die halben Centriwinkel zweier Polygone von n Seiten. Daher ist △ KdL ∽ GDH und dL : DH = KL : GH; mithin KL > GH. Nun ist des Kreises Inhalt $\frac{1}{2}$KL. Π > $\frac{1}{2}$GH. Π dem Inhalt des mit ihm isoperimetrischen Polygons. Da nun bei gleichem Umfang jedes reguläre Polygon grösser ist als jedes irreguläre von eben so viel Seiten, jedes reguläre von mehr Seiten aber hinwiederum grösser als ein anderes reguläres von weniger Seiten, der Kreis endlich bei gleichem Umfang wieder grösser als jedes reguläre Polygon von so viel Seiten als man immer will; so ist der Kreis grösser als jede gradlinigte Figur die mit ihm einerlei Umfang hat.

§. 93. Aus dieser ganzen Abhandlung läßt sich nun die allgemeine Regel ableiten: **Je mehr Seiten eine Figur hat, und je mehr sich ihre Seiten und Winkel der Gleichheit nähern desto grössere Fläche schließt sie bei einerlei Umfang ein, den grösten, wenn sie in eine kreisrunde Gestalt übergeht.** Ein aufmerksames Auge wird nun daraus schon nach dem Anblick beurtheilen können, welche von mehrern Figuren von einerlei Umfang die gröste seyn mögte.

Anhang vom Nivelliren.

§. 1.

Ich habe schon oben bemerket, daß ein Feldmesser, der sich über das gemeine erheben will, noch etwas mehr als die Elementarlehren der Arithmetik, Geometrie und Trigonometrie erlernen, selbst manches aus den verschiedenen Theilen der angewandten Mathematik brauchen könne. S. §. 72 Tr. Bei den §. 69 erklärten Höhenmessungen habe ich bemerkt, daß die Krümmung der Erde, wovon eigentlich die mathem. Geographie, und die Stralenbrechung, wovon die Dioptrik handelt, dabei mit in Betracht käme. Ob es nun gleich gegen die strenge Methode seyn mag, so will ich doch, auch ohne Erlaubniß der Rigoristen, die Regeln hier beibringen, wornach diese Messungen der genanten Umstände wegen berichtigt werden müssen, da ihre Anwendung ohne viel Theorie deutlich gemacht werden kan, und bei dem Nivelliren, welches man von jedem praktischen Feldmesser verlangt, eben diese Umstände zu erwägen sind.*)

§. 2.

*) Die Examinatoren verlangen ja von den jungen Geometern Kentniß von dem leztern Geschäfte, ohne sonst etwas von Dioptrik und mathem. Geographie zu wissen.

§. 2. Ich bemerke vorher, daß, wenn die Standlinie weniger als 500 Ruthen vom Fusse einer gemessenen etwas beträchtlichen Höhe entfernt ist, die Verbesserung wegen Krümmung der Erde u. s. w. noch eben von keiner Bedeutung ist; da bei einem hohen Berge wenige Zolle nichts machen. Uebrigens beruhet sie auf folgenden Gründen.

A sey ein erhabener Gegenstand z. B. eine Bergspitze, C der Mittelpunkt einer Kreisfläche von welcher die Erdkugel mitten durchschnitten wird; DB also ein Theil ihrer Peripherie auf der Erdfläche, d ein Standpunkt, um die Höhe Dd über der Wasserfläche erhaben. Sowol dD als AB sind Lothlinien auf der Erdfläche deren Verlängerung durch den Mittelpunkt C gehen muß. Nun soll die wahre Höhe AB gefunden werden.

Wäre bei einer der §. 69 Tr. gelehrten Methoden die Höhen zu messen auch $dA = b$ gefunden; und der Winkel $AdF = \alpha$ gemessen, so erhielte man dadurch $AF = b \sin \alpha = c$.

§. 3. Aufg. Aus dem eben gefundenen AF, dem Winkel am Mittelpunkt β, oder stat dessen dem Bogen der Erdfläche $DB = a$ im Längenmaaß, der Höhe $dD = d$, dem Halbmesser der Erdkugel $CD = r$; endlich der Grösse der Strahlenbrechung die Höhe des Punkts A über der Erdfläche $AB = H$ zu finden.

Aufl. „Man mache 1) $AB = (c + d) \sec \beta +$ „$0{,}0002047 \beta^2$ wo der Winkel β in Sekunden ausgedruckt seyn muß; oder 2) $AB = (c + d) \sec \beta +$ „$0{,}000000211\, a^2$, wo a in rheinl. Fussen gegeben seyn „muß. In beiden Fällen findet man auch AB in rheinländischen Fußen.“

Bew.

Bew. Dieses Verfahren läßt sich leicht rechtfertigen. 1) AF ist $\mp$ CD; daher im $\triangle$ AEF der Winkel EAF $=\beta$ und AE $= c \sec\beta$.

2) Zieht man die Tangente De und ef senkrecht auf dE so ist ef $=$ d; mithin Ee $= d \sec\beta$ weil auch feE $=\beta$.

3) Endlich ist Ce $= r \sec\beta$ und folglich Be $=$ $r(\sec\beta - 1) = r\left(\frac{1}{\cos\beta} - 1\right) = r\left(\frac{1-\cos\beta}{\cos\beta}\right)$. Es wird aber der Bogen DB mithin der Winkel β mehrentheils kaum $\frac{1}{2}$ Grad oder $7\frac{1}{2}$ deutsche geographische Meilen betragen. Daher kan man den Sinus und Bogen gleich setzen §. 32. 33 eb. Trig. Denn für $1' = 1$ sind noch beide 0,008726; also für 30' nur um wenige resp. Zolle und Fuße verschieden. Nun ist aber $\cos\beta = 1 - 2(\sin\frac{1}{2}\beta)^2$ §. 30 eb. Trig. $= 1 - 2(\frac{1}{2}\beta)^2 = 1 - \frac{1}{2}\beta^2$ daher ist Be $= \frac{\frac{1}{2}r\beta^2}{1-\frac{1}{2}\beta^2}$. Aber $\frac{1}{2}\beta^2$ verschwindet gegen 1. Mithin ist Be $= \frac{1}{2}r\beta^2$ zu setzen. Nun muß man sich hier den Bogen β als in Decimaltheilen des Halbmessers $= 1$ ausgedruckt vorstellen. Es muß also, wenn β in Sekunden gegeben ist nach §. 311 Planim. stat β gesezt werden $\frac{\beta}{206264}$ Also hat man Be $= \frac{\frac{1}{2}r\beta^2}{206264^2}$. Nun ist der mittlere Erdhalbmesser nach **Maupertuis** 20319314 rhl. Fuß; also ist, wenn man den beständigen Faktor logarithmisch berechnet, Be $= 0{,}0002388 . \beta^2$ rhl. Fuß. Und wenn man diesen beständigen Faktor der Stralenbrechung wegen um $\frac{1}{7}$ verkleinert; so erhält man Be $=$ $0{,}0002047 . \beta^2$. Diese Partialwehrte aus no. 1. 2. 3 zusammengesezt, geben die erste Auflösung.

4) Obgleich die Figur hier wieder ein sehr unvollkommenes Bild ist, so wird doch ein sehr geringes Nachdenken zeigen, daß dA, dF, de und der Bogen DB lauter

lauter so wenig von einander verschiedene Grössen sind, daß die Bestimmung des Winkels C oder β aus einer so gut als aus der andern hergenommen werden kan. Weis man also β nicht etwa aus der Charte schon genau genug; so hat man ja beide erste Linien schon im Höhendreieck AdF, kan aber auch die beiden lezten aus einer Standlinie messen. Alles dies giebt die Grösse a unmittelbar. Da nun 1 Grad 57107,5 Toisen hält, so hält 1 Minute $\frac{57107{,}5 \cdot 6}{60} = 5710{,}7$ par. Fuß; 1 Sekunde 95,2 par. Fuß und $\frac{1440 \cdot 95{,}2}{1393{,}3} = 98{,}5$ rheinl. Fuß

Also ist die Anzahl Sekunden, die auf a gehen $\frac{a}{98{,}5}''$.

Dies giebt B $= \frac{0{,}0002388\, a^2}{98{,}5^2} = 0{,}0000000246\, a^2$ die Strahlenbrechung ungerechnet, und $0{,}0000000211\, a^2$ mit $\frac{1}{7}$ Abzug für leztere in rheinländischen Fussen.

§. 4. Der Abzug wegen der Stralenbrechung wird von **Lambert** in routes de la lumière, auch in den Zusätzen zu Pikard vom Wasserwägen wie auch von **Mayer** pr. Geometrie II Th. hinlänglich gerechtfertigt. Der Lichtstrahl geht aus der gradlinigten Richtung heraus, wenn er aus dem feinern Aether oder auch aus den obern dünnern Luftschichten unter schiefem Winkel in die dichtere Athmosphäre nahe an der Erde übergeht. Dies ist der Fall bei jedem erhabenen Gegenstande. Eigentlich weil die Luftschichten stufenweise immer dichter und dichter werden, ist sein Weg eine krumme Linie, beinahe ein Kreis, dessen Halbmesser 7 bis 8mal grösser als der Halbmesser der Erde ist. Den Lichtstrahl der aus k komt, sieht man daher in d nach der Tangente dA, bildet sich also fälschlich ein, der Punkt k stünde in A. Herr **Mayer** lehret

lehret, daß man den Winkel AdE deshalb um $\frac{1}{18}$ vermindern müsse. Ich habe, weil es fast dasselbe giebt mit **Lambert** die Grösse Bε für sich allein um $\frac{1}{7}$ vermindert.

§. 5. Die Formeln in 3) und 4) §. 3 muß man sich sehr wol merken, weil sie bei dem höchst wichtigen Geschäfte des Nivellirens, wo es so sehr auf Genauigkeit ankomt und bei Erklärung der Regeln desselben wiederum anwendbar sind. Ich will daher auch noch zum Ueberfluß zeigen, wie man bei Bestimmung der Höhen damit rechnet. Es sey $\alpha = 5°56'$, auch habe man AF = c nach einer der Methoden des 69 §phs Trig. 1418 rhl. Fuß gefunden, so erhält man dF = $c.tg(90° - \alpha) = 13494$ Fuß = a. Da nun nach §. 95. 4 Trig. Bog. DB = dF ohne Fehler gesetzt werden kan und 98,5 Fuß auf eine Sekunde gehen; so ist C = β = 137 Sek. Man wisse nun, daß dD = d = 142 Fuß sey, so findet man $(c + d) \sec\beta$ wol eben so gut ohne Logarithm.

$1560.\sec 2'17'' = 1560.1,0000002 = 1560,0003120$

$0,0001047\beta^2 = \qquad 3,842$

Es ist nämlich: AB = 1563,842312 F.

$l\beta^2 = 2l.137 = 4,2734411$

$l\frac{2047}{10^7} \quad 3,3111178 - 7$

0,5845589 giebt 3,842.

Da $2la = 8,2602814$

$l\frac{211}{10^{10}} = 2,3242825 - 10$

0,5845639

so ist Bε = 3,842 wie vorhin. Tabellen über diese Correktion aus der Krümmung der Erde und der Refraktion von 10 zu 10 Ruthen findet man, wenn man die kurze logar. Rechnung scheuet, bei **Pikard**

we-

wenigstens was die Krümmung betrift; in Hr. Obristlieut. **Müllers** Abhandlung vom Nivelliren sind sie mit und ohne Korrektion wegen der Strahlenbrechung bis auf 400 Ruthen gegeben. Unten wird eine davon vorkommen, und mit dieser Theorie verglichen werden.

§. 6. **Nivelliren** oder **Wasserwägen** ist von andern Vergleichungen höherer und niedrigerer Punkte auf der Oberfläche nicht wesentlich unterschieden. Nur verursachet der Zweck den man beim Nivelliren hat, daß man alle nur mögliche Mittel aufbietet, um die gröste Genauigkeit zu erhalten; da es Fälle giebt, wo ein oder gar nur ein halber Fuß, sogar wol wenige Zolle zu wenig oder zu viel den ganz von der Lage der Oerter in Absicht der Höhe abhängenden Plan scheitern machen könte. Wenn man auch an sich sagen könte, die Spitze eines 1000 Ruthen hohen Berges lasse sich gegen das Thal oder die Wasserfläche nivelliren oder abwägen, so ist doch dies kein üblicher Ausdruck, sondern man nennt gewöhnlich das von Station zu Station in Absicht der mehrern oder mindern Tiefe (d. i. der Entfernung vom Mittelpunkt der Erde, der Lage gegen die durch den Anfangspunkt gelegte wahre Horizontallinie) bestimte Steigen und Fallen einer Gegend ein **Nivellement**. Meistens ist die horizontale Entfernung der äussersten Punkte nicht unbeträchtlich; so wie denn auch entfernte Punkte dabei wie in Bergwerksgegenden mehrere 100 Fuß in der Höhe von einander verschieden seyn können. Eine Hauptabsicht ist dabei, (wiewol grade nicht immer) zu wissen, ob das Wasser von einem Endpunkt der nivellirten Linie, zum andern einen **Abfall** oder ein **Gefälle** hat, und wie viel dies in Fussen und Zollen betrage; woher eigentlich die Worte **Wasserwägen** und **Wasserwaage** u. a. m. ihren Ursprung haben.

§. 7. Ob man nun gleich eben der grossen Akkuratesse wegen die man bei diesem Geschäfte suchet, nicht nur eine grosse Menge von Instrumenten die man **Nivellirwaagen** nennt; sondern auch vom gewöhnlichen Höhenmessen einiger Maassen **verschiedene Methoden** ersonnen hat, die man beim Nivelliren anwendet; so sieht man doch, daß es an sich möglich seyn muß, mittelst der bisherigen **Scheibeninstrumente** oder **Astrolabien** selbst mittelst des beim Markscheiden üblichen **Gradebogens** der eigentlich ein, an einer Schnur aufzuhangender grösserer Transporteur ist, ein Nivellement vorzunehmen. Geht alsdenn die Operation immer nach einer Richtung fort, ohne zurück zu visiren, so müssen die §. 3 bis 5 gewiesenen Korrektionen mit gröster Sorgfalt für jeden Standpunkt gemacht werden. Es sey z. B. aufgegeben, die Erhebung des Hügels A (2 F.) über der Wasserfläche M zu bestimmen. Wenn man die (horizontalen) Entferungen Ab, bc weis; so kennet man auch die Centriwinkel bei K. Es sey AKB $=$ 60″, und die von dem auf dem Boden stehenden Instrument an einen merkbaren Punkt des nächsten Signals oder erhabenen Gegenstands gezogene Linie AB sey scheinbar horizontal, so ist wegen Krümmung der Erde, wenn etwa AB auf 8 Fuß am Signal (oder auf der Höhe von 80 Fuß an einem Thurm) träfe, und zugleich wegen der Refr. $Bs = 0{,}0002047 \cdot 60^2 = 0{,}737 = g$. Dies muß abgerechnet werden. Denn wäre die Erde nicht gekrümmt und auch keine Refraktion; so würde die Visirlinie eine um 0,737 Fuß niedrigere Stelle am Signal treffen. Also ist der Punkt b der Erdfläche nur 7,263 Fuß (oder am Thurm 79,263 Fuß) niedriger als A; nun stehe des Instruments horizontaler Tub in β, $4\frac{1}{2}$ Fuß (oder in einer Thurmlucke 70 Fuß) über b und man müsse den beweglichen Tub 5 Minuten unterwärts senken, um das 10 Fuß hohe Signal an der obern Kante zu treffen; so sey $bc = \beta\gamma = \beta C$ §. 3. 4) $= 8865'$ also $bkc = 90''$ §. 3 und es ist $\beta C . \sin 5' . \sec 1\frac{1}{2}^\circ = 12{,}89$; aber $0{,}0002047 \cdot 90^2 = 1{,}658$

=1,658. Also 12,89−1,658=11,232; dazu $C\mu$=10 Fuß Signalhöhe 21,23. Also $4\frac{1}{2}$ abgezogen giebt 17,73. Daher ist μ 17,73+7,263=24,993 Fuß (oder 96,993) niedriger; also bis aufs Wasser wenn der Hügel 10 Fuß bis cM beträgt 34,993 Fuß (oder 106,993) die Höhe von A gegen M. So kan man immer weiter fortfahren, und Kirchthürme hohe Berge u. d. gl. selbst, wenn man nur ihre Höhe nachher messen kan, zu Signalen nehmen. Die allgem. Regel ist: sich erst die Höhe zu suchen, wo die scheinb. Horizontallinie $\beta\gamma$ die Vertikallinie über c schneidet. Nun erkält man das Fallen $\gamma c - b\beta - g$, wenn der Punkt auf der Erdfläche unter γ liegt: wird es negativ, so ist ein Steigen. Liegt der Punkt auf der Erdfläche über γ; so hat man ein Steigen, wenn z. E. eine Bergspitze noch höher als γ läge, so ist das Steigen über $\beta = g + \gamma p$ und $+ \beta b + \gamma p + g$ über b.

Wenn man dieses Verfahren bei einer Menge sehr kleiner Stationen, worin man sich die ganze Entfernung theilte, anwenden wollte, so konte man bei jeder einzelnen die Korrektion weglassen; endlich aber würde sich doch der Fehler häufen. Auch ist es sehr umständlich immer die Höhe des Instruments besonders auf weichem Boden zu messen, und dabei kan man leicht um Zolle irren. Es könte also dies Verfahren, und wenn man auch der besten Nivellirwaage sich dabei bedienen wollte, doch nur etwa auf den Fall brauchbar seyn, wenn man schnell sich eine vorläufige Ueberzeugung verschaffen will, ob zwischen zwei Meilenweit von einander entfernten Punkten ein bedeutendes Gefälle, so wie man es etwa aus der Ansicht der Gegend vermuthet, stat finde. Wir wollen daher ohne weiteres die beiden Methoden erklären vermöge welcher man, ohne auf die Krümmung der Erde und die Strahlenbrechung zu sehen, ohne den Abstand zweier Standpunkte A und B, wo man Signale sezt, genau zu wissen, ja selbst bei der ersten, ohne des Instruments Höhe zu suchen, stationenweise ein weitläuftiges Nivellement

ment zu Stande bringen kan. Selbst das Instrument darf dabei weder völlig richtig seyn, noch vorher sorgfältig berichtigt werden. Es wird blos erfordert, daß es während der Operation immer **einerlei** richtige oder unrichtige Lage behält, so daß sich die Fehler durch die Natur der Operation immer wieder gegen einander aufheben.

§. 8. Die **erste** Methode nennet man **das Nivelliren aus der Mitte** (der Station). Das Verfahren hierbei ist folgendes. Man stellt auf der natürlichen Oberfläche der Erde in der Richtung, nach welcher man den Abhang bestimmen will, nicht viel **über** aber wol **unter** zwei hundert Ruthen von einander die Signalstäbe ag und ik (3 F.) senkrecht auf. Alsdann stellt man das Instrument mitten zwischen a und i, doch ist dies nur nöthig nach dem Augenmaasse oder durch Abschreitung zu bewerkstelligen. Man visiret durch das Sehrohr welches auf einem während der Operation unbeweglich bleibenden Gestelle oder Tisch steht, von t nach m, bemerket den Punkt m, kehret alsdenn das Rohr um, und visirt eben so nach n; man zählt nun an ga die Fuße, Zolle ꝛc. von na; an ki von m nach i; so ist mi — na = ei = dem Gefälle oder dem Fallen von a nach i. Hätte man umgekehrt i als den Anfangspunkt angesehen und auch an — mi gesucht; so würde man eine negative Grösse — ei gefunden haben. Diese könte man als ein negatives Fallen d. i. als ein Steigen ansehen, und so wäre ei das Steigen von i nach a. Ueberhaupt liegt der Punkt bei dem sich am Stabe die gröste Zahl ergiebt, um so viel der Unterschied austrägt, **niedriger**.

Der **Beweis**, daß hierdurch völlig der Frage um wie viel ein Punkt i niedriger oder höher liegt als a d. i. um wie viel i dem Mittelpunkt der Erde c näher oder davon entfernter, als a ist, ein Genüge geschehen sey, liegt in folgendem: Es sey zcl = β; icl = α; na = h. (Man kan aber

 jeden=

jederzeit sich den Punkt, von welchem man ausgeht oder überhaupt den einen von beiden Punkten so vorstellen, als wäre er der Endpunkt des Erdhalbmessers ca) $im = H$; $ca = z$; $ci = x$; so ist $cr = (z + h) \cos\beta = (x + H) \cos\alpha$.

Ist nun 1) $\beta = \alpha$ d. i. steht das Instrument ganz genau in der Mitten; so ist $z + h = x + H$; mithin

$$z - x = H - h.$$

Das heist: der Unterschied der Entfernung vom Mittelpunkt der Erde $z - x = ei$, um welchen i ihm näher liegt als a wird auch gefunden, wenn man von der Höhe des Visirpunkts am Stabe über i d. i. von $H = im$, die Höhe des Visirpunkts über a oder $an = h$ abzieht.

Ist 2) β nicht $= \alpha$; doch aber β nur um einen ganz kleinen Winkel $lcv = \gamma$ grösser als α, da doch rl wol so ziemlich genau in der Mitte seyn wird; so sey nun $\beta = \alpha + \gamma$. Dann wird die Gleichung

$$(z + h) \cos(\alpha + \gamma) = (x + H) \cos\alpha$$

Nun ist §. 44 eb. Trig. $\cos(\alpha + \gamma) = \cos\alpha . \cos\gamma - \sin\gamma . \sin\alpha$. Eines sehr kleinen Winkels Cosinus ist nahe bei 1; sein Sinus dem Bogen beinahe gleich; also $\cos(\alpha + \gamma) = \cos\alpha - \gamma \sin\alpha$. Daher

$(z + h) \cos\alpha = (x + H) \cos\alpha + (z + h)\gamma \sin\alpha$;

$(z + h - x - H) \cos\alpha = (z + h)\gamma \sin\alpha$. Man dividire mit $\cos\alpha$ so ist $z - x = H - h + \gamma (z + h) \tan\alpha$. §. 184) eb. Trig. Da nun der Erdhalbmesser r so groß ist daß h Fuß ihn nicht beträchtlich vergrössern werden und auch selbst meistens $\alpha = \tan\alpha$ seyn wird, so ist $z - x = H - h + \gamma r \alpha$ und wenn $\alpha = m\gamma$; $z - x = H - h + rm . \gamma^2$

Die leztere Grösse müste man also noch dem Gefälle ei hinzusetzen; wenn sie nicht zu unbeträchtlich bei einem sehr kleinen γ wäre, so daß auch m nicht sehr groß seyn kan, wenn a und i nicht viel über 200 Ruthen auseinander liegen. Es kan der ganze Winkel $c = 2\alpha + \gamma = (2m + 1)\gamma$ gesezt werden. Nun ist $\frac{1}{2} r((2m + 1)\gamma)^2 = Bs = g$ nach

§. 3.

§. 3. 3) also $\gamma^2 = \frac{2g}{r(2m+1)^2}$ und $z - x = H - h + \frac{2gm}{(2m+1)^2}$.

Ex. Es sey ai = ae §. 3. 4) = 200 rhl. Ruthen = 2400 Fuß. Das Instrument stehe bei v 100 Fuß aus dem Mittel; so ist $24\gamma = c$, also $2m+1 = 24$, und $m = \frac{23}{2} = 11,5$. Mithin weil $\frac{2400}{98,5} = 24,4$ Sek. so ist $g = 0,0002047 \cdot 24,4^2 = 0,1219$ Fuß, welches nun $\frac{2gm}{(2m+2)^2} = \frac{23 \cdot 0,1219}{576} = 0,0048$ giebt. Dies ist noch kein halbes Tausendtheilchen eines rheinl. Fusses und komt wol nicht in Anschlag.

Wenn man also den Vorschriften der Auflösung in so weit folgt, daß man nicht zu grosse Stationen und zur Stellung des Instruments beiläufig die Mitte nimt; so kan man immer aus im — an = H — h das Fallen oder Steigen zwischen zwei Punkten ohne weitere Korrektion bestimmen. Sollte man aber durchaus auf der Mitte keine bequeme Stellung für das Instrument erhalten können, so muß man, besonders, wenn man zu gleicher Zeit genöthiget wäre, eine viel beträchtlichere Entfernung als 200 Ruthen zwischen a und i zu nehmen $\frac{2gm}{(2m+1)^2}$ berechnen, um zu überlegen ob es in Anschlag zu bringen sey.

Wenn das Instrument unrichtig oder unberichtigt z. B. wenn das Sehrohr tu mit der Röhre worin die Luftblase in der Mitte den Horizont giebt, nicht genau parallel ist, mithin es um den kleinen Winkel $mr\mu = nr\nu$; man mag es vorwärts oder rückwärts wenden, vom Horizont abweicht; so muß $m\mu = n\nu$ und $H = H \pm m\mu$; $h = h \pm n\nu$ seyn. Also $H - m\mu - (h - n\nu) = H - h - m\mu + n\nu = H - h$ und $H + m\mu - (h + n\nu) = H - h$; wie vorhin; so daß auch diese Unrichtigkeit des Instruments, wenn sie während der Operation sich gleich bleibt, nicht in Anschlag komt. Man sieht auch leicht, daß die Punkte n, r, m nicht eben genau in einer Vertikalfläche seyn dürfen, nur muß $nr = mr$ beiläufig seyn.

§. 9. Die zweite Methode ist das Nivelliren aus beiden Endpunkten (der Station). Man stellet nämlich das Instrument in A (5 F.) und visiret nach C hinüber, ziehet alsdenn die Instrumentshöhe AB von der Zielhöhe CD ab. Man trägt das Instrument in C und visirt aus E nach einem vertikalen Stabe in A herüber. Alsdann ziehet man die am Stabe gefundene Zahl für AF von der Instrumentshöhe CE ab. Es sey $CD - AB = D$ und $CE - AF = d$. Nun halbirt man die algebraische Summe §. 123 allg. Rechenk. von D und d d. i. man macht $\frac{D \pm d}{2}$, welches denn den Unterschied der Höhen von A und C, nämlich, wenn beides D und d Steigen oder Fallen giebt, auch Steigen oder Fallen ist; wenn eins von beiden D oder d Steigen, das andere Fallen nach C hin giebt, dasjenige von beiden ist, welches durch die grössere Zahl ausgedruckt wird.

Den Grund dieses Verfahrens sieht man aus einem Beispiel mit Hülfe der Figur am leichtesten auf folgende Art. Es sey AC = AK = 200 rhl. Ruthen,

Ruthen, so mag die Korrektion wegen Strahlenbrechung und Krümmung der Erde nebst Mißweisung des Instruments, welches hier zu hoch weisen soll, 0,013 rheinl. Ruthen betragen. Nun sey in A die Höhe des Instruments AB = 0,284°; die Stabhöhe bei der Observation in B sey CD = 0,439. Rechnet man davon 0,013 = Dδ ab; so bleibt 0,426. Davon die geringere Instrumentshöhe 0,284 abgezogen, giebt 0,142°. Um so viel liegt C niedriger als A. Wird das Instrument in C mit etwas weiter ausgespreizten Füssen aufgestellt, so daß es nur 0,264° hoch ist und man findet beim Visiren AF = 0,135; so müste auch dies um 0,013 vermindert und alsdann das gefundene 0,122 von 0,264 abgezogen werden, welches dann auch 0,142 giebt. Diese Uebereinstimmung muß natürlich immer kommen, wenn recht gemessen und gezählt ist und das Instrument während der Operation seine unveränderte Richtigkeit oder Unrichtigkeit gehabt hat. Nun liesse sich aber die Rechnung auch so führen.

I. Abwiegung. Visierhöhe	0,439 — 0,013
subtr. Höhe des Instruments	0,284
	0,155 — 0,013 (α)
II. Abwieg. Instrumentshöhe	0,264
subtr. Visirhöhe	0,135 — 0,013
	— +
	0,129 + 0,013 (β)
Summa (α + β)	0,284
div. mit 2	0,142

Da sich nun hier und in jedem ähnlichen Fall die beiden Korrektionen aufheben, wenn beide Resultate zusammen addirt werden, und die Hälfte beider Resultate den einfachen Unterschied oder entweder das Fallen oder Steigen von A nach B geben muß; so kan man obige kurze Rechnungsregel befolgen, nämlich

lich hier die Partialdifferenzen 0,155+0,129=0,284 halbiren; so erhält man ohne auf die Korrektion zu achten, doch das wahre Gefälle. Die Rechnung steht so

1. Abw. Vis. Höhe	0,439
Inst. Höhe	0,284
I. Resultat	0,155
2. Abw. Inst. H.	0,264
Vis. H.	0,135
II. Resultat	0,129
I+II =	0,284
Halbirt	0,142

giebt das Gefälle.

3. Zugleich sieht man, daß die Partialdifferenzen oder Resultate von einander abgezogen, wie hier 0,155 — 0,129 = 0,026 die doppelte Korrektion geben. Dies dient, wenn man die Hälfte wie 0,013 davon mit einer Tabelle vergleicht (in so fern man beiläufig den Abstand AC weis) zu beurtheilen, ob wol bei der Abwägung merklich gefehlt sey. Zu dieser Absicht setze ich aus des **Hrn. O. L. Müllers pr. Abh. vom Nivelliren** eine solche Tabelle her.

Rheinl. Ruthen	Abweichung weg. Krümmung und Refraktion	Rheinl. Ruthen	Abweichung weg. Krümmung und Refraktion
30	0,0002	120	0,0036
40	0,0004	130	0,0043
50	0,0006	140	0,0050
60	0,0009	150	0,0057
70	0,0012	160	0,0065
80	0,0016	170	0,0073
90	0,0021	180	0,0082
100	0,0025	190	0,0091
110	0,0031	200	0,0101

Rheinl. Ruthen	Abweichung weg. Krümmung und Refraktion	Rheinl. Ruthen	Abweichung weg. Krümmung und Refraktion
210	0,0112	310	0,0243
220	0,0123	320	0,0259
230	0,0134	330	0,0276
240	0,0146	340	0,0293
250	0,0158	350	0,0310
260	0,0171	360	0,0328
270	0,0185	370	0,0347
280	0,0199	380	0,0365
290	0,0213	390	0,0385
300	0,0228	400	0,0405

Wäre im Beispiel der Abzug des Resultats II von I nicht 0,026 sondern etwa 0,1 gewesen; so müste die Korrektion 0,05 seyn, welches ohne Instrumentsfehler stat auf 200 auf mehr als 400 Ruthen deuten und eine Untersuchung verlangen würde. Unten mehr davon!

Anm. Die Müllersche Tabelle ist nach der gewöhnlichen Formel $\frac{a^2}{2r}$, wo a die Distanz auf der Erdfläche und r den Halbmesser bedeutet, berechnet worden. Sie gründet sich auf folgende Vorstellung. Man ziehe in der 4ten Figur den Durchmesser Dδ, völlig aus, und von δ durch B die Linie δn; so kan man bei so kleinen Distanzen als beim Nivelliren DB gegen die ganze Peripherie ist; Dn = DB und Bn = Bs; auch δn = Dδ setzen. Nun ist δn (oder Dδ = 2r) : Dn (= DB = a) = Dn : Bn (= Bs). Also $Bn = Bs = \frac{a^2}{2r}$. Die hier gebrauchten Mayerschen auf rheinländisches Maas gebrachten Formeln z. E. $0{,}0000000211 . a^2$ geben ziemlich verschiedene Resultate; wenn man darnach eine Tabelle berechnet wie folget:

Rheinl. Ruthen	Abweichung	Rheinl. Ruthen	Abweichung
30	0,0002	320	0,0216
40	0,0003	330	0,0230
50	0,0005	340	0,0244
60	0,00076	350	0,0259
70	0,0010	360	0,0273
80	0,00135	370	0,0289
90	0,00171	380	0,0305
100	0,0021	390	0,0321
110	0,0026	400	0,0338
120	0,0030		
130	0,0036		
140	0,0041		
150	0,0047		
160	0,0054		
170	0,0061		
180	0,0068		
190	0,0076		
200	0,0084		
210	0,0093		
220	0,0102		
230	0,0112		
240	0,0121		
250	0,0132		
260	0,0142		
270	0,0153		
280	0,0165		
290	0,0177		
300	0,0190		
310	0,0203		

Beide Formeln wornach gerechnet ist, sind Annäherungen. Wie wenn die Wahrheit auf der Mitte läge? So hätte man für 100°; 0,0023; für 200; 0,00925; für 300; 0,0214; für 400°; 0,0371. Wirklich wird zum Divisor in $\frac{a^2}{2r}$ eine etwas zu kleine Zahl genommen; nun wächst der Zähler noch dazu im quadratischen, der eigentliche Nenner δ, der doch anwachsen sollte, wächst gar nicht; und so müssen die Quotienten immer unrichtiger natürlich zu groß werden. Dagegen muß die Mayersche Formel weil nach §.3. 3) stat $1-\frac{1}{2}\delta^2$ nur mit 1 dividirt, wird den Quotienten ein klein wenig zu klein geben.

§. 10. Es wird immer schwer zu entscheiden seyn, welches besser sey, aus der Mitte oder aus beiden Endpunkten hin und her zu nivelliren. Das erste ist nach dte Theorie sehr richtig, und gewährt in der Ausübung große Bequemlichkeit. Ist die Operation von Wichtigkeit, so wird angerathen, daß man zum zweitenmale vom Termino ad quem zum Termino a quo etwa in weniger Stationen und durch einen Umweg, zurück nivellire, da denn ein großer Fehler

Fehler gewiß nicht unentdeckt bleiben, freilich aber auch eine dritte Operation veranlassen wird, wo man alsdenn aus den beiden, die am wenigsten und nur wenig von einander abweichen, das Mittel nehmen müßte. Ich halte es aber wirklich besser von Station zu Station die vorigen Abwägungen zu prüfen, um den Fehler, da wo er liegt, zu verbessern. Das wechselsweise Hin- und Her-Nivelliren aus den Endpunkten hat dagegen den Vortheil, daß man bei jeder Station gewisser maßen sogleich die Prüfung anstellt, ob man richtig verfahren habe §. 9; und da es auf solche Art die Wiederholung der ganzen Operation in wichtigen Fällen nicht so nothwendig erfordert, so scheint es, daß die Vortheile der leztern Art überwiegend wären; wenn es gleich durch die doppelte Stellung des Instruments und der Stäbe wie auch wegen des Erforschens der jedesmaligen Instrumentshöhe mehr Zeit wegnimt auch die doppelt so oft erforderte genaue Messung der sinnlich perpendikulären Höhen bis zum ungewissen Berührungspunkt des Bodens einige Unsicherheit in der Bestimmung, die nur der Durchschnitt etwas mindern kan, hervorbringet.

§. 11. Jezt wird man schon eher im Stande seyn, die mannigfaltigen Nivellirinstrumente oder Nivellirwaagen nach ihrer Absicht eine ganz genaue Horizontallinie oder doch eine nur wenig jedoch immer genau gleich weit von der horizontalen abweichende Linie zu bestimmen, zu beurtheilen. Kürze halber werde ich nur eine etwas genauer beschreiben, die übrigen nur anführen aber dahin verweisen, wo sie beschrieben sind. Sie gründen sich nur auf 2 physische Erfahrungssätze; 1) daß das Wasser im Stande der Ruhe immer eine horizontale Oberfläche habe 2) daß schwere Körper immer senkrecht gegen die horizon-

tale

tale Oberfläche der Erde d. i. gegen die Oberfläche des stillstehenden Wassers zu sinken streben. Aus dem ersten folgt denn noch, daß wenn eine Glasröhre bis auf einen kleinen Raum mit einem flüssigen (fluido) gefüllt ist, diese Röhre eine horizontale Lage haben wird, wenn der übrige nur mit Luft ausgefüllte Raum genau die Mitte der liegenden Röhre einnimt, mithin die damit parallele Axe eines Sehrohrs ebenfalls in einer horizontalen Lage sich befinden müsse. Aus dem zweiten Satz folgt, daß eines Sehrohrs oder Diopterlinials Axe eine horizontale Lage haben muß, wenn sie mit der Richtung eines an dem Sehrohr angebrachten Lothes rechte Winkel macht.

§. 12. Die **Sissonsche Nivellirwaage** von welcher die Eckströmsche und **Branderſche** nur wenig durch mehr oder weniger dabei angebrachte Bequemlichkeiten verschieden sind, hat sich so ziemlich allgemeinen Beifall erworben, daß ich von dieser lezten stat aller eine Beschreibung machen will. Ueberdem, da sie durch mich zu der Instrumentensamlung des Königl. Pr. Bergwerksdepartements gekommen ist; so habe ich sie vor und nachher durch den Gebrauch bewährt befunden. Auf der XIX Tafel ist sie perspektivisch dargestellt.

Ausser dem Fusse D sind die Hauptheile 1) das Sehrohr A, etwa 20 Zoll lang, im Lichten 13 Linien im Durchm. Es muß in der Gegend, wo es auf den wie ein Y gestalteten Stützen aufliegt, vollkommen rund abgeschliffen und mit dem 2ten Stück der mit Spiritus gefüllten Glasröhre B, welche wie im vor. §ph gesagt ist, eine Luftblase enthält, genau parallel seyn, oder parallel gestellt werden; wenigstens ihre Lage gegen einander während der Operation unwandelbar bleiben können. Dazu dient das Gewinde in f und die fest aufstehende Schraubenspindel nebst der rückwirkenden Spiralfeder in g. Die Glasröhre

röhre schliff **Brander** ganz glatt und cylindrisch aus, um der Luftblase die schnellste Beweglichkeit zu geben. Auch 3) die Regel F ist um einen Mittelpunkt bei K beweglich und kan mittelst der Schraube in E deren Mutter in F eingeschnitten ist, 6 bis 10 Grade erhöhet werden. Jeder Umgang führet den Halbmesser durch einen Bogen von 6 Minuten. Die Zifferplatte ist in 60 Theile getheilt und so giebt der Zeiger ziemlich genau 6 Sekunden an. Man kan dies Instrument auf einem etwas grossen Meßtisch oder auf einem besonders dazu gemachten recht fest stehenden Gestelle stellen. In dem Rohre worin sich das Ocularglas des Sehrohrs befindet, ist ein Glas, worin eine Mikrometerscale ebenfalls von 6 Minuten in einer besondern Röhre gefaßt ist, um die Scale so zu schieben, daß ein jedes Auge die Einschnitte recht deutlich sieht. Stat der Scale kan auch nur ein Glas mit einem Kreuzschnitt eingesezt werden. Auch das Objektivglas befindet sich in einer besondern Einfassung, so daß es durch die Schrauben *l*, *l* etwas nach oben und unten und nach den Seiten gerückt werden kan.

Man muß nämlich sich doch wo möglich versichern, daß die Axe eines Sehrohrs, womit man beobachtet, durch die Mitte des Oculars und Objektivs geht. Man richtet es zu dieser Absicht auf einen entfernten Gegenstand z. E. einem Thurmknopf, bis lezterer genau auf das Kreuz des Mikrometers steht. Nun bringt man das unterste des Sehrohrs nach oben, und wenn der Knopf nicht wieder auf die Mitte trift, so hilft man durch Lösen und Andrücken der entgegengesezten Schrauben *l* von oben nach unten und von der Rechten zur Linken und umgekehrt solange nach, bis der Gegenstand, wenn man das Rohr um seine Axe in seinem Lager drehet, immer auf dem Mittelpunkt stehen bleibt. Dies ist Branders Vorschrift. Besser: man bevestigt in 30 bis 40 Ruthen Entferfernung einen Bogen Papier, richtet das Instrument darauf, bezeichnet den mit der Mitte des Kreuzschnittes x bedeckten Punkt mit 1, dreht das Sehrohr durch die Quadranten des Umkreises, die übrigen Punkte wo x auftrift, werden mit 2, 3, 4 bemerkt, dann die Linien 1, 3; 2, 4 gezogen, und nun mittelst der Schrauben das Objektiv in die Lage gebracht daß x auf den solchergestalt gefundenen Durchschnittspunkt genau trift. Diese Schrödersche Berichtigung paßt hier eben so gut.

Nicht so nothwendig scheint bei den beiden zulezt angegebenen Nivellirmethoden die ganz genaue parallele Lage von A und B. Bei der ersten Methode nur von einem Endpunkt aus zu nivelliren, (die man wol auch bei den leztern nebenherzanwenden mögte, um die Lage merkwürdiger Seitenpunkte gegen den Horizont mit zu bestimmen) ist sie schon nützlicher. Da ist nun folgendes die Berichtigung:. Hält man beide Röhren beiläufig, nachdem man mittelst der Schraube g oder E die Luftblase auf die Mitte gebracht hat, für parallel; so legt man das Sehrohr um, so daß das Ocular-Ende an die Stelle des Objektiv-Endes zu liegen komt. Steht nun die Luftblase nicht genau in der Mitte; so bringt man sie durch Drehen an E dahin, bemerkt aber wie viel Umgänge u. s. w. dazu nöthig. Man führt den Zeiger um die Hälfte der bemerkten Umgänge zurück und bringt nun die Luftblase durch die Schraube mit der Feder wiederum auf die Mitte. Verkehrt man nun wieder die Ocular- und Objektiv-Enden, und die Luftblase ist noch nicht ganz in der Mitte geblieben; so wiederholt man die eben beschriebene Operation und fährt damit so lange fort, bis die Luftblase durchaus bei jeder Wendung des Rohrs in der Mitte stehen bleibt.

Wenn

Wenn nämlich das Sehrohr in der ersten Lage I und I β Sekunden über dem Horizont wies, so muste es in der zweiten II und II β Sekunden unter demselben weisen; weichet daher um 2β Sekanden von der ersten Lage ab. Wie viel dies beträgt, finde ich, indem ich es mit der Schraube E in die Lage bringe, daß nun wieder die Luftblase in die Mitte komt, wie III—III. Sehe ich daher um die Hälfte mit E, also um den Winkel β zurück, so habe ich nun das **Sehrohr** in die horizontale Richtung IV—IV gebracht; aber das **Niveau** ist nun wieder um β aus dem Horizont. Bringe ich es durch die Schraube g in denselben, so muß es mit dem eben horizontal gewordenen Sehrohr parallel seyn V — V. In der Figur sind alle 5 Lagen durch Zahlen und Buchstaben angedeutet.

§. 13. Ich will jezt die übrigen mir bekant gewordenen Nivellirwaagen doch nennen.

I Klasse auf den horizontalen Stand des Wassers gegründete. Giebt 2 Arten

a) unmittelbar.

α) Der **Chorobates** des Vitruvs beschrieben von **Mayer** pr. Geom.

β) **Mariottes Reflexions-Wasserwaage.** Siehe **Mayer** a. O. Scheint bei der Idee geblieben zu seyn.

γ) **De la Hires** Niveau. Die Dioptern schwimmen auf dem Wasser. **Pikart** giebt auch die Zeichnung. **Mayer** beschreibt es, hält es aber mehr für einen sinnreichen Einfall.

δ) Die bekante **Kanalwaage.** Ihre Einfachheit macht, daß wenn aufmerksam verfahren wird, sie mehr leistet, als sich manche davon versprechen. Das Anhängen des Wassers ist in bei-

beiden senkrechten Glasröhren gleich. Es komt darauf an immer auf gleiche Art zu visiren Lambert der die gewöhnliche zu kurz findet, **Mayer** und **Müller** in der Abhandlung vom Nivelliren reden davon.

ε) Die **Schlauchwaage**, wo stat der messingenen horizontalen Röhre der vorigen lederne Schläuche bis zu 100 Fuß lang genommen werden sollen, findet man von **Lambert** und **Mayer** doch mehr nur als Vorschlag angeführt.

ζ) Von der **Reithschen Merkurialwaage**, wo Diopteru auf Elfenbein gesezt in Quecksilber schwimmen schreiben **Mayer** neue Ausgabe und **Müller**.

b) Mittelst der Luftblase.

α) Die **Sissonsche**.

β) Die **Eckströmsche** wo auch Diopteru stat des Fernglases anzubringen sind.

γ) Die **Brandersche** eben umständlich beschriebene sind in der Hauptsache nicht verschieden. Bei **Lambert**, **Mayer** und **Müller** findet man sie.

δ) Die **Liesganigsche** ist im wesentlichen nicht von den 3 vorigen verschieden. Nur daß man die Ocularröhre auf beiden Seiten einsetzen, also bei liegenbleibendem Sehrohr vor und rückwärts visiren kan, auch zur sanften vertikalen und horizontalen Bewegung Vorrichtungen angebracht sind. Ist aber die 2te Berichtigung nicht gemacht; so ist die Mißweisung verschieden, und hebt sich nicht auf. Wenn man die Brandersche auf einen Meßtisch wie §. 253 Pl. sezt; so hat man an lezterem die sanfte horizontale Bewegung; die Schraube in E giebt ja die vertikale schon S. **Mayer**.

ε) Die

ε) Die **Ringsche** von **Silberschlag** in der Hydrotechnik aber ohne Gründe gerühmte hat 2 entgegengesezte Sehröhre, sonst wie die Sissonsche und dergl. Das bei δ gesagte gilt auch hier. Erfahrne Männer haben mir gesagt, daß sie nur nach einem der beiden Sehröhre sich richteten, und das Instrument wendeten.

ζ) Die ganz neue **Schrödersche** in **Müllers** Abhandlung nach **Kröncke** beschriebene hat ausser der Versezung der Ocularröhren in so weit vieles von der Liesganigschen, daß sie, wiewol durch künstliche Vorrichtungen die sanfte horizontale und vertikale Bewegung hervorbringt. Ich will ihr nicht absprechen, daß sie sehr sinnreich eingerichtet ist. Doch kan ich nicht leugnen, daß mir das Einfache grade zum Zweck hinreichende an den 3 ersten Variationen dieser Art, weil nicht so viel daran beschädigt werden kan, lieber ist. Mit der Branderschen kan man auch sehr genau Höhen messen. Und was bei δ vom Meßtisch gesagt ist, trift auch hier zu. Ueberdem hat ein solcher Meßtisch auch die 4 Schrauben und die Nuß des Schröderschen Gestelles. Dagegen kan ich die Brandersche besonders auf Anhöhen auf dem festen Boden, auf einem Stubben, auf einer Mauer setzen, wo sie unverrückter steht als auf jedem Stativ. Schrauben an den Ecken des Fusses geben die Horizontalstellung beiläufig.

II. Klasse. Aufs Loth gegründete.

a) Die **Pikardsche**. In einer auf das Sehrohr senkrechten 4 Fuß langen schmalen Kapsel hängt ein Perpendikel. Sie wird von **Pikard** selbst und von **Mayer** beschrieben.

b) Die **Römersche** nicht wesentlich verschiedene S. Pikart

c) Die **Huygenische**. Das sehr schwere Pendulum bewegt sich in Leinöl und bringt das Sehrohr in den Horizont. Siehe Pikart.

d) Die **Pentherſche** in s. prakt. Geom. beschriebene und

e) die **Le Febüresche** von ihm selbst besonders besonders beschriebene sind doch nur leichte Abänderungen der Pikartschen.

f) die **Markscheiderwaage** auf den Winkelweiser und Gradebogen gegrundet. Die Akkuratesse womit der Markscheider verfährt und daß er alles aufs rechtwinkl. als das einfachste Dreieck bringt, dann wol hauptsächlich der Umstand, daß bei den starken Gebirgegefällen es auf kleine Unterschiede so sehr nicht ankomt, macht, daß sie mehr damit ausrichten als man denken sollte. Auf morastigen meist ebenen Flächen wird man sie nicht leicht anwenden. In jeder Markscheidekunst auch bei **Müller** findet man Nachricht davon.

g) Die **Rothsche Bergwaage** wovon doch **Mayer** umständlich spricht und die **Schrotwaage** der Müller (S. Beyers Mühlenbaukunst) gehören doch fast in eine Rubrick.

§. 14. Noch braucht man beim Nivelliren an den beiden Endpunkten jeder Station einen Stab zum Signal (7 F.). Sie werden sehr verschieden eingerichtet. Nach meiner Meinung komt es hauptsächlich darauf an, daß man die Visirhöhe ganz genau davon bestimmen könne; daher müssen sie, so lange visirt wird, möglichst genau in vertikaler Richtung erhalten werden, welches von einem leichtsinnigen unsachkundigen Gehülfen besonders

sonders bei starkem Winde oft verfehlt wird, und wenn sie nach vorn und hinten herüber gebogen werden, läßt sich dies in der Ferne schwer bemerken. Ferner müssen bis gemessen ist die Tafeln, welche das Zeichen ausmachen unverrückt an der Stelle bleiben, wo man sie auf das gegebene Zeichen des Beobachters hat anhalten müssen. Hiernach gefällt mir denn doch die Mayersche und Pentherſche Einrichtung besser, wo, wie die Figur zeigt ein bis auf Linien eingetheilter Stab dc mit seinen Hülsen gg an einem andern ab so lange herauf und herab gelassen werden, kan bis die Linie dr oder auf einer Anhöhe ux vom horizontalen Strich des Mikrometers gedeckt wird. Das Abtheilen des Bretts in 4 abwechselnd schwarze und weisse Rauten kan vor der sonst üblichen in eine ganze schwarze und ganze weisse Hälfte den Vortheil haben, daß man es leichter gewahr wird, wenn der Glaseinschnit tauf einer Seite aus der Mittellinie weicht. Mit den Schrauben preßt man einen Stab so fest an den andern, daß man sie unverrückt zum Messen auf die Seite legen kan, wenn der Punkt etwa zu hoch wäre, um zu zählen und zu messen. Die Spitze unten möchte ich nicht fehlen lassen, weil sie besonders dazu hilft, einen langen Signalstab nicht so sehr schwanken zu lassen. Es mögte gut seyn auch um deswillen das Holz unten etwas vortreten zu lassen oder gar etwas breite Leisten herum zu nageln. Da es auf diese Stäbe eben so sehr als auf das Instrument selbst ankomt, so rathe ich die Eintheilung nicht auf Holz oder Papier; sondern auf Messingplatten recht genau machen zu lassen.

§. 15. Ich habe §. 9 Zus. bereits gezeiget; daß beim Nivelliren aus deu Endpunkten, die halbe Differenz der beiden Resultate eine Zahl giebt, welche Krümmung der Erde, Stralenbrechung und Misweisung des Instruments in eine Summe fasset. Hierauf läßt sich ein sehr nüzliches Verfahren gründen, da erstere bekant sind, leztere zu finden.

Es sey f der ganze Betrag der Korrektion wegen der 3 genanten Umstände; k was auf beide ersten zu rechnen ist; m die Misweisung des Instruments; so ist f = k + m und f − k = m. Da man nun k berechnen kan oder aus einer Tabelle weis, so ist auch m gefunden. Z. E. für 250 rheinl. Ruthen fünde man nach der Methode des 9 Sphs Z. f = 0,154 da nun k für 250° nach der Tabelle 0,0158 ist, so ist m = 0,1382°. Weil aber, wie man aus der 8ten Fig. leicht sieht, sich die Misweisungen eines Instruments wie die Entfernungen der Standpunkte verhalten, so muß auf 100 Ruthen dies Instrument $\frac{2}{5}$. m oder 0,0552 fehlen.

Ist f>k so ist m positiv; das Instrument trägt zu hoch
Ist f<k so ist m negativ; das Instrument trägt zu tief
Ist f=k so ist m=o; so ist das Instrum. völlig berichtigt
Ist f=o so ist m=k aber negativ eben so viel als k positiv ist.

Ist f negativ; so ist m negativ aber an sich grösser als k. Dies giebt nun in jedem Fall die sicherste Prüfung einer Abwägung, wenn anders sonst das Instrument gut und unwandelbar ist. Man kan mit jeden zwei Standpunkten die Probe machen, und wenn man das berechnete m nicht der wenigstens beiläufig bekanten Distanz derselben gemäß findet; sobald die Abweichung bedeutend scheinet nun die Distanz genau nachmessen, und die Operation wiederholen. Sollte man in Rechnung und wiederholter Nivellirung keinen Irrthum finden; so müste das Instrument wandelbar seyn; es muß also gebessert oder ein besseres dafür genommen werden.

§. 16. Man wird nicht verlangen, daß in dieser kurzen Anleitung noch umständlich von der Ausübung des Nivelirens vellirens geredet werde. Ob eine oder 100 Stationen vorfallen, das Verfahren ist immer dasselbige; und es offenbar daß wenn bei dem **Nivelliren aus der Mitte** die Höhen, welche vom Instrumente I (9 F.) nachdem Anfangspunkt A hin beobachtet sind wie AB, CE, FG nach eben der Ordnung m, n, o u. s. w. und die welche nach dem Endpunkt B hin bemerkt sind wie CD, Fg, HK u. s. w. M, N, O u. s. w. genant werden; so ist M — m, wenn es etwas positives giebt, das Fallen von A nach C; wenn es etwas negatives giebt, das Steigen von A nach C; und so kan man jedes Fallen und Steigen für sich suchen. N — n giebt es zwischen C und F. Daher ist, wenn der gesamte Unterschied zwischen A und B, D genant wird, D = M — m + N — n + O — o + P — p = M + N + O + P — (m + n + o + p). Auch hier ist, wenn der Abzug + giebt, ein Fallen; giebt er —, ein negatives Fallen, das heist, ein Steigen. Ist ACFHB eine Linie auf dem Ufer eines Stroms, dessen Gefälle man wissen will; so muß natürlich durch das in A und B aufgestellte Instrument zu Anfang die Tiefe des Wasserspiegels Ar unter A abgewogen, und zu m + n + o hinzugerechnet, das eben so gefundene Bq aber zu M + N + O addirt werden. Hierauf gründet sich folgende Tabelle; wo **Her**, bedeutet, was man nach der Seite A; **Hin**, was man nach der Seite B für Zahlen an den Stäben bemerkt hat.

Horizontale Distanz der Signale	Her oder nach der Seite A	Hin oder nach der Seite B	Fallen	Steigen	Ordinat. geg. den Horizont von A
von A bis ans Wasser etwa 9 Fuß	Tiefe des Wassers unter A 2,8'				
I — II 200°	4,18'	8,2'	1,22		1,22 Fuß
II — III 230°	4,3'	2,7		1,6	0,62
III — IV 150°	2,36	7,8'	5,44		5,06
IV — V 80°	6,2	5,9	1,8		6,86
von B nach dem Wasserspiegel etwa 4 Fuß		Tiefe des Wassers unter B 3,1	Sume d. Fallens 8,46 d. Steigens 1,6		
	19,84	26,7 19,84 6,86			

6,86 = 6,86 = Gefälle

Das partiale Steigen und Fallen, wie man leicht sieht dienet auch das Profil des ganzen Terrains durch Abscissen und Ordinaten auf eine durch die in der Tabelle genanten untern Punkte der Signalstäbe A oder B gezogene Horizontallinie zu entwerfen. Hiezu kan man sich die Ordinaten wie in der lezten Kolumne berechnen, auch wenn man dicht am Rande des Stroms bleibet, leicht bei jedem Stationspunkte die Tiefe des Wasserspiegels dazu besonders nehmen, und im Profilriß bemerken. Man nimt aber zu den Ordinaten des Gefälles einen 10 bis 100mal grössern Maasstab in dem Nivellements-Riß als zu den Abscissen der Distanzen, weil sonst der Unterschied des Gefälles nicht deutlich aus der Charte erhellen würde.

Hier will ich nur noch einen Auszug einer **Müller**schen Tabelle zu seiner Methode **aus beiden Endpunkten zu nivelliren** geben, und Erläuterungen beifügen.

I. Tab.

I. Tab.

Distanzen von Nro		Vorwärts Instr. Höhe	Vorwärts Mittl. Zielhöhe	Erste Resultate Gefälle	Erste Resultate Steigen	Rückwärts Instr. Höhen	Rückwärts Mittlere Zielhöhen	2te Resultate Gefälle	2te Resultate Steigen	Wahres Gefälle	Wahres Steigen
1—2	100°	4'.6''.8'''	4'.7''.0'''	0'.0''.4'''	—	4'.8''.0	7'.5''.1,6'''	—	2'.9''.1,6''	—	1'.4''.4,8'''
2—3	120	4.5.10	4.7.5,6	0.1.7,6	—	4.6.1	7.8.11.	—	3.2.10.	—	1.6.7,2
3—4	80	4.7.6	5.4.11,3	0.9.11,3	—	4.9.3	6.2.5,6	—	1.5.2,6	—	0.3.10,7
4—5	150	4.8.0	8.1.11.	3.5.11.	—	4.6.9	5.4.0	—	0.9.3.	1'.4.4	
5—6	100	4.7.9	7.0.7,3	2.4.10,3	—	4.6.7	4.11,5,6	—	0.4.10,6	0.11.11,9	
				6.10.2,2					−8.7.3,8	2.4.3.9	3.2.10,7
									+6.10.2,2		2.4.3,9
									1.9.1,6		0.10..6,8 Steigen
									2)10.6,8 Steigen		

II. Tab. Zur Prüfung.

		Es sollte seyn nach der Rechnung k	m	f	Beobacht. f
1—2	100	0.0.7,3	1'.4''.2'''	1'.4''.9,3'''	1'.4''.8,8'''
2—3	120	0.0.10,5	1.7.4,4	1.8.2,9	1.8.2,8
3—4	80	0.0.4,6	1.0.11,6	1.1.4,2	1.1.3,9
4—5	150	0.1.4,3	2.0.3	2.1.7,3	2.1.7
5—6	100	0'.0.7,3	1.4.2	1.4.9,3	1.4.10,5

Die erste Tabelle erklärt sich aus §. 9. Man gieng nämlich von 1 nach 6 vorwärts. **Mittlere Zielhöhen** heissen hier

hier solche, die man aus dreifacher Beobachtung, indem man das Stativ fest stehen lies, Signal und Instrument aber mit Fleiß etwas rückte und dann wieder richtete, durch die Fraktion erhielt. Wenn nach §.9 die Resultate gemacht werden sollten; so muste bei I. Tab. 2tes Resultat weil die Zielhöhe 7′5″1,6‴ > Instr. Höhe; 4′8″0‴ rückw. ein Fallen seyn; man will aber wissen, was vorwärts von 1 nach 6 ist, daher wurde Steigen eingeschrieben. Nun soll die Summe beider Resultate halbirt werden. Es sind aber entgegengesezte Grössen. So erhält man

$$\frac{2'.9''.1,6''' - 0'.0''.4'''}{2} = 1'\,4''\,4{,}8'''$$ wahres Steigen

vorwärts. Bei Nr. 4 — 5 tritt das Gegentheil ein. Hier ist die algebr. Summe von $3'.5''.11''' - 0'.9''.3''' = 2'.8''.8'''$ Gefälle; die Hälfte $1'.4''.4'''$. Bei der Prüfungstabelle bemerke ich nur, daß k und m nach §. 15 gefunden werden, nachdem der erste Saß für die Misweisung m durch einen sorgsamen Versuch ausgemittelt worden. Unter den beobachteten f wird verstanden, was nach §.9 Z. die halbirte algeb. Differenz z. E. $\frac{+0'.0''4''' \quad (\quad 2'9''1''',6)}{2}$

$$= \frac{2'\,9''\,5''',6}{2} = 1'.4''.8{,}8'''$$ giebt. Sind sie sehr

verschieden von den berechneten; so ist entweder in der Beobachtung ein Versehen vorgegangen, oder das Instrument ist wandelbar.

Bei ausführlichen praktischen Schriftstellern z. B. bei Hr. **Müller** findet man hierüber mehrere Beispiele. Wenn man in wichtigen Fällen zwei Nivellements, eins aus der Natur, das andere aus den Endpunkten anstellt, und wenn sie nur wenig verschieden wären das Mittel nähme; so würde man so wol der Wahrheit am nächsten kommen.

Anweisung für den Buchbinder. Die Kupfertafeln müssen so eingeheftet werden, daß sie ohne gebrochen zu werden, ganz heraus geschlagen werden können, da sie genau von der Grösse des Formats sind.

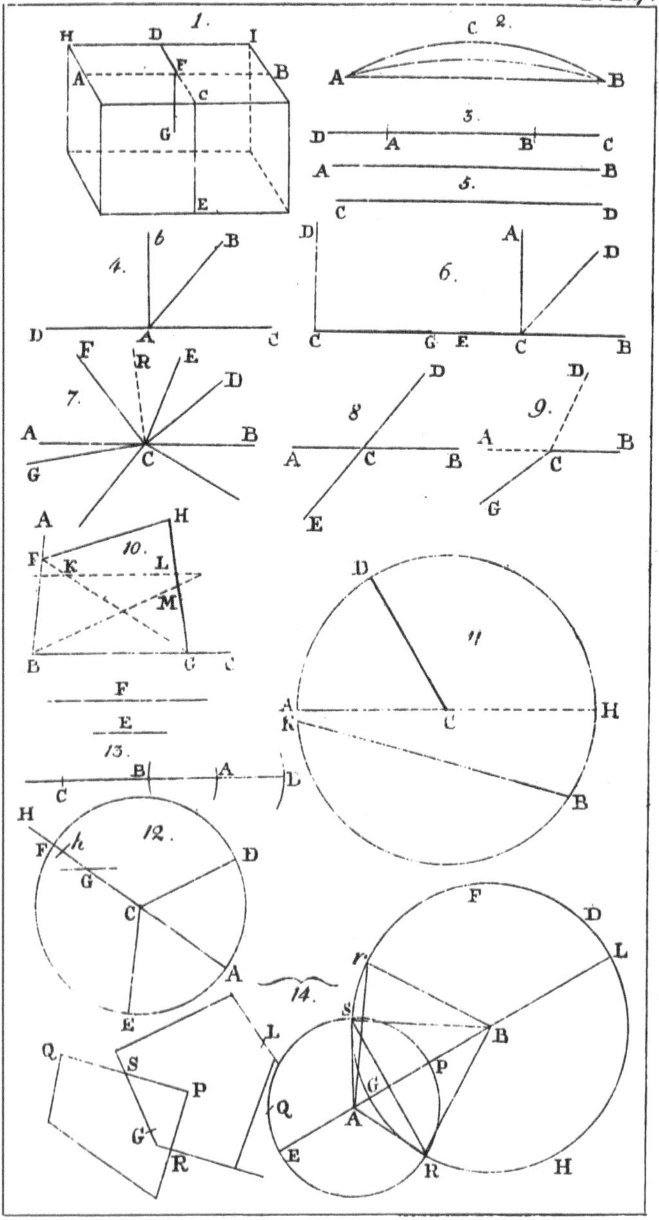

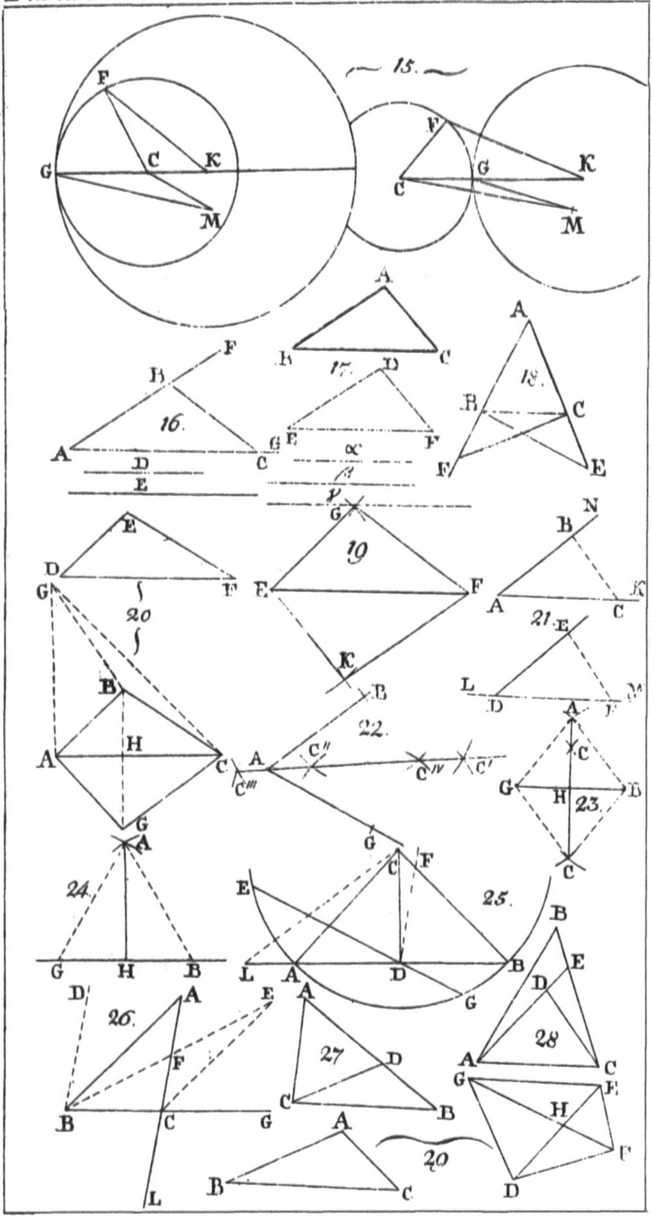
15.
16.
17.
18.
19
20
21.
22.
23.
24.
25.
26.
27
28
20

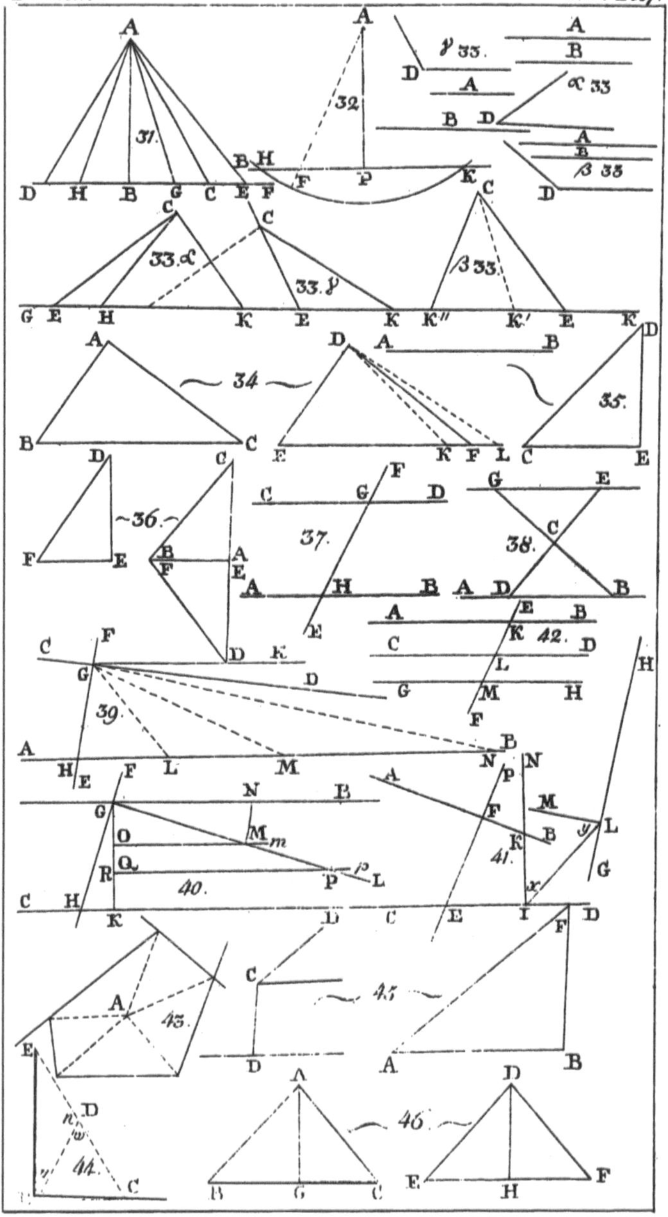
31.
32
γ 33.
α 33
β 33
33.α
33.γ
β33.
34
35.
36.
37.
38.
42.
39.
40.
41.
43.
45
44.
46.

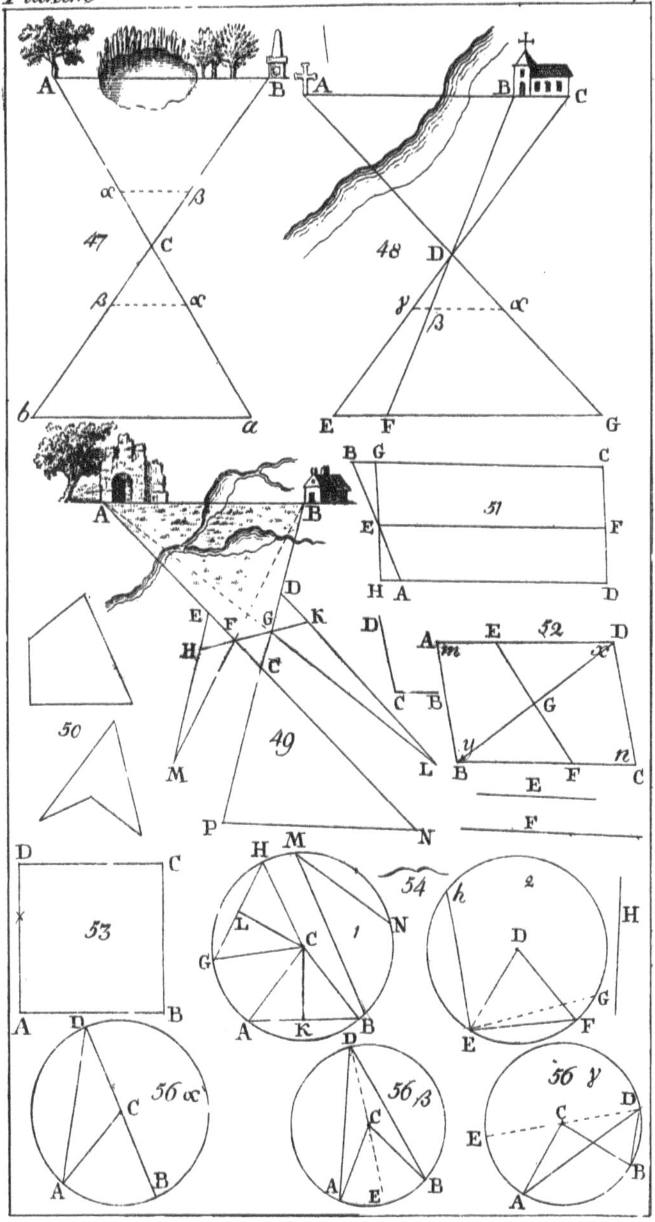
47
48
49
50
51
52
53
54
56 α
56 β
56 γ

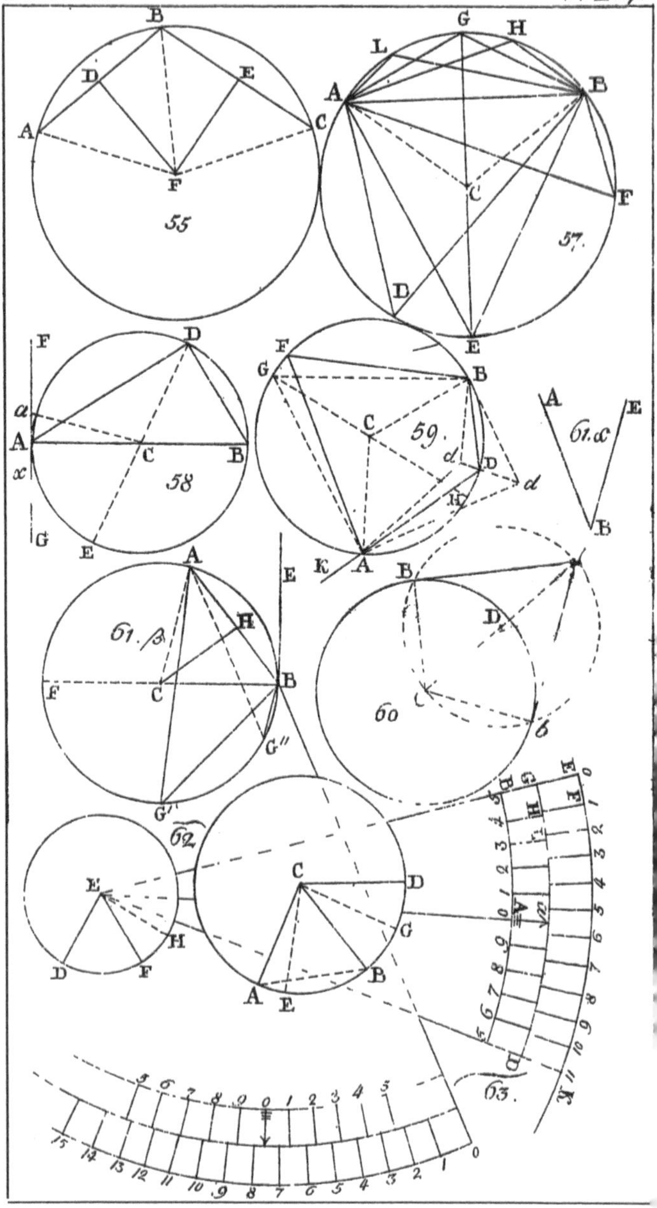
55
57.
58
59.
61.α
61.β
60
62
63.

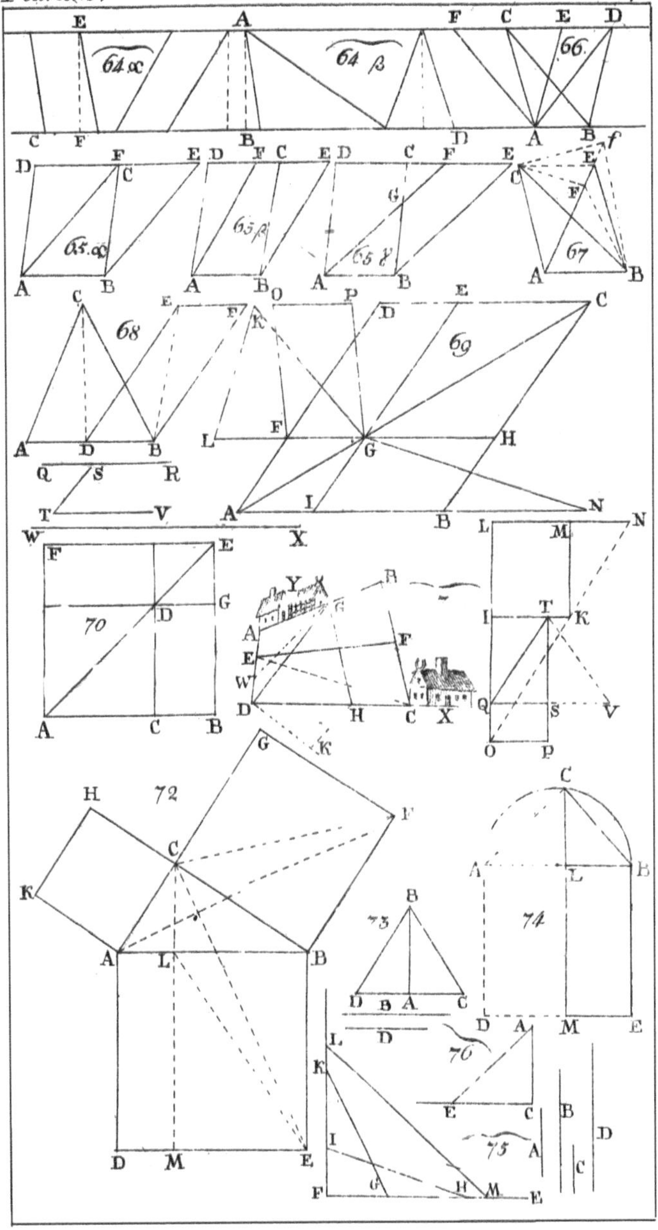
64 α
64 β
66.
65. α
65 β
65 γ
67
68
69
70
72
73
74
75
76

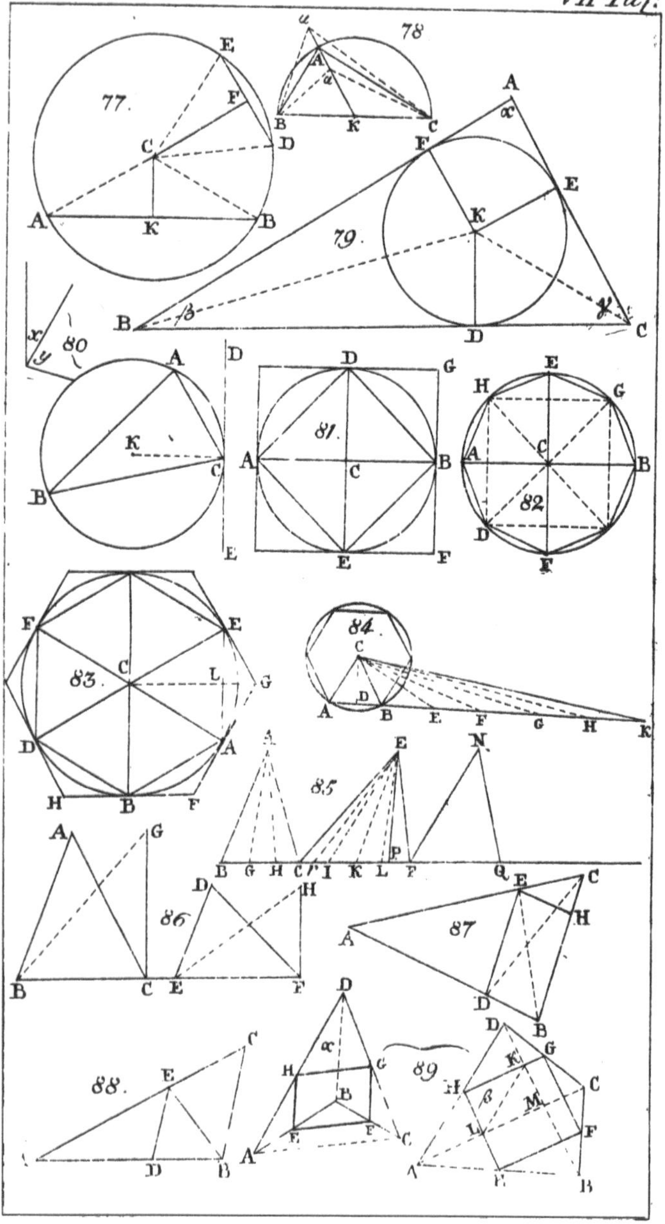
77.
78
79.
80
81.
82
83.
84.
85
86
87
88.
89

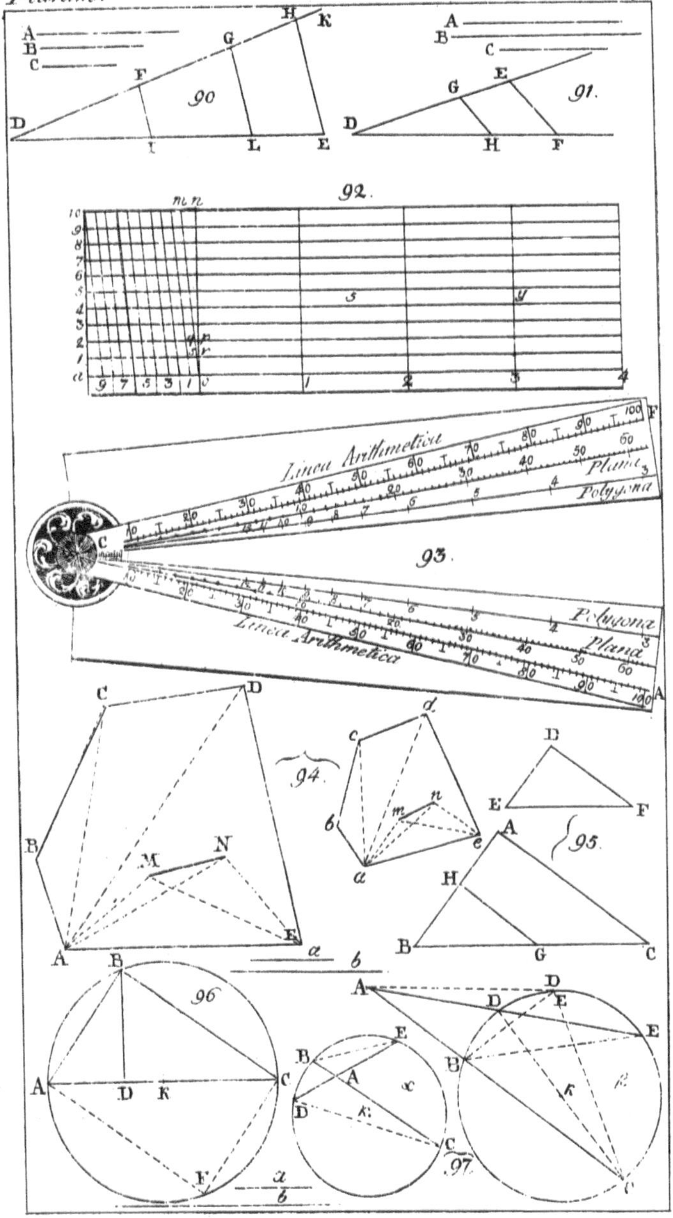
90
91.
92.
mn
93.
Linea Arithmetica
Plana
Polygona
Linea Arithmetica
Plana
Polygona
94.
95.
96
97.

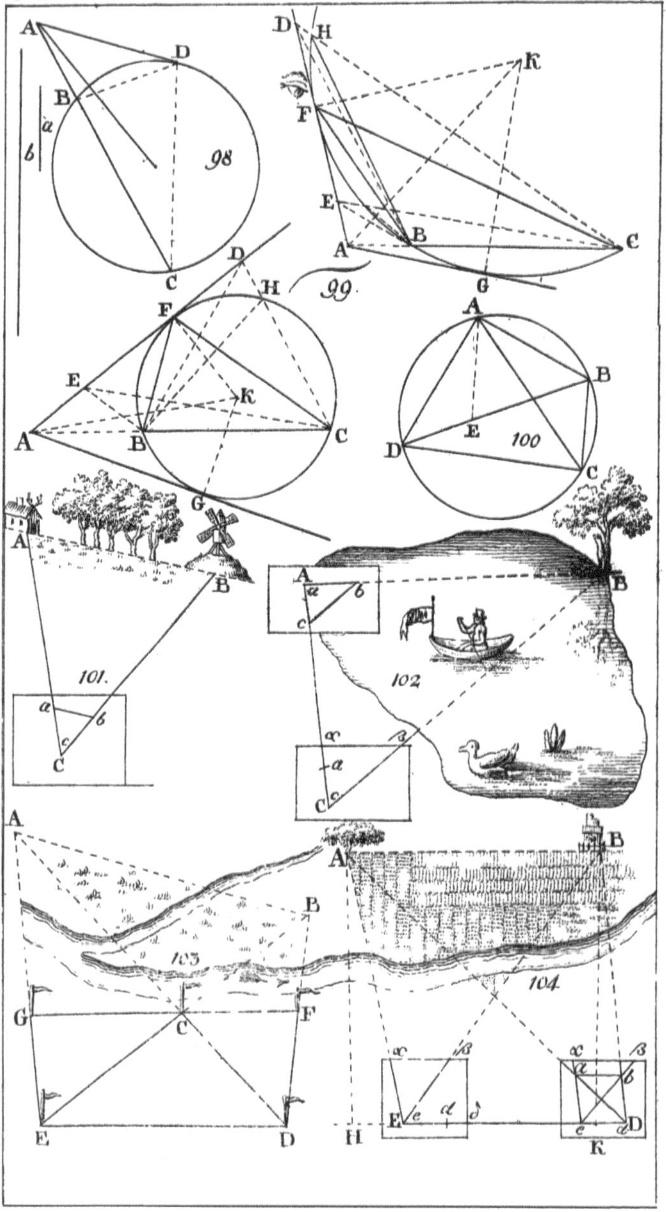
98
99
100
101.
102
103
104

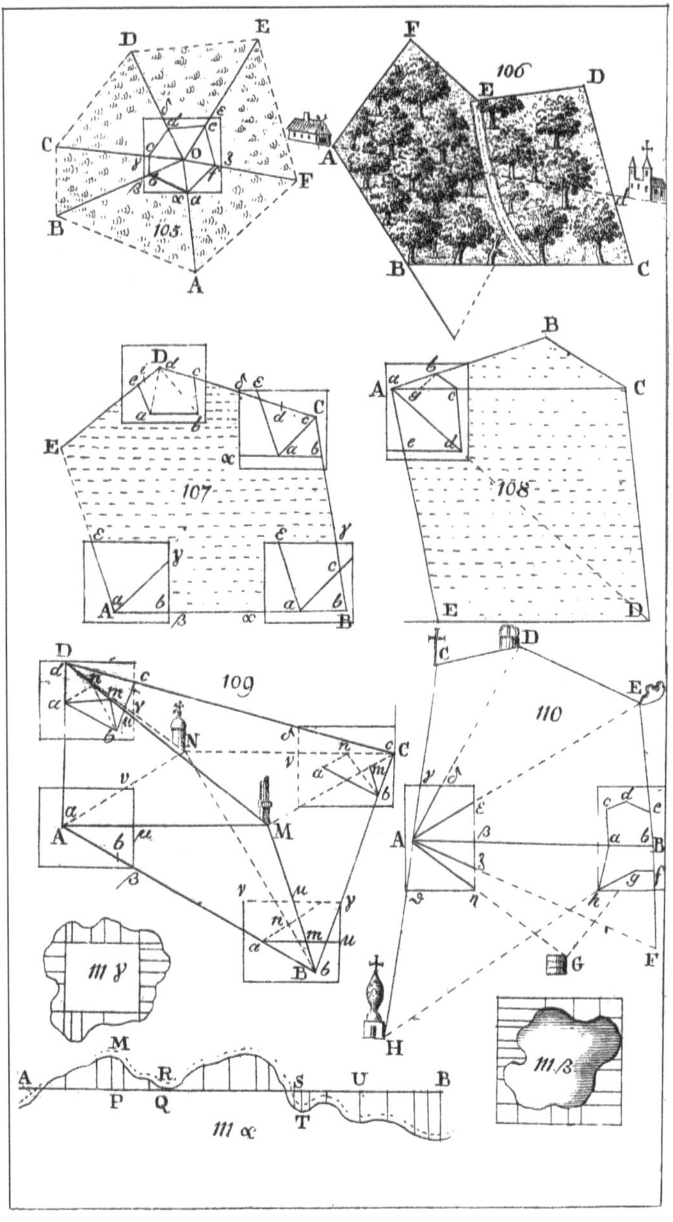
105
106
107
108
109
110
111 γ
111 β
111 α

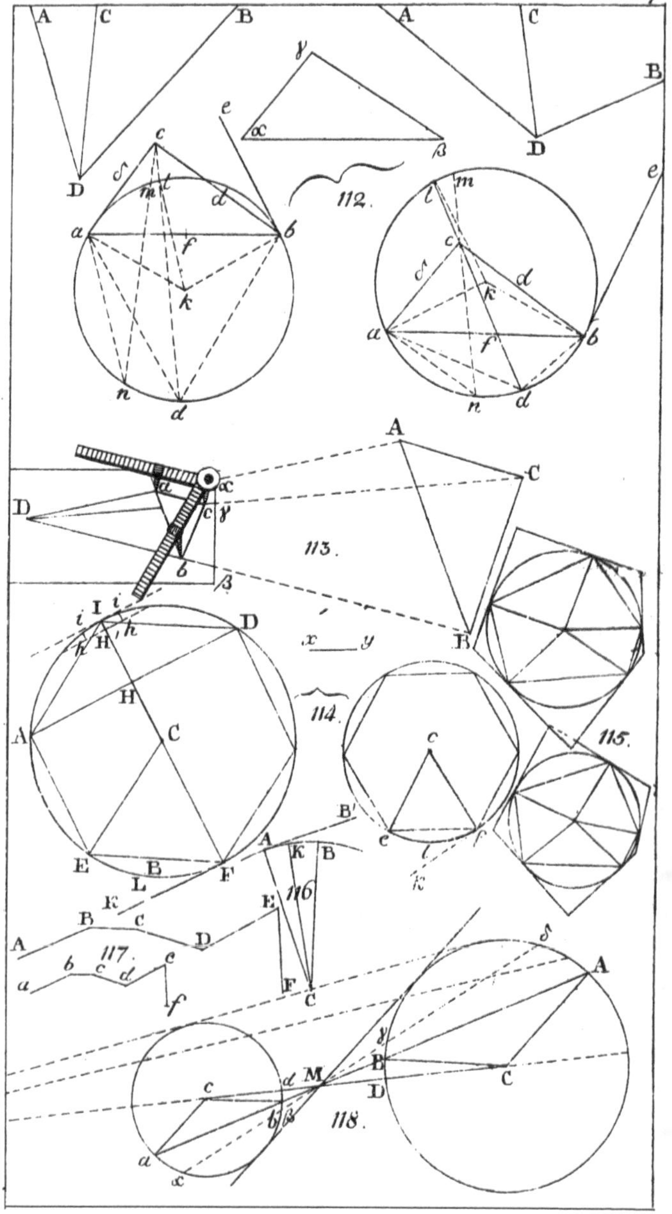
112.
113.
114.
115.
116
117.
118.

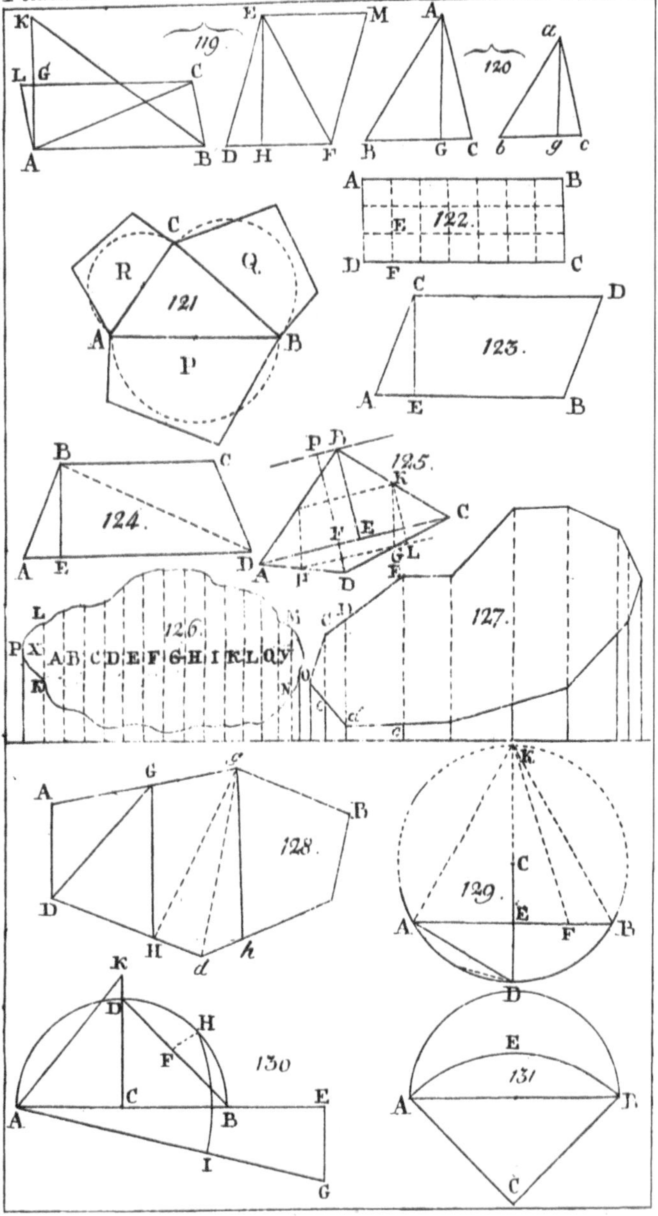
119.
120
121
122.
123.
124.
125.
126.
127.
128.
129.
130
131

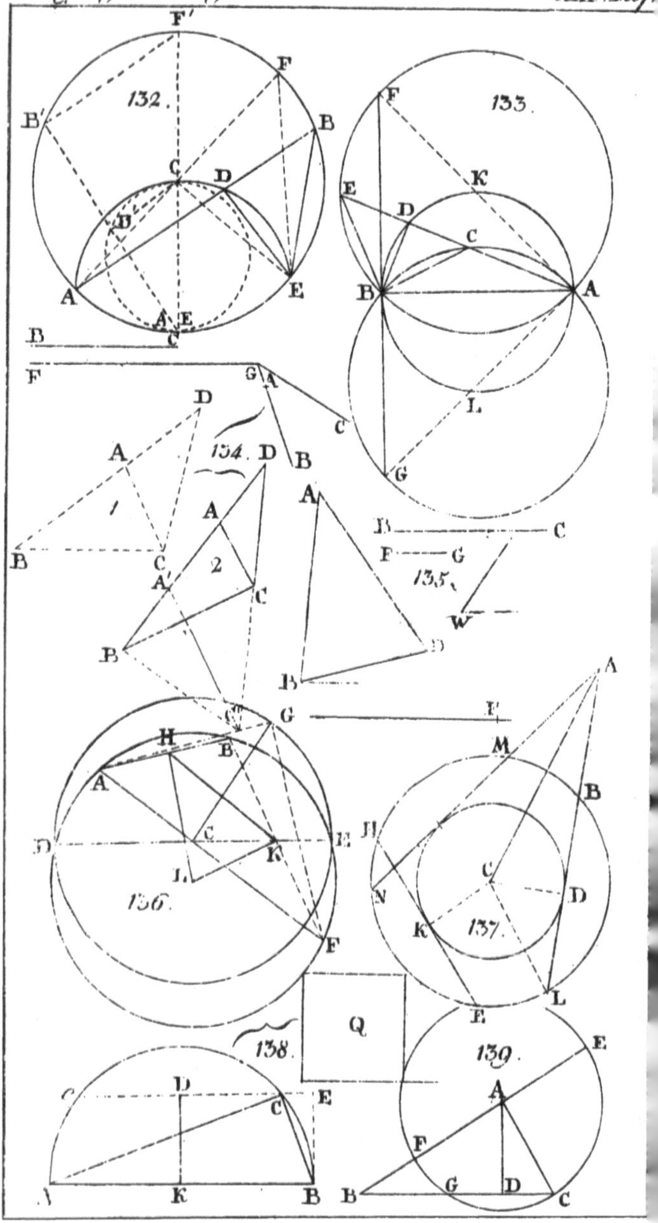
132.
133.
134.
1
2
135.
136.
137.
138.
Q
139.

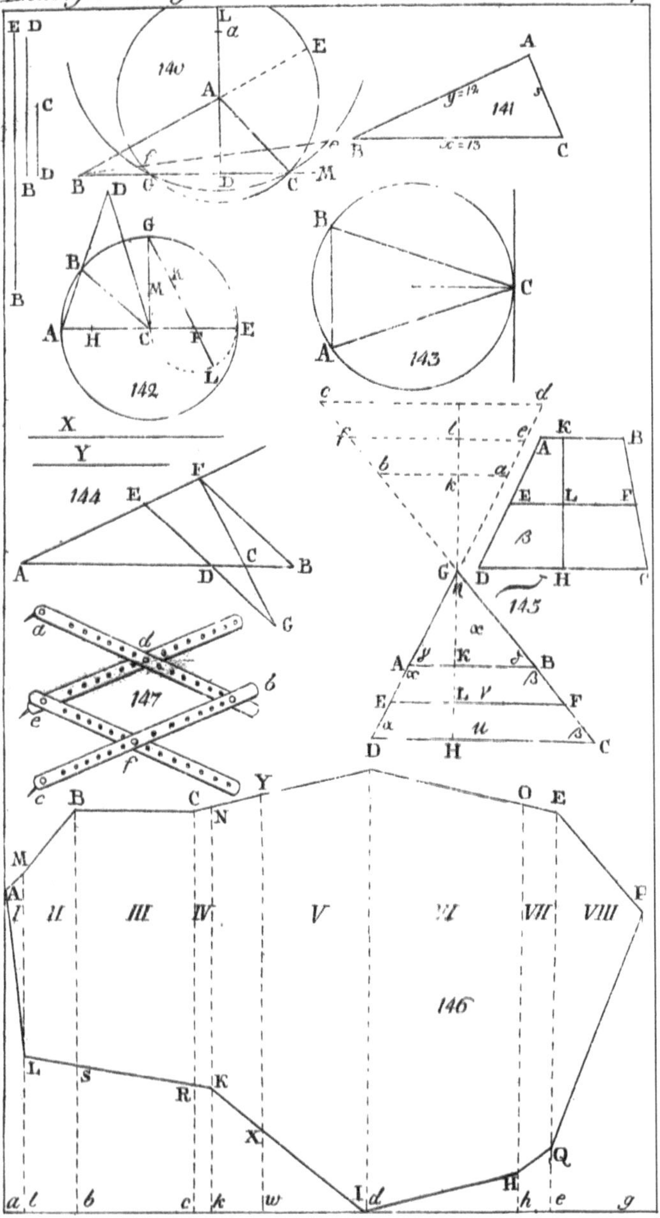
140
141
y=12
x=13
142
143
144
145
146
147
I
II
III
IV
V
VII
VIII

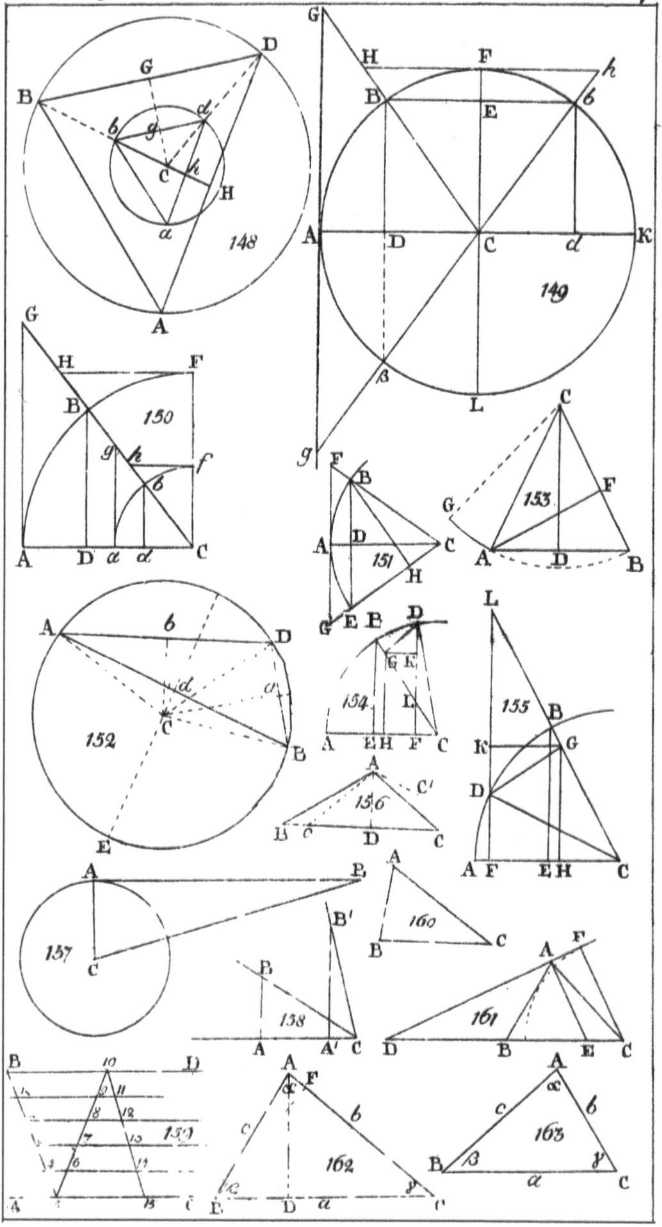
148
149
150
151
153
152
154
155
156
157
160
158
161
159
162
163

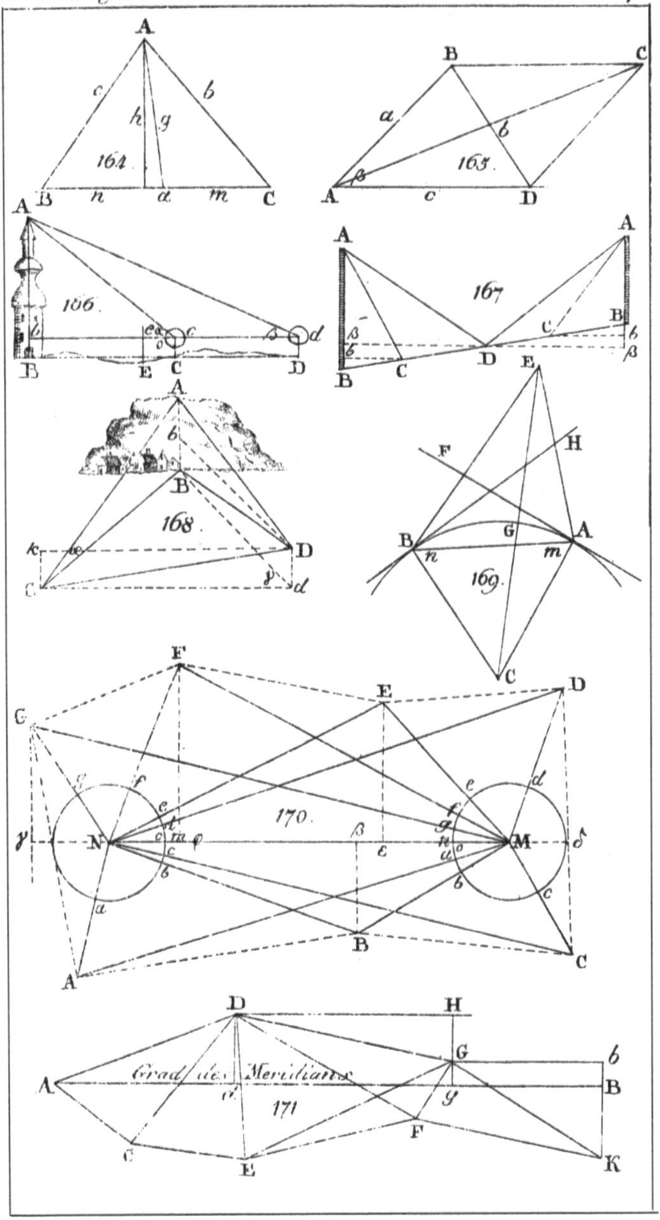
164.
165.
166.
167
168.
169.
170.
Grad des Meridians
171

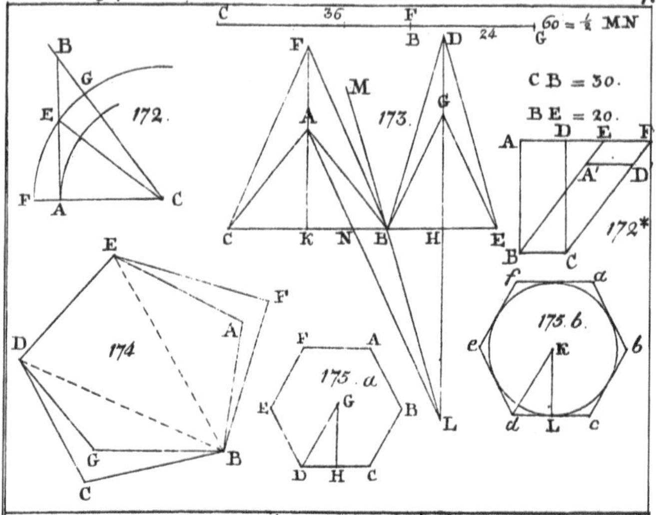

Nivelliren I. Taf.

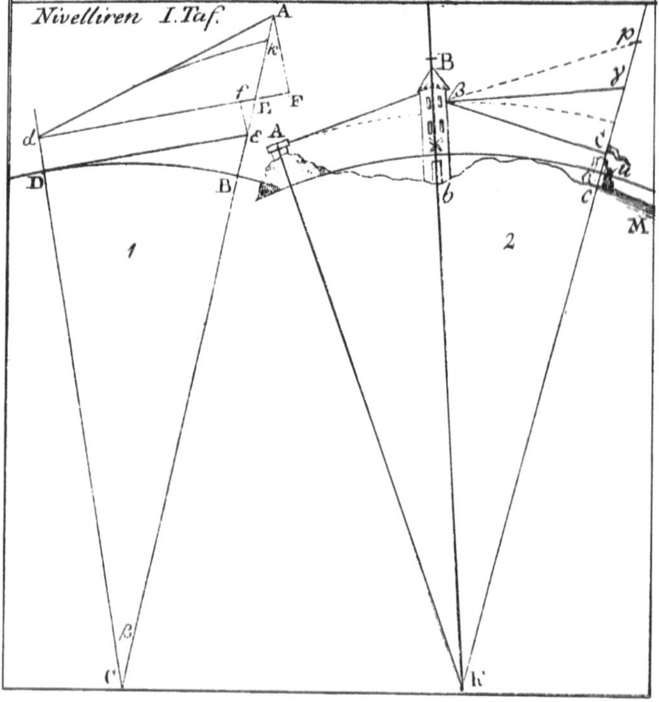

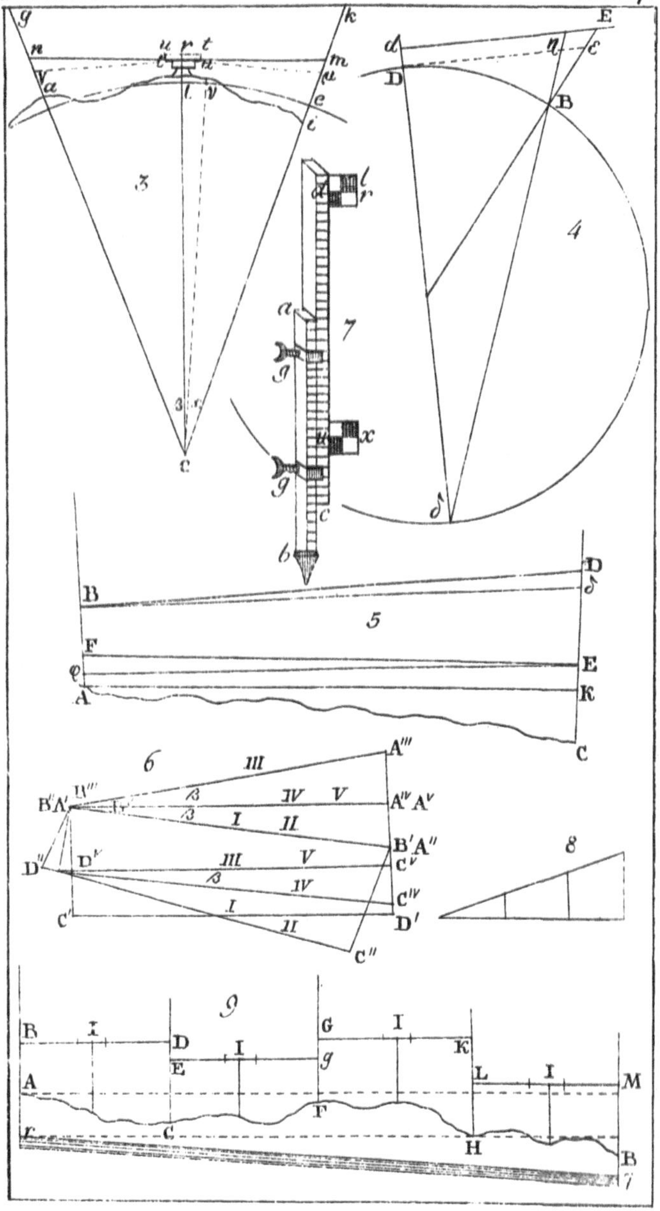
3
4
7
5
6
8
9

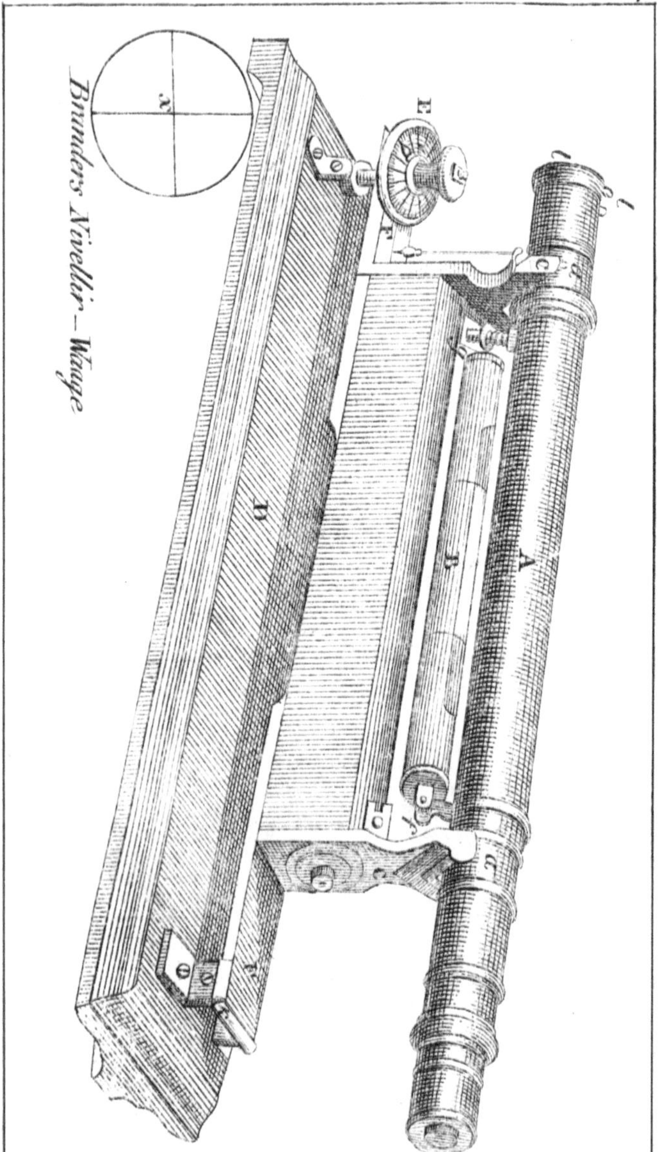

Brunders Nivellir-Wage

www.ingramcontent.com/pod-product-compliance
Lightning Source LLC
LaVergne TN
LVHW092112300926
849161LV00002B/115